建设服务高水平
科技自立自强的科协组织

——中国科协"十四五"规划编制课题研究报告汇编

中国科协规划编写组 编

中国科学技术出版社
·北 京·

图书在版编目（CIP）数据

建设服务高水平科技自立自强的科协组织：中国科协"十四五"规划编制课题研究报告汇编 / 中国科协规划编写组编 . —北京：中国科学技术出版社，2022.11

ISBN 978-7-5046-9582-6

Ⅰ. ①建… Ⅱ. ①中… Ⅲ. ①中国科学技术协会—科研课题—研究报告—汇编 Ⅳ. ① G322.25

中国版本图书馆 CIP 数据核字（2022）第 079877 号

策划编辑	王晓义
责任编辑	王　琳
装帧设计	中文天地
责任校对	吕传新
责任印制	徐　飞

出　　版	中国科学技术出版社
发　　行	中国科学技术出版社有限公司发行部
地　　址	北京市海淀区中关村南大街 16 号
邮　　编	100081
发行电话	010-62173865
传　　真	010-62173081
网　　址	http://www.cspbooks.com.cn

开　　本	720mm×1000mm　1/16
字　　数	607 千字
印　　张	35
版　　次	2022 年 11 月第 1 版
印　　次	2022 年 11 月第 1 次印刷
印　　刷	北京荣泰印刷有限公司
书　　号	ISBN 978-7-5046-9582-6 / G·981
定　　价	140.00 元

（凡购买本社图书，如有缺页、倒页、脱页者，本社发行部负责调换）

编 写 组

组　长　杨文志

副组长　张晓梅　王　蓓　谭华霖　吴善超　林润华
　　　　　钱　岩　张　森　赵立新

成　员（按姓氏笔画排序）
　　　　　万玉刚　王董瑞　包　晗　毕海滨　孙莹璐
　　　　　李阳阳　李威仪　杨志国　张　丽　张　锋
　　　　　赵正国　赵吝加　赵崇海　胡洪瑞　党　锋
　　　　　高立菲　郭孟楚　姬　刚　董　阳　薛　静
　　　　　戴　宏

前言 Preface

当今世界正经历百年未有之大变局,新一轮科技革命和产业变革深入发展,国际力量对比深刻调整。党的十九届五中全会作出我国进入新发展阶段、坚持新发展理念、着力构建新发展格局的战略判断和战略抉择,并把创新放在我国现代化建设全局中的核心地位,把科技自立自强作为国家发展的战略支撑。为深入学习贯彻落实习近平新时代中国特色社会主义思想,把落实党的十九大和十九届二中、三中、四中、五中全会精神转化为科协组织的生动实践,按照中国科协九届七次全会决定,组织编制中国科协"十四五"规划。

中国科协"十四五"规划是包括各级各类科协及其所属学会在内的整个科协组织的规划,是科协组织团结引领科技工作者听党话跟党走、激发科技创新能量,汇聚广大科技工作者的磅礴力量,服务新发展格局,服务科技自立自强,服务科教兴国战略、人才强国战略、创新驱动发展战略,建设世界科技强国、全面建设社会主义现代化国家的行动纲领。

为支撑规划编制工作,增强规划的科学性,遵循开放开门、汇聚众智的原则,中国科协于2020年7—12月,组织开展了规划编制课题研究。一方面,基于新时期科协组织面临的前所未有的新机遇新挑战,聚焦科协组织靶心,围绕科协组织"十四五"时期在政治引领、公共服务、组织赋能方面的工作,开展中国科协发展规划专题研究,为"十四五"规划及各专项规划编制提供支撑和依据;另一方面,立足世界未来发展更加不稳定不确定的新形势,开展科协组织发展对策的持续战略研究,使科协组织更好地在危机中育先机、于变局中开新局。中国科协创新战略研究院、中国城市科学研究会、中国科学院大学等全国学会、高校、科研院所共17家专业机构19个课题组的科技战略与科技政策研究专家、科技文献情报专家、科技史研究专家、科技管理专家等承担了研究工作。

本汇编包括 19 篇研究报告，尽量遵循各研究报告的原始思路，保持报告的基本观点。我们希望在不同观点的碰撞中，带来关于科协事业发展的新启发、新思路。由于研究周期短，任务重，一些研究成果和观点还值得进一步探讨和论证，也难免会有疏漏和不足之处，有待后续完善和拓展研究。最后，对积极参与并支持中国科协发展规划研究课题的各单位和研究人员表示衷心的感谢！

编者　2021 年 9 月

目 录 CONTENTS

第 1 部分　战略研究

01　"两个大局"背景下科协组织发展战略研究 / 003

一、引言 / 004

二、研究综述 / 004

三、对贯彻落实十九届五中全会的思考 / 007

四、科协组织在国际合作竞争有关方面的发展战略 / 008

五、对中国科协"十四五"规划的建议 / 018

02　建设科技强国背景下科协组织发展对策研究 / 033

一、科学认识我国面临的新发展阶段 / 034

二、科技社团在科技强国建设中的作用 / 043

三、"十四五"时期重塑科协组织格局的目标与举措 / 052

第 2 部分　专题研究

01　新形势下科协组织党的建设发展研究 / 073

一、科协组织党的建设的理论概述 / 074

二、新形势下党中央对科协组织党的建设的要求 / 076

三、科协组织党的建设的现状及问题、困难 / 083

四、"十四五"期间科协组织和所属学会加强党的建设和政治引领的发展思路、发展目标、重点举措、重大项目 / 095

02 新形势下完善科协组织工作体系对策研究 / 108

一、绪论 / 109

二、科协组织工作体系的现状与主要问题 / 115

三、科协组织工作体系建设的总体思路 / 120

四、"十四五"时期科协组织工作体系重点举措 / 130

五、"十四五"时期重大项目建议 / 131

03 新形势下科协组织赋能科学道德和学风建设对策研究 / 137

一、科学道德和学风建设的内涵 / 138

二、科协组织推动科学道德和学风建设的角色定位 / 139

三、"十四五"时期加强科学道德和学风建设的形势要求 / 140

四、科协组织加强科学道德和学风建设的价值导向 / 143

五、"十四五"时期科协组织加强科学道德和学风建设的建议 / 146

04 新形势下科协组织赋能科技人才成长对策研究 / 156

一、前言 / 157

二、"十三五"时期科协组织人才工作总结评价 / 158

三、新时期科技人才成长环境分析 / 166

四、新时期科协组织赋能科技人才成长的基本遵循和方向路径 / 173

五、"十四五"时期科协组织赋能科技人才成长的主要建议 / 180

05 新形势下科协组织服务国家科技创新对策研究 / 194

一、引言 / 194

二、新时期科协组织服务国家科技创新的新挑战与新要求 / 195

三、科协组织服务国家科技创新的定位作用和经验借鉴 / 199

四、对策建议 / 213

06 新形势下科协组织服务科技经济融合发展对策研究 / 220
　　一、引言 / 220
　　二、国内外研究现状 / 221
　　三、如何落实党的十九届五中全会提出的科技经济融合新导向 / 223
　　四、科协组织服务科技经济融合的现状、优势与不足 / 225
　　五、"十四五"时期科协组织打造"科创中国"融通平台的主要思路 / 228
　　六、国际科技组织服务科技经济融合的经验借鉴 / 231
　　七、"十四五"时期科协组织服务科技经济融合发展的对策 / 234

07 新形势下科协组织学术交流服务创新对策研究 / 240
　　一、新形势的本质内涵与基本特征 / 240
　　二、新形势下科协组织学术交流服务的机遇与挑战 / 243
　　三、新形势下科协组织学术交流服务的现状与问题 / 244
　　四、新形势下科协组织学术交流的创新对策 / 267

08 新形势下构建中国特色高质量科普体系对策研究 / 285
　　一、研究背景与选题意义 / 285
　　二、"十三五"科协组织科普工作总结 / 286
　　三、贯彻落实党的十九届五中全会对科普工作的要求 / 292
　　四、中国特色高质量科普体系的概念与内涵 / 294
　　五、"十四五"中国特色高质量科普体系建设战略重点 / 297
　　六、结语 / 308

09 新形势下中国特色科技馆体系创新升级对策研究（一）/ 312
　　一、中国特色现代科技馆体系概念的提出与发展 / 313
　　二、科技馆体系建设已取得的成效 / 316
　　三、理解新时代，认清新形势，把握新要求 / 318

四、新形势下科技馆体系发展的问题与挑战 / 319

五、"十四五"期间科技馆体系创新升级发展思路、预期目标 / 324

六、"十四五"期间科技馆体系创新升级重点举措 / 328

10 新形势下中国特色科技馆体系创新升级对策研究（二）/ 336

一、绪论 / 336

二、"十三五"期间中国特色科技馆体系的成就、经验及问题 / 337

三、科技馆体系面临的形势和变化 / 345

四、"十四五"期间中国特色科技馆体系的发展目标、重点举措和重大项目 / 348

11 新形势下青少年科技活动创新发展对策研究 / 357

一、青少年科技活动的概念界定 / 358

二、青少年科技活动创新发展的新场景 / 360

三、我国青少年科技活动发展现状研究 / 365

四、青少年科技活动创新发展的基本规律与基本遵循 / 368

五、"十四五"时期科协组织青少年科技活动创新的发展思路、发展目标与重点举措 / 373

12 新形势下中国科协高端科技创新智库建设对策研究（一）/ 376

一、"十四五"时期科技创新智库建设的新形势新要求 / 377

二、国际知名智库发展经验 / 379

三、建设中国科协高端科技创新智库的思考 / 385

四、对中国科协高端科技创新智库建设的几点建议 / 390

13 新形势下中国科协高端科技创新智库建设对策研究（二）/ 393

一、研究背景 / 393

二、中国科协智库发展态势 / 398

三、中国科协智库发展战略 / 406

四、中国科协智库建设路径 / 407

五、中国科协智库重大项目建议 / 421

目 录

14 新形势下科协组织工作服务下沉对策研究 / 425
一、科协组织工作服务下沉的基本遵循 / 425
二、科协组织工作服务下沉的理论基础 / 426
三、科协组织工作服务下沉现状 / 432
四、对中国科协"十四五"规划的对策建议 / 437

15 新形势下科协组织参与国际科技治理与合作研究 / 450
一、引言 / 451
二、文献综述 / 452
三、科技发达国家科技社团的全球科技治理能力研究 / 460
四、世界主要科学中心和创新组织研究 / 467
五、科协组织参与全球科技治理与合作的现状及问题 / 476
六、中国科协参与全球科技治理的重大行动 / 479

16 新形势下科协组织信息化建设发展对策研究 / 487
一、宏观背景 / 487
二、科协信息化发展的特征、阶段与使命 / 493
三、科协信息化建设的现状、思路与内容 / 499
四、对科协"十四五"期间信息化建设的建议 / 512

17 新形势下科协组织资源配置和条件保障对策研究 / 519
一、概念内涵和研究范围界定 / 520
二、科协组织资源配置和条件保障的现状特点 / 522
三、资源配置和条件保障方面存在的问题 / 528
四、"十四五"时期科协组织资源配置和条件保障面临的新形势 / 531
五、科协组织优化资源配置和强化条件保障的总体思路 / 533
六、重点任务 / 535
七、保障措施 / 539
八、重大项目建议 / 543

第 1 部分　战略研究

01 "两个大局"背景下科协组织发展战略研究

◇赵正国　王　萌　陈　峰　贺茂斌　王　楠

【摘　要】报告对中华民族伟大复兴战略全局、世界百年未有之大变局、新发展格局以及新时代背景下科协组织发展战略相关研究进行了系统梳理，对科协组织如何更好地贯彻落实十九届五中全会精神进行了初步探讨，重点对科协组织在国际合作竞争方面发展战略的考量因素和自身发展优势、劣势、机会、威胁等进行了研究分析，并在此基础上提出了相关战略和对中国科协"十四五"规划的建议。

科协组织是我国开展国际和港澳台地区民间科技交流的主要代表，这是其在国际合作竞争中的基本角色定位，具有鲜明的群团特色、独特的组织优势和坚实的工作基础。科协组织的主要职责使命是为构建人类命运共同体服务，为我国开展国际和港澳台地区民间科技交流服务。为更好实施科协组织在国际合作竞争方面的发展战略，建议采取五方面举措：一是在新修改的《中国科学技术协会章程》中强化民间国际科技交流相关论述，二是推动全国学会国际化发展，三是提升科协组织品牌工作质量，四是与国际知名科技组织深度合作，五是加强科协组织自身建设。报告对科协组织发展的其他重点战略进行了简要论述，还对中国科协"十四五"规划提出了意见建议：认真贯彻落实党的十九届五中全会精神，全面落实中国科协党组书记处部署安排，加大力度部署推进科协系统全面深化改革，高度重视有关基础性问题。

【关键词】科协组织　战略　两个大局　国际合作竞争

一、引言

2020年以来，习近平总书记在系列相关重要讲话中对当前及"十四五"乃至更长时期的国内外形势进行了系统论述，其中阐明了"十四五"时期科协组织发展面临的新形势。2020年10月29日，党的十九届五中全会通过了《中共中央关于制定国民经济和社会发展第十四个五年规划和二〇三五年远景目标的建议》，对我国发展环境面临的深刻复杂变化进行了全面阐述："当前和今后一个时期，我国发展仍然处于重要战略机遇期，但机遇和挑战都有新的发展变化。当今世界正经历百年未有之大变局，新一轮科技革命和产业变革深入发展，国际力量对比深刻调整，和平与发展仍然是时代主题，人类命运共同体理念深入人心，同时国际环境日趋复杂，不稳定性不确定性明显增加，新冠肺炎疫情影响广泛深远，经济全球化遭遇逆流，世界进入动荡变革期，单边主义、保护主义、霸权主义对世界和平与发展构成威胁。我国已转向高质量发展阶段，制度优势显著，治理效能提升，经济长期向好，物质基础雄厚，人力资源丰富，市场空间广阔，发展韧性强劲，社会大局稳定，继续发展具有多方面优势和条件，同时我国发展不平衡不充分问题仍然突出，重点领域关键环节改革任务仍然艰巨，创新能力不适应高质量发展要求，农业基础还不稳固，城乡区域发展和收入分配差距较大，生态环保任重道远，民生保障存在短板，社会治理还有弱项。"[1]

以上是"十四五"时期科协组织发展面临的宏观形势。"十四五"时期是我国全面建成小康社会、实现第一个百年奋斗目标之后，乘势而上开启全面建设社会主义现代化国家新征程、向第二个百年奋斗目标进军的第一个五年。国内外形势正在发生深刻复杂变化，国际合作和竞争呈现出新特征和新趋向，给科协组织带来了新机遇和新挑战。

二、研究综述

（一）"两个大局"相关研究初步开展

2017年10月，党的十九大报告中提出："中国特色社会主义进入了新时代，这是我国发展新的历史方位。""这个新时代，是承前启后、继往开来、在新的历史条件下继续夺取中国特色社会主义伟大胜利的时代……是全体中华儿女勠力同心、奋力实现中华民族伟大复兴中国梦的时代，是我国日益走近世界舞台中央、不断为人类作出更大贡献的时代。"2017年12月，习近平总书记在中央经济工作会议上提出，世界正处于"百年不遇的大变局之中"。2018年6月，习近平总书记在中央外事工作会议上的重要讲话中指出："当前，我国处于近代以来最好的发展时期，世界处于百年未有之大变局，两者同步交织、相互激荡。"[2]自那以来，国内学界关于"两个大局"，特别是"百年未有之大变局"的研究蓬勃开展起来。围绕"百年未有之大变局"的内涵与本质、"变"与"不变"、机遇与应对等议题，涌现出了一批学术研究成果[3]。

（二）新发展格局相关研究正在起步

2020年5月以来，习近平总书记在中共中央政治局常务委员会会议、企业家座谈会等多个重要场合阐述了新发展格局相关理念。"充分发挥我国超大规模市场优势和内需潜力，构建国内国际双循环相互促进的新发展格局。"[4]"逐步形成以国内大循环为主体、国内国际双循环相互促进的新发展格局，培育新形势下我国参与国际合作和竞争新优势。"[5]"我们必须集中力量办好自己的事，充分发挥国内超大规模市场优势，逐步形成以国内大循环为主体、国内国际双循环相互促进的新发展格局。"[6]同期，关于新发展格局的深化研究开始起步，一批政策解读类的研究成果陆续涌现出来。如王昌林和杨长湧对在构建双循环新发展格局中育新机开新局的研究[7]、崔卫杰对如何推动形成双循环新发展格局的研究[8]等。

（三）"两个大局"背景下科协组织发展战略研究尚未充分开展

通过中国知网文献检索分析发现，明确针对"两个大局"和"新发展格局"下科协组织发展战略方面的研究极为少见，尚未充分开展。不过，部分学者对科协组织发展战略相关问题已经开展了研究，能够为本课题研究提供一定借鉴和参考。部分代表性研究如下：

在科协组织发展战略研究方面，胡祥明研究了"五大发展理念"统领下的科协创新发展战略，阐释了科协创新发展面临的大趋势、动力系统、发展短板及对策建议[9]；还从实践基础、方法论体系、历史使命、对策建议四方面研究了未来30年强化科协组织政治引领吸纳的战略[10]。

在科协组织职能定位和作用发挥方面，郑华等主要以上海市科协为例总结提炼了科协组织在参与社会治理、承接政府服务项目转移、实行政府服务项目购买、探索社会组织退出机制方面的主要经验[11]。安徽省科协"科协核心职能研究"课题组开展了科协核心职能研究，提出要以党委、政府的要求和科技工作者的需求为基准，进一步强化科协联系和服务科技工作者、学术交流、科学普及等核心职能[12]。游建胜研究了科协组织在优化学术环境中的地位和如何更好发挥作用的问题[13]。王立业探析了科协组织助力精准扶贫的路径，建议科协组织充分发挥桥梁纽带作用，切实增强助力精准扶贫工作实效[14]。夏婷采用SWOT分析法对科技类社会组织服务"一带一路"倡议进行了分析，并提出了相关对策建议[15]。

在科协组织建设方面，杨延飞研究了科协组织在全面深化改革进程中的担当角色问题，建议科协组织应当成为服务创新驱动发展、推进协商民主、构建现代公共文化服务体系和激发社会组织活力的重要力量[16]。戴宏和王国强分析了加强科协基层组织建设的重要意义，指明了共性问题，并提出了总体建议[17]。陈惠娟分别从提升新境界、探索新路径、建立新机制三方面阐述了江苏省科协以深化改革为动力，打造"三型"科协组织的成功做法[18]。

在科协智库建设方面，周寂沫以"双创"第三方评估为例研究分析了科协智库建设的新路径[19]。刘伟探讨了关于强化科协政治协商职能，服务科学决策的问题，提出要加强对科协界委员履行参政议政职责的政治引领，不断拓宽建言献策渠道[20]。

在科协系统改革方面，郑金平对浙江省科协群团改革经验进行了总结分析[21]。李占乐探讨了法团主义视域下我国科协组织的改革与发展问题，认为推动群团组织改革与科协发展可以从国家法团主义获得有益启发[22]。

在其他相关研究方面，王春法回顾了中国科协发展的前史以及正式成立以来的发展历程，总结了新形势下科协工作的特点与规律[23]；还研究分析了新形势下提高科协干部能力水平的若干问题[24]。齐婧分析了国际科技组织落户对我国科技经济发展的作用，系统阐述了科协系统吸引国际科技组织落户北京的深远影响并提出了相关对策建议[25]。王大鹏分析了科协组织动员科学家参与科普的相关问题，并提出了三方面工作建议[26]。李敏等对2001—2015年中国科协制定和发布的政策法规性文件和工作性文件进行了定量统计和重点研读，分析了三个阶段科协政策体系的主要特征和总体演变趋势，并结合新时期"科技引领"发展要求，提出了针对性的建议[27]。

在科技社团研究方面，齐志红等分析了中国科协所属科技社团在举办国际学术会议、创办外文学术期刊等方面的数据，揭示了其国际化发展的现状和存在的问题，并提出了相关建议[28]。陈洁和张洁分析了国外科技社团服务创新驱动发展的路径模式，并就我国科技社团服务创新驱动发展提出了意见建议[29]。张瑶以国际宇航联合会为例，分析了国外科技社团服务会员的方式[30]。游玎怡和王海燕采用模糊集的定性比较分析方法，以中国科协所属全国学会为实证对象，研究分析了科技社团参与公共服务供给的基本情况及其影响因素和因素构型[31]。

综合来看，现有科协组织发展战略研究相关论文主要发表在《科协论坛》《学会》等普通期刊（科协单位主办）上，作者多为科协系统工作人员，内容多为一般性的工作总结或经验分析，在研究广度和深度及研究的科学性、规范性、多样性等方面，均显相对不足。

三、对贯彻落实十九届五中全会的思考

通过对《中国共产党第十九届中央委员会第五次全体会议公报》（以下简称《公报》）、《中共中央关于制定国民经济和社会发展第十四个五年规划和二〇三五年远景目标的建议》（以下简称《建议》）、《关于〈中共中央关于制定国民经济和社会发展第十四个五年规划和二〇三五年远景目标的建议〉的说明》（以下简称《说明》）等重要文件的学习，主要思考如下。

（一）"十四五"时期是一个非常重要的历史时期

"十四五"时期以及今后更长一个时期，我国发展仍然处于重要战略机遇期，但机遇和挑战都有新的发展变化。综合来看，虽然机遇和挑战前所未有，但是危中有机、危可转机。在以习近平同志为核心的党中央坚强领导下，我们一定能够更好地统筹中华民族伟大复兴战略全局和世界百年未有之大变局，构建形成以国内大循环为主体、国内国际双循环相互促进的新发展格局，创造经济持续快速发展和社会长期稳定新奇迹。科协组织作为党领导下的人民团体，必须认真学习贯彻十九届五中全会精神，积极响应全会号召，科学谋划当前和"十四五"时期各项工作，努力为党和国家事业发展全局做出应有贡献。

（二）"十四五"时期加快科技创新的重大战略意义极其突出

党的十九届五中全会提出，坚持创新在我国现代化建设全局中的核心地位，把科技自立自强作为国家发展的战略支撑，把科技创新摆在各项规划任务首位，进行专章部署，这在党中央编制五年规划的历史上是第一次。党中央对科技创新的重要摆位和重大部署，充分表明科技创新在党和国家发展全局中的地位和作用更加突出、更加重要。科协组织作为国家推动科学技术事业发展的重要力量、提供科技类公共服务产品的社会组织和国家创新体系的重要组成部分，必须自觉服从服务党和国家工作大局，以强烈的使命责任担当和时不我待的紧迫感，努力找准工作结合点和着力点，为坚持创新驱动发展，全面塑造发展新优势做出积极贡献。

（三）《建议》及《说明》为科协组织制定发展战略提供了根本遵循和宝贵借鉴

《建议》中的一些重要论断与科协工作密切相关，如"弘扬科学精神和工匠精神，加强科普工作，营造崇尚创新的社会氛围""发挥群团组织和社会组织在社会治理中的作用，畅通和规范市场主体、新社会阶层、社会工作者和志愿者等参与社会治理的途径"等[1]，为科协组织实际开展工作和制定"十四五"规划提供了根本遵循。《建议》及其说明由习近平总书记担任组长，李克强、王沪宁、韩正担任副组长的文件起草组（中共中央政治局2020年3月决定成立）负责。文件制定过程坚持把加强顶层设计和坚持问计于民统一起来，鼓励广大人民群众和社会各界以各种方式建言献策[32]，切实充分吸收社会期盼、群众智慧、专家意见和基层经验，是党内民主和社会主义民主的生动实践，是科学决策与民主决策的重要体现，为中国科协"十四五"规划和其他重要文件制定提供了宝贵借鉴。

四、科协组织在国际合作竞争有关方面的发展战略

（一）"两个大局"背景下科协组织发展战略考量因素和SWOT分析

1.科协组织发展战略的考量因素

"两个大局"背景下科协组织发展战略牵连广泛，须从多个维度进行审慎考量。如图1-1-1所示，主要考量因素包括如下六方面。

一是与科协组织发展密切相关的时代特征，主要考虑"两个大局"和新发展格局的主要特征及其给科协组织带来的新机遇和新挑战，特别要注重科技革命和产业变革的主要特征及其给科协组织带来的新机遇和新挑战。二是相关法律规定，主要指《中华人民共和国科学技术进步法》和《中华人民共和国科学技术普及法》中与科协组织有关的条文规定。三是党和国家要求，主要指习近平总书记相关重要指示、党和国家出台的相关重要文件部署、国家相关规划要求等，特别是党的十九届五中全会精神。四是科协组织的实践探索，主要指中国科协2018年提出的"1-9·6-1"战略布局、发布的《面向建设世界科技强国的中国科协规划纲要》以及中国科协党组新的重大工作部署。五是国外同类科技社团的经验模式，主要对标分析美国科学促进会和日本学术会议的宗旨使命和品牌工作。六是其他影响因素，主要指中国科协章程修订和实践发展的新需要、新要求。

时代特征（与科协组织发展密切相关）
"两个大局"：开局五年、中美关系紧张等
新发展格局：科技创新的紧迫性凸显等
科技自身发展

相关法律规定
《中华人民共和国科学技术进步法》（2007修订）
《中华人民共和国科学技术普及法》（2002年）

党和国家要求
习近平总书记相关重要指示
十九届五中全文精神
党和国家近年出台的相关重要文件部署
国家相关规划要求

其他
实践发展新需要
中国科协章程修订等

国外相似科技社团的对标分析
主要对标分析美国科学促进会、日本学术会议等的宗旨使命和品牌项目

科协组织实践探索
近年中国科协战略部署：
"1-9·6-1"战略布局
《面向建设世界科技强国的中国科协规划纲要》
近期中国科协党组工作部署

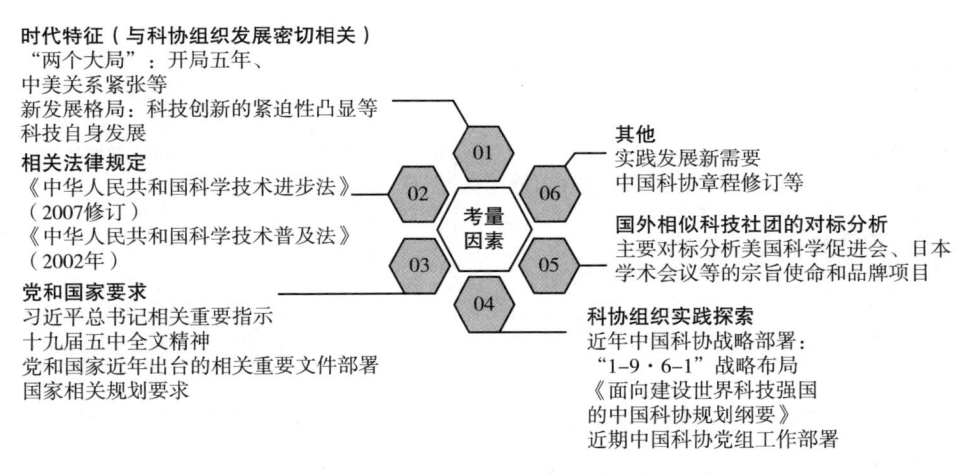

图1-1-1 "两个大局"背景下科协组织发展战略的主要考量因素

2. 科协组织发展SWOT分析

制定"两个大局"背景下科协组织发展战略，需要对科协组织自身的优势、劣势以及面临的机会和威胁进行全面分析并准确把握，进而合理制定相应战略、计划和对策。如表1-1-1所示，就优势而言，中国科协是中国共产党领导下的人民团体和中国科学技术工作者的群众组织，这是其最大优势。就劣势而言，科协工作的综合影响力和社会认可度还有待提高，这是其突出劣势。就机会而言，党和政府大力支持科技创新事业，特别是《建议》中提出，"坚持创新在我国现代化

建设全局中的核心地位，把科技自立自强作为国家发展的战略支撑"，这给科协组织发展带来了前所未有的机会。就威胁而言，新一轮科技革命和产业变革等给科技共同体运营模式带来了新挑战，对科协治理体系和治理模式现代化提出了迫切要求，对科协组织发展造成了威胁。

表1-1-1　科协组织发展SWOT分析

优势（Strengths）	劣势（Weaknesses）
● 中国共产党领导下的人民团体 ● 中国科学技术工作者的群众组织 ● 全国政协组成单位，国家科技领导小组、中央精神文明建设指导委员会、中央人才工作协调小组、国家科技体制改革和创新体系建设领导小组成员单位 ● 独特的组织优势：人才荟萃、智力密集，联系广泛、网络健全，"一体两翼"特色鲜明，地位超脱、利益中性（第三方） ● 全民科学素质纲要实施工作办公室依托单位	● 服务党和国家工作大局的能力有待提高，部分工作结合点和着力点不够精准 ● 自身建设需要全面加强 ● 综合影响力和社会认可度有待提高
机会（Opportunities）	威胁（Threats）
● 党和政府大力支持科技创新事业 ● 党和政府高度重视坚持和完善中国特色社会主义制度、推进国家治理体系和治理能力现代化 ● 应对新冠肺炎疫情需要科技社团和科技工作者在科学普及和对外交流等方面发挥更大作用 ● 中外关系特别是中美关系发生新变化，通过民间外交助力中美人文交流的重要性更加凸显	● 科技革命和产业变革等给科技共同体运营模式带来新挑战 ● 科协治理体系和治理模式现代化带来新挑战，特别是对中国科协和所属全国学会的关系而言 ● 中外关系特别是中美关系发生新变化，联系海外科技工作者为国服务不同程度遇到阻碍

（二）"十三五"时期科协组织民间对外科技交流工作的主要成效及存在问题

"十三五"时期，科协系统按照党中央对群团改革和新时代科技外交工作的相关要求，全面落实《中国科学技术协会事业发展"十三五"规划（2016—2020）》《面向建设世界科技强国的中国科协规划纲要》《中国科协事业发展三年行动计划（2018—2020年）》等规划文件中关于民间对外科技交流工作的相关部署，取得了良好的工作成效。

1.《中国科学技术协会事业发展"十三五"规划（2016—2020）》等重要规划相关部署实施成效

根据中国科协国际联络部关于《中国科学技术协会事业发展"十三五"规划（2016—2020）》和《中国科协事业发展三年行动计划（2018—2020年）》相关工作任务完成情况的总结评估报告，主要工作成效体现在如下五方面。

一是深度参与全球科技治理，使我国科技界在世界范围内的影响力和话语权显著提升。二是深入开展"一带一路"民间科技人文交流，在国际工程师资格互认中取得突破。三是落实既定工作方针，开展全方位多形式双边科技交流。四是服务国家对港澳台工作大局，加强与港澳台的科技人文交流与创新合作。五是多措并举，组织海外科技工作者为国服务，海智计划成效明显，影响力显著提升。

同时，在相关任务落实过程中也存在一些问题，主要包括：国际形势发生深刻变化，给我国深入参与国际科技治理带来巨大挑战；以美国为代表的部分国家和地区，采取多种手段限制并阻碍科技合作与人员交流；我国在社会组织参与国际事务方面的法律、制度、政策"供给缺位"，难以保障国际化工作的顺利开展；科协国际化工作的体系建设有待完善，能力建设不足。

2.各级科协和两级学会国际及港澳台地区民间科技交流概况

根据2016—2021年中国科协事业发展年度统计公报，如表1-1-2所示，各级科协组织和两级学会在国际及港澳台地区民间科技交流方面开展了大量工作，取得了较显著的成效。不过，仅从统计数据看，从2016年开始，各级科协和两级学会国际及港澳台地区民间科技交流总体上呈现由热变冷趋势。这一方面可能是因为统计口径发生了改变，另一方面反映了我国同部分国家或地区的合作交流关系日趋紧张的现实状况。可以预料，一定时期内，受中美关系发展变化和新冠肺炎疫情全球大流行的影响，我国参与国际交流和合作肯定会遇到各种阻碍，将会给各级科协和两级学会开展国际及港澳台地区民间科技交流工作带来诸多困难。

表1-1-2 各级科协和两级学会国际及港澳台地区民间科技交流概况

项目	加入国际民间科技组织数/个	在国际民间科技组织中任职专家人数/人			参加国际科学计划数量/项	参加境外科技活动人次/万人次	参加港澳台地区科技活动人才/万人次	接待境外专家学者人次/万人次
		总计	高级别任职专家	一般级别任职专家				
2016年	1423	5218	1721	3497	329	3.5		4.9
2017年	959	1742	722	1020	368	4	2.3	5
2018年	860	2212	895	1317	171	3.1	2	4.3
2019年	893	1984	835	1149	185	4.4	1.8	4.4
2020年	889	2248	1173	1060	154	6.2	0.3	0.8
2021年	903	2446	1265	1182	131	1.4	0.4	0.8

数据来源：中国科协2016—2021年度事业发展统计公报。

（三）科协组织在国际合作竞争中的角色定位、特色优势和职责使命

"十四五"时期，国家各项事业发展对以高水平对外开放打造国际合作和竞争新优势提出了更为迫切的要求。科协组织必须坚决贯彻党的意志和主张，自觉服从服务党和国家外交工作大局，找准工作结合点和着力点，努力在国际合作和竞争中发挥更大作用。

1. 科协组织在国际合作竞争中的角色定位

科协组织是我国开展国际及港澳台地区民间科技交流的主要代表，这是科协组织在国际合作竞争中的基本角色定位。1997年中国科协五届三次全会的会议工作报告将科协工作的总体思路表述为"学术交流主渠道、科普工作主力军、国际民间科技交流主要代表，科技工作者之家"。而这一工作思路应该是源于江泽民在1996年中国科协第五次全国代表大会上的讲话。此后，这一提法被概括为"三主一家"，逐步成为得到普遍共识的概括性表述。"三主一家"的提出，对统一认识、指导和规范科协工作起到了重要作用。随着形势的变化发展，由于受到越靠近基层国际交往职能越淡化等因素的影响，"国际民间科技交流主要代表"的提法在中国科协相关官方文件中亦逐渐淡化。不过，各级科协组织和全国学会一直在持续开展民间科技交流相关工作，并取得了显著成就。在新的历史条件下，我国正式的官方对外交流遇到了挑战，民间科技交流的作用和意义较以往更加彰显和突出。因此，在新时期科协组织的总体工作思路中，有必要突出强调充分发挥科协组织作为国际及港澳台地区民间科技交流主要代表的重要作用。

2. 科协组织在国际合作竞争中的特色优势

一是具有鲜明的群团特色。中国科协是中国科学技术工作者的群众组织，是中国共产党领导下的人民团体，是中国共产党和中国政府联系科学技术工作者的桥梁和纽带，是国家推动科学技术事业发展的重要力量，在国家治理体系中发挥着不可替代的重要作用[32]。中国目前有近1亿科技工作者，使得科协组织汇聚了超大规模的科技人力资源，具备开展各类民间科技交流的良好人才条件。

二是具有独特的组织优势。中国科协由全国学会、协会、研究会和地方科协组成[33]。地方科协由同级学会、协会、研究会和下一级科协及基层组织组成。从中央到地方，横到边、纵到底，形成一个矩阵型网络体系。最新统计数据显示，截至2019年，这一体系有各级科协3209个，直属单位1907个，从业人员34491

人。中国科协所属全国学会有210个,省级科协所属省级学会有3848个。两级学会共有从业人员50764人,联系着理、工、农、医和交叉学科领域的大批专家。这些能够为科协在国际合作竞争中更好地发挥作用提供坚强的组织保障。

三是具有坚实的工作基础。科协组织开展国际及港澳台民间科技交流工作由来已久,从1997年明确提出"三主一家"的工作定位,特别是中国科协事业发展"十三五"规划实施以来,科协组织充分发挥民间科技开放与交流合作的优势,完善战略布局,创新交流机制,充分利用国际科技资源,服务国家创新驱动发展战略,服务国家外交和对港澳台工作大局,取得了突出成效,为进一步深入开展民间科技交流工作奠定了坚实基础。

3. 科协组织在国际合作竞争中的职责使命

根据《中国科学技术协会章程》,建设开放型、枢纽型、平台型科协组织是中国科协的宗旨之一,"开展民间国际科学技术交流活动,促进国际科学技术合作,发展同国(境)外科学技术团体和科学技术工作者的友好交往,为海外科技人才来华创新创业提供服务"是中国科协的任务之一[32]。由此推及,另结合对"十四五"期间乃至更长时期国内外形势的预判,科协组织在国际合作竞争中的职责使命应当是为构建人类命运共同体服务,或者是为国际及港澳台地区民间科技交流服务。为更好地履行这一职责使命,需要科协组织真正成为国际及港澳台民间科技交流的主要代表,真正成为国(境)内外科学技术团体和科学技术工作者之间友好交往的桥梁和纽带,切实发挥科学共同体的平台枢纽作用,持续推动建立国际科技界的信任、合作、发展,有效推动国际交流,不断塑造以人为本的人类命运共同体。

(四)科协组织在国际合作竞争有关方面的具体举措

为更好实施科协组织在国际合作和竞争中的角色定位、特色优势和职责使命等方面的总体发展战略,需要在实际工作中采取一系列具体举措,主要如下:

1. 在新修改的《中国科学技术协会章程》中强化民间国际科技交流相关论述

在目前施行的《中国科学技术协会章程》中,仅将开展民间国际科学技术交流活动等列为任务之一,而明确聚焦科协组织在国际合作竞争中发挥作用的相关论述明显不足。在新修订的《中国科学技术协会章程》中,可考虑将为建设人类命运共同体服务确定为科协组织的职责定位之一,将科协组织的职责定位从"四服务"增至"五服务";可考虑将促进国际及港澳台民间科技交流、真正成为国际及港澳台民间科技交流的主要代表等确定为科协组织的主要宗旨之一。

2. 推动全国学会国际化发展

据相关统计,"十三五"时期,中国科协及其全国学会代表中国科技界共加入374个国际民间科技组织。其中,中国科协所属149个全国学会代表中国科技界共加入了367个国际民间科技组织,占比约98%。中国科协所属全国学会是我国主流的科技社团,在推动民间科技交流方面具有举足轻重的作用,对我国参与国际科技治理活动具有重要影响,但目前大多数全国学会的国际化工作并不理想,与我国科技大国的地位亦不相称,亟须改进提高。2020年7月9日,中国科协召开学会国际化发展专题研讨会。怀进鹏在会上强调,全国学会迫切需要加快国际化发展,促进国内和国际两个大局的有效循环,建设世界科技合作的信任网络,推动国与国之间的理解沟通和文化交融。要做国际科技治理的实践者和探索者,在学术共同体基础上,推动建设国际科技界的价值共同体和命运共同体。

3. 提升品牌工作质量

历经多年实践,科协组织在推动国际交流合作方面已经打造了一批工作品牌,需要在新形势下持续提升质量,不断扩大影响。例如,在举办论坛会议方面,中国科协近几年陆续主办或支持举办了首届世界公众科学素质促进大会、首届世界科技与发展论坛、2019中关村论坛、世界青年科学家(温州)峰会、第二届世界顶尖科学家论坛等高水平民间交流活动,接连收到习近平总书记贺信,取得了显著成效。下一阶段,应当接续办好新一轮论坛活动。同时,还应当做好相关配套开发工作,从而充分挖掘这些论坛活动在助力我国科技创新事业发展和国际科技交流方面的积极作用。又如,在助力"一带一路"倡议方面,中国科协于2016年9月正式启动"一带一路"国际科技组织合作平台建设项目。截至2019年年底,培育成立了三个国际科技联盟和十个研究中心。而且,应当接续推进平台建设项目,大力推动科技联盟和研究中心加强能力建设,积极开展活动,切实发挥作用。

4. 与国际知名科技组织深度合作

截至目前,科协组织已经与许多国际知名科技组织如国际科学理事会、世界工程组织联合会、美国科学促进会等建立了工作联系或合作关系。特别是在中国科协加入的六个国际科技组织中,中国科学家在四个国际科技组织中担任了主席职务,在两个国际科技组织中担任副主席职务,这给科协组织与这六家国际科技组织开展深度合作提供了有利条件。科协组织应当合理利用这一有利条件，充分运用国际科技组织平台资源，创造性地开展工作，在不断深化同有关组织合作交流的过程中为我国参与国际合作和竞争多做贡献。

特别值得提及的是，应当高度重视和深入开展与美国科学促进会的交流合作。美国科学促进会作为世界知名的科学和工程学协会的联合体，在公众参与、科学教育、科学外交等方面成功实施了许多项目。美国科学促进会在推动美国与外交关系相对紧张的国家进行科学研究合作方面成效尤为突出。自该会2008年成立科学外交中心以来，先后派出科学代表团前往越南、缅甸、古巴、朝鲜、叙利亚等多个国家开展交流合作，用科学搭建了沟通交流的桥梁。这一方面值得科协组织创造性地学习借鉴，另一方面也给科协组织提供了推动中美民间科技交流的可用抓手。

5. 加强自身建设

科协组织若要真正成为国际及港澳台地区民间科技交流的主要代表，在助力我国参与国际合作和竞争方面发挥更大作用，必须全面加强自身建设，不断提高自身运营的专业化、规范化和国际化水平。

一要加强人才队伍建设。人才是干事创业的关键资源。目前来看，科协组织从事民间科技交流工作的人才，无论是在规模数量方面，还是在水平能力方面，都相对不足，难以很好地完成高质量推进相关工作的使命任务。科协组织从事民间科技交流工作的人员，以参照公务员管理人员和事业单位工作人员为主，按照现有的管理模式和激励制度，不能很好地激发他们的主动性、积极性和创造性；并且，也很难有力吸引社会上乃至国际上高水平的专业人士补充人才队伍。因此，必须进一步深化科协人事制度改革，全面加强相关人才队伍建设。可考虑探索试行聘任制公务员制度，适度放开事业单位的管理自主权。

二要加强专业智库建设。开展民间科技交流需要精准认识国际国内形势现状，并能科学预判其发展演变，需要全面了解有关国家的科技、政治、经济、文化、法律、习俗等多方面知识，并能有效地集成应用这些知识来指导实践工作。所有这些，都要求有全面、系统、深入、规范的专业研究和高质量的成果给予支撑。因此，在中国科协高端智库建设过程中，应当高度重视民间科技交流相关专业智库的建设。可考虑采用共建智库的模式，与有关高校或研究机构共建民间国际科技交流研究中心。可考虑设立民间国际科技交流专项研究，面向社会广发"英雄帖"，最大范围内征集高质适用的决策咨询研究成果。

三要加强风险防控管理。外交无小事，民间国际科技交流同样无小事。科协组织在推动民间国际科技交流过程中，必须服从国家外交大局，必须高度重视国家科技安全，必须切实加强风险防控管理，必须着力增强自身竞争能力、宏观统筹能力、风险防控能力，炼就"金刚不坏之身"。为此，可考虑在有关国际项目实施过程中，全面建立风险评估制度，引入新式技术手段，及时发现消除风险隐患，确保相关工作合法合规合理，杜绝事故，取得实效。

（五）两个大局背景下科协组织发展的其他重点战略

按照课题委托方要求，本研究不局限于"两个大局"背景下科协组织在国际合作竞争中的角色定位、特色优势和职责使命等方面的发展战略，还应从历史视野、中国视野、世界视野深入研究新形势下科协组织的发展战略。为此，课题组进一步拓展研究，形成如下观点。

1. 宏观战略

科协"姓党"，是党领导下的人民团体，是党和政府联系科技工作者的桥梁和纽带，这是制定新时期科协组织发展宏观战略的基本出发点和主要立足点。基于此，科协组织必须始终坚持加强党的领导，坚定不移走中国特色社会主义群团发展道路，坚决贯彻党的意志和主张，自觉服从服务党和国家工作大局，找准工作结合点和着力点，落实以科技工作者为中心的工作导向，增强吸引力和影响力，在最广范围内最大程度上把科技工作者组织起来、动员起来、团结起来，努力推动科技创新和科学普及，积极助力国家科技、经济和社会等事业的发展，力求为全面建设社会主义现代化国家伟大事业做出更大贡献。

此外，当今世界正经历百年未有之大变局，新一轮科技革命和产业变革深入发展，给科技共同体运营模式带来了新挑战，对科协组织治理体系和治理模式现代化提出了新挑战。科协组织必须注重走高质量发展道路，逐步实现从价值赋能组织到价值创造组织的转型和转变，秉持开放、信任、团结，构建"以理服人"的科学共同体、"以德服人"的价值共同体、"以人为本"的命运共同体。

2. 具体策略

围绕更好地履行为科学技术工作者服务、为创新驱动发展服务、为提高全民科学素质服务、为党和政府科学决策服务的职责定位，可以从以下几方面相应采取具体举措。

（1）为科学技术工作者服务

进一步丰富科协组织为科技工作者提供的服务内容，提高服务质量，打造服务品牌。同时还应注重激发科技工作者自觉接受或主动寻求科协组织服务的意愿和需求。科技组织为科技工作者服务应当更加注重专业化和精准化，面向不同领域的科技工作者提供优质服务；应当更加注重公平化和均衡化，面向不同层级的科技工作者提供优质服务，特别是要注重服务基层科技工作者；应当更加注重时效性和影响性，面向那些涉嫌违法违规等情况的不良事件、身陷社会舆论旋涡的科技工作者，提供合法、合规、合理的相关服务。

全面优化综合服务职能，可从两方面入手。一方面，可考虑与全国总工会、共青团、妇联等群团组织加强交流合作，探索联合建立社会组织或社会组织服务平台的必要性和可行性；另一方面，中国科协可考虑独立建设公务服务综合平台，聚焦科协系统主要的服务资源，以科技工作者为主要服务对象，同时面向其他相关服务对象，提供一站式综合服务。中国科协公共服务综合平台建设和服务模式打造可以学习借鉴美国科学促进会和国内外其他相关公共服务平台建设的经验做法，同时结合我国国情和科协工作实际进行科学分类，具体会员分类结果还有待进一步深入研究和广泛讨论。

（2）为创新驱动发展服务

认真贯彻执行《中国科协2020年服务科技经济融合发展行动方案》，持续打造"科创中国"服务品牌。围绕打造"科创中国"科技经济融通平台、共建"科创中国"创新枢纽城市、推动"科创中国"科技志愿服务、组织"科创中国"人才技术培训、集聚"科创中国"海外智力创新创业、开展"科创中国"科技决策咨询六项重点任务，加强组织领导，深化中国科协和地方政府合作，坚持试点先行，强化过程管理，力争尽快取得突破、做出实效。

更加重视服务科技创新，延及服务全面创新，积极探索符合群团组织禀赋优势和特点特色的服务模式。组织动员有关全国学会，充分发挥组成单位多元、学科交叉、专家汇聚的优势，针对产业薄弱环节，助力实施好关键核心技术攻关工程，推动尽快解决一批"卡脖子"问题。

（3）为提高全民科学素质服务

为提高全民科学素质服务，是科协组织最具基础和最有能力做出成绩、做强品牌的工作领域。要充分利用中国科协作为全民科学素质纲要实施工作办公室依托单位的先天优势,健全制度规定,优化工作机制,全面履行职责。要高标准编制,并有力推动实施新一轮全民科学素质行动计划纲要,切实提高科协组织在提高全民科学素质方面的关注度、知名度和影响力。

继续做强做大"科普中国"品牌,深入推进科普信息化建设。以高质量科普内容建设为重点,充分利用现有传播渠道和平台,加快建设新型传播渠道和平台,使科普信息化建设与传统科普深度融合,助力提升国家科普公共服务水平。

（4）为党和政府科学决策服务

争取进入国家高端智库建设试点单位名单,将开展高端智库建设试点作为重点工作之一,统筹做出部署安排。发挥科协组织在推动科技创新方面的优势,在国家科技战略、规划、布局、政策等方面发挥支撑作用,加快建设成为创新引领、国家倚重、社会信任、国际知名的高端科技智库[34]。

开展重大评估评价工作。进一步发挥科协组织在重大评估评价特别是科技创新评估评价方面独立的第三方作用,重点聚焦国家重大科技创新战略、规划、政策等的实施情况,接受委托或自主开展第三方评估,打响第三方评估品牌。推动中国科协所属全国学会有序承接好政府转移的相关科技评估职能,在国家科研和创新基地评估、科技计划实施情况的整体评估、科研项目完成情况评估等方面做出实效,扩大影响。加强科协组织科技创新评估体系建设,完善评估专家库,建设资源库,构筑科协系统第三方评估机构协作发展网络平台,支持科协组织第三方评估理论、方法、模式和经验研究,加强教育培训工作。推动建立健全国家科技评估、创新评估和第三方评估制度,推动形成决策、执行、评价相对分开的运行机制,助力实现评估评价的公平、公开和公正,更好服务国家治理体系和治理能力现代化。

五、对中国科协"十四五"规划的建议

（一）认真贯彻落实党的十九届五中全会精神

党的十九届五中全会通过了《中共中央关于制定国民经济和社会发展第十四个五年规划和二〇三五年远景目标的建议》,为中国科协"十四五"规划编制提供了根本遵循和重要依据[35]。

中共中央部分建议内容与科协工作直接相关,主要包括:"十四五"时期经济

社会发展主要目标之一是社会文明程度得到新提高，主要表现为"社会主义核心价值观深入人心，人民思想道德素质、科学文化素质和身心健康素质明显提高"；"十四五"时期，要"坚持创新在我国现代化建设全局中的核心地位，把科技自立自强作为国家发展的战略支撑，面向世界科技前沿、面向经济主战场、面向国家重大需求、面向人民生命健康，深入实施科教兴国战略、人才强国战略、创新驱动发展战略，完善国家创新体系，加快建设科技强国"。在激发人才创新活力方面，要"健全以创新能力、质量、实效、贡献为导向的科技人才评价体系。加强学风建设，坚守学术诚信"。在完善科技创新体制机制方面，"弘扬科学精神和工匠精神，加强科普工作，营造崇尚创新的社会氛围。健全科技伦理体系"。在加快转变政府职能方面，"健全重大政策事前评估和事后评价制度，畅通参与政策制定的渠道，提高决策科学化、民主化、法治化水平"。在加强和创新社会治理方面，"发挥群团组织和社会组织在社会治理中的作用，畅通和规范市场主体、新社会阶层、社会工作者和志愿者等参与社会治理的途径"。在推进社会主义政治建设方面，"发挥工会、共青团、妇联等人民团体作用，把各自联系的群众紧紧凝聚在党的周围"。[1]

这些建议要求，是新形势下科协组织服从服务党和国家工作大局的工作结合点和着力点，必须在中国科协"十四五"规划和日常工作中得到全面贯彻落实。

（二）全面落实中国科协党组书记处部署安排

近年特别是2020年年初以来，中国科协党组书记处按照中央要求，科学缜密研判时事形势，充分考虑科协组织自身特色和发展现状，对当前和未来五年乃至更长时间的工作已经做出了一些统筹谋划。应当在"十四五"规划中将这些统筹谋划全面落到实处。

2020年10月15日，中国科协召开谋划"十四五"发展工作推进会。会议强调："中国科协要切实增强准确识变、创新应变、主动求变能力。要着眼我国进入新发展阶段的大局，落实新发展理念，紧扣推动高质量发展、构建新发展格局，坚持'四个面向'，深入研究流动性减少对创新能力建设的新要求，深入研究社会创新合作网络缺失对科技社会组织的新要求，充分发挥科学共同体的独特作用，全面提升科协组织的思想政治引领力、组织动员凝聚力、公共产品竞争力，着力打造'科普中国''科创中国''智汇中国'和'科技工作者之家'，探索中国特色科技群团发展道路，夯实党在科技界的执政基础，为服务国家治理体系和治理能力现代化，构建人类命运共同体作出独特贡献。"

2020年12月7日，中国科协召开深化改革领导小组2020年第八次会议。会议要求："'十四五'期间要更加有效地整合科协资源，突出'三型'组织特色，提供高质量的公共服务产品。通过'科普中国'平台，创新科普传播载体，关注重点群体，促进公众理解科学参与科学，提高公众科学文化素质；通过'科创中国'平台，提高科学知识的运用和传播能力，促进科技经济深度融合，赋能企业创新，让产业插上创新的翅膀，助力高质量发展；通过'智汇中国'平台，突破传统智库机制，依托区域，引入政府、高校等多种主体创新智库组织模式，创新学术会议、学术沙龙等多种汇智聚力方式，有效支撑决策科学化。"

这些部署要求，是新形势下科协组织服从服务党和国家工作大局的新思考和新探索，必须在中国科协"十四五"规划和日常工作中落到实处并与时俱进、不断完善。

（三）加大力度部署推进科协系统全面深化改革

坚持深化改革是中国科协"十四五"各项事业发展必须遵守的一个基本原则，同时还应是中国科协"十四五"事业发展规划的重要内容之一。"十四五"时期科协系统首先要注重解决"灯下黑"等突出问题，力求通过全面深化改革，不断推动科协组织治理体系和治理能力现代化，充分激发科协组织广大干部职工的积极性、主动性和创造性。

进一步推进科协组织全面深化改革，必须适应新时代党和国家事业发展对科协组织的新要求，坚持正确的改革方向，坚持以科技工作者为中心，严格依法依章程推进工作，以加强党的全面领导为统领，以服务国家治理体系和治理能力现代化为导向，以推进科协机构职能优化协同高效为着力点，以激发科协组织广大干部职工干事创业活力为出发点，积极构建系统完备、科学规范、运行高效的科协机构职能体系和激励奖励机制[36]。

在中国科协机构改革方面，优先考虑在机关部门序列中新增政策研究室（实体部门），主要负责科协工作重要理论政策的研究工作，负责与科技工作者利益密切相关的重要经济和社会政策问题的调查研究工作，负责中国科协党组书记处确定的重大调研课题的组织协调工作，负责中国科协党组、书记处交办的有关会议文件及重要文稿的起草工作，等等。可以考虑新成立中国科协智库中心（非实体机构），负责统筹推进科协高端科技智库建设，管理和服务科协系统各类智库。还可考虑新成立中国科协第三方评估中心，为中国科协及其直属单位、全国学会、地方科协等开展第三方评估任务提供综合支撑服务，并以中国科协第三方评估中心为核心，汇聚科协系统第三方评估相关特色资源，加快构筑科协系统第三方评估协作网络，推动科协系统第三方评估工作实现质的飞跃。

此外，还应高度重视、持续不懈加强内控建设，以加强内控建设为契机进一步提升科协组织的职业化、专业化能力。

（四）重视有关基础性问题

中国科协"十四五"规划要明确基本定位和效力范围。规划应全面分析"十四五"时期科协事业发展面临的环境和总体任务，阐明科协改革发展思路、目标和实施原则，明确重点任务、实施步骤和保障措施。中国科协机关部门和直属单位是规划实施落实的主要责任部门或牵头推动部门，规划内容应当充分考虑相关部门单位的工作实际。规划对全国学会、地方科协和其他科协组织没有硬性约束效力，但规划内容应当注重对全国学会、地方科协和其他科协组织的指导价值和导向意义。

中国科协"十四五"规划要注重融入大局。时下，国家发改委正在牵头编制国民经济和社会发展"十四五"规划纲要草案，科技部正在牵头编制2021—2035年中长期科技发展规划和"十四五"科技创新规划，中国科协"十四五"规划编制应当积极主动对接国家发展规划和有关国家级专项规划编制工作，力争将中国科协"十四五"重要工作部署纳入国家规划。

中国科协"十四五"规划要加强系统统筹。当前，中国科协正在牵头编制《全民科学素质行动计划纲要（2021—2025—2035年）》，组织编制中国科协"十四五"事业发展规划以及智库建设、学术交流等专项规划；同时，部分省级科协也拟编写其"十四五"事业发展规划。因此，坚持系统观念、加强统筹协调就显得尤为重要。可以考虑以中国科协党组或中国科协"十四五"规划编写组名义尽快发布关于制定"十四五"规划的更具指导性和实操性的建议。

中国科协"十四五"规划要重视健全规划落实机制。健全政策协调和工作协同机制，建立决策、执行、评价相对分开、互相监督的运行机制。强化对规划实施进展情况的监督问责，将规划任务落实情况纳入工作绩效和干部评价考核。完善规划实施监测评估机制，注重发挥第三方评估机构作用，定期对本方案落实情况进行跟踪评价，依据评价结果及时调整完善相关政策，确保规划决策部署真正落到实处。

附件：

一、中国科协历次全国代表大会概况及其章程中宗旨定位的演变

（一）中国科协历次全国代表大会概况

（1980.3.15–1980.3.23）
通过：第一部《中国科学技术协会章程》
明确：组织性质，即在中国共产党领导下的各种科学技术工作者群众团体的联合组织
宗旨：促进我国科学技术的发展和繁荣，普及和推广，为提高整个中华民族的科学文化水平，为尽快把我国建设成为现代化的社会主义强国作出贡献
规定：常务委员会根据工作需要设置普及工作委员会、学会工作委员会、国际活动委员会
提出：开展对青少年的技术教育活动，对政府和企事业单位的科学技术问题发挥咨询决策作用
明确：会员须缴纳会费，每年至少提交一份工作报告

（1991.5.23–1991.5.27）
首次：明确中国科协是中国共产党领导下的人民团体
首次：明确作为党和政府联系科学技术工作者的纽带和发展科学技术事业的助手
首次：明确为社会主义物质文明和精神文明建设服务，为科学技术工作者和科学技术团体服务

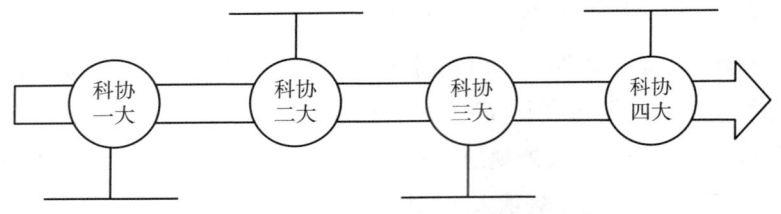

科协一大 → 科协二大 → 科协三大 → 科协四大

（1958.9.18–1958.9.25）
批准：全国科联、全国科普合并，建立全国性的、统一的科学技术团体，定名为中华人民共和国科学技术协会（简称"中国科协"）
明确：中国科协是中国共产党领导下的、社会主义的、全国性的科学技术群众团体，是党动员广大科技工作者和广大人民群众进行技术革命和文化革命、建设社会主义和共产主义的工具和助手
基本任务：在中国共产党的领导下，密切结合生产积极开展群众性的技术革命运动

（1986.6.23–1986.6.27）
进一步明确：中国科学技术协会是中国共产党领导下的科学技术工作者的群众团体，是全国性学会和地方科协的联合组织，是党和政府联系科学技术工作者的纽带，是党和政府发展科学技术事业的助手
首次：提出"促进科技人才的成长和提高"的任务
首次：提出开展继续教育，帮助科技工作者更新知识
首次：提出维护科技工作者的合法权益
首次：提出举荐人才，表彰奖励在科技活动中取得优秀成绩的科技工作者

第1部分 战略研究
01 "两个大局"背景下科协组织发展战略研究

（2001.6.22–2001.6.26）

明确：科协是国家推动科学技术事业发展的重要力量按照党章，把"坚持以马克思列宁主义、毛泽东思想、邓小平理论和党的基本路线为指导"写入宗旨
提出：把"弘扬科学精神，普及科学知识，传播科学思想和科学方法"作为科普工作的重要指导方针
首次：设立港澳台及海外科技工作者特邀代表团

（2011.5.27–2011.5.30）

宗旨：坚持科学技术是第一生产力和人才资源是第一资源的思想，推动实施科教兴国战略、人才强国战略和可持续发展战略，建设创新型国家
明确：将中国科学技术协会会员日定在每年12月15日
首次：提出代表大会代表实行任期制
首次：提出推动建立和完善科学研究诚信监督机制
体现：全国学会的科学共同体特征，将"行政上受学会挂靠单位的领导"修改为"接收支撑单位的管理"
规范：英文全称是China Association for Science and Technology，缩写为CAST

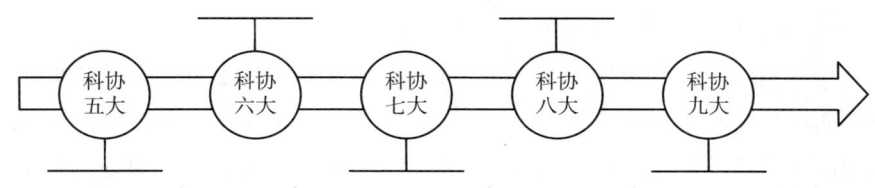

科协五大 → 科协六大 → 科协七大 → 科协八大 → 科协九大

（1996.5.27–1996.5.31）

明确：提出中国科协是国家发展科学技术事业的重要社会力量。各省、自治区、直辖市科协是各省、自治区、直辖市党委领导下的人民团体，是中国科协的地方组织
明确："三主一家"工作定位，即学术交流主渠道、科普工作主力军、国际及对港澳台民间科技交流和合作的主要代表，科技工作者之家形成："四促进"的职能架构，促进科学技术的繁荣和发展，促进科学技术的普及和推广，促进科学技术人才的成长和提高，促进科学技术与经济的结合
首次：明确书记处由第一书记和书记若干人组成
首次：对中国科学技术协会的会址、会徽等做出规定

（2006.5.23–2006.5.26）

突出：提出"三服务一加强"的工作定位，即为科技工作者服务、为经济社会全面协调可持续发展服务、为提高全民科学素质服务，切实加强自身建设
形成：以"四促进""三服务""一维护""一推动"为基本内容的职能表述
首次：明确《中国科学技术协会章程》为全国统一章程，地方科协不再制定章程，而是据此制定实施细则

（2016.5.30–2016.6.2）

首次：提出增强政治性、先进性和群众性，建设开放型、枢纽型、平台型科协组织的发展目标
明确：将科协组织定位为党领导下团结联系广大科技工作者的人民团体，提供科技类公共服务产品的社会组织，国家创新体系的重要组成部分
拓展：科协组织服务领域，提出"四服务一加强"的工作职能
强化：上级科协对下级科协的工作领导
扩大：科协对科技工作者的组织覆盖和工作覆盖。学会和高等学校科协、大型企业科协等基层组织，符合条件的，经批准可成为团体会员
鼓励：学会设立联合体，有条件的学会联合体应设立党的工作机构
进一步明确：科协组织的工作纪律和履职要求

（二）中国科协章程中宗旨定位的演变

中国科协成立于1958年，截至2020年，共举行了九次全国代表大会。

中国科协一大（1958年）没有制定协会章程，仅通过了一个关于建立中华人民共和国科学技术协会的决议，明确了中国科协是中国共产党领导下的、社

会主义的、全国性的科学技术群众团体,是党动员广大科技工作者和广大人民群众进行技术革命和文化革命、建设社会主义和共产主义的工具和助手[37]。科协的基本任务是在中国共产党的领导下,密切结合生产积极开展群众性的技术革命运动。

中国科协二大(1980年)通过了第一部《中国科学技术协会章程》,将团体定名为"中国科学技术协会",将宗旨定为"促进我国科学技术的发展和繁荣,普及和推广,为提高整个中华民族的科学文化水平,为尽快把我国建设成为现代化的社会主义强国作出贡献"。与中国科协一大相比,二大对科协组织性质的定位也发生了明显变化,改为"在中国共产党领导下的各种科学技术工作者群众团体的联合组织",明显聚焦科学技术工作者[38]。

中国科协三大(1986年)进一步明确了中国科协的定位,即"中国共产党领导下的科学技术工作者的群众团体,是全国性学会和地方科协的联合组织,是党和政府联系科学技术工作者的纽带,是党和政府发展科学技术事业的助手",提出了科协不仅是党还是政府发展科学技术事业的助手。宗旨定为:"团结组织科学技术工作者,面向现代化,面向世界,面向未来;促进科学技术的繁荣和发展,促进科学技术的普及和推广,促进科技人才的成长和提高;为提高整个中华民族的科学文化水平,为把我国建设成为高度文明、高度民主的社会主义国家作出贡献。"[39]与前两次代表大会相比,中国科协三大首次提出了促进科技人才的成长和提高、开展继续教育以帮助科技工作者更新知识、维护科技工作者的合法权益、举荐人才、表彰奖励在科技活动中取得优秀成绩的科技工作者等任务,显示出科协开始关注科技工作者的自身发展需要。

中国科协四大(1991年)首次明确了中国科协是中国共产党领导下的人民团体、党和政府联系科学技术工作者的纽带和发展科学技术事业的助手,科协要为社会主义物质文明和精神文明建设服务,为科学技术工作者和科学技术团体服务。定位由先前的"群众团体"改为"人民团体",性质和范围发生了改变。服务对象由科技工作者扩展到科技工作者与科学技术团体。

中国科协五大(1996年)将中国科协是"党和政府联系科学技术工作者的纽带"修改为是"党和政府联系科学技术工作者的桥梁和纽带",增加了"桥梁"的表述;将科协是"党和政府发展科学技术事业的助手"的表述改为是"国家发展科学技术事业的重要社会力量"。此外,中国科协五大还明确了科协"三主一家"

的工作定位和"四促进"的职能架构。

中国科协六大（2001年）把中国科协是"国家发展科学技术事业的重要社会力量"这一表述改为是"国家推动科学技术事业发展的重要力量"，去掉了"社会"二字；把"坚持以马克思列宁主义、毛泽东思想、邓小平理论和党的基本路线为指导"写入宗旨。

中国科协七大（2006年）提出"三服务一加强"的工作定位，形成以"四促进""三服务""一维护""一推动"为基本内容的职能表述。

中国科协八大（2011年）提出："坚持科学技术是第一生产力和人才资源是第一资源的思想，推动实施科教兴国战略、人才强国战略和可持续发展战略，建设创新型国家。"[40]中国科协八大再一次强调了人才资源的重要性，科技与人才并重。

中国科协九大（2016年）提出中国科协要增强政治性、先进性和群众性，建设开放型、枢纽型、平台型科协组织的发展目标；在科协组织服务领域，提出"四服务一加强"的工作职能。

科协组织发展的态势以科技工作者为中心，不断多层次化、多元化，职能定位不断深化。关于中国科协宗旨的表述，每次中国科协全国代表大会都会按照党的全国代表大会及历次中央全会的精神进行及时修改与更新。

二、美国科学促进会和日本学术会议案例简析

（一）美国科学促进会

美国科学促进会（American Association for the Advancement of Science，简称AAAS）是世界上最大的科学和工程学协会的联合体，也是最大的非营利性国际科技组织。该会的宗旨使命是"为了全人类利益，在世界范围内推进科学、工程和创新"。

美国科学促进会的工作目标是：加强科学家、工程师和公众的交流，促进和捍卫科学及其使用的完整性，强化对科技型企业的支持，在社会问题上为科学发声，促进在公共政策中负责任地应用科学，加强科技队伍建设并使其多元化，促进人人享有科学和技术教育，加强公众对科学和技术的参与，促进科学领域的国际合作。

美国科学促进会的主要项目包括：为证据辩护（Advocacy for Evidence），科学技术工程和数学教育职业（Careers in STEM），多元化、公平和包容（Diversity, Equity & Inclusion），联邦政府科学预算分析（Federal Science Budget Analysis），人权、法律与伦理（Human Rights, Law & Ethics），公众参与（Public Engagement），科学外交（Science Diplomacy），科学教育（Science Education），塑造科学政策（Shaping Science Policy）。

美国科学促进会科学外交中心（AAAS Center for Science Diplomacy）于2008年成立。当时受国际金融危机影响，全球经济处于衰退过程中，并且政治局势日趋紧张。美国科学促进会认为，科学和创新有助于解决这些问题和困难。时任美国科学促进会首席执行官艾伦·莱什纳（Alan Leshner）在向美国众议院研究和科学教育小组委员会提交的关于国际科学合作的证词中，正式宣布成立科学外交中心。中心的宗旨是利用科学和科学合作促进国际理解和繁荣。

自成立以来，美国科学促进会科学外交中心促成了新的全球合作领域，特别是在推动美国同外交关系紧张甚至没有建立外交关系的国家之间的科技交流合作方面取得了较好成效。以美国和古巴之间的科技合作交流为例，2009年，美国科学促进会派代表参加了前往古巴讨论古美两国合作的代表团。通过美国科学促进会及其科学外交中心和古巴科学院的联合努力，形成了有关合作倡议，并创建了一个国际交流项目。在该项目支持下，一名古巴神经科学家到美国实验室学习交流了半年时间。与此类似，美国科学中心在促进美国同朝鲜、伊朗等国家之间的科技交流合作方面也开展了一些工作，并取得了阶段性成效。

科学外交中心一直走在科学外交培训教育工作的前列。自2014年以来，该中心与世界科学院合作组织了一系列科学外交课程，在哥伦比亚特区举办了自己的讲习班，发布了科学外交在线课程，并建立了科学外交教育网。该中心于2012年推出了《科学和外交》在线电子杂志，为科学外交从业者和相关研究人员创建了交流渠道。[1]

---

[1] 以上关于美国科学促进会的介绍根据该会官方网站相关资料梳理。

（二）日本学术会议

1. 概况

日本学术会议（Science Council of Japan，简称SCJ）是于1949年1月基于《日本学术会议法》成立的[1]。它是受首相管辖但又独立于政府之外的"特殊组织"，是日本科学共同体的代表组织。日本学术会议通过不断促进包含人文科学、社会科学、自然科学和工程等在内的各个科学领域的发展，来实现科学在行政、工业和人民生活中的体现和渗透。日本学术会议的宗旨是"坚定科技是建设文明国家的基石"。基于这样一种认知，日本学术会议将自身打造成日本科技精英的平台，汇聚全国各地科学家的意见，对国内外的科技领域公共政策进行评价。通过向行政机构、产业机构以及其他同国民生活有关的机构提供科技决策支持，不断推动日本科学技术的发展。

《日本学术会议法》规定：日本学术会议是全日本科学工作者对内、对外的代表机构，它极力谋求科学的发展。一方面，日本学术会议是独立于政府的民间组织，通过选举产生组织成员代表，所选择的科技工作者几乎遍布各个行业，可以对国家各大重要科学技术问题进行评说和建议，因此日本学术会议在很多人眼中是日本科技界的"议会"；另一方面，日本学术会议受日本首相管辖，可以从国库调拨经费。所以，日本学术会议对内是日本科技工作者的代表组织，对外可以极力地推动全国的科技发展，将科学技术反映和渗透到各级行政机构、产业机构以及与国民生活息息相关的方方面面。

2. 主要活动

日本学术会议的功能主要体现在：①审议重大科学问题，协助解决重大科学问题；②协调科研工作，提高科研效率。日本学术会议积极的审议工作可以帮助提高日本科技的发展水平，并且可以铸牢与日本科技政策指挥中心——科学技术政策委员会（Council for Science and Technology）不可分割的联盟关系。其审议工作主要集中在对政府和公众的政策建议、国际学术交流活动、国民科学素养的提升和建立科学家之间的联系网络上。具体来讲，日本学术会议的活动分为国内活动和国际活动两部分[2]。

日本学术会议的国内活动主要集中在：①向政府提供与政策相关的观点和建议。日本学术会议作为受首相直辖的"特殊组织"，职责使命之一就是为政府的决策提供建议和帮助。G8集团成员国每年需要由本国科学院向政府提供该国的科学政策发展建议，这一职能在日本主要由日本学术会议负责。②提高公众对科学作用的认识。日本学术会议通过举办公开讲座和座谈会，向大众传播科学和学术研究成果，其中较为有名的是科学咖啡馆。与传统的讲座和研讨会不同，科学咖啡馆是一种新型的交流场所，在这里，科学家和普通人可以边喝咖啡边随意交谈。③在科学家之间建立起沟通的桥梁。日本学术会议与大约1700家科研机构携手合作，促进了日本科学界核心人员的交流，其领域涉及人文、社会科学和自然科学各方面。此外，日本学术会议通过多种方式，比如地区学术会议或者政产学研高峰会议等，鼓励本地科学家进行更积极的学术合作，以此促进学术发展。④加大与科研机构的合作。为了积极维持和加强同各领域其他科学和研究机构的密切合作关系，2004年4月，日本学术会议结束了传统的学术研究组织注册制度，建立了合作科研机构体系。

日本学术会议的国际活动主要包括：①举办国际会议与座谈会。日本学术会议已经举办了多次国际会议和专题讨论会，包括每年一次的"可持续发展科学技术国际会议"。②为国际学术组织提供帮助。日本学术会议长期配合国际科学理事会（ISC）、国际科学院组织（IAP）和亚洲科学理事会（SCA）等国际学术组织的活动，派代表参加这些组织主办的国际会议和活动。③积极与海外院校交流。2015年9月7日，为促进中日两国合作，日本科学委员会与中国科学技术协会在中国科技会堂举行了《日本科学委员会与中国科学技术协会合作备忘录》签字仪式。日本学术会议时任会长大西隆教授和中国科协时任主席韩启德教授分别代表各机构在备忘录上签字。

3. 组织结构及职能

日本学术会议由210个理事会成员和约2000名成员组成。组织结构包括总会、3个部门分会议、执行委员、30个特设委员会、4个经营管理委员会和面向问题的特设委员会，如图1-1-2所示。①

---

① 以上关于日本学术会议的介绍主要参考如下文献：杜石然.日本科技之星的展示平台——关于日本学士院和日本学术会议的一个话题［J］.科学文化评论，2007（1）：84-89. 范大祺，鲍同.人文社科学术成果对外翻译政策导向研究——以"日本学术会议"系列提案为例［J］.中国翻译，2018，39（2）：62-66. 王天华.日本的科技政策与科技团体概观［J］.北京航空航天大学学报（社会科学版），2018，31（5）：37-43.

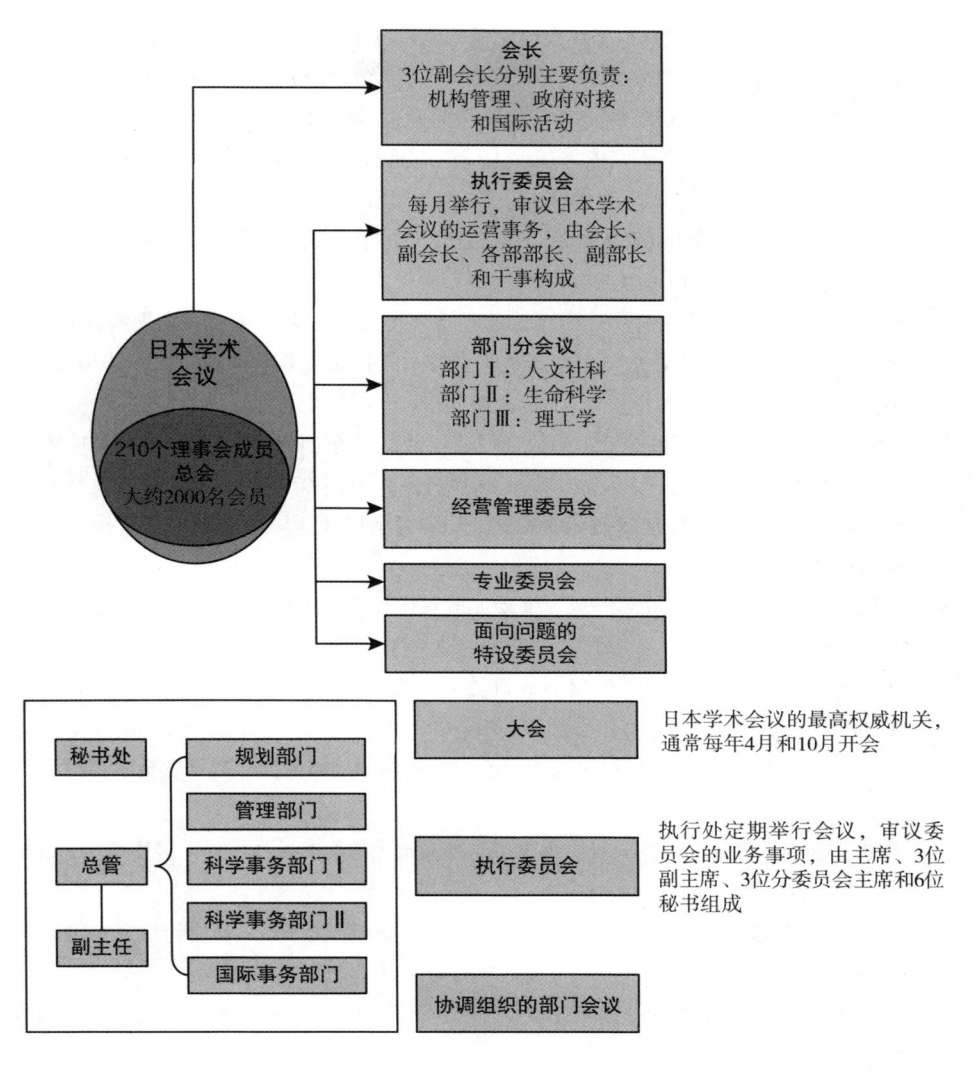

第 1 部分 战略研究
01 "两个大局"背景下科协组织发展战略研究

图 1-1-2 日本学术会议组织结构

参考文献

［1］中共中央关于制定国民经济和社会发展第十四个五年规划和二〇三五年远景目标的建议［EB/OL］.（2020-11-03）［2021-11-02］. http://www.gov.cn/zhengce/2020-11/03/content_5556991.htm.

［2］新华社．习近平在中央外事工作会议上强调坚持以新时代中国特色社会主义外交思想为指导 努力开创中国特色大国外交新局面［N］．人民日报，2018-06-24（01）．

［3］张新宁．把握百年大变局中的"变"与"不变"需要深入研究的几个问题——学术界对百年未有之大变局研究成果述评［J］．毛泽东邓小平理论研究，2020（1）：89-95+108.

［4］新华社．中共中央政治局常务委员会召开会议 中共中央总书记习近平主持会议［N］．人民日报，2020-05-15（01）．

［5］新华社．习近平在看望参加政协会议的经济界委员时强调：坚持用全面辩证长远眼光分析经济形势 努力在危机中育新机于变局中开新局［N］．人民日报，2020-05-24（01）．

［6］新华社．习近平主持召开企业家座谈会强调：激发市场主体活力弘扬企业家精神 推动企业发挥更大作用实现更大发展［N］．人民日报，2020-07-22（01）．

［7］王昌林、杨长湧．在构建双循环新发展格局中育新机开新局［N］．经济日报，2020-08-05（11）．

［8］崔卫杰．以更大力度的改革开放 推动形成双循环新发展格局［N］．中国经济时报，2020-08-13（4）．

［9］胡祥明．"五大发展理念"统领下的科协创新发展战略研究［J］．学会，2017（1）：14-24.

［10］胡祥明．面向2050年强化科协组织政治引领吸纳的战略研究［J］．学会，2018（7）：5-19.

［11］郑华，徐继平，曾波，等．科协组织参与社会治理的战略选择［J］．科协论坛，2015（1）：21-23.

［12］《科协核心职能研究》课题组．科协的核心职能及其强化［J］．科协论坛，2015（3）：46-48.

［13］游建胜．科协组织要在优化学术环境中发挥更大作用［J］．科协论坛，2016（4）：10-12.

［14］王立业．科协组织助力精准扶贫的路径探析［J］．农村经济与科技，2018，29（22）：211-212.

［15］夏婷．科技类社会组织服务"一带一路"倡议的SWOT分析及对策研究——以中国科协所属全国学会为例［J］．今日科苑，2019（6）：57-64.

［16］王延飞．科协组织要努力成为全面深化改革的重要力量［J］．科协论坛，2014（7）：46-49.

［17］戴宏，王国强．加强科协基层组织建设的对策与建议［J］．科协论坛，2016（1）：41-43.

[18] 陈惠娟. 以深化改革为动力 打造"三型"科协组织[J]. 科协论坛, 2018 (6): 42-43.

[19] 周寂沫. 从"双创"第三方评估看科协"智库"发展之路[J]. 学会, 2016 (7): 27-34.

[20] 刘伟. 科协强化政治协商职能服务科学决策的探讨[J]. 科协论坛, 2016 (9): 44-45.

[21] 郑金平. 浙江科协群团改革的思考与实践[J]. 人民论坛, 2019 (28): 112-113.

[22] 李占乐. 法团主义视域下我国科协组织改革与发展探讨[J]. 漯河职业技术学院学报, 2020, 19 (3): 64-67.

[23] 王春法. 中国科协发展的回顾与思考[J]. 科技导报, 2016, 34 (10): 4-11.

[24] 王春法. 新形势下提高科协干部能力水平的若干思考[J]. 科协论坛, 2017 (7): 7-12.

[25] 齐婧. 科协系统吸引国际科技组织落户北京的思考[J]. 科技传播, 2017, 9 (18): 90-91+105.

[26] 王大鹏. 关于科协组织动员科学家参与科普的思考[J]. 科协论坛, 2018 (2): 5-6.

[27] 李敏, 刘雨梦, 徐雨森, 等. 中国科协政策体系的演变历程、趋势与建议——基于2001年以来469项中国科协文件的统计分析[J]. 中国科技论坛, 2018 (2): 1-9.

[28] 齐志红, 崔维军, 傅宇, 等. 中国科协所属科技社团国际化现状分析[J]. 科技导报, 2019, 37 (24): 6-14.

[29] 陈洁, 张洁. 科技社团服务创新驱动发展路径关键[J]. 科技创新与应用, 2020 (2): 29-30.

[30] 张瑶. 国外科技社团服务会员方式研究及启示——以国际宇航联合会为例[J]. 学会, 2020 (6): 31-34.

[31] 游玎怡, 王海燕. 科技社团参与科技类公共服务的现状与策略[J]. 科学学研究, 2020, 38 (5): 787-796.

[32] 百度百科. 中国科学技术协会[EB/OL]. (2019-09-04) [2021-11-02]. http://baike.baidu.com/view/1639804.html [2021-11-02].

[33] 王国强, 胡新和. 钱学森的"中国科协学"与系统学[J]. 自然辩证法研究, 2011, 27 (10): 66-70.

[34] 本报记者. 中共中央办公厅、国务院办公厅印发《关于加强中国特色新型智库建设的意见》[N]. 农民日报, 2015-01-21 (03).

[35] 秦宣. 全面建设社会主义现代化国家新征程"新"在何处?[J]. 科学社会主义, 2021 (1): 115-121.

[36] 黄玫、吴唯佳. 基于规划权博弈的国土空间用途管制构建路径研究[M]// 中国城市

规划学会. 活力城乡　美好人居——2019中国城市规划年会论文集. 中国建筑工业出版社，2019：9.

[37] 马小亮. 科学与政策之间的边界组织研究［D］. 北京：中国科学院大学，2018.

[38] 程小平、亚斌建、柳鹏. 大陆科协组织概况及在科技创新中的作用［C］// 甘肃省科协. 第九届海峡两岸科普论坛，2016.

[39] 王绥平. 我所认识的科协——科协性质宗旨表述的50年回眸［J］. 学会，2008（10）：57-59.

[40] 佚名. 中国科学技术协会章程［J］. 科协论坛，2011（06）：16-18.

作者单位：赵正国，中国科协创新战略研究院

王　萌，中国科协创新战略研究院

陈　峰，中国科协创新战略研究院

贺茂斌，中国科协创新战略研究院

王　楠，中国科协创新战略研究院

02 建设科技强国背景下科协组织发展对策研究

◇韩晋芳　黄园浙　夏　婷　张明妍　程　豪

【摘　要】"十四五"是建设世界科技强国的一个关键时期。对部分世界科技强国的经验分析说明，良好的引人用人机制、在某些领域的原始创新优势、以创新成果驱动的经济体系、良好的治理体系和科学文化生态等是影响科技强国建设进程的重要因素。科技社团在这些方面均发挥着不可忽视的作用。为服务国家科技强国建设目标，科协组织建设的目标应是：科技队伍的引领者、开放科学的实践者、创新模式的探索者、科学文化的倡导者。面对当前百年未有之大变局，科协组织应积极应变求变，抓住互联网文明带来的创新之光，用数字文明重塑科协组织工作格局，实现从传统科协组织体系向现代科协组织体系的过渡，以建成体系完备、充满活力、联系广泛、具有国际影响力的世界一流科技组织。

【关键词】科技强国　科协组织　新发展阶段　十四五　现代科协体系

党的十九届五中全会审议通过的《中共中央关于制定国民经济和社会发展第十四个五年规划和二〇三五年远景目标的建议》（以下简称《建议》），深入分析了我国发展面临的国际国内形势，展望2035年基本实现社会主义现代化的远景目标，明确提出"十四五"时期我国发展的指导方针、主要目标、重点任务、重大举措，集中回答了新形势下实现什么样的发展、如何实现发展这个重大问题，是开启全面建设社会主义现代化国家新征程、向第二个百年奋斗目标进军的纲领性文件，是今后五年乃至更长时期内我国经济社会发展的行动指南，也是指引科协组织"十四五"规划编制的指南。特别是《建议》将"坚持创新"摆在现代化建设全局的核心地位，把科技自立自强作为国家发展的战略支撑，要求加快走出一条从人才强、科技强到产业强、经济强、国家强的创新发展路径，为科协进一步的工作部署提供了根本遵循，也提出了更高要求。结合十九届五中全会精神，结合国际国内发展形势与中央战略要求，应全面推进科协组织工作，以科协组织工作格局的重塑来提升科协服务质量，全面支撑国家科技创新发展的需要。

一、科学认识我国面临的新发展阶段

"十四五"时期是我国建设社会主义现代化国家，实现科技强国梦的关键时期。这一时期因世界政治经济格局的变化、科学技术的快速发展、社会生活方式的变化等，呈现出更复杂、更多变的局面，其中既有因多种环境的变化和内部发展障碍而面临的各种挑战，也孕育着迎难而上，实现从富起来到强起来的机遇。面对挑战与机遇，根据国际环境和国情选择适合中国发展的道路，是谋划"十四五"工作的应有之义，也是科协组织"十四五"规划工作的起点。

（一）发展面临的挑战

"十四五"时期，因世界政治经济格局的变化、科学技术的快速发展、社会生活方式的变化等，我国的发展面临着更复杂、更多变的局面。其中既包括多种环境的变化，也包括内部发展障碍。

1. 科技和社会发展带来一系列挑战

当代社会面临着一系列超越了传统主权国家边界、影响人类生存与发展的全球性问题。新冠肺炎疫情、气候变化、环境污染等全球性问题直接影响人类生存。人类对于新技术在未来可能产生的伦理失范和风险失控，仍缺乏深刻认知和充分关切，这将对社会发展产生难以预料的影响。经济社会的数字化转型也可能带来数字鸿沟、信息安全等社会问题，对国家乃至全球治理能力提出新挑战。

科技进步加快了人类知识更新的步伐，要求人才的快速学习和知识更新能力必须与时俱进。在18世纪，知识的更新周期为80~90年；从19世纪到20世纪初，这一周期缩短为30年；到20世纪八九十年代，许多学科的更新周期为5年；到了21世纪，这一时间已经缩短到2~3年，而且越来越短。学科交叉融合和产业融合的大趋势，要求人才知识结构多元化。以新一代信息技术为代表的互联网科技已经成为技术创新和产业转型的主要驱动力，也成为人才的重要技能之一。由于知识可获取途径的增加、知识更新速度的提升以及信息的爆炸式增长，信息识别能力成为人才的一个关键特质。

2. 国际政治经济秩序正面临深刻调整

当前，新的国际力量平衡体系正在构建中。大国关系的走向出现前所未有的不确定性，中美关系的恶化与一些新的国际合作关系的建立，使得当前的国际政治环境具有很大的不确定性。在不断发展的科技革命和生产国际化的推动下，各国经济相互依赖又相互渗透。全球新一轮产业分工正在形成，贸易格局加快重塑，中国在多个产业领域面临激烈的国际竞争。

地缘局势紧张可能加剧全球市场的不确定性，带来全球市场的较大波动。2020年突发的新冠肺炎疫情改变了整个社会秩序，对严重相互依赖的全球产业链、价值链和供应链体系造成了严重破坏，也对人才发展、人才流动、人才需求等诸多方面产生了巨大影响。

3. 当前中国发展需求发生重要变化

我国经济正处在转变发展方式、优化经济结构、转换增长动力的攻关期，经济发展前景向好，但也面临着结构性、体制性、周期性问题相互交织所带来的困难和挑战。加上新冠肺炎疫情冲击，我国经济运行面临较大压力。随着全面深化改革进入攻坚期，步入深水区，其复杂程度、敏感程度、艰巨程度前所未有，社会结构和利益格局也在发生变化，深层次矛盾日益凸显。

从社会发展阶段来看，我国社会主要矛盾在"十三五"时期已经转变，从"人民日益增长的物质文化需要同落后的社会生产之间的矛盾"到"人民日益增长的美好生活需要和不平衡不充分的发展之间的矛盾"。随着社会阶层不断分化和利益诉求多元化，民众对社会服务的需求与日俱增，公共服务供需矛盾日益突出。同时，我国经济发展过程中也出现了诸如收入分配差距拉大、产业升级困难、城市化速度过快等问题。

部分领域的发展有待加强。科技体制改革中还存在很多问题。人才发展结构性失衡，如战略科学家、掌握实用技术的技术型人才、技术经纪人才等存在结构性缺陷。现有人才受制于人才评价体系、人才激励体系等，还不能充分发挥作用。部分领先学科缺乏与之相匹配的国际地位，具有优势的学科如材料科学、化学、工程和数学的期刊建设没有跟上学科的发展。

建设科技强国的发展核心动力还不够强劲。装备制造业和高技术产业的核心技术、关键设备和零部件对外依赖度依然较高，关键核心技术受制于人的局面没有得到根本性改变。基础研究投入与发达国家差距明显，企业在基础研究上的投入占比非常低。

基于互联网模式的创新体系尚未完善。我国在一些关系重大基础设施、国家战略需求和公益性较强的领域，形成了具有中国特色的战略导向型创新模式[1]。同时，以企业间充分竞争为基础的市场竞争型创新模式，提高了各个行业的技术水平。以上两种传统的组织创新属于封闭式创新，即组织通过自身的基础和应用研究产生新创意、开发新产品，从而维持其核心竞争力。这两种创新模式与基于互联网的开放式创新模式存在较大差距。21世纪是知识与网络动态交织的时代，基于互联网的开放式创新模式的出现是科技发展与社会进步的必然选择。

科技人员的多元价值观更需要引领。1949年以来，我国的科学界已经进行了数次代际更替。当前，改革开放以来成长起来的科学家群体正成为带领我国走向科技强国的中坚力量，他们更注重自我表达与自我实现，价值观更多元。千禧一代成长于信息化时代，对经济、社会、发展也有新的认知。同时，激烈的国际竞争需要我们摒弃以往跟随研究的做法，部分研究领域已经进入深水区或者无人区。引领科研人员克服浮躁、功利作风，在科研工作中不断攻坚克难，亦是当前亟待解决的问题。

（二）发展面临的机遇

科技发展变化既是科技创新进步的结果，同时又深刻改变着知识生产的资源禀赋及知识消费的需求状况，形成新的科学知识生产的利益格局，影响着科学、技术与创新之间的关系，也为我国建设科技强国提供了新的重大机遇。

1. 科技发展变化影响创新体系的构建

科学越来越成为重塑世界格局、创造人类未来的主导力量。信息、智能、机械、生命等多领域的加速融合与颠覆性技术的持续涌现，不断创造出新产品、新需求、新业态，催生着重大变革。第五代（5G）移动通信技术的应用将促进信息产品和服务的创新，互联网—物联网线上线下融合将带来生产生活方式的一系列变革。人类智能与互联网等技术工具的融合正在形成全新的知识生命系统。

新技术的发展催生了新的科研范式。众包科学和科研众筹等形式作为以互联网及数字媒介技术为工具的新兴科学生产方式，实现了对社会公众资源的利用，创造了一个不断延伸的科学生产创新网络。特别是众包科学模式，标志着传统科研组织吸收普通公众加入科学研究事业，参与创新发展的进程。科研组织也得以与具有异质性知识的社会公众建立联系，为组织内部的科研创新带来了低成本、低风险且具有创造性的影响[2]101。

科学的组织化程度愈来愈强。重大科学成果往往是集体努力的结晶，科学家只有被纳入组织框架中才有较大可能成功。平均而言，从 20 世纪初到 20 世纪末，科研团队的规模几乎翻了两番，而且这种增长趋势持续至今。如今很多科学问题的研究，需要更多的技巧、昂贵的科研设备和庞大的研究团队，才能取得进展。这对科学提出了组织化的要求，而资源也就成为相关科学组织生存发展的最重要的基础。科学家的科学目标和科学产出必须与组织的目标有机协调起来，才能实现共同发展[3]。

众包科学体现了科研组织的开放趋势和未来科研共同体的发展方向。如斯坦福大学和卡耐基梅隆大学的科学家联合设计的 EteRNA 项目，以网络科学游戏的形式招募玩家进行 RNA 重组实验，其阶段性研究结果已于 2014 年发表在《美国国家科学院院刊》（PNAS）上，论文署名作者多达 3.7 万人，其中专业科研人员仅有 10 名，其余都是活跃于社交网络的社会公众。以科技社团形式组织科研众包的例子有 1839 年起英国皇家农业协会开展的长期有奖竞赛。1854 年，该协会出价 500 英镑悬赏"以最有效的方式耕翻土壤并经济地替代犁和铁锹的蒸汽耕田机"，举办竞赛活动，奖金最终由机械耕作的先驱约翰·福勒（John Fowler）获得。科研众包正助推"全民科学时代"的到来，将使那些游离在科研机构之外的大量"民间科学家"也能从事科研工作；将使跨学科的科技人员更容易聚合在一起，共同解决难题；将会优化科技资源的配置和使用，特别是科研机构可以充分利用那些先进的实验设备和检测仪器；将会缩短科技成果转化的时间，增加技术成果交易机会，使得科技、商业、市场之间的联系更加便利快捷。

整合式创新和融合式创新成为以解决重大经济社会问题为目标的科研创新的新范式。当前，人类依然面临能源、环境、人口、健康、信息、安全等重大经济社会问题，难以通过单学科研究或传统的学科交叉式研究来解决。近年来，在美国和欧洲国家，一些顶尖学者和科技机构倡议以"融合"（convergence，或译为

"会聚")来解决这些重大问题,甚至将"融合"称为第三次科技革命或科研创新新范式[4]。基于整合或融合创新的模式有助于推动创新网络体系和创新生态系统的优化,也有利于推动科技革命与产业变革背景下各种"技术+"的成果转化和产业化,催生新业态、新模式[5]。

2. 科学的数据化与网络化正改变科学的内涵和生态

数据密集型科学发现模式为科学问题提出了新的解决方案。美国计算机专家、图灵奖得主吉姆·格雷(Jim Gray)按照时间和研究工具两个维度将历史上的科学划分为经验科学、理论科学、计算科学和数据密集型科学等不同范式,并提出当前已进入数据密集型科学(或称为大数据科学)范式阶段,即科学发展的第四范式[6]。大数据的兴起引起科学发现模式的改变。"小数据"时代,科学研究离不开数据的参与;而大数据时代,科学始于数据。科学始于数据是一种全新的科学发现逻辑模式,这是时代进步和工具提升带来的全新变革,这将改变科学发现过程中的各方面,但并不意味着科学发现的其他逻辑起点失效,各种逻辑途径的科学发现还是可以共生共存、辩证统一的[7]。

基于网络的学术交流能够突破时间和空间的限制,提供一种即时即地的交流形式。另外,基于大数据分析和云计算的广泛应用,能够实现针对特定人群和个体喜好进行文献信息精准推送,大大提高了科技文化信息传播的针对性、精准性和高效性[8]。快速多元的网络传播,提高了学术交流的效率,特别是疫情防控期间线上学术会议相对以往空前活跃,"云会议"成为应对疫情时线下学术交流的最佳替代。国内借助 Zoom 云视频会议系统、腾讯会议及各种云平台开展的正式和非正式的学术交流和学习培训更加丰富多彩,一定程度上为科技人才获取信息和交流渠道提供了便利。

区块链和人工智能等新技术将为学术交流形式的创新带来革命性的契机。作为一种分布式交易和数据管理技术,区块链具有开放性、去中心化、可追溯性、不可篡改性、匿名性等特点,可以被应用于科研生命周期的各个阶段。区块链技术可以应对学术交流中面临的可重复性危机,解决科研数据不够开放等难题;同时作为学术交流的重要媒介,区块链技术可能打破出版商或期刊对内容的垄断,成为开放科学新的推动力[9]。人工智能(AI)机器学习和高级预测分析能够检测出研究的模式,有助于研究人员确定合作者,帮助资助者寻找投资机会,甚至可以预测哪些论文的影响更大。AI 对推动学术进步和学术交流活动可能会产生巨大

3.中国已具备实现跨越和赶超的能力基础

经过几十年的稳定发展，中国科技创新水平大幅提升，正在成为具有全球影响力的科技大国，具备实现跨越和赶超进而建设科技强国的能力基础与社会条件。

中国的创新发展能力快速提升，综合创新能力从全球第 25 位提升到第 15 位。世界知识产权组织（WIPO）评估显示，2019 年中国创新指数居世界第 14 位[10]。2019 年，中国的发明专利授权量居世界首位，国际科学论文被引用数居世界第 2 位；全社会研发支出 2.17 万亿元，占 GDP 比重为 2.19%，达到欧盟平均水平；科技进步贡献率达到 59.5%[11]。同期，以 5G 移动通信技术、超级计算机、量子通信科技、人工智能、高铁技术、基建工程技术、超高压输出技术、太阳能发电技术、风力发电技术、核电清洁能源技术、中国天眼等为标志，形成了一批拥有自主知识产权和核心技术的世界级技术和品牌，强有力地支撑了全面小康社会的建设，也根本改变了世界的产业版图和创新版图[10]。

中国人力资源的素质也普遍提升，有创新才能的年轻企业家和技术人员越来越多。一批具有优良教育背景、保持着对多元文化和未知世界的探索兴趣的年轻人成长于互联网时代。他们对信息和知识的接收速度更快，使用效率也更高。这是我们在互联网、人工智能、万物互联、云计算、5G 等新产业革命中实现"换道超车"，同发达国家齐头并进的重要机遇。如 2019 年，全球有 494 家创业不到 10 年、未上市、市场估值在 10 亿美元以上的"独角兽"企业，其中中国有 206 家，美国有 203 家[12]。随着中国教育经济实力增强和环境不断改善，海外人才回流态势加强。近年来中国加快推进科研院所改革，赋予高校、科研机构更大的自主权，给予创新领军人才更大的技术路线决定权和经费使用权，坚决破除"唯论文、唯职称、唯学历、唯奖项"等要求。这些都是人才工作的新机遇。

疫情倒逼高质量发展需求。此次新冠肺炎疫情虽然对我国经济社会发展造成前所未有的冲击，但疫情倒逼催生出来的新技术应用、新消费需求、新市场空间和新经济业态，也扩展了传统产业转型升级的空间[13]。疫情发生以来，很多企业对数字化转型的需求提升，以互联网为基础的新业态、新模式呈爆发式增长，推动了"非接触经济"升温，5G、云计算、大数据、人工智能等新技术创造了更多元、更丰富的应用场景。要进一步把握好数字化、网络化、智能化融合发展的契机，以信息化、智能化为杠杆培育新动能，优先培育和大力发展一批战略性新兴产业集群，推进互联网、大数据、人工智能同实体经济深度融合，推动制造业产业模式和企业形态的根本性转变[13]。

（三）发展路径的选择

近代以来，中国不断探索和实践基于国情的科技强国道路。从中国的国情和探索实践来看，中国建设科技强国必须坚持以下几方面。

1. 把科技自立自强作为国家发展的战略支撑

党的十九届五中全会把坚持创新摆在现代化建设全局的核心地位，把科技自立自强作为国家发展的战略支撑，明确指出了我国建设社会主义现代化强国的核心和关键。2018年5月28日，习近平总书记在中国科学院第十九次院士大会、中国工程院第十四次院士大会上的讲话中也指出："矢志不移自主创新，坚定创新信心，着力增强自主创新能力。只有自信的国家和民族，才能在通往未来的道路上行稳致远。"[14]纵观创新型国家发展的内在逻辑，可以发现，以科技强国为核心的创新体系建设是创新型国家成功的唯一选择。创新型国家将科技创新作为经济社会发展的原动力，并同步推进体制机制、管理、商业模式等其他方面的创新，从而实现以科技创新为核心的全面创新。当前我国创新能力的积累已经达到一定深度，在部分西方国家扼制中国发展的环境下，必须坚持走自力更生的道路。自力更生是中华民族自立于世界民族之林的奋斗基点，自主创新是我们攀登世界科技高峰的必由之路。

经济发展格局的调整也要求我们必须走自主创新的道路。随着国际形势的变化，中国必须推动形成以国内大循环为主体、国内国际双循环相互促进的新发展格局，走科技与经济深度融合之路，以应对国际国内发展环境的变化，把握发展自主权。习近平总书记在2020年8月24日召开的经济社会领域专家座谈会上指出："我们更要大力提升自主创新能力，尽快突破关键核心技术。这是关系我国发展全局的重大问题，也是形成以国内大循环为主体的关键。"[15]

高质量发展也必须以自主创新为基础。中国共产党第十九次全国代表大会首次提出高质量发展，而推动经济高质量发展的有效途径是遵循经济体自身的发展阶段和禀赋结构的比较优势，实现产业升级和结构转型，提高全要素生产率。只有依靠发展与创新的支撑引领作用，才能助推中国经济由高速增长转向高质量发展，以不断创造新技术和新产品、新模式和新业态、新需求和新市场，实现产业总体呈现绿色、低碳、智能和服务化发展特征。

2.探索内生融合的创新发展之路

我国已经有了创新发展的良好基础。全面激发国内科技人员的积极性和创新动力，深度融入全球创新体系，塑造集成优势，打通科技成果转化的堵点，探索形成一条内生融合之路，是创新发展的关键。

人才是支撑发展的第一资源，也是一个国家赢得国际竞争主动权的战略资源。习近平总书记提出的"构建具有全球竞争力的人才制度体系"这一人才工作新理念，为完善我国人才制度体系提供了根本遵循。我们要健全完善有利于人才引进、培养、评价、流动、激励的机制，形成更具竞争力的人才制度优势，聚天下英才而用之，最大限度激发和增强人才创新创造活力，让广大人才为实现"两个一百年"奋斗目标、实现中华民族伟大复兴的中国梦奉献聪明才智。

要打造科技、教育、产业、金融紧密融合的创新体系；实现科技与经济深度融合，建立以企业为主体、以市场为导向、产学研深度融合的技术创新体系，支持大中小企业和各类主体融通创新，促进科技成果转化，积极发展新动能，强化标准引领，提升产业基础能力和产业链现代化水平。《国务院关于推动创新创业高质量发展打造"双创"升级版的意见》指出："在重点领域和关键环节加快建设一批国家产业创新中心、国家技术创新中心等创新平台，充分发挥创新平台资源集聚优势。建设由大中型科技企业牵头，中小企业、科技社团、高校院所等共同参与的科技联合体。加大对'专精特新'中小企业的支持力度，鼓励中小企业参与产业关键共性技术研究开发，持续提升企业创新能力，培育一批具有创新能力的制造业单项冠军企业，壮大制造业创新集群。健全企业家参与涉企创新创业政策制定机制。"[16]同时，要抓住以信息产业为主导的经济发展关键时期，把握数字化、网络化、智能化融合发展的契机，以信息化、智能化为杠杆培育新动能，推进互联网、大数据、人工智能同实体经济深度融合，做大做强数字经济。

3.构建开放包容的科技创新生态

纵观历史，人类科技进步的过程是一个开放合作的过程。21世纪以来，经济全球化拉紧了世界各国间的联系，也重塑了创新形态，开放与创新已成为全球化时代的新特征。当前科技经济的全球化态势日益突显，科学知识的广泛传播与普及、科技人才的自由流动、科学技术的有规则转移扩散、产业的合理分工以及市场的开放准入等，都要求科技创新必须率先实现高水平的开放合作。习近平总书记多次指出中国发展与开放的关系，表明中国坚持开放的初心不变。如他在2020年11月4日召开的第三届中国国际进口博览会开幕式上的主旨演讲中指出，新冠肺炎疫情大流行使世界经济不稳定不确定因素增多，但中国扩大开放的步伐仍在加快，各国走向开放、走向合作的大势没有改变。各国要携手致力于推进合作共赢、合作共担、合作共治的共同开放。中国将秉持开放、合作、团结、共赢的信念，坚定不移全面扩大开放，让中国市场成为世界的市场、共享的市场、大家的市场，推动世界经济复苏，为国际社会注入更多正能量。

必须深度融入全球创新体系。深化对外科技合作，构建面向全球的科技创新合作体系；推进"一带一路"建设，开创与沿线国家科技创新互联互通新局面；积极参与并牵头组织国际大科学计划和大科学工程，优化形成覆盖创新全链条的国际科技合作平台网络；加快培育满足新形势需求的科技创新合作人才队伍，全面提升人才国际化水平。在全球范围内优化配置创新资源，力争成为若干重要领域的引领者和重要规则的制定者，提升在全球创新规则制定中的话语权。

要加强科学文化体制机制创新，处理好激励创新与宽容失败的关系、知识共享与产权保护的关系、小众创新与万众创新的关系。从法治、政策、文化、环境等方面着手，鼓励首创、提倡协作，厚植科学精神和创新文化，引导全社会特别是科技界树立和强化赶超、跨越与引领全球的创新自信，培育敢于创新、便于创新、乐于创新的土壤。秉持我国科研人员代代相传的科学态度和优秀品格，坚持实事求是，坚持一线工作，坚持一丝不苟的科学精神和不尚浮夸的科学态度，坚持严谨、求实、低调的良好学风，树立诚信、较真的正确导向，大力弘扬爱国、报国情怀，把个人的理想追求融入建设世界科技强国的伟大征程。坚持预防和惩治并举，坚持自律和监督并重，坚持无禁区、全覆盖、零容忍，推进科研诚信建设制度化，严肃查处违背科研诚信要求的行为。

要健全符合科研规律的科技管理体制和政策体系。加大基础研究投入，健全鼓励支持基础研究、原始创新的体制机制。完善科技人才发现、培养、激励机制，改进科技评价体系。构建服务全民终身学习的教育体系，完善职业技术教育、高等教育、继续教育统筹协调发展机制。发挥网络教育和人工智能优势，创新教育和学习方式，加快发展面向每个人、适合每个人、更加开放灵活的教育体系，建设学习型社会[17]。

二、科技社团在科技强国建设中的作用

在人类文明进程中,部分国家因充分发挥人才积极性,利用技术提高生产效率,并进行各种制度的优化创造,发扬优秀文化,在多种综合优势积累的情况下,成为综合国力强盛、创新动力强劲的科技强国。纵观这些科技强国的发展历程可以发现,虽然它们各自的发展路径体现出不同的资源禀赋和优势,但科技社团在科技强国的征程上都发挥着重要作用。

(一)科技社团是衡量科学发展程度的标准之一

西方科技发达国家的经验表明,一个具有一流科技创新水平的国家必然有一流的科技社团。16世纪中期,意大利成为近代科学活动的中心,科学家在观察实验过程中逐渐产生了通过合作来更有效、更迅速地取得进步的愿望,于是创立了第一批科学学会。17世纪下半叶后,英国继之成为科学中心,在此期间形成了一批以皇家学会为代表的学会,也使得学会成为当时科学活动的基本组织形式。德国科技社团的兴起大约是在19世纪中期,与世界科学中心的转移密切相关。洪堡(Wilhelm von Humboldt)先进的高等教育理念和大学的出现,极大地推动了科学的职业化,德国物理学会(1845年)、德国化学学会(1867年)、德国数学学会(1890年)等学术性社团就是在这样的学术氛围与社会背景下创建并发展起来的[18]130。第二次世界大战后,美国的科技社团在各个科学细分领域喷涌而出。据统计,美国当今科技社团中,在20世纪之前成立的占15%,成立于1900—1961年的占85%[18]25。日本明治维新时期开始出现科技社团,平均每年成立1.4家;第二次世界大战期间,年均新增2.8家;战后经济恢复期,年均成立14.7家;高速发展阶段,年均成立14.12家;在经济低速增长阶段,年均新增21.39家[18]175。

(二)科技社团有助于集聚、提升创新资源

科技社团通过提供高质量的学术交流,为所在国广泛吸纳学术资源,其中包括由会员和优质的学术论文形成的学术数据库以及国际学术资源的配置等。

1. 科技社团推动了原始创新资源的形成

德国在20世纪初成为世界科技强国。独特的科研教学模式是德国成功的关键

所在，而这又得益于德国一批"学派"的形成。18 世纪，德国大学中形成了自然科学讨论班制度。到 19 世纪 30 年代，专门的、正式的自然科学讨论班在孔尼兹堡大学（数学和自然科学讨论班，1834 年）、莱比锡大学（物理科学讨论班，1835 年）等大学兴起。讨论班制度与大学实验室制度相结合催生了一批学派，如 1826 年起李比希（Justus von Liebig）采用讨论班制度在他的实验室教学中形成了由弗兰克兰（E. Frankland）、弗雷泽纽斯（C. R. Fresenius）、格尔哈特（Ch. E. Gerhardt）、霍夫曼（A. W. Hofmann）、凯库勒（A. Kekule）、威廉姆逊（A. W. Williamson）、武慈（A. Wurtz）等人组成的学派[19]。

俄罗斯从开始创办近代大学以来，就鼓励在大学中建立学会，在 1835 年的大学章程中对学会的作用做出明确规定："大学可以创立一些特殊的、对科学的任何一部分进行综合考察的学会，比如俄国古代史学会和矿物学会等……使这些学会有授予本国人和外国人以正式会员、名誉会员和通讯会员的权利。"[20] 19 世纪 60 年代，新的大学和自然科学类学会不断增加，如莫斯科大学的莫斯科数学学会（1865 年）、彼得堡大学的自然科学家学会（1868 年）、俄罗斯化学学会（1869 年，后来改为俄罗斯物理化学学会）等。这种在大学中设立学会的做法有助于大学学术中心和学派的形成。如苏联物理学派的创始人列别捷夫（Pyotr Lebedev）在莫斯科大学建立了现代化的物理实验室，还举办了后来成为莫斯科物理学会核心的一个讨论班[21]。列别捷夫举办的讨论班在实验室内形成了一种自由活跃的学术氛围，不仅创造了丰硕的科研成果，还培养了大批人才，形成了一个以列别捷夫为核心的实验物理学派。以门捷列夫（Dmitri Mendeleev）、布特列洛夫（Aleksandr Butlerov）为核心的俄罗斯化学学派的形成也得益于其创建的俄罗斯化学学会和期刊。学会的讨论和交流促进了学派的生成，而大学中的核心人物及其学生则成为学派的稳定人才来源。

2. 科技社团聚集了大量学术资源

在科技发达的国家，科技社团帮助本国聚集了大量的学术资源。这包括会员、期刊和品牌学术会议等。

在会员方面，通过科技社团吸引大量优质会员，有助于夯实国家科技创新的人才基础。20 世纪初期，德国的科技进步与威廉皇家学会的兴起交相辉映，有很多世界著名的大科学家是威廉皇家学会会员，如爱因斯坦（获 1921 年诺贝尔物理学奖）、瓦尔特·博特（Walther Bothe，获 1954 年诺贝尔物理学奖）、彼得·德拜

（Peter Debye，获 1936 年诺贝尔化学奖）、弗里茨·哈伯（Fritz Haber，获 1918 年诺贝尔化学奖）、维尔纳·海森堡（Werner Heisenberg，获 1932 年诺贝尔物理学奖）等。科技社团普遍重视培育青年会员的工作，并采取各种举措减少从潜在会员到真正会员转化过程中的各种"漏管道"现象。美国机械工程师学会（ASME）为会员举办各种全球性的竞赛，如"学生设计竞赛""人力车赛""机构学与机器人设计大赛"及其他创意竞赛，深受学生会员与企业欢迎。电器和电子工程师协会（IEEE）的学生分会通过开展特定的项目、活动，举办专业技术会议，来开拓青少年的科学眼界，培养其工程素养。影响会员发展的服务抓手也很多，美国机械工程师学会设立 60 多项各类荣誉奖励，并为会员提供包含 100 多册交互电子技术图书的免费电子图书馆，提供职业顾问和专业课程的培训。

在科技期刊方面，部分科技发达国家的科技社团具有在该领域科技期刊的垄断地位。截至 2018 年年初，美国化学会共有 53 份科技期刊，其中《美国化学会志》和《化学科学》都是该领域的顶级期刊，在全球有 5000 多个机构用户。美国化学会所属期刊和化学文摘（CA）数据库，形成了化学及相关领域的权威学术资源。2017 年，美国化学会仅凭销售杂志和开放数据库，收入就将近 4.9 亿美元。美国物理学会共出版 13 种物理学相关期刊，根据"Web of Science"数据库统计，全世界约 30% 的高被引物理学专业论文都发表在这 13 种期刊中，而且这 13 种期刊共有来自 34 个国家的约 130 位编辑[22]，这些编辑都是本领域的顶尖研究者。IEEE 每年结集出版电气工程、通信、计算机理论及方法领域的专业技术期刊 200 多种。为配合各专业技术领域的学术交流活动，IEEE 还提供学报、技术通讯、会议论文集和会刊等出版物。

在学术会议方面，一些科技社团形成了具有品牌影响力的学术会议。如美国科学促进会年会规模宏大，是全球科学界聚会的一个重要场合。每次年会都有近千名科学家作专题报告，还有近千名记者来采访。美国物理学会的学术会议主要有 3 月会议和 4 月会议，均为每年一次，每年的会议都能吸引来自全世界的众多物理学者来探讨物理学最前沿的话题。2015 年在得克萨斯州圣安东尼奥市举行的 3 月会议吸引了 9138 名与会者，包括超过 4000 名学生和超过 2000 名国际学者。这些会议产生的学术报告和文件为整个物理学界的发展做出了重要贡献。

3. 科技社团提升了科技人力资源的水平

科技社团在提升所在国人力资源水平方面做出了重要贡献。它们主要通过参与科技教育和组织实施各种专项培训、人才资格认证等，提升科技人力资源的水平。如英国工程技术学会（IET）制定的英国工程专业能力标准（UK-SPEC）是由工程理事会组织专业技术学会、政府、企业和高等教育机构联合制定的，根据国际工程师所应具备的五大能力将工程师划分为特许工程师（CEng）、主任工程师（IEng）和技术工程师（EngTech）。这一标准是工程教育、单位实习和企业培训质量的评价标准。IEEE积极参与大学和学院相关学位的认证，并对美国和其他许多国家的工程计算、技术科学和应用科学的学位课程进行认证。每年有超过300名IEEE成员作为项目评估员，负责将认证标准应用于特定的学术项目和机构。同时，IEEE积极地与世界许多国家和地区的教育工作者、工程与计算机科学专业人员、政府代表等沟通，提供咨询、技术支持等，协助新的认证组织提高工程、计算机科学和技术学位课程的质量。科技社团的资格认证工作促进了从业者个人能力的提升，整个行业也受益匪浅。

4. 科技社团可以有效配置全球科技资源

外籍会员数量是衡量一个科技社团国际化水平的重要指标之一，也影响着一个国家对国际科技资源的配置能力。ASME和英国机械工程师学会（ImechE）的海外会员（或国际会员）数量占会员总数的比例分别约为20%和24%，IET和IEEE的海外会员比例则高达30%，海外会员分布在150多个国家。IEEE在全世界共有300多个分部，仅在中国就有北京分部、香港分部、台湾分部3个分部，并在北京、上海、西安、郑州、济南等地的28所高校成立了IEEE学生分会。美国计算机学会在全球130多个地区设有分支机构，美国化学会有185个地域性分支机构。ASME有130000名会员，其中海外会员占20%。美国也成为拥有国际科技组织最多的国家。据统计，国际科技组织总共分布在全球164个国家与地区，其中美国有1918个，占国际科技组织总数的14.98%[23]。这些国际科技组织承载的国际活动帮助美国聚集了全球大量的高端资源，建立了国际化的合作网络，也增加了美国在该领域的国际话语权。

（三）科技社团有助于激发创新资源活力

知识生产价值实现的主要途径包括科学家之间的学术交流与合作、期刊论文对新知识的推广与传播等方式[24]。

以学术交流为主的知识转移是科技社团的主要功能和初始功能，这一点已经得到普遍的认同[25]。而学术交流是推动原始创新的重要源头之一。达尔文曾经提到，英国皇家学会的学术交流是促成他写作《物种起源》的重要因素。牛顿的很多光学报告都曾经发表在英国皇家学会的有关刊物上。17世纪世界科学活动中心的第一次转移（即从意大利转移到英国）与英国皇家学会等科技社团的科技交流功能不无关联[26]。著名的索尔维物理学会议对量子论的发展起到了极其重要的推动作用，它带来的丰硕成果让世界看到了国际性学术讨论会的科学价值。

学术交流可帮助科学家获得同行认可。发生在各种学术交流之中或之后的同行认可体现着科技工作者个人及其成果的价值。通过交流得到同行认可也是科技工作者参加学术活动的主要动机之一。科技社团组织的学术交流活动因其在本学科领域的权威性而使得对科技工作者成果的评价更客观公正。因此，参加科技社团组织的学术交流活动，不仅有助于激发创新思维，还能促进科技工作者的成果迅速得到学界的认可，建立对科技工作者的正向激励机制，激发科技人员的创新活力。

（四）科技社团有助于优化国家创新体系

科技社团开展的科技传播或科学传播活动营造了有利于创新的文化氛围。如英国科技社团的科学传播让科学活动成为英国社会一种流行的文化活动。在英国工业革命的早期，研究自然科学的精英们在彼此加强交流、结成社团研讨科学的同时，还热衷于为社会公众做科学讲座，并通过科学仪器演示科学原理。到18世纪中期，这种科学讲座逐步在曼彻斯特、伯明翰、谢菲尔德、利兹、格拉斯哥等地方的工商业中心流行起来，成为一种传播科学知识的重要方式。到19世纪初期，每周日举办科学讲座已成为英国皇家学会的传统惯例。大量的科学讲座不仅成为社会成员感兴趣的文化活动，让科学得到公众的认可，还从根本上改变了科学知识与更大范围的社会相互隔离的状态[27]。通过科技社团的科学传播活动，科学文化和科学思想得到社会认同，科学能为人类带来福祉也成为英国社会的普遍共识，这些都为工业革命奠定了坚实的知识和文化基础。

科技社团活动充当了科学与工业、科学与社会之间联系的纽带。德国有各种产业行业联合社团、工程师职业社团等具有很高产业化特点的科技社团，如德国工业研究联盟协会是专门针对中小企业开展应用技术研究和服务、扶持创新领域青年科研人员和专业技术人员成长的联合社团[18]10。科技社团通过协调不同的企业和学术界伙伴，或自发、或响应政府号召，通过交流、讨论和共同采取行动从而推进产业标准和新技术的开发与应用，并使之向产品和服务转化。

科技社团在科技政策的制定过程中是有影响的参与者。部分科技社团当中设有公共或政府事务委员会，通过游说或影响政策制定者和实施者、支持成员参与竞选等方式，科技社团可以影响与本行业相关的立法和政策的表决。科技社团也可以通过开展科技信息资料的统计研究及分析预测，撰写史志年鉴，并向政府提供本学科领域的发展趋势报告及技术路线规划，作为政府制定科技发展规划及政策时进行前期研究的依据，从而推动与之相关的政策出台。科技社团也可以通过向公众通报本研究领域的进展，来进行政策倡导，推动公众接受相关政策。

科技社团通过专业技术资格认证和行业标准制定，有效影响企业和本行业的创新。行业内的专业认证和标准制定不仅能维持行业市场竞争的秩序，更是提升一个国家的国际竞争力的有效途径。对专业人员、企业、教育机构和其他相关组织开展认证是英国大型科技社团的重要工作，英国14个大型科技社团中有10个社团把专业认证作为学会的一项重要发展目标，特别是IET的国际工程师资质认证在国际上获得了广泛的认可。

科技社团不仅通过完善内部治理体系优化自己的小环境，建立科学民主的发展机制，还通过科学共同体对自律的示范效应，对智库、科普、科学教育等活动的参与，改善外部的大环境，建设人才友好型、科研友好型的科技创新生态体系。如英美学会普遍进入所在国家的基础教育体系，通过线上和线下的教师培训活动、科学营等公益性活动参与基础教育。科技社团还通过塑造科学家的形象来建立隐性的科学家的行为标准，并通过科普活动将之向社会公众外化，培养具有科学精神的社会公众。科技社团还建立各种约定和规矩，规训科技工作者的行为，如建立期刊审阅规则。对抄袭剽窃行为进行抵制，倡导学术规范和学风道德，建立科学共同体的共治。

综上所述，尽管世界科技发达国家的科技创新模式各有特色，但科技社团都在其中起着关键作用。

（五）科协组织在科技强国建设中发挥重要作用

党的十九届五中全会提出，面向世界科技前沿、面向经济主战场、面向国家重大需求、面向人民生命健康，深入实施科教兴国战略、人才强国战略、创新驱动发展战略，完善国家创新体系，加快建设科技强国。而世界科技发达国家的发展路径表明，建设科技强国也必须发挥好科技社团的作用。中国科协拥有210个全国学会，可以在促进人才成长发展、提升原始创新能力、促进科技与经济有效融合、推动社会治理能力现代化、引导科学共同体强化以科学精神为核心的价值引领等方面做出巨大贡献。

1. 打造人才强国目标下科协组织的作用

科协作为科技工作者之家，在科技工作者有迫切需求的继续教育、专业技术水平评价、权益保护等方面可以发挥重要作用。科技工作者的专业素养和技术能力，需要通过多种形式、不同途径的持续培训和继续教育来获取、提升和掌握。科协作为第三方，在科技工作者的专业技术职务聘用、专业技术水平评价方面有着得天独厚的优势，可以联合学会等专业机构，开展同行评议，对科技工作者的专业技术水平、学术成果等进行评价。近年来，有关科技工作者的薪酬、科研成果利益、科技成果转化等方面的权益保护研究开始被关注，同时，科研活动中违法违规案件时有发生。如何通过法律手段，合理合法地保障科技工作者的权益，是科技工作者之家的应有之义。

科协组织的任务之一是引才聚才，服务创新发展。科协通过学会、高端学术会议等方式，逐渐形成了一系列凝聚人才的平台和载体。科协主要通过学术会议形式打造学术交流平台，开展奖励项目，凝聚、激励优秀人才。尤其是在当前国际形势迅速变化、科学技术迅猛发展的背景下，科协组织在通过开展学术交流、打造学术平台，为国家创新发展引才聚才方面能够发挥独特的作用。

2. 提升原始创新能力目标下科协组织的作用

科技社团组织的学术交流活动突破了部门、组织界限，具有开放性，学术氛围宽松民主，这些有利于孕育创新成果的活动特征是其他社会机构难以比拟的。近年来，中国科协所属学会以服务创新驱动发展战略为主线，以提高学术交流质量为重点，以打造学术品牌为途径，搭建了各具特色、不同功能的学术交流平台，形成了全面、持续的学术交流格局，能够更好地启迪、激发创新思维。

科协组织所属期刊在基于数据的创新活动中有很独特的优势。中国科协是我国拥有学术期刊数量最多的组织系统。两级科协及所属学会主办的科技期刊约占全国科技期刊的42.0%。中国科协期刊（指所属全国学会主办或参与主办的期刊）在全国总被引频次学科排名第一的期刊中占74.3%，在影响因子学科排名第一的期刊中占 62.0%，在综合评价总分学科排名第一的期刊中占 72.6%。多年来，中国科协先后实施了精品科技期刊工程、优秀国际科技期刊计划等项目，着力提高期刊质量和水平。部分科技社团通过建立本专业领域的学术期刊库来更好地促进原始创新能力的提升。特别是在数据时代基于开放获取的创新模式下，科协组织所属科技期刊方阵将在数据创新中发挥更大的作用。

科协组织可以在破"四唯"后构建新的评价机制的过程中发挥作用。科技社团设立的奖项是科技评价的重要体现形式。世界一流科技社团均有社会影响力较大的奖项设置。中国科协所属全国学会面向广大优秀科技人才和科技创新成果开展奖励工作，覆盖了基础科学、应用科学和工程技术的主要领域，累计奖励超过8万人次，已在科技界和社会上产生了积极影响。目前，破除科技人员成长发展的壁垒，破除"唯论文、唯职称、唯学历、唯奖项"的评价机制，建立以科技社团为主体的同行评议，将极大地激发科技人员的创造热情，激发他们的原始创新能力。

3. 服务科技与经济融合目标下科协组织的作用

科协组织可以推动产学研结合，服务企业发展。中国科协有 210 个全国学会，这些学会可以代表一个学科或者一个行业。特别是一些工科类的学会，企业会员几乎涵盖本行业的各级生产链。这些学会组织的学术活动将极大地促进产学研结合，提升创新效率。一直以来，为了促进科技与经济的结合，推动企业的技术进步，科协组织在服务科技与经济融合方面开展了诸多工作，如厂会协作及"创新驱动助力工程""科创中国"等不同形式的品牌活动。"科创中国"通过构建数字化技术服务与建设交易平台，形成了"互联网＋技术交易"模式来服务创新主体。科协组织也可以汇聚海内外创新资源和中小企业技术需求，为科技供给与产业需求有效对接创造更多机会。

科协组织可以吸纳和调动社会资源，服务创新发展。作为中国科技工作者的群众组织，中国科协可以调动社会各界的资源，关注和参与创新活动，激发教育界、企业界乃至全社会的创新热情。各级科协组织也可以构建完备的支撑系统来凝聚和带动社会资源，支持科技型中小企业等体制外有迫切需求的群体。如，科协组织可以将政府、企事业单位关心的科学问题定期发布到官方网站或平台上，通过科研众包或科研众筹等公开透明的方式，招募对该科学问题感兴趣的投资者或科研人员，开展研究工作。

科协组织还可以在促进科技金融发展、培养技术经纪人才方面发挥作用。研究成果转化率低的原因，除了不符合生产需要或技术不成熟，主要是缺乏风险投资的支持，融资难的问题始终缺少化解的良方。相对而言，西方发达国家多年来通过立法和改革金融、证券市场制度，为高科技企业融资创造了各种便利条件。结合我国国情与科协组织在培养技术经纪人方面的独特优势，科协组织可以介入企业和银行的技术评估环节，通过提供真实可靠的技术评估服务，建立银行和企业间的合作关系，以解除中小型企业的融资困难。

4. 助力社会治理能力现代化目标下科协组织的作用

一是服务科技外交大局，深度参与全球科技治理。新形势下，仅仅通过政府间科技交往已不足以完全实现和维护好国家利益，拓展民间国际科技交流成为中国科技界参与全球治理并提升国际话语权的重要方式。中国科协所属全国学会在对外交流中具有较高的灵活性，可以为官方交流合作发挥先行者的作用。长期以来，中国科协积极组织开展民间科技外交活动，为拓展我国国际及地区间的交往空间发挥了重要作用。1964年，中国科协和世界科学工作者协会北京中心举办北京科学讨论会，这是中国第一次承办国际科学讨论会，具有重要的政治意义。2020年新冠肺炎疫情在全球暴发以来，中国科协主动联系国际组织，组织召开交流研讨会，向全球分享中国抗疫防疫的举措和经验。科协组织应充分发挥民间科技交流的优势，促进国际科技合作，发展全球科技伙伴关系。

二是服务国家战略需求，推进高端科技创新智库建设。2015年1月，中共中央办公厅、国务院办公厅印发《关于加强中国特色新型智库建设的意见》，要求发挥中国科学院、中国工程院、中国科协等在推动科技创新方面的优势，在国家科技战略、规划、布局、政策等方面发挥支撑作用，使其成为创新引领、国家倚重、社会信任、国际知名的高端科技智库。党中央和国务院的重要指示，进一步明确了科协组织在中国特色新型智库建设中的战略定位和发展目标，为中国科协建设高端科技创新智库指明了方向。面临统筹经济发展和疫情防控的形势和要求，科协组织应充分发挥广泛联系科技工作者的独特优势，集成学会专业资源，加强顶层设计和资源整合，以协同化为核心，搭建协同创新平台，重点从国际化、网络化、专业化和多元化的角度，系统营造科协高端创新智库的建设生态，更好服务国家战略需求。

三是服务全民科学素质提升，提升创新文化引领力。有关研究显示，在世界创新型国家发展过程中，具备科学素质的公民比例达 10% 后，创新实力、人才培养才能达到相应水平，为创新发展提供持续支撑。科学不仅是系统化、理论化的知识体系，更是一种融知识、观念、精神于一体的文化。现代科学蓬勃发展，科学文化越来越成为社会文化系统的一个重要组成部分，现代科技事业的发展也呼唤科学文化建设[28]。中国科协应以实施全民科学素质行动计划为抓手，充分发挥牵头作用，加强联动协同，会同各地各有关部门扎实推进公民科学素质建设，形成工作合力。建设具有中国特色的科学文化，科协组织既要积极作为，加强科研伦理和学风建设，营造良好的科学文化氛围，也要弘扬爱国、创新、求实、奉献、协同、育人的中国科学家精神，调动激发广大科技工作者的创新热情和创造活力，推动形成有利于科技创新和发展的科学文化氛围，发挥创新文化在科技创新发展中的引领作用。

三、"十四五"时期重塑科协组织格局的目标与举措

科协组织作为党领导下的人民团体，应充分发挥组织优势，用数字文明重塑组织体系，构建互联网时代的"智汇科协"，为科技强国建设贡献自己的力量。

（一）科协组织发展的目标与功能

科协组织是党领导下的人民团体，科协工作是党的群团工作和科技工作的重要组成部分。科协工作必须围绕党和国家的工作大局，紧扣科协的宗旨使命，更好地凝聚和引领科技工作者，更好地集聚社会创新资源，更好地促进创新主体间的交流，更好地促进国际交流与合作。

1. 科协的组织目标

为更好地服务科技强国建设，科协组织必须朝着以下几方面努力。

（1）成为科技队伍的引领者

随着我国经济体制改革的深入，原有的社会体制也被重构。科技工作者的多样性大大增强，大量的科技工作者分布在非公有制企业，还有以"创客"为代表的科技工作者群体以及以"科学松鼠会"为代表的网络科普写手出现。高等教育的扩招、农业的现代化及"大众创业万众创新"活动的推进等，造就了大量的基层科技工作者队伍。科技工作者群体的价值观也呈现多元化，特别是在改革开放

后成长起来的科技工作者，接受了改革开放的洗礼，具有强烈的创新意识，有强烈的自我意识，同时还对东西方文化有独特的认知。建设科技强国，参与全球治理，还需要充分利用国际科技资源，这其中既包括国外的科技组织和科学家，也包括大量的外籍华人科学家。中国改革开放以来，大量的杰出人才出国留学，通过不断努力，他们中的很多人已经成为本行业的佼佼者，也是建设科技强国的重要力量。面对创新群体的多元化，中国科协响应中央号召，将广泛分布的、具有多元价值观的、各种类型的科技工作者组织起来、凝聚起来，汇聚成建设科技强国的磅礴力量，听党话，跟党走，是科协组织的宗旨所在。

要通过科协组织来保持社会多元化、科技创新多元化形态下的党对科技工作者的凝聚力和领导力。对科技工作者的政治引领包含两层意思：一是吸纳部分科技工作者加入党组织，特别是吸纳来自非公有制经济的"创客"等新经济形态的科技工作者；二是影响科技工作者的行为观念，增强其对先进思想的认同。前者主要通过组织体制来实现；后者主要通过开展多种活动来实现，如通过学术活动和志愿服务等实践活动，达到实践育人的目的。

联系、服务好科技工作者是科协工作的生命线。对于如何联系、如何服务科技工作者，近年来科协组织做了很多探索。但就目前来看，科协对科技工作者的服务仍以单向服务为主：科协组织作为服务的提供者，科技工作者是服务的接受者。这种单向的服务机制难以形成互动，难以体现科技工作者作为服务对象的特殊性。（科技工作者本身就是创造价值的人，他们在被服务的过程中，一方面希望服务质量高，另一方面也希望能有自我价值实现的获得感。）因此，基于互联网技术的发展，科协组织可以运用一些商业模式提高服务质量，特别是基于客户需求的服务机制和创新活动机制，让科技工作者变成服务的提供者和接受者，充分调动科技工作者自我服务的积极性。除直接的服务外，科协组织还可以通过净化学术环境为科技工作者提供潜在的、间接的服务。这种潜在的服务主要通过科协组织领导科技共同体，倡导良好的学风道德，并推动行政管理部门优化科技管理体制，促进社会公众更好地认知科学、理解科学来实现。营造好的学术环境是潜在的服务，是科协工作的核心。如果没有这项工作，为科技工作者服务很容易落空。

（2）成为开放科学的实践者

科协组织本身是开放的社会组织，在开放科学的时代，可以搭建开放科学的平台。科技全球化、经济全球化是历史潮流，各国科技组织（包括创新型企业）

从本地化、区域化向全球化拓展的趋势日益明显。在建设科技强国、融入国际创新网络的过程中，中国科协必须充分发挥民间科技交流的联通性、柔韧性，切实推动全球科技交流的开放与合作。科协组织必须高站位、高标准、高质量谋划，着力搭建代表中国科技界面向国内外发声、发力、发布的综合性、开放性、前瞻性、引领性平台。

随着网络化的发展，科研院所等固化的实体组织机构围墙将被突破，科协组织的发展大有空间，大有可为。同时，如何凝聚全社会的科技资源服务国家目标，是科协组织面临的主要挑战。科协从现在起就应该布局，加强顶层设计，广泛吸引、凝聚社会科技资源，在建立创新驱动发展的新模式、科研组织的新范式、广义范围的科学共同体方面，做新的探索和尝试。

创新体系的建设是多元的，且需要多要素的融合。与一般科研机构相比，科协本身就有融合的特点。科技社团本身就是跨越国家创新系统中不同行为主体边界的"跨边界组织"，学会的人员构成多元，有利于打破学科界限、单位界限、地区界限、国别界限。各类科协组织区别于高校、研究院所等组织，具有比较强的社会联结功能，跨越知识生产、传播及应用多个环节[29]。科协组织作用的发挥直接影响着科技知识生产、科技知识转移、科技知识应用等多个创新环节，科协组织只有发挥跨边界的组织优势，打造开放的科协组织，才能充分融合创新要素，提升创新效率，促进科技强国建设。

（3）成为创新模式的探索者

科协组织的主体是大量的科技社团。科技社团是社会组织的一部分，具有社会组织的敏锐性、灵活性，可以对社会变化做出快捷的反应。近年来，互联网技术的使用对社会组织的范式产生了巨大冲击，各种各样的微信群、博客等不断推陈出新，众包科学、科研众筹等科技领域的新生事物也在不断涌现；对新冠肺炎疫情的防控推动了在线学术交流、科技期刊的开放获取以及区块链技术带来的知识共享；在国家创新进程的推进下，也涌现了不少像事业单位而非事业单位、像公司而非公司的"四不像"新型科研机构，它们既结合了体制内优势，又集聚了市场资源，如西湖大学、之江实验室、长三角柔性电子技术协同创新中心等。这些变化不断更新着我们对传统科研活动的认知。特别是以众包科学为代表的虚拟科研组织出现，它们以互联网和新媒介技术作为实现方式，招募公众参与科研工作。这种方式实现了对传统科研组织内部、外部人才和资源的有效利用与融合[2]33。这些新出现的科技组织模式也给科技管理部门和科技资源的组织、配置等带来了挑战，需要科协发挥智库作用，为新的科技组织发展提供政策支撑。同时，科协组织也可以用这种思路来促进科协自身组织体系的创新和科研活动的创新，推动某些科学问题的解决。面对创新活动多样化和创新群体多元化，科协组织必须推陈出新，与时俱进，关注并探索实践新模式，成为组织创新的实验者和政策创新的策源地。

（4）成为科学文化的倡导者

科技强国离不开科学文化的滋养，独特的组织特性决定了科协组织在科学文化建设中肩负重任。科协是科技工作者的组织，科技工作者作为广大知识分子的重要成员，是时代中坚，是社会之光。科技工作者在履行自身职能时对科学真善美的追求本身就是在践行科学精神。面对艰巨的科研任务，他们不畏任重、不惑世变、不惧时艰地孜孜以求，本身就承载着科学精神。科协是由多个科技社团组成的组织，科技社团本身具有互益性与公益性的利他文化，努力保障社会健康发展。科协组织既不是政府部门，也不是企业等追求利益最大化的机构，无部门利益让科协能够公正地坚持所见，实施所为，只保持为国为民的初心。科协组织还可以通过提供科技服务，扩散科学文化。科协积极组织基层卫生、教育、农业等领域的科技志愿者，在文明生活、科学生产、增收致富等方面投身新时代文明实践中心建设，自然就会产生科学文化的扩散效应。科协组织还通过开展广泛的精品科普活动来扩散科学文化。通过科协组织对科学文化的倡导和践行，可以夯实科技强国的基础，保障科技强国建设行稳致远。未来，科协组织应根据组织变迁的特点做好科学文化的倡导者。特别是在网络传播中，原有的单向度文化传播机制逐渐被解构，而共建共享的多元文化传播机制建立起来，这种机制有助于加强公众参与科学的主体意识，从而在公众中达到文化认同的效果。科协组织通过搭建国际学术交流平台，还可以弘扬中华文化的核心价值观和中国精神，推动世界文明交流互鉴。

2. 科协的服务功能

服务的不可替代性、唯一性和服务质量决定一个组织的生存空间。长期以来，科协一直以服务对象来界定其服务内容，如学术交流之于科技工作者、科技服务之于科技经济融合、科普之于社会公众、智库之于政府等。然而，这些服务有多样性的提供主体，因此，以服务对象来界定服务内容并不能完全凸显科协的功能和特色。科协不同于政府组织，也不是科研机构，科协独特的形象取决于科协提供服务的独特性，而科协服务的独特性、不可替代性也丰满了科协的形象，让科协在政府、科技工作者、公众心中的形象更鲜明。因此,科协服务功能的独特性仍旧来自其组织特性。将组织特性中蕴含的特色发挥好,自然而然就能提供独特的服务。

(1) 联系的功能

科协组织是党和政府联系科技工作者的桥梁和纽带。科协发挥桥梁纽带功能的薄弱环节在基层,要加强新型科技类组织和非公有制企业中基层科协组织的建设,加强园区科协建设。科协发挥桥梁纽带功能的关键少数是科协人和高端科学家,要加强对科协系统内人员的政治培训,特别是对学会秘书长、地方科协领导等关键人物的培训,以及对高端科学家的服务和联系。科协发挥桥梁纽带功能的关键人群是青少年,要依托青少年科技训练营、科学夏令营、科技创新竞赛等科普活动,传播科学精神,增强对青少年的政治引领,面向社会开展科学家精神宣讲活动,感召和影响社会各界;尤其是针对大学生,要通过多种活动增强对其政治引领。

(2) 代表的功能

科协组织是中国科学界的代表,代表科技界对政府治理和社会事务发声。科协界作为政协界别之一咨政议政,通过智库体系建设参与国家治理体系建设,还通过与国际组织的交往,同国际科技界形成互动,并代表中国科技界参与全球治理。科协能否充分发挥代表功能,核心在于一批一流科技社团的建设。只有一流的科技社团建设才能凝聚一流的学者,才能在国际、国内事务中发挥较大的影响力。因此,一流科技社团建设仍是科协发挥代表功能的关键。中国科协应继续扎实推进世界一流学会建设,探求学会组织国际化、集团化发展的机制与路径,继续支持部分全国学会加快深化改革,以带动全国学会提升工作能力,打造一批具有国际影响力的公共服务品牌;继续强化学会在科技期刊中的作用,筑牢学会发展与科技期刊携手并进、互相促进的基础,统筹推进一流期刊和一流学会建设;抢占未来发展的先机,在一些我国已居于领先地位的技术领域、基础研究领域着力推动"以我为主"的国际组织建设、行业标准制定、科技期刊创办和学术会议交流等。

(3) 吸纳的功能

科协是科技工作者的群众组织。"群众"一词,在现代汉语中有两重语义,一重意思是"人民大众"或"居民的大多数",另一重意思是"未加入党团的人"。科协作为科技工作者的群众组织,反映的是科协广泛的吸纳力和代表性,这也与党对科协的要求相一致。"多"人者众,科协组织来自社会,吸纳社会资源,回馈社会是科协服务的根本,也是科协的独特之处。科协既要吸引国内的科技工作者,也要吸引国外的科技工作者，积极发展个人会员。注重未来会员群体的培育，提高会员服务品质，仍是科协主要任务。拓展国际合作的广度和深度，加强与欧美国家、日本、韩国、上海合作组织成员国、"一带一路"沿线国家的科技合作，鼓励学会发展外籍会员，打通外籍会员的入会渠道，是科协未来工作的重点之一。吸纳社会资源，不仅包括人，还包括资金等社会资本。科协应整合设立科技事业发展基金，用来资助那些不能从政府、企业获得资助的项目，资助青年和基层科技人员从事研究、获得继续教育、参加学术交流等。

（4）枢纽的功能

科协是枢纽型组织，是科技社团的共同体。科协的主体是学会，引导学会改革、规范学会发展始终是科协的基本任务之一。面对新形势新任务，科协应将推动学会改革作为重要工作，加强党的领导，更加注重改革的系统性、整体性和协同性，规范学会理事会结构，落实理事会职权，强化理事会人员的专业化组成，建立完善的激励约束机制，对理事会和秘书处考核问责，强化激励，健全监督机制，让监事会监督更独立、程序更透明，继续推动学会秘书处专职化、社会化建设。中国科协既要加强头部组织建设，通过一批示范学会凝聚一批高能级科技工作者，培育一批引领型创新平台（智库论坛、学会联合体、技术交易平台、学术资源库），也要实施梯次培育计划，打造学会流、学者流、期刊流、平台流；掌握各类组织的中部和后部发展状况，促进这些组织不掉队，跟上发展形势，壮大科协组织发展的整体力量、后备力量。特别是要针对区域创新体系建设，设立地方学会成长计划，培育提升一批地方学会的能力；针对国内外的新型科研工作组织，针对新的科技工作组织模式、工作方法、信息手段的运用情况，实施"科技探针"计划。这些对科协工作、学会工作有极大的意义。

（5）集聚的功能

科协是科技资源汇聚的平台。发挥集成优势、塑造集成优势、全面激发科技创新活力，是科协的独特优势所在。中国科协应通过"科汇中国""科普中国""科创中国"，汇聚智慧流、知识流、问题流，并在广泛汇聚的基础上集成各方优势，实现成果最大化，即 $1+1>2$。提升对知识、信息和数据的集成能力和处理能力，创造新的价值，是科协有待深化拓展的重要任务。利用集聚资源的平台优势，科协组织可以更多地创新问题解决之道，如针对某些科技问题的揭榜制、组阁制、包干制，对科技工作者和社会公众的知识推送制，对部分产业问题的众包制、众筹制，等等。科协可以将大量的待研发问题和潜在的解决者集中在同一个平台上，建立众包科学问题的公开市场。发挥广泛的集聚效应，引导异质性群体加入问题的解决过程，将有助于引入新视角，推广新知识，为任务的完成过程带来创造性的影响。中国科协要利用互联网时代的科技组织模式，着力打造全民创新创业的平台。在互联网时代，创新创业不再是少数人的事情，而是多数人的机会，要通过创新创业使更多的人释放创新活力，创造社会价值，实现人生梦想。要推进学会联合体、产学联合体建设，促进面向大学科领域或全产业链的学会集群发展。

（6）传播的功能

从全球范围看，媒体智能化进入快速发展阶段，对科协工作产生了巨大影响，特别是对科普工作的演进路径而言。随着互联网技术的广泛应用，人们获得知识更为容易，各种虚拟现实（VR）技术、三维（3D）演示技术等让科普知识更直观，但是，如何在这种科普路径中搭载文化的内容，是科普工作的难点，也是科普工作的重点，直接关系到创新生态体系的建设，对我国未来发展影响重大。科协应着力推动沉浸式科普工作，学习《王者荣耀》《三国杀》等电子游戏成功的经验，将科学知识和网络游戏融合，开发能产生浸入式效果的科普游戏，既传播知识，又传播文化。比如，可以按照科技职业生涯设计游戏，从"儿童"到"科研人员"，甚至是"导师"；可以在游戏中通过自己的科研积分获得带领"科研团队"的资格。同时，应推动将人工智能运用到科技传播中，加强科普工作中人工智能技术的导入。要把传统媒体，包括图书、杂志中优质的科普知识资源集中起来，加大发布推送力度。同时，要加强科普原创工作，创造更多优惠条件，加强评价引导，鼓励科学家和科普作家多写科普作品，鼓励新闻出版单位推出更多科普文章和科普图书，提高科普质量，加强权威发布。中国科协要通过科普工作，加快发展面向每个人、适合每个人、更加灵活开放的科技教育体系，尤其是非学历教育，实施"学分银行"等个人学分累积与转换制度，为人才成长提供多元路径。中国科协还应建立重大科技问题发布机制，特别是回应群众关切的科学焦点问题，发布科研界的重大科学进展和面临的科学问题，等等。

（二）科协组织体系建设的方向

展望未来，科协组织应积极应变求变，于变局中开新局，利用互联网文明带来的组织体系创新之光，用数字文明重塑科协组织体系，打通智慧科协的经脉，实现从传统科协组织体系向现代科协组织体系的过渡，以建成体系完备、充满活力、联系广泛的具有国际影响力的世界一流科技组织。

1. 打造以网络汇聚的科协组织

互联网的使用颠覆了人们传统的组织观念，虚拟组织的出现及广泛发展让人们能够随时随地与组织连接，而基于数据能力、算法能力并附着在互联网平台上的虚拟组织远比传统组织更加了解每个成员，从而可以更快、更准确地响应每个成员的特殊需求。关注组织成员的需求，以及由此体现出的以人为本的原则，应该成为科协组织发展的出发点和落脚点。科协组织联系着数千万的科技工作者，联系好、服务好科技工作者一直是科协工作的核心。职场社交平台创造的"领英模式"，或许可以为科协组织发展提供很好的借鉴。

领英（LinkedIn）创建于2003年，总部位于美国加利福尼亚州森尼韦尔镇，组织发展目标是打造"一站式职业发展平台"，帮助职场人找到无限机会。领英基于用户群建立了三种不同的产品。一是个人在线职业档案，包括头像展示、职业概述、工作经历、教育背景、技能认可、推荐信。这与学会的会员档案类似。二是知识洞察，关注行业信息，汲取人物观点，学习专业知识，提升职业技能，分享商业洞察。在飞速变化的互联网时代，把握市场脉动，获取知识见解，是保持职业竞争力的基础。三是商业机会，在领英可以寻找同学、同事、合作伙伴，搜索职位、公司信息，挖掘无限机遇，建立并拓展人脉网络，掌握行业资讯，开发职业潜力。其中第二项和第三项很符合会员加入学会、参与学会学术交流的目的，那就是获取本领域的研究信息，拓展在本研究领域合作和交流的人脉。

科协组织可以借鉴"领英模式"，以学会会员工作为基础建立科技工作者在线社交平台，并扩展为全球科技人才库，增强科协在科技人才组织和科技人力资源配置方面的能力。近年来，科协组织一直在推动信息化建设，学会网站以及"科普中国""科创中国"等组织或活动已经搭上信息化的快车，但还须进一步提升运用互联网、大数据和人工智能等新兴技术的能力，并实现组织与服务的信息化互通，将会员的网络组织建设与科协服务融合联通，增强科协大数据的支撑作用，夯实科协组织网上联系、服务和动员的能力，实现政治引领有旗帜、舆论引导有阵地、科技工作者和科协组织有"户口"、重大活动有场景。

2. 打造以平台协同的科协组织

当前，一场"平台革命"正在上演，它起始于互联网，又重塑着从线上到线下的各行各业。在技术驱动下，平台逐渐成为市场经济、社会生活中新的资源配置与组织方式，平台化取代了现实世界中的亲缘、地缘关系，并将"趣缘"关系升格为平台关系。不同属性、不同地域的用户群以平台的方式实现了再组织，他们被区隔在不同的平台中，宛若生活在一个个小小的国度[30]。

学会最初的诞生就是缘于为爱好科学的人们提供交流的平台。中国科协拥有210个全国学会，会员来自不同部门、不同地域，使得科协组织成为聚合产学研不同领域人员的更大平台。科协组织在建设科技强国事业中能否有效发挥作用，则取决于能否对储存在这一平台上的体量庞大的参与者网络中的集体智慧加以运用。科协的功能是服务：为科技工作者服务，为创新驱动发展服务，为提高全民科学素质服务，为党和政府科学决策服务。科协赖以提供服务的资源是学会和学会联系的广大科技工作者。科协组织是服务供需双方的连接者和匹配者，学会的会员既是服务的需求者，也是服务的提供者，而政府、公众以及企业等则是服务的需求者。

互联网思维和数据技术的发展将重构科协组织平台的价值和功能。当算法成为统合平台的逻辑时，科技工作者、社会公众和政府能够得到及时的个性化服务，科技工作者会因对平台的访问内容和关注内容而得到实时的学术信息推送，公众随时可以获得自己感兴趣的知识，而政府科技管理的效果会在平台上得到快速反馈。组织高效的平台可以促进不同领域的生态联动，对社会科技资源的广泛吸纳将会产生出单一组织无法创造出来的巨大影响力和创新价值。科协组织可能不再以学会为单位，而是采取"以 IP 为单位"的新的知识融合、生产方式，通过跨实体、跨领域的融合发展，进行知识的再生产、传播和运用。

在"互联网+"时代，科协组织应在促进科技与经济深度融合发展的过程中，以提升创新能力和组织力为核心，以技术、人才为牵引，通过"云空间"把各类创新要素动员起来，完成聚能、赋能、提能的创新组织建设，探索科技与经济发展紧密结合的新模式，把组织优势转化为发展优势，为企业提供更多发展平台和机会。合作组织和创新网络有助于形成区域经济和产业体系的自觉性和有效性。科协组织应充分发挥广泛联系科技工作者、"党建带群建"的组织优势，根据政府"看得见的手"和市场"看不见的手"的特点，探索"党建引领、统筹设计、分布协同、合作发展"的治理模式。

3. 打造共建共享的科协组织

科技工作者作为科协组织平台的核心参与者，与平台的关系随时代变迁也会发生变化。在"传统"科协时代，会员既是客户，又是用户。会员通过缴纳会费为产品或服务埋单，同时又使用学会提供的产品或服务。学会与会员之间大多是单向的价值链。正如杰奥夫雷·G. 帕克（Geoffrey G. Parker）在《平台革命——改变世界的商业模式》一书中所指出的，与平台模式相比，传统商业模式像管道一样运行，资源在管道中单向流动并增加价值，最终输送给消费者。在这种情况下，如何服务好会员成为学会必须解决的一个问题，因此客户至上的理念盛行。在各学会提供的产品难分伯仲的情况下，产品的附加值便成为影响会员选择的重要考量因素，整个学术界的消费环境呈现"买方市场"的特征，学会不断通过各种优惠举措及多元化的服务吸引会员，这也是发达国家一流科技社团成功的基础。能够提供高质量多元化服务的学会得到发展壮大，而服务质量差、服务种类少的学会则逐渐湮灭。

而在以互联网技术为载体的平台时代，尤其是在平台模式与新的技术手段结合之后，会员作为客户和用户的角色一去不复返了。会员即资源、会员即朋友正成为一种新的理念。平台的崛起与数据的发展同步，当数据技术以一种全新姿态嵌入平台时，用户与平台的关系便被重构了。数据成为平台发展的基础，算法成为统合平台的逻辑，用户也成为这一机动过程中的核心资源，由此形成的便是"用户是数据"的模式[30]。理想的学会与会员的关系，不再是一方提供服务，另一方埋单的单向、直接的交易关系，而是一种"高黏性、彼此依赖、深度互动、长期相处"的更加日常化与正常的关系。一方面，会员作为一种数据资源附着在依托互联网构建的学会平台上，会员的数量越大，产生的数据价值就越大，他们的点击量、学术兴趣、关注的问题等，本身就是政府、企业用人单位等部门购买的对象；另一方面，会员通过其思想产品的发布等创造性的活动，成为平台的建设者。如学会或科协鼓励会员在学会平台或科协平台上做各种分享，这些分享包括学术论文、科普小视频、参与某些学术活动的讨论等，而学会的网络平台则应根据会员在平台上的贡献给予会员相应的对部分数据库的访问权限、流量币、积分等各种各样的奖励。如果说学会还是按照学科领域吸纳会员，组织会员共建共享，科协平台的会员则应更广泛，不仅包括学会的会员，还包括大量分散在社会各个部门、世界各个角落的科技工作者。特别是在区块链技术的运用下，科协可以运用科学众包、科研众筹等方式促进广大科技工作者更好地参与科协工作。只有通过这种贡献与奖励机制的建立，形成科协与科技工作者之间、学会与会员之间在平台上的共建共享关系，才能充分激发人才作为创新要素核心的积极性，才能全面促进科协和学会的高质量发展。

（三）科协组织发展的具体举措

1. 实施科协新基建工程

经过数十年的发展，科协的组织建设经历了物理组织的发展与完善，并经历了从网页到网站的信息化建设。在信息化时代，科协应聚焦网络化建设，实施科协新基建工程，只有这样，才能在"大科协"的开放协同发展理念下，掌握组织力建设的资源，拓展组织力发展的平台。也就是说，科协组织必须实施新基建工程，完成基于互联网的科协组织模式转型，让科协组织真正实现"网页—网站—网络"的转变过程，完成从传统科协组织体系向现代科协组织体系的过渡，只有这样才能应对未来更大的挑战，满足党和政府及社会公众等多方面的需求。

每一次产业革命的兴起都伴随着配套基础设施的发展。学会的早期学术交流以通信为主，后来发展到纸质的科技期刊。数字文明时代，电子期刊及其开放获取、科技期刊的数据库建设、大数据的应用等，正推动学会等组织不断变革。在这样的条件下，科协组织必须及时抓住机遇，构建深度融合的网络科协。科协近年来也提出网络科普、数字科协等发展规划，持续加强学会和各级科协组织的信息基础设施建设，为发展新基建奠定了良好的基础。不过，值得注意的是，近几年，科协数字化建设虽然不断提速，但与产业领域和商业领域的信息化运用程度相比仍存在差距，还有很大的提升空间。首先，科协应统筹新基建工程，加强数字科协的顶层设计，从学会、各事业单位到地方科协建立统一规范的协调机制，打通科协内部各部门信息、数据、服务的堵点，真正构成科协组织和服务发展的交互网络。构建全国统一、多级互联的数据共享交换平台体系，强化平台功能，完善管理规范，使其具备跨层级、跨地域、跨系统、跨部门、跨业务的数据调度能力。按照"统一受理、平台授权"的原则，建立数据共享授权机制。加强信息资源整合、共享与利用。依托科协数据共享交换平台体系，推进各部门信息资源共享开放、有效整合。统筹整合已有信息资源，推广一站多用，避免重复建设。其次，要加速扩大新基建的运用领域，从会员管理、学术信息发布、科普和科技服务等多个领域推动数字技术的深入运用。再次，要厘清新基建发展各个环节中和不同领域中存在的产权属性和政策问题，做好深入研究。最后，构建多部门联动、各级科协协同发展的互联网平台，依托科协平台促进科技资源的再配置。

互联网时代给中国科协带来了广阔的发展空间，中国科协必须用数字文明重塑科协组织体系，打造网络一体化的科技类社会组织，这样才能充分吸收社会资本，适应社会治理能力和社会治理体系的变化，才能实现从传统的联系、服务向更加有效的政治引领、政治吸纳转变，才能从服务科技创新向营造创新体系转变，从利用国内资源向统筹利用国际国内两种资源转变。通过激发全社会的科技资本，建设良好的创新生态体系，奠定区域经济发展、国家经济社会发展、人类社会发展的新格局。

2. 继续深入打造学术高地

怀进鹏同志 2018 年在《求是》发表《为建设世界科技强国汇聚强大力量》，提出围绕创新驱动发展和建设世界科技强国的目标，打造进军世界科技舞台中央的学术高地，显著提升对国际一流科技人才的吸引力[31]。在新的历史时期，科协组织应顺应科学发展的规律，顺应多元、融合、开放、协同、负责、包容的趋势，促进科学交流合作和创新主体间合作，引导跨部门、地域、行业的创新协同，构建多主体协同互动的开放高效创新网络，努力在学术交流、期刊建设、搭建基于互联网的交流平台、国际合作及科技奖励等方面发挥重要作用。

科协组织应创新服务学术活动的机制，优化学术环境。支持鼓励各级科协搭建高水平前沿学术交流平台，进一步优化学术会议结构，既要举办大型综合性学术活动，满足科技工作者开展跨学科多领域研讨交流的需求，又要主动聚焦前沿目标，适当提高小型前沿高水平专题交流活动的比重，提高学术交流的质量和水平，激荡自主创新的源头活水。以互联网思维深化学术交流方式创新，使面对面的学术交流和依托互联网的线上交流相互补充，增强时效性和针对性，提高学术交流的实效[32]。部署"云会议"平台，开办"云讲坛"，探索疫情防控环境下的学术会议新模式。结合预印本和开放平台，丰富学术交流形式。放宽学会出境活动的行政管制，例如对出境人数的限制、审批流程等。学会在国际学术会议组织、科技期刊发展等方面的收入享受税收减免政策，进一步放宽组织举办国际学术会议的规模、外宾邀请数量等方面的限制[33]。

科协组织应打造一流期刊，提升科技成果的国际影响力。深化科技期刊改革，坚持正确办刊导向，建立优胜劣汰机制，引进吸收一批在国际上有较高学术影响力的专家进入科技期刊编委和审稿人队伍，着力打造具有核心竞争力和国际影响力的一流科技期刊[32]。推动建立和完善既有利于科技创新又能推进期刊发展的评价体系，提高科技期刊的专业化运营水平，打造具有国际水准的科技期刊。拓宽期刊发展之路。基于信息技术、大数据和云计算提升学术期刊的学术交流机制。对学术期刊特定的专业爱好者群、专家群、作者群和学术研究方向进行大数据挖掘和分析，实现科技期刊发表学术论文的专题推送和定向精准推送，提升科技期刊的传播效果和社会影响力[8]。

3. 加速国际合作，推动开放创新

发挥民间科技交流优势，做大做实国际朋友圈。创新合作机制，搭建交流平台，服务"一带一路"倡议。例如，建立、完善"一带一路"沿线主要国家和地区的高层科学家对话机制，拓宽科技人文领域合作渠道，建立多边、双边合作机制。科协组织可以鼓励相关学会帮助重点企业引进先进技术，开展系统技术服务，在重点企业开展创新方法培训，指导先进技术的推广应用；共同建立研发平台，合作培养创新人才，构建产业技术创新战略联盟。科协组织可借鉴"樱花科技计划"，设立以青少年为主体的科技交流活动项目，通过青少年群体，深化国际民间科技交流与人才培养合作。

"走出去"与"引进来"相结合，"以我为主"推进国际科技组织建设发展。一是加强国际组织任职后备人选的推选和培养。支持中国科学家担任重要国际组织领导职务，推动更广泛、更高水平地参与国际组织的决策和管理。二是积极吸引国际民间科技组织落户中国，利用好国际民间科技组织的"总部效应"。三是"以我为主"发起成立一批国际科技组织。可依托"一带一路"倡议发起成立国际科技组织，建立完善"一带一路"沿线主要国家和地区的科技组织对话机制，注重"一带一路"沿线国家的发展需求，拓宽民间科技人文领域的交流渠道，建立多边合作机制。

培育国际性专业科技奖励。培育一批具有鲜明学科和行业特色的社会奖励品牌，使之成为推动国家科技事业发展和科技创新、增强国际影响的重要力量。遵循国际惯例，坚持同行评议的学术评价体系，吸引国外知名科学家和优秀智力资源参与评审工作，提高奖项的国际开放程度。建立多元化的奖励资金投入及管理机制，鼓励有能力的科技社团尝试设立奖励基金会[34]。

4. 推动跨界合作，带动经济增长

科协组织应基于任务目标、要素驱动、利益共享，推动不同行业、不同学科的各类组织行动起来，突出官、产、学、研、用的跨边界联合。通过汇聚科技、经济、金融、法律等各方面组织机构和专家，构建从"产品—技术—供应链"的垂直整合到政、产、学、研、金服务的网络体系，为企业提供更多的平台和机会，协同推进经济发展。

科协组织还应提升在顶层设计与谋划、效果评估与执行方面的能力，通过规划整合设计合作模式、制定创新组织机制、提供反馈评估与机制优化途径，加大与大中型企业合作的力度，凝聚带动社会资源支持科技型中小企业发展，完成科技促进经济发展、经济支持科技创新所需的创新组织建设。

科协组织还应突破对政府的过度依赖，充分发挥学会、协会等组织的自主性和积极性，通过科学、合理、规范的运作机制，广泛吸纳社会资源，构建正确合理的监管体系，协助社会各界推出科技与经济深度融合的品牌活动，切实发挥科协组织在推动创新驱动发展战略中的群众优势和中介作用。

5. 建立柔性科技创新智库网络

建立多联结智库网络体系。改变现有"一体两翼"的科技创新智库体系，大力拓展科技创新智库的边界，加强与国内外高校、科研院所、企业、学会等组织的合作，共建柔性智库组织，广泛联系科技工作者，建立多联结智库网络体系的科技创新智库新格局。

完善智库运行机制。借鉴国外顶级科技创新智库建设经验，设立理事会，完善学术委员会建设，切实发挥学术委员会和理事会在科技创新智库建设发展中的作用；以国家事业单位改革为契机，积极推动人事管理制度改革，强化科研人员在科研工作中的主体地位，鼓励实施以人为本的经费使用、成果评价、人事考核、评聘等管理制度，将人才评聘和经费使用自主权赋予科技创新智库，构建有利于智库成果产出的激励体系。

加强议题设置能力建设，突出科协组织科技创新智库的特色。科协组织科技创新智库既要加强与决策部门的沟通，了解决策部门的实际需求，也要对国际科技发展前沿和趋势进行长期跟踪，对于国内外经济社会发展问题有准确的评估预测，提升议题设置能力，服务党和政府决策；同时，科协组织作为党和政府联系科技工作者的桥梁纽带，要开展科技工作者状况研究，密切关注和了解科技工作者，设置与科技工作者相关的研究议题，反映科技工作者的意见和诉求。

建立科协组织人才"旋转门"机制。科协科技创新智库可探索建立新型的人员管理方式，不定行政级别，实行人员总量管理，不受岗位设置、工资总额等限制，以客座教授或特聘教授的岗位，吸引具有政府决策部门工作经验的人才或行业领军人才，参与科协组织科技创新智库工作，同时推荐优秀的青年研究人员去政府决策部门挂职锻炼。设立青年人才支持计划，培养科技创新智库人才队伍。

打造决策咨询品牌，拓宽参政议政渠道。纵向上，通过《科技工作者建议》《科技界情况》《决策咨询专报》等内刊积极向上报送智库研究成果，提升智库的决策影响力；横向上，重视与社会公众和媒体的互动，利用新媒体手段积极宣传智库成果，发挥智库在学术界的传播和在舆论引导中的作用，提升智库的学术影响力和社会影响力，拓宽参政议政渠道。

6.探索社会化科普运营机制

突出需求引领。互联网模式下科学传播路径已由过去的"一对多"转变为节点式、裂变式传播路径，信息覆盖面更广，信息传播速度更快。科普工作更应突出需求引领，切实了解社会公众的需求，集成科普资源，创新宣传方式，以更加人性化、平民化、生活化的姿态去贴近大众，让科普宣传工作真正走进百姓的生活之中。在科学传播方式上，推进大数据、云计算、人工智能、区块链等技术与科普深度融合，建设泛在、即时、互动的智慧化科普传播网络，服务数字经济和智能社会建设。

强化科普品牌引领。强化"科普中国""科学辟谣"等平台的品牌引领作用，积极打造"世界公众科学素质促进大会"等国际品牌会议，形成科普工作的长效品牌，提升科协组织科普工作的质量和水平。加强科学传播队伍建设。科协组织应充分发挥专家资源优势，建设多元化、专业化、社会化的科学传播队伍，建构政府、公众、科学家之间的对话交流平台，将专家的权威性、科学性、专业性与科普的社会性、群众性、长期性相结合，加强公众与科学家、专家的互动与对话交流，促进公众对科学、技术、工程等的理解，增强公众对科学的兴趣与认同。

探索社会化运营机制。要发挥科协组织的牵头作用，激发社会公众的热情，引入社会化运营机制，建立科普市场化运作机制，促进科普事业健康快速发展，全方位构建社会化科普大格局。形成尊重科学、需要科学、宣传科学、推动促进科学发展的强大合力。

7.提升科协组织的创新文化引领力

引导学术共同体建立符合本领域特点的科研诚信规范，要适应新兴产业的发展，重视行业标准和监管制度的建设。要制定、完善本领域科研活动自律公约和职业道德准则，经常性开展职业道德教育和学风教育，帮助科研人员熟悉和掌握科研诚信具体要求，引导科研人员自觉抵制弄虚作假、欺诈剽窃等行为，开展负责任的科学研究，发挥自律自净作用。完善出版伦理规范建设，强化主管期刊内容质量建设和办刊导向要求。在学会建设严重失信行为记录信息系统，对纳入系统的严重失信行为责任主体在学会网站上进行公示，并在一定年限内不得吸收其进入学会及分支机构，不得以其作为学术期刊主编等职位选举的候选人；借助区块链的在线存证优势，推出"至信链"，为科技工作者提供一站式版权保护服务[35]。

  向科技工作者积极倡导良好的学风道德。将青少年作为关注的重点之一，引导青少年建立崇尚科学、自律自励、淡泊名利的价值观。在科技越来越资本化以后，要通过加强对科技工作者的教育和培训来实现科学界的自我净化。通过灌输"君子爱财，取之有道"的理念来促使科技工作者合理、合法、合规地取得应得的名利。学风道德建设要注重持续效应和广泛的社会效应。设立学风道德百家讲坛，请不同年龄阶段的优秀科学家现身说法，结合自身经历来谈学风道德建设。在传输机制上从科协的单向输出变为双向互动，在青少年中间组织学风道德建设相关辩论赛，在影响力较大的科普期刊和学术期刊上设立学风道德建设专栏，刊登学风道德建设的相关文章，组织学风道德建设的国际论坛。

  建立科学共同体共治的联盟机制。科协组织对科研单位、科技期刊等的学风道德建设进行评估评比活动，建立学风道德建设排行榜发布机制，将学风道德建设有效、举措有力的单位的经验进行介绍推广，促进有效共治。学术期刊应充分发挥在科研诚信建设中的作用，切实提高审稿质量，加强对学术论文的审核把关。建立学术期刊预警机制，发布国内和国际学术期刊预警名单，并实行动态跟踪、及时调整。将罔顾学术质量、管理混乱、商业利益至上、造成恶劣影响的学术期刊，列入黑名单。

  以正面弘扬为主，多层次、多维度塑造丰满的科学家形象。通过多种艺术手段、多种传播渠道塑造不同年龄层次、不同性别、不同行业机构的科学家形象，既有取得突出成就的科学家，也有在科学道路上积极探索的青年科学家，还有在基层一线默默无闻工作的科技工作者。只有通过多维度构建科学家形象和科技工作者形象，在受众中产生共情，形成情感共振，才能在科技工作者中形成潜心向学的风气，克服浮躁、浮夸、浮华，形成不断践行初心使命的内生动力。

参考文献

[1] 薛澜．让创新为发展提供澎湃原动力［N］．人民日报，2016-08-09（007）．

[2] 胡昭阳．众包科学：网络传播语境下的公众参与创新［D］．合肥：中国科学技术大学，2015．

[3] 杜鹏，王孜丹，曹芹．世界科学发展的若干趋势及启示［J］．中国科学院院刊，2020，35（5）：555-563．

[4] 肖小溪，刘文斌，徐芳，等．"融合式研究"的新范式及其评估框架研究［J］．科学学研究，2018，36（12）：2215-2222．

[5] 李华军．经济增长、双轮驱动与创新型国家建设：理论演进与中国实践［J］．科学学与科学技术管理，2020，41（6）：70-90．

[6] 胡昭阳，汤书昆．"众包科学"的组织类型及其特征［J］．科技管理研究，2016，36（4）：195-200．

[7] 卢雨生．论大数据背景下科学发展的第四范式［J］．现代交际，2020（13）：244-245．

[8] 宇文高峰．科技期刊学术交流作用的实现与拓展［J］．编辑学报，2020，32（2）：198-200+203．

[9] 张恬，孟美任．学术交流应用区块链技术的场景与案例分析［J］．中国科技期刊研究，2019，30（5）：469-475．

[10] 陈光．从0到1：中国未来15年科技创新发展的战略转向［J］．中国科技论坛，2020（8）：3-6．

[11] 郑东华．立足国内大循环　推动新型全球化［N］．经济参考报，2020-08-18（008）．

[12] 韩芳．中南海座谈会上，林毅夫给"十四五"规划提了什么建议？［EB/OL］．（2020-09-01）［2021-09-30］．https://www.jiemian.com/article/4915466.html．

[13] 袁赛男．深刻理解"于变局中开新局"的丰富内涵［N］．经济日报，2020-07-21（011）．

[14] 习近平．在中国科学院第十九次院士大会、中国工程院第十四次院士大会上的讲话［N］．人民日报，2018-05-29（002）．

[15] 习近平．在经济社会领域专家座谈会上的讲话［N］．人民日报，2020-08-25（02）．

[16] 国务院．国务院关于推动创新创业高质量发展打造"双创"升级版的意见［EB/OL］．（2018-09-18）［2021-09-30］．http://www.gov.cn/zhengce/content/2018/09/26/content_5325472.htm．

[17] 中国共产党第十九届中央委员会第四次全体会议. 中共中央关于坚持和完善中国特色社会主义制度 推进国家治理体系和治理能力现代化若干重大问题的决定[N]. 人民日报, 2019-11-06（001）.

[18] 中国科协学会服务中心. 美英德日科技社团研究[M]. 北京：中国科学技术出版社, 2019.

[19] 李三虎. 近代德国大学"讨论班"制度探源[J]. 自然辩证法通讯, 1992（6）：33-40.

[20] 别利亚耶夫, 裴什可娃. 苏联科学机构网的形成和发展[M]. 陈仲实, 译. 北京：科学技术文献出版社, 1981：33.

[21] 格雷厄姆. 俄罗斯和苏联科学简史[M]. 叶式辉, 黄一勤, 译. 上海：复旦大学出版社, 2000：231.

[22] 王雪峰, 古丽亚, 吕国华, 等. 美国物理学会的科技期刊出版及启示[J]. 编辑学报, 2019, 31（6）：693-697.

[23] 罗学优, 程如烟. 国际科技组织的地区和国别分布研究[J]. 科技管理研究, 2013, 33（2）：237-241.

[24] 孟凡蓉, 李思涵, 陈子韬. 夯实科技社团理论研究, 助力科技创新跨越发展[J]. 科技导报, 2019, 37（12）：14-19.

[25] 李敏, 徐雨森, 陈树文. 科学学会的功能演化过程研究——中国力学学会和辽宁省造船工程学会的纵向案例分析[J]. 科技与管理, 2019, 21（1）：47-54.

[26] 王国强, 韩晋芳, 吕科伟, 等. 推动世界一流学会建设调研报告[R]. 内部报告, 2018.

[27] 征咪. 18世纪英国地方科学讲座的市场化及其影响[J]. 学海, 2018（1）：212-216.

[28] 王春法. 科技事业发展呼唤科学文化建设[N]. 科技日报, 2015-11-05（03）.

[29] 李敏, 刘雨梦, 徐雨森, 等. 中国科协政策体系的演变历程、趋势与建议——基于2001年以来469项中国科协文件的统计分析[J]. 中国科技论坛, 2018（2）：1-9.

[30] 王焕超. 从上帝到朋友：平台与用户关系的三个维度[EB/OL]. （2020-09-01）[2021-09-30]. https://baijiahao.baidu.com/s?id=1676617390621139560&wfr=spider&for=pc.

[31] 怀进鹏. 为建设世界科技强国汇聚强大力量[J]. 求是, 2018（7）：3.

[32] 中共中央办公厅. 科协系统深化改革实施方案[EB/OL]. （2016-03-27）[2021-09-30]. http://www.xinhuanet.com/politics/2016/03/27/c_1118455462.htm.

[33] 吕科伟, 王国强, 韩晋芳. 世界一流学会的发展特点及建设途径[J]. 科技导报, 2020, 38（16）：6-14.

[34] 王研, 张陆. 科技社团奖励在推动科技创新中的功能定位与发展对策研究[J]. 学会, 2016（7）：35-41+50.

［35］任宇昕. 高水平开放能促进数字文创产业高质量发展［EB/OL］.（2020–09–07）［2021–09–30］. https://baijiahao.baidu.com/s?id=1677140052052293652&wfr=spider&for=pc.

作者单位：韩晋芳，中国科协创新战略研究院
黄园浙，中国科协创新战略研究院
夏　婷，中国科协创新战略研究院
张明妍，中国科协创新战略研究院
程　豪，中国科协创新战略研究院

第 2 部分　专题研究

01 新形势下科协组织党的建设发展研究

◇田 源 林旦旦 康 健 付 烨 李 燕 刘 坤
　屈 婷 谭书诗 郭贵雨

【摘　要】课题组立足科协组织党的建设的科学范畴、科协组织"一体两翼"的组织优势，以及科协组织的科技底色、柔性特点等，对照新形势下中央对科协组织党的建设的总体要求，提炼出"十四五"时期科协组织党建工作的任务要求。对标中央要求，基于实证考察，科协组织党的建设还存在发展不平衡、不充分、不协调、不完善的问题与不足。课题组有针对性、有侧重地提出"十四五"时期科协组织的党建发展思路，明确了以高质量党建工作带动科协组织高质量发展的总体目标及具体目标，提出以"七个着力"为主体内容的系统化措施方案，以及推动措施落地的党校矩阵创建、党建生态圈创建、党建和业务融合模板库等重大项目。

【关键词】"十四五"规划　科协组织　党的建设

科协组织是党领导下团结联系广大科技工作者的人民团体，是科技创新的重要力量。党的十九大以来，科协组织在以习近平同志为核心的党中央的正确领导下，通过以党建带群建，密切了党和政府与科技工作者的联系，团结引领广大科技工作者投身经济社会发展实践，有力推动了科技进步和经济繁荣。正如习近平总书记所强调指出的："放眼世界，我们面对的是百年未有之大变局。"[1]面对新形势下的新情况、新问题，扎实做好党的建设是科协组织"四服务"职能充分发挥的先决要件。"党的建设应围绕中心、服务大局，与业务工作相辅相成,这是做好党的建设的重要遵循。"[2]党的建设也是助推科协组织中心工作,促进科技繁荣和发展、科技普及和推广、科技人才成长和提高等的必要保障。面向"十四五"发展的新形势新要求,深入查摆当前科协组织和全国学会党的建设中存在的问题和不足、实际困难、客观需要,并做出针对性的补强优化、拓展完善,是加强自身建设、强化职能发挥、谋求更大作为的有效路径。

一、科协组织党的建设的理论概述

做好对科协组织党的建设的定义,找准科协组织党的建设与其他部门党的建设之间的差异,科学把握科协组织党的建设的特殊性,是做好科协组织党的建设发展研究的先决要件。

(一)对科协组织党的建设的概念界定

做出对科协组织党的建设的定义,首要任务在于科学解析科协组织的属性、职能、范围。关于科协组织的性质,《中国科学技术协会章程》(以下简称《章程》)第一条开宗明义,对科协组织的性质进行了定位。《章程》明确规定:"中国科学技术协会是中国科学技术工作者的群众组织,是中国共产党领导下的人民团体,是党和政府联系科学技术工作者的桥梁和纽带,是国家推动科学技术事业发展的重要力量。"这是对科协组织性质的权威界定,"群众组织""人民团体"是对科协组织"社会性"的彰显;"中国共产党领导下""是党和政府联系科学技术工作者的桥梁和纽带,是国家推动科学技术事业发展的重要力量"的表述,则是对科协组织政治性的强调。从性质上来看,科协组织兼具政治性和社会性。其中,政治性是第一属性。

要发挥好科协组织在党建方面的职能职责,就必须准确把握科协组织的职能定位。2016 年 5 月 30 日,习近平总书记在全国科技创新大会、两院院士大会、中国科协第九次全国代表大会(以下简称"科技三会")上发表了重要讲话,对科协组织提出了明确的要求:"中国科协各级组织要坚持为科技工作者服务、为创新驱动发展服务、为提高全民科学素质服务、为党和政府科学决策服务的职责定位,推动开放型、枢纽型、平台型科协组织建设,接长手臂,扎根基层,团结引领广大科技工作者积极进军科技创新,组织开展创新争先行动,促进科技繁荣发展,促进科学普及和推广,真正成为党领导下团结联系广大科技工作者的人民团体,成为科技创新的重要力量。"[3]习近平总书记对科协的职责做出了科学定位,回答了科协组织的职责定位问题。

关于科协组织的组织架构,《章程》第三条明确规定:"中国科学技术协会由全国学会、协会、研究会(以下学会、协会、研究会简称'学会'),地方科学技术协会及基层组织组成。地方科学技术协会由同级学会和下一级科学技术协会及基层组织组成。"中国科协由全国学会和地方科协组成。地方科协由同级学会和下一级科协及基层组织组成。科协的组织系统横向跨越绝大部分自然科学学科和大部分产业部门,是一个具有较大覆盖面的网络型组织体系。

党的建设,是指"党为保持自己的性质而从事的一系列自我完善的活动,不仅包括党务工作,还包括党的思想建设、政治建设、组织建设、作风建设、纪律建设和制度建设等"[4]。具体到科协组织党的建设的定义,我们认为科协组织党的建设,是在中国科协大党建总体布局"一体两翼"的组织架构下,以科协机关党建为引领,以全国学会、地方科协为两翼[5],保持科协、学会各级党组织的性质,围绕"四服务"职责定位,从事的一系列自我完善的活动,涵盖党务工作以及党的思想建设、政治建设、组织建设、作风建设、纪律建设和制度建设等。

(二)科协组织党的建设的特殊性

与党政机关、事业单位以及其他群团组织的党建相比,科协组织党的建设的特殊性主要体现在三方面。

1. 具有"一体两翼"组织优势

科协组织由全国学会和地方科协组成。地方科协由同级学会和下一级科协及基层组织组成。"一体两翼"是科协的工作系统,也是组织结构。"一体"是中国科协,"两翼"是全国学会和地方科协,二者结合是科协最大的组织、人才优势所在[6]。在"一体两翼"的组织建构下,科协组织体系实现了从中央到地方、横到边、纵到底的贯通,形成矩阵式组织网络体系,为将群团工作纳入党的建设总体布局,实现以党建带群建提供了坚实的组织基础。

2. 具有鲜明的科技底色

《章程》对科协组织的属性做出了科学界定。科协组织作为科技工作者的群众组织,作为党领导下的人民团体,是代表广大科技工作者利益、反映科技工作者诉求的组织，具有鲜明的科技属性。在"四服务"职责定位中，首要的服务内容也是"坚持为科技工作者服务"。习近平总书记指出，中国科协各级组织要"真正成为党领导下团结联系广大科技工作者的人民团体，成为科技创新的重要力量"[3]。前者强调的是科协系统的群团组织属性，后者强调的是科协系统的科技专业属性，两者不可偏废，姓"党"为"科"是科协组织党建有别于其他部门党建的显著特色。

3. 具有社会组织的柔性特点

科协组织有别于科层制的政党组织形态，是兼具政治属性和社会属性的社会组织。"既与党有密切的联结，有体制内资源的支撑，有充足的政治合法性资源，又有扎根基层群众的厚实社会合法性基础。"[7]这种介于国家与社会中间的独特结构方位，使群团组织具有"顶天立地"的地位。所谓"顶天"，就是自觉坚持党对群团组织的领导；所谓"立地"，就是密切联系群众，关心群众疾苦冷暖。科协组织具有社会组织的某些特征，本身属于柔性的社会组织，具备社会组织的社会性、灵活性，与正规科研机构的体制结构相比更加灵活。这种组织特性更有助于通过党建带群建，实现党对科技工作者的政治引领。

根据前述关于科协组织党的建设的定义和科协组织党的建设特殊性的分析，本课题聚焦"新形势下科协组织党的建设发展研究"，将在前述理论框架内立足科协组织党的建设的特殊性展开。

二、新形势下党中央对科协组织党的建设的要求

做好研究的破题，迫切需要对新形势以及党中央对科协组织党的建设的要求做出科学分析，并将其作为加强科协组织党的建设发展研究的方向。

（一）关于新形势的理解

国内外形势正在发生深刻复杂变化，习近平总书记做出"我们面临的是百年未有之大变局"的深刻论断。2019年5月21日，习近平总书记在推动中部地区崛起工作座谈会上的讲话中指出："领导干部要胸怀两个大局，一个是中华民族伟大复兴的战略全局，一个是世界百年未有之大变局，这是我们谋划工作的基本出发点。"[8]做好对新形势的科学把握，要统筹好国内国际两个大局。

1. 国际政治经济秩序面临新形势

当前，旧有的国际秩序被打破，新的国际秩序平衡正在构建中，大国关系走向存在较大的不确定性，局部地缘政治局势紧张，国际环境的不确定性显著增加。经济、科技、文化、安全、政治等格局都在发生深刻调整，世界进入动荡变革期。一些西方敌对势力对我国加紧实施西化、分化的战略图谋，多方面对我国实施打压，西方价值观念的渗透冲击着党的执政基础。我国发展仍然处于重要战略机遇期，但面临的国内外环境正在发生深刻复杂变化。防范化解各类风险隐患，积极应对外部环境变化带来的冲击挑战，关键在于办好自己的事，提高发展质量，提高国际竞争力，增强国家综合实力和抵御风险能力。新时期必须要加强科协党的建设，强化对科技界的政治思想引领，牢牢把握科协事业发展工作的正确方向，更加紧密地把科技工作者团结凝聚在以习近平同志为核心的党中央周围，听党话、跟党走，夯实党在科技界的执政基础和群众基础。

2. 国内发展环境面临新形势

进入新时代，我国仍处于并将长期处于社会主义初级阶段，我国仍然是世界上最大的发展中国家，发展仍然是我们党执政兴国的第一要务。国内发展环境也经历着深刻变化，我国已进入高质量发展阶段，社会主要矛盾已经转化为人民日益增长的美好生活需要和不平衡不充分的发展之间的矛盾，人民对美好生活的要求不断提高。这就要求我们必须把发展质量问题摆在更为突出的位置，着力提升发展质量和效益。

3. 对科技创新的需求面临新形势

新形势下，党中央提出推进形成"以国内大循环为主体、国内国际双循环相互促进的新发展格局"。"双循环"发展模式面临的矛盾和问题集中体现在发展质量上，尤其是在原始创新能力和关键核心技术层面。党的十九届五中全会强调，坚持创新在我国现代化建设全局中的核心地位，把科技自立自强作为国家发展的战略支撑，把科技创新摆在各项规划任务首位并进行专章部署。科技创新在党和国家发展全局中的地位作用更加凸显。

4. 弘扬科学精神面临新形势

当今世界，新一轮科技革命和产业变革深入发展，人工智能、量子科技、大数据、物联网等新技术、新应用、新业态给人类发展带来了深刻变化，为解决和应对全球性发展难题和挑战提供了新路径。科技的飞速发展提升了我们对科学精神的迫切需求。2016年5月30日，习近平总书记在"科技三会"上的讲话中强调，要将"普及科学知识、弘扬科学精神、传播科学思想、倡导科学方法作为义不容辞的责任"[3]。2020年11月28日，习近平总书记致信祝贺"奋斗者"号全海深载人潜水器成功完成万米海试，再次对科研工作者提出"继续弘扬科学精神"的期望[9]。党的十九届五中全会通过的《中共中央关于制定国民经济和社会发展第十四个五年规划和二〇三五年远景目标的建议》（以下简称《建议》）也做出了"弘扬科学精神"的战略部署。

5. 党的建设面临新形势

习近平总书记强调，党的建设新的伟大工程，是引领伟大斗争、伟大事业、最终实现伟大梦想的根本保证[10]。党的十九大报告提出新时代党的建设总要求，对推进党的建设新的伟大工程做出顶层设计战略部署，深刻回答了新的历史条件下加强党的建设一系列根本性问题，部署了新时代党的建设八方面重点任务，为新形势下加强党的建设指明了方向，提供了遵循。党的十九届五中全会通过的《建议》中，明确提出"落实全面从严治党主体责任、监督责任，提高党的建设质量"的部署要求。如何提升党的建设质量成为新形势下党的建设面临的重要课题。

（二）新形势下党中央对群团党建提出的新要求

党中央对群团党建（包括科协组织党建）的新要求体现在党的一系列大政方针、会议决议以及领导人著述讲话、党内法规等多个方面。总体要求是：高质量、现代化。

新形势对党的建设提出"高质量"要求。党的十九届五中全会通过的《建议》中，指导思想部分明确提出了"以推动高质量发展为主题"。关于"加强党中央集中统一领导"，做出了"落实全面从严治党主体责任、监督责任，提高党的建设质量"的专项部署。习近平总书记在对《建议》的说明中，专门围绕"高质量"主题做出解读，强调"新时代新阶段的发展必须贯彻新发展理念，必须是高质量发展"，"经济、社会、文化、生态等各领域都要体现高质量发展的要求"。党建作为科协组织工作的生命线，同样应当将"高质量"作为"十四五"阶段的建设总目标、总要求。

《建议》提出了到2035年基本实现社会主义现代化的远景目标。对于2035年的展望中，"经济实力、科技实力、综合国力将大幅跃升""关键核心技术实现重大突破""进入创新型国家前列""基本实现国家治理体系和治理能力现代化"等目标、任务，都对科协组织以及科协组织党建工作提出了"现代化"这一新的更高的要求。唯有实现科协组织党的建设现代化，才能立足职责实现对国家2035年"基本实现社会主义现代化"伟大目标的战略擎托。

1.进一步突出科协组织的政治引领作用

2015年7月6日，习近平总书记在中央党的群团工作会议上的讲话中指出，"要切实保持和增强党的群团工作的政治性"，并强调："政治性是群团组织的灵魂，是第一位的。"[11] 2016年3月，中共中央办公厅印发《科协系统深化改革实施方案》，突出将党的建设作为加强学会组织党的领导的重要举措。2017年8月，习近平对群团改革工作做出重要指示："要推动各群团组织结合自身实际，紧紧围绕增强'政治性、先进性、群众性'，直面突出问题，采取有力措施，敢于攻坚克难，注重夯实群团工作基层基础。"[12] 2019年1月，中共中央办公厅印发实施《中共中央关于加强党的政治建设的意见》，旨在切实加强党的政治建设，坚持和加强党的全面领导，明确要求，"坚持党性和人民性相统一，坚决站稳党性立场和人民立场"，"要坚持以党的旗帜为旗帜、以党的方向为方向、以党的意志为意志"，"任何时候都同党同心同德"；对"发挥群团组织政治作用"做出专门部署，再次指出群团组织是"党领导下的政治组织"，"政治性是群团组织的灵魂"，要"更好承担起引导群众听党话、跟党走的政治任务"。新形势下，科协组织党的建设的首要任务依然是保持好群团组织的政治性，发挥好政治动员、政治引领、政治教育等作用。党的十九届五中全会通过的《建议》将"十四五"时期经济社会发展必须遵循的首要原则，确立为"坚持党的全面领导"，"为实现高质量发展提供根本保证"。坚持党的全面领导，首要任务又在于坚持正确的指导思想。《建议》明确了"十四五"时期经济社会发展的指导思想，党的十九届五中全会公报更是强调对"习近平同志作为党中央的核心、全党的核心"的始终牢固坚持。《建议》提出"面向世界科技前沿、面向经济主战场、面向国家重大需求、面向人民生命健康"的目标要求，为科协组织引领科技工作者指明了路径方向。

2.进一步加强从严治党主体责任落实

2020年3月，中共中央办公厅印发了《党委（党组）落实全面从严治党主体责任规定》，该规定是党中央健全全面从严治党责任制度的重要举措，要求扭住责任制这个"牛鼻子"，抓住党委（党组）这个关键主体，不折不扣落实全面从严治党责任。2019年3月,《关于加强和改进中央和国家机关党的建设的意见》印发并实施,针对科协等群团组织提出"推动群团组织依法依章程开展工作、发挥作用"的目标和"坚持依规治党,着力推动全面从严治党法规制度贯彻执行,构建务实管用、符合中央和国家机关特点的党建工作制度体系"的要求。在2020年11月召开的中央全面依法治国工作会议上,我们党正式提出"习近平法治思想"。11月16日,习近平同志在《求是》杂志第22期发表重要文章《推进全面依法治国,发挥法治在国家治理体系和治理能力现代化中的积极作用》,文中提出,我国社会主义法治是"制度之治最基本最稳定最可靠的保障",发挥法治在国家治理体系和治理能力现代化中的积极作用,首要的是"提高党依法治国、依法执政能力"。落实全面从严治党要求是中央交给科协组织及其所属学会的重要政治任务。新形势下,进一步加强从严治党主体责任落实理应作为"十四五"时期科协组织党建的重中之重。

3. 进一步推动党建和业务的深度融合

2019年7月9日,党中央召开中央和国家机关党的建设工作会议,这在党的历史上还是第一次。习近平总书记在会议上强调:"处理好党建和业务的关系。解决'两张皮'问题,关键是找准结合点,推动机关党建和业务工作相互促进。各部门党组(党委)要围绕中心抓党建、抓好党建促业务,坚持党建工作和业务工作一起谋划、一起部署、一起落实、一起检查,使各项举措在部署上相互配合、在实施中相互促进。要改进完善机关党建工作考核评价机制,发挥考核的指挥棒作用、选拔任用的导向作用。"[13] 2020年10月16日,中央和国家机关工委印发《关于破解"两张皮"问题推动中央和国家机关党建和业务工作深度融合的意见》,围绕破解"两张皮"问题,为推动中央和国家机关党建和业务工作深度融合做出科学部署。12月11日,中国科协制定并印发《中国科协关于破解"两张皮"问题推动党建和业务工作深度融合的工作措施》,依据科协实际提出了落实中央文件的思路和措施。新形势下科协党的建设质量的提升也长期受到党建业务"两张皮"因素的制约,如何进一步深化党建和业务的融合度,应作为"十四五"期间科协组织党建发展的重要目标任务。

4. 进一步加强科协组织体系建设

2015年7月,习近平总书记在中央党的群团工作会议上做出"必须把群团组织建设得更加充满活力、更加坚强有力,使之成为推进国家治理体系和治理能力现代化的重要力量"的重要指示,并强调要切实保持和增强党的群团工作和群团组织的政治性、先进性、群众性[11]。2015年7月9日,《中共中央关于加强和改进党的群团工作的意见》颁布实施,提出"不断推进群团工作和群团组织建设理论创新、实践创新、制度创新,始终与党和国家事业同步前进"的目标要求,并做出"各级党委要明确对群团工作的领导责任,健全组织制度,完善工作机制,从上到下形成强有力的组织领导体系"的战略部署[14]。党的十九届五中全会通过的《建议》强调,"十四五"时期经济社会发展必须遵循坚持系统观念的原则。习近平总书记在关于《建议》的说明中强调,"系统观念是具有基础性的思想和工作方法"[15]。在系统观念中,"加强前瞻性思考、全局性谋划、战略性布局、整体性推进。要统筹中华民族伟大复兴战略全局和世界百年未有之大变局"[16]"坚持全国一盘棋,更好发挥中央、地方和各方面积极性"[17]"着力固根基、扬优势、补短板、强弱项"[18]等理念,为新形势下科协组织"一体两翼"组织形态下党的建设的体系化指明了方向。科协组织体系化建设应作为"十四五"期间全面提升科协系统党建组织力的重要抓手。

5.进一步发挥学会党建效能

党的十九大强调了社会组织党组织的职责任务,提出了建设世界科技强国的宏伟目标,形成"三步走"发展战略。党的十九大修订的《中国共产党章程》中,明确了社会组织中党的基层组织的功能与作用发挥。2019年10月,党的十九届四中全会通过的《中共中央关于坚持和完善中国特色社会主义制度 推进国家治理体系和治理能力现代化若干重大问题的决定》也强调:"健全党的全面领导制度。完善党领导人大、政府……基层群众自治组织、社会组织等制度,健全各级党委(党组)工作制度,确保党在各种组织中发挥领导作用。"[19]中国科协制定的《面向建设世界科技强国的中国科协规划纲要》中,提出面向建设世界科技强国的"三步走"目标任务,坚持"四服务"定位,强调不断强"三性"、去"四化"、建"三型",按照"1-9·6-1"工作布局,充分发挥人才第一资源优势,激活创新第一动力,服务国家发展重大政治任务。学会党建作为中国科协加强党的政治建设、发挥政治引领作用的重要内容,作为大党建格局中的重要一翼,工作重心要从抓组织建设为主转移到提升组织力,发挥党组织作用上来,致力于建立健全学会党建体制机制,创新方式方法,增强对科技工作者的思想凝聚力,引领学会发展,以党建促进世界一流学会、一流科技期刊建设,推动学会党建与业务融合,夯实党在科技界的执政基础,实现党建强会,把科技社团建设成为有使命感的科学共同体，更加广泛地团结凝聚科技工作者为建设世界科技强国贡献力量。

6. 进一步加强基层党组织建设

2015年7月9日，《中共中央关于加强和改进党的群团工作的意见》关于群团基层组织建设做出了"制定服务型基层组织建设意见，打造符合群众需求的工作品牌，推动构建覆盖广泛、快捷有效的服务群众体系"的明确要求[14]。2018年10月，《中国共产党支部工作条例（试行）》颁布实施，除了提出党支部的八项基本基准任务，还针对社会组织中的党支部，强调教育引导职工群众增强政治认同的特色任务。2020年1月，中共中央印发《中国共产党党和国家机关基层组织工作条例》，进一步明确了机关基层党组织应当遵循的原则、组织设置、基本职责，包括"协助党组（党委）管理机关基层党组织和群团组织的干部""领导机关工会、共青团、妇女组织等群团组织"等专项任务要求，尤其是在党务工作者队伍建设方面，做出了"设置办事机构，配备必要的工作人员"的明确要求，并对专职党务人员配备比例做出"一般占机关工作人员总数的1%至2%""人员较少的单位，应当保证有专人负责"等明确规定。2020年1月，中央第十二巡视组向中国科学技术协会党组反馈的问题中，提到"基层党建有短板"[20]。同时，中央和国家机关工委印发《关于创建"让党中央放心、让人民群众满意的模范机关"的意见》，提出"不断强化基层党组织的政治属性和政治功能""锻造坚强有力的基层党组织"等标准要求。"十四五"期间，科协组织理应将基层党组织建设"补短板"作为重要任务之一常抓不懈。

7. 进一步提高党建数字化智能化水平

以习近平同志为核心的党中央高度重视互联网和信息化发展。习近平总书记在网络安全和信息化工作座谈会以及党的十九大报告中多次提出，"要以信息化推进国家治理体系和治理能力现代化"[21]，"要善于运用互联网技术和信息化手段开展工作"[22]。随着以人工智能、大数据、5G为代表的前沿技术不断跨越瓶颈，数字化已成为当前推进国家治理体系和治理能力现代化的重要驱动力，而党建信息化、数字化则是推动党建科学化、现代化的重要内容和评价标准。党的十九届五中全会通过的《建议》中明确做出"加强数字社会、数字政府建设，提升公共服务、社会治理等数字化智能化水平"的规划部署。新形势下，科协组织党的建设中同样要着力提升数字化、智能化水平，强化党的建设质效。

结合上述分析，新形势下党中央对"十四五"期间群团组织党的建设发展的新要求，可总结如下：总体要求方面，2021—2025年"十四五"规划期间，党的建设的要求是实现高质量发展，2035年远景目标是实现党的建设现代化。具体要求体现为七方面：一是进一步突出科协组织的政治引领作用，二是进一步加强从严治党主体责任落实，三是进一步推动党建和业务的深度融合，四是进一步优化科协组织体系化建设，五是进一步改善科协组织所属学会党的建设，六是进一步夯实科协基层党组织建设，七是进一步提高科协组织党建的数字化智能化水平。

三、科协组织党的建设的现状及问题、困难

党的十八大以来，中国科协坚持高站位积极谋划科协党建工作，坚持高标准积极探索建立大党建工作格局，坚持高质量不断完善科协人才工作载体与体系。2016年8月，中国科协制定了《中国科学技术协会事业发展"十三五"规划》，针对党的建设做出了"加强学会党的建设""加强各级党组织对规划实施的领导""加强干部队伍建设"等规划安排[23]。截至目前，上述规划任务得到圆满完成，中国科协在推进党建工作的过程中，摸索总结出必须坚持以党的政治建设为统领、坚持以服务科技工作者为根本、坚持党建与业务融合发展、坚持机关党建带系统党建、坚持问题导向和效果导向等基本经验[24]。对照新形势和党中央的新要求，结合对部分全国学会、地方科协及基层组织的深入调研，我们发现还存在部分问题，亟待加以解决。本课题研究采用书面调查与实地走访相结合的复合型田野调研手法，通过对标、对表党中央对科协等群团组织的要求，分析科协组织党建工作中存在的问题短板和现实困难。

（一）科协组织的政治引领作用发挥尚有提升空间

政治性决定着群团组织的性质和方向，是群团工作沿着正确道路前进的根本保证。中国科协始终牢记科协组织的政治属性，将加强对科技工作者的政治引领作为第一位的任务。各级科协组织的党建工作始终牢牢扭住政治引领"牛鼻子"，深入践行习近平总书记关于科技创新和群团改革的重要思想，以"1-9·6-1"三层次工作布局[25]打造科协系统改革发展"升级版"，团结引领广大科技人员听党话、跟党走。经考察调研发现，对照新形势下国家经济社会发展和科技创新对科协组织政治引领作用发挥的迫切需要，对照党的十九届五中全会"高质量发展"

主题要求，部分科协组织政治引领作用的发挥尚有提升空间。

1. 少数群体对政治引领的重视程度有待提升，局部作用发挥不畅

调研及座谈发现，部分科协组织和所属学会成员对新形势下政治引领工作的重要性、必要性、紧迫性认识不足，重视不够，导致政治引领作用发挥不畅。一是少数领导干部存在"无用论"认识，将政治引领工作当作"营养品"而非"必需品"，简单地认为业务工作是显绩，政治引领等党建工作是虚功，尤其对单位业绩提升乃至个人职级提拔的影响较小。二是部分党务工作人员存有"悲观论"认识。课题组在与部分省市科协组织党务工作人员的座谈中了解到，少数人员错误地认为党务工作岗位是"二线"岗位，是"冷板凳"，相比于业务工作是辅助，是附庸。干工作、想问题前怕狼后怕虎，从事党建工作的底气不足，拈轻怕重，方式、方法过于保守，甚至为了不出圈而照搬照抄，为了不出错宁肯不干事。

2. 少数群体引领方向聚焦有失精准，目标失之于同质、宽泛

科协组织是具有鲜明科技属性的群团组织。党的十九届五中全会《建议》更是明确提出"面向世界科技前沿、面向经济主战场、面向国家重大需求、面向人民生命健康"的要求。能否将对广大科技工作者的政治引领聚焦于"四个面向"目标，是衡量政治引领作用成效的重要标尺。调研中发现，部分学会、科协及基层组织的政治引领方向不同程度地存在同质化、宽泛化等问题。无论是开会、发文还是组织活动，不少是为了党建而党建。部分学者提出的"不懂得如何将党的路线、方针、政策贯彻落实到具体的生产任务中去"[26]的问题较为明显，造成一定程度上与科协中心工作之间彼此割裂。政治引领实施效果的总结提炼相对薄弱，更多满足于将相关活动作为一个个事例、数字呈现在年度总结、述职述廉汇报中。

3. 少数群体引领方式手段相对陈旧，实际效果参差不齐

调研中，从部分科协组织的党建工作台账情况看，政治引领等上级安排的规定动作普遍能完成，开展包括培训、讲座、党团活动等多类型的活动。但除全国学会和省级科协层面在引领平台、方式方面有所创新外，多数基层组织的自选动作寥寥无几。调研中发现，部分基层组织在主业工作任务繁重时存在政治引领工作质量打折扣、执行不到位的问题。少数基层组织乃至学会、省级科协的政治引领方式仍墨守成规，多是在工作安排中拿出整块的时间，采用集体理论学习、观看教育视频、集中政策宣传、开展专题讲座、撰写学习心得等传统形式进行思想引领和政治教育，难以与信息化时代的政治工作方式相契合。个别基层组织的工

作人员不会运用现代化手段，不会寻求新载体，缺乏创新，使得政治引领工作流于形式，缺乏号召力和吸引力，尤其在吸引高层次领军人才、青年科技人才方面相对欠缺，在对海外高层次人才的引领方面还存在短板。

（二）从严治党主体责任落实有待加强

党的十八大以来，科协组织全面从严治党，党风廉政建设和反腐败工作取得了新成效。科协组织坚决贯彻落实习近平总书记重要指示批示精神和党中央重大决策部署，认真落实中央和国家机关工委、驻科技部纪检监察组工作要求，全方位突出政治建设，加强理论武装，深化纪律作风建设，推进建章立制，探索大党建工作格局，坚定不移推进全面从严治党。特别是通过"不忘初心、牢记使命"主题教育，配合中央巡视和服务防疫抗疫工作大局，各级领导班子抓全面从严治党工作的责任意识明显增强，全面从严治党有关制度逐步健全完善，党员干部精神面貌和能力作风发生新的变化，呈现了干事创业、担当作为的良好局面。但也要清醒地认识到，科协组织从严治党方面仍存在一些不足。2020年1月，中央第十二巡视组向中国科学技术协会党组反馈巡视发现的一些问题，其中就包括"履行全面从严治党主体责任不够有力，落实监督责任存在薄弱环节，对下属单位和学会协会监管不够有力，部分领域和岗位存在廉洁风险"[20]。调研中，在从严治党主体责任落实方面，同样发现了部分亟待解决的问题。

一是关于从严治党主体责任落实的认识存有偏差。部分学会、科协及基层组织工作人员的理解认识不到位。有的对"把纪律挺在前面"和"四种形态"的深刻内涵还认知不清，模糊了从严治党与依法依规惩戒之间的区别，把全面从严治党简单等同于反腐败，将从严治党片面理解为"抓贪官"。有的对党的政治纪律、组织纪律、廉洁纪律、群众纪律、工作纪律、生活纪律"六大纪律"作为从严治党重要戒尺把握不准，存在对违反纪律类型的混淆，甚至认为"从严治党"只是纪委监委以及系统内纪检监察人员的工作，将从严治党主体责任推诿给外部纪委监委抑或内部纪检监察部门。这种理解认识与中央要求和科协实际相距甚远，易于产生廉政风险。同时，关于从严治党主体责任的压力传导还不到位，存在层层递减、层层弱化的问题。尤其是部分基层党组织落实主体责任的自觉性不强，实打实硬碰硬的少，对从严治党主体责任落实的长期性、艰巨性缺乏清醒认识和有力举措。

二是从严治党主体责任落实缺乏法治化思维。调研中，部分科协组织工作人员反映，在从严治党主体责任落实方面，不同程度存在"软、迟、慢、拖"等责任追究不到位现象。实践中，存在有责不问的情况，或问责也往往"点到为止、避重就轻"，不能严格按党纪党规进行监督管理；存在怕伤情面、怕影响感情的思想包袱，"板子"打不到负有主体责任和监督责任的人身上。作为管党治党有力武器的党内法规，在部分基层科协组织中未能得到应有重视和常态化使用。还有的问责滞后，大多是"事情捂不住"后的被动程序。更多情况属于问责不严，大多限于通报批评、诫勉谈话，较少给予更为严厉的组织处理和党纪政纪处分。这也表明法治化的思维在科协组织从严治党主体责任落实过程中尚未有效融入，少数领导干部的法治意识淡薄、法治思维欠缺、法治能力不足的短板尚待补强。

三是从严治党主体责任落实的工作机制尚不完善。落实从严治党主体责任，在党中央文件、领导人重要讲话以及《中国共产党章程》《中国共产党纪律处分条例》等党内法规中有明确规定，但在科协组织等单位的具体落实过程中还需要配套工作机制提供制度保障。调研中发现，关于从严治党主体责任，部分科协组织和所属学会在推动落实方面简单提要求的多，开会发文件的多，但具体抓落实的针对性、有效性还不强，尤其缺乏具体量化的落实标准和考核指标体系。以学会分支机构党建工作为例，在抓学会党的组织建设和党的工作"两个全覆盖"中都提出了"抓书记""书记抓"。但怎么抓书记，怎样才能调动书记抓党建的积极性，如何对分支机构党支部书记的工作进行考评，如何根据考评结果对学会分支机构党支部书记进行奖惩，尚缺乏真招实策。课题组在调研中了解到，部分科协组织尤其是基层科协组织党建工作干得好的，没有什么奖励；干得差的，一般也没有实质性的惩罚。

四是从严治党主体责任落实的内部巡察相对薄弱。课题组在调研中了解到，部分全国学会内部党建巡察作用发挥不足，巡视重点不突出，大量时间用于广泛性查阅资料，而开展谈话、调查了解的时间较少，巡察质量和效率受到弱化。对制度建设方面的巡察，关注制度的建立情况较多，对于被巡察党组织制度的时效性以及制度的执行情况关注较少。有的巡查组在被巡察党支部提交整改报告后，即结束此次内部巡察工作，对于被巡察党支部的整改没有跟踪检查，对被巡察党支部的整改效果没有进行监督，使得整改流于形式，对于党支部从严治党主体责任落实等方面工作的促进作用相对有限。

（三）科协组织党建和业务的融合有待深化

科协组织高度重视党建和业务的融合，"党建强会计划"是中国科协的学会党建品牌项目。围绕党的建设新的伟大工程、决战脱贫攻坚、决胜全面小康和科协事业发展大局，"党建强会计划"的内涵不断提升，立足"四个服务"职能定位，着力推进"三轮驱动""三化联动"，突出服务国家发展战略、助推一流学会建设、弘扬科学家精神等重点任务，发挥学会理事会党委政治引领作用和办事机构党组织战斗堡垒作用，开展示范活动，党建强会促发展的效果更加突出。如在 2020 年抗疫工作中，科协党组成立应急科普领导小组和科技与经济融合领导小组，统筹业务部门和党建部门，形成协同高效的工作机制，与学会和广大科技工作者及时沟通，快速反应，贯彻中央精神，落实科协倡议，以党建引领科学抗疫，在战"疫"工作中有效推动了党建和业务的有机融合。但对照新形势、新要求，结合对部分科协组织党建工作的调研情况，课题组发现主要问题如下：

一是对党建和业务融合的认识存有偏差。调研中，在部分学会、基层组织中，对党建和业务融合的观念认识存在一定偏差。少数基层组织负责人还存在重业务轻党建的思想认识偏差，对开展党建工作重视不够，轻视科技社团中党组织的作用，为了抓党建而抓党建。有的认为基层科技社团会员中党员人数有限，民主党派及党外人士较多，抓好抓不好党建工作对大局影响不大；还有的认为学会、基层组织本身组织松散、会员广泛、位置超脱，单独建立党组织的难度大，党组织作用发挥不明显，建不建党组织"无所谓"。极个别工作人员还认为党建就是对群团组织的行政化，会对科技社团的自主性造成影响，一定程度上将干预社会组织的正常运行。部分学会和基层组织工作人员存在"无关论"认识，认为党建工作只是领导干部、党务工作者的"分内之事"，普通工作人员抓好技术研发等业务才是正事。正是基于这种片面认识，相当比例的非党务工作人员只顾"自扫门前雪"，参与各项党建及融合工作的积极性不高。上述观念认识上的偏差，一定程度诱发了有学者所指出的"两者不合拍、不同步，党建工作触不到底、深不下去、接不到地气，使基层党建生命力不足"[27]的状况。从调查情况来看，少数存在上述观念认识的科协组织，其党建工作与业务工作基本处在你干你的、我干我的，甚至"井水不犯河水"的状态，"两张皮"现象严重，党建工作对业务工作应有的助力和推动效果不彰。

二是党建和业务融合的参与主体单一化。课题组在调研中发现,"党建和业务融合工作由党建口的人干,非党建口的人看"的现象依然存在。部分工作人员存在"自扫门前雪"的狭隘认识,个别人甚至还发出诸如"为什么要我参与党建,党建人员怎么不帮我干工作"等牢骚。上述问题的本质在于未能清醒认识党建工作的整体性、大局性和极端重要性。这一状况与大党建、党建工作全员参与的部署要求存在较大偏差,实则参与力量相对有限,导致部分党建工作和活动的开展虎头蛇尾,实际落地效果与原初规划相比有所减弱。

三是党建和业务融合的能力存在欠缺。课题组在调研中了解到,部分地方科协、学会、基层组织等在推动党建和业务融合过程中,找不准党建和业务的结合点。对习近平新时代中国特色社会主义思想学思践悟不深,不善于围绕中心开展党建,难以在解决具体问题中开展党建,无法通过党建建立党委威信、增强党的信誉、密切党群联系。一味"就党建抓党建"、脱离业务搞党建,致使党建工作有时出现"自转"和"空转"。其后果自然是造成党建与业务工作之间的融合度不佳。长此以往,科协组织党建工作易于陷入"越不出成绩,越不受重视;越不受重视,越谨小慎微;越谨小慎微,越不出成绩"的恶性循环当中。

(四)科协系统的组织体系化建设有待完善

"一体两翼"是科协组织的工作系统,也是科协组织的优势所在。近年来,科协组织依托"一体两翼"的组织优势,认真贯彻落实《关于加强党的政治建设的意见》《关于加强和改进中央和国家机关党的建设的意见》《中国共产党重大事项请示报告条例》,制定《中国科协党建工作方案》,以机关带系统,推动科协系统大党建工作格局的不断完善。对比新形势、新要求,结合调研考察发现,科协组织的组织体系化建设还存在部分不足,制约组织赋能的有效实现,亟待加以完善。

一是科协组织的组织体系统筹协调尚待强化。对于科技组织体系化建设而言,科协组织和所属学会根据自身现实与特点,经过一段时期的探索实践,积累了一定的成效与经验,但也遇到了一些瓶颈问题。譬如,在中国科协"一体两翼"架构下,"一体"是中国科协,"两翼"是全国学会和地方科协,二者是科协最大的组织、人才优势所在[6]。在现有体系架构下,既要统筹处理机关与系统的关系,强化重点工作对全国学会、地方科协的牵引带动,又要调动全国学会和地方科协的组织活力和自主创新。但中国科协与全国学会、地方科协在组织体系的分工方面边界还不明确，统筹协作制度体系还需进一步健全。

二是科协机关对下指导功能尚需强化。依据《中国科学技术协会章程》第三十二条、第三十七条之规定，全国学会接受中国科协领导，但上下级科协之间的关系，是业务工作上的指导关系，而非行政上的领导关系。地方科协直接接受的是相应省（市）直机关工委的领导。调研中发现，少数地方科协以及基层组织在接受上级科协指导的过程中，存在走形式、走过场和"以会议落实会议、以文件传达文件"等疲于应付的现象。调研中了解到，个别省市的省（市）直机关工委领导管理的组织众多，对于包括党建在内的各项工作的管理、指导难以面面俱到，对本省市科协下达"规定动作"要求较多，对于结合科协自身特色的党建工作指导力偏弱。上下级科协之间的指导关系的虚化、淡化，引发科协组织上下级以及同级科协组织之间协同作用的发挥不足。同时，全国学会对学会基层党组织进行的分类指导服务还有待加强。究其原因，既有科协组织之间关系限定的客观因素，也存在部分学者指出的"不能根据形势的不断变化和不同党员干部的实际需要来做思想工作，缺乏系统性和针对性，吸引力不够"[28]的问题，包括部分科协组织党建工作者"政治站位不高，工作视野局限，不思进取、不爱学习、不善创新"[29]等因素造成的自身能力水平不够，解决疑难复杂问题的经验不足。

（五）科协学会党的建设需进一步加强

中国科协探索实施"党建强会计划"以来，将党的工作项目化、业务化，由学会党组织申请中国科协的党建活动经费，在学会主体业务中融入党的元素，充分发挥学会党组织和广大党员专家的作用，通过党的建设带动学会建设，有效地激发了学会参与党建工作的积极性。长期以来，学会党建构建"131"工作格局，将党建作为学会治理体系和治理方式改革的重点，作为学会全面改革的硬举措来抓，通过推动学会党组织建设和实施开展"党建强会计划"，全力推动"两个全覆盖"。党的十九大胜利召开之后，中国科协对标党的十九大精神和习近平新时代中国特色社会主义思想，确定中国科协"1-9·6-1"的战略部署，把学会党建工作作为凝心聚力工程的重要内容，学会党组织统一思想、凝聚人心、化解矛盾的作用得到有效发挥。"党建强会计划"作为科协组织党建工作的一张名片，理应在"十四五"期间进一步擦亮。

一是学会党的组织体系建设有待强化。学会党建工作的组织设置涉及两种性质的组织，即当地基层组织（实体性党组织）和党的工作组织（功能性党组织）；同时涉及四个层面，即科协层面、学会理事会层面、学会分支机构（专委会）层面和学会办事机构（秘书处）层面。目前，全国和各地区在组织设置方面的探索还处于"两个全覆盖"的基础阶段，在批复设立、组织性质和隶属关系等方面尚未形成规范化的模式；相应地，管理权限、纪检监察、考核标准等工作机制也尚未理顺。调研中发现，部分学会人员分散，流动性大，专职人员少，党员更少，还有一些党员特别是退休聘用党员不愿意转组织关系。要建立符合党章规定、能够发挥好作用的党组织，工作难度很大。目前部分学会脱钩进程尚未完成，完成脱钩的学会人员流动和管理问题尚未解决，脱钩后学会空壳化、小集团化、非规范化问题更加明显，学会凝聚力和影响力有待提升。

同时，党章和相关党内法规对党的基层组织和工作组织的批复设立和管理权限，以及党员管理和组织关系，都有相应的规定。一方面，学会党建工作的"两个全面覆盖"必须遵循制度规范；另一方面，各层面的党建工作又必须着眼于发挥应有功能，探索最为合适的组织设置和工作方式，由此面临着规范性与创新性之间的困境。同时，科技社团党建工作自身的组织制度、责任制度和监督考核制度等也都需要进一步细化。截至 2018 年 6 月 1 日，部分专业委员会（分会）党的工作小组完成设立，并根据本专业特点相继开展各种党建活动，但党的工作小组这一组织形式作为组织建设创新形式尚缺乏制度支撑。

二是思想教育阵地建设相对薄弱，专业培训机构功能尚需充分激活。2019 年 5 月 30 日，中国科协党校正式揭牌成立，其后科协系统相继构建起以中国科协党校为中心，以全国学会分校、省级科协党校、老科技工作者党校、女科技人才中心、青年科技人才中心等为特色的科协系统党校工作体系，并开通运行了科协系统网上党校系统，顺应了信息化时代党建教育培训的现实需要。调研中发现，部分党校平台对科技工作人员思想培训、教育引导等方面的功效仍有待加强。突出表现为，部分教学内容偏重理论，针对性不强，实效性较弱；与参训人员的学习需求相脱节，理论与实际的联系不够紧密，对现实社会中的热点、难点、焦点问题分析得不多，特别是对学员工作中遇到的一些难点问题和热点问题缺乏原创性的专题研究，所提出解决问题的方法和措施也因缺少针对性和实践性而使学员难以在实际工作中受到指导和启发，使得教学效果受到了影响。部分党校培训侧重于宣传党的基本理论、路线、方针、政策，这在客观上提高了干部的理论水平和政治素质，但素质和能力并不能直接画等号，这些培训在诸如"以党建带群建"能力培养、引导学员投身"四服务"的意识培养等方面还存在薄弱环节。同时，党校红色研究阵地的作用发挥有限，对于科协组织党建理论研究的热情有待提升，尤其新形势下体现科协特色、具备前瞻性和指导性的理论成果较少，在理论创新领域的自主"造血"功能尚需加强。

三是党建强会项目活动质效考核指标尚待优化。相比于业务工作已然形成相对成熟、细化的考核评价体系，学会党建工作在考核方法、指标上的还有所欠缺。这当中确实有"业务工作周期短，成果易量化，易见到效果，因此'一抓就灵'；党建工作周期长，短时间内难以见到明显效果"[30]的因素。调研中发现，科技社团党委开展了创建全国学会星级党组织评选活动，并设立了包含9项一级指标、26项二级指标的全国学会星级党组织创建指标体系。但相关指标对于党建工作的考核普遍侧重于"干没干"，对于工作"好不好"、效果"实不实"、群众"满意不满意"的考核则偏薄弱。同时，对学会党建工作的考核多采取查看资料、听取汇报、自我评价、自评自报等方式，不免存在一定的间接性、随意性、夸大性。同时，考核结果刚性不够，激励手段单一，配套措施缺乏，一定程度上导致实践中存在"干与不干一个样""干好干坏一个样"的"大锅饭"现象，进而给党建工作"假参与"及"不参与"等弊病提供了滋长温床。

调研中发现，少数学会党建活动与学会主流业务结合不够紧密，缺乏学会自身特色，活动创新性有待进一步增强。有一些项目错把红色传统教育作为"党建强会计划"的主要内容，有一些项目相当于学会的业务工作，有一系列的学术会议，却不见党的元素。有的学会党组织项目管理意识不强，一些学会党组织对于党建活动项目化的认识程度还不够，在实施委托项目时，存在进度延缓、预算执行不利等问题，如预算经费未执行完毕或项目经费挪作党支部活动经费等现象都还存在。部分学会党组织由于人员变动、工作调整等原因，项目具体落实人交接工作不到位，致使项目执行受到影响。每年承担项目的学会偏多，重点不够突出，部分学会项目成效偏弱。引领有能力、有经验的学会党组织带领经验不足的学会党组织一起参与项目申报、管理的机制尚待健全。

（六）科协基层党组织的建设尚待夯实

《中国科学技术协会章程》第四十条规定："科学技术工作者集中的企业事业

单位和有条件的乡镇、街道社区等建立的科学技术协会（科学技术普及协会）是中国科学技术协会的基层组织。"中国科协从政治高度和战略高度深刻认识提升基层组织力的重要意义，为开展"3+1"基层科协组织建设试点，作为保持和增强科协组织政治性、先进性、群众性，缓解基层"四缺"（缺编制、缺经费、缺办公场所、缺工作人员）问题，扩大覆盖面影响力组织力的有效手段，打造基层科技工作者更好服务社会、提升能力、实现价值的重要平台。通过加强对基层科协"三长"（医院院长、学校校长、农技站站长）的政治引领、工作指导，通过政策引导、考核督促、项目支持、学习培训、表彰宣传、搭建平台、反映诉求等措施，增强"三长"和基层科技工作者的获得感、归属感。不断加强科协系统上下联动，推动资源下沉，形成工作合力，用好"三长"联系面广、动员力强等优势，使其切实发挥带动示范作用，团结引领广大科技工作者服务基层、服务群众，在"接长手臂，形成链条，扩大组织和工作覆盖"等重点工作中有所突破。但对比新形势、新要求，科协组织尤其是基层组织面临的"四缺"问题依然未能得到根治，基层组织发展不平衡、不充分问题亟须解决。

一是基层专兼职党务人员队伍结构失调，专职党务工作者相对缺乏。据不完全统计，在中国科协所属的210家全国学会中，兼职的党务工作者占比近70%。这对推进党建会建有机结合、深入融合发展，有积极的一面。但是，兼职党务工作者也面临着兼职过多、业务繁杂，对党建工作思考不深、认识不足，精力不济、办法不多、力度不够等现实问题。尤其需要注意的是，在兼职党务工作者队伍中，拥有政工教育背景或党务实践经验的党务工作者占比不足20%，其余多为"半路出家"，对党建工作目标不清楚、任务不了解、方向找不准、重点把不住、实施无抓手。另据调研发现，中国科协所属的210家全国学会中，办事机构专职工作人员少于5人的有84家，有6家学会甚至没有专职工作人员，加之工资待遇偏低、工作要求高、工作强度大，优秀人才往往难以留住，学会队伍建设受到严重制约。不仅规模较小的学会没有专职党务干部，中等规模以上的学会也极少设置专职党务工作岗位。

二是少数基层组织的党务人员队伍建设存在闭环。调研中发现，部分基层企事业单位科协组织的领导层大部分由主管单位的机关干部兼任，或从离退休人员中聘用。这些党员的党组织关系仍保留在原单位，参加原单位组织的党务学习及活动，无法也不愿转移组织关系。部分基层组织中存在大量非党员的专职工作人员，这些人员是基层组织日常运作的骨干核心力量，工作能力突出，有长期稳定的工作预期，并且有强烈的入党愿望，却缺乏入党途径。这样的人员组成结构在科技社团中普遍、长期存在，使科技社团党组织的建立形成一个闭环：因党员无法转移组织关系而不能建立党组织，因没有党组织而造成潜在可以转移组织关系的人员无法加入党组织。

三是基层组织经费、物资保障区域差异较大，与业务投入存在较大"剪刀差"。基层科协组织经费来源渠道相对单一，普遍依靠财政拨款，经费多寡与地方财政状况息息相关，造成各级、各地科协组织党建经费、物质保障状况存在差异。调研发现，各学会及基层组织的各项支出中，业务工作相关支出普遍占"大头"，党建工作支出经费占比相对有限。考虑到当前的总体物价、消费水平，诸如科普、学术等活动的必要的参与人员，以及影响面等客观因素，相应的经费支持难免捉襟见肘。与业务工作保障之间"剪刀差"的不断拉大，一定程度上制约了科协组织党建工作效能的发挥。尤其基层科协工作头绪多、人员配置少，少数基层科协经费支撑不足，本应投入党建工作的人力、物力经常被挤占或挪用。同时，一些制度性的缺失也影响基层经费保障。譬如，中国科协"通过党费支持、以奖代补、购买服务等多种方式对党建工作开展好的学会给予鼓励"的政策很难落到部分学会分支机构党组织层面。由于学会分支党组织一般不接转党员组织关系，不收缴党费，缺少党费下拨和留存的路径。课题组在调研中了解到，部分学会分支机构党组织采取"把党建工作经费纳入管理费用列支"的做法，但纳入比例等尚缺乏明确制度依据，实际操作存在一定风险隐患。

（七）科协组织党建信息化水平有待提高

中国科协高度重视党建信息化建设，启动并深入推进"智慧党建"行动，完善平台应用功能开发，搭建"党建+互联网"平台，有效提升了科协党建科学化水平。课题组在调研中了解到，部分学会和基层科协在党建信息化建设等方面，尤其是在基层党建工作与数字信息化有机结合等领域，做出了大量有益探索，为未来的数字化、智慧化党建积累了经验。但面向新形势、新任务要求，科协党建的信息化水平依然有待提升。

一是党建信息化建设发展不平衡。由于我国经济社会发展的"二元化"状况依然突出，地区发展的不平衡引发各级、各地科协组织党建信息化程度也呈现出

"东部快、西部慢，城市快、农村慢"的不均衡态势。信息技术发展不均衡使"数字鸿沟""数字差距"现象日益严重，导致信息化程度不平衡。一些偏远地区科协组织推动党建信息化依然存在较大困难。调研中，部分基层组织如某企业科协自主开发了"药城 e 先锋"党建信息化管理平台，业已投入运行，并取得良好成效。但其他基层组织多数尚处在对信息化、数字化平台的探索阶段。

二是党建数字化、智能化资源有待整合。各级、各地科协组织围绕党建信息化建设投入巨大人力、物力、财力，耗费大量时间成本，但由于顶层设计和长远规划的相对缺失，造成明确具体的标准设置尚付阙如，对系统内党建信息化资源的整合不力。调研中发现，各级科协、学会以及基层组织的党建信息化，尚且存在"各管各的网，各吹各的号，你一套我一套""平台重复建，大家一起凑热闹"等突出问题。不同层级科协、学会之间，地方与地方之间，信息化建设水平参差不齐，标准要求存有较大差异，且相互间衔接不易，成为当前制约科协组织党建信息化的一大突出问题。

三是党建信息化系统的维护有待强化。部分科协组织的党建信息化建设存在"重建设、轻管理"倾向，"建设时热火朝天，建成后束之高阁"，工作信息化流于形式。有的平台长期没有更新，有网络无服务，有提问无答复，成了看上去很美的"花瓶摆设"；有的平台"千网一面"，提供的信息重复单一，使用价值不高，根本谈不上对群众有吸引力，更谈不上开展服务。党建信息化建设需要资金投入，建成后的信息网络设备维护、更新同样需要投入。受限于各级、各地科协组织经费状况的多寡不一，部分组织尤其是基层组织的信息化建设经常有心无力。

四是对党建信息化的思想尚需解放。调研中出现，关于科协组织党建信息化，尚存在部分偏误思想认识。有的基层组织对党建信息化心存顾虑，尤其对网络民主、在线监督有所回避，认为使用信息化手段开展服务容易给自己或领导找麻烦，习惯于将党员个体的意见做"内部消化"。少数负责人对党建信息化成效心存轻视，认为"网络是虚拟的，还是面对面地开展服务管用"，对党建信息化建设支持不够，工作随意性较大，缺乏使用信息化手段的自觉性和主动性，推动党组织工作信息化只是为了达到上级部门的要求。还有的科协组织过度使用信息化手段，特别是一些年轻的党务工作者不是积极地与基层群众进行面对面的沟通，而是过度依赖网络手段，习惯用网络平台对话、用文字沟通、用视频走访、用邮件解疑，尽管给工作带来了便利，却疏远了与党员个体之间的联络。

上述七方面的问题充分表明，对比新形势下党中央关于科协组织党建工作的新要求，对比"十四五"规划中高质量的主题，科协组织党的建设现状还存在发展不平衡、不充分、不协调、不完善的问题，距离"高质量"党建标准要求和"以高质量党建推动科协组织高质量发展"的目标还有一定差距，尚需在"十三五"规划成果的基础上，固根基、扬优势、补短板、强弱项，力争在"十四五"期间实现党建总体水平的稳步提升。

四、"十四五"期间科协组织和所属学会加强党的建设和政治引领的发展思路、发展目标、重点举措、重大项目

围绕新形势下党和国家的各项战略部署，特别是"十四五"期间国家整体规划关于科协工作的具体要求，应立足科协组织党的建设实际现状，有针对性、前瞻性地制定"十四五"期间科协组织和所属学会加强党的建设和政治引领的发展思路、发展目标和重点举措。

（一）发展思路

高举中国特色社会主义伟大旗帜，深入贯彻党的十九大和十九届二中、三中、四中、五中全会精神，坚持以马克思列宁主义、毛泽东思想、邓小平理论、"三个代表"重要思想、科学发展观、习近平新时代中国特色社会主义思想为指导，全面贯彻党的基本理论、基本路线、基本方略，紧密围绕中国科协《面向建设世界科技强国的中国科协规划纲要》任务要求，立足科协组织"四服务"职责定位，切实遵循"四个面向"目标方向，构建科协组织党建"12345"的工作格局：围绕"一条主线"，即坚持以政治建设为统领；发挥"两项优势"，即"一体两翼"组织优势和科技工作者专业优势；抓好"三方主体"，即科协机关、全国学会、基层组织；构建"四维体系"，即科学的党建组织体系、严密的党建制度体系、立体的思想教育体系、完善的经验示范体系；强化"五项能力"，即党组织的引领力、组织力、凝聚力、发展力、保障力。以高质量党建引领科协组织工作高质量发展，把广大科技工作者紧密团结在党的周围，为建设科技强国、实现高水平科技自立自强建功立业。

（二）发展目标

总体目标是以高质量党的建设工作带动科协组织高质量发展，为加快建设科技强国提供助力。具体目标有如下几方面。

第一，科协组织的政治引领作用更加强化。科协组织的政治属性得到鲜明凸显；科协组织与科技工作者之间的联系愈发紧密；新时代科学家精神得到广泛弘扬；动员科技工作者投身科技创新，响应党的号召的能力更加强劲；科技工作者群体中自觉运用党的最新理论成果武装头脑的人员覆盖面得到显著扩大。从严治党主体责任进一步落实。确保"严"的主基调得到长期坚持，领导干部关键少数的示范作用得到充分发挥；管党治党主体责任实现层层压实，主体责任履行更加到位；"不敢腐、不能腐、不想腐"一体推进机制得到健全，日常监督更加严实有力。外部和内部巡视形成合力，巡视整改常态化推进。党建和业务融合更加深化。党建和业务融合的观念认识更加清晰，党建和业务融合的参与主体更加壮大，党建和业务融合的样板更加丰富，党建和业务融合的考核更加科学。

第二，科协组织体系建设更加优化。科协组织党建工作体系化分工更加明晰，科协直属机关、全国学会、地方科协职责任务更加明确具体；科协组织党建工作的整体合力得以形成；中央关于科协组织"强三性、去四化"的改革要求得到有效落实。

第三，学会党的建设质效进一步提升。包括学会理事会党委、学会办事机构基层党组织和学会分支机构党的工作小组的三层组织体系得以构建，理事会党委政治引领、办事机构基层党组织战斗堡垒和分支机构团结凝聚的作用得到充分发挥，中国科协党校全国学会分校得到建立建强，"党建强会计划"品牌效应更加凸显。

第四，基层组织党的建设更加完善。基层科协与基层治理体系的融合度显著提升，科协基层组织的动员力、影响力进一步增强，基层党建工作者队伍进一步壮大，基层党建综合保障得到强化，以"党建带群建"的实施效果更加凸显。

第五，科协党建智慧化水平继续升级。智慧化科协党建平台资源得到整合；新技术功能与科协党建需求充分融合；党建 App 等平台实现社交媒体功能转化，对科技工作者凝聚力显著增强；面向全社会的智慧党建生态圈得以建立。

（三）重点举措

1.着力凸显科协组织的政治属性，推动政治引领方向更准、范围更广、效果更佳

一是强化思想政治引领。着力服务党和国家工作大局，着力深化群团改革，着力加强党的领导和党的建设，增强科技工作者对党的基本理论、基本路线、基本方略的政治认同、思想认同、情感认同，坚定不移听党话、跟党走，胸怀祖国，勇攀高峰，把论文写在祖国大地上，筑牢党在科技界执政之基。立足"四服务"职能，紧紧围绕党的政治路线部署推进科协事业发展战略规划、重大任务、重点工作，不断强化政治引领和政治机关建设，做到党中央提倡的坚决响应、党中央决定的坚决照办、党中央禁止的坚决杜绝。全面深入学习宣传贯彻习近平新时代中国特色社会主义思想，坚持党建与业务同谋划、同部署、同推进、同考核，大力宣传党的路线方针政策。完善科协系统党校建设，面向科技领军人才、青年科技骨干、海外科技人才、广大基层科技工作者，以及科技群团干部，开展研修、培训、调训、轮训等教育培训。严格遵循"十四五"规划中以"面向世界科技前沿、面向经济主战场、面向国家重大需求、面向人民生命健康"为内容的"四个面向"要求，做好政治引领的目标细化、任务分解、责任落实，确保将广泛分布的具有多元价值观的各种类型的科技工作者组织起来，凝聚起来，汇聚起来，并精准引领至最适合其才智发挥、力量贡献的细分领域，为建设科技强国贡献力量。

二是大力弘扬新时代科学家精神。深入贯彻落实中共中央办公厅、国务院办公厅《关于进一步弘扬科学家精神加强作风和学风建设的意见》，大力弘扬科学家精神，激励和引导广大科技工作者争做重大科研成果的创造者、建设科技强国的奉献者、崇高思想品格的践行者、良好社会风尚的引领者。弘扬以爱国创新为鲜明特征的科学家精神，全面推进"老科学家学术成长资料采集工程"，打造"共和国的脊梁——科学大师名校宣传工程"精品剧目，广泛宣传"最美科技工作者"。在通俗化、大众化上下功夫，把理论话语转化成科技界话语。加强科学道德和学风建设，积极应对科技界重大突发事件。在筑牢既有政治引领阵地的基础上，将政治引领的着眼范围予以拓展，不断由全国学会层面拓展到学会分支、企业、高校科协等基层组织，不断由党员拓展到非党科技工作者，不断由国内为主拓展到兼顾海外高技术人才，尤其要注重对高层次领军人才、青年科技人才群体的重点

引领。

三是促进科技工作者由被引领者向引领者的自觉转变。继续深化以"1-9·6-1"为战略思路的科协系统改革，尤其要将落脚点放在办一批符合科技工作者需求的实事上。[25] 主动关心和支持科技工作者，不断增强科技工作者的事业成就感、精神获得感、组织归属感、政治认同感，让每一位创新人才都能够在中国特色社会主义建设的创新事业中充分施展才华。组织科技工作者参与国家科技战略、规划、政策、法律法规的咨询，参与国家重大政策、重大决策等咨询工作，及时反映科技工作者的意见建议。充分发挥科技工作者在维护科技安全以及利用高新技术防范化解重大风险方面的作用。进一步激活并发挥中国科协党校的政治灯塔作用，全面弘扬科学家精神，面向科协机关、直属单位、全国学会、地方科协，面向科技工作者，面向海外科技人才，推进学习培训、集中宣讲、理论阐释，激励广大科技工作者坚定理想信念，增强建设世界科技强国的信心决心，着力激发自主创新的强大动力，着力攻克"卡脖子"的关键核心技术。推动政治引领由入耳入脑入心到同向同行同频，引领广大科技工作者由被动引领者到主动参与者、踊跃奉献者的身份转变，充分激活科技人的党建主体作用。

2. 着力强化从严治党主体责任落实，推动从严治党制度更密、思维更清、巡察更实

一是织密科协组织从严治党的制度网络。坚决贯彻落实全面从严治党部署要求，以党的政治建设为统领抓好党的建设各项工作。把党的领导贯穿到规划实施的各领域和全过程，不断提高政治判断力、政治领悟力、政治执行力，建立完善上下贯通、落实有力的工作体系，确保党中央重大决策部署贯彻落实。对科协组织内部现有的全面从严治党制度规范加以梳理，剔除已失效文件或部分与新形势、新要求不符的条文规定，编制专门化、立体化的从严治党制度规范体系。鼓励全国学会、地方科协立足自身实际，因地制宜地制定从严治党制度办法，着力在制度的严密性上下功夫。进一步细化并推进各级科协组织的权力清单、责任清单、负面清单制度，构建起严密、细致、便于操作的权力制约机制，做好"强三性""去四化"的制度防范，构建起"不敢腐、不能腐、不想腐"一体推进制度，扎紧制度笼子，不留死角，清除盲区。

二是牢固树立从严治党的法治化思维。在全系统内部开展习近平法治思想贯彻学习教育主题活动，引领广大党员干部尊法学法守法用法，发挥法治在科协党

建尤其是从严治党过程中的压舱石作用。重点强化在从严治党过程中党内法规的宣教学习和实践应用。坚持"严"字当头,将依法依规依纪办事的法治思维,贯穿于从严治党主体责任落实的执行、监督、惩戒的全过程,重点抓好领导干部这一关键少数的从严治党主体责任落实,以榜样示范和典型曝光等方式,消除少数群体在从严治党问题上搞变通、做选择、打折扣的思想根源。

三是用足用活外部和内部巡察手段。严格落实巡察报告问题底稿制度,实事求是地反映问题,确保巡察过程的精准和巡察结果的高质量。探索实施"交叉式""点穴式""织网式"巡察方法,在重点单位开展提级巡察,及时开展巡察"回头看"。从基层和群众最关心、反映最强烈的问题入手,深挖问题线索,精准发现党建领域问题。建立巡察典型案例通报制度,有效发挥"查处一个、警醒一片"的作用。以扎实整改做好巡察"后半篇文章",推动被巡察党组织堵塞漏洞、举一反三,切实发挥巡察监督的治本功能。

3.着力强化党建业务深度融合,推动党业融合的观念转变、能力提升、机制倒逼

一是推动少数群体党建业务融合观念的革新转变。增强对科协组织党建和业务融合价值功效的宣传引导,彻底消除各级科协组织中少数群体特别是个别领导干部思想深处关于"要不要融"的顾虑犹疑;加大对既有的科学组织党建和业务深度融合、长效互促的典型案例、成功范式的塑造推广,以看得见、摸得着的融合实效,破解少数群体关于党建和业务"能不能融"的思想困惑;强化对科协组织内部对党建和业务融合消极应付、阳奉阴违等负面典型的曝光惩戒,从根子上端正党业融合思想认识,彻底打消少数群体"想不想融"的心理侥幸。推动越来越多的科技工作者实现由党建和业务融合旁观者到参与者的积极转变,不断壮大参与党业融合的主体队伍。

二是提升党建和业务融合能力的全面提升。针对部分科协组织对党建和业务融合"想干而不会干"的突出问题,建议由科协机关、全国学会以及地方科协等融合主体,对各自党建和业务融合的工作内容做要素化拆解,并针对各类要素的工作要求制定标准化、数字化、精细化的指标区间,划定诸如高质量、中质量及低质量的数据区间,供各类科协组织推动党建和业务融合工作时作为参照。同时,用足用好"党建强会计划"的经验成果,深入挖掘并积极培育一批党建和业务融合的先进党组织、先进个人等,打造一批党建和业务融合工作的"样板间",确保

让更多的科协组织都能明白"谁来融",掌握"融哪里",学会"如何融"。

三是强化党建和业务融合配套机制的倒逼效果。对接"十四五"期间"高质量发展"主题,由片面考核党建和业务融合工作"干没干",转变为侧重考核融合工作"实不实"、质量"好不好"、效果"牢不牢"。建议进一步建立健全党建工作考核评价体系,通过对党业融合各项业务要素的分档赋值,以量化的方式实现对各级、各地科协组织党建和业务融合程度、效果的科学评价,将考核评价结果与项目分配、经费支持等直接挂钩。尤其要将对各级科协组织负责人等关键少数的考核纳入其间,通过激活"头雁效应"来带好绝大多数,确保党建工作与业务工作结合得更紧密、融合得更深入、落实得更有效。

4. 着力强化科协组织体系建设,推动组织建设实现体系化、网络化、特色化发展

一是优化科协组织建设的体系化分工。立足科协组织"一体两翼"的组织优势,推动科协组织党的建设体系化定位更加清晰,分工更加明确,职责更加具体。科协组织党的建设组织体系中,科协直属机关是发动机,是策源地,是司令部、参谋部[31],应定位为各级科协组织的"组织",起到牵头抓总,对全系统组织调动、引领、示范的职能作用。全国学会是科协组织党的建设体系中的躯体、主干,其所引领的各级、各类学会以及科技工作者是科协最大的组织和人才优势。全国学会作为科协机关与各类、各级学会的桥梁纽带,是学会的"组织",起到对各学会政治引领的职能作用,针对学会专兼职人员党员数量、党员隶属关系、党组织作用发挥、学会活跃度等不同情况实行分级分类管理。地方科协连接着基层,是科协组织建设体系中的"肢体",是确保科协工作"接长手臂、扎根基层"的关键所在。科协机关是"大脑"(领导核心),全国学会是"躯体"(主体保障),地方科协是"四肢"(重要构成),"十四五"时期科协组织体系建设应遵循"智脑、健体、强肢"的思路导向。

二是强化科协组织的组织力传导。顺应新时代发展规律和组织结构演变趋势,以组织的网络化来强化科技组织之间的纽带和联系机制,破除科协组织存在的"上热中温下冷"问题,实现组织力由量变到质变、工作成效由大变强,保持组织活力。运用系统论原理,推动科协组织"点、线、面、体"协调发展,着力把基层企事业科协组织这些"点"做好,着力把科技社团这些"线"做优,着力把省级、市级、县级和乡镇(街道)科协组织这些"面"做实,确保全国科协系统的"体"更加

坚强有力、充满活力，促进科协组织由松散型组织向枢纽型组织转变。

三是突出科协组织建设的品牌特色。科协组织党建在凸显政治性的同时，也应着力突出科协系统自身的科技专业底色，切实做到姓"党"为"科"。立足科协组织内部并非科层化设置的实际，发挥好组织柔性的特点和"一体两翼"的优势，不搞"一刀切"式整齐划一的组织体系建构，根据各地实际因地制宜，将创新权交由各级组织，鼓励并引导各级、各地科协组织因地制宜在组织建设上取得创新突破。对于已经取得的制度创新，诸如学会分支机构党的工作小组制度，积极与中组部等有关部门沟通协调，取得政策上的支持和制度上的背书。力争实现省级科协"一省（会）一策"、地市级科协重点"一市（地）一案"、县级科协"一县（区）一招"的特色化、品牌化建设遍地开花。

5.着力强化学会党的建设质效提升，推动学会党建组织更优、阵地更强、品牌更响

一是深化学会党组织体系建设。按照"两个全覆盖"要求[32]进一步推进学会党组织三层组织体系建设，以中国科协业务主管的全国学会组建理事会党委为主体，用五年时间推动实现党的组织全覆盖；对不具备成立办事机构党支部的学会全部指派党建指导员，完成党的工作覆盖；探索提出全国学会分支机构党的工作小组组建程序和工作机制，开展分支机构党建工作，促进党的工作小组作用发挥，将"两个全覆盖"向学会末梢延伸。构建起以学会理事会党委、学会办事机构基层党组织和学会分支机构党的工作小组为内容的三层组织体系，并确保理事会党委政治引领、办事机构基层党组织战斗堡垒和分支机构团结凝聚的作用得到充分发挥。推动学会党组织按照自愿原则申请加入学会党建工作联合体，逐年扩大联合体成员范围，发挥联合体作用，形成联合体轮值学会党组织牵头、联合体成员党组织进行分组指导的学会党建工作指导体系。深入开展"星级党组织"创建活动，优化评价体系，逐步推动由现在的自愿参与向强制认证转变，要求全部全国性学会必须参加，且设置一定的不及格比例，对创建不达标者予以整改，整改不通过或连续不达标者实行末位淘汰。

二是加强学会思想教育阵地建设。按照中国科协党校建设要求，探索在有条件的学会建立全国学会党校，作为中国科协党校体系的组成部分，择优支持学会创建党校教育培训基地和实践教学基地[33]。组建学会党建专家宣讲团，建设学会党建宣讲专家库，丰富完善学会党建宣讲课件资源库。加强对全国学会在党建

工作中典型做法经验的搜集、梳理和宣传工作，形成"学会党组织故事和典型案例""讲好学会党组织故事，传播好学会党员声音"等独特的工作模式，逐步推动由现在的自愿参与向强制认证转变，要求全部全国学会必须参加，且设置一定的不及格比例，对创建不达标者予以整改，整改不通过或连续不达标者实行末位淘汰。重点办好全国学会党组织负责人、党务干部、青年党员干部主体培训班，发挥好领导干部的"头雁效应"。

三是提升党建强会品牌效应。继续深入实施"党建强会计划"，围绕服务"四个面向"，创新党建强会形式，提升党建强会内涵，发挥学会理事会党委政治引领和办事机构党组织战斗堡垒作用，突出服务国家发展战略、助推一流学会建设、弘扬科学家精神等重点任务，以"党建+"的形式，推动学会党建与业务相容互促，提升公共服务能力，促进学会治理能力现代化，凸显党建强会促发展的成效。建立"党建强会计划"项目典型案例的评选制度，选树一批典型案例。加强项目的绩效考核，提升项目质量，加强规范化建设。推动形成集群化的品牌项目，不断扩大党建强会的社会效应。建立建强示范引领样板，围绕着力打造"科普中国""科创中国""智汇中国"和"科技工作者之家"平台，形成可借鉴、可推广、可复制的党建活动模式。

6.着力加强科协基层组织党的建设，推动基层党组织建设队伍更强、责任更明、保障更足

一是推动基层科协深度融入基层治理体系。坚持党建带群建，工作重心下移、资源下沉，接长手臂、夯实科协组织基础，扩大联系服务基层科技工作者的工作覆盖面。进一步落实基层组织党的建设责任制。完善基层组织党建工作的权力清单、责任清单、任务清单，以考核"指挥棒"，打通基层党建工作责任落实的"最后一公里"。立足于各基层组织之"特"，着眼于基层党员和科技工作者之"需"，分类推进企业科协、高校科协、园区科协、农技协等基层组织建设，创新机制，扩大组织和工作覆盖面。开展基层科协组织力建设试点，坚持立足基层、因地制宜、试点先行、经验推广的原则，建机制、强功能、增实效，把城乡社区和互联网建成坚强阵地，把力量和资源充实到基层科协，打通科协组织服务科技工作者和服务群众的"最后一公里"。

二是充实壮大基层党务工作者队伍。按照专兼结合、以兼为主的原则，多渠道、多样化选用，建设一支素质优良、结构合理、数量充足的党务工作者队伍，

建立完善动态科技人才数据库。依据《中国共产党党和国家机关基层组织工作条例》关于"设置办事机构，配备必要的工作人员"的要求，以及对专职党务人员配备比例"一般占机关工作人员总数的 1% 至 2%"和"人员较少的单位，应当保证有专人负责"等规定，在关键岗位配备优秀党务工作人才。选配政治素质高、群众基础好、组织领导能力强、党务工作经验丰富的同志进入党组织领导班子，推荐党性强、工作实、具有培养前途的优秀年轻党员干部任党组织书记。建立健全符合科协组织特点的管理考核和激励约束制度，确保党务工作者干事有平台、待遇有保障、发展有空间。

三是强化基层组织的物资、经费保障力度。摆脱一味"等、靠、要"的依赖心理，探索建立"中国科协下拨一点、挂靠单位支持一点、基层组织自筹一点"的基层党组织建设经费多方筹措保障机制。善于借船出海、借梯登高，在用足用好"三长制"的基础上，深入开展"三长制"扩面增效行动，逐步由"三长"拓展到"五长"，即医院院长、学校校长、农技站站长、文化站站长、商会会长，尤其要千方百计争取地方党委、政府、人大、政协一把手对科协改革工作的重视，协调各方力量共同破解"四缺"突出问题。用好科技人才这一科协组织的最大优势和最广资源，积极组织基层卫生、教育、农业等各领域的科技志愿者，在文明生活、科学生产、增收致富方面投身新时代文明实践中心建设。

7. 着力提高科协组织党建智慧化水平，推动科协党建科学化、智能化、生态化

一是整合并优化科协系统现有的智慧党建平台。集中对科协系统内部现有的智慧党建平台进行筛查梳理，对功能重复、覆盖面较窄、操作烦琐的部分系统软件予以裁汰。吸纳各类智慧党建平台的合理性功能、技术特点，整合融入"科技工作者之家"主流 App 平台，并通过进一步研发，将其改进为集监督、宣传、管理、教育于一体，功能清晰、结构合理、体验友好的党建智慧化系统，成为现在广大科技工作者手机等移动终端上的普及性应用。推动大数据、人工智能、区块链以及量子通信等新技术手段融入科协组织党建，促进新技术对科协组织党建的质效提升。

二是推动智慧党建平台的智能化应用。顺应互联网去中心化的发展趋势，打造适合发挥科技人党建主体作用的新型智慧党建融入路径，在实现链接联通更多科技人的基础上，赋予科技人更多话语权，促动他们由听众到讲者的身份转变，

引导科技人群体围绕科协组织"四服务"职能定位和"四个面向"目标方向，广泛开展党建思想汇聚、经验集成、范式交流，用转化战略替换孤岛模式，用群体智慧驱动党建创新。进一步丰富平台内容，并逐步将其做实做精。同时，依托算法引导实现对党建信息的精准用户推送，实现对不同科技人群体的精细化、个性化教育引领，全面提升党建工作质效。

三是构建智慧化党建社区。依托量子通信等技术手段，促进智慧党建平台高度畅通的信息传达和反馈交互的即时实现。逐步推动智慧党建平台向科协组织内部科技社交媒体的转化，进一步增强智慧党建平台的用户黏性、活跃度，把分布在各个领域、各个行业的科技工作者广泛联动起来，形成不同层级、地域科协组织各自的党建生态社区。通过数据挖掘和精准识别需求，线上联通和传统线下活动有机结合，增强线上联系的广泛性和连续性，与传统线下党建工作形成资源共享、优势互补、相互融合的开放式格局。

（四）重大项目

项目一：科协系统党校矩阵创建计划

该项目按照中国科协党校建设总体布局要求，发挥中国科协党校的模板示范作用，鼓励地方科协健全完善各自党校建设，并探索在有条件的学会建立学会党校，作为中国科协党校体系的重要组成部分。以项目资金注入、方案指导等方式，做好学会党校建设培育，择优支持学会创建党校教育培训基地和实践教学基地。打造以中国科协党校为引领，以学会党校和地方科协党校为两翼，跨地区、跨学科、跨领域的科协组织党校矩阵。

党校矩阵的创建，可将中国科协及地方的实体党校、网上党校，整合形成党校集群。集群并非简单相加，而是彼此融合互促。在确保各级、各地党校统一建设标准，共享培训师资、设备、内容等软硬件资源，共建专家库、课件库、案例库等核心要件的基础上，实现功能差异化分工，打造错位服务，形成单项领域内的精专方向，着力培育一批科协系统内部的特色党校品牌。同时，重点推动网上党校建设，逐步将教育培训拓展到手机等移动客户端，打造永不"落幕"、永不"打烊"、永远服务的科协组织党建精神家园。

项目二：科协组织党建生态圈构建计划

该项目借鉴去中心化的互联网思维，引领智慧党建平台朝向科协组织内部社交媒介的模式演进，赋予科技人以更多话语权，促动他们由听众到讲者的身份转变。增强智慧党建平台系统的用户黏性、用户活跃度、参与度，把分布在各领域、各行业的科技工作者联系起来，形成不同层级、地域科协组织各自的党建生态社区，推动党建逐步成为科技人生活方式的重要组成部分。

通过数据挖掘和精准识别需求，增强线上联系的广泛性和连续性，与传统线下党建工作形成资源共享、优势互补、相互融合的开放式格局。增进各个科协组织小党建生态圈之间的链接互动，形成不同党建生态圈之间的"圈圈相连、圈圈相套、圈圈相融"。依托科协组织"一体两翼"的组织优势，加强各类小生态圈之间的统筹协作，共同推动科协系统党建全生态圈的形成。

参考文献

［1］新华社．习近平接见驻外使节工作会议与会使节并发表重要讲话［N/OL］．（2017-12-28）［2020-10-11］．http://jhsjk.people.cn/article/29734770.

［2］祝灵君．防止党的建设与业务工作"两张皮"［N］．人民日报，2016-04-21（07）．

［3］习近平．为建设世界科技强国而奋斗［EB/OL］．（2016-05-31）［2020-10-11］．http://jhsjk.people.cn/article/28399667.

［4］七一网．如何区分党务工作、党的工作、党的建设［EB/OL］．（2020-03-10）［2020-12-14］．https://www.12371.gov.cn/Item/553400.aspx.

［5］怀进鹏．坚持守正创新推进中国科协党的建设重大任务落地见效［EB/OL］．（2020-06-08）［2020-12-05］．https://www.cast.org.cn/art/2020/6/8/art_1174_124313.html.

［6］怀进鹏．全面提升科协系统组织力 汇聚决战决胜的科技力量［J］．旗帜，2020（5）：11-13.

［7］康晓强．群团组织的中国逻辑［EB\OL］．（2017-09-20）［2020-10-11］．http://theory.people.com.cn/n1/2017/0920/c40531-29546152.html.

［8］杜尚泽．习近平总书记江西考察并主持召开座谈会微镜头［N］．人民日报，2019-05-23（02）．

［9］新华社．习近平致信祝贺"奋斗者"号全海深载人潜水器成功完成万米海试并胜利返航［N/OL］．（2020-11-28）［2020-10-11］．http://jhsjk.people.cn/article/31948074.

［10］新华社．习近平：以永远在路上的执着把从严治党引向深入［N/OL］．（2018-01-11）［2020-12-05］．http://jhsjk.people.cn/article/29759916.

[11] 习近平. 切实保持和增强政治性先进性群众性 开创新形势下党的群团工作新局面[N]. 人民日报, 2015-07-08(01).

[12] 习近平. 牢牢把握群团改革正确方向 努力开创党的群团工作新局面[N]. 人民日报, 2017-08-27（01）.

[13] 习近平. 在中央和国家机关党的建设工作会议上的讲话[J]. 求是, 2019（21）: 1.

[14] 中共中央关于加强和改进党的群团工作的意见[N]. 人民日报, 2015-07-10（04）.

[15] 习近平. 关于《中共中央关于制定国民经济和社会发展第十四个五年规划和二〇三五年远景目标的建议》的说明[EB/OL].（2020-11-03）[2020-10-11]. http://jhsjk.people.cn/article/31917564.

[16] 新华社. 习近平在中共中央政治局第二十七次集体学习时强调 完整准确全面贯彻新发展理念 确保"十四五"时期我国发展开好局起好步[N/OL].（2021-01-29）[2020-10-11]. http://jhsjk.people.cn/article/32017264.

[17] 新华社. 习近平主持召开中央全面深化改革委员会第二十次会议强调 统筹指导构建新发展格局 推进种业振兴 推动青藏高原生态环境保护和可持续发展[N/OL].（2021-07-09）[2020-10-11]. http://jhsjk.people.cn/article/32153906.

[18]《人民日报》记者. 中共中央政治局召开会议 中共中央总书记习近平主持会议[N]. 人民日报, 2020-09-29（01）.

[19] 新华社. 党的十九届四中全会《决定》（全文）[EB/OL].（2019-11-05）[2020-10-11]. https://china.huanqiu.com/article/9CaKrnKnC4J.

[20] 中央纪委国家监委网站. 中央第十二巡视组向中国科学技术协会党组反馈巡视情[EB/OL].（2020-01-10）[2020-11-10]. https://www.chinanews.com/gn/2020/01-10/9056592.shtml.

[21] 习近平. 在网络安全和信息化工作座谈会上的讲话[EB/OL].（2016-04-25）[2020-01-10]. http://jhsjk.people.cn/article/28303260.

[22] 习近平. 决胜全面建成小康社会 夺取新时代中国特色社会主义伟大胜利——在中国共产党第十九次全国代表大会上的报告[M]. 人民出版社, 2018.

[23] 中国科协. 中国科协关于印发《中国科协学会学术工作创新发展"十三五"规划》的通知[EB/OL].（2016-04-05）[2020-12-12]. https://www.cast.org.cn/art/2016/4/5/art_458_73507.html.

[24] 中国科协召开党的建设工作会议[N/OL].（2019-08-19）[2019-08-19]. http://dangjian.people.com.cn/n1/2019/0819/c415590-31303792.html.

[25] 怀进鹏. 中国科协引领科技工作者听党话跟党走[EB/OL].（2020-06-08）[2020-12-12]. https://www.cast.org.cn/art/2020/6/8/art_361_124290.html.

[26] 张宝凯. 对破解基层党建工作"两张皮"问题的探索[J]. 理论学习与探索, 2019

（1）：27-28+55.

[27] 杜全平. 打通中小学党建攻坚的关键"最后一米"——山东省潍坊市高新区破解党建与教育"两张皮"的实践［J］. 人民教育，2019（18）：66-68.

[28] 曾艳琴. 破解机关党建"两张皮"的对策研究［J］. 中共桂林市委党校学报，2017，17（2）：9-13.

[29] 王承先. 以"三个一起"破解党建工作与中心工作"两张皮"问题［J］. 机关党建研究，2019（1）：52-54.

[30] 廖明辉. 找准机关党建工作和业务工作结合点切实解决"两张皮"问题［J］. 重庆行政（公共论坛），2018，19（1）：80-82.

[31] 怀进鹏. 坚持守正创新推进中国科协党的建设重大任务落地见效［EB/OL］.（2020-06-08）［2020-12-15］. https://www.cast.org.cn/art/2020/6/8/art_1174_124313.html.

[32] 中国科协调宣部. 中国科协召开学会党建工作会议部署"两个全覆盖"工作任务. 科协论坛，2016（10）：62.

[33] 中国科协科技社团党委. 关于印发《科技社团党委2020年学会党建工作要点》的通知［EB/OL］.（2020-03-21）［2020-12-15］. http://www.csrme.com/Home/Content/show/id/1169.do.

作者单位：田　源，天津大学
　　　　　林旦旦，中国科学技术协会
　　　　　康　健，中国科学技术协会
　　　　　付　烨，中国科学技术协会
　　　　　李　燕，天津铁路运输检察院
　　　　　刘　坤，天津大学
　　　　　屈　婷，天津大学
　　　　　谭书诗，天津大学
　　　　　郭贵雨，天津大学

02 新形势下完善科协组织工作体系对策研究

◇孔璐蓉　王　莹　康娅欣　王承瑶

【摘　要】"十四五"时期是开启全面建设社会主义现代化国家新征程、向第二个百年奋斗目标进军的第一个五年，科协组织必须站在更高的起点上展现新作为，努力在新征程上勇立新功。为充分发挥党和政府联系科技工作者的桥梁和纽带作用，因时因势找准科协组织新定位，构建新发展格局，文章基于科协组织发展现状及问题困难，以探索新形势下"建构完善、创新发展"的科协组织为目标，研究科协组织架构、组织网络、组织规则、工作平台、组织功能的基本遵循和方向路径，尝试提出建立"新三型"科协组织的构想及实现多维立体网络结构布局的建议。具体展开为以下五点：一是健全科协组织架构，明晰权责边界，探索科协组织改革路径，强化科协组织功能实现；二是建立区域科协组织，探索灵活机动的"矩阵制"组织模式，推动构建完善省域统筹、市域中心、县域重点的组织协同和联动机制；三是建立学科健全、学会联合体横纵贯通的学会组织网络结构，促进学科交叉融合，广泛联系各学科科技工作者；四是明确科协各基层组织主体功能边界，推动科协组织改革向基层延伸，打造产学研用深度融合的科协特色生态系统；五是建立线上评价机制，实现服务精准化、精细化，充分调动社会力量广泛参与科普工作，引领广大科技工作者践行科技为民，使科技工作者的创新价值得以充分展现。

【关键词】科协组织工作体系　"新三型"组织　区域协同　科协特色生态系统

一、绪论

（一）研究背景

"十四五"时期处于两个百年奋斗目标的历史交汇点，是我国全面建成小康社会、实现第一个百年奋斗目标之后，乘势而上开启全面建设社会主义现代化国家新征程、向第二个百年奋斗目标进军的第一个五年。人工智能、大数据、量子信息和生物技术等新一轮科技革命对经济新旧动能转换、综合国力消长及战略格局塑造的作用将愈发突出，世界将进入一个新的时代。

1."十四五"时期科协事业发展环境的基本特征

从国际环境上看，当今世界正经历百年未有之大变局。受全球新冠肺炎疫情流行影响，各国为控制疫情而采取必要的隔离措施，使整个世界一度陷入"封锁""孤立"的状态，加之英国脱欧，美国"退群""断链""贸易战"等保护主义、单边主义的态势上升，不断推行"逆全球化"，使得世界经济低迷，全球需求市场萎缩。根据国际货币基金组织新近发布的《世界经济展望报告》预测，2020年全球经济将萎缩4.9%，其中发达经济体将萎缩8%，新兴市场和发展中经济体将萎缩3%，全球性的产业链、供应链在"逆全球化"的环境下，或将面临最大冲击。此外，我国边境不断被侵犯，外国强权欲联手亚洲国家遏制中国，导致我国国防安全形势十分严峻。在此条件下，针对我国国情的国际舆论压力与机遇并存。今后一段时期，我们将面对更多逆风逆水的外部环境，因此必须要做好应对一系列新风险挑战的准备。

从国内发展上看，当前和今后一段时期，我国发展将继续处于战略机遇期，但机遇和挑战都有新的变化。挑战主要表现在以下几方面：一是我国仍处于转型升级期，经济将继续维持缓慢下行的趋势，尤其是西方国家对我国进行的关键技术封锁，给我国企业生存发展带来了极大的挑战；二是香港安全受损，台独分子嚣张，维护祖国安全统一任重道远；三是城镇化进程加快，借助互联网的线上活动迅猛发展，老龄化情况加重[1]，老年人服务需求激增，失能老年人健康风险加大，各种不确定性增加。但危机中亦有转机，在中国特色社会主义进入新时代、中华民族前所未有地接近伟大复兴目标、中国日益走近世界舞台中央的背景下，中国与世界的关系正在发生历史性变化，优势主要体现在以下两方面：一是发展环境优势，以中国为中心的亚太地区，特别是东亚地区，在过去40年取得了前所未有的繁荣与和平，我国享誉国际的治安管理水平，为社会发展提供了安全保障；二是制度优势，面对新冠肺炎的突然袭击，在我们党的优秀领导下，中国人民举全国之力，在全球新冠肺炎疫情防控战中交出的完美答卷，不但展现了我国社会管理制度的天然优势，亦充分展现了我国的综合实力。

自新冠肺炎疫情发生后，习近平总书记在中共中央政治局常务委员会会议上提出了"准确把握国内外疫情防控和经济形势的阶段性变化，因时因势调整工作着力点和应对举措"的明确要求。面对复杂形势和艰巨任务，科协组织必须立足于实现中华民族伟大复兴的战略全局，着眼于科学把握和有效应对世界大变局，认真做好科协的事情，发挥群团优势，发展新动能，准确把握国内外疫情防控和经济形势的阶段性变化，切实把思想和行动统一到党中央对经济形势的判断和决策部署上来，坚定不移地服从和服务于国家发展。要深刻认识我国社会主要矛盾发展变化带来的新特征新要求，增强机遇意识和风险意识，把握发展规律，在危机中育先机、于变局中开新局，抓住机遇应对挑战。既为中华民族谋复兴、为中国人民谋幸福，又为世界谋大同、为人类进步事业不断奋斗；既增强风险忧患意识，坚持底线思维，妥善做好应对各种困难局面的准备，又增强历史机遇意识，善于看到并抓住机遇，努力在危机中育先机、于变局中开新局，以更大的力度推进科协组织全面深化改革。

2. 党中央对群团工作的指示要求

党的十九大开启了实现中华民族伟大复兴的新征程，党中央对科技和群团工作给予了前所未有的高度重视，并对中国科协事业发展提出了更高的要求。会上指出，要坚持党对群团工作的统一领导，加快在社会组织中建立健全党的组织机构，做到党的工作开展到哪里，党的组织就覆盖到哪里。健全党联系群众的各项制度，保证人民在国家治理中的主体地位，完善共建共治共享的社会治理制度，建设人人有责、人人尽责、人人享有的社会治理共同体。大力健全基层组织，加快新领域新阶层组织建设，健全党组织领导的自治、法治、德治相结合的城乡基层治理体系，推动社会治理和服务重心向基层移动，把更多资源下沉到基层，更好地提供精准化、精细化服务。

在全国"科技三会"上，习近平总书记明确提出：中国科协各级组织要"接长手臂，扎根基层"，扩大科协基层组织覆盖面。要切实保持和增强群团组织和群团工作的政治性、先进性、群众性，坚持以"三性"来统领"三型"科协组织建设。紧紧围绕党和国家工作大局，聚焦服务科技工作者，促进各级科协组织紧密互动，把各类科技工作者组织联系起来，把产学研等创新主体、创新要素连接起来，促进技术、资本、创新生态协同发力。探索"互联网+政策服务"的工作模式，围绕团结引领、联络协调、管理激励、自律维权等职能搭建平台，促进科协组织工作手段信息化、组织体系网络化、治理方式现代化。

党中央在对改革社会组织管理制度、促进社会组织健康发展的意见中指出：社会组织要增强服务功能，推动建立多元主体参与的社区治理格局，建立社会工作联动机制，促进资源共享、优势互补，增强社会组织自治和服务功能。建立社会组织负责人培训制度，引导社会组织自觉践行社会主义核心价值观，增强社会组织社会责任意识和诚信意识。积极向国际组织推荐具备国际视野的社会组织人才，有关部门和群团组织要将社会组织及其从业人员纳入有关表彰奖励推荐范围。实行双重管理的社会组织的业务主管单位，要对所主管社会组织的思想政治工作、党的建设、财务和人事、研讨活动、对外交往、接收境外捐赠资助、按章程开展活动等事项切实负起管理责任，加强社会监督，切实加强事前事中事后监管。

3. 科协自身对完善科协组织工作体系的迫切需求

中国科协是党领导下科技工作者的群团组织，必须坚持以习近平新时代中国特色社会主义思想为指导，牢牢把握保持和增强政治性、先进性、群众性的根本要求，把党的政治建设摆在首位，始终牢记肩负的政治责任，团结引领广大科技工作者听党话跟党走，凝聚建设世界科技强国的磅礴力量。因此，在科协组织工作体系完善的过程中，不但需要充分发挥中国科协和全国学会、地方科协的组织优势，而且需要不断深化组织改革创新，力求横向强化学会联合体、协同创新共同体等跨界融合组织机制，纵向突出地市级科协的联动枢纽作用，打通资源集成和工作下沉堵点。通过健全纵横交织、条块结合的科协组织体系，织密组织网络，提升组织活力，强化组织赋能，以强有力的党组织带动科协组织，不断增强科协组织的凝聚力、执行力、竞争力，把广大科技工作者紧紧地团结在党的周围，搭平台、拓渠道、建机制、强功能、增实效，实现组织能力有效释放。与此同时，以加强科协基层组织建设为目标，着力扩大对高校、企业（园区）、乡镇（街道）以及新经济组织、新社会组织的组织建设覆盖和工作覆盖，推动科协基层组织建立党的组织，积极争取企业、高校、乡镇（街道）党委对科协基层组织的领导；以扎实推动学会治理改革为任务，强化内部治理，完善学会改革发展的制度体系，改革学会办事机构挂靠单位调整机制，加强对全国学会的分类指导。

结合上述情况，为优化中国科协组织治理体系及提升其组织治理能力，"十四五"期间科协事业发展须遵循以下3项基本原则：一是突出开放型，推动开放合作，促进开放共享，支持中国科学家深度参与全球科技治理，为人类命运共同体提供科技支撑；二是突出枢纽型，强化跨界融合的枢纽连接，当好党和政府联系科技工作者的桥梁纽带；三是突出平台型，充分运用数字化网络化手段，以搭建科技创新、志愿服务、产学融合等平台，更好地荟萃人才、汇聚资源。总之，科协工作应持续强化政治引领，提升组织公共服务效能。

（二）文献综述

国内外学者对组织工作体系的研究主要在组织结构、组织网络、组织功能与社会工作体系等方面展开。沈正宁、林嵩对组织结构概念发展进行阐述，指出组织结构是指组织内部相对稳定的一种关系模式[2]。王健菊、任红怡认为，要提高自身信息处理的能力，避免上下级沟通渠道太长，保证信息可以快速有效地传达到组织各个层级[3]。郑维伟认为，工会、妇联等党群组织通过政治动员，实现社会统合[4]。张紧跟提到组织间网络的特点是通过集体决策、联合行动，提高自身竞争力[5]。郑德胜、胡勉提出中国科协的发展改革方向应是建立枢纽型科协组织[6]。谭英俊认为，在组织间网络理论视角下，地方政府间关系调整与优化的路径选择要更新观念，着眼整体，走向区域行政[7]。张康之认为，20世纪后期以来人类社会提出了从官僚制组织转向合作制组织的模式变革要求[8]。王茂福指出，社会组织的功能就是满足个人和社会的需求[9]。程建平对新时代社会组织的功能进行定位，包括营造社会治理新格局、身份从政府"伙计"向"伙伴"转变、为中国发声，拓展国际影响力[10]。龙太江认为，需要转变观念，重视社会自组织功能，加强社会自组织系统内部建设等[11]。李迎生提出中国社会工作体系应包括学科体系、人才体系、务实体系、学术交流体系、管理保障体系等内容[12-13]。高勇阐释了枢纽型社会工作体系需要面对的问题及其建立思路[14]。李芳、赵一红、李明提出，中国特色社会工作理论体系建设要总结我国社会工作的理论创新、实践创新和制度创新成果[15]。沈壮海、李佳俊对新时代高校思想政治工作体系的构建提出了主体广泛激活、力量有效联结、对象全面覆盖、工作全程贯穿、要素深度融入等基本原则[16]。姜宏指出高校科协组织建设存在科教分离、体制虚拟化等问题，建议建立科技成果信息系统，加强信息共享，提高资源利用率[17]。冯立超、刘国亮、张汇川指出高校科协存在重建轻用、功能定位不清晰等问题,提出了高校科协联盟概念[18]。额尔德尼、张兰萍建议加大对基层科协的资源扶持,加强旗县组织队伍建设,建立科普信息员队伍[19]。俞蓉指出,基层科协组织的专业性和精力投入不足,缺乏顶层设计,指导意见提供、工作机制等制度建设缺乏连续性,基层组织工作缺乏主动性[20]。洪莉莉认为,科协组织建设应逐渐形成"小机关、大社团、网络化"的工作新格局[21]。上述文献为本文研究中国科协组织发展建设的基本遵循和方向路径提供了研究思路,为研究科协组织工作体系重点内容提供了借鉴和依据。刘洁提出非营利组织与政府间是相互依存的关系,应减少政府对非营利组织的控制,将非营利组织从行政机构中剥离[22]。李湘云提出逐步促进残联组织经费、运作模式的多样化,提高残联组织的独立性和自我发展能力,回归社会组织自治的性质[23]。郑长忠通过梳理妇联组织发展的内在逻辑,围绕生态化、平台性和枢纽型组织形态,从价值、制度和组织三个维度提出妇联组织发展改革的基本遵循和新要求[24]。杨珂提出,官民二重性导致了红十字会组织功能膨胀、效率低下、专业化人才队伍建设滞后、公信力不高等发展瓶颈问题[25-26]。上述文献研究涉及的残联、妇联等组织的现有机制与发展瓶颈,对本文研究中国科协的组织职能发挥等问题具有借鉴意义。

(三)研究方法

为使研究更严谨、科学、合理、可行,本文主要采用以下研究方法。

1. 文献资料查阅法

本文重视对文献资料、政策文件、新闻资料等内容的整理和分析。文献查阅主要分为以下两个层次:一是通过梳理《中国科学技术协会事业发展"十三五"规划(2016—2020)》《新时代下"十四五"规划编制新要求与重点任务》和"十四五"时期的新形势新任务,以及党中央对群团和社会组织建设的指示和要求、科协自身事业发展的需求等相关政策文件和新闻资料,了解科协事业发展的背景,掌握新时代特点和新形势下科协事业发展的新任务、新目标;二是通过大量查阅组织架构、组织网络、组织规则、工作平台、组织功能等理论研究文献和科协组织建设等相关研究文献,对科协的组织职能、组织建设现状、存在问题和困难等形成科学客观的认识,为本文的理论研究奠定基础。

2. 访谈调查法

本文采用电话访问等形式,对各地区、各层级、各类科协组织的经验积累、建设现状、建设困难和问题等进行调查、总结、归纳和整理，掌握中国科协组织建设实际情况，结合"十三五"规划内容，分析科协组织建设目标的完成情况和存在的问题与不足。该方法保证了研究结果的实用性。

3. 数据对比分析法

本文充分利用中国科协智慧统计系统的数据，通过数据关联分析、对比分析，对科协组织覆盖，科协组织建制，科协组织的学术交流活动、科学普及活动、决策咨询活动，信息化智库平台建设，为科技工作者服务等情况，进行分析，归纳科协组织建设的现状和存在的问题，为本文研究与科协组织建设相适应的工作体系、发展思路和目标奠定可靠的基础。

4. 专家咨询法

本文研究过程中，聘请中国科协原组织人事部部长李森作为战略专家，针对新形势新任务、科协工作体系建设现状及问题、工作体系建设对策分析、重要举措和重大项目确定等重要研究内容，分阶段、分专业设置专家咨询环节，就学术交流、科学普及、决策咨询、智库建设等内容以及理科、工科、农科、医科等方面，选取不同专业领域专家进行咨询，为本文观点的科学性和可用性提供重要依据。

（四）术语定义及关系界定

1. 组织工作体系术语定义

在党的十九届四中全会通过的《中共中央关于坚持和完善中国特色社会主义制度 推进国家治理体系和治理能力现代化若干重大问题的决定》等上层文件中，很多都提到了组织工作体系的建设要求。但对于何谓组织工作体系，尚缺乏官方权威界定。本文通过大量文献研究，结合中国科协实际，尝试提出组织工作体系的定义。

组织工作体系可被视为组织的运行系统，其主要建设内容为：通过搭设内部结构，建立工作平台，制定组织规则，并将各结构有机连接，形成组织结构间相互作用、统筹协同的机制，使组织高效、顺畅运转，最终实现组织功能，满足自身和社会需求。因此，组织工作体系应由组织架构、组织网络、组织规则、工作平台、组织功能等共同组成。

2. 组织工作体系各部分关系界定

为研究新形势下完善科协组织工作体系的对策，需要明确组织工作体系建设涉及的组织架构、组织网络、组织规则、工作平台和组织功能间的关系。组织工作体系各部分之间的关系详见图 2-2-1。

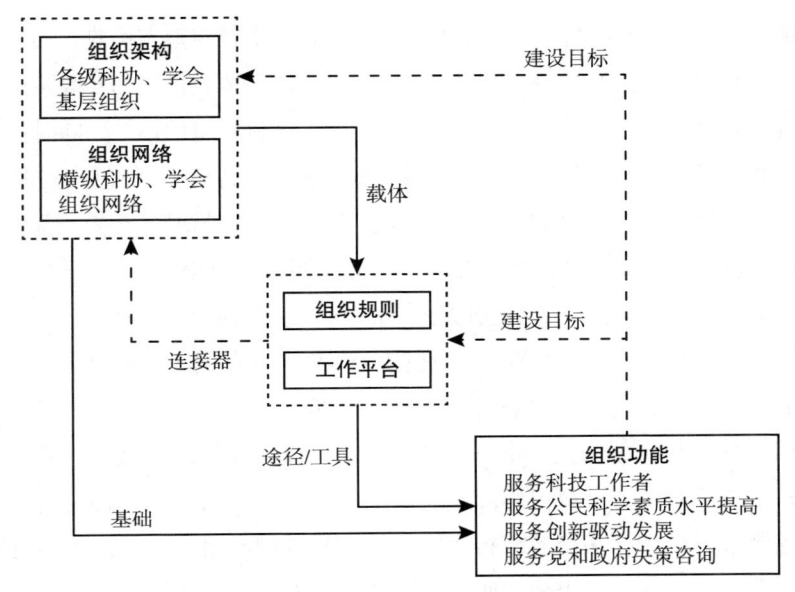

图 2-2-1　组织工作体系各部分间相互关系

组织架构、组织网络、组织规则、工作平台和组织功能之间是相互依赖、相互影响的关系。其中组织架构和组织网络是组织规则、工作平台的载体；组织规则和工作平台是组织架构和组织网络的连接器，是保障一系列工作高效、顺畅运转，实现组织功能的工具和途径；组织架构、组织网络、组织规则、工作平台建设的最终目的是增强组织功能，使其发挥效率，各部分具体设置须根据组织功能定位来调整完善。

二、科协组织工作体系的现状与主要问题

（一）组织架构

根据《中国科学技术协会章程》，中国科协是中国科学技术工作者的群众组织，是党领导下的人民团体，是党和政府联系科技工作者的桥梁和纽带，是国家推动科技事业发展的重要力量，由全国学会、协会、研究会（以下简称"全国学会"），地方科学技术协会（以下简称"地方科协"）及基层组织组成，其中地方科协由同级学

会和下一级科学技术协会及基层组织组成。结合不同科协组织的管理特点，科协组织工作体系可大致分为以下三类组织主体，一是各级科协组织，二是基层科协组织，三是各级学会组织。各级科协组织主体包括中国科协本级与地方科协，其中中国科协本级受中共中央书记处领导，地方科协分省级科协、地级科协和县级科协三级组织，各级地方科协组织受同级党委直接领导，受上级科协组织指导，同时指导下级科协组织和本级基层组织开展工作。基层组织主体包括高校科协、企业科协、乡镇街道科协、农村社区科协、农村专业技术协会（简称"农技协"）五类。基层组织依附于基层单位建立，接受科协组织指导。各级学会组织主体包括全国学会、省级学会、地级学会及县级学会，在管理上接受同级科协组织领导，同时是上级同类型学会的团体会员，即学会组织在接受同级科协的组织领导的同时，还接受上级同类型学会的组织指导，并对下级同类型学会开展工作指导。

现阶段科协组织架构主要由三类科协组织主体构成类似"直线—职能制"的组织架构形式。其中各级科协组织建立了上下垂直指导的类似"直线制"的组织架构，各级各科学会在接受各级科协组织工作指导的同时，在学会职能范围内开展科协事业活动，建立了类似"职能制"的组织架构。但科协组织现有架构不能满足新形势下科协组织均衡发展、广泛联系、服务群众的任务需求，主要表现在：科协组织改革地方推进深度不足，地级、县级科协组织建设不健全，联系科技工作者、群众能力较弱；科协组织存在东中西部发展不均衡，现有架构缺乏对科协组织资源统筹管理和协同发展的完善考虑，中西部地区缺乏广泛联系科技工作者和群众的能力；基层科协组织建设不健全，缺乏广泛联系基层单位科技工作者的能力，架构缺乏对五类基层组织的统筹管理和协同合作考虑；地方学会组织架构不健全，不利于同地级、县级各学科领域科技工作者建立广泛联系；地方学会缺乏统筹管理和协作考虑，未建立学科交叉融合机制，不利于学科间科技工作者相互交流学习，资源分散，功能发挥不充分。

（二）组织网络

根据科协组织框架中组织主体的指导权限及隶属关系，中国科协组织网络主要由"纵向——省、地、县级科协组织、学会组织网络结构"和"横向——同级科协组织与学会组织间的网络结构"交织而成，基层组织遍布其中。总体上，科协组织网络主要存在有效覆盖面不足（如全国学会缺乏对哲学、社会科学的覆盖）、各级同类学科学会间缺少上下指导工作机制、地方学会各学科间学会缺乏联系机制、各学科学会资源缺乏共享机制、组织间缺乏交流沟通和统筹协作的联动机制及呈现散点状态等问题。

在科协组织层面存在的问题具体表现为：东部地区地级、县级科协组织网络有效覆盖面不足，组织网络密度较低，西部地区组织团结凝聚科技工作者能力较弱，而组织网络密度不足、网络分布不合理，不利于科协枢纽结构的建设和发展。在基层组织层面存在的问题具体表现为：基层组织覆盖率较低，2019年乡镇街道科协组织覆盖率大约为70%，其中高校科协覆盖率约53%，企业科协仅5.37%，基层组织网络结构尚未形成。由于基层组织是科协组织的主战场，是联系基层群众、感知群众需求最直接、最灵敏的组织，因此基层组织网络不健全，不利于广泛联系基层单位科技工作者和群众，不利于学术交流、科学普及、决策咨询等特色科协生态体系建设，不利于产学研用深度融合，不利于实现科协服务精准化、精细化。在各级学会层面存在的问题具体表现为：全国学会仅建有七个学会联合体，学会学科网络覆盖面有待拓展，科学普及、决策咨询事业活动相关学科学会建设较薄弱，不利于改善功能发挥重科研、学术交流，轻科普、决策咨询的不均衡现状；地方学会组织网络结构尚未形成，缺乏科技工作者跨学科领域交流机制；全国学会和地方学会间联系有待进一步加深。综上，中国科协组织多呈散点结构，整体存在组织网络局部化、网络形式单一、网络结构平面化等问题，多维、立体组织网络结构尚未形成，中国科协枢纽型组织结构仍须加强。

（三）组织规则

中国科协组织规则主要以《中国科学技术协会章程》总则为指导，以建设开放型、枢纽型、平台型科协组织为主。其中"三型"科协组织的定义分别为：开放型科协组织——把科技工作者最广泛最紧密地团结在党的周围，打破身份限制、行业限制、区域限制，面向所有科技工作者、所有创新领域、所有行政区域，开放科协组织领导机构、开放科协服务范围、开放提供科技服务；平台型科协组织——用治理方式现代化，推进会员结构、办事机构、人事聘任、治理结构、管理方式改革，围绕团结引领、联络协调、科技创新、科学普及、决策咨询、合作交流、管理激励、自律维权等职能搭建平台、开展活动，促进科协组织由活动型组织向平台型组织转变；枢纽型科协组织——围绕党和国家工作大局做好"公转"，聚焦服务科技工作者搞好"自转"，促进各级科协组织紧密互动，把各类科技工作者组织连接起来，把产学研等创新主体、创新要素连接起来，促进技术、资本、创新生态协同发力。在制度实施层面，课题组通过收集、整理中国科协、全国学会、地方科协等组织主体根据实际工作需要制定的组织建设、人事管理、项目管理等组织管理制度，研究发现：中国科协共建立了27项制度，其中《中国科学技术协会全国学会组织通则》《中国科协所属全国学会分支机构管理办法》《高等学校科学技术协会组织通则》《地方科学技术协会主席选举结果备案规定（试行）》等组织建设制度占比14.81%，各级纪检干部职责、科技工作者道德自律规范等人事管理办法占比7.4%，科普成效和科普服务评价、精准扶贫工作考核评估等评价制度占比7.4%。地方科协组织制度建设以甘肃省为例，甘肃省建设制度多沿用中国科协和财政部等中央部门发布的制度，且行政管理方面制度较多，与科协组织自身建设管理、事业活动开展等有关的制度建设较少。

从现有资料来看，组织规则含义不够明确，且无法满足实际需求。《中国科学技术协会章程》中提出的建设"开放型、平台型、枢纽型"科协组织，主要沿用了《科协系统深化改革实施方案》中提出的组织建设规则。目前对"三型"科协组织规则的阐释，内容上缺乏对科协事业共性特质工作理念的总结、概括和提炼，即缺少能够自发凝聚社会组织和科技工作者，且受大家公认、共同追随的组织理念内容，不能满足新形势新任务的实际需求。具体表现为：新形势新任务要求科协组织建成联系广泛、服务群众的群团组织。联系广泛不仅体现在联系科技工作者，还应包括在"科技工作者+群众""国内+国际"等方面均联系广泛，但开放型组织定义中主要强调了广泛联系科技工作者，而对群众的服务和联系未进行明确说明，不利于科协组织"服务全民科学素质水平提高"这一职能的发挥。对国际科技工作者的联系和全球公民科学素质水平提高相关内容未涉及，不利于新形势下提高我国国际话语权和服务外交战略。在制度实施层面，各级科协组织和学会组织规则不健全，缺乏监督管理、评价标准、"三重一大"、奖励激励等管理制度；组织规则建立缺乏标准遵循，地方科协组织规则不一致，组织建设口径不一致，组织建设质量高低不齐。

（四）组织工作平台

中国科协组织已有工作平台包括服务群众科学素质水平提高的"科普中国"，服务科技工作者的"科技工作者之家"平台，集金融、政策、技术、专家资源于一体的服务创新驱动平台"绿平台"，集成果发布、需求发布、智库咨询等内容于一体的科创产品交易平台"科创中国"。上述平台对科协组织创新资源和要素进行了整合，但是搜索、推送的精准性和内容的完整性有待提高。如"绿平台"经济类政策搜索，分类标签没有"绩效"选项，只有"税收优惠"选项，且选择"税收优惠"不能快速匹配绩效评价相关政策。各地方科协有自己的专家库、科普模块等内容，但组织整体数据库资源平台分散，信息资源缺乏共享，平台建设先天硬件设施不足，缺乏平台建设所依据的标准文件，工作平台建设内容各不相同，平台系统不一致，工作平台端口分散，难以整合。

总的来看，问题主要包括以下三点：一是工作平台建设不健全，不能满足智慧化办公需求，缺乏线上学术交流、决策咨询平台建设，科技工作者交流渠道、机会少，交流便捷度低。具体表现为：各级科协组织缺乏集线上信访、线上投诉举报等常规性日常工作需求于一体的综合办公系统平台，缺乏集线上选举、全程透明、结果公开于一体的群众监督平台，缺乏各级科协组织上下交流沟通的平台，缺乏集学会统一登记注册、学会信用管理、会员登记注册功能于一体的信息管理平台，缺乏项目申请、评审、公告一体化的项目管理平台。二是工作平台缺乏统筹管理，缺乏相互连接的渠道和机制。由于地方科协组织工作平台建设标准不一致，系统不统一，难以将地方科协组织工作平台进行整合或连接，不利于建立区域科协组织、基层组织联合体及学会联合体共同适用的具有统筹协同功能的办公平台，影响工作效率。三是工作平台联系对象不够广泛，平台信息发布缺乏自发监管机制。科协组织工作平台多以联系科技工作者为主，现阶段联系广大群众功能未充分发挥。主要表现为：缺少同从业人员、科普志愿者、科技工作者、群众、政府部门的信息化连接途径，在各类平台上暂未充分开放反馈科技工作者、群众诉求和政府决策需求的功能模块，暂未开展集学术交流、科学普及、决策咨询功能于一体的多主体参与、自我管理、相互监督、相互评价、良性互动的特色科协网络生态系统平台建设。

（五）组织功能

《中国科学技术协会章程》对科协组织提出了"四服务"的职能界定，即服务科技工作者，服务创新驱动发展，服务全民科学素质提高，服务党和政府科学决策。结合科协实际情况，研究认为：各级科协的主体功能是统筹管理、行政管理等职能；学会的主体功能是科普、科研、决策等；高校的主体功能是基础研究、科研等；企业的主体功能是技术转化；乡镇、农村的主体功能是科普；农技协的主体功能是技术应用；等等。但由于政策文件中未对"四服务"的工作职责进行充分细化，各类基层组织的主体功能定义尚无法在制度办法中予以确认，导致科协组织主体功能不明确，出现了部分科协组织除了负责项目统筹管理等行政职能，还兼顾学术科普期刊杂志的编印工作。除此之外，针对服务科技工作者功能的发挥，科协组织建立了科技工作者调查站点，对科技工作者生活、工作各方面困难和需求有调查关注，但是仍存在问题，如对服务公民科学素质水平提高这一功能的发挥缺乏有效的反馈机制，对群众在科普、科技知识方面的诉求感知不充分。且由于科研人员多注重研发和学术交流，不注重所承担研发成果的科普宣传，成果传播效果不佳，组织功能在服务公民科学素质水平提高上的作用不甚明显。

从现有组织功能来看，科协组织和学会组织、基层组织权责边界不清晰，各基层组织主体功能不明确；科协组织功能发挥不充分，服务不够精准化、精细化；科协组织功能发挥不均衡，存在重学术、轻科普和决策的倾向；科协组织功能定位不能适应新时期新任务，缺乏服务科技外交战略、提高我国科技领域国际话语权等功能定位。

三、科协组织工作体系建设的总体思路

（一）总体要求

根据"十四五"时期科协事业发展环境的基本特征、中央对群团工作的指示要求及科协自身对完善科协组织工作体系的迫切需求，结合科协组织工作体系的现状与问题，科协组织工作体系建设的总体要求应包含以下四点：

一是保障组织能力有效释放。坚持扩大组织有效覆盖面，立体化、多层面织密组织网络，以完善创新治理机制为核心，推动群团组织改革创新、增强组织活力，厘清科协组织和学会、基层组织权责边界，建立政策、规划、计划、监督等重点业务工作推进机制，加强事前事中事后监管。强化学会自我建设能力，为学会发展提供公平的外部竞争环境，激发各类学会、协会、研究会组织活力，有效服务科技之治、中国之治、世界之治。

二是强化科技工作者团结引领。强化政治引领、政治吸纳，坚持面向基层，保持和增强政治性、先进性、群众性，引导广大科技工作者坚定不移听党话、跟党走，依托"党建带群建"组织优势，将科技志愿服务融入基层党群服务中心和新时代文明实践中心，实现嵌入式发展，切实增强归属感、认同感、获得感。

三是深化科协组织协同发展[27]。围绕国家重大区域融合发展战略，以"一带一路"建设、京津冀协同发展、长江经济带发展、粤港澳大湾区建设等重大战略为引领，以西部、东北、中部、东部四大板块为基础，建立科协组织区域联动机制，发展能力较强的科协组织带动发展能力较弱的科协组织共同发展，促进区域间科协组织相互融通补充、要素自由流动。

四是突出科协特色生态系统。依托科协组织优势，强化各类组织主体功能，加强科协各类组织主体间统筹协作，打造各组织协作交流工作平台，促进高校基础研究和企业关键技术突破供需对接，促进高校、企业科研成果与乡镇街道科协、农村社区科协科普需求对接，促进企业技术转化与农技协技术应用供需对接，建立学术交流、科学普及、决策咨询全链条科协服务创新生态系统。

（二）理想架构

课题组在充分梳理中国科协组织工作体系总体要求的基础上，结合科协组织工作体系的现状、问题、定义及其核心要素，搭建中国科协组织工作体系理想架构，提出具有多维立体网络结构的"新三型"科协组织。具体展开有以下五方面。

1. 组织架构健全，科协组织功能强化

健全中国科协组织、学会组织和基层组织的组织架构，改革有效向基层延伸，打通资源下沉堵点，建立完善"哪里有科技工作者，科协工作就做到哪里；哪里科技工作者集中，科协组织就建到哪里；哪里建立了科协组织，建家交友活动就开展到哪里"的组织布局，形成金字塔科层结构完善的科协组织。由上到下，实现科协组织间的层层业务指导和协助，由下至上，满足科技工作者、群众建议的层层反馈，保障科协组织上下枢纽功能充分发挥[10]。具体表现为：各地区、各层级科协组织全覆盖，如经济开发区应建设县级科协组织，地方学会和基层组织有效覆盖科技工作者所在区域、学科领域（包括理、工、农、医、交叉学科以及其他一级学科）和基层单位（包括科研院所、卫生所等）（图2-2-2）。各级科协组织按照"条块结合"的原则，在人事管理、项目管理、档案归集、监督管理等行政事务方面，充分发挥统筹协调引导学会和基层组织的功能，促进资源共享、优势互补；积极引导学会、基层组织提高自身联系科技工作者的能力，开展对外交流活动，参与国际标准和规则制定，鼓励引导成立国际性学会组织，加强同国际科技工作者的联系，拓展我国科技工作者在国际组织的任职机会，完善科技工作

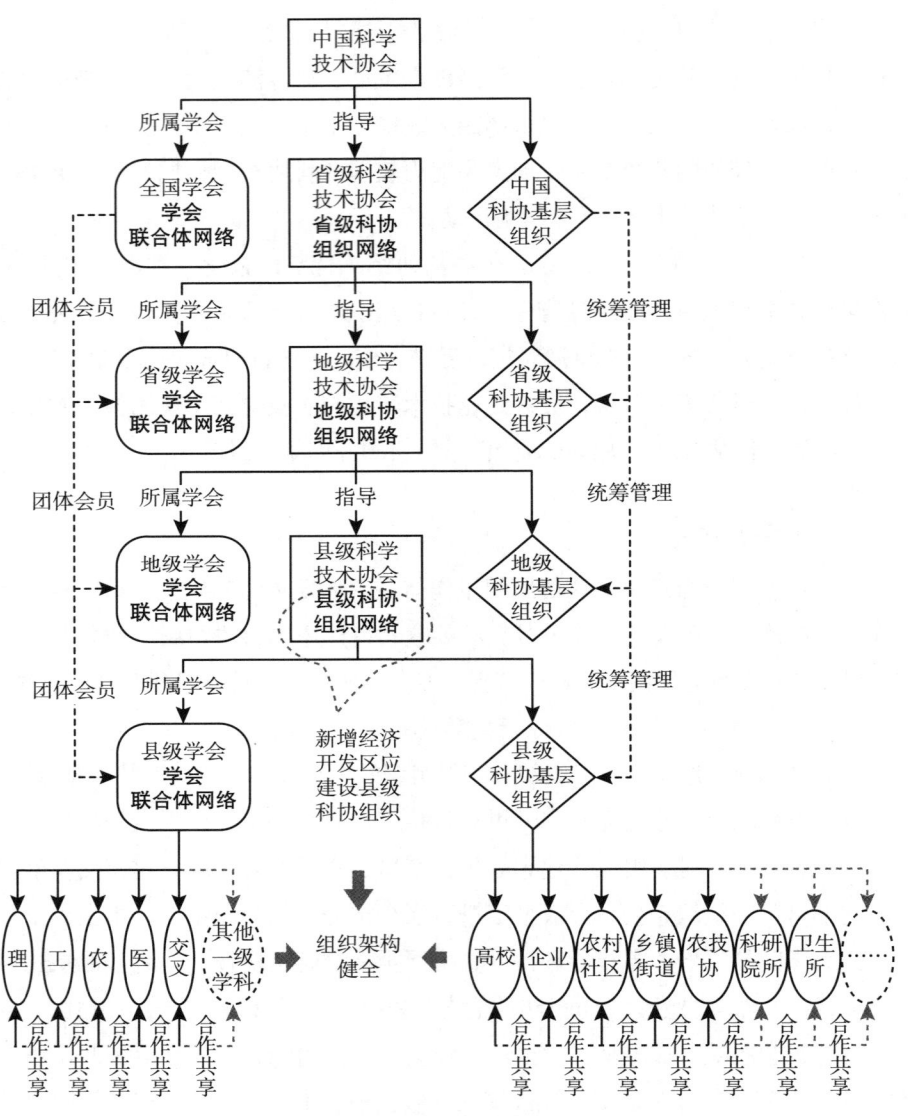

图 2-2-2 健全完善的组织架构

者在国际组织任职的举荐流程，保障机会公平，提高科技工作者的积极性。进一步实现学会组织、基层组织自身服务管理能力的提升和内部监督机制的健全，从而成为权责明确、运转协调、制衡有效的法人主体。

2. 建立区域科协组织，探索灵活机动的"矩阵制"组织模式

结合国家丝绸之路经济带、长江流域经济带、东北—蒙东经济区等，建立区域科

协组织并研究建立区域科协组织协商机制、决策机制、选举机制等，探索构建省域统筹、市域中心、县域重点的组织协同和联动机制，创新要素自由流动，创新资源统筹管理，使区域科协整体具有较高的统筹协同管理能力，有效服务"一带一路"建设，服务京津冀协同发展等国家区域发展战略（图2-2-3）。通过"矩阵制"组织模式增强组织的灵活机动性，在重大任务、组织任务目标明确的情况下，实现科协组织跨地区、跨学科、跨领域协作，集中力量办大事，充分发挥纽带与桥梁作用（图2-2-4）。

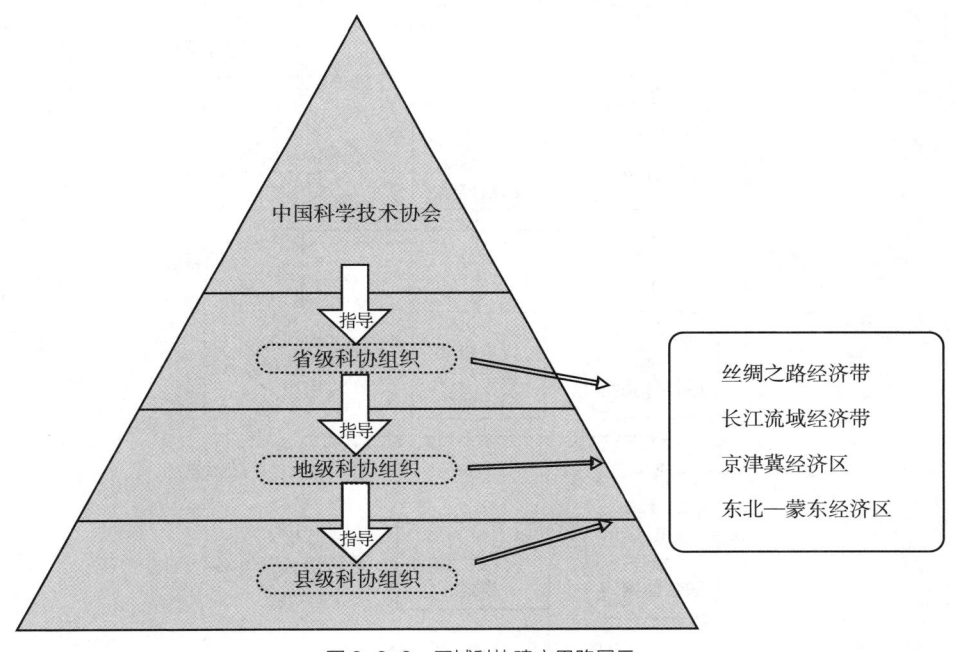

图2-2-3　区域科协建立思路展示

3. 学会组织上下贯通，学科交叉融合，广泛联系科技工作者

构建以理服人的学术共同体、以德服人的价值共同体、以人为本的命运共同体，展现受世界尊重的中国科技共同体的特色和支撑构建人类命运共同体的新担当。地方学会与全国学会对标，各级学会接受上级同类学会指导，同时指导下级同类学会开展工作。同类学会创新要素上下、跨区流动，创新资源上下、跨区共享，通过学会广泛联系各学科领域科技工作者（图2-2-5）。

培植科学传统，倡导科学方法。全国学会联合体、地方学会联合体网络结构完善，各级学会联合体接受上级学会联合体工作指导，同时指导下级学会联合体开展

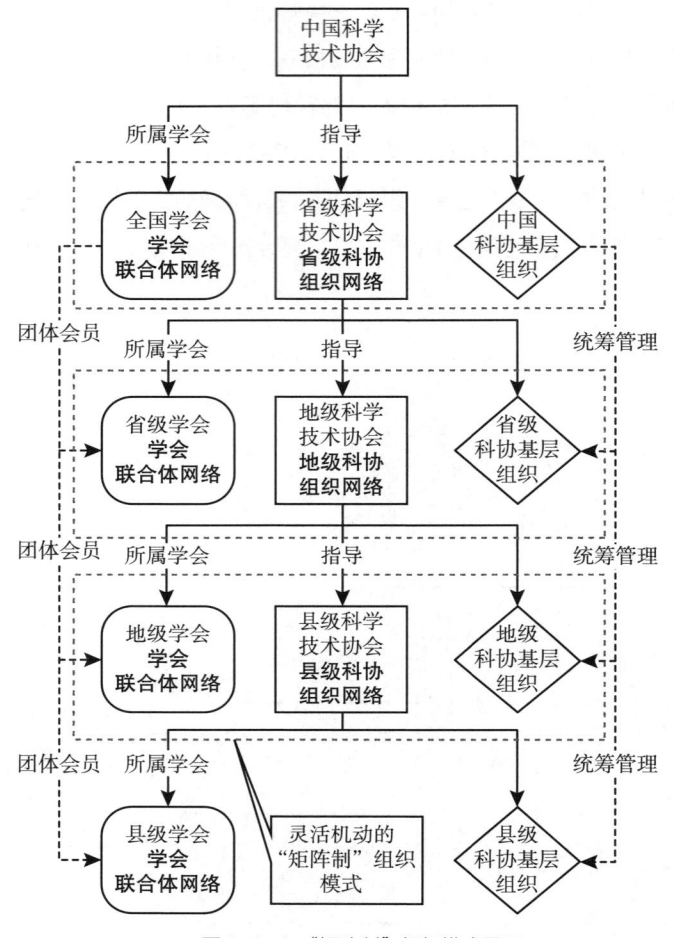

图 2-2-4 "矩阵制"组织模式展示

工作。学会联合体网络结构横纵贯通，学科交叉融合，各学科领域科技工作者深度交流学习，精准化、精细化地服务科技工作者（图 2-2-6）。

4. 基层组织主体功能明确，产学研用深度融合

明确科协各基层组织主体功能边界，推动科协组织改革向基层延伸，各类基层组织主体功能明确，具体表现为：高校科协、科研院所科协明确基础研究主体功能，企业科协明确关键技术研发和成果转化主体功能，乡镇街道科协、农村社区科协明确科学普及主体功能，农技协明确技术应用主体功能。结合中国科协事业发展内容，应在以下两方面重点加强：一是健全基层组织，加强基础建设，提高建设、管理、

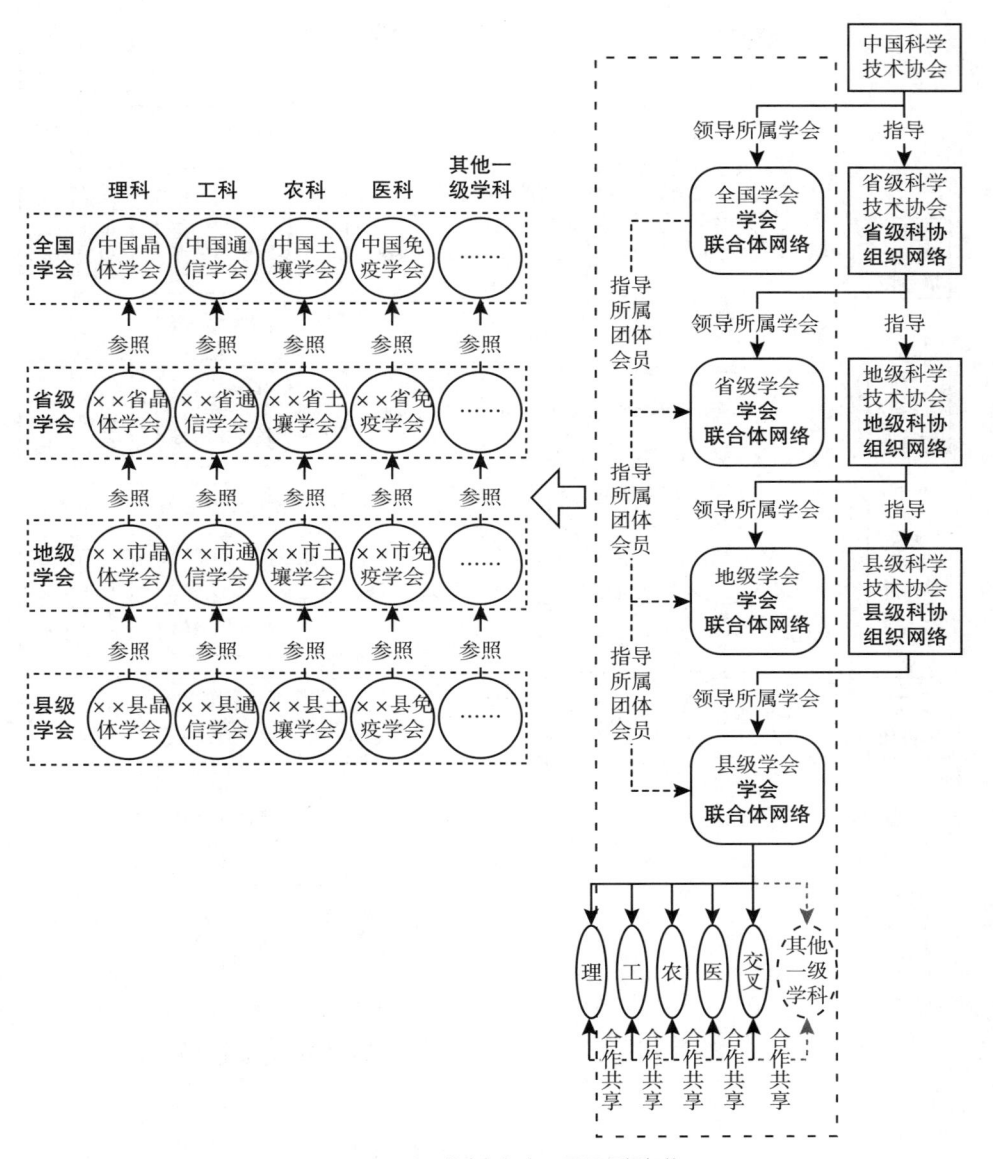

图 2-2-5　学会组织上下贯通理想架构

使用基本能力，广泛开展提质增效行动，让科技工作者都能够找到科协组织；二是配强工作力量，打造一支"讲政治、懂业务、能干事、愿服务"的科协干部队伍，改善科协工作条件，促进科协组织充分履行职能。基层组织网络密集，应有效挖掘利用，促进产学研用深度融合，建立科协特色生态系统，发挥基层组织间的统筹协

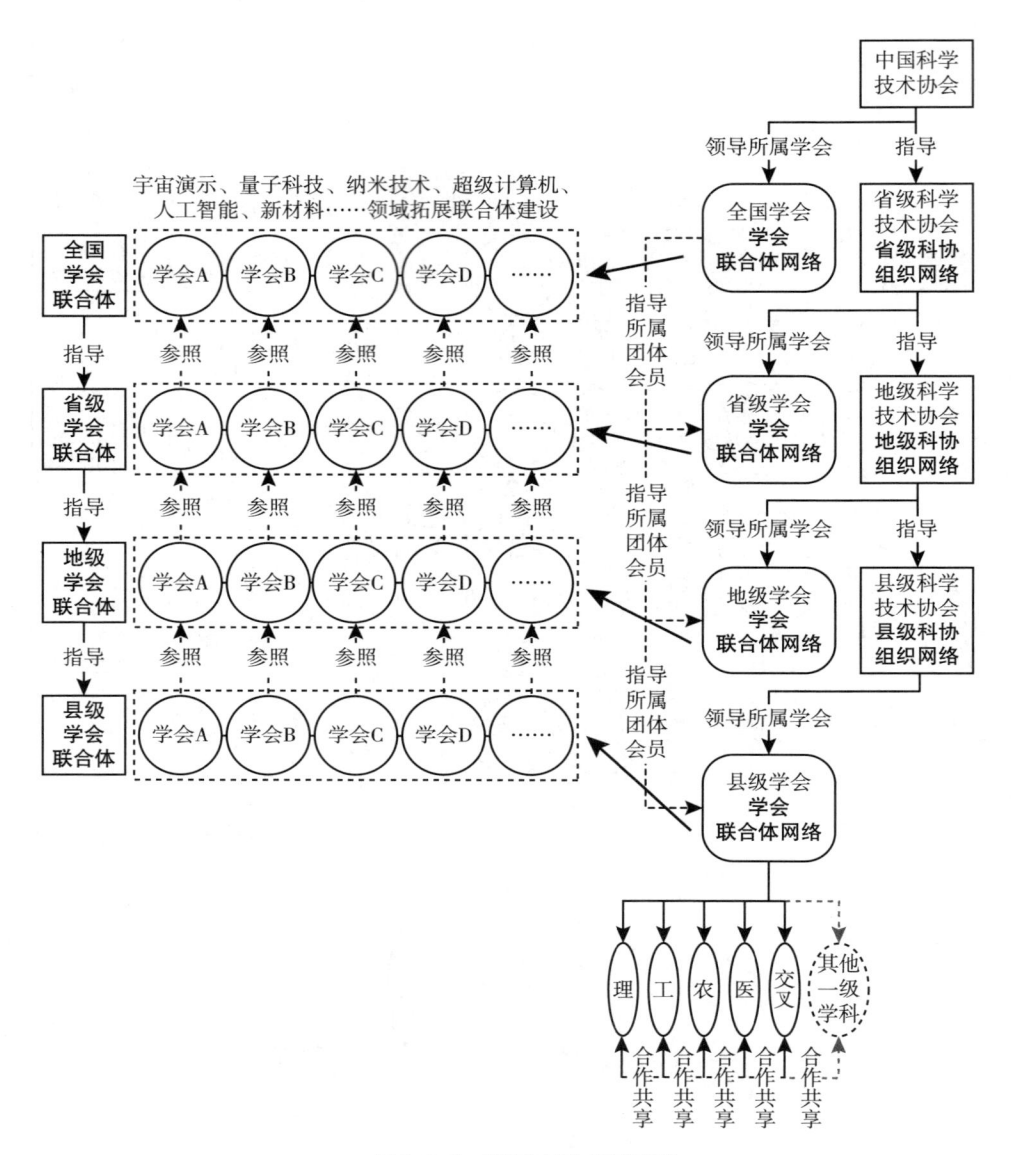

图 2-2-6　学科交叉融合理想架构

作，高校科协、企业科协交流成果，与乡镇街道科协、农村社区科协科普内容供需对接，与农技协技术应用供需对接，融合发展基础研究、科技研发、成果转化、科学普及、技术应用。要高效推进服务科技工作者、服务创新驱动发展、服务全民科学素质提升、服务党和政府科学决策"四服务"功能均衡发展（图2-2-7）。

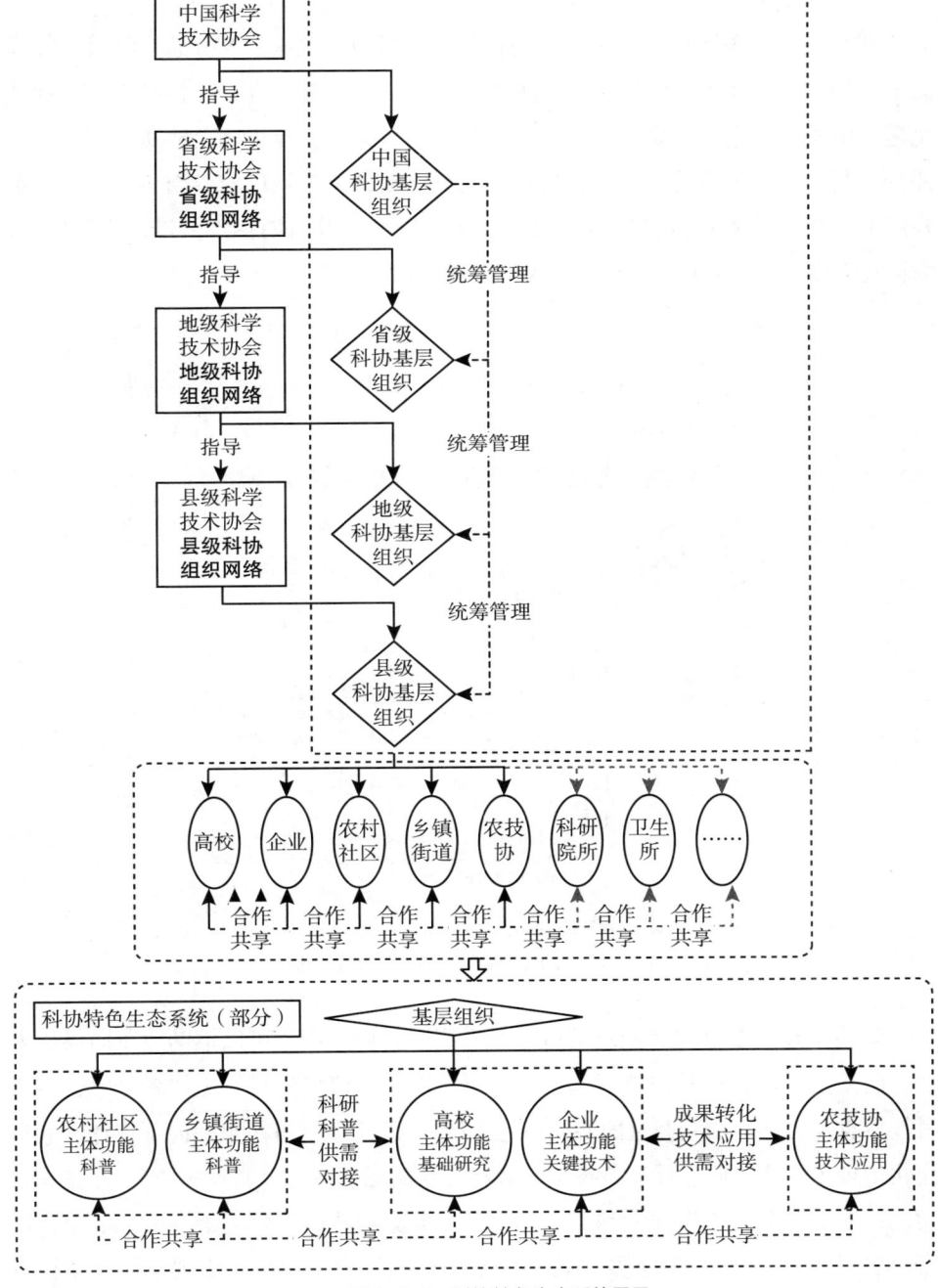

图 2-2-7 科协特色生态系统展示

5. 完善科技工作者诉求反馈机制，广泛凝聚科技工作者

建设管理更先进、服务更优质的科技工作者服务之家，充分感知科技工作者需求，加强对科技人才特别是青年人才培养成长机制的研究，为科技人员在现代化建设中发挥作用营造良好氛围。拓展联系服务渠道，建设网上科协，建立线上评价机制，实现服务精准化、精细化，充分调动社会力量广泛参与科普工作，引领广大科技工作者践行科技为民服务，使科技工作者的创新价值得以充分展现，为科技工作者学术成长和事业发展保驾护航（图 2-2-8）。

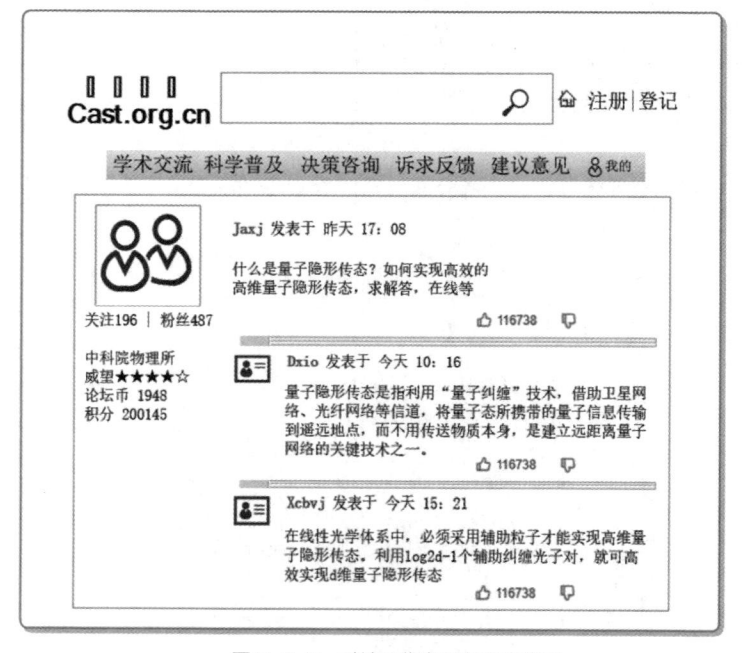

图 2-2-8　科技工作者服务之家样例

最终搭建的多维立体网络结构"新三型"科协组织，可以推动改革向纵深发展、向基层延伸，使科协组织真正成为有温度、可信赖的科技工作者之家，筑牢科技界自立自强、团结奋进的共同思想基础。"新三型"科协组织向下传达国家现代化治理等理念，向上反馈科技工作者和群众的思想观念，实现科协"理念枢纽"功能；向下服务科技工作者和群众，向上服务党和政府科学决策咨询，实现科协"公信力枢纽"功能；向下委托科技评估、标准制定等项目，实现科协"项目枢纽"功能，向上承接政府转移职能；向下开展科协事业活动，向上服务创新驱动，

实现科协"执行力枢纽"功能；整合创新资源和要素，实现科协组织"资源枢纽"功能；通过各基层单位、各学科领域科技工作者和群众的广泛交流联系，实现科协"交流枢纽"功能。整体架构呈现如图 2-2-9 所示。

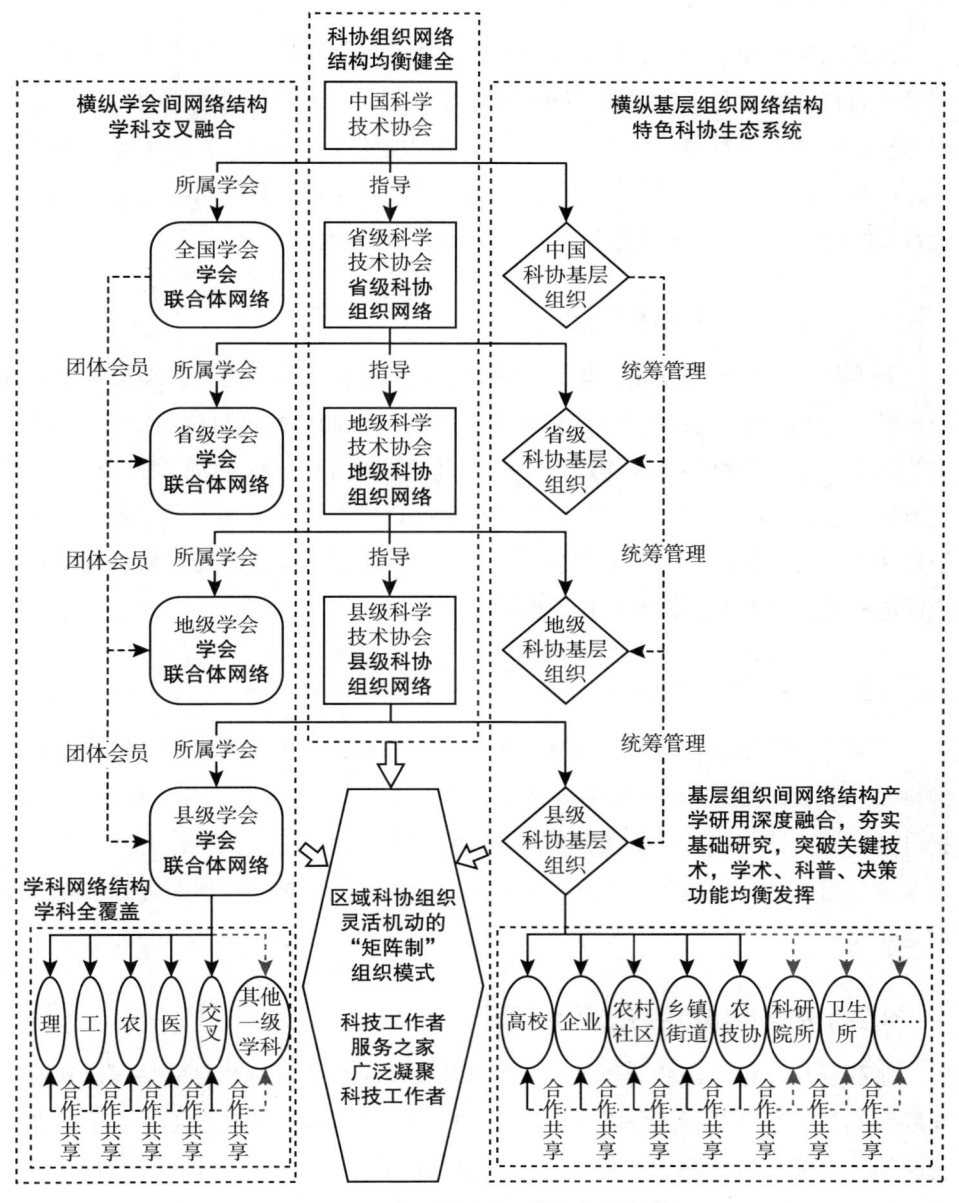

图 2-2-9 中国科协组织工作体系理想架构

四、"十四五"时期科协组织工作体系重点举措

（一）明确权责边界，加强顶层制度设计

厘清科协组织、学会、基层组织权责边界，加强科协组织和学会、基层组织间分工合作，扩大对科技工作者的联系面和服务面，组织与业务匹配对应，提高中国科协整体功能发挥效率，加强配套管理制度建设。确保在科协事业发展过程中，由科协组织提供的科技公共服务、监督等职责不能缺位；由学会、基层组织负责发挥的学术交流、科学普及、举措咨询等功能更有效且不能越位。

（二）加强区域科协组织建设

加强区域科协组织建设，提升科协组织统筹协同管理能力，推动构建完善省域统筹、市域中心、县域重点的组织协同和联动机制，促进科协组织均衡发展，解决东中西地区部科协组织建设力、执行力、保障力差异较大等问题，有效服务国家区域发展战略。开展"矩阵制"组织模式试点，针对重大项目，充分发挥科协联系广泛的组织优势，集中力量办大事，解决项目跨地区、跨学科、跨领域等原因造成的技术困难、资源不足等难题。

（三）完善学会联合体建设

深化学会改革，加强分类指导，创新组织载体，完善学会联合体建设，加强学科交叉融合，促进学会间创新要素流动和创新资源共享，通过学会联合体建设，提升学会服务能力，广泛联系各学科领域科技工作者，为科技工作者提供更广阔的交流学习平台，促进学科（行业、领域）交叉融合，推动中国特色、世界一流学会建设。

（四）加强科协特色生态系统建设

加强科协基层组织联合体建设，创新科协特色生态系统，目的是强化基层组织联系网络，通过基层组织联合体建设，广泛联系基层组织科技工作者，促进中国科协产学研用深度融合，促进学术交流、科学普及、决策咨询功能均衡发挥，实现科协服务精准化和精细化。

（五）开展评价与反馈机制研究

研究建设科技工作者服务之家，探索建设网上科协，拓展联系服务渠道，为科技工作者学术成长和事业发展保驾护航，为科技人员在现代化建设中发挥作用营造良好氛围。建立完善分类评价的学术评价机制，使科技工作者的创新价值得以充分展现。

五、"十四五"时期重大项目建议

（一）顶层制度建设项目

各级科协组织层面建立健全内控管理机制，完善党务管理、人事管理、决策监督、激励奖励管理办法。加强对科协从业人员专业性培训和激励机制建设，对学会建设、基层组织建设、联系科技工作者和群众工作突出的下级科协组织进行奖励激励；加强对学会及其分支机构、基层组织的日常指导和监管服务，利用新媒体多种方式加强对优秀学会的宣传，对学会先进治理模式进行推广，建立专业化的监督机制和学会奖励机制，对学会承接政府转移职能工作进行监督审核，对事业活动举办积极、广泛联系国际科技工作者、参与国际交流、提高我国国际话语权的学会进行奖励，激发学会活力。建立信息公开办法，开发学会、会员统一注册登记信息系统平台，做好学会登记审查工作，实施学会准入负面清单制度，建立对学会、基层组织违规违法行为投诉举报的受理和奖励机制，建立会员不良行为记录档案，建立健全信用机制，健全学会退出机制，依法向社会公布行政处罚和取缔情况，确保学会准入退出信息公开、程序公平、结果公正，为学会独立自主发展提供公平的外部竞争环境。

学会和基层组织层面加强自身服务管理能力，加强管理服务队伍建设，配强工作力量，设置灵活的薪酬制度和奖励措施，激发科技工作者积极性，提高自身社会竞争力，依照社会组织实行独立核算[28]；自主运行，独立承担法律责任，独立自主开展"三轮"事业活动，承接政府转移职能具体工作；明确会员权利义务，提高对科技工作者的服务质量，提高学会吸引力、凝聚力；充分利用学会专家库等优势资源，开展科技评估、标准制定等工作；遵循减法原则，设立灵活、宽松的组织建设规则，充分调动科技工作者积极性，提高科技工作者的参与感、荣誉感;为学会、基层组织开展创新活动提供良好的外部氛围,增强学会吸引、凝聚科技工作者的能力,发挥好"四服务"功能。

(二)区域科协组织建设试点项目

一是要开展区域科协组织建设准备工作。基于科协组织发展能力和国家区域战略,开展科协组织区域划分研究,制定区域科协组织建设规划;开展区域内科协组织建设,推动组织工作体系建设规则、标准的研制;根据区域特点优势,遵循协商一致原则,建立区域内科协组织协商机制;依托协商机制,建设兼顾区域内各科协组织利益、标准一致的组织建设和组织工作体系建设规则,明确区域内科协组织职责划分、工作平台建设规则、合作方式、选举制度、议事规则等;遵循共建共享原则,建立区域科协组织补偿机制;强化责任担当,建立区域科协组织监督机制。针对区域合作,做到有章可循、有规可依。

二是要开展区域科协组织建设试点。根据区域科协组织规划,以发展能力较高的科协组织为牵头组织,建立区域科协组织;实行区域科协组织协商决策机制,完善协商于决策之前和决策实施中的落实机制,开展区域科协一体化组织工作体系建设试点。根据协商一致的组织工作体系建设规则,整合工作平台端口,开发区域科协组织工作平台系统,实现创新资源整合;依托协商机制、补偿机制、监督机制,开展区域合作项目,集中力量办大事;组织开展区域科协组织会议,分享科协组织间优秀的工作经验,相互讨论学习,形成可复制推广的成功经验并印制成册在区域科协组织中乃至整个科协系统进行分享和推广。在区域科协组织、学会联合体、基层组织联合体科协组织网络横纵贯通的基础上,针对重大项目或跨区域、跨领域合作项目,遴选相关领域符合项目需求的科技工作者,建立临时机动的"矩阵制"组织,明确参与者职责划分,充分发挥各领域科技工作者的专业性,发挥"矩阵制"组织联系广泛、产学研用深度融合的功能,高效完成好重大项目内容。

(三)学会联合体试点项目

全国学会层面,要加强全国学会联合体制度建设。加强学会联合体组织规则研制,明确联合体中各学会的职责划分、协作方式、资源分配和共享等内容,为地方学会联合体制度建设提供参考依据;开发学会联合体工作平台系统,整合学会资源，提高工作沟通效率；拓展全国学会联合体试点，在宇宙演化、量子科技、超级计算机、人工智能、生物科技、新能源、新材料、信息网络、深空探索等领域开展学会联合体试点工作。

地方学会层面，要加强地方学会建设。地方科协组织加大地方学会建设力度，设立"地级、县级学会发展能力奖"和"个人会员凝聚力创新奖"等奖项，鼓励地方科协拓展地方学会建设，加强科技工作者凝聚力；围绕学会组织建设、发展能力提升，开展"学会组织拓展建设、发展能力提升创新方案大赛"，集思广益，收集具有创新性、可行性的学会组织建设、发展能力提升措施，形成可复制推广的方案成果，编制成册进行宣传推广，供科协组织、学会学习交流和实践；依托中国科协联系广泛的组织优势，围绕团结广大科技工作者、丰富科技工作者权利义务内容等方面，遵循激励相容和互利共赢原则，开展"探索丰富科技工作者权利义务内容和渠道方案大赛"，探索各类科协组织的长效合作机制，完善科技工作者权利义务内容，增强科协组织吸引力、凝聚力。例如，在具有合作关系的组织中，探寻协作互惠机制，科技工作者或科技工作者所在单位购买合作科协园区所属企业产品、服务享受一定折扣。再如，科技工作者与农技协在技术转化应用中进行合作的同时，可以探寻科技工作者福利机制和农民扶贫机制的巧妙结合，科技工作者购买合作农技协组织所在地农产品，享受一定折扣，或者由于减少了中间流转环节，实现以低于市场价格购买农产品，同时农民增收，实现共赢。通过科技工作者权利义务内容的丰富，提高科协组织的吸引力和凝聚力，激发科技工作者的积极性和学会组织的活力；开展地方学会联合体试点。由全国学会联合体指导地方学会开展联合体试点工作，指导地方学会联合体制定完善联合体职责划分、协作方式、资源分配等制度管理办法。依照全国学会联合体工作平台系统，建立地方学会联合体工作平台，并与全国学会联合体工作平台关联，实现学会网络纵横贯通。

（四）科协特色生态系统建设项目

首先，加强基层组织建设。各级科协组织要加强基层组织建设，鼓励引导服务资源向基层下沉，提高基层组织覆盖率，高校科协可通过高校内社团组织，加强同高校师生的联系。鼓励各级科协拓展基层组织形式，鼓励有能力的基层单位均建设基层组织，在科研院所、卫生院等基层单位建立科协基层组织。各级科组织围绕基层组织建设和团结凝聚基层组织科技工作者，设立"基层组织拓展成效显著奖"和"个人会员凝聚力创新奖"，对基层组织拓展建设较好的地方科协进行奖励，对团结基层科技工作者工作开展较好的基层组织进行奖励，鼓励各级科协加大基层组织建设力度，激发基层组织活力。

其次，强化基层组织主体功能。明确各类基层组织主体功能，引导高校科协、科研院所科协、企业科协建立服务基础研究、关键技术研发和成果转化的组织工作体系，完善科技工作者诉求反馈机制；引导乡镇街道科协、农村社区科协、农技协等基层组织建设服务科学普及、技术应用的科普工作体系，完善群众科普诉求反馈机制。

最后，打造中国科协特色生态系统（线下）。通过建立主体功能清晰、职责明确、协作方式多样的组织规则，开展基层组织联合体试点，组建高校科协、企业科协、乡镇街道科协、农村社区科协、农技协等基层组织联合体，通过科技工作者和群众反馈机制了解科技工作者和群众的需求，根据需求建立基层组织联合体协作机制，实现高校科协基础研究和企业科协关键技术突破供需对接，实现高校科协、企业科协的科研成果和乡镇街道、农村社区科协的科普需求对接，实现企业科协和农技协的科技成果和技术应用供需对接，打造科协学术交流、科学普及、决策咨询服务全链条。

（五）综合互动信息系统平台搭建项目

开发"科协论坛"综合互动信息平台系统，打造科协网络特色生态系统（线上）。借鉴"经管之家"（人大经济论坛），开发多方参与、参与主体自我管理、相互监督，融需求反馈、学术交流、科学普及、决策咨询、资源共享为一体，联系广泛、服务群众的综合互动信息平台——"科协论坛"，实现供需精准对接，实现科协服务精准化、精细化。针对综合互动信息平台，建立线上评价机制，形成相互监督、及时纠正、发言负责、良性舆论引导的网络交流环境，为科技工作者施展才能提供平台和渠道，提升科技工作者的参与感、荣誉感、成就感，提升群众的责任感，形成人尽其才、人人都有用武之地的环境，兼顾各种身份、行业、领域，吸引高端人才，汇聚优秀人才，促进特色科协网络生态系统良性可持续发展。

参考文献

[1] 顾严. "十四五"中度老龄化社会的挑战与对策[J]. 中国国情国力, 2019（2）：4–7.

[2] 沈正宁, 林嵩. 基于权变理论的组织结构设计研究[J]. 生产力研究, 2008（14）：15–16.

[3] 王健菊, 任红怡. 基于权变视角的组织结构设计[J]. 中外企业家, 2016（33）：130–131.

[4] 郑维伟. 从组织架构到微观行动：20世纪50年代的党群组织与社会统合[J]. 开放时代, 2018（5）：118–140+7.

[5] 张紧跟. 组织间网络理论：公共行政学的新视野[J]. 武汉大学学报（哲学社会科学版）, 2003（4）：480–486.

[6] 郑德胜, 胡勉. 浅谈新形势下科协的发展取向——兼对枢纽型科协组织的构建思考[J]. 学会, 2014（5）：55–58.

[7] 谭英俊. 区域经济发展中地方政府间关系调整与优化——一种组织间网络的分析框架[J]. 行政论坛, 2013, 20（1）：41–45.

[8] 张康之. 论组织模式变革中的组织规则[J]. 江苏第二师范学院学报, 2014, 30（4）：1–7+123.

[9] 王茂福. 社会组织的功能特征[J]. 福建论坛（经济社会版）, 1999（5）：43–44.

[10] 程建平. 新时代社会组织的功能定位与发展路径探讨[J]. 人才资源开发, 2019（22）：30–31.

[11] 龙太江. 社会管理中社会自组织功能的培育与开发[J]. 领导之友, 2011（6）：37–39.

[12] 李迎生. 中国特色社会工作体系建设初探[J]. 人文杂志, 2019（9）：35–42.

[13] 李迎生. 构建本土化的社会工作理论及其路径[J]. 社会科学, 2008（5）：77–80.

[14] 高勇. 治理主体的改变与治理方式的改进——"枢纽型"社会组织工作体系的内在逻辑[J]. 北京社会科学, 2013（2）：127–133.

[15] 李芳, 赵一红, 李明. 马克思主义与中国特色社会工作体系建设[J]. 中国社会工作, 2020（7）：10–11.

[16] 沈壮海, 李佳俊. 论新时代高校思想政治工作体系的构建[J]. 思想理论教育, 2019（12）：11–16.

[17] 姜宏. 高校科协发展面临的问题与建议——以海南大学为例[J]. 科协论坛, 2018,（11）：4–7.

［18］冯立超，刘国亮，张汇川．基于生命周期理论的高校科协联盟的组织模式研究［J］．中国科技论坛，2018（12）：16-27．

［19］额尔德尼，张兰萍．旗县科协组织建设现状及对策建议——以内蒙古自治区兴安盟为例［J］．科协论坛，2018（11）：8-11．

［20］俞蓉．新时代做好科协基层组织建设的对策与建议［J］．科协论坛，2018（12）：43-45．

［21］洪莉莉．县级市科协系统改革工作之探讨［J］．科协论坛，2018（4）：44-46．

［22］刘洁．非营利组织与政府合作模式的分析探讨［J］．现代经济信息，2019（17）：28-29．

［23］李湘云．残联组织发展中去行政化问题研究［J］．发展，2016（7）：69-70．

［24］郑长忠．构建面向未来的妇联组织——国家治理现代化与妇联组织发展研究［J］．妇女研究论丛，2018（1）：14-26．

［25］杨珂．中国红十字会未来走向评估及发展路径选择［J］．重庆科技学院学报（社会科学版），2014（11）：35-37+85．

［26］杨珂．官民二重性：中国红十字会的发展瓶颈［J］．福建教育学院学报，2017，18（4）：57-60．

［27］李迎生，袁小平．经济新常态时期的社会工作发展：需求、挑战与应对［J］．教学与研究，2015（11）：5-13．

［28］张惠涛，刘晓静．中国公益性组织发展研究［J］．学理论，2019（6）：76-77．

作者单位：孔璐蓉，北京维度经略管理咨询有限公司
王　莹，北京维度经略管理咨询有限公司
康娅欣，北京维度经略管理咨询有限公司
王承瑶，北京维度经略管理咨询有限公司

03 新形势下科协组织赋能科学道德和学风建设对策研究

◇李祖超　杨柳青　张文水　李瀚祺　刘亚洁

【摘　要】党的十九届五中全会提出，坚持创新在我国现代化建设全局中的核心地位，把科技自立自强作为国家发展的战略支撑。以习近平同志为核心的党中央高度重视科技创新、科研诚信、科研伦理、学风建设等工作，为新时代加强科学道德和学风建设提供了根本遵循。加强科学道德和学风建设是推动学术研究健康发展、营造风清气正科研生态的重要环节。新时期科学道德和学风建设应重点加强科技伦理体系建设，提升科技伦理治理能力；加强科研诚信建设，引导科技工作者坚守科研诚信底线；大力弘扬科学家精神，提升科技工作者道德自律；营造良好科研生态环境，促进科技创新健康发展。中国科协作为我国科技工作者的群众组织，在科学道德和学风建设中担当价值引领者、政策执行者、职能深化者等角色。"十四五"时期，科协组织加强科学道德和学风建设要坚持问题导向和目标导向，坚持惩防结合与标本兼治，坚持统筹协作、强化职能、系统推进、培育精品的发展思路，通过推动科学道德和学风制度化建设、健全科技伦理治理体系、提升学会自律自净功能、提升科学道德和学风建设宣讲教育质量、大力弘扬新时代科学家精神、加强典型宣传与反面警示、成立科学道德和学风建设研究中心等举措，引导广大科技工作者恪守科学道德准则、遵守科技伦理规范、坚守科研诚信底线、弘扬优良学风，自觉抵制科研不端行为，为科学道德和学风建设贡献科协智慧、科协方案和科协力量。

【关键词】科学道德　学风建设　发展战略　重点举措

"十四五"时期是我国在全面建成小康社会、实现第一个百年奋斗目标之后，乘势而上开启全面建设社会主义现代化国家新征程、向第二个百年奋斗目标进军的第一个五年。党的十九届五中全会审议通过的《中共中央关于制定国民经济和社会发展第十四个五年规划和二〇三五年远景目标的建议》（以下简称《建议》）提出，坚持创新在我国现代化建设全局中的核心地位，把科技自立自强作为国家发展的战略支撑，面向世界科技前沿、面向经济主战场、面向国家重大需求、面向人民生命健康，深入实施科教兴国战略、人才强国战略、创新驱动发展战略，完善国家创新体系，加快建设科技强国[1]。党中央始终高度重视科技创新工作，坚持把创新作为引领发展的第一动力，不断推动我国科技创新事业取得新突破、实现新发展。良好的科学道德和优良学风是加速科技创新发展的"生命线"，是实现科技自立自强、国家创新体系建设和世界科技强国建设的根基。《建议》进一步提出，"加强学风建设，坚守学术诚信"和"健全科技伦理体系"[2]。习近平总书记在中央经济工作会议上强调："要规范科技伦理，树立良好学风和作风，引导科研人员专心致志、扎实进取。"[3]习近平总书记关于科学道德和学风建设的重要论述为当前和今后一个时期科学道德和学风建设工作提供了根本遵循。

中国科协作为党领导下的人民团体、国家创新体系的重要组成部分、我国科技工作者的群众组织，在迈向世界科技强国的新时代背景下，理应肩负起科学道德和学风建设重任，充分发挥组织优势，推动改善科技创新生态，着力净化学术风气，引导广大科技工作者恪守科学道德准则、遵守科技伦理规范、坚守科研诚信底线，自觉抵制科研不端行为，使科技工作者在坚持"四个面向"并不断向科学技术广度和深度进军过程中努力成为科学道德的维护者和优良学风的倡导者，为全面、扎实、深入推进科学道德和学风建设贡献科协力量。

一、科学道德和学风建设的内涵

科学道德和学风建设是随着科学的产生而产生的，也是随着科学的发展而发展的。全国科学道德和学风建设宣讲教育领导小组编写的《科学道德和学风建设宣讲参考大纲》将科学道德界定为社会道德在科学技术活动中的表现，主要指科研活动中科技工作者的道德规范、行为准则和应具备的道德素质，既表现为科技工作者在从事科学技术活动时的价值追求和理想人格，也具体反映在指导科技工作者正确处理个人与个人、个人与集体、个人与社会之间相互关系的行为准则或规范之中。学风一般指个体或群体在学术研究和知识学习活动中所表现出来的精神风尚和思想态度，包括治学精神、治学态度、治学风气、治学原则等[4]。全国人大常委会原副委员长、中国科协原主席韩启德认为，科学道德规范是人类一般道德规范在科学技术研究活动中的具体体现，其核心是对真理负责、对同行负责、对社会负责。其中，诚实是科学道德的基本要求，公正是科学道德的核心内容，对社会负责是科学道德的重要方面[5]。陈家忠认为科学道德与学风问题是科技工作者在科研规范、行为准则、治学精神、治学态度、治学风气、治学原则等方面出现的失范现象[6]。综上所述，科学道德和学风建设指科技工作者在从事科学技术活动时应当遵守的科研规范、行为准则和治学精神，通过加强科技工作者道德自律与监督约束，凝聚科技工作者的价值共识，引导科技工作者积极开展负责任的科学研究。

二、科协组织推动科学道德和学风建设的角色定位

本课题组通过对比中国科协与科技部、教育部、中国科学院、中国工程院、国家自然科学基金委等相关单位的职责使命以及推动科学道德和学风建设工作的主要内容，结合形势要求，进一步明确科协组织推动科学道德和学风建设的角色定位。

（一）科协组织积极担当价值引领者

与科技部重在制定政策、教育部突出教育引导、中国科学院强调预防落实不同，中国科协在科学道德和学风建设工作中更加注重对科技工作者的价值引领，通过弘扬科学家精神、宣传优秀科技工作者、培育科学文化、制定科学道德规范、开展科学道德和学风建设宣讲教育等方式，帮助科技工作者明确科学道德规范和优良学风要求，以先进典型示范引领科技工作者提升对恪守科学道德准则、弘扬优良学风的价值认同，深化科技工作者道德自律意识和能力，自觉抵制科研不端行为与有违科学道德和学风建设要求的科研活动。

（二）科协组织勇于担任政策执行者

中国科协在贯彻落实中央关于科学道德和学风建设重大决策部署和《关于进

一步加强科研诚信建设的若干意见》《关于进一步弘扬科学家精神加强作风和学风建设的意见》等政策文件要求的过程中，积极与科技部、教育部、中国科学院、国家自然科学基金委等单位在科研诚信建设、科研伦理治理、作风学风建设、弘扬科学家精神、营造良好科研环境等工作中密切配合、紧密协作，充分发挥自身组织优势，积极调动组织资源，在制度建设、宣传教育和监督惩戒等方面主动发力、积极作为，着力增强科学道德和学风建设实效，成为科学道德和学风建设的重要力量。

（三）科协组织主动担任职能深化者

在《中国科学技术协会事业发展"十三五"规划》《面向建设世界科技强国的中国科协规划纲要》等规划文件指导下，中国科协通过构建科学道德和学风建设常态化机制、打造科技人物宣传精品、建立完善科学共同体自律功能等任务举措，把科学道德和学风建设作为一项长期坚持的基础工程，压实所属学会的主体责任，加强对科技工作者的宣传教育。中国科协会同中组部、教育部、科技部等11部委，研究制定并实施《老科学家学术成长资料采集工程实施方案》，抢救一批知名科学家学术成长的珍贵资料，对于弘扬科学家精神，促进科学道德与学风建设发挥了重要的积极作用。中国科协和教育部通过共同主办"共和国的脊梁——科学大师名校宣传工程"会演等活动，进一步大力弘扬科学精神、传承大师风范。通过深化职能、健全机制、创新方式方法，推动科学道德和学风建设高质量发展。

三、"十四五"时期加强科学道德和学风建设的形势要求

近年来，我国科学界违反科学道德准则、科研伦理规范和科研诚信要求的行为时有发生，如贺建奎基因编辑婴儿事件、《肿瘤生物学》集中撤稿事件、天津大学张裕卿学术造假、长春长生生物科技有限责任公司狂犬病疫苗造假、河北科技大学韩春雨论文"非主观造假"、中国工程院原院士李宁套取科研经费等事件，严重侵害了社会公众对科技工作者群体的信任。科研领域仍然存在浮夸浮躁、弄虚作假、急功近利等现象；数据造假、论文抄袭等学术不端行为时有发生，研究成果违背科研伦理规范，屡屡越过科学道德"红线"；一些科技工作者盲目追求名利和各种"帽子"，专做短平快的项目，自动"屏蔽"失败风险大、研究周期长但科学价值高的基础性

研究；少数科技工作者把主要精力放在混"圈子"、争"帽子"、拿项目、"算"经费等方面。这些问题严重侵蚀了科学家精神，伤害了中国科学界的公信力，影响了科学的繁荣发展，任由其发展下去，必然会阻碍我国科技强国的建设步伐。

习近平总书记在科学家座谈会上强调："当今世界正经历百年未有之大变局，我国发展面临的国内外环境发生深刻复杂变化，我国'十四五'时期以及更长时期的发展对加快科技创新提出了更为迫切的要求。""现在，我国经济社会发展和民生改善比过去任何时候都更加需要科学技术解决方案，都更加需要增强创新这个第一动力。"[7]习近平总书记在中央经济工作会议上强调："科技自立自强是促进发展大局的根本支撑，只要秉持科学精神、把握科学规律、大力推动自主创新，就一定能够把国家发展建立在更加安全、更为可靠的基础之上。"[8]习近平总书记从全面建设社会主义现代化国家的战略和全局高度强调了加快科技创新的重要性和紧迫性，为我国当前和今后的科技创新发展工作提供了根本遵循。在此背景下，只有充分尊重科技创新发展规律、科研规律和科技人才成长发展规律，准确把握新形势下科学道德和学风建设的新特点、新要求，着力消除我国科研领域存在的问题和不良风气，才能为推动我国科技事业高质量发展、提升构建新发展能力和全面塑造新发展优势提供强大的科技支撑和源源不断的科技"正能量"。

（一）加强科技伦理体系建设，提升科技伦理治理能力

基因编辑技术、人工智能技术、辅助生殖技术、神经技术、纳米技术等前沿科技的迅猛发展，在给人类社会带来巨大福祉的同时，也可能不断突破人类的伦理底线和价值尺度。科技伦理已成为国际社会高度关注的共同议题。2019年中央全面深化改革委员会第九次会议审议通过了《国家科技伦理委员会组建方案》，标志着科技伦理建设成为推进我国科技创新体系的重要一环。组建国家科技伦理委员会的目的是加强统筹规范和指导协调，推动构建覆盖全面、导向明确、规范有序、协调一致的科技伦理治理体系。党的十九届四中全会提出"健全科技伦理治理体制"[9]，党的十九届五中全会提出"健全科技伦理体系"[1]。加强科技伦理体系建设、提升科技伦理治理能力已成为我国科技治理和科技创新发展中的重大问题。要抓紧完善制度规范，健全治理机制，强化伦理监管，细化相关法律法规和伦理审查规则，规范各类科学研究活动。提升科技伦理治理能力是新形势下加强科学道德和学风建设的必然要求，要通过加强教育、监督和管理，使遵守科技

伦理规范与恪守科学道德准则、坚守科研诚信底线共同成为科技工作者的自觉行动，确保科学研究符合正确的伦理方向。

（二）加强科研诚信建设，引导科技工作者坚守科研诚信底线

科技创新是我国现代化建设全局的核心。科研诚信是科技创新的基石，是实施创新驱动发展战略、实现世界科技强国建设目标的重要支撑。2018年中共中央办公厅、国务院办公厅印发《关于进一步加强科研诚信建设的若干意见》，进一步明确了科研诚信建设的总体要求、工作机制、重点任务和主要举措等，对培育和践行社会主义核心价值观，切实解决制约科研诚信建设的突出问题，鼓励科研人员潜心研究、勇攀科学高峰，加快建设创新型国家具有重大意义[10]。科研诚信建设是科学道德和学风建设的重要组成部分，需要完善工作机制，健全科研诚信管理体系，落实科研诚信建设主体责任，明确不同主体加强科研诚信建设的主要任务。要通过加强科研活动全流程诚信管理、推进科研诚信制度化建设、加强科研诚信教育和宣传、实施严格的监督惩戒，营造诚实守信的良好科研环境，推动科研诚信自律和监管相结合，引导科技工作者坚守科研诚信底线，自觉抵制科研不端行为，服务于向科学技术广度和深度进军与世界科技强国建设。

（三）大力弘扬科学家精神，提升科技工作者道德自律

加强科学道德和学风建设的目的是提升科技工作者道德自律，凝聚科学共同体价值共识。2019年中共中央办公厅、国务院办公厅印发《关于进一步弘扬科学家精神加强作风和学风建设的意见》，提出自觉践行、大力弘扬胸怀祖国、服务人民的爱国精神，勇攀高峰、敢为人先的创新精神，追求真理、严谨治学的求实精神，淡泊名利、潜心研究的奉献精神，集智攻关、团结协作的协同精神和甘为人梯、奖掖后学的育人精神。进一步提出加强作风和学风建设，营造风清气正的科研环境；加快转变政府职能，构建良好科研生态；加强宣传，营造尊重人才、崇尚创新的舆论氛围等要求[11]。新形势下加强科学道德和学风建设对大力弘扬科学家精神提出了更高要求，亟须积极创新宣传教育方式方法、拓宽受众覆盖面，引领科技工作者增强道德自律，把践行科学家精神和弘扬优良学风作为开展科研工作的根本要求，自觉将个人理想和奋斗目标融入国家创新体系建设和世界科技强国建设。

（四）营造良好科研生态环境，促进科技创新健康发展

新形势下加强科学道德和学风建设的重点是着力营造良好科技创新生态，激发科技工作者创新创造活力。借助中国科协的组织优势，提升对科技人才的思想引领力、情感凝聚力、精神感召力和组织黏合力，充分调动社会各方面积极性主动性，凝聚发展合力，建立科技创新价值共同体。通过营造良好科技创新生态，消除科学界存在的浮夸浮躁、投机取巧、"圈子"文化等不良倾向，推动科技工作者将研究精力和重点投入面向世界科技前沿、面向经济主战场、面向国家重大需求、面向人民生命健康的科技创新活动中。营造科技创新生态，关键要遵循科技创新发展规律、尊重科研规律和科技人才成长发展规律，通过完善工作机制、加强制度建设，组织协调各类创新主体的合作效能，坚决贯彻新发展理念，形成适应科技创新发展要求的体制机制和政策，营造有利于科技创新的文化氛围，营造风清气正的科研环境，鼓励科技工作者崇尚创新、诚实、公正，引导科技工作者建功新时代、展现新作为。

四、科协组织加强科学道德和学风建设的价值导向

（一）推动科学道德和学风建设是建设世界科技强国的行动保障

党的十九届五中全会指出，展望2035年，我国经济实力、科技实力、综合国力将大幅跃升，经济总量和城乡居民人均收入将再迈上新的大台阶，关键核心技术实现重大突破，进入创新型国家前列[1]。中国科协发布的《面向建设世界科技强国的中国科协规划纲要》指出，建设世界科技强国是全面建设社会主义现代化国家的重要组成部分，对我国加快科技创新提出了更高要求[12]。推动科学道德和学风建设的目的在于提升科技工作者道德自律和严格落实他律措施，引导广大科技工作者恪守科学道德准则、自觉抵制学术不端行为，消除不良学风，营造风清气正、崇尚创新、求真务实的文化氛围。通过加强科学道德和学风建设，逐步消除科学研究中出现的不当行为，使科学研究回归本真，引领广大科技工作者坚持面向世界科技前沿、面向经济主战场、面向国家重大需求、面向人民生命健康，为我国建设世界科技强国、建设社会主义现代化国家提供坚实有力的支撑与行动保障。

（二）加强科学道德和学风建设是改善科技创新生态的关键环节

习近平总书记在科学家座谈会上强调："我国拥有数量众多的科技工作者、规模庞大的研发投入，初步具备了在一些领域同国际先进水平同台竞技的条件，关键是要改善科技创新生态，激发创新创造活力，给广大科学家和科技工作者搭建施展才华的舞台，让科技创新成果源源不断涌现出来。"[13]要着力加强科技创新生态建设，激发广大科技工作者的创新活力，把我国科技工作者的数量优势转化为科技创新质量优势，同时尊重科研规律和人才成长规律，为科技创新事业强劲、可持续发展提供不竭的智慧源泉。科学道德和学风建设作为营造风清气正、诚实守信、崇尚创新的良好氛围的关键环节，能够引导广大科技工作者树立诚实、严谨、科学、求真的价值取向。通过加强科学道德和学风建设，使之成为改善科技创新生态的强力补充，在激发科技工作者创新活力的基础上，引导广大科技工作者沿着正确的道德方向开展科学研究，向科学技术广度和深度进军。

（三）发挥科协组织优势，坚持以服务引领科技工作者为重点

中国科协是科技工作者的群众组织，是党领导下的人民团体，是党和政府联系科技工作者的桥梁和纽带，是国家推动科学技术事业发展的重要力量。科协组织始终贯彻落实党中央重大决策部署，聚焦靶心、服务中心、凝聚人心、坚定信心，团结引领广大科技工作者创新建功。科协组织在推动科学道德和学风建设过程中，应充分发挥开放型、枢纽型、平台型组织特点，调动科协组织优势资源，密切与党政部门、群团组织、地方研究机构等的协同，用好国内国际两种资源，坚持以服务引领科技工作者为重心。把引领科技工作者恪守科学道德准则、遵守科研伦理规范、坚守学术诚信底线、自觉抵制学术不端行为、弘扬优良学风作为科学道德和学风建设的核心。科协组织在推动科研诚信建设、健全科技伦理体系、弘扬科学家精神、营造良好学风等工作中应始终坚持问题导向和目标导向，坚持提升科技工作者道德自律和监督约束相统一，推动构建良好科研创新生态，引领广大科技工作者为全面建设社会主义现代化国家和世界科技强国贡献力量。

（四）牢牢抓住制度规范、教育引导、监督惩戒"三大抓手"

解决科学道德和学风问题，关键在于抓好制度规范、教育引导和监督惩戒三

个环节,教育是基础,制度是关键,监督是保障[14]。世界科技强国普遍把制定详细、明确的制度,开展广泛、适时的宣传教育,实施严格、透明的监督惩戒,进行深入、客观的调查等措施,作为科学道德和学风建设的重点工作。"十四五"时期,科协组织应把制度规范、教育引导和监督惩戒作为推动科学道德和学风建设高质量发展的"三大抓手"。第一,推动科学道德和学风制度化建设。通过制定、完善相关制度体系,修订不同领域科技工作者应遵守的基本准则,提高科技工作者的道德自律意识,引导科技工作者自觉恪守科学道德准则、推崇优良学风,把相关制度规范条例作为从事科学研究活动应遵守的底线。第二,构建科学道德和学风建设教育常态化机制。定期组织对科技工作者、科技管理工作者、研究生、本科生、新入职教师、研究生导师等群体的教育培训,建立常态化教育机制,分类施教,创新方式方法,狠抓宣传教育实效。第三,实施客观严格的监督惩戒。通过推动科研诚信立法、建立独立调查监管机构、制定详尽的调查流程和惩处办法、实施科学道德失范"一票否决"制等方式充分发挥科学道德和学风建设中监督惩戒的作用,以高压态势严抓、严管、严惩失范行为和不端行为,充分激活科学共同体推动科学道德和学风建设中的他律潜能。

(五)科学道德和学风建设问题日益复杂化、隐蔽化,必须警钟长鸣、常抓不懈,加强教育与加重惩处双拳出击

在信息化、现代化、市场化快速发展的背景下,科技领域违反科研诚信、违背科研伦理、浮夸浮躁等现象和不端行为时有发生,且科研领域存在的问题日渐复杂化、隐蔽化,难以通过信息化监测手段直接发现,加强科学道德和学风建设任重道远。科学道德和学风建设状况直接关系到科技创新健康发展和科研成果的正确使用,是科技界一项基础性、持久性、关键性的任务。新形势下加强科学道德和学风建设必须警钟长鸣、常抓不懈、防微杜渐,坚持对违背科学道德和学风建设要求的科研行为"零容忍",以更严的态度、更实的举措坚决抵制科研不端行为。因此,坚持道德自律和监督约束相结合、预防和惩治相结合、教育引导和监督惩戒相结合尤为必要。一方面,要在现有工作基础上进一步加强对各类科技工作者和大学生的教育引导力度,扩大教育宣传覆盖面,不断创新工作方式方法,充分认识科研不端行为的危害性,在科研活动中始终紧绷科学道德和学风底线之"弦";另一方面,要加大监督惩处力度,明确科研不端行为类型,界定科研诚信

要求、科技伦理规范和科学道德准则，建立健全监督机制、预警机制和惩处条例，公布科研不端行为的调查处理结果，发挥警示教育作用。

五、"十四五"时期科协组织加强科学道德和学风建设的建议

"十四五"时期科协组织赋能科学道德和学风建设要高举中国特色社会主义伟大旗帜，深入贯彻党的十九大和十九届二中、三中、四中、五中全会精神，坚持以习近平总书记关于科学道德和学风建设的重要讲话和指示批示精神为根本遵循，严格落实《关于进一步加强科研诚信建设的若干意见》《关于进一步弘扬科学家精神加强作风和学风建设的意见》等相关文件要求，研判科学道德和学风建设的新形势新任务新要求，立足科协组织角色定位，加强前瞻性思考、全局性谋划、战略性布局、整体性推进，聚焦重点领域和关键环节，坚持系统观念，实现科学道德和学风建设高质量发展，营造良好科研创新生态，引导广大科技工作者恪守科学道德准则、遵守科研伦理规范、坚守学术诚信底线、弘扬优良学风，争做重大科研成果的创造者、建设科技强国的奉献者、崇高思想品格的践行者、良好社会风尚的引领者。

（一）发展思路

"十四五"时期科协组织赋能科学道德和学风建设应坚持问题导向和目标导向，坚持惩防结合和标本兼治，聚焦科研诚信建设、健全科技伦理体系、学风建设、弘扬科学家精神等重点领域，推动科学道德和学风建设常态化、制度化，坚持"统筹协作、强化职能、系统推进、培育精品"的发展思路。

1. 统筹协作

充分认识科学道德和学风建设工作的持久性、复杂性、艰巨性，坚决贯彻落实党中央有关决策部署，围绕重点领域和关键环节，与科技部、教育部、中国科学院、中国工程院等相关单位加强沟通、密切配合、齐抓共管，形成推动科学道德和学风建设合力，使各项任务举措落实落地。进一步强化科协组织机关部门、直属单位、地方科协和全国学会间的密切协作，健全完善科协组织内部工作机制，发挥组织优势资源。科协组织协同内外部资源和力量，为科学道德和学风建设提供坚强的组织保障。

2.强化职能

明确科协组织在科学道德和学风建设中的价值定位，把科学道德和学风建设作为一项基础性、持久性、关键性任务，结合科学道德和学风建设的形势要求，夯实既有工作，逐步拓宽工作职能，进一步发挥科协组织在落实落细落小科研诚信建设、健全科技伦理体系、加强学风建设等重点领域中的关键作用。激活学会推动科学道德和学风建设的主体能动性，主动在各自领域积极开展相关工作，实现自我规范、自我管理、自我净化。

3.系统推进

坚持系统观念，贯彻新发展理念，积极研判科学道德和学风建设的新形势、新挑战、新任务，着力固根基、扬优势、补短板、强弱项，遵循科研规律、科技工作者的成长规律，加强顶层设计，压紧压实主体责任，健全完善有利于科学道德和学风建设高质量推进的工作机制，针对科学道德和学风建设中存在的主要问题，研究确定重点举措，推动教育引导、制度规范、监督惩戒等方面工作多管齐下、多措并举，协调有序推进。

4.培育精品

充分调动、集聚科协组织优势资源，着力打造更多涉及科学道德和学风建设教育、宣传、培训的精品工程，注重提升精品工程质量、实效，积极发挥品牌效应。依托科协组织网格化组织优势引导精品工程下沉，使恪守科学道德准则、传承优良学风成为各类科技工作者的行动自觉。进一步发挥精品工程带动效应，为营造良好科技创新生态和引领社会风尚贡献科协力量。

（二）发展目标

锚定《建议》中到2035年基本实现社会主义现代化远景目标和"十四五"时期经济社会发展主要目标，以习近平总书记在科学家座谈会上的重要讲话精神和中央经济工作会议精神为行动指南，对标《关于进一步加强科研诚信建设的若干意见》《关于进一步弘扬科学家精神加强作风和学风建设的意见》中科研诚信建设和作风学风建设的主要目标，聚焦靶心、服务中心、凝聚人心、坚定信心，坚持效果导向、目标导向和问题导向相结合，坚持守正和创新相统一，坚持惩防结合和标本兼治，提出"十四五"时期科协组织赋能科学道德和学风建设的发展目标。

健全完善科学道德和学风建设工作机制，职责清晰、分工明确、协调有序、监管到位、奖惩分明的工作机制高效运作；科学道德和学风制度化建设稳步推进，科研诚信管理、调查制度逐渐优化，科研伦理监督、审查制度不断完善，宣传教育制度更趋完备；全力推动制定对违反科学道德准则、科研伦理规范和科研诚信要求的行为的调查、惩处、警示程序和原则；"全覆盖、制度化、重实效"的科学道德和学风建设宣讲教育活动常态化开展；持续加大力度弘扬新时代科学家精神，推动科学家精神入脑、入心、入行；科技创新生态不断优化，科学道德和学风建设得到显著增强，科技工作者创新创造活力不断迸发，恪守科学道德准则、弘扬优良学风成为科技界的共同价值理念和自觉行动，为广大科技工作者肩负起历史重任、坚持"四个面向"和科技自立自强提供重要保障，为建设社会主义现代化国家和世界科技强国汇聚科技力量。

（三）重点举措

课题组结合科学道德和学风建设的形势要求，参考借鉴世界科技强国科学道德和学风建设的有益经验，根据"十四五"时期科协组织赋能科学道德和学风建设的发展思路与发展目标，提出以下重点举措。

1. 完善科学道德和学风建设工作机制

健全和完善集教育、防范、监督、惩治于一体的科学道德和学风建设体系，优化科学道德和学风建设工作机制。健全组织协调机制，明确科协组织机关部门、直属单位、全国学会和地方科协在科学道德和学风建设中的主体责任，建立第一责任人制度，调动各方力量，整合各方资源，形成共建共治共营的合力，扎实推动科研诚信建设、健全科技伦理体系、加强学风建设和弘扬科学家精神等各项工作。完善监督机制、调查机制、处理机制，加强对科研诚信、科技伦理和学风建设等领域各环节的监督管理。

2. 推进科学道德和学风制度化建设

围绕建设中国特色社会主义法治体系、建设社会主义法治国家的总目标，推动科研诚信立法工作，开展科研诚信立法研究，提出科学道德和学风建设的立法建议。完善科学道德监督、管理、惩处制度，以高压态势强抓强管，对科研不端行为"零容忍"，对项目评审、职称晋升、奖励评定中存在科学道德失范的科技工作者实行"一票否决"制，坚决抵制有违科学道德和学风建设要求的行为。建立科学道德失范和科研不端行为预警制度。结合我国科研领域存在的主要问题，与科技部、教育部、中国科学院等部门联合组成委员会，研究明确违反科学道德准则和学风建设要求的失范行为的判定准则，划定失范行为目录，规定科研诚信和科技伦理"红线"，为调查、整治违反科研诚信、科研伦理和科学道德规范的行为提供依据。组织成立第三方独立调查监管机构，负责监督、调查、处理有关学术不端案件。完善对违背科研诚信、科技伦理的行为和科研不端行为调查处理结果的发布制度，在网上开辟专栏，及时公开发布调查处理结果，接受社会监督。根据现实需要，遵循科技创新发展规律、科研规律、科技人才成长规律修订完善科技工作者行为规范。

3. 积极参与健全科技伦理治理体系

科技伦理是科技活动必须遵守的价值准则。健全科技伦理治理体系是国家治理体系的重要组成部分。组织自然科学、工程技术、哲学、社会学、伦理学等学科领域的专家学者组成研究团队，针对当前出现的新兴技术开展科技伦理交叉学科研究，丰富我国科技伦理治理理论，同时为国家科技伦理委员会相关决策提供参考。研究提出科技伦理治理的基本伦理原则，针对科技伦理治理制度建设、增强治理能力、强化伦理监管、制定伦理审查规则等方面进行积极探索。

4. 提升学会自律自净功能

学会是党和政府联系广大科技工作者的桥梁纽带，是国家创新体系的重要组成部分，是建设科技强国的重要力量，在团结凝聚科技工作者促进科技创新、深化国际科技合作、优化科技治理等方面发挥了不可替代的重要作用。充分发挥学会在优化学术环境、推进科学道德和学风建设方面的独特优势。推动学会成立科学道德与学风建设专门工作机构，负责开展本领域、学科的科学道德和学风建设工作，明确第一责任人。引导学会按照《关于进一步加强科研诚信建设的若干意见》的要求加强科研诚信制度建设，完善教育宣传、诚信案件调查处理、信息采集、分类评价等管理制度，制定调查处理办法，明确调查程序、处理规则、处理措施等具体要求。加快制定发布本学科领域科技工作者行为规范，凝聚科学共同体内部科技工作者价值共识。建立会员学术诚信档案，建立科技工作者学术信用体系。定期组织开展会员科学道德和学风建设教育培训，引导科技工作者自觉抵制弄虚作假、欺诈剽窃等行为，提倡负责任的研究。制定学会自查自纠制度，将科学道德和学风作为学会考核评价的重要内容，推动学会实现自我规范、自我管理、自我净化，增强学术共同体自律自净功能。

5. 提升科学道德和学风建设宣讲教育质量

按照"全覆盖、制度化、重实效"的目标要求，构建科学道德和学风建设宣讲教育常态化机制，持续开展科学道德和学风建设宣讲教育。将《关于进一步加强科研诚信建设的若干意见》《关于进一步弘扬科学家精神加强作风和学风建设的意见》等文件精神融入宣讲教育。组建由院士、科技领军人才、深受学生喜爱的一线教师等群体组成的宣讲教育队伍，建立地方科协与宣讲团之间的沟通联络机制，为地方开展科学道德和学风建设宣讲教育活动提供优质教育资源。在利用"两微一端"等新媒体和传统媒体开展宣讲教育的基础上，创设科学道德和学风建设宣讲教育网络学习空间，建立集课程学习、专家讲座、交流讨论于一体的线上互动学习交流平台，支持专家学者录制教学视频供学生和科技工作者使用，并提供大量电子学习资源包。推动高校和科研院所将线上学习平台作为本科生、研究生科学道德教育、科研诚信教育、科研规范教育的必修课和选修课的学习渠道。加强科技工作者日常教育引导，在入职、职称晋升、参与各类科技活动等重要节点必须接受科学道德和学风建设教育培训。依托科技馆建立科学道德和学风建设线下学习培训试点基地，帮助研究生和科技工作者更直观地感受并领会科学家精神，充分认识坚守科研诚信、恪守科学道德准则对国家科技创新发展的重大意义。通过构建科学道德和学风建设宣讲教育常态化机制，切实加强科技工作者道德自律，将科学道德准则、科研诚信要求和科研伦理规范作为科研"底线"。

6. 大力弘扬新时代科学家精神

中国科协坚持高扬社会主义核心价值观主旋律，塑型铸魂科学家精神。在《关于进一步弘扬科学家精神加强作风和学风建设的意见》文件指导下，继续加大力度弘扬爱国、创新、求实、奉献、协同、育人的新时代科学家精神。持续深入开展老科学家学术成长资料采集工程，深入研究科技人才成长规律和科技发展规律，宣传优秀科技人物的崇高精神和爱国情怀。继续开展"最美科技工作者"学习宣传活动，挖掘宣传一批扎根基层无私奉献的典型榜样。在"共和国的脊梁——科学大师名校宣传工程"品牌的带动下，拓宽参与高校的覆盖面，促进大学生近距离感受科学大师的科学精神和优良品质。推动全国科技馆开辟科学家精神宣传阵地，建设一批科学家精神培育基地。与媒体深入合作，开辟科学家精神宣传专栏专题，选树宣传一批优秀科技工作者和创新团队典型。

7. 加强优秀典型宣传与反面案例警示

积极选树和宣传优秀科技工作者典型代表，利用广大青年学生和青年科技工作者喜闻乐见的形式开展宣传活动，弘扬以爱国、创新、求实、奉献、协同、育人为核心的新时代科学家精神，积极打造宣传品牌工程。抓住庆祝建党100周年重大活动，推出一批反映科学家胸怀祖国、淡泊名利、追求真理、严谨治学等精神品质的宣传产品。设立"全国科学道德模范奖""青年科技工作者科学道德模范奖"等奖项，大力表彰模范遵守科学道德规范、严谨治学的科技工作者典型，深入挖掘、广泛宣传模范人物的先进事迹，发挥榜样示范作用。及时曝光披露违背科学道德、科研伦理、科研诚信的不端行为案件，详细公布调查处理结果，发挥警示教育作用。汇总科学不端行为案例，编制警示教育手册。

8. 成立科学道德和学风建设研究中心

中国科协依托优势高校和科研院所资助，成立一批科学道德和学风建设研究中心，设立专项经费资助开展科学道德和学风建设研究工作，重点围绕科学道德、科研诚信、科技伦理等方面开展理论和实践研究，总结借鉴国外先进理念和经验教训，推出我国科学道德和学风建设理论研究成果，并提供决策咨询建议，提升我国科学道德和学风建设研究水平。加大力度支持科学道德和学风建设教材、读本编写工作，组织专家学者编制科学道德和学风建设宣讲教育大纲、读本，鼓励支持有条件的高校编著科学道德、科研诚信、科研伦理等领域专业书籍，资助编译国外经典著作，为开展科学道德和学风建设宣讲教育、科研诚信教育、科技伦理教育提供资料。举办国内科技界科技伦理、科研诚信、科学道德和学风建设等主题研讨会、学术会议、论坛，积极参与并承办世界科研诚信大会、科学道德诚信建设研讨会等重要国际会议。加强与国外学术共同体在科学道德和学风建设教育宣传、治理等领域的交流合作。

9. 搭建科研不端行为监测平台

中国科协牵头，会同科技部、教育部、中国科学院、中国工程院、国家自然科学基金委等单位共同搭建科研不端行为监测平台。借助中国科协广泛联系广大科技工作者的组织优势，融合其他部门的相关资源，将高校、科研院所、事业单位等在内的全国科技工作者纳入科研不端行为监测平台监督范围。明确科研不端行为监测平台的理念是"早发现早预警早调整"，将科学道德和学风建设监督管理惩戒的端口前移，在科技工作者承担科研项目、开展科学研究、发表学术论文等科研活动中及时、准确地预判可能存在的倾向性、苗头性违反科学道德准则、科研伦理规范和科研诚信要求的行为，立即对相关科研人员采取必要的教育、谈话、处罚等措施，使科学研究重回正确轨道。加强科研不端行为监测队伍建设，调动全国学会的积极性主动性，组织号召不同学科领域专家学者承担监测任务，对有关研究给予客观、公正的价值判断。

10. 建立科研失范黑名单

中国科协会同科技部、教育部、工信部、国家知识产权局等单位，联合建立科研黑名单。将存在违反科学道德准则、科技伦理规范和科研诚信要求以及违背职业道德的科技工作者录入科研黑名单，在不同单位、部门、机构对相关人员按规定进行调查惩处的基础上，明确规定有关人员不得申请各类科研资助项目，不得从事一切与科研有关的工作。将科研黑名单建立成为记录科研人员不端行为、查询项目申请人或岗位申请人历史记录的平台，使科技工作者不敢逾越科学道德和学风底线。

（四）重大项目

结合科学道德和学风建设的形势要求和"十四五"时期科协组织赋能科学道德和学风建设的发展目标、重点举措，拟定"十四五"时期科协组织加强科学道德和学风建设的重大项目。

1. 实施学会科学道德和学风自净工程

调动学会推动科学道德和学风建设的积极性、主动性，压实学会主体责任，发挥学会作为科学共同体的独特优势，强调科技工作者自律与他律相结合。完善学会科学道德和学风建设工作机制；指导学会制定本学科、领域的科学道德行为规范；推动建立学会内部调查监督管理机构；按照《关于进一步加强科研诚信建设的若干意见》文件要求建立健全教育预防、科研活动记录、科研档案保存等各项制度，制定调查处理办法，明确调查程序、处理规则、处理措施等具体要求；主动加强科学道德和学风教育的宣传，引导科技工作者恪守科学道德准则、弘扬优良学风，自觉弘扬新时代科学家精神，营造良好科研创新生态。

2. 组织开展科研不端行为自查自纠工程

中国科协会同教育部、科技部、中国社会科学院、中国科学院等单位联合成立科研不端自查自纠工作委员会，负责指导科研不端行为自查自纠工作。首先，确定自查自纠范围，包括全国学会对所属会员进行审查、高校和科研院所分别对所有师生以及科研人员进行审查；其次，明确科研不端行为的主要表现，制定详细的自查自纠工程实施细则，组织各单位按细则要求完成自查自纠工作；最后，由委员会对各单位自查自纠报告进行审核，并进行抽查，完成科研不端行为自查自纠工程总结报告。

3. 实施建党100周年科学家精神宣传工程

实施建党100周年科学家精神宣传工程，将弘扬科学家精神与加强新时代爱国主义教育相融合。深入挖掘宣传报道杰出科学家特别是中共党员中的科学家代表，举办"党领导下的中国科学家"主题展，引导广大科技工作者更加紧密地团结在以习近平同志为核心的党中央周围。借助"老科学家学术成长资料采集工程"和中国科学家博物馆资源，整理老一辈科学家的入党志愿书，加强宣传力度，创新宣传方式，弘扬科学家胸怀祖国、服务人民的爱国精神。举办"科学家故事"主题朗诵、"科学家的科研路"主题展等系列活动，向科学家致敬。

4. 全面实施科研诚信承诺制和科研成果管理制度

中国科协号召全国学会、相关行业主管部门、项目管理专业机构等在科研计划项目、创新基地、院士增选、科技奖励等工作中实施科研诚信承诺制度，要求相关人员签署科研诚信承诺书，明确承诺事项和违背承诺的处理要求。建立从事科学研究活动的企业、事业单位和社会组织等单位的科研成果管理制度，学术论文等科研成果存在违背科研诚信要求的，应对相应负责人严肃处理并要求其采取撤回论文等措施，消除不良影响，情节严重者移送司法机关处理。

5. 搭建科学道德和学风建设的教育培训平台

积极搭建科学道德和学风建设教育培训线上学习平台，集宣讲教育、课程学习、培训、互动交流于一体。丰富平台内容供给，由全国科学道德和学风建设宣讲教育领导小组组织全国宣讲教育团制作线上学习资料，组织高校、科研院所等单位科技工作者典型代表制作学习视频，制作科学道德规范、科研诚信、科技伦理、科学家精神以及科研不端行为案例分析等相关课程；推动高校借助平台开展研究生、大学生科学道德教育、科研诚信教育等相关课程；组织学术共同体利用学习平台定期对科技工作者开展线上培训。

6. 加强科学道德和学风建设的专项研究

注重对科学道德和学风建设的理论研究。中国科协资助成立科学道德和学风建设研究中心，依托全国高校、科研院所和学会等单位先布点3~5家，再逐步增加到10家，鼓励资助其围绕科研诚信、科技伦理、学风建设等领域建立多学科融合的科研团队，开展相关理论研究，并畅通决策咨询渠道。设立科学道德和学风建设专项研究课题，定期采取招标形式选择优秀的科研团队进行相关领域理论研究，重点资助科研诚信立法、科技伦理治理能力提升、科研诚信和科技伦理审查程序等方面研究，借助研究成果指导科学道德和学风建设实践。积极发现、研究、宣传科学道德和学风建设先进典型，总结经验；进一步宣传推广，号召全国学习典型、效仿典型，共同提高科学道德和学风建设水平。

7.组织编写科学道德和学风建设教材、培训资料及学术著作

实施科学道德和学风建设教材精品建设工程，组织不同领域专家学者参与编写科学道德和学风建设教材、辅导读本、学术著作，丰富理论研究成果类型，进一步将相关成果运用到科学道德和学风建设教育、培训中。中国科协联合教育部、中国科学院、中国工程院、农业农村部、国家卫健委等部门，共同推动理、工、农、医、管、教等学科博士生、硕士生和本科生开设科学道德和学风建设必修课和选修课，推动科学道德和学风建设教育纳入人才培养环节，并作为考核评价的重要指标。加强科技工作者科学道德和学风建设专题教育培训，由中国科协定期组织全国培训，省级科协定期组织省域培训，指导学会开展会员培训活动，尤其重视对中青年科技工作者的培训。

8.开展科学道德和学风建设国内国际交流合作活动

中国科协积极承担科学道德和学风建设交流合作任务，引导全国学会积极组织本学科领域专家学者进行讨论交流，推动不同学科领域针对形势切实提升科研诚信、科技伦理、学风等领域的管理、监督、预警。加强与国外进行科技交流的同时，主动参与科学道德和学风建设相关的国际交流合作，并积极承办相关活动，吸收借鉴国外先进经验，提升我国科研诚信建设水平和科技伦理治理能力，同时参与全球相关宣言、倡议、规范的构建，积极发出中国声音，展现大国担当。

参考文献

[1]中共中央关于制定国民经济和社会发展第十四个五年规划和二〇三五年远景目标的建议[M].北京：人民出版社，2020：9-10.

［2］中共中央关于制定国民经济和社会发展第十四个五年规划和二〇三五年远景目标的建议［M］.北京：人民出版社，2020：11-12.

［3］新华社.中央经济工作会议在北京举行［N］.人民日报，2020-12-19（01）.

［4］全国科学道德和学风建设宣讲教育领导小组.科学道德和学风建设宣讲参考大纲［M］.北京：中国科学技术出版社，2012：1-2.

［5］韩启德.加强科学道德规范：建设创新型国家的基础工程［J］.求是，2008（2）：44-46.

［6］陈家忠.刍议科学道德学风建设［J］.今日科苑，2012（12）：1.

［7］习近平.在科学家座谈会上的讲话［M］.北京：人民出版社，2020：2-4.

［8］新华社.中央经济工作会议在北京举行［N］.人民日报，2020-12-19（01）.

［9］新华社.中共十九届四中全会在京举行［N］.人民日报，2019-11-01（01）.

［10］关于进一步加强科研诚信建设的若干意见［M］.北京：人民出版社，2018.

［11］关于进一步弘扬科学家精神加强作风和学风建设的意见［M］.北京：人民出版社，2019.

［12］中国科协.面向建设世界科技强国的中国科协规划纲要［EB/OL］.（2019-01-04）［2021-05-09］.https://www.cast.org.cn/art/2019/1/4/art_79_85036.html.

［13］习近平.在科学家座谈会上的讲话［M］.北京：人民出版社，2020：4.

［14］全国科学道德和学风建设宣讲教育领导小组.科学道德和学风建设宣讲参考大纲［M］.北京：中国科学技术出版社，2012：10.

作者单位：李祖超，中国地质大学（武汉）

杨柳青，中国地质大学（武汉）

张文水，中国地质大学（武汉）

李瀚祺，中国地质大学（武汉）

刘亚洁，中国地质大学（武汉）

04 新形势下科协组织赋能科技人才成长对策研究

◇刘伟升　翟翠霞　王　雯　刘婧一　孙晓琦　许　畅

【摘　要】通过对中国科协"十三五"期间科技人才工作进行总结，并基于对新时期科技人才成长基本规律和科协组织基本功能的分析，文章认为，面向"十四五"，中国科协主要应以党和国家发展战略、文件精神为指引，立足新时期定位，推动组织优势辐射科技人才成长全链条，目标是到2025年初步构建起中国科协符合新时代需求、功能齐备、运行有效的科技人才成长赋能体系，为科技工作者及社会各界非正式自主学习、"社区化"开放科学、知识无界的系统传播和科技人才业绩评价等开拓渠道，营造场景，成为国家科技创新体系的重要基础。同时，以学会（协会、研究会）为赋能主体的体制机制运行高效，重点工程日常化、常态化开展，科技人才对科协赋能工作的获得感显著增强。为此，需要在健全面向青少年儿童的科学教育体系、开拓科技人才发挥作用的渠道和场景、依托学会开展国际合作项目、积极推动建立科技人才发现和认可机制、加强对全社会的科学精神引领等方面制定重点工作举措，应加快实施国际化科学教育标准和学科领域科技伦理团体标准编制工程、国际化"学生－科学家伙伴计划"、科技工作者综合信息平台和权威的科学技术知识平台搭建等重大工程，以创新改革行动系统诠释新时代科协组织的职责担当，引导社会各界以新发展理念贯彻落实新时代的人才观，为我国培养规模不断壮大、质量持续提升、矢志爱国奉献、勇于创新创造的科技人才队伍，为实现科技强国战略目标提供强有力支撑。

【关键词】科技人才　科协组织　成长

一、前言

（一）基本研究背景

科技部科技评估中心受中国科学技术协会计划财务部委托，承担"新形势下科协组织赋能科技人才成长对策研究"课题。本研究旨在通过对中国科协"十三五"期间科技人才工作进行总结，并基于对新时期科技人才成长基本规律和科协组织基本功能的分析，重点研究当前国内外创新发展环境下，科协组织在科技人才成长全链条中赋能的对策，即在哪些方面赋能、向谁赋能、怎样赋能，提炼出具有可操作性的重大项目，提出"十四五"时期科协组织赋能科技人才成长的发展思路、发展目标、重点举措，为中国科协"十四五"发展规划的制定提供参考。

（二）重点研究内容

本研究主要包括四项主要内容：一是对"十三五"时期科协组织赋能科技人才成长工作进行总结评价；二是围绕"十四五"时期的新需求、新机遇、新挑战，对科技人才成长环境进行分析；三是对科协组织赋能科技人才成长的基本遵循和方向路径进行研究；四是提出"十四五"时期科协组织赋能科技人才成长的发展思路、发展目标、重点举措以及重大项目建议。其中，前两项研究是后两项研究的基础性工作，为科协组织赋能科技人才成长明确"靶向"；第三项研究本着需求导向，遵循新时期科技人才成长的基本规律和科协组织基本职能，探索科协组织赋能科技人才成长的路径、方法；第四项研究则是基于前三项研究的结论，将研究文本转化为规划文本。

（三）主要研究方法

本研究主要采用以下研究方法：

（1）案卷研究。系统梳理科协组织开展人才工作的相关政策规划，充分借鉴公开发表的相关学术观点，利用课题组已有研究基础，明确关键问题，探索科协组织赋能科技人才成长的总体思路和发展途径。

（2）调查研究。统筹相关工作，利用科技人才资源库开展问卷调查，深入地方研究机构、政府部门开展实地调研，获取政策堵点和科技体制机制改革难点等信息。

（3）访谈咨询。邀请科协组织专家、相关部门管理人员、科技人才领域专家召开专题研讨会，就科技团体与科技管理部门间的职能定位、联动机制进行探讨，为"十四五"时期科协组织赋能科技人才成长对策提供建议。

（4）案例研究。对美国科协组织与政府协同典型案例进行深入研究和剖析，总结提炼科协或其他组织赋能科技人才成长的经验和方法，为科协"十四五"发展规划的制定提供参考。

（四）简要核心观点

本研究最为核心的结论为：面向"十四五"，中国科协主要应以党和国家发展战略、文件精神为指引，立足新时期定位，推动组织优势辐射科技人才成长全链条。以此为基本工作思路，目标是到2025年初步构建起中国科协符合新时代需求、功能齐备、运行有效的科技人才成长赋能体系，为科技工作者及社会各界非正式自主学习、"社区化"开放科学、知识无界的系统传播和科技人才业绩评价等开拓渠道、营造场景，成为国家科技创新体系的重要基础。同时，以学会（协会、研究会）为赋能主体的体制机制运行高效，重点工程日常化、常态化开展，科技人才对科协赋能工作的获得感显著增强。为此，需要在健全面向青少年儿童的科学教育体系、开拓科技人才发挥作用的渠道和场景、依托学会开展国际合作项目、积极推动建立科技人才发现和认可机制、加强对全社会的科学精神引领等方面制定重点工作举措，应加快实施国际化科学教育标准和学科领域科技伦理团体标准编制工程、国际化"学生—科学家伙伴计划"、科技工作者综合信息平台和权威的科学技术知识平台搭建等重大工程，以创新改革行动系统诠释新时代科协组织的职责担当，引导社会各界以新发展理念贯彻落实新时代的人才观，为我国培养规模不断壮大、质量持续提升、矢志爱国奉献、勇于创新创造的科技人才队伍、为实现科技强国战略目标提供强有力的支撑（图 2-4-1）。

二、"十三五"时期科协组织人才工作总结评价

"十三五"时期，中国科协团结带领广大科技工作者积极进军科技创新和经济

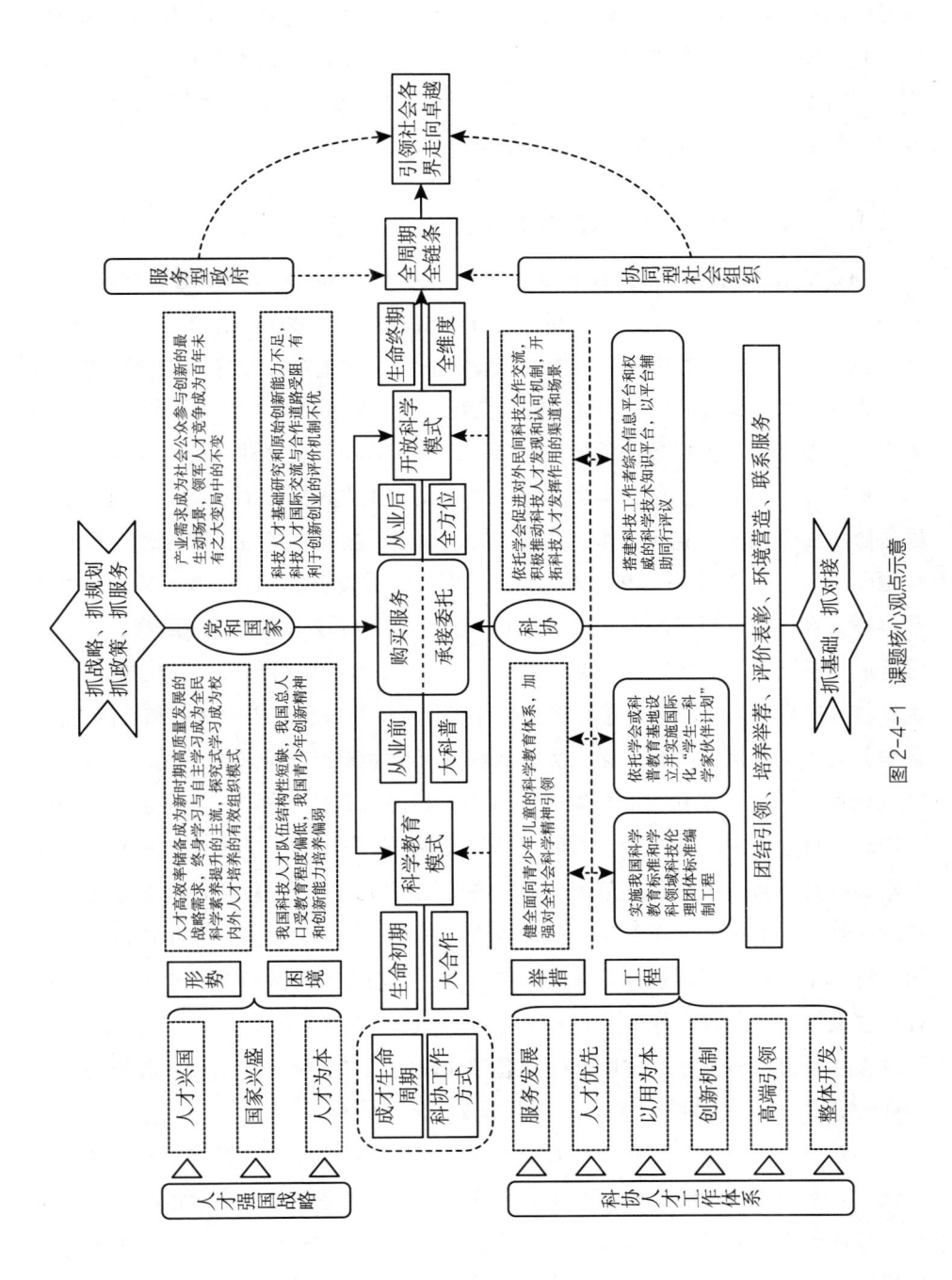

第 2 部分 专题研究
04 新形势下科协组织赋能科技人才成长对策研究

图 2-4-1 课题核心观点示意

建设主战场，把科协人才工作融入党和国家人才工作全局之中，把加强党和政府同科技工作者的联系作为基本职责，把竭诚为科技工作者服务作为根本任务，切实把科协组织建设成为育才引才荐才用才的重要通道[1]，在人才的发现、培养、凝聚、激励和举荐等方面发挥了积极作用。

（一）助力科技人才成长的重点举措

一是联合有关部门组织系列主题活动，加强对科技工作者的思想政治引领。第一，设立各类活动主题，激发科技工作者创新活力。联合科技部设立"全国科技工作者日"，不断提升科技工作者职业自豪感，营造全社会进一步营造尊重劳动、尊重知识、尊重人才、尊重创造的良好氛围。全面启动"创新争先行动"，激发广大科技工作者创新争先积极性。第二，全面推动学会党建工作科学化、制度化、规范化。召开中国科协学会党建工作会议，成立科技社团党委，专门从事中国科协所属全国学会党建工作，发布《关于加强科技社团党建工作的若干意见》，全国学会党组织覆盖率达95.1%，学会理事会党委覆盖率达46.3%。第三，组织举办科技人才专题研修班和国情研修班。面向广大科技工作者开展研修班，围绕习近平总书记关于科技创新重要论述和关于人才工作重要指示精神以及党的历史、优良传统进行深入学习，引导科技工作者充分认识所肩负的历史使命和政治责任。第四，大力宣传优秀人物。深入实施老科学家学术成长资料采集工程，发起科学家主题宣传活动"共和国的脊梁——科学大师名校宣传工程"，与北京市科协联合推动"科学梦中国梦——中国现代科学家主题展"巡展并完成北京市有关高校及新疆维吾尔自治区克拉玛依市、辽宁省沈阳市等地巡展，推出第七组中国现代科学家邮票，通过《大家》等栏目宣传优秀科技工作者，多形式多手段向公众展示老科学家的科学报国精神与高尚人文情怀，积极引导广大科技工作者率先践行社会主义核心价值观。第五，依托信息化手段团结科技工作者。启动"网上科协"建设工程，突出科技社交主题，提升通过互联网联系、引导、动员和服务科技工作者的能力，努力为科技工作者打造开放交流的在线社区。

二是联合有关部门，弥合面向全生命周期的科技人才成长链条，构建扁平化科技人才互动渠道，补充和完善政府科技人才培养体系。第一，中国科协联合组织、搭建青少年创新素养培育平台。打造出全国青少年科技创新大赛、中国青少年机器人竞赛和"明天小小科学家"等品牌活动[1]，创新高校科学营活动形式，覆盖港澳台和内地数千所学校上万名高中生；组织数十万青少年参加"家书载梦"航天科普教育主题实践活动，数百万中小学生参加青少年科学调查体验活动，激发科学兴趣，推进青少年科技教育国际交流，助力科技创新后备人才培养。第二，联合组织、搭建促进青年科技人才成长平台。实施青年人才托举工程，遵循科技人才成长的"科研黄金期"规律，对32岁以下具有较强创新能力和发展潜力、处于科研起步阶段的科技人员，采取稳定支持方式，给予每位入选者连续3年支持、每年15万元，并充分发挥科协系统组织资源和专家资源优势，为青年成长成才搭建平台，助力国家打造高层次科技创新人才后备队伍。第三，联合组织、助力产业人才发展。在部分省市实施知识产权战略巡讲活动，实施一线创新工程师培养与实践项目，举办首届全国企业创新方法大赛，积极组织引导企业一线科技人员在实践和应用中学习和创新，促进企业健全一线科技人才培养机制，助力提升企业一线科技人才素质能力。第四，搭建科技人才跨界别协同创新发展平台，开展各类人才评价和认证工作。中国科协先后成立中国科协生命科学学会联合体、军民融合学会联合体、清洁能源学会联合体、信息科技学会联合体、智能制造学会联合体，以学会为依托，搭建跨学科跨领域人才协同创新发展平台，拓展人才成长空间，顺应现代科技交叉融合发展规律，创建共谋发展、联合攻关、协同改革的稳定体系。联合推动专业技术人员知识更新工程。在人力资源社会保障部指导支持下，中国科协指导所属学会发挥智力人才密集优势，积极参与"专业技术人才知识更新工程"。联合开展专业技术人员水平评价。充分发挥学会同行评议和同行认可的独特优势，承担注册计量工程师职业资格认定，开展信息工程和软件开发等领域工程技术人员水平评价、非公有制经济组织的专业技术人员职称评定等。联合开展工程教育专业认证。代表中国正式加入《华盛顿协议》签约成员，且在教育部支持下，中国科协所属全国学会承担或参与工程教育专业认证，经中国科协所属中国工程教育专业认证协会（CEEAA）认证的中国大陆工程专业本科学位，将得到美、英、澳等所有该协议正式成员的承认[2]，为开展工程师资格国际互认工作奠定坚实基础。第五，以信息化技术打造扁平化的科技交流渠道。改造升级中国科协门户网站，开通"今日科协""科协改革进行时""中国科协科技工作者之家""中国学会网""中国科协党风廉政建设""代表之家"等网站和微信公众号，畅通与科技工作者的交流渠道。

三是联合有关部门开展优秀人选推荐活动，创建举荐机制，完善自身科技人才评选表彰体系。第一，积极举荐人才。构建向"创新人才推进计划""世界杰出女科学家成就奖""世界最具潜力女科学家奖"及政府科技奖、院士评选等推荐优秀人选的渠道，通过人才举荐、项目推荐，助力科技工作者成长成才，优化人才成长和发展环境。第二，积极设立科技奖项。设立"全国创新争先奖"，表彰奖励投身"创新争先行动"并在建设创新型国家和世界科技强国伟大进程中做出突出成绩的科技工作者和集体；设立"全国杰出工程师奖"，激励广大工程技术人员在建设世界科技强国、制造强国的进程中不断做出新的贡献；设立"全国杰出科技人才奖""中国青年科技奖""中国优秀青年科技人才奖""中国青年女科学家奖"和"人民科学家"荣誉称号等各类奖项。第三，助力完善多元化、多层次科技人物奖励体系。指导全国学会设立面向一线、基层和青年人才的科技奖项，全国学会拥有国家科技奖直推资格，优秀科技成果和杰出科技人物获得认可和肯定的渠道得以拓宽，为拔尖创新人才脱颖而出铺路搭桥，努力成为国家科技奖励体系的重要补充。

四是充分发挥科协的组织体系优势，开拓科技成果应用的舞台，为科技工作者施展才华搭建桥梁。第一，进一步推进学会对地方经济社会发展的科技和人才支撑，新建学会服务站、专家工作站和创新创业服务基地，在基层、一线为科技工作者的研究成果开拓新渠道。第二，推动地方创新创业孵化载体的设立和发展，引导科技工作者投身"双创"，搭建交流合作平台。第三，通过组织科技扶贫、科普惠农等活动，引导科技知识、成熟技术成果向经济欠发达地区转移，在国家脱贫攻坚战、振兴"三农"等党和政府中心工作主战场，为科技工作者提供施展才华的舞台。

五是拓展国际民间科技交流平台。第一，搭建以学会为依托的科技民间交流合作平台，召开2016世界生命科学大会、2016世界机器人大会等大会，支持中国麻风防治协会、中国地理学会、中国自动化学会等学会承办国际性学术交流会议。第二，搭建市场化民间科技合作机制。建设海外人才离岸创新创业基地，成立"中国科协海归创业联盟"，组织对接专题活动等，充分发挥海外专家智力和资源优势，为地方经济建设和科技创新服务。第三，搭建与国际科技组织合作机制。通过建立向国际科技组织推送工作人选机制，培养国际组织人才队伍，推动全国学会进一步参与国际科技组织事务。

（二）助力科技人才成长的工作机制

本课题通过对"十三五"以来中国科协人才工作重点举措的梳理研究发现，

"十三五"时期中国科协的人才工作，总体上基本构建了如下工作机制：

一是各项工作贯彻落实党管人才原则。中国科协在各项工作中，始终把握党管人才原则，以习近平总书记关于科技创新的重要指示精神和中央关于人才工作的重大部署为基本遵循和行动指南，将此原则作为做好人才工作的关键。

二是加强人才工作的整体谋划和顶层设计。在《国家中长期人才发展规划纲要（2010—2020）》《关于深化人才发展体制机制改革的意见》等国家整体要求框架下，中国科协认真履行中央人才工作协调小组成员单位职责，明确了按照"服务发展、人才优先、以用为本、创新机制、高端引领、整体开发"[3]的人才工作指导方针，先后出台《中国科协关于加强人才工作的若干意见》《中国科协事业发展"十三五"规划》《中国科协学会学术工作创新发展"十三五"规划》《中国科协贯彻落实〈关于深化人才发展体制机制改革的意见〉的实施方案》等总体规划性文件，以及《关于加强国际科技组织人才培养与推送工作的意见》《中国科协青年人才托举工程管理办法》《中国科协青年人才托举工程实施细则》《推进培养高层次科普专门人才试点工作方案》《关于组建科学传播专家团队的通知》等专项任务指导文件，并不断强化学会作用，统筹协调、顶层设计、整体布局，充分发挥中国科协人才工作协调小组作用，形成"科协党组统一领导，组织部门牵头协调，有关部门各司其职、密切配合"的科协人才工作新格局，为各项规划工作贯彻落实提供了保障。

三是不断丰富对科技人才成长全链条的支撑功能。中国科协及时把握我国创新驱动发展的演进程度，建立重点群体科技人才培养助力机制，进一步加强人才评价规律研究，完善突出质量、贡献、绩效导向的分类评价体系，创新人才评价机制，不断提升人才评价的科学性和公信力。不断完善、创新科技人才服务机制，利用信息化技术打造现代化社交手段，包括创新服务科技工作者的方式，创新党委和政府决策服务机制、互动交流机制等，并把人才工作与各部门业务工作紧密结合，从人才的发现、培养、凝聚、激励、举荐、表彰等方面进行全面重点部署，密切联系、周密服务科技工作者，推动开放型、枢纽型、平台型科协组织建设，在社会上营造出热爱科协、创新创业的良好环境，为协调推进"四个全面"战略布局提供有力人才支撑，积极争取把科协组织建设成为育才引才荐才用才的重要通道。

四是依托学会开拓民间国际科技合作交流。以学会为依托，通过"引进来"

和"走出去"等工作方式，积极推动国际科技组织与中国学会等组织间的各类学术交流活动，推进国际科技人才交流互访，特别是发挥顶尖科学家的国际影响力和以才引才的独特作用，积极拓展国际科技交流渠道。

（三）科协组织人才工作需要进一步拓展空间

本课题通过对科协组织"十三五"时期人才相关工作举措及工作机制的梳理研究发现，科协工作在助力人才成长方面，紧扣"科技工作者之家"定位，高举党和政府联系科技工作者桥梁和纽带的旗帜，构建了较为完整的工作框架，奠定了扎实的工作基础，取得了初步工作成效。但对标新时期的国家需求、对比政府部门的工作机制、面向尚待满足的社会诉求，课题组认为，科协人才工作尚存在进一步拓展的空间。

一是面向科技人才成长全周期全链条赋能，基于科协"科技工作者之家"全科、全域、全行业、全生命周期的人才与知识优势，课题组认为，科协未能完全发挥自身优势，其科技人才工作尚处于碎片化阶段，有待开展进一步的集成和体系化建设。科协的人才工作尚未很好地弥合我国学校教育与校外教育间的断点；科协指导所属学会发挥智力人才密集优势，积极参与"专业技术人才知识更新工程"，但未构建起面向全社会的终身教育和满足老龄化社会离退休人员知识更新需求的开放学习体系。科协支持学会开展的有关工作，尚未覆盖我国国民经济体系产业门类和全部学科专业领域。目前科协人才评价和使用的措施较为零散，不够系统，科协尚未根据自身职能定位，建立起科技人才培养、使用、评价、激励全链条的赋能机制。

二是内部组织架构尚未突显学会（协会、研究会）的核心主体功能，导致虽然科协组织服务于新时期国家创新驱动发展的理念、制度、机制较为科学和完备，但在实际发挥作用时，仍局限于服务"精英"人士范畴，并未惠及一线和全体科技工作者。目前，科协出台的相关发展规划、联合行动初衷与目标、重点建设工程与重点举措等，与国际标准逐步看齐，但举办的"科普日""科技工作者日"等活动，大多以竞赛形式在固定时日按照文件要求有组织地开展，并未成为社会公众个体、创新主体、科协组织常态化的工作和自觉行为，常态化、日常化的活动较少。从中国科协到地方科协到基层科协组织，理念构想的贯彻落实存在"浓茶变淡"的衰减趋势；所开展的各类活动的参与人数、获得奖励或认可的人数与全国基数比，尚属"小众"；活动及活动惠及群体的数量、范围有限，现实中尚有众多做出过贡献的人才和有良好潜力的人才缺少被发现和施展才华的舞台。科协人才工作的辐射范围有待加强，科协是全部科技工作者之家，但纳入科协系统的学会以及加入学会的科技工作者尚不全面。

三是服务于科技人才成长的举措做法，包括激励形式、手段，甚至工作重点等，与政府及其所属部门工作有交叉、有重叠、有雷同，以有别于传统做法的方式解决现代化治理体系中的难点问题、高质量服务于创新驱动发展战略的新思路、新举措匮乏。在青少年科技能力培养方面，目前科协面向青少年举办的各类赛事、选拔活动，如全国青少年科技创新大赛、中国青少年机器人竞赛和"明天小小科学家"等品牌活动，其最明显的效果是将校内应试教育转移到校外培训机构，并未实现浓郁科学教育和开放科学氛围的目的。在人才激励方面，对于助力科技人才成长、科技研发等的各类项目，科协与政府部门都是运用财政资金予以资助。在人才评价方面，政府部门及其所属单位组织开展评价的痛点是同行评议无法满足科学评价诉求，从而提出"去唯"理念，但目前尚未发现更有效的解决方案，而科协组织选拔、鉴别创新能力和发展潜力的方式，依然是同行评议、评审，对项目的稳定支持是在竞争立项基础上的稳定支持，尚未做到发现型稳定资助，降低科技人才申请门槛、令其潜心研究的作用不突出。课题组认为，评价或认证的出发点与落脚点应直接针对国家、区域各类人才发现机制缺乏系统性这一痛点。科协应立足自身定位，面向政府、产业领域各类主体，更多地开展类似于编制涵盖10个重点产业领域尖端人才的《国家引进海外高层次人才参考目录》并报送中组部这样的工作，发挥决策前重大事项提醒和推送的作用。

提升我国科技创新体系效能任重而道远，需要全社会各界共同努力，形成合力，尤其需要政府部门和党的科技群团组织形成互补和有机融合的关系，助力打造致力于抓战略、抓规划、抓政策、抓服务的服务型政府，同时使科协组织的"三型""四服务"职能得以逐步固化。研究认为，与科技管理部门相比，科协在组织的覆盖性、制度的灵活性、影响的广泛性等方面具有显著优势。作为具有重要政治地位的科技社团组织，科协在团结和引领科技工作者、联系和服务科技工作者方面发挥了较为突出的作用。中国科协应基于自身职能定位，充分利用自身的组织优势，坚持政治引领，坚持服务于国家创新发展和人才治理，坚持国际化视野，在人才工作中抓基础、抓对接，发挥科协组织在联系、服务科技工者中的基础性作用，打通政府、科技社团、科技人才间的壁垒。以引领社会各界走向卓越为统领，以学会自治为重要抓手，以大科普、大合作和人才成长的全周期、全链条、全方位、全维度为赋能发展理念，通过各项重点举措和重大工程，构建全民科研的社会氛围，在引导人才走向卓越、推动创新资源科普化大众化、丰富和创新科技人才举荐和表彰形式、搭建科技人才信息数字化监测平台、通过国内外学会间联系为科技人才提供国际交流平台等方面发挥更有针对性的效用。

三、新时期科技人才成长环境分析

判断新时期中国科协赋能科技人才成长的工作重点，需要深刻把握新时期科技人才的成长环境。本课题通过对国内外青少年儿童科学教育、公众理解科学、全民科研、开放科学及我国教育、产业、创新、科普等领域组织模式创新及改革动向的考察，充分借鉴理论研究观点，从当前面临的主要形势、所处困境、下一步政策走向三方面，分析新时期我国科技人才的成长环境。

（一）新时期我国科技人才队伍发展面临的主要形势

1.新时期高质量发展需要人才高效率储备

新时期，畅通国内大循环、打造开放的国内国际双循环，各个环节都需要从青少年儿童的教育体系源源不断输送高质量的潜在科技人才[4]。进行科技队伍的人力资源储备，需要产业界、科技界联合为青年科技人才提供研发实践场景，通过"练兵"为高端科技人才团队打造后备力量，做好高质量研究开发的科学积累和可持续提升。高质量人才储备和后备成为构建新发展格局的战略基础，有助于进一步发挥高质量教育体系在国计民生中的基础性、先导性、全局性作用[5]。培养科技人才的科学兴趣、创新思维、学习能力、系统工程驾驭能力等方面的工作，是我国人才工作的短板，也是创新型国家对高质量教育体系最显著的需求，更是我国高效率进行人才储备和高端领军人才后备并对其充分利用的关键。

2.终身学习与自主学习成为全民科学素养提升的主流

随着经济社会发展和人民生活水平提高，社会公众运用科学技术知识解决生活、生产实际问题的需求愈加明显，对科技创造美好生活的向往呈现多层次、多样化态势,孕育了终身教育的社会基础;同时,科学技术知识日新月异,科学技术转化为现实生产力并形成新的生产生活业态的周期越来越短,导致人们只有不断学习或再培训,才能保持与时俱进。随着工业革命4.0时代的到来,新一代信息技术和人工智能技术正在广泛运用于科技创新驱动经济社会发展的场景再现,既解决了我国区域科技知识资源配置不均衡,城乡有差距等问题,也丰富了新时期科学教育的内涵,构建起"方式更加灵活、资源更加丰富、学习更加便捷的终身学习体系"[6],实现"人人皆学、处处能学、时时可学"。要加快以"科普中国"为代表的科学技术知识共享平台建设,孕育以学习者为中心的校内外自主学习、个性化学习等教育新生态,实现学习者按照自己的方式自学,开拓新时期人才培养模式的新境界。

3. 探究式学习成为校内外人才培养的有效组织模式

新时期,随着社区化学习、分布式科研、全民创新、项目式学习等创新组织模式的兴起,探究式学习打破了地域和单位界限,吸纳最优力量组建任务团队,实现了科学探索的创新效率。通过设计、参与和实施项目,让学生自主研究与探索,在发现问题、激发创新与创造力、锻炼独立思考能力、学习过程体验、深层次目标认知等方面达到了显著的培养效果,探究式学习也因此成为新时期人才培养模式的新宠。探究式学习以科学问题为导向,科学问题成为贯通界别、广泛汇聚创新力量的载体,成为撬动技术创新和经济社会发展的抓手。

4. 产业需求成为社会公众参与创新的最生动场景

针对培养创新型人才,有学者[7]分析了国外八所一流大学培养杰出人才的路径,发现这些大学对人才的培养都强调交叉学科课程设置并重视通识教育。为支撑我国新时期高质量发展,面向构建新发展格局,应让产业需求成为人才培养、科技创新的指挥棒,如大力培养技术技能人才,提升职业技术教育适应性,深化职普融通、产教融合、校企合作,探索中国特色学徒制等[8],以有效提升劳动者技能,为提升我国产业链、供应链现代化水平提供人才保障。同时,产业需求也成为人才培养、科技创新的最佳场景。以产业需求为依据的研究任务导向,是促进学科交叉融合、科学技术与工程融合、科技与经济融合,实现以产学研融合推动人才、技术、资本等创新要素高效配置的科学渠道;是满足我国双循环市场需求,以市场应用历练科技自立自强,完善我国自主科技创新体系的科学路径和协同创新开放科学的具体行动。

5. 领军人才竞争成为百年未有之大变局中的不变

有能力解决工程实际问题的技术骨干、有能力主导专业技术发展前沿的学术带头人、有能力驾驭大系统工程的"设计师"、有能力牵头实现核心技术突破的首席专家、具体领域的奠基人式学术权威是促进我国科技队伍规模扩大、质量提升、结构优化的关键，是打造我国科技战略力量和高端团队的阶梯，更是世界各国通过知识、技术等要素的引入突破生产要素瓶颈约束的战略核心。在疫情肆虐、单边主义盛行、非关税壁垒等逆全球化的百年未有之大变局中，领军人才在维护全球人类和谐共治、多赢发展中的核心骨干作用更加凸显，也使其成为世界各国、各界竞争的焦点。需要在变局中保持人才培养的格局不变，放眼未来，弘扬科学精神，传播先进科学知识，充分利用、挖掘全球科技创新创造资源，塑造科技创新骨干力量，激励各类人才各展所长，以更加开放、包容的世界眼光，推动开放科学，强化与国际科技组织的有效合作，增进与国际科技界的互信，为建设人类命运共同体培养合格的人才。

（二）当前我国科技人才队伍建设所处困境

1. 我国科技人才队伍结构性短缺

虽然我国科技人才总量稳步增长，科技人才队伍规模持续扩大，但结构性矛盾和质量不高问题日益凸显。我国战略科学家和高精尖人才、科技前沿领域高水平人才、高端研发人员和高技能人才匮乏。在国际科技界、文化界、产业界产生重要影响的世界级大家大师明显偏少，能够把握、规划和推动关键领域取得创新突破并带领我国占据世界科技创新制高点的战略科学家、科技战略家极为稀缺[9]。获得世界科学大奖的科学家屈指可数，在国际科技组织中担任重要职务的科学家数量不多。在世界权威奖项当中，我国培养的科技类诺贝尔奖得主仅有1人。虽然我国和美国是世界上在人工智能领域投资最大的两个国家，但世界计算机领域权威奖项"图灵奖"获得者绝大多数为美国人。我国全职引进的"图灵奖"获得者姚期智，也已过退休年龄[10]。根据中国科协调查，63.0%的高校和54.8%的科研院所的科技人员反映本单位缺少领军高层次人才。我国高被引科学家虽然快速增长，但数量上与美国相比存在明显差距。美国共有2650人入选高被引科学家，占名单总数的41.5%，是我国入选人数的3.4倍。

2. 我国总人口受教育程度偏低

据2016年全国人口变动情况抽样调查样本数据（抽样比为0.837‰）统计显

示，在抽查的 6 岁及以上年龄段 1077322 人中，受教育率达到 94.3%。其中，受教育程度为小学的占受教育人口的 27.2%，初中占 41.2%，普通高中占 13.5%；高中及以下学历的总占比为 81.9%。大学本科占 5.8%，研究生占 0.6%（表 2-4-1 和图 2-4-2）。总的来看，我国人口受教育程度低，高学历人数不多[11]。

表 2-4-1　2016 年中国 6 岁及以上年龄段受教育程度抽查人数及占比情况统计

受教育程度	人数 / 人	占比 /%
小学	275939	27.2
初中	418395	41.2
普通高中	137409	13.5
中职	44762	4.4
大学专科	74338	7.3
大学本科	59235	5.8
研究生	5797	0.6

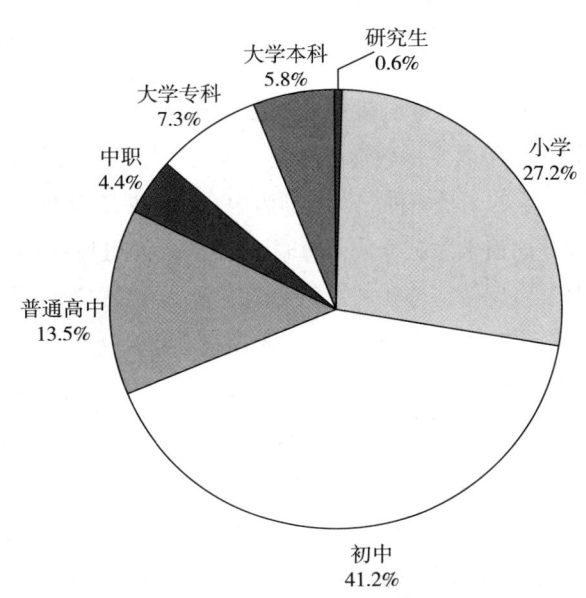

图 2-4-2　2016 年中国 6 岁及以上年龄段人口受教育程度抽查占比情况统计

数据来源：国家统计局。

2020年，经济合作与发展组织（OECD）对25~34岁完成高等教育的全球人口比例进行了统计（图2-4-3），并按国家进行了排名。中国目前25~34岁完成高等教育的人口比例还未进入前40名，与发达国家存在较大差距。

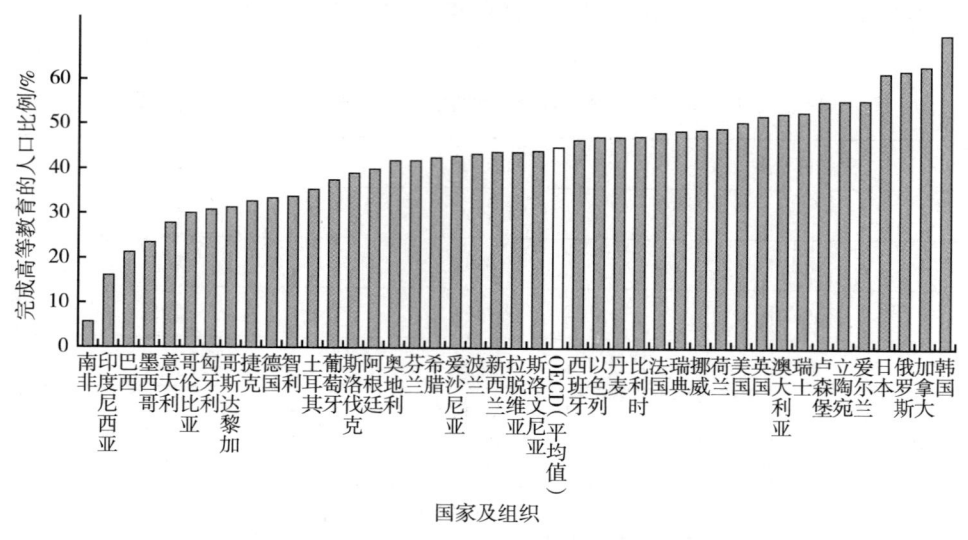

图 2-4-3 世界主要国家25~34岁完成高等教育的人口比例排名
数据来源：经济合作与发展组织官方网站。

3. 我国青少年创新精神和创新能力培养偏弱

近年来，我国中小学教学中的情境缺失，情境设计与学生生活脱节。主导和控制我国中小学课堂教学的，是一种"以教师为中心、以课堂为中心、以教材为中心"的教学模式，教师片面追求考试分数，忽略了学生在教学过程中的主体地位，极大束缚了学校教育对学生创新精神和实践能力的培养，给基础教育带来巨大的惯性阻力[12]。学生学习方式以"生产流水线"式的课堂灌输法为主，学生完全处于被动接受的状态，"听讲—背诵—操练—考试"，以再现老师传授的知识，学生的创新精神和个性发展基本上被"阉割"[13]。基础教育阶段对科技教育重视程度不足。由于传统教学思想和观念的束缚，一部分学校和学生家长重点关注学校的升学率，而忽视学生接受科技教育、参与科技活动，导致一部分青少年课外科技活动受到冷落[14]，"科学""自然"等课程被认为是"副科"的情况仍然相对普遍存在。

4. 科技人才基础研究和原始创新能力不足

虽然我国科技人才成果产出跻身世界前列，但基础研究和原始性成果较少，科技人才的基础研究能力和原始性创新能力迫切需要加强。目前，我国基础研究投入的整体水平和发达国家相比偏低。2019年，我国基础研究经费1335.6亿元，较上年增长22.5%，占研发经费比重首次突破6%，但与美国等发达国家的15%~20%比重相比存在较大差距。我国基础研究领域政府资金投入占比达90%，企业赞助、公益基金、慈善捐助等社会力量对基础研究领域投入非常有限。

5.科技人才国际交流与合作道路受阻

我国科技人才队伍国际化步伐加快，但是仍面临国际化程度偏低、国际科技人才资源使用不足、国际科技合作与交流存在障碍等问题。引进国际科技人才存在诸多障碍，对外籍科技人才引进门槛过高、手续繁杂，不利于国外智力资源走进来、留得住。期待健全适应国际科技人才需求的入境、居留和居住权等制度，减少人才引进的障碍。国际科技合作层次不高、效果不好，目前国际合作中参与性合作较多、主导性合作明显不足，真正符合我国人才培养和学科建设需求的合作研究项目非常少；高校国际合作形式主要是一般性的访学、考察及合作办学，参与国际大科学工程和研究计划少，参与深度有限。缺乏深度参与国际谈判的专家教授，胜任国际学术组织领导职务的更是凤毛麟角；既懂专业知识、又熟悉国际规则的科技管理和服务人才明显不足。多数科研人员通过个人渠道与国际同行建立交流访问、合作研究关系，"单打独斗"多，没有形成一支专业化、复合型的国际合作团队[15]。

6.有利于创新创业的评价机制不完善

科技人才的发现、评价存在法律制度不健全、联动不足等问题。"四唯"在各类科技评价活动中具有较大惯性，且尚未在科技和人才有关法律法规及人才和项目管理办法中得到明确，导致"四唯"缺少刚性约束，落实执行存在困难。同时，受项目评审、学科评估、机构评估等上位考核评价制度影响，部分科研单位担心破"四唯"会影响单位的资源配置、排名等，不愿在改革中先行先试，导致单位层面对科技人才评价落实难以与国家层面人才评价改革初衷和方向相契合。科技人才发现机制不健全。对帅才型科学家、战略科技人才等世界顶尖人才缺乏有效的发现途径和发现方式；对有科学兴趣、有创新潜质的优秀青年和青少年科技人才缺乏早发现、早培养、早使用的系统政策设计；大数据、人工智能等信息技术手段在科技人才发现评价方面的应用不足。

（三）"十四五"时期我国科技人才政策的基本走向

在我国发展新的历史起点上，着眼战略导向、需求导向、问题导向和目标导向，课题组根据现有研究和面向"十四五"科技创新规划总体政策走向，总结新形势下全链条赋能科技人才成长的需求如下。

一是发现环节——对科技人才进行有效识别发现。把有效识别发现科技人才作为先导性和基础性动作。借助大数据、人工智能等技术，运用多种方式和手段，对科技人才进行更为有效和精准的判别，让人才的识别和发现更加科学化[16]。针对世界顶尖科技人才、优秀青年科技人才、帅才型科学家等建立科学且及时有效的发现制度。

二是流动环节——改进科技人才流动机制。优化科技人才流动环境，破除科技人才流动体制性障碍。加快推进户籍制度和人事制度改革，破除科研单位引才用才在户口、编制、岗位等方面的刚性约束，打通科技人才跨体制流动的"旋转门"，为体制内科研人员身上的社保、户口、编制、住房等枷锁解绑。加强对西部等欠发达地区的扶持。对西部地区人才流动进行宏观引导，增强对科技人才的吸引力。创新人才引智方式，鼓励通过"柔性引才"方式引导科研人员在欠发达地区落地转化科技成果，充实西部地区科研团队的青年后备力量。

三是培养环节——迫切需求培育、聚集高端科技人才，特别是青年科技人才。在战略需求领域，培养凝聚一批高水平且具有国际竞争力的人才队伍实施创新攻坚任务；在世界科技前沿领域，聚焦从"0"到"1"的重大原创型研究，壮大和稳住一批高水平基础研究人才队伍潜心攀登科技高峰；在国家重大战略和安全需求领域，造就一支国家战略科技人才队伍和梯队；在经济社会发展需求领域，组织动员各类科技人才助力经济和社会高质量发展。要坚持传承、扶持创新、激发活力，促进青年人才脱颖而出。

四是评价环节——深化科技人才评价改革。对科技人才坚持分类评价，坚持正确的评价导向，逐步制定更加细化的科技人才分类评价标准，鼓励社会化、市场化、多元化的科技人才评价主体发展。

五是服务保障环节——人才大数据服务科技人才管理。充分发挥专业协会的作用，利用市场化手段为人才创新创业搭建平台，促进科技人才优化配置和科技资源的开放共享。

四、新时期科协组织赋能科技人才成长的基本遵循和方向路径

科协组织作为我国科技工作者的非营利性群团组织，有着社会组织的自治性和公益性，在我国科技创新体系中占有重要的一席之地。随着我国社会组织改革从国家型向协同型转变，在工作任务上，科协组织与科技管理部门的区别也越来越明显。想要更高效地赋能科技人才成长，必须遵循科技人才成长的基本特征，在明确自身职能定位的前提下开展工作。基于此认识，课题组开展了新时期科技人才发展基本特征和科协组织职能定位的分析与研究。

（一）新时期科技人才成长特征的基本遵循

"科技人才"是政府管理部门及科学技术领域经常使用的概念，也是本课题的重要研究客体。依据科技部《"十三五"国家科技人才发展规划》，"科技人才指具有一定专业知识或专门技能，从事创造性科学技术活动，并对科学技术事业及经济社会发展做出贡献的劳动者，主要包括从事科学研究、工程设计与技术开发、科学技术服务、科学技术管理、科学技术普及等工作的科技活动人员"。这一概念强调了科学思维和创新能力等科技人才素质，并将从事科技创业的科技活动人员纳入科技人才概念范畴[17]。由此可见，科技人才的内涵和构成具有动态性，理论界对科技人才成长规律也进行过不同角度的探索。

1. 科技人才成长须与其分类特点相适应

美国心理学家约翰·霍兰德（John Holland）的人业互择理论认为，人才可以从不同维度进行划分。而科技人才的培养与成长需要在符合其分类特点的前提下进行，每种类型的人才在性格和能力上都有着某几项社会化的共同特征和与之相符的典型职业，当某一类型的人才与工作相结合时才是适应状态，此时创新积极性才会得以较好发挥，人才也能够获得充分的成长。为青年科技人才提供生涯辅导时应当以此为参考，针对不同科学领域和不同个性的科技人才进行系统引导，把双方特性进行对比与匹配，以此更加充分地挖掘每一个青年人才的最大潜能[18]。随着社会分工日趋细化，人才类型的分化和区分也更趋明显，而人才培养目标的基本精神应当体现方向性，必须符合社会需要，体现人才的不同特点[19]。

2.科技人才成长过程存在类生命周期性

统计分析数据表明,科技人才的成长基本经历学习、成熟、衰老的过程[20],存在类生命周期规律。处于不同阶段的科技人才所表现出来的特征有很大差异。成长期人才经过一定的实践锻炼,在经验和能力上都有所提高,也渴望承担更有挑战性的任务;成熟期人才综合能力提升,具备一定的科研组织管理能力,能够完成有一定规模和较高难度的攻关任务[21]。从年龄看,托马斯(M. L. Thomas)[22]、任泽平[23]等人的研究结论趋于一致,认为一个人80%的创造性成果一般在50岁前完成,30~40岁区间产出最高,70%的工作在45岁前完成。科技人才创造力时变的规律,认为其能力发展符合"多峰"曲线模型,经历着个体逐渐积累知识经验,最终推动创造力发展达到较高水平,后随年龄增长而衰退的过程[24]。由此可见,科技人才的成长,都基本遵循着类生命周期规律,有科研"黄金年龄"。

3.科技人才成长离不开优质、连续、国际化的教育

国外有关科技人才成长规律的研究表明,顶尖科技人才背后的发展机制包括出身家庭的社会经济地位、学习氛围、名校教育等因素[25-26]。接受国际化高等教育是促使我国高层次顶尖人才成长的重要影响因素[27-28]。高层次人才的成长更需要连续培养,培养开发要体现阶段性和连续性相统一[29-30]。由此可见,终生教育、开放科学、非正式学习与自主学习、情景教育是新时期科技人才队伍建设的关键。为适应时代发展要求,科技人才队伍建设重在开发培养,且应尽早开发学龄人员和青年科技人才的创新思维品质,使其通过理论学习和实践锻炼,掌握高超的创新技能,并内化为优越的创新情感和良好的创新人格,为超前发展蓄积扎实、丰厚的科研底蕴。这是面向我国高质量发展进行高素质人才队伍储备的关键抓手。

4.坚持实践是科技人才成长的前提

理论研究与实践经验表明,给予实践锻炼机会、"干中学"是科技人才成长的前提。给予科技人才实践锻炼机会,即使其积极参与科研课题研究,作为参与者共同推进科研项目、完成科研任务,可以培养科技人才的创新精神,增强科技人才的创新思维,为科技人才积累宝贵的科研与实践经验,是科技人才成长的必经之路;同时,在使用中还可以发现更高级人才[31]。总之,创新实践在人才成长中起源泉作用、定向作用、检验作用和中介作用,是促进科技人才在不断学习、不

断思考、不断积累经验的基础上提高解决问题的能力、增长才干的关键要素[32]。目前,我国科技人才使用效率和科技人才队伍质量"双低",破解这一难题,需要加大对博士研究工作和青年人才的支持力度,保障中年科技人才的工作条件,为科技人才创造稳定的实践空间[33],以为存量资源提供更多科研实践机会来破解质量低下的困境。

5. 科技人才效能激发需要认可和奖励

科技创新与科研实践是一项漫长、艰苦的工作,需要坚持不懈反复实践的勇气,也需要勇于开拓创新的魄力与创造力,而科技人才的内生驱动力来源于物质与精神上的奖励与认可,促使科技人才向更高水平领域奋进的科研项目,如北京市设立的人才培养计划项目,对各界科技人才而言不仅是科研任务,也是荣誉与认可[34]。自我效能感①、使命感[35]是人才的内部驱动力,只有从人才心理需求的层面和角度设计政策措施,才能真正有效地提升人才"根植意愿",从而营造适宜人才成长的环境[36]。科技自立自强是国家发展的战略支撑,迫切需要以敢为天下先的志向和信心,在攻坚克难中追求卓越。

除了上述因素,人才的健康状况、心理发展水平、社会化程度等因素也会影响个体科技人才的发展水平,受篇幅影响,在此不再展开探讨。

(二)新时期科协组织的职能定位分析

1. 在国家治理体系现代化中向协同型社会组织转型

社会组织有着自治性和公益性。自然人因共同持有某一特定目标,会形成从事共同活动的社会组织,并随其发展而吸纳一定数量的固定成员。在形成制度化的组织结构和组织章程的同时,保持开放性运作,这是社会组织的主要特征。社会组织不同于政府职能部门,其组织程度一般不及政府或企业严密,活动相对自由,有着自治性和公益性的特点,不易受利益驱动的影响,在社会治理中有着独特作用。近十年来,我国社会组织数量不断增加,截至 2018 年年底,全国社会组织共计 81.6 万个,吸纳社会就业人员超过 800 万人,在公共服务提供、社会纠纷化解、互动平台搭建等方面起到了重要的桥梁作用,作为国家治理主体的作用愈发凸显。

---

① 自我效能感指个体对自己是否有能力完成某一行为所进行的推测与判断。

社会组织根据与政府的关系，主要可分为三种类型。分析、总结社会组织与各级政府之间的关系，是我国国家治理体系现代化的必然要求。

我国社会组织改革有待从国家型向协同型转型。在党提出的国家治理体系和治理能力现代化改革目标框架下，社会组织是我国"多元共治"主体构成中参与国家治理的重要"一元"主体。以科协组织为例，依据现行相关法律法规及政策文件，科协组织与政府科技管理部门在机构定位、组成和职能方面边界较为清晰（表2-4-2），二者的差异性和互补性较为鲜明。而根据私人捐赠、服务收费以及政府补贴等社会组织资产来源的三个主要渠道判断，中国科协作为党领导下的人民团体，资金资产大多来源于政府及管理部门的财政拨款，具有不可回避的政治性；但从活动内容看，它依托庞大的各类学会及协会作为工作基础，具有凝聚千万科技工作者的强大号召力，且随着党的群团组织改革和科协组织"三型""四服务"功能提升，在表现形式上更靠近协同型社会组织。党的十八届二中全会审议通过的《国务院机构改革和职能转变方案》表明，政府将加大加快向社会组织转移职能的范围、步伐、力度。中共中央办公厅、国务院办公厅印发的《中国科协所属学会有序承接政府转移职能扩大试点工作实施方案》进一步重视科技社团的独特优势，允许政府部门有关职能中专业性、技术性、社会化的部分公共服务事项由社会力量承担。为此，应在党提出的国家治理体系和治理能力现代化改革目标框架下，继续深化改革，从财政资金支持方式、内部自我发展模式、组织架构、核心业务等方面，构建社会组织现代化治理结构和运行机制。一方面，应大力提升我国"多元共治"主体构成中科协社会组织参与国家治理的重要"一元"主体作用；另一方面，应积极推动科协组织从本质上向协同型社会组织转型。

表2-4-2 科技管理部门与科协组织的职能特点

	科技管理部门	科协组织
机构定位	是国务院组成部门，贯彻落实党中央关于科技创新工作的方针政策和决策部署，在履行职责过程中坚持和加强党对科技创新工作的集中统一领导	是党领导下团结联系广大科技工作者的人民团体，是国家创新体系的重要组成部分，是党和政府联系科学技术工作者的桥梁和纽带
成员组成	由厅、司局、部门等组成	由全国学会、协会、研究会，地方科学技术协会及基层组织组成，科技人才居多
主要职能	代表政府抓战略、抓规划、抓政策、抓服务	服务于科技工作者、服务于创新驱动发展、服务于全民科学素质提高、服务于党和政府的科学决策

2. 大科普格局下科协组织是科普工作的主要社会力量

科普工作是全面服务于人才成长的工作。在创新驱动发展的时代，科技创新与科学技术普及同等重要，面向我国国民经济与社会高质量发展对知识的内在需求，我国需要并正在形成整合全社会各种科技资源、组织各种创新力量、利用传统和现代载体与渠道、面向广大社会公众，共同参与、相互渗透、整体推进的大科普格局。依据《中华人民共和国科普法》（2002年6月29日第九届全国人民代表大会常务委员会第二十八次会议通过）规定，"科学技术协会是科普工作的主要社会力量，科学技术协会组织开展群众性、社会性、经常性的科普活动，支持有关社会组织和企业事业单位开展科普活动，协助政府制定科普工作规划，为政府科普工作决策提供建议"，而"国家机关、武装力量、社会团体、企业事业单位、农村基层组织及其他组织应当开展科普工作"。"国家支持社会力量兴办科普事业。社会力量兴办科普事业可以按照市场机制运行"，"各级人民政府领导科普工作，应将科普工作纳入国民经济和社会发展计划，为开展科普工作创造良好的环境和条件"，"国务院科学技术行政部门负责制定全国科普工作规划，实行政策引导，进行督促检查，推动科普工作发展。国务院其他行政部门按照各自的职责范围，负责有关的科普工作"（图2-4-4）。在我国由政府及其主管部门推动、社会参与、各部门联合共同构成的大科普格局中，科协是开展科普活动的主要社会力量，但不是唯一社会力量；在职能体现形式上，与政府间形成实际委托与监督的协同关系，以政府购买服务的形式承接部分政府职能，在提供科技公共服务、促进民众爱科学理解科学学科学用科学、为党和政府与科技工作者搭建互动平台等方面发挥桥梁和纽带作用。同时，社会组织在组织管理上接受政府的规范，政府通过法人登记、税务与审计监督、检察司法监督等对其进行初步审查与监管，利用税收优惠与财政直接拨款，激励、规范、引导社会组织发展。具体到科普工作，就是科协组织在国家科学技术行政部门制定的科普规划和政策引导下开展科普活动，并接受监督。

3. 科技发达国家社会组织与政府协同促进科技人才培养的具体案例分析

青少年儿童创新能力培养，是全球科技发达国家面向21世纪的重要战略举措之一，而采取科技人才培养质量提升行动，关键在于有科学教育标准作为依据。目前，国际上认为全球教育质量水平最高、并被诸多经济发达国家采纳的科学教育标准，一个是美国、英国等国的新一代国家科学教育标准，另一个是国际工程

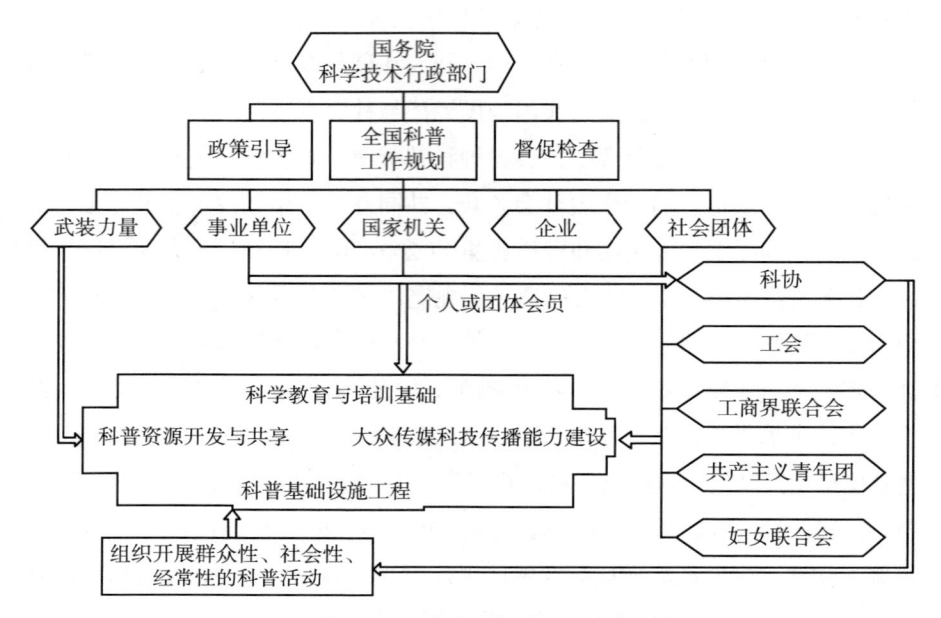

图 2-4-4　我国科普工作组织实施机制

教育标准。现以面向 K-12 阶段（指从幼儿园到 12 年级教育，时间段上相当于我国幼儿园至高三年级）人才培养的《美国国家科学教育标准》为例，从标准出台前的准备工作、标准研制、政府与正规及非正规教育系统协同行动、新一轮监测体系构成的全过程，描述美国社会组织与各界协同促进科技人才培养的组织机制。

在人才培养领域，社会组织主要负责人才培养状况的评估与教育标准研制，用于国家下一轮发展战略、规划、政策的修订与调整。在广为人知的国家教育发展战略、规划、政策的调整背后，是社会组织深入、系统、长期、闭环式的监测、评估和对科学标准的研究。如图 2-4-5 所示，美国的社会组织对于人才培养，以阅读能力、数学能力、科学素养为基本判断，开展过中长期调查研究。它们借鉴相关理论研究成果，对此分析不同国家的教育标准，就青少年儿童培养状况进行评估，为 1996 年制定出台的《美国国家科学教育标准》、2013 年修订并正式颁布的《新一代科学教育标准》和 2015 年国家研究理事会印发的《落实〈新一代科学教育标准〉指南》奠定了基础，进而为教育发展战略、规划、政策的制定提供科学依据。

第 2 部分 专题研究
04 新形势下科协组织赋能科技人才成长对策研究

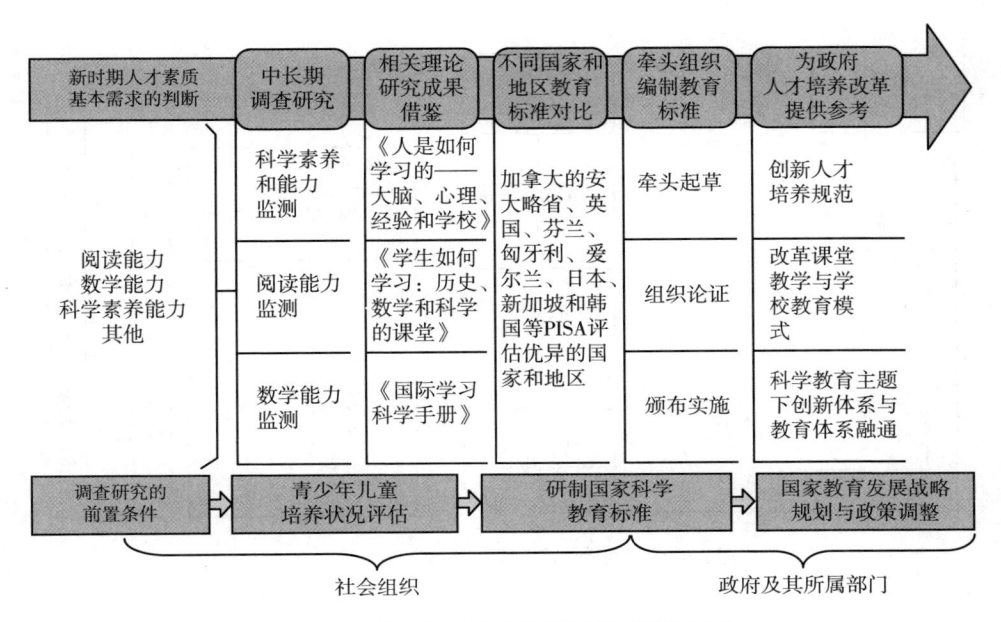

图 2-4-5 美国青少年儿童创新能力培养管理全链条

社会组织内部业务流程与政府业务的衔接如图 2-4-6 所示。《美国国家科学教育标准》的颁布与实施，对《美国 2000 年：教育战略》与科学、技术、工程、数学（STEM）教育改革，对全社会协同打造以科学教育为主题的学习型社会，起到了巨大的推动作用，引导了学校教育模式升级，规范、提升了校外非正规教育机构的运营质量和价值。在标准编制过程中，社会组织"自主命题""自行立项"开展前瞻性研究。非营利性社会组织国家研究理事会首先为标准的编制成立了研究委员会，下设不同专业领域的设计团队，吸纳各学科的顶级科学家、科学教育专家、学习科学专家和教育体制与政策专家，由美国卡内基国际和平研究院全额资助，共同完成《科学教育框架》起草工作；再经国家研究理事会、美国科学促进会、全美科学教师协会、阿契夫联合会等社会组织共同参与，征集社会公众意见后，完成《科学教育框架》的论证工作；随后邀请州政府、教育管理协会等介入，共同修改，最终完成编制工作（图 2-4-6）。

从美国社会组织主导编制科学教育标准这一案例不难看出，社会组织常态化开展社会调查，围绕政府中心工作、重大核心领域开展科学、系统、深入的调查研究，为政府决策提供服务，是促进国家科技人才培养相关战略规划与政策优化

179

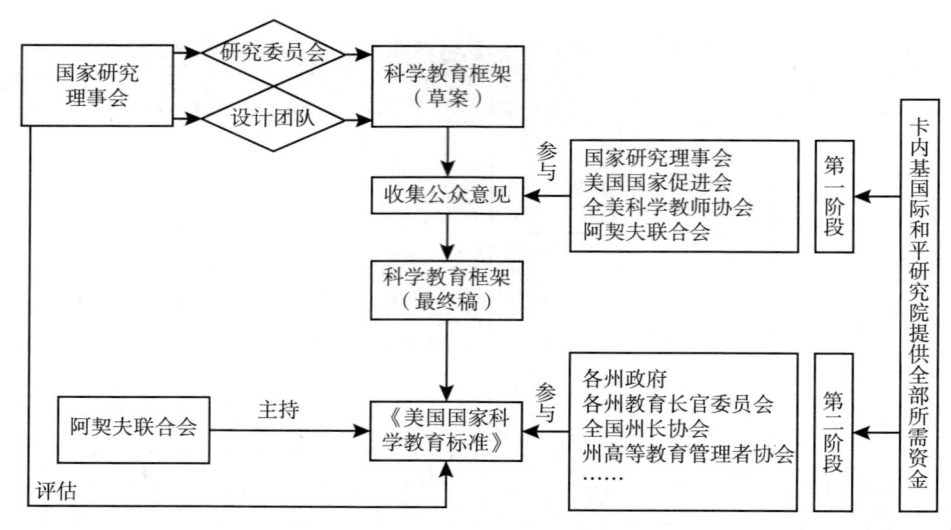

图2-4-6 《美国国家科学教育标准》编制流程[37]

升级的重要力量。

五、"十四五"时期科协组织赋能科技人才成长的主要建议

课题组基于上述主要研究观点，建议在制定中国科协"十四五"发展规划时，以新时期的大科普服务体系赋能我国终生教育体系、学校教育体系和科技创新体系为框架，以服务工具和服务方式创新作为科协组织聚焦赋能科技人才成长的切入点，具体建议如下。

（一）明确工作思路与发展目标

一是以党和国家发展战略、文件精神为指引。新时期，科协组织作为党和政府联系科技工作者的桥梁和纽带，应以习近平新时代中国特色社会主义思想为指导，基于我国经济实力、科技实力、综合国力，对标科技强国、文化强国、教育强国、人才强国等，服务于国家治理体系和治理能力现代化，服务于人民平等参与、平等发展和基本公共服务均等化，全面贯彻落实党的十九大和十九届二中、三中、四中、五中全会精神。

二是立足科协定位，发挥组织优势辐射科技人才成长全链条。贯彻落实党的十九届五中全会审议通过的《中共中央关于制定国民经济和社会发展第十四个五年规划和二〇三五年远景目标的建议》精神，以赋能科技人才成长工作为核心，立足中国科协职能定位，发挥组织优势，强化政治引领，本着"抓基础、抓对接"和大科普、大合作工作原则，强化科协组织在培养、联系、服务、举荐科技工作者中的平台作用，形成党和政府、科技社团、科技人才间的上中下贯通、互动机制，促进科技人才成长需求与国家重大科技创新任务需求相统一，面向重点、难点，以学会自治为重要抓手，构建全周期、全链条、全方位、全维度的"四全型"科技人才赋能体系，推动新时期科协"三型""四服务"职能落地。

三是对政府的人才、教育、科技工作体系形成有机、有益补充，共同打造高质量终身教育体系，助力培养造就大批德才兼备的高素质人才。到2025年，中国科协初步构建起符合新时代需求、功能齐备、运行有效的科技人才成长赋能体系，为社会各界及科技工作者非正式自主学习、"社区化"开放科学、知识无界的系统传播和科技人才业绩评价等开拓渠道，成为国家科技创新体系的重要基础。实现以学会（协会、研究会）为赋能主体的体制机制高效运行，重点工程常态化开展，科技人才对科协赋能工作的获得感显著增强。

（二）针对重点环节制定工作举措

一是健全面向青少年儿童的科学教育体系。推动与政府主管部门、其他群团组织开展"大合作"。面向青少年儿童开展科学教育，要鼓励高校、科研院所、企业、博物馆、科技馆等单位进行创新资源全面集成、开放共享、科普转化等，为实施科学教育创造情景模式。依托学会构建兴趣俱乐部，通过组织"柔性团队"进行"分布式"研学、科学研讨会、科技竞赛等活动，助力培养青少年儿童科学兴趣和科学潜质，甄别科学人才。发挥组织优势，配合相关主管部门，编制新时期我国科学教育标准，参与小学、中学、大学、继续教育等阶段的教材编写工作，促进课内与课外、理论与实际生产中的科学教育内容衔接，完善我国科学教育体系。搭建线上科学教育平台，促进知识资源的地区均等化。依托科普教育平台，构建科学人才发现和培养机制，支持我国基础学科发展。

二是开拓科技人才发挥作用的渠道和场景。积极为科技人才发展提供便于科学积累的通道，面向科技工作者提供学术、成果、行业动态等信息供给和创新创业服务。充分发挥科协组织多学科领域优势学术共同体的作用，广泛、深入、系统、常态化开展关于科技人才和用人单位需求的社会调查，做好科技人才和需求单位之间的供需对接，为党和政府优化、调整科技人才战略及政策提供决策参考。适应新形势下维护科技工作者合法权益的新要求、新变化，依托学会组建法律援助专家团，维护科技工作者合法权益并提供法律援助。促进科研仪器设备等创新资源开放共享，面向以学术研究为目的的项目，推动重大科研仪器设备的免费使用。构建科技人才开展科普活动的引导机制，搭建高校在校生、待业的毕业生、离退休科技工作者开展科普活动的平台。加强我国学会组织机制建设，推动学会向基层延伸，团结吸纳引领全国各地科技工作者，依靠学会组织在专业领域强有力的吸引力和灵敏度，为科技工作者搭建整合资源、共享资源、集成资源的平台。

三是依托学会开展国际合作项目，促进对外民间科技合作交流。推进我国学会与国际接轨，加强我国学会与国外优秀科技组织在科研项目、学术交流等领域的合作，聚焦世界各国共同关注的气候变化、人类健康等问题开展联合研究。鼓励我国科学家加入国外学术团体，开拓举荐我国学者赴国际组织任职的渠道。积极推动在我国境内设立国际科技组织，吸纳外籍科学家在我国科技组织任职[38]。推动学会自治，设立国际化社会组织项目，设计我国学会与国外同行分工的协作机制，将合作下沉到具体任务层面，推动任务导向的国际学术交流合作。打造国际化"学生—科学家伙伴计划"，积极吸纳国内外富有潜质的青少年儿童会员和外籍会员，鼓励我国科技工作者加入国外学会，推进我国学会与国际接轨。以学会为纽带开展产学研合作，设立开放基金，自主设置国际化项目。鼓励支持学会牵头提出国际化前沿科研课题，联合国内外同行共同开展科学研究，助力我国科技领军人才成长；完善学会常态化、国际化学术交流机制，加强互鉴互学，助力我国科技人才得到国际同行认可。

四是积极推动科技人才发现和认可机制。引导设立社会奖项，规范学术奖励推荐机制。联合企业和社会力量设立学术奖励基金，构建社会化科技奖项激励机制，对政府科技奖励机制形成有益补充。规范社会奖励设置，梳理和优化科协奖励体系。加大对基础学科优秀人才及创作出优秀科普作品、支撑原始创新的"幕后"工程技术人才的激励力度。创新奖励方式，建立科技工作者荣誉机制。依托平台和学会提升科技人才评价能力。与政府相关部门合作，建立我国科技工作者综合信息平台，对科技工作者的基本信息和日常科研活动进行全面记录。基于平台信息，充分发挥学会作用，打造科技人才评价服务体系，针对不同需求建立评价模型，落实以品德、业绩、贡献为主的人才评价导向，面向社会各界的各种需求开展科技人才评价和举荐工作，为社会各界的人才使用和流动提供依据和参考。

五是加强对全社会的科学精神引领。常态化开展"身边的英雄"等主题宣传活动，挖掘身边潜心研究的科技工作者典型，宣传身边人、身边事，增强科技工作者的代入感。宣传女科学家的卓越贡献，塑造女科学家在中国科技界的优秀社会形象。加强对扎根西部等偏远地区的科技工作者的宣传力度，弘扬爱国主义和艰苦奋斗精神。加强对科研伦理的宣传贯彻，开展科学精神、道德教育、责任意识、学风建设等专题研讨和培训。

（三）加快实施基础性重大项目

一是实施我国科学教育标准和学科领域科技伦理团体标准的编制工程，以事前引领方式，服务于党和政府的人才和教育工作，助力提升人才培养质量。联合政府相关部门和社会机构，依托科协所属学会力量，牵头组建我国科学教育标准编制委员会。基于我国学校教育和校外培训机构现状，结合我国创新型人才培养的时代需求，开展新时期我国科学教育标准的编制工作，为我国全日制学历教育和创新驱动发展战略、规划、政策的修订提供指导。实施创新型人才培养成效显著国家教育标准对标工程，积极吸纳外籍优秀科学家、教育家、管理学家参与标准论证工作，把握科学教育标准国际前沿，促进科学教育现代化发展。组织学会分学科领域研制科技伦理团体标准，系统开展科技伦理培训，为科技工作者提升科技伦理意识、树立科技伦理红线思维提供参照和学习机会。

二是依托学会或科普教育基地设立并实施国际化"学生—科学家伙伴计划"，以科普项目和青少年创新能力培养为主题，促进国际化人才培养。以学会为依托，组建多元化兴趣俱乐部等国际化非正式青少年科学教育组织，以"一对一"的形式，由科学家引领青少年深度参与科学发现的实践过程，加深青少年对科学知识的理解，培养青少年科学兴趣，挖掘其科学潜质，为储备科技人才奠定良好基础。鼓励构建跨国别、跨界别、跨学科领域的会员制度，以会员国际化支撑学会国际化。

三是搭建科技工作者综合信息平台和权威的科学技术知识平台，以平台辅助同行评议，构建科技人才发现和认可机制。依托大数据和区块链技术，搭建我国科技工作者综合信息平台，从基本信息、科研活动、科研信用、代表成果等方面入手，对科技工作者进行全方位、多维度的画像数据分析，构建便于数据收集、人才评价、项目分析的科技工作者数据库,为科协系统、学会、政府和社会各界的科技人才工作提供决策咨询服务。重点完善科技工作者学术行为和日常业绩数据,以行为数据作为科学精神的一种展示形式;以"无指向性"的业绩数据作为人才评价的证据,逐步将科技人才评价转向"不打扰型"推荐,实现诺贝尔奖式的"不知晓"型奖励;以公平、公正的客观证据,支撑面向各类主体需求的人才推荐(举荐)工作。

附件:

一、"十三五"期间科协人才工作内容(表2-4-3)

表2-4-3 "十三五"期间科协人才工作内容一览

维度		举措
政治引领	对党和国家大政方针的宣传贯彻	坚持党管人才原则,加强对社会主义核心价值观以及人才政策、规划等的宣传引领
	创新争先行动	鼓励科技人才引领创新、短板攻坚、创业转化、传播科学
	科技工作者动员机制	动员科技工作者承担社会责任,如投身大众创业万众创新或助力科技精准扶贫行动,大力弘扬科技界"四种精神"和中国科学家精神
	举办科技人才专题研修班和国情研修班	举办"学习习近平总书记重要讲话科技领军人才专题研修班""青年科技领军人才国情研修班""青年科技领军人才国情研修班"等
	宣传优秀事迹	实施老科学家学术成长资料采集工程、"共和国的脊梁——科学大师名校宣传工程"
培养激励	科技后备人才培育	举办、实施全国博士生学术年会、全国青少年科技创新大赛、"明天小小科学家"奖励活动、中国青少年机器人竞赛、中学生英才计划、青少年高校科学营、全国青少年科学素质电视展评活动等
	青年人才扶持	举办青年人托举工程、青年科学家论坛、新观点新学说沙龙,设立中国科协常委会青年工作专委会等
	继续教育	参与实施全国专业技术人才知识更新工程,开展继续教育引导工程,建立面向全国的继续教育远程工作平台

续表

维度		举措
培养激励	科普人才队伍建设	大力培养面向农村、城镇社区、企业和青少年的基层一线科普人才，大力发展以老科技工作者、在校大学生为骨干，以学会会员为基础的科普志愿者，努力造就一支规模适度、结构优化、素质优良的科普人才队伍
	期刊人才队伍建设	设立期刊出版人才培育项目，支持期刊建立编辑出版人才培养与培训机制，引进和培育具有国际视野和期刊国际化运作能力的科技期刊领军人才或经营管理人才，支持编辑出版人才到国内外优秀期刊出版单位进行专业培训，促进办刊队伍的结构优化，建设一流办刊队伍，打造一流科技期刊
	企业创新人才培养	设立专家工作站，举办知识产权巡讲活动
	创新创业人才激励	开展创新驱动助力工程、全国大众创业万众创新活动周
评价、举荐、表彰	人才评价、认定服务	设立非公有制领域专业人才水平评价试点、工程师资格认证制度、注册计量工程师职业资格认定，开展信息工程、软件开发等领域工程技术人员水平评价
	优秀人才举荐	面向国内外重大奖项和工程（如院士评选、创新人才推进计划）推荐人才，向国际组织举荐任职人选
	中国科协和学会奖励体系	设立中国青年科技奖、中国青年女科学家奖、求是杰出青年奖、全国优秀科技工作者、中国优秀青年科技人才、全国杰出科技人才等奖项和荣誉称号
成长环境	学术环境和学风道德建设	开展学术环境建设状况评估，发布我国学术环境指数；构建科学道德宣讲教育长效机制、学术不端行为独立调查机制、科研诚信监督曝光机制；建设科技工作者科研诚信档案和科技专家资信评价系统，发布科学道德与学风建设年度报告
	科技人才交流平台	建设线上线下科技工作者之家、人才需求信息发布平台、学术技术服务平台
	产学研合作	设置企业院士专家工作站、博士后工作站
	国际交流与人才引进	设立国际交流平台（会议、联盟等）、海外人才离岸创新创业基地、海智计划
联系服务	全域化工作覆盖	单独组建、区域联建、行业统建、依托组建科协各级组织

续表

维度		举措
联系服务	科技工作者信息统计调查	建设科技工作者状况调查站点
	科协直接联系科技工作者的工作制度	提高科协领导机构中基层科技工作者代表比例，注重吸收新经济组织、新社会组织、新型研发机构和战略性新兴产业的代表人物；设立网上科技工作者之家
	决策咨询和建言献策	积极主动参与国家、地方和行业科技发展规划的研究制定工作，参与重大工程项目、行业技术标准的咨询研究和论证工作；完善专家月谈会、季谈会机制，建立健全科技工作者建议征集制度和优秀决策咨询专家奖励制度
	智库建设	实施机构评估改革，建立海内外高层次人才信息库

二、十九届五中全会人才蓝图与科协工作切入点

总体思路和目标：深入贯彻落实党的十九届五中全会审议通过的《中共中央关于制定国民经济和社会发展第十四个五年规划和二〇三五年远景目标的建议》精神，基于我国的经济实力、科技实力、综合国力及基本实现国家治理体系和治理能力现代化，人民平等参与、平等发展，基本公共服务实现均等化，建设文化强国、教育强国、人才强国、体育强国、健康中国等实际需求，面向我国新时期高质量发展需求，以新时期大科普服务体系助力完善人才工作体系，培养造就大批德才兼备的高素质人才，进而以人才科学素质提升带动我国创新驱动发展和国家科技创新体系运行效能的提升，拓展新时代文明实践中心建设，围绕科协组织的"三型""四服务"职能定位，找准科协赋能人才工作切入点。具体切入点即"十四五"时期科协人才工作举措，具体建议见表2-4-4。

表 2-4-4 对"十四五"时期科协人才工作举措的建议

党的十九届五中全会精神相关要点	对科协人才工作举措的建议	具体说明	备注
贯彻尊重劳动、尊重知识、尊重人才、尊重创造方针，深化人才发展体制机制改革，全方位培养、引进、用好人才，造就更多国际一流的科技领军人才和创新团队，培养具有国际竞争力的青年科技人才后备军	完善科学教育体系，助力面向新世纪的创新人才储备工程	以科普教育基地为支撑，完善我国新时期科学教育体系；促进学校教育与课外教育衔接；强化校内外互动、体验、研学、探究等场景教育设施建设；完善我国面向青少年儿童的非正式探究教育自主学习体系；助力面向青少年儿童的"分布式"研学、"柔性团队"等公民科研模式；鼓励科普教育发展，依托科普教育平台，构建科学人才发现和培养机制，支持我国基础学科发展	
健全以创新能力、质量、实效、贡献为导向的科技人才评价体系	以学会为单元，构建科技工作者数据库和科学技术知识平台	重点完善科技工作者学术行为和业绩数据，以"行为数据"展示科学精神；用"无指向性"证据，逐步将科技人才评价转向"不打扰型"推荐，实现诺贝尔奖式的"不知晓"型奖励；以公平、公正的客观证据，支撑面向各类主体需求的人才推荐（举荐）工作	
深化院士制度改革			
加强学风建设，坚守学术诚信			
激发人才创新活力	加强创新型、应用型、技能型人才培养，实施知识更新工程，技能提升行动，壮大高水平工程师和高技能人才队伍	首先建立与政府各部门的战略合作机制，建立新时期科协与政府部门委托服务模式，牵头组织构建常态化高层次人才队伍状况监测与需求调查机制，助力满足我国创新型国家建设对人才需求的前瞻性完善预测机制，服务政府决策；充分发挥学会作用，建纽带作用，以学会为载体和触角，深入产学研各界畅通渠道，助力党和政府完善各年龄段人员知识更新平台，维护统一、权威的现代化科学技术知识平台，助力党和政府完善各年龄段人员知识更新、"自主"学习机制，促进各年龄段科技工作者学术专长和成果向资源配置渠道，助力高层次创新人才科学技术知识平台功能，推动产业界构建工业科技文化载体，协助产学研各界精准对接，研究创新型、应用型、技能型人才就业和技能提升的政策引导机制	
支持发展高水平研究型大学，加强基础研究			
实行更加开放的人才政策，构筑集聚国内外优秀人才的科研创新高地			

续表

党的十九届五中全会精神相关要点		对科协人才工作举措的建议	具体说明	备注
优先发展农业农村，全面推进乡村振兴	提高农民科技文化素质，推动乡村人才振兴			
	实现巩固拓展脱贫攻坚成果同乡村振兴有效衔接。建立农村低收入人口和欠发达地区帮扶机制，保持财政投入力度总体稳定，接续推进脱贫地区发展。做好易地扶贫搬迁后续帮扶工作，加强扶贫项目资金资产管理和监督，推动特色产业可持续发展。健全农村社会保障和救助制度。在西部地区脱贫县中集中支持一批乡村振兴重点帮扶县，增强其巩固脱贫成果及内生发展能力。坚持和完善东西部协作和对口支援、社会力量参与帮扶等机制	打造数字化科学技术知识体系，促进科学技术知识面向社区，面向"三农"和经济欠发达地区传播，促进城乡同共享	通过科学技术知识实时、无成本或低成本共享，促进科学技术知识获取渠道公平普惠；引导学会触角向基层延伸，助力基层和经济欠发达地区乡村民众提高运用科学技术知识解决实际问题的能力和发家致富能力；依托学会开展劳动技能培训，提升乡镇劳动者就业能力	纳入科学技术知识平台
	推进以人为核心的新型城镇化。推进以县城为重要载体的城镇化建设		—	
	加强爱国主义、集体主义、社会主义教育，弘扬党和人民在各个历史时期奋斗中形成的伟大精神，推进公民道德建设，实施文明创建工程，拓展新时代文明实践中心建设。健全志愿服务体系，广泛开展志愿服务关爱行动。弘扬诚信文化，推进诚信建设。提倡艰苦奋斗、勤俭节约，开展以劳动创造幸福为主题的宣传教育。加强家庭、家教、家风建设。加强网络文明建设，发展积极健康的网络文化		—	
建设高质量教育体系	全面贯彻党的教育方针，坚持立德树人，加强师德师风建设，培养德智体美劳全面发展的社会主义建设者和接班人		—	
	健全学校家庭社会协同育人机制，提升教师教书育人能力素质，增强学生文明素养、社会责任意识、实践本领，重视青少年身心素质和心理健康教育		—	

续表

	党的十九届五中全会精神相关要点	对科协人才工作举措的建议	具体说明	备注
建设高质量教育体系	坚持教育公益性原则，深化教育改革，促进教育公平，推动义务教育均衡发展和城乡一体化，完善普惠性学前教育和特殊教育、专门教育保障机制，鼓励高中阶段学校多样化发展	—	—	纳入科学技术知识数字化建设
	加大人力资本投入，增强职业技术教育适应性，深化职普融通、产教融合、校企合作，探索中国特色学徒制，大力培养技术技能人才	—	—	
	提高高等教育质量，分类建设一流大学和一流学科，加快培养理工农医类专业紧缺人才。提高民族地区教育质量和水平，加大国家通用语言文字推广力度	—	—	纳入其他部分
	支持和规范民办教育发展，规范校外培训机构	—	—	
	发挥在线教育优势，完善终身学习体系，建设学习型社会	—	—	
实施积极应对人口老龄化国家战略	积极开发老龄人力资源，发展"银发"经济	吸纳老龄科技工作者加入科普志愿者队伍	依托学会（协会、研究会）及老科协等组织，吸纳老龄科技工作者加入科普志愿者队伍，一方面充分发挥"银发"科技资源价值，另一方面服务于人才培养	

续表

党的十九届五中全会精神相关要点		对科协人才工作举措的建议	具体说明	备注
加强国家安全体系和能力建设	完善集中统一、高效权威的国家安全领导体制，健全国家安全法治体系、战略体系、政策体系、人才体系和运行机制，完善重要领域国家安全立法、制度、政策	—	—	纳入人才需求预测
完善科技创新体制机制	完善科技评价机制，优化科技奖励项目	建立科普基金	广泛吸纳社会资本（捐赠）投入，弥补科普活动、作品研制成本，奖励科学技术知识供给者和传播者	纳入人才举荐
	弘扬科学精神和工匠精神，加强科普工作，营造崇尚创新的社会氛围	进一步强化科普服务体系，营造崇尚创新的社会氛围	将科普服务内容由"是什么"升级为"为什么"，强化科学问题提出、科学探索方式方法、科学积累、科学成果对社会发展的"撬动"等"内核"展示	
	健全科技伦理体系	组织学会分学科领域研制科技伦理标准	研制科技伦理团体标准，系统开展科技伦理培训，为科技工作者提升科技伦理意识，树立科技伦理红线思维提供参照系和学习机会	
	促进科技开放合作，研究设立面向全球的科学研究基金	下设面向全球的科普基金，依托学会，促进国际合作交流	鼓励支持学会牵头提出国际化前沿科学研究课题，助力我国科技领军人才成长；完善学会常态化、国际化学术交流机制，加强互鉴互学，助力我国科技人才的国际同行认可	

参考文献

［1］中国科协．中国科协关于加强人才工作的若干意见［EB/OL］．（2018-12-05）[2021-03-05]．http://www.lnhldskx.org.cn/zzxc/zzjs/2018-12-05/401.html.

［2］佚名．中国科协九大代表为国家科技事业和科协事业发展建言献策［J］．科技导报，2016，34（11）：1.

［3］中共中央，国务院．国家中长期人才发展规划纲要（2010—2020）．（2015-03-13）[2020-03-05]．http://www.mohrss.gov.cn/SYrlzyhshbzb/zwgk/ghcw/ghjh/201503/t20150313_153952.htm.

［4］陈宝生．建设高质量教育体系［N］．光明日报，2021-4-22（04）．

［5］薛二勇．统筹协调建设高质量的教育体系［N］．中国教育报，2020-12-02（02）．

［6］习近平．在教育文化卫生体育领域专家代表座谈会上的讲话［EB/OL］．（2020-09-22）[2021-03-05]．http://www.gov.cn/xinwen/2020-09/22/content_5546157.htm.

［7］董泽芳，王晓辉．国外一流大学人才培养模式的共同特点及启示——基于对国外八所一流大学培养杰出人才的经验分析［J］．国家教育行政学院学报，2014（4）：83-89.

［8］中共中央关于制定国民经济和社会发展第十四个五年规划和二〇三五年远景目标的建议［EB/OL］．（2020-11-03）[2021-03-15]．http://www.gov.cn/zhengce/2020-11/03/content_5556991.htm.

［9］孙锐．依靠人才推动高质量发展［J］．瞭望，2020（17）：3.

［10］孙锐．"十四五"时期人才发展规划的新思维［EB/OL］．（2020-12-07）[2021-03-16]．http://www.rmlt.com.cn/2020/1207/600901.shtml.

［11］中商产业研究院．2016年中国6岁及以上人口受教育情况分析：中国人口受教育程度普遍较低［EB/OL］．（2017-10-25）[2021-03-16]．https://www.askci.com/news/chanye/20171025/180225110475.shtml.

［12］田晔林，陈三茂，王文和，等．试论研究性学习对我国青少年创新精神的培养［J］．中国科教创新导刊，2010（1）：108.

［13］伍先平．农村中学思想政治课教学现状与改革对策初探［D］．长沙：湖南师范大学，2006.

［14］胡晓蓓．青少年课外科技活动的探索与思考［J］．学会，2011（10）：55-58.

［15］邓大胜，史慧，李慷．科技工作者普遍关注的几个问题——全国科技工作者状况调查站点报送信息汇总分析［J］．科协论坛，2016（7）：41-45.

［16］李志红．完善发现、培养、激励机制 全面增强科技人才活力［N］．科技日报，

2020-03-19（008）．

[17] 武静云．科研人员激励机制研究综述［J］．中外企业家，2017（36）：189-190．

[18] 高振，王帆．高校青年科技人才成长规律与培养措施研究［J］．中国成人教育，2018（1）：121-124．

[19] 夏建国．基于人才分类理论审视技术本科教育人才培养目标［J］．中国高教研究，2007（5）：5-8．

[20] RILGEN D，RHOLLENBECK J，JOHNSON M．Teams in Organizations：From Input-Process-Output Models to IMOI Models［J］．Annual Review of Psychology，2005（56）：517-543．

[21] 郭新艳．科技人才成长规律研究［J］．科技管理研究，2007（9）：223-225．

[22] Thomas M L，Bangen K J，Ardelt M，et al. Development of a 12-item Abbreviated Three Dimensional Wisdom Scale（3D-WS-12）：Item Selection and Psycho-metric Properties［J］．Assessment，2017，24（1）：71-82．

[23] 任泽平．历届诺贝尔经济学奖思想全景（上）［EB/OL］．（2019-11-04）[2021-03-16］．http://finance.sina.com.cn/review/jcgc/2019-11-04/doc-iicezuev6971300.shtml．

[24] 于光．科技人才创造力的时变规律及其应用［D］．北京：北京工业大学，2007．

[25] 朱克曼．科学界的精英——美国的诺贝尔奖金获得者［M］．北京：商务印书馆，1979：13-14．

[26] 白春礼．杰出科技人才的成长历程——中国科学院科技人才成长规律研究［M］．北京：科学出版社，2007．

[27] 杨芳娟，刘云，侯媛媛，等．中国高被引学者的跨国流动特征和影响——基于论文的计量分析［J］．科学学与科学技术管理，2017，38（9）：23-37．

[28] 牛珩，周建中．基于CV分析方法对中国高层次科技人才的特征研究——以"百人计划"、"长江学者"和"杰出青年"为例［J］．北京科技大学学报（社会科学版），2012（2）：96-102．

[29] 叶忠海．高层次科技人才的特征和开发［J］．中国人才，2005（17）：25-26．

[30] 李素矿，姚玉鹏．我国地质学青年拔尖人才成长成才过程及特征分析——以地球科学领域国家杰出青年基金获得者为例［J］．中国科技论坛，2009（1）：98-101．

[31] 吕东伟．在培养和使用中发现更高级人才——全国博士后管理委员会主任徐颂陶谈中国特色博士后制度［N］．中国高等教育，2005/20（创新研究生教育）．

[32] 樊香萍．科技领军人才成长规律探析［J］．教育实践与研究，2012（8）：4-7．

[33] 尚智丛．关于当代中国科技人才成长规律的几点认识［J］．今日科苑，2016（11）：18-20．

[34] 韩文玲，陈卓，韩洁．科技人才培养计划下的科技人才成长路径研究［J］．科技进步

与对策，2012，29（10）：123-126.

［35］刘成科．青年科技人才的使命感研究［D］．合肥：中国科学技术大学，2019.

［36］王艺洁．基于人才成长的科技人才根植意愿影响因素研究［D］．合肥：中国科学技术大学，2017.

［37］万东升，张红霞．美国国家科学教育新标准制订过程的政策透视［J］．外国教育研究，2011（9）：26-31.

［38］习近平．在科学家座谈会上的讲话［EB/OL］．（2020-9-11）［2021-03-20］．http://www.gov.cn/xinwen/2020-09/11/content_5542862.htm.

作者单位：刘伟升，科技部科技评估中心
翟翠霞，科技部科技评估中心
王　雯，科技部科技评估中心
刘婧一，科技部科技评估中心
孙晓琦，科技部科技评估中心
许　畅，科技部科技评估中心

05 新形势下科协组织服务国家科技创新对策研究

◇申金升　朱文辉　杨书卷　卫振林　齐志红

【摘　要】"十四五"时期是我国全面建成小康社会、实现第一个百年奋斗目标后，乘势而上开启全面建设社会主义现代化国家新征程、向第二个百年奋斗目标进军的第一个五年。面向新形势下科协组织服务国家科技创新的需求，为积极迎接新一轮科技革命和产业变革，持续增强重点领域科技创新能力，服务世界科技强国、创新型国家建设，文章分析了科协组织面临的新挑战和新要求，梳理了科协组织在国家科技创新中的角色定位、重要作用和工作实践，并提出三条重点举措。一是开展"双链"融合工程，要针对战略性新兴产业提供前瞻引领，依托共享平台完善共性基础技术供给体系，推动前沿领域团体标准建设，围绕先进产业链加强科协组织多级联动，建立聚焦实际需求的跨单元协同机制，以及探索完整价值链激励机制；二是开展创新生态建设工程，要健全鼓励原始创新的评价和奖励机制，营造学会联合体良好学术生态，强化基层有效科普，以及加强科研项目信息共享；三是开展前沿科技护航工程，要构建前瞻性的科技风险防范体系，围绕共性议题展开前沿科技预判，以人才资源维系多领域互动纽带，举办常态化跨国科学文化交流活动，以及利用现有载体延伸科技共同体构建。

【关键词】科技强国　科协组织　科技创新　重点举措

一、引言

"十四五"时期是我国全面建成小康社会、实现第一个百年奋斗目标后，乘势而上开启全面建设社会主义现代化国家新征程，向第二个百年奋斗目标进军的第一个五年。我国将步入新发展阶段。"科技是国家强盛之基，创新是民族进步之魂"，加快国家科技创新成为新时期构建新发展格局的迫切需要。

站在新的历史起点上，科协组织作为中国共产党领导的最重要的科学技术工作者的群众组织，应自觉强化责任担当，聚焦中国最关键的科技创新能力靶心，围绕《中共中央关于制定国民经济和社会发展第十四个五年规划和二〇三五年远景目标的建议》（以下简称《建议》）对我国科技创新建设提出的新要求，探讨自身在科技创新体系和治理体系中的定位和价值，谋划科协组织促进国家科技创新的发展方向和发展策略，集聚科技工作者智慧，使科技界和经济社会深度融合，跨界拓展，以科技共同体服务人类命运共同体，肩负起历史赋予的科技创新重任。

二、新时期科协组织服务国家科技创新的新挑战与新要求

当今世界正经历百年未有之大变局，部分国家保护主义、单边主义抬头，世界经济低迷，全球产业链、供应链因非经济因素而面临冲击，国际经济、科技、文化、安全、政治等格局发生深刻调整，世界进入动荡变革期。与此同时，新一轮科技革命和产业变革深入发展，国际力量对比深刻调整，科技竞争愈发激烈。

着眼国内，一方面我国已转向高质量发展阶段，制度优势显著，治理效能提升，经济长期向好，物质基础雄厚，人力资源丰富，市场空间广阔，发展韧性强劲，社会大局稳定，在持续发展上具有多方面优势条件。另一方面，我国在科技领域的短板也同样凸显，科技创新能力不适应高质量发展的要求，重点领域关键核心技术"卡脖子"问题严重，科技创新任重道远[1-3]。因此，值此挑战与机遇并存之际，科协组织欲在危机中育先机、于变局中开新局，为国家科技创新建设出谋划策，须梳理国内外科技发展环境变化带来的新挑战，明确新时期国家科技创新建设的新要求。

（一）新时期科协组织服务国家科技创新建设的新挑战

1. 以"四个面向"为路径，开创新时期科技创新的新局面

《建议》首次明确提出，新时期我国的科技创新要面向世界科技前沿、面向经济主战场、面向国家重大需求、面向人民生命健康。"四个面向"在四年前习近平

总书记提出的"三个面向",即科技事业发展要坚持面向世界科技前沿、面向经济主战场、面向国家重大需求的基础上[4],进行了与时俱进的创新突破,标志着科技事业发展的指导思想内容更加系统、体系更加完整、思路更加成熟,是新时期我国科技事业发展的指导思想和行动路径。

科协组织作为中国共产党领导的最重要的科学技术工作者的群众组织,新时期应团结广大科技工作者投身到科技创新的"四个面向"中去,开创我国科技创新的新局面。

面向世界前沿,科协组织应立足长远,协助国家做好中长期战略规划,在更高起点上提升我国创新实力,把创新主动权牢牢掌握在自己手中;面向经济主战场,科协组织应积极推进科技与经济的深度融合,以科技创新驱动经济高质量发展;面向国家重大需求,科协组织应团结广大科技工作者进行关键核心技术攻关,解决制约我国科技发展的"卡脖子"问题;面向人民生命健康,科协组织应聚焦重大民生问题,以科技造福人民生命健康这一人民对美好生活向往的最基本需求。

2. 以高质量发展为引领,开启原始性创新和关键核心技术攻关新征程

当前,我国经济发展正处在从"量的扩张"转向"质的提高"的重要关口,以及转变发展方式、优化经济结构、转换增长动力的攻关期,社会发展越来越依赖于理论、制度、科技、文化等领域的创新,国际竞争新优势也越来越体现在创新能力上。因此在新发展理念的引领下,科技创新的发展也应积极从"量的扩张"向"质的提高"转变,打通科研成果转化的通道,有效解决科研成果转化少、转化慢、转化难等问题,使科技创新真正服务于高质量发展[5-7]。

然而,就我国当前的科技创新现状来看,尽管近些年我国科技工作者发表的论文、申请的专利数量均处于高速增长的状态,但我国的科技创新长期存在的短板,并没有随量的快速增长而同步变长,原始创新能力不足和关键核心技术缺乏仍是严峻挑战[8-9]。

新时期,科协组织应以国家战略科技力量为载体,以国家重大科技任务为牵引,充分调动各方面创新力量,形成开放合作、协同攻关的新格局,加快产出一批战略性技术和战略性产品,开辟新的产业发展方向和重点领域,培育一批新的经济增长点,形成支撑创新发展的先发优势,为经济社会发展提供强大动力,扎实推进原始性创新和关键核心技术攻关。

3. 以"大循环"和"双循环"为要求,构建自主创新的新格局

新时期,为应对当前国内外经济形势发生的新变化,党中央做出了构建形成

以国内大循环为主体、国内国际双循环相互促进的新发展格局的经济社会结构性调整：依托强大的国内市场，贯通生产、分配、流通、消费各环节，形成国民经济良性循环，并立足国内大循环，发挥比较优势，协同推进强大国内市场和贸易强国建设，以国内大循环吸引全球资源要素，充分利用国内国际两个市场、两种资源，积极促进内需和外需、进口和出口、引进外资和对外投资协调发展，促进国际收支基本平衡[10]。

然而从国内大循环现状来看，现阶段我国高科技产业发展滞后、高技术供给不足等问题阻碍了生产、分配、流通、消费全过程循环的顺畅流动。从国内国际双循环来看，当前我国正积极推进国际科技合作，高铁、5G移动通信技术、航空航天、第四代核电技术等关键技术走出国门，依托科学技术融入国际大循环迈出主动布局的历史性步伐；但与发达国家相比，科技实力仍然较弱，在国际供应链、产业链中仍然存在断链风险，生产经营活动受国际影响较大[11]。因此，想要形成以国内大循环为主体、国内国际双循环相互促进的新发展格局，就必须高度重视科技创新的推动作用，不断提升自主创新能力，从根本上破解制约"双循环"要素流通的障碍。

新时期，科协组织应抓住自主创新这一关键着力点，从完善产业链到主动布局产业链，从建设科技大国到建设科技创新强国，从努力赶超到自主可控，以科技创新支撑和引领经济社会循环发展全过程，保障我国经济体系安全稳定运行，推动我国经济实现高质量发展。

4. 以新一轮科技革命为契机，占领前沿科技新阵地

当前，新一轮科技革命与产业变革正在孕育加速，重要科学领域从微观到宏观各尺度加速纵深演进，科学发展进入新的大科学时代；前沿技术呈现多点突破态势，正在形成多技术群相互支撑、齐头并进的链式变革；科技创新呈现多元深度融合特征，"人—机—物"三元融合加快，物理世界、数字世界、生物世界的界限越发模糊；科技创新的范式革命正在兴起，大数据研究成为继实验科学、理论分析和计算机模拟之后新的科研范式；颠覆性创新呈现几何级渗透扩散，以革命性方式对传统产业产生"归零效应"；科技创新日益呈现高度复杂性和不确定性，人工智能、基因编辑等新技术可能对就业、社会伦理和安全等问题带来重大影响和冲击[12-14]。这些新特征给科协服务科技创新发展、科技创新治理都带来了重大的挑战。

新时期科协组织应积极参与并协助国家相关部门进行前沿科技发展布局，实施一批具有前瞻性、战略性的国家重大科技项目，对可能带来安全风险的前沿科技实施有效监测防范，促进科技良性、绿色、可持续发展。

（二）新时期科协组织服务国家科技创新建设的新要求

1. 科协组织科技创新建设要以多途径强化国家战略科技力量

《建议》明确提出，新时期要将强化国家战略科技力量作为科技创新的重要工作内容，其中既包括制定科技强国行动纲要，健全社会主义市场经济条件下新型举国体制，打好关键核心技术攻坚战，提高创新链整体效能，加强基础研究、注重原始创新，优化学科布局和研发布局，推进学科交叉融合，完善共性基础技术供给体系等顶层宏观设计，也包括瞄准世界科技前沿，实施一批具有前瞻性、战略性的国家重大科技项目，制定实施战略性科学计划和科学工程，推进国家实验室建设，重组国家重点实验室体系，布局建设综合性国家科学中心和区域性创新高地，构建国家科研论文和科技信息高端交流平台等局部重点规划，为我国科技发展提供了明确指引。

新时期科协组织要以多途径主动服务于国家战略科技力量的建设。在顶层宏观设计方面，为科技强国行动纲要的制定和科技体制机制的改革建言献策，贡献科协智慧；在局部重点规划方面，发挥自身学术交流的职能，多方组织科技行业工作者进行科技前沿的研判布局，对科技安全风险进行有效监测，打造科技创新高地，贡献科协方案。

2. 科协组织科技创新建设要以多渠道提升企业技术创新能力

企业是国家的创新主体，近些年我国的科技企业屡受西方国家打压，关键核心受制于人的弊端逐渐凸显[15-16]。《建议》首次以专节论述了提升企业技术创新能力问题，通过促进各类创新要素向企业集聚、鼓励企业加大科研投入、对企业投入基础研究实行税收优惠等措施，以期新时期企业与企业家们能够承担起推动我国科技创新攻坚的重要责任，推动产学研深入融合，推动国内产业链的融通创新。

新时期科协组织要以多渠道提升企业的技术创新能力。作为国家科技创新体系的重要组成部分，新时期科协组织应广泛联系各创新主体组成创新联合体，推动科研、教育、产业在功能与资源优势上的协同化与集成化，推进产学研深入融合。科协组织作为"科学共同体"，新时期应积极推动构建世界"科学与技术共同体",通过科学技术国际合作交流的方式带动企业的科技创新。

3. 科协组织科技创新建设要以多手段激发人才创新活力

创新是第一动力,人才是第一资源,国家科技创新力量的根本源泉在于人,重大发明创造、颠覆性技术创新关键在人才[17]。《建议》在科技创新模块从人才发展体制机制改革、科技人才评价体系、创新激励和保障机制、人才政策等方面专题论述了新时期人才创新活力的激发问题。

科协组织要以多手段激发科技人才的创新活力。新时期科协组织应发挥其赋能科技人才成长的经验与优势,完善科技人才的培养举荐机制,营造良好的科技创新氛围,为科技人才提供更广阔的舞台和更舒适的成长环境,让科技人才竞相成长,勇攀科技创新的高峰。

4. 科协组织科技创新建设要以多层次完善科技创新体制机制

《建议》在党的十九届四中全会提出的完善科技创新体制机制的基础上,提出了新时期进一步完善国家科技创新体制机制的要求,从深入推进科技体制改革、改进科技项目组织管理方式、完善科技评价机制、加强科研院所改革、提高科技成果转移转化、健全研发投入机制、完善金融支持创新体系、健全科技伦理体系等方面入手,对新时期科技创新体制机制改革工作进行了全面部署[18-20]。

科协组织要以多层次完善我国科技创新体制机制。科协组织作为工作在科技一线的群众组织,应当结合自身在科技工作中总结的经验,积极参与完善我国的科技创新体制机制,在构建社会主义市场经济条件下关键核心技术攻关新型举国体制、完善原始创新的体制机制、改进科技评价体系、健全科技伦理体制、促进构建起科技创新的风险分担体系、加强科技创新治理体系建设等方面发挥积极重要的作用。

三、科协组织服务国家科技创新的定位作用和经验借鉴

(一)科协组织在国家科技创新中的角色定位

党的十九届五中全会提出坚持创新在我国现代化建设全局中的核心地位,把科技自立自强作为国家发展战略支撑,摆在各项规划任务的首位。科协组织是国家推动科技事业发展的重要力量,是国家科技创新体系的有机组成部分,是社会治理创新的重要依托,具有独特的组织网络资源优势、特殊而不可或缺的主体地

位。全面理解认识科协的优势特点，充分发挥科技社团在推动全社会创新活动中的作用[21]，对于推进创新型国家建设具有十分重要的意义。

1. 国家创新体系概念的发展

自20世纪80年代英国经济学家弗里曼（Christopher Freeman）提出国家创新体系（National Innovation Systems，NIS）的概念以来，众多国内外学者专家就开始了对国家创新体系的研究与讨论。1987年，弗里曼将国家创新体系定义为"公私部门的机构组成的网络，它们的活动和相互作用促成、引进、修改和扩散了各种新技术"。在其中，弗里曼关注了政府政策、企业、教育以及产业结构等四个因素对创新效率的影响[22]。

1992年，瑞典经济学家本特-阿克·伦德瓦尔（Bengt-Ake Lundvall）在他主编的《国家创新体系》一书中，将国家创新体系定义为：由一些要素及其相互联系作用构成的复合体，这些要素在生产、扩散和使用新的、经济上有用的知识的过程中相互作用，形成一个网络系统。伦德瓦尔还指出，国家创新体系由政府部门、企业、教育部门以及大学、科研院所等构成[23]。1993年，理查德·纳尔逊（Richard Nelson）在《国家创新系统》一书中认为，现代国家的创新系统在制度上相当复杂，它们既包括各种制度因素及技术行为因素，也包括致力于公共技术知识的大学和研究机构，以及政府的基金和规划之类[24]。

1997年，经济合作与发展组织（OECD）在其《国家创新体系》研究报告中指出，国家创新体系是"由公共部门和私营部门的各种机构组成的网络，这些机构的活动和相互作用决定了一个国家扩散知识和技术的能力，并影响国家的创新表现"。他们认为，创新各方面之间的联系即知识的流动，对创新而言非常重要，国家的创新绩效很大程度上取决于企业、大学和公共研究机构等能否联合起来成为一个知识创新和使用的集合体[25]。

在我国，关于国家创新体系的研究始于20世纪90年代中期。1995年，中国社科院的齐建国发表了《技术创新——国家系统的改革与重组》研究报告，运用国家创新体系的理论来分析中国的宏观经济体制问题[26]。1998年，中国科学院时任院长路甬祥发表了《建设面向知识经济时代的国家创新体系》，认为国家创新体系是指由科研机构、大学、企业及政府等组成的网络，它能够更加有效地提升创新能力和创新效率，使得科学技术与社会经济融为一体，协调发展[27]。2007年，徐继宁在《国家创新体系：英国产学研制度创新》中，利用国家创新体系的理论框架，提出产学研合作是以创新为核心，由高等院校、企业、科研院所、中介机构和政府等组成的网络系统[28]。

2. 国家创新体系的组成要素

国家创新体系不仅包括由一个国家的各类创新主体、要素、活动组成的创新网络系统，同时也包括创新资源配置、创新行为规范与激励等相关的体制、机制与制度。从运行治理机制看，要统筹发挥好政府的引导作用、市场配置资源的决定性作用和科学共同体的自治作用。

政府机制方面，要重视科技创新和产业发展的顶层规划和设计，构建符合科技创新和产业发展未来需求的基础设施和基础制度体系；市场机制方面，企业是创新的主要主体，需要获取和转化科学共同体生产的科研成果，要形成公平竞争、创新友好的市场环境；社会机制方面，要完善以信任和包容为前提的科研管理机制，改进科研伦理规范和学风建设，构建以诚信和责任为基础的创新生态和氛围，充分激发所有创新主体的创新创造活力[29]。

科协组织是中国科学技术工作者的群众组织，是中国共产党领导下的人民团体，是党和政府联系科学技术工作者的桥梁和纽带，组织网络体系遍布企业、科研机构、高等院校、科技中介等，涉及政府的各个部门，组织服务广大科技工作者，协同中国科协和全国学会、地方科协，具有"一体两翼"的组织优势，上下贯通、横向联系，构成了庞大的社团组织系统。以中立性、权威性和高知识性为特点，积极主动地参与各项创新活动，这是科协组织在国家创新体系中的运行特征。

3. 科协组织在国家创新体系中扮演独特重要角色

在知识创新、技术创新、制度创新等各种科技创新活动中，科协组织都扮演着重要的角色。其组织网络是单个的企业、科研机构、高等院校或其他中介组织所难以具备的，在团结凝聚科技工作者促进创新、助力经济社会发展、深化国际科技合作、优化科技治理等方面优势显著，在国家创新体系中具有重要而独特的角色定位。

（1）科协组织为国家创新提供基础性支撑：科协组织主办的专业学术期刊、开展的科学讨论会或学术理论研究会等，构成了庞大、正式的科学研究的社会网络，致力突破基础研究短板，促进创新知识分享和创新人才培育，强化科技自立自强战略。科协组织跨界联合专家，围绕前沿科技相关的战略性问题开展高端研讨，聚焦关键共性技术组织联合研发，明确创新趋势和主攻方向，减少科技创新中的不确定性和风险性，提供前瞻性科学依据，凝聚国家创新力量，成为科技交流合作的推动者、创新变革的促进者。

（2）科协组织为国家创新提升协同动能：科协组织可以链接、整合、重塑高校、企业、个人以及各类创新主体在技术创新中的角色，打通技术转移转化通道，实现技术创新的共建、共享、共担，促进产学研深度融合的技术创新，形成定位清晰、专业细分的技术服务体系，培育具有国际影响力的服务机构和服务平台，保持技术产业化、商业化的创新活力，在国家创新体系中发挥不可替代的作用。

（3）科协组织为国家创新营造良好生态：科协组织具有多元包容、协同互惠、开放创新的价值共识，通过人才奖励、科技评价、标准制定、伦理规范等强化科技导向，通过国际技术合作主动参与全球科技资源配置，通过组建国际科技组织、制定和完善国际规则，全面参与国际科技治理，营造更加公平合理的国际创新环境，为我国国家创新体系发展创造有利条件。

（二）科协组织在国家科技创新中的重要作用

1. 助力强化国家战略科技力量

科协组织具有"跨界融合"特点，具备学会联合体平台集成优势，能有效促进"基础研究和原始性创新"，助力"关键核心技术突破"。一是能够以"中国科技期刊卓越行动计划"为纲领，为构建国家科研论文和科技信息高端交流平台贡献重要内容；二是能够提供具有建设性和可行性的共用资源平台，推进学科交叉融合，优化学科布局和研发布局，开展单个学科难以完成的重大创新工作，完善共性基础技术供给体系；三是能够利用学会的专业优势和权威，瞄准人工智能、量子信息、生命健康、脑科学等前沿领域，提供前景预判，提升科技"前瞻性创新"；四是能够利用跨界组织力，组织跨界专家，围绕重大科学问题和工程技术难题进行课题研讨和实践创新，为制订战略性科学计划和实施科学工程提供助力；五是能够基于国家重要需求，联合各类创新主体，推进科研院所、高校、企业科研力量优化配置和资源共享，申请国家重点科技项目，开展重要产品和关键核心技术攻关，以集体智慧完善设计布局，前瞻研判，强化"从0到1"的创新导向；六是具有高科技创新的风险分担功能，高科技创新有源于高度不确定性带来的高风险特征，科协组织能缓解科技创新中的信息不完全和信息不对称状况，引导政府财政重点投向市场配置失灵的高风险研发领域，引导各类社会资本投资科技领域，减少创新过程中可能发生的各种风险损失。

2. 赋能"跨界协同创新"

科协组织具有创造精神和中立性质，是"跨界协同创新"的赋能者。一是科技社团作为多学科、多领域、高层次科技工作者的聚合体，能够以超越单一利益的思想进行交流和集体探索，找准新兴产业的定位和重点，规划新兴产业的创新方向和技术路线图，为企业决策提供前瞻性科学依据，帮助企业布局下一代技术制高点，促进技术跨越发展与产品迭代，并实现市场效益；二是科协组织可以作为专业、独立的第三方机构，以系统性创新思维和自组织创新模式相结合的方式打造"政产学研金服用"创新创业共同体，支持创新型中小微企业成长为创新的重要发源地，推动产业链上中下游、大中小企业融通创新。推动传统产业的高端化、智能化、绿色化，链接产业链、资金链、人才链，形成持续的利益机制，实现价值重构，实现科技与经济的深度融合，助力布局建设综合性国家科学中心和区域性创新高地。

3. 服务"技术转移创新"

科协组织具备纵深联系创新要素的能力，是"技术转移创新"的服务者。科协组织通过数字服务技术平台，发挥科技社团广泛链接和数据积累的优势，深化合作网络，以发现企业需求价值和构建园区产业链为重点，联结高校、院所、新型研究机构及科学家团队，建立"三位一体"的网络——创新组织网络、融通平台网络和试点城市网络。通过这三个网络的有序互动，技术拥有者、技术需求者、技术服务者和资本拥有者共同营造产学研融通的创新生态，构建具有科技社团特色的、服务经济社会发展的有效格局，实现供需对接、人才聚合、技术基础和服务聚力，引导技术、人才、数据等创新要素流向企业、地方和生产一线，提高科技成果转移转化成效，让科技更好地服务经济社会发展。

4. 促进"创新人才成长"

科协组织具有团结人才、服务人才的组织优势。一是能够通过建立并完善以同行评价为基础的科技人才、成果和技术的社会奖励体系，来推动建立科技奖项动态清单，多渠道举荐人才，建立国际学术交流平台，持续向国际科技组织输送专家，造就国际一流的科技领军人才和创新团队，培养具有国际竞争力的青年科技人才后备军；二是能够着力教育引导和制度规范，通过组织宣讲科学精神、科学道德和科学规范，构建学风建设和学术诚信宣讲教育规范机制，注重科研诚信管理，健全学术不端惩戒机制，来形成创新人才成长的良好环境。

5.营造"制度与生态创新"

科协组织具备专业性科技公共服务功能，也是科学价值共同体和科学家的群体组织，是"制度与生态创新"的营造者。一是在持有学术权威性和独特的法律资源及创新资源的基础上，能够在科研项目论证、成果评价、科技人才评价、科技社会奖励、数据资源产权、交易流通、跨境传输等标准规范的制定中发挥作用；二是能够坚持价值取向而非利益取向，通过强调制度与生态创新的整合与组织，健全科技伦理体系，加强科普工作，弘扬科学精神和工匠精神，加强创新型、应用型、技能型人才培养，壮大高水平工程师和高技能人才队伍，营造有利于创新创业创造的良好发展环境，最大限度释放全社会创新创业创造动能；三是当好国内大循环和国内国际双循环的战略连接器，助力科技工作者对接国际科技组织和国际科学平台，促进全球科学家、工程师和企业家协同解决供需问题，培育开放、信任、团结的价值理念和国际科技共同体创新合作网络。

（三）科协组织服务国家创新体系的工作实践

近年来，科协组织在集约创新资源，强化学术引领与创新思想策源协同，指引未来前沿科学发展趋势，助力企业研发创新，推动产业升级，打造产学研协作平台，创建数字化技术服务和交易平台，提供社会化科技公共服务，特别是在统筹疫情防控和促进经济社会发展等方面，做出了重大贡献，全面提升了对国家创新战略、创新治理体系的支撑服务能力。

1.全力推进基础研究和原始创新服务支撑

科协组织利用"跨界融合"特点和联合体平台集成优势，以多方位提高科技社团能力为抓手，在推进原始创新服务支撑体系建设上积累了许多成果。

（1）推进世界一流学术期刊建设：组织实施"中国科技期刊卓越行动计划"，组织科技界、期刊出版界、产业界专家就一流科技期刊建设的关键性、结构性问题进行深入系统的研究分析，编制重点建设期刊目录，对科技期刊发展给予持续专项支持，培育了一批瞄准世界一流水平的、具有国际影响力的优秀科技期刊，同步推进科技期刊专业化、数字化、集团化、国际化进程。按照"新数据、新语境、新结构、新媒体、新指标、新平台"的要求，研究架构科技期刊论文大数据中心，加强我国科技信息管理运营和信息安全保障。

（2）打造促进原始创新的学术交流精品：创设世界科技与发展论坛，首次举办世界新能源汽车大会，相继召开世界机器人大会、世界交通运输大会、世界智能大会、中国国际智能产业博览会、世界智能网联汽车大会等多场重大高端国际会议，充分发挥学术交流平台的重要作用，国际学术影响力不断提升，对于指引未来前沿科学发展趋势、深化科技创新的全球合作、助力地方发展、推动产业升级发挥了重要的推动作用。

（3）丰富疫情防控学术资源：中国科协联合科技部、国家卫健委建设"新型冠状病毒肺炎防控和诊治平台"，由钟南山、李兰娟、王辰、张伯礼四位院士领衔组成学术委员会，集中发布新冠肺炎科研及诊治防控成果，平台被世界卫生组织、爱思唯尔信息分析公司等新冠肺炎科研资源中心链接；推动中国科协主管期刊和卓越计划入选期刊抢发新冠肺炎研究成果，向国际社会展现中国抗疫进程，提升我国期刊的学术影响力；主动协助世界卫生组织建设新冠专题数据库，协同丰富新冠专题数据库的中国文献资源。

2. 积极完善科技前瞻研判体系

科协组织立足自身的学科网络和组织资源优势，围绕国家战略需求、行业关键问题、学科自身发展和社会热点等研判其规律和趋势，为我国科技前瞻研判和战略决策提供了有力支持。

（1）打造重大前沿问题发布机制：每年组织全国学会、学会联合体，动员近万名科学家、科技工作者，遴选重大科学问题和工程技术难题，在中国科协年会上发布 20 个重大和难点问题，并将历年入选的问题集中形成科技创新"问题库"。

（2）追踪重大和难点问题研究进展：召开"重大科学问题难题座谈会"，形成研究报告，其中 DNA 存储技术、高水平放射性废物等重大问题已纳入有关部委重大工程、重大研究计划项目。

（3）完善学科发展研判机制：继续支持多家全国性学会和相关单位开展学科发展、学科史、前沿热点、学科方向预测及技术路线图绘制和前沿热点研究，预测学科发展趋势。

（4）打造国际开放交流平台：推动中国科学院、中国工程院与俄罗斯科学工程协会联合会共同主办首届世界科技与发展论坛，借此契机与世界著名科学院、重要科技组织建立长期合作机制，设立国际科学问题库、国际合作交流人才库，倡导以科学素质建设支撑人类命运共同体建设，聚焦全球共同关切，紧扣世界发展大势和联合国可持续发展目标，创立战略议题，倡导信任、合作、发展，为促进文明互鉴和人类可持续发展凝聚人心、凝聚智慧、凝聚合力，应对中美贸易摩擦形势，发挥民间渠道增信释疑、缓冲压力、对冲风险、激浊扬清的独特作用。

3. 组建创新联盟，促进科技经济融合

科协组织发挥创造精神，基于中立性质，为支撑政府决策和服务行业发展，在纵深联系各类创新要素、协同创新主体合作、促进科技经济融合方面进行了诸多探索。

（1）吸收创新型企业科协成员：通过创新主体之间的协同，推动创新能力的提升以及产业转型升级，全国企业科协数量不断增长。国家级重点企业如中国移动通信集团、中国电子信息产业集团等成立科协组织，企业科协在国家级高新技术开发区、经济技术开发区的覆盖率超过50%。

（2）激发企业研发机构活力：支持小米集团、美团科技有限公司、字节跳动科技有限公司等企业科协及有关新型社会研发机构开展特色活动，作为唯一指导单位支持腾讯计算机系统有限公司评选"科学探索奖"，资助基础科学和前沿技术领域45岁以下青年科技工作者。与国家部委合作为企业提供定制化技术服务。围绕数字经济、开源生态、超级计算等创新焦点，广泛汇聚领军企业智慧，深入研究自主可控科技突破对策。

（3）创建产业协同创新共同体：以科技园区和中小企业为重点，由全国学会或学会联合体主导，基于自愿平等互利原则，整合相关企业、高校、科研机构和金融机构等力量，聚焦共性技术研发和科技成果转化"最后一公里"问题，打造产业协同创新平台。如中国汽车工程学会组建成立"中国智能网联汽车产业创新联盟"，抢占汽车产业未来战略的制高点，是国家汽车产业转型升级、由大变强的重要突破口。中国科协航空发动机产学联合体围绕航空发动机"卡脖子"问题搭建合作交流平台。中国煤炭学会联合19家单位成立煤炭清洁高效利用产业协同创新共同体。这些产业协同创新共同体发展成为既支撑政府决策又服务行业发展的创新机构，充分发挥了跨产业、政产学研用协同创新的重要推动力量。

4. "数字科技"引领科技创新服务平台建设

科协组织提供专业性科技公共服务，在扩大实际产业服务覆盖面，丰富国内外创新资源，形成重要生产要素等方面，开展了许多工作。

（1）建设数字化技术服务和交易平台：完善反映企业、产业、区域实际需求的"问题库"，展示高校、院所、科技型企业等单位科研成果的"项目库"，为创业创新创造提供共享资源的"开源库"，协同服务"专业人才库"，把科技经济供需各方汇聚到平台上来，促进供需双方直接对接，促进产业技术创新和模式创新，推动核心技术成果转化，提升企业竞争力和技术创新力。协同创新资源共享平台建设目前已有入库成果1万余项，设备超过20万台套，专家1.8万人。

（2）建设创新资源共享平台：平台具有诸多特点。一是真实可信，平台汇聚各种创新资源、科技类公共服务和产品以及最新的创新创业资讯，所有信息都经过严格审核，用户可放心使用。二是共建共享，平台实行自主注册，每一个用户既可在平台上寻找资源，也可为平台提供资源，真正实现了各类创新资源的共建与共享。三是创新协同，平台为各类用户寻找合作伙伴，搭建朋友圈，打造创新创业生态，形成线上线下相结合的协同创新网络。四是平等共赢，平台以平等共赢为原则，为每一个参与者创造价值。

（3）建设技术创新服务平台：多维度、全链条的技术创新平台汇聚各类创新资源，推动各类创新主体协同发展，助力构建以企业为主体、以市场为导向、产学研深度融合的技术创新体系，构建有利于创新、创业、创造的良好生态，提升国家整体创新效能。

5. 完善社会服务，营造良好科技创新生态环境

科协组织是拥有共同道德价值观的科学组织，是引导科技工作者自觉践行社会主义核心价值观，营造良好创新文化的骨干力量。在历史发展中，包括科技社团等在内的科学共同体促进了独特的科学文化、科学价值观和科学规范的形成，包括"学术创新、崇尚真理"，"求实、协作、创新、献身"，"科学家的社会责任感"，等等。科技社团的自律性是其重要的特征。科技社团通过对会员诚信意识和社会责任的强化，制定章程制度，并建立同行评议等约束机制，减少科研不道德行为。此外，科技社团本身的宗旨是实现价值导向而非利益导向，并以公开、公正的程序使用公共资源，与纯粹的商业运作划清界限。广大科技工作者不仅是社会生产力的开拓者，也是科学道德、科学精神和科学文化的创造者。

（1）积极开展科学道德和学风宣讲教育：科协组织发布《科技工作者践行社会主义核心价值观倡议书》，引导科技工作者努力做爱国的公民、敬业的学者、诚信的同行、友善的专家。出台《中国科协关于在科技界开展"作精神文明表率"

活动的意见》，推进老科学家学术成长资料采集工程的实施，高质量完成"中国现代科学家主题展"全国巡展活动，宣传黄大年、李保国、杨衍忠等科技工作者的先进典型事迹，用他们高尚的科学家精神激励科技工作者培养创新自信、无私奉献、报效社会的精神。

（2）加强学风建设和坚守学术诚信：中国科协会同教育部等部委出台《发表学术论文"五不准"》，国家科研诚信建设联席会议各成员单位采取"组合拳"坚决遏制学术不端行为并及时向社会公布进展，营造严谨求实、奋发向上、保障学术自由的学术氛围，培育良好的学术环境。引导广大科技工作者以优良的学术道德和个人美德，在践行社会主义核心价值观的实践中走在前列。

（3）优化科技期刊发展生态：为扭转唯 SCI 的评价导向，建设临床医生案例成果平台，推动构建案例成果代表作制度，遴选中国光学工程学会等 10 家全国学会组织开展第四届优秀科技论文遴选工作，推动形成依据同行评议、价值导向的学术成果评价标准。

（4）引领团体标准建设：引导学会团体标准工作重心由标准研制向标准引领转变，加强标准国际合作、推广和应用。中国公路学会等 6 家学会入选国家标准化管理委员会"团体标准培优计划"，69 家全国学会发布团体标准 807 项，服务经济高质量发展。中国汽车工程学会牵头制定的《汽车工程师能力标准》被德国等 14 个国际汽车工程师学会联合会（FISITA）成员国认可，实现了汽车工程师评价标准国际互认。

（5）推进科技评价工作：全国学会或学会联合体连续承担化学、数理、地学、生物、医学和信息等领域国家重点实验室评估工作。多个学会开展科技成果评价工作，为科技成果转化提供强有力的支持，对多个全国学会承担工程教育专业认证工作给予奖补支持。

（6）推进科学伦理建设：密切关注重大社会事件和科技领域舆情，谋求应对策略。如基因编辑婴儿事件中，对涉事人员和机构公然挑战科研伦理底线、亵渎科学精神的做法表示愤慨和强烈谴责，取消贺建奎第十五届"中国青年科技奖"参评资格；加大面向科技界的科研伦理道德的教育力度，以零容忍的态度处置严重违背科研道德和伦理的不端行为。积极应对 IEEE "审稿门"事件，引导学会主动发声，推动国内科学家向海外传递中国声音，倡导科学无国界、学术无歧视，立足学术道德，在斗争中谋求合作，有效迫使 IEEE 再次发表声明解除限制。

（四）发达国家科技组织创新经验启示

科技创新是提高国家综合实力和国际竞争力的决定性力量。美、日、德等发达国家的创新引领和新型工业化国家的追赶跨越，与其国家创新体系的发展与完善密不可分。创新生态系统概念受到发达国家的普遍重视和采纳，包括出现在世界多个经济合作组织和发达国家的各类报告中。

2015年，美国国家经济委员会和科技政策办公室联合发布了新版《美国国家创新战略》，将美国创新生态系统视为实现全民创新和提升国家竞争力的关键所在，认为建立完善的创新环境可以充分调动创新的积极性，要将环境建设摆在极其重要的位置，构建创新友好环境作为滋生创新的土壤。2013年，欧盟发布《都柏林宣言》，以"开放式创新2.0"为核心，部署下一代创新政策；日本提出要实施重大的政策方向，从技术政策转向基于生态概念的创新政策，以维持日本今后持续的创新能力。美国、日本和部分欧洲国家等世界主要发达国家已跨入创新政策的新时代。

其中，强大的科技组织可在各个学科、各个行业、各个领域、各个国家之间加强联系，深层次推进新兴科学技术的跨界融合，以强大的科技服务能力促进和加强创新主体之间的联系合作、协同发展，有利于形成政府、市场、社会有序互动和紧密配合的科技创新治理体系，促进本国和国际科技和创新制度建设。一般而言，科技创新系统越发达的国家，科技社团的规模越大，水平也越高。

1. 以"使命与实践导向"提高原始创新能力

美国是大国自主创新的典型，通过自主研发、掌握核心技术来引领和带动科技创新与产业发展。第二次世界大战之后，美国成为世界头号科技强国，这主要得益于其率先建立的全球领先的国家科技创新体系。以"使命与实践导向"促进基础研究与应用结合，提高原始创新能力，是其最典型的成功特征。

面对复杂的经济社会需求，基础研究被赋予新的特征和功能，特别是在促进原始性重大创新、孕育源头技术和颠覆性技术、解决社会实际问题、应对长期挑战等方面被寄予厚望。美国政府大量资助占主导地位的"使命导向"型研究，大学研究和企业项目之间也有广泛的"实践性"交流合作。基础研究与应用之间可以通过多种机制紧密而有效地互动，基础研究的成果可以被企业或其他主体快速应用到创新实践中，对产业和经济发展做出巨大贡献。研究表明，正是联邦政府所资助的基础应用研究，如原本出于军事目的而发明的互联网，奠定了美国整个信息产业发展的基础。

纳尔逊认为，科技社团是不同创新主体之间分享技术信息的正规组织形式。技术与专业团体为分享技术信息提供正规组织，起到联系供应者与用户的媒介作用。科技社团使信息在竞争对手间的传播较为便利。与大学教师一样，工业科学家和工程师通过在专业团体的期刊上发表文章，在会议上演讲等，使自己的专业声誉在很大程度上得到提高和承认，并为之自豪。他们的活动会加快新的一般技术知识走向公开的速度。纳尔逊进一步通过比较上下游厂商对技术进步所做贡献，发现上游厂商的贡献与专业技术团体的贡献有着强烈的正相关，专业团体和技术团体是分享新工艺技术和技术需求信息的重要媒介[30]。

美国的一些大型科技社团拥有世界影响力，如美国科学促进会、美国化学会、美国物理学会、美国医学会、美国电子电气学会。这些学会拥有世界上最为庞大的学术期刊集群，是基础研究成果的重要发布者。学术成果的贡献和有效性、标准的制定、知识产权的认定、科技成果的转化，都需要得到科技社团中行业内专家的认可。

如美国科学促进会每年都会对联邦政府的科学研发预算做出详尽分析并向社会公布其分析结果，协助国家确定基础研究经费使用方向及制定相关领域强力支持政策，对国家基础性研究提供服务性支持。美国化学会拥有世界上第一个化学相关的信息搜索引擎，可以获得化学学科最新的科学进展信息，为数以百万计的附加反应提供全文解决方案。美国电子电气学会在电子技术标准的制定上拥有举足轻重的影响力。美国大学技术经理人协会作为美国大学技术转化服务方面富有影响力的组织之一，从创始至今为促进美国高校技术转移乃至国民经济的发展、国家竞争力的提高做出了极大的贡献，已成为在推动技术创新和转移方面极具影响力的国际性科技组织。

当前，基础科学事关国家当前和长远战略利益，本身就是战略需求，科技社团作为基础研究的服务支撑者，其重要性也日益提高。

2. "举国"体制构建跨界融合国家技术创新战略

日本作为"科技立国"的典范，"官产学联合"成为开发新技术新产品、增强日本企业国际竞争力的创新机制。日本经历了一个举全国之力构建创新战略的过程，政府、企业、大学、研究机构以及科技组织都是主力军，各自承担着不同的重要使命。各创新主体在加强合作的同时，明确各自的职能定位，消除跨部门、跨领域和跨国界合作的障碍，打通创新链、产业链和价值链，并在20世纪六七十年代实现了经济腾飞。进入80年代，日本的机器人、集成电路、光纤通信、激光、陶瓷材料等技术已达到世界领先水平。

通过对日本国家创新体系的深入考察，弗里曼指出，新投资领域的技术规范在"准确"上严重失误，可能导致巨大的资源浪费，这里所说的"准确"一般包括技术发展的未来趋向，以及国际市场和社会的未来趋向。弗里曼认为，相对于科技社团等社会组织而言，没有任何其他社会机构、银行，甚至财政部，会对未来技术和社会变化的方向倾注如此的重视。日本在国家层次和公司层次上、在大学和思想库中的许多努力，为这种未来长期"观测"做了准备[31]。

科技社团具有推动产业技术创新发展的功能。日本政府非常重视科技类社团组织与产业的联系，因此很多科技社团的成立、发展与转型都和技术创新、产业发展密切相关，产业技术中心、产业振兴机构等都是具有产学官合作性质的科技社团。日本学术会议是日本科技社团的联合组织，主要任务是搭建官产学学术交流平台，聚集产业界、科技界和行政部门开展跨机构、跨领域的高水平交流，并以项目的形式为技术研发机构与企业在合作研发、技术成果转化、知识产权管理方面提供对接服务。为确保日本发布的科技信息的国际化，产业振兴机构联合近千家日本学会，建立日本最大的英文版J-STAGE电子期刊平台，为扩大日本学术的影响力、推进日本国家创新战略做出了重要贡献。

值得注意的是，20世纪90年代后期，日本经济陷入长期停滞，而其创新体系也面临改革质疑。有专家认为，日本在非制造业领域的产业保护法规以及无效的金融制度大大削弱了日本产业界利用创新成果的积极性。目前，日本科技社团也在追随国家创新战略目标调整举措，以期在信息通信、生物技术等方面取得突破性进展。

3. 完善的技术转移体系促进科研成果的有效转化

创新已成为一种生态行为，在科研成果转化这一步，需要高校、科技企业家、资本和大企业四方的沟通与协作。但是，在此过程中存在大量信息不对称的问题。高校难为技术找到合适的企业，企业也没有能力看到更多的可行技术，资本可能错过入场机会。通常，创新性国家都搭建了完善的技术转移体系，填补制造技术基础研究和商业化生产之间的空缺，将基础研究成果转化为新技术的商业化应用。

纳尔逊认为，在成果难以保持专有，或将成果据为己有对谁都没有好处的情况下，即使是相互竞争的厂商也会达成协议，合作进行某些类型的研究。典型的例证是全产业性的问题，如怎样更好地对原材料进行分类和测试，或为投入建立适宜的标准，等等。一些产业有努力资助这类联合研究的传统，如经过某种商定，自愿出资帮助某个职业团体，并能够对大学或独立实验机构的研究提供支持，不过此类机制有某些附加条件的限制[30]。

科技社团在促进产学研合作方面非常活跃。不同的企业和学术界伙伴，或响应政府号召，或自发，通过交流、讨论和共同采取行动等措施推进产业标准和新技术的开发与应用，并使之向产品和服务转化。例如，德国有各种产业行业联合社团、工程师职业社团等具有很高产业化特点的科技社团。德国工业研究联盟协会是专门针对中小企业开展应用技术研究和服务、扶持创新领域青年科研人员和专业技术人员成长的联合社团，共有5万余家中小企业会员。德国的标准化制度也十分健全，德国标准化协会、德国电气电子和信息工程学会、德国制造标准化委员会等掌握着规模化生产的主动权；德国技术转移中心、民间的史太白技术转移中心、弗劳恩霍夫协会等均是世界著名的技术转移中心。"德国制造"之所以能够广泛采用新技术，保持高品质，科技社团做出了重要的贡献。

4. 有国际影响力的期刊、学会及科技奖项弘扬"科学精神"

良好的国家创新系统可以调动整个国家的创新活力。让全民投入创新创业的浪潮，才能使整个国家的创新生态系统显出生命力，使国家更具未来竞争力。创新文化环境主要体现在创新主体的价值取向和创新意愿，以及社会的创新氛围上。锐意进取、大胆创业和开放包容的创新文化是创新知识产生、传播和应用的助推器，完善的创新环境可以充分调动创新科研人员的积极性，激发创新潜能，极大地提高创新成效。

科技组织对"科学精神"的鼓励还有着更具体的表现——设立科技奖项。发展至今，许多发达国家的科技社团都设有国际性著名奖项，而且这些奖项有以下特征：一般按学科设奖，突出奖项的学科特色和专业特点，关注重点学科领域和重要领域方向的成果产出；侧重奖励个人，以人物而非项目为奖励对象，突出个人对于特定领域前沿重要发现或突破性进展所做出的贡献；注重荣誉性，突出承认科学发现优先权的最本质特征，通过少而精的奖项设置突出奖项的珍贵和荣誉性。有影响力的奖项设计，对于弘扬科学精神、创造良好的学术生态、整合社会资源参与创新、提升国家科技创新软实力有着重要作用。

四、对策建议

（一）发展目标与思路

《建议》中强调坚持创新在我国现代化建设全局中的核心地位，把科技自立自强作为国家发展的战略支撑，科协组织应当紧密围绕服务国家创新体系建设的中心目标，为服务世界科技强国、创新型国家的建设发挥所长所能。

1. 明确两个阶段发展目标

到 2025 年，基本建成功能充分、数字高效、普遍联系的科协科技创新服务体系，全面服务国家各层次科技创新活动，成为适应世界科技强国建设、创新性国家建设的重要社会力量。

到 2035 年，充分建成功能完善、智能高端、广泛联通的科协科技创新服务体系，形成服务国家科技创新体系建设的社会组织标杆，成为适应世界科技强国建设、创新性国家建设的引领社会力量。

2. 厘清三个维度发展思路

（1）面对历史经验，前承有效之举，优化迭代攀新高：依据过往行动经验找对发力点，优化、迭代、扩大、深化可行之举。继续推进"1-9·6-1"工作布局，发挥"一体两翼"组织优势[32]，坚持为科学技术工作者服务、为创新驱动发展服务、为提高全民科学素质服务、为党和政府科学决策服务，切实加强自身建设，不断增强政治性、先进性、群众性，下沉重心，激发活力，提升整体效能。

（2）面对纵向链条，打破供需屏障，组织协同助突破：引导、协助企业、高校、科技工作者等科技创新有生力量，破除"实际问题挖掘——科技问题转化——问题研究——产业化"的渠道壁垒。联通供需链条，提升协同创新力和信息畅通度。

（3）面对横向领域，瞄准重点前沿，多方联袂造生态：发扬科学共同体自治组织的主动性、前瞻性和广泛性。联系、组织各类科技力量，聚焦各大关键领域前沿问题，长期部署基础研究，助力科技创新生态打造，提升影响力和权威度。

3. 对标四个要求布局工作重点

在强化国家战略科技力量方面，尊重科学演进和科技发展规律，联合多方科技力量，前瞻性地对科技战略重大议题展开布局，为技术攻坚、基础研究、原始创新、学科布局等提供中立意见，帮助优化科研力量配置。

在提升企业技术创新能力方面，疏通科技工作和企业经营双方的信息交流，鼓励创新要素向企业集聚[33]，鼓励跨单元组合，破除企业研发、技术交易、产学研融合、产业链融通过程中的壁垒，帮助强化企业作为创新主体的身份。

在激发人才创新活力方面，建设开放、凝聚的科技人才港湾，积极组织参与人才培养、学术伦理、学风建设、知识产权保护、科学精神弘扬等活动，帮助集聚优秀人才。

在完善科技创新体制机制方面，明确科协作为国家创新体系的重要社会力量的定位，以第三方独立公正立场参与科技规划、科技治理、科技评价、科技奖励、社会科普、研发投入等活动，帮助推进科技体制改革。

（二）重点举措建议

1."双链"融合工程

"双链"融合工程旨在促进"创新链"和"产业链"高度协调、深度融合。"双链"融合是应对目前科技创新体系整体性、结构性和有机关联性不足的体系化战略[34]，将有效发挥创新体系的整体活力和效能，实现创新价值的最大化，打通创新良性循环的完整回路，提升科技对产业发展的贡献度和产业对科技的牵引力。

（1）针对战略性新兴产业提供前瞻性引领：明确以新一代信息技术、生物技术、新能源、新材料、高端装备、新能源汽车、绿色环保以及航空航天、海洋装备等产业为重点新兴产业阵地，召开产业前瞻专题研讨会议，在新技术、新产品、新业态、新模式方面进行战略设计、问题聚焦，提供发展建议。

（2）依托共享平台完善共性基础技术供给体系：持续参与、引导各类共有资源平台建设，支持平台型企业发展，以专业领域共有资源平台为基地，嵌入该领域学会组织，由学会组织科学家团队对接企业，帮助解决共性技术供给问题，为专业化、差异化发展的平台入驻企业在基础能力和普遍场景方面提供公共服务。

（3）推动前沿领域团体标准建设：优化会员结构，丰富新兴行业核心研发团队和新兴学科发展团队间的学术交流、成果分享等科创活动，普遍开展技术成果评估鉴定、创新方法互动、知识产权宣讲等活动，提前参与布局，推动前沿领域的团体标准建设。

（4）围绕先进产业链加强科协组织多级联动：以先进制造业集群的打造和大中小企业的协同发展为依托，在重点产业链的不同维度上推动科协组织的有效聚集和协同合作，为骨干企业研判产业风险和产业动向，为中小微企业提供细分领域专家指导。使重点产业领域内学会、地方科协与中国科协形成联动，不断滚动扩大产业范围，增强科协组织在先进产业发展中的参与度和协同度。

（5）建立聚焦实际需求的跨单元协同机制：强化覆盖企业、科研工作者双方的科技信息服务，组织开展跨研究单元、跨产业单元、跨学科领域的大团队组合，构建多方沟通合作机制。以高科技企业实际生产难点、痛点为引子，协调支持实验室、大学、上下游企业、基金会等组织的核心团队攻关。

（6）探索完整价值链激励机制：联系企业、科技工作者、院校等形成长期利益联动，加快实际产业问题到科学技术问题，再到投入研究和产业下沉的转化过程，避免中间环节关键信息缺失，形成实质性长效精准资源整合，从而形成"以重大商业瓶颈攻关牵引重大科技原创成果，以更多科技原创成果支撑重大商业瓶颈问题解决"的体系良性循环。

2. 创新生态建设工程

创新生态建设工程旨在促进学术、创新环境的良好向上，朝着全社会支持创新的方向发展[35]。创新生态建设途径的探索关乎科技事业自身的发展，也关乎科技助力国家治理现代化的效能。要使科技工作者为国计民生贡献力量，打造落到实处、社会认同、科技力量广泛参与的创新生态。

（1）健全鼓励原始创新的评价和奖励机制：优化跨单元合作前沿攻关成果认定、人员考核和激励机制。完善不同类型人才的多次评价机制和举荐渠道，设立创新开拓类奖项，对研究过程中产出的论文、专利、产品，尤其是原始创新成果进行评选激励，将成果以多媒介方式向社会、学术界和产业界推广。同时吸纳行业、协会人才建设精品期刊，提高期刊在特定领域的影响力、辐射力。

（2）营造学会联合体的良好学术生态：以共同道德价值观优化学风，树立联合体学术道德榜样，加强联合体内科学家精神、爱国主义情怀等创新精神引领，加强人才学术道德评价，建立科研失信名单，借助网络媒体宣传以科协为主要背景的科学家事迹，扩大科协创新文化在网络多媒体上的覆盖面。

（3）强化基层有效科普：鼓励创新文化在基层扎根，支持科协基层力量与地方治理体系协同对接，牵头组织举办因地制宜、问题导向的科普、科创活动，加强吸纳、宣传基层一线科技人才。组织智库团队，对接政府、企业、学界，长期稳定地为从地方到中央的短期科技资源流动和长期科技政策设计、科技创新评价、科技发展战略规划等提供科学方案支持。

（4）加强科研项目信息共享：发挥中立性质学术联合体平台功能，在重点科技发展议题上与国家自然科学基金委、科技部、中国科学院联合形成科技服务版图，互通项目成果，强化学风建设，规范项目评审制度，避免冗余交叉项目重复投入。

3. 前沿科技护航工程

前沿科技护航工程旨在从国际性、全局性视角出发，维护前沿科技的健康发展。以美国为首的部分西方国家对我国在科技上实施压制，限制科技行业关键原材料供应，制裁科技公司，封锁关键技术，阻碍正常国际人才交流[36]，致使我国在关键科技供应环节受挫。要将科技服务保障覆盖到前沿科技发展阵地中，推进国际性科学联合体、科技共同体建设，助力孕育新兴技术，扩大前沿课题影响面。

（1）构建前瞻性的科技风险防范体系：对各领域已经发生或潜在的重大科技安全风险，如不道德的和违法的技术开发、关键人才流失、核心技术失窃、国际政策异变、海外市场歧视等关乎我国科技事业、产业正常化发展的问题，联合各协会专家、各行业资深管理者，组织共同检测、研判，群策群力，分析风险因素，发布风险信息，提出防范措施，规避、消解潜在科技安全风险，打破国外科技封锁。

（2）围绕共性议题展开前沿科技预判：以影响人类发展的地区性和全球性问题，如人口、发展、供应链、资源等方面的问题作为主题，与国外科技组织合作展开讨论研究，形成新的地区创新增长点，预见新兴技术、产业、学科发展趋势，寻求对科技创新的风险进行有效管理的模式，尽力减少技术创新过程中信息不足或信息使用不当造成的各种损失，努力将高风险转化为高收益。

（3）以人才资源维系多领域互动纽带：建立国内外科技研究者和管理人才互动平台，以国际科研项目、工程为导向，引导一线科研工作者和工程师长期交往合作；以青少年为主要群体开展跨国科普夏令营、创新大赛等，来培育、储备富有国际视野、了解多边国情的创新创业人才。

（4）常态化跨国性科学文化交流活动：举办跨国性科学文化论坛，创办地区特定科学文化领域的国际期刊，以建设科技共同体成员国科技人文交流平台和科学文化研究中心等方式拓展民间科技人文交流渠道，促进共同体成员形成互信和文化认同。

（5）利用现有载体推进科技共同体构建：将科技共同体建设作为人类命运共同体建设的重要引申内容，配合"一带一路"倡议、国际科学计划、国际科技竞赛、国际性智库建设、国际会议等现有载体的实施，设置科技共同体构建议题。

参考文献

[1] 中共中央关于制定国民经济和社会发展第十四个五年规划和二〇三五年远景目标的建议［N］. 人民日报，2020-11-04（01）.

[2] 韩文秀. 以高质量发展为主题推动"十四五"经济社会发展［N］. 人民日报，2020-12-09（07）.

[3] 袁一雪，胡珉琦. "卡脖子"问题：中长期规划"重中之重"［N］. 中国科学报，2020-05-27（01）.

[4] 习近平. 为建设世界科技强国而奋斗［N］. 人民日报，2016-06-01（02）.

[5] 李兵，王小龙. 坚持以新发展理念引领高质量发展［N］. 经济日报，2019-08-13（14）.

[6] 戴永康. 以高质量科技创新支撑引领高质量发展［N］. 科技日报，2019-11-19（01）.

[7] 冯华. 为科技成果转化"松绑""加油"［N］. 人民日报，2019-11-18（19）.

[8] 佚名. 2019年中国国际专利申请量全球第一［J］. 智能城市，2020，6（6）：24.

[9] 佚名. 推动科技高质量发展［J］. 安装，2019（5）：前插3.

[10] 刘鹤. 加快构建以国内大循环为主体、国内国际双循环相互促进的新发展格局［N］. 人民日报，2020-11-25（06）.

[11] 李猛. 新时期构建国内国际双循环相互促进新发展格局的战略意义、主要问题和政策建议［J］. 当代经济管理，2021，43（1）：16-25.

[12] 易信. 用好新一轮科技革命和产业变革的"机会窗口"［N］. 经济参考报，2019-05-29（07）.

[13] 樊春良. 关于加强前沿科技领域治理体系建设的政策建议［J］. 国家治理，2020（35）：7-11.

[14] 李光. 如何为前沿科技发展营造良好创新生态［J］. 国家治理，2020（35）：17-19.

[15]《科技中国》编辑部，邹慧. 市场经济正在重塑我国科技创新格局［J］. 科技中国，2019（12）：4.

[16] 李国杰. 把关键核心技术掌握在自己手中 [J]. 中国科技奖励, 2019（9）: 6.

[17] 习近平. 在科学家座谈会上的讲话 [N]. 人民日报, 2020-09-12（02）.

[18] 谢红. 健全科技创新体制机制全面提升科技创新能力 [N]. 科技日报, 2019-12-06（01）.

[19] 王志刚. 完善科技创新体制机制 [N]. 人民日报, 2020-12-14（09）.

[20] 白春礼. 加快完善科技创新体制机制为建设创新型国家提供制度保障 [N]. 学习时报, 2020-01-06（01）.

[21] 中共中央, 国务院关于深化科技体制改革加快国家创新体系建设的意见 [J]. 中华人民共和国国务院公报, 2012（28）: 4-11.

[22] FREEMAN C. Technology and Economic Performance: Lessons from Japan [M]. London: Printer Publish, 1987.

[23] LUNDVALL B-A. National Innovation Systems: Towards a Theory of Innovation and Interactive Learning [M]. London: Pinter Publish, 1992.

[24] NELSON R. National Innovation Systems: A Comparative Analysis [M]. New York: Oxford University Press, 1993.

[25] OECD. National Innovation System [R]. Paris, 1997: 7-1.

[26] 齐建国. 技术创新——国家系统的改革与重组 [M]. 北京: 社会科学文献出版社, 1995.

[27] 路甬祥. 建设面向知识经济时代的国家创新体系 [J]. 大经贸, 1998, 20（3）: 70-72.

[28] 徐继宁. 国家创新体系: 英国产学研制度创新 [J]. 高等工程教育研究, 2007（2）: 35-39+71.

[29] 陈芳, 万劲波, 周城雄. 国家创新体系: 转型, 建设与治理思路 [J]. 科技导报, 2020（5）: 13-19.

[30] 纳尔逊. 美国支持技术进步的制度 [M]// 多西, 弗里曼, 纳尔逊, 等. 技术进步与经济理论. 钟学义, 沈利生, 陈平, 等译. 北京: 经济科学出版社, 1992: 386-388.

[31] 弗里曼. 日本: 一个新国家创新系统 [M]// 多西, 等. 技术进步与经济理论. 钟学义, 沈利生, 陈平, 等译. 北京: 经济科学出版社, 1992: 406.

[32] 边立航, 鲁萍丽, 孙跃, 等. 拓展国际科技交流渠道 构建开放信任合作格局——中国科协九大以来的国际民间科技交流 [J]. 科技导报, 2021, 39（10）: 15-24.

[33] 周烨. 提升协同创新能力促进企业高质量发展 申报"2018年中国产学研合作创新示范企业"启动 [J]. 中国科技产业, 2018（8）: 53.

[34] 余江, 管开轩, 李哲, 等. 聚焦关键核心技术攻关强化国家科技创新体系化能力 [J]. 中国科学院院刊, 2020（8）: 1018-1023.

[35] 罗晖. 科协基层组织应参与搭建众创平台［J］. 科协论坛，2016（1）：6-8.
[36] 王雪佳，雷雨清，周全. 美国对华科技企业限制：措施，影响与应对建议［J］. 现代产业经济，2020（3）：63-74.

作者单位：申金升，中国科协学会服务中心
朱文辉，中国科协学会服务中心
杨书卷，中国科协学会服务中心
卫振林，北京交通大学
齐志红，中国科协学会服务中心

06 新形势下科协组织服务科技经济融合发展对策研究

◇聂常虹 孙 毅 冯懿男 陈 彤 赵曼仪

【摘 要】科技经济融合既体现科技创新规律和市场经济运行规律,又与我国经济社会发展进程紧密联系,同时与创新驱动发展战略、科技体制改革等上层建筑息息相关,兼具理论性、现实性和复杂性。在不同发展阶段,科技经济融合的内涵与重点不断演变,需要与之相适应的、系统性的和全方位的政策体系来推动科技经济融合。要言之,进一步推动科技成果转化,进一步完善资源配置方式,进一步推动科技体制改革,是打通科技经济融合断点、堵点,助力成果转化跨越"死亡之谷",进而推动科技经济实现深度融合的关键。基于上述背景和科协组织的特点及优势,在借鉴国际科技组织主要经验的基础上,文章提出了"十四五"时期科协组织服务科技经济融合发展的对策:一是强化科协在科技经济融合中的重要地位;二是多措并举,协同推动科技成果转化进程;三是发挥优势,赋能战略性新兴产业发展;四是依托科协资源优势,赋能中小微企业发展;五是以"科创中国"为抓手推动科协组织建设。

【关键词】科协组织 科技经济融合 科技成果转化 政策体系

一、引言

我国经济社会发展正面临着多种有利因素和不利因素交织并存的复杂局面。一方面,世界正处于大发展大变革大调整时期,国际形势不确定性高企;另一方面,传统生产要素对经济增长的边际贡献逐渐减弱，科技事业发展迅速，科技创新对经济增长的拉动作用日渐增强。在新冠肺炎疫情冲击和产业转型升级的双重挑战下，推动科技和经济的深度融合具有时代紧迫性。然而，目前我国科技和经济想要实现深度融合，还需要跨越很多现实障碍，例如，科技与经济"两张皮"现象严重，技术市场发展不健全，科技成果转化存在交易成本高、专业转化机构缺失问题，等等。中国科协是国家创新体系的重要组成部分[1]，同时也是我国重要的科技智库，在我国发展历程中发挥了重要作用。中国科协覆盖众多学科，下属多个层级的地方科协组织（共3141个），横向拓展和纵向延伸的特点使其在推动产学研协同发展、补齐我国科技经济融合短板、改善地域间科技经济融合发展不平衡等方面具有人才智力优势和组织网络优势。积极发挥科协自身优势有利于破除科技经济融合发展的现实障碍，进而促进科技和经济的深度融合。

在上述背景下，以"科创中国"网络平台建设为切入点，系统性研究科协组织服务科技经济融合发展对策具有重要意义。第一，有利于科协组织发挥自身优势，在科技经济融合发展过程中精准发力，借助多级科协组织网络，融通科技资源；第二，有利于推动"科创中国"网络平台的发展，进而完善"科创中国"网络平台的服务机制建设，促进科技资源供求双方有效对接，使科技与经济通过科技成果的有效转化等多种途径实现融合发展。

二、国内外研究现状

科技经济融合是科技系统与经济系统的一种良性协调发展状态，科技成果转化是科技和经济最重要的融合路径之一。多年来，我国科技成果转化一直存在着交易成本高、科技中介的助推器作用不明显、技术市场发展不健全等诸多现实问题。基于此，本部分将从科技经济融合的概念界定、我国科技成果转化的现状两方面出发，梳理现有研究成果，以便进行后续研究。

（一）科技经济融合的概念界定

学术界对科技和经济之间关系的研究由来已久。早期学者们更侧重于研究科技进步对经济增长的影响。20世纪50年代以来，先后涌现出两大发展理论：新古典增长理论（认为经济增长来源于储蓄和投资水平的增长，而技术进步是经济增长的外生变量）和新熊彼特增长理论（把创新和技术进步看作推动经济增长的内生性影响因素）[2-4]。之后，学者们认识到科技进步能够带动经济增长，经济增长能够给科技发展提供物质基础并进一步推动科技创新，科技与经济之间并非仅仅是单向因果关系，而是一种相互作用、彼此影响的耦合关系[5-6]。科技进步与经济增长之间相互作用的强弱程度可以用耦合度来衡量，当科技和经济两个子系统配合得当时为良性耦合，耦合度较高；当二者彼此制约时为恶性耦合，耦合度较低。基于这一视角，科技经济融合发展追求的是科技与经济之间达到耦合协调。耦合协调指的是系统之间或系统内要素之间配合得当、和谐一致，具有良性循环的关系。耦合协调度是一个能够测度系统之间彼此良性互动、协调演化程度的指标，是指系统之间良性耦合程度的大小[7]。换言之，科技经济融合的发展目标是两个子系统的耦合协调度达到最大。科技成果转化是实现科技经济耦合协调关系的关键，对科技和经济走向深度融合具有极其重要的作用。

（二）我国科技成果转化的现状

科技成果转化是一个从知识到产品的转化过程[8]，涵盖了科技成果的供需对接以及产品开发的一系列复杂过程。目前科技成果供给方主要为从事科学技术研究工作的机构和团队（高校、科研院所等），科技成果需求方主要是企业。供需双方各具特点和优势，但是存在一定沟通壁垒[9]。科技成果供求两端的沟通壁垒是制约科技成果转化的主因，并且衍生出了一系列问题，例如转化通道受阻、科技中介功能有待进一步激发、交易成本高、从科技成果向现实生产力转化的过程中存在"死亡之谷"、专业化转化机构和管理措施缺失、技术市场不完善、信息不对称现象严重等[10-11]。部分学者基于交易成本理论研究了当前我国科技成果转化的困境。研究表明，在科技成果转化过程中积极发挥科技中介的信息咨询、价值评估、法律服务、项目跟踪和人才培养等一系列服务职能，对于降低交易成本、减少信息不对称、打通转化通道、跨越"死亡之谷"具有关键作用[12]。

综上所述，科技经济融合既体现科技创新规律和市场经济运行规律，又与我国经济社会发展进程紧密结合，同时与科技体制改革、创新驱动发展战略等上层建筑息息相关，兼具理论性、现实性和复杂性。目前对科技经济融合的定义与认识充分体现了"从实践中来到实践中去"的认识论逻辑，极具指导意义和现实意义。分析发现，现阶段我国经济科技融合不是单纯的经济问题，而是与科技体制机制改革、技术服务发展、建设现代化经济体系等重要命题紧密相联。推动科技经济融合需要系统性、全方位的政策体系，且需要与不同发展阶段科技经济融合的具体内涵与重点相结合。基于此，本文将首先分析如何落实党的十九届五中全会提出的科技经济融合新导向，接下来通过分析科协组织服务科技经济融合的现状、优势与不足，以及"十四五"时期科协组织打造"科创中国"融通平台的主要思路，在借鉴国际科技组织服务科技经济融合主要经验的基础上，提出"十四五"时期科协组织服务科技经济融合发展的对策建议。

三、如何落实党的十九届五中全会提出的科技经济融合新导向

（一）党的十九届五中全会提出的科技经济融合新导向

《中共中央关于制定国民经济和社会发展第十四个五年规划和二〇三五年远景目标的建议》（以下简称《建议》）[13]提出的科技经济融合新导向主要体现在以下五方面。

一是《建议》强调"坚持创新在我国现代化建设全局中的核心地位"，"要健全社会主义市场经济条件下新型举国体制"。在此论述下，科技经济融合的重要性进一步提升，与现代化经济体系建设、新发展格局构建联系紧密。二是《建议》提出，要"强化企业创新主体地位，促进各类创新要素向企业集聚"。这是推动创新链和产业链深度融合、提高国家创新能力的重要举措。三是《建议》强调"加强共性技术平台建设"。这是提升企业技术创新能力的一项重要举措。共性技术[①]的共用、关联和系统的属性，是创新链和产业链实现深度融合的基础。共性技术平台[②]对于推动科技经济深度融合具有桥梁和纽带作用，能够提高产学研用的协同性，在突破共性技术瓶颈、降低研发风险、弥合科技和经济发展之间的鸿沟方面具有天然优势，进而能够为跨越"死亡之谷"有效助力。四是《建议》提出，"完善科研人员职务发明成果权益分享机制"。这一举措能够大幅度提升科技成果供给端活力，能够通过有效激励的方式推动科技成果转化，对于推动科技经济深度融

---

① 共性技术是介于基础研究和应用研究之间，在多个领域内已经或未来有可能被广泛采用、对多个产业发展能起到根基作用的基础技术。

② 共性技术平台同时具备能及时了解行业技术需求和有效提供研发活动供给的优势，大多从事技术成熟度介于3—6级的有关实验室成果的中试熟化和应用技术的研发升级活动。

合具有牵引作用。五是《建议》提出，要"完善金融支持创新体系，促进新技术产业化规模化应用"。金融支持是科技创新过程中不可或缺的重要环节，该项举措对于解决科技创新过程中的资金短缺问题具有重要意义。

（二）落实党的十九届五中全会提出的科技经济融合新导向

落实党的十九届五中全会提出的科技经济融合新导向须从以下五点展开。既需要中央和地方协同以及部门间协同，形成合力，也需要遵循科研规律和科技经济融合发展需要，强化制度引领和机制设计，系统整合创新资源，推动科技经济深度融合。

一是科技经济融合须强化顶层设计，深化科技领域改革和机制创新，充分调动和发挥各方面积极性、主动性、创造性。既要通过部门间协同、中央和地方协同，系统整合资金、技术、平台、人才等创新资源，也要通过产学研用金结合，同步部署关键核心技术攻关与产业发展任务，同步推进创新链、产业链、资金链和政策链建设。

二是发挥企业在科技经济融合中的主体地位，促进多维创新要素向企业流通。首先，推动企业提高对国家科技事业发展的参与程度，支持企业承担国家重大科技项目，发挥企业身处产业前端、对产业信息敏感的优势。其次，综合运用多种政策工具（财税、金融），从政策层面有效支持企业参与科技经济融合实践，包括完善推动科技捐赠发展的专项税收优惠政策，健全政策采购等一系列支持政策。再次，健全有利于科技人才向企业流动的体制政策环境，鼓励科研院所、高校科技人才进入企业，鼓励博士毕业生到企业开展科研工作，支持有能力的企业整合科研院所等科技成果供给端力量，推动科技经济融合。最后，有针对性地为科技经济融合实践争取金融支持，解决不同层面科技经济融合实践过程中的资金短缺问题。

三是从顶层设计、政策引领等多个层面发力加强共性平台建设，特别是要多措并举发力于共性技术供给层面，强化企业的主体地位，构建多元化政策支持体系，强化资源利益共享、风险共担的机制设计，注重发挥共性技术平台在高标准共性技术供给方面的引领作用。

四是遵循科研规律和科技经济融合发展需要，推动科技人才评价转向创新能力、质量、实效、贡献导向，构建有效发挥同行、用户、市场、社会等多元评价主体作用的科技人才评价体系，以有效反映科技成果的原创性、科学价值、经济价值、社会效益。

五是加强科研人员分享职务发明成果权益，使其深度参与科研成果转化，以提高科研成果转化成功率。此外，"权属"分享的激励作用更大、更精准，也更持久，未来可推动科研人员进一步分享职务发明成果产权。

四、科协组织服务科技经济融合的现状、优势与不足

（一）科协组织服务科技经济融合的现状

一是服务科技经济融合是科协的重要任务。《中国科学技术协会章程》[14]指出了科协组织的任务①，体现了科技经济融合实践的多方面。同时，科技经济融合也是践行科协"深入实施创新驱动发展战略""促进科学技术的普及和推广"等宗旨的必然要求。

二是科协组织服务科技经济融合与推动区域创新发展联系紧密。中国科协颁布的《面向建设世界科技强国的中国科协规划纲要》提出组织全国学会与地方科协，深度参与区域创新发展，支持北京、上海科创中心建设工作，服务国家区域协调发展战略和创新驱动发展战略的实施，深度参与科技创新引领、技术经济融合、社会公共服务，激发科技工作者创新创业活力，提升科协组织在经济社会发展过程中的服务能力。分析发现，科协组织服务科技经济融合与推动区域创新发展紧密联系，旨在为区域发展引入创新资源，增强内生活力，提升发展均衡性，进而赋能于经济高质量发展。此外，"科创中国"也聚焦区域经济发展，旨在实现科技资源下沉和区域产学研深度融合。

三是科协以创新创业服务活动集聚各类创新要素，促进科技和经济融合。根据《中国科协2019年度事业发展统计公报》，科协在2019年取得了重要的发展业绩，开展多样化创新创业活动共计23884项，其中既包括竞赛、论坛、展览等活动（7344项），也包括咨询、教育、培训等类型的活动（13468项）以及投融资、成果转化等类型的活动（1956项）。

---

① 科协组织的任务包括"组织科学技术工作者开展科技创新，参与科学论证和咨询服务，加快科学技术成果转化应用，助力创新发展，为增强企业自主创新能力作贡献"等。

四是以专家服务和志愿服务推进科技资源下沉，服务科技经济融合。根据《中国科协2019年度事业发展统计公报》，2019年，科协有基层专职科普工作者[①]6.9万人；由各级科协指导组建的专家工作站有7627个，进站专家有13.2万人次；组建了4761个专家服务团队，参与其中的专家有17.5万人次。

五是以"科创中国"建设为抓手，依托自身优势，力促科技经济深度融合。2020年，《中国科协2020年服务科技经济融合发展行动方案》提出要打造"科创中国"服务品牌，并明确了一系列重点任务，涵盖了科技经济融合的多个维度，如平台建设、枢纽城市建设、创新创业、人才培养等。现阶段，数字化技术服务与交易平台、创新枢纽城市试点、科技服务团等工作正有序推进。

（二）科协组织服务科技经济融合的优势

中国科协的自身特点及其定位决定了科协组织服务科技经济融合的独特优势，主要体现在以下三方面。

一是"一体两翼"的组织架构决定了科协组织服务科技经济融合的组织优势。科协贯通中央、省、市、县四级，且在大型国有企业、科技头部企业、中小企业及高校均有组织触角，能够提升科技资源配置效率，促进科技服务向不同层级延伸。《中国科协2019年度事业发展统计公报》显示，科协系统包含各级科协3209个，直属单位1907个；企业科协17510个，个人会员264.9万人；高校科协1437个，个人会员75.5万人；乡镇科协（街道科协）26936个，个人会员143.9万人；村科协（社区科协）26637个，个人会员39.5万人；农技协2.7万个，个人会员442.0万人；各级科协所属学会29675个，其中全国学会210个，省级学会3848个；全国学会理事会理事3.1万人，省级学会理事会理事24.6万人。[②]同时，广泛的国

---

① 专职科普工作者指科普工作时间占其全部工作时间60%以上的工作人员。
② 各级科协是指中国科协机关及直属单位、省级科协、副省级与省会城市科协、地级科协、县级科协。地方科协是指省级科协、副省级与省会城市科协、地级科协、县级科协。学会是指各级科协所属学会、协会、研究会。两级学会是指中国科协所属全国学会、省级科协所属省级学会。全国学会是指中国科协所属全国学会。省级学会是指省级科协所属省级学会。中国科协基层组织是指各级科协在科技工作者集中的企业事业单位、高校院校和有条件的街道社区乡镇、农村等建立的科学技术协会（科学技术普及协会）等。企业科协是指各级科协批复由企业成立的科协基层组织。高校科协是指各级科协批复由高等院校成立的科协基层组织。乡镇科协（街道科协）是指乡镇、街道成立的科协基层组织。村科协（社区科协）是指村、社区成立的科协基层组织。农技协是指在民政部门登记、经本级科协正式审批接纳的农村专业技术协会（简称"农技协"）和在科协登记备案的各类农村专业技术研究会（简称"农研会"）。

际联系渠道以及在联合国经济和社会理事会的咨商地位，有助于科协组织整合全球科技资源，开展国际科技创新合作。

二是科协的政治性、先进性、群众性[①]决定了科协在坚持党的领导、坚守政治信念、践行使命担当、组织动员科技工作者及广大人民群众方面具有重要优势。同时，科协强大的专家人才队伍赋予其服务科技经济融合的人力资本优势。以全国学会为例，210个全国学会，覆盖了理工农医和交叉学科五个领域，各学会学术带头人均在相关领域具有重要影响，且各学会均拥有数量较多（1000人以上）的会员，具有较强的服务科技创新、决策咨询和科学技术普及的能力。科协组织服务科技经济融合的人力资本优势赋予科协供给科技公共服务的巨大潜力。

三是开放型、枢纽型、平台型的组织建设特点[②]赋予科协组织服务科技经济融合的平台优势。开放型组织建设赋予科协在开放、协同创新方面，以及民间科技合作方面以独特优势；枢纽型组织建设有助于科协在各类创新主体和要素之间发挥桥梁作用，提高创新协同性；平台型组织建设能够提升科协对科技创新的服务能力和对科技工作者的凝聚力。综上所述，科协组织服务科技经济融合的平台优势的核心是有效链接整合"政产学研金服用"创新要素，进而能够挖掘和协调需求，汇聚人才，延伸网络，强化成果供需对接，促进转化，开展多元化科技服务，搭建创新平台，建设创新生态系统。

（三）我国科技经济融合的现实障碍以及科协组织服务科技经济融合的不足

我国科技经济融合的现实障碍以及科协组织服务科技经济融合的不足可从以下五方面分析。

一是科协的公益性定位，使其在把握科技经济融合市场规律方面仍需不断发力。现实中，科技经济融合要满足经济社会发展需求、适应市场发展要求，让市场机制来带动技术的研发与运用，衡量和评价科研成果。科协市场化服务能力较弱，在供给科技经济融合相关的公共服务方面存在一定不足。

[①] 政治性是群团组织的灵魂，先进性是群团组织的重要着力点，群众性是群团组织的根本特点。

[②] 2016年5月30日，习近平总书记在全国"科技三会"上的重要讲话中明确提出，中国科协各级组织要"推动开放型、枢纽型、平台型科协组织建设"。这是科协组织有力有序推进改革发展的重要指南。"三型"科协组织内涵丰富，时代特征鲜明。"开放型"是"三型"科协组织的前提，"枢纽型"是"三型"科协组织的核心，"平台型"是"三型"科协组织的支撑，三者相辅相成、有机统一。

二是成果转化依旧面临诸多难题，科技经济走向深度融合的体制机制障碍依旧存在。例如，科技管理体制对科技事业发展的适应性和推动性作用仍需进一步加强，科技资源闲置、浪费与供给不足现象并存，科技资源配置效率仍需进一步提高，大型科研仪器设备跨机构、跨地区的共享机制仍需健全，体制机制障碍给科协服务科技经济融合潜能的发挥带来了较大的阻力。

三是我国科技公共服务供给不足现象仍然突出，科协组织对科技类公共服务的供给能力仍需增强。2015年7月，中共中央办公厅、国务院办公厅印发的《中国科协所属学会有序承接政府转移职能扩大试点工作实施方案》体现了科协在科技类公共服务供给中的重要性。现阶段通过"科创中国"品牌建设，科协在技术服务、技术交易平台等方面取得颇多进展，但在技术标准制定、知识产权鉴定与保护等诸多方面仍显不足。

四是基层科协组织力量需要进一步加强，以提升科协服务科技经济融合的能力。科协"一体两翼"的组织特点决定了科协在整合优化科技资源配置、下沉科技资源到基层过程中的组织优势，但基层组织相对松散，地方、企业和高校科协规模较小，直接影响其对科技资源的整合能力，弱化了基层科协组织服务科技经济融合的能力。

五是仍需在科技经济融合品牌建设方面加大力度，同时，公众认知程度需进一步提高。科协打造的科技经济融合品牌较少，公众对科协提供的科技经济融合服务了解较少，导致公众对科协组织服务科技经济融合的认知程度不高。

五、"十四五"时期科协组织打造"科创中国"融通平台的主要思路

（一）"科创中国"的创立背景

一是经济社会发展新趋势对科技经济融合提出新要求。一方面，新一轮科技革命给科技经济融合提供了新动力，以信息技术为引领的技术群交叉融合趋势越来越明显，带动了以绿色和智能为特征的群体性技术突破。从世界范围看，学科间交叉日趋频繁，产学研合作更加深入，科技成果转移转化、企业孵化等重要性凸显。另一方面，构建国内国际双循环发展新格局推动科技经济深度融合，即科技经济深度融合要依托国内国际创新资源、科技要素和技术要素，科技资源配置协同性需要进一步提升才能够更加适应国内国际双循环发展新态势。

二是长期以来，我国科技成果产出量高，具有巨大的转化潜力。一方面，根据世界知识产权组织统计，2019 年，我国国际专利申请量 58990 件，首次超越美国，排名世界第一。中国科学技术信息研究所研究报告显示，我国热点及高被引论文数量上升到了全球第二位。另一方面，近年来，科技成果转化取得有效进展，科技部数据显示，2019 年，我国技术合同成交额突破 2 万亿元（22398.4 亿元），同比增长 26.6%。但是，如何实现科研导向与市场导向的协同配合，以推动科技和经济的进一步融合，仍然任重道远。目前，我国技术服务和交易市场仍需进一步完善，交易成本高、信息不对称等问题广泛存在，成为阻碍我国科技经济走向深度融合的现实障碍。在上述背景下，中国科协于 2020 年 4 月颁发《中国科协 2020 年服务科技经济融合发展行动方案》，提出了一系列促进科技与经济深度融合的新举措。

三是科协组织在赋能我国科技经济融合方面具有天然的组织优势和人才优势。科协在科学家资源、多学科综合交叉、地方无缝连接、国际组织联络等方面有独特优势，科协多年来在开展科技服务、助力企业创新、汇聚国内外资源、促进产学协同等方面进行了诸多有益的创新实践。科协组织具有服务科技经济融合的独特优势，通过汇聚中国科协所属的 210 个全国学会，以及多学科的优秀科技成果，能够为"科创中国"服务科技经济深度融合提供坚实的科技资源基础；同时，中国科协拥有的覆盖多层级的 3141 个地方科协组织，能够为"科创中国"推动科技经济融合向着纵深发展奠定坚实的网络基础。

（二）"科创中国"建设的主要内容

现阶段"科创中国"建设的主要内容可从定位和主要任务两方面展开。

一是"科创中国"的定位。首先，在科技成果供给端发力，推动科技工作者在进行科学研究工作时以成果服务产业为主要导向，从源头上助力我国建设世界科技强国；其次，构建线上线下相融通的技术服务与交易体系，在供给端和需求端同时发力，供给端实现科技资源有效聚合，需求端深入了解产业科技与人才需求，线上打造技术服务与交易数字化平台，线下打造创新枢纽城市，推动区域发展，推动线上线下有效融通；再次，依托科协"一体两翼"的独特优势，促进"政产学研金服用"创新要素有效集聚和优化配置，打通科技资源循环通道；最后，推动逐步建成融通创新的生态系统，为大中小企业以及其他各类主体的创新活动提供适宜的环境。

二是"科创中国"的主要任务。根据中国科协办公厅印发的《中国科协2020年服务科技经济融合发展行动方案》，重点任务包括融通平台建设、创新枢纽城市建设、科技志愿服务、人才技术培训、海外创新创业、科技咨询等维度。与以往的成果转移转化平台有所区别的是，"科创中国"为科技资源整合、供需双方对接和交易提供了线上平台和线下渠道，既是以互联网力量撬动科技经济融合的有效探索，也旨在探索科技经济融合的组织机制与激励机制。

（三）"十四五"时期科协组织打造"科创中国"融通平台的主要思路

一是以数字化技术服务和交易平台优化科技资源配置。"科创中国"搭建的数字化技术服务和交易平台既包括科技资源需求信息（反映企业、产业、区域实际需求的"问题库"），也包括科技资源供给信息（反映企业、高校和科研院所科研成果的"项目库"），以及专门针对创新创业科技资源需求的"开源库"。通过需求牵引，供需对接，能够帮助科学家找到企业家，为科技工作者服务企业提供长效直达通道，提高科技服务效能。此外，汇聚海内外创新资源和中小企业技术需求，促进优势技术项目转移和成果转化，有利于优化科技资源配置，降低交易成本。

二是以创新枢纽城市探索区域科技经济深度融合新经验。为推动"科创中国"品牌建设，"科创中国"试点城市网络建设是现阶段科协推动科技经济融合的着力点之一。"科创中国"确定的首批试点城市一共有22个[①]，首批试点城市具有创新需求高、能够体现国家战略、地方政府重视程度高、工作基础良好且具备示范效应等特点。对于试点城市可以有针对性地导入技术和人才，并且结合地方的配套政策，同时联结重点园区、企业，进而吸引金融创投要素，形成与试点城市发展需求相适应的示范服务套件，不断积累经验，力求可推广和可复制。在此过程中，可以充分发挥科协组织优势，聚合产业要素，引导地方明确区域经济发展目标，明晰区域经济发展定位和特色优势，探索目标实现方法和路径，探索科协组织创新路径，进而实现产学研深度融合，推动区域经济高质量发展。

三是以科技服务团实现科技服务下沉。科技服务团是科协将人才导入地方和

---

① 22个试点城市分别为北京市中关村软件园、天津市滨海新区、山西省吕梁市、内蒙古自治区巴彦淖尔市、黑龙江省七台河市、上海市杨浦区、江苏省无锡市、浙江省宁波市、浙江省嘉兴市、安徽省铜陵市、福建省泉州市、江西省南昌国家高新区、山东省青岛市、山东省泰安市、河南省濮阳市、湖北省武汉市东湖新技术开发区、湖北省咸宁市、广东省广州市、广东省深圳市、广西壮族自治区南宁市、重庆市永川区、宁夏回族自治区银川市。

企业的重要组织载体,旨在精准服务地方产业发展。在"科创中国"建设过程中,科技服务团的目标包括以下几点。首先,科技服务团为一种组织机制创新,可充分发挥科协组织优势,形成跨学科、跨领域创建由院士领衔、社会各类创新主体协同服务的工作格局,以建立各类产学研用赋能组织为着力点,构建科技经济融合长效对接服务机制;其次,科技服务团可发挥科技社团学术团体的功能作用,形成一批高端智库成果;再次,科技服务团可发挥科协的国际民间科技交流渠道优势,推动一批技术交易;此外,科技服务团还可促进一批企业落地,实现一批高质量技术服务;最后,科技服务团也将推动打造一批科技经济融合"样板间"。综上所述,科技服务团可多维度实现科技服务下沉,这一载体的常态化发展也将推动科技经济深度融合。

六、国际科技组织服务科技经济融合的经验借鉴

(一)美国斯坦福大学技术许可办公室(OTL)

美国斯坦福大学技术许可办公室(OTL)是斯坦福大学专门负责科技成果转化的一个部门。该部门的工作内容包括以下几方面:科技成果市场转化潜力评估和筛选,为符合条件的科技成果申请专利;寻找目标企业开展合作,完成技术或成果交易后持续追踪,确保交易的技术或成果真正转化为产品,进而实现产业化(图2-6-1)。2019财年,OTL在促进科技经济融合方面成果颇丰。OTL评估了564项新发明披露,并签署了122项新许可,其中54个许可证是非排他性的,37

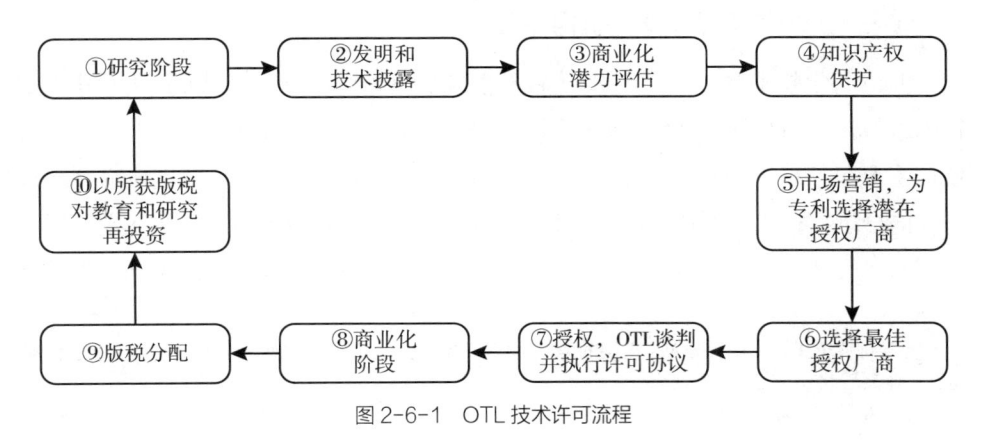

图 2-6-1 OTL 技术许可流程

个是排他性的，26个是期权协议。同时，在122份协议中，有24份是与斯坦福的初创企业达成的，有30份涉及股权。OTL作为市场中介推动科技成果转化，在科技成果的商业化领域积累了大量经验，它的知识产权保护、市场营销手段、金融工具及利益共享机制设计在科技成果商业化过程中发挥重要作用。同时，OTL作为斯坦福大学的一个部门，既具备丰富的科研成果支持，又了解大学的文化和科研人员的特点，有利于针对不同科技成果制定不同的转化策略。

（二）德国弗劳恩霍夫协会（FHG）

德国弗劳恩霍夫协会（FHG）是民办的、具有非营利性质的科研机构，成立于第二次世界大战结束后，由德国政府建立，旨在重建经济和提高应用研究水平。该协会[①]下设80多个研究机构，拥有研究人员约2.2万人[②]。协会的定位为：多学科的研究联盟、创新的推动者、产业界的伙伴、自主和中立的科研组织、以客户需求为导向的产品与服务提供方、科技界与产业界的沟通桥梁。

分析发现，该协会旨在促进科技经济融合，致力于技术支持和平台构建。FHG在促进科技经济融合方面发挥的作用主要体现在以下两方面：一是利用自身优势减少科技成果转移转化过程中的信息不对称问题，例如其提供的信息服务能够帮助企业和公共部门解决自身发展过程中面临的技术问题、管理问题；二是利用自身的科技资源为企业提供技术支持，例如开展科技咨询服务、可行性研究、技术评估、投融资建议、认证服务等，在推进科技服务时，注意结合企业自身特点（如规模等），开展针对性服务（图2-6-2）。

（三）日本科学技术振兴机构（JST）

日本科学技术振兴机构（JST）在日本既承担着科技中介的职能，也承担着执行国家科技计划和资助基础研究的职能。JST的成立初衷是振兴日本科学事业，其使命主要包括以下两点：一是以践行国家战略为目标，发力于从基础研究到产业开发的全过程；二是为各类科技资源的畅通流动创造必要的环境。JST主要从以下四方面践行其使命：一是集中各方主体力量（官产学研），大力推进不同类型的研

---

① 德国弗劳恩霍夫协会分布于德国的40个地区，年经费预算约19亿欧元（2012年度），在欧洲、美洲、亚洲均设有研究中心和代表处。

② 包括研究生和博士后。

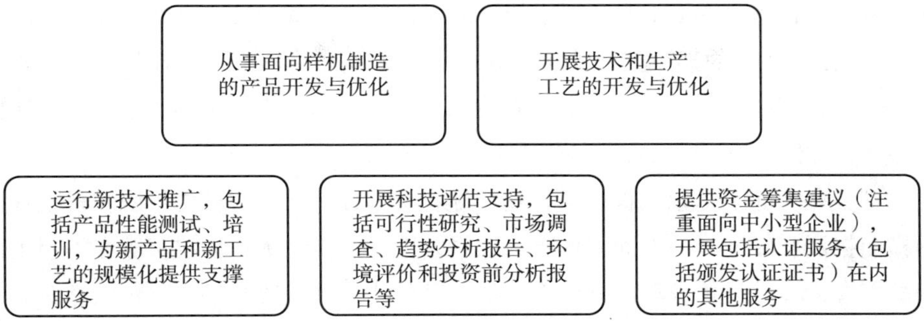

```
┌─────────────────┐        ┌─────────────────┐
│ 从事面向样机制造  │        │ 开展技术和生产   │
│ 的产品开发与优化  │        │ 工艺的开发与优化 │
└─────────────────┘        └─────────────────┘

┌──────────────┐  ┌──────────────────┐  ┌──────────────────┐
│运行新技术推广，│  │开展科技评估支持，│  │提供资金筹集建议（注│
│包括产品性能测试、│  │包括可行性研究、市场调│  │重面向中小型企业），│
│培训，为新产品和新工│  │查、趋势分析报告、环│  │开展包括认证服务（包│
│艺的规模化提供支撑│  │境评价和投资前分析报│  │括颁发认证证书）在内│
│服务           │  │告等             │  │的其他服务         │
└──────────────┘  └──────────────────┘  └──────────────────┘
```

图 2-6-2　FHG 服务科技经济融合的做法

究工作；二是强化科研基础设施建设和信息网络建设；三是为本机构吸引高水平研究人员；四是大力推进成果转移转化和科技服务等活动。

JST 在日本属于国立科技中介机构，在运行方面兼具公益性特征和经营性特征。其运营机制中，以下几点值得借鉴：首先，有针对性地制定差异化战略，推动科技成果转化，针对转化成本高、难度大的项目，采取委托开发的方式促成转化，针对转化周期短、难度较小的项目，采取开发斡旋的方式促成转化；其次，促进形成内部产学研一体化创新链，以国家发展战略为中心，建立从基础研究到产业孵化再到技术推广完成的全链条，在这一链条中，官产学研等相关主体既各司其职，又紧密衔接，互为补充；再次，注重积累实践经验，不但学习成功案例的经验，也吸取失败案例的教训；最后，建立风险分担机制，例如，委托开发方式中，若商业化失败，则不必退还 90% 的开发费用。

（四）国际科技组织推动科技经济融合的主要启示

一是在推进科技经济融合的具体实践中大力发挥科协的各方面优势。要辩证借鉴国际科技组织服务科技经济融合的主要经验。科技组织服务科技经济融合的优势体现在技术、平台、运营、组织等多个层面，可连接科技资源供需两端，打通科技和经济的通道。基于科协的自身定位和主要特点，可以发现，与国际组织相比，横向来看，科协的各个学会覆盖了多个基础学科和交叉学科，覆盖面广，发力点多；纵向来看，科协拥有从中央到地方的多层级组织网络，在推动我国科技经济融合实践走向纵深、走向基层方面具有天然优势。

二是积极探索科协组织在服务国家创新驱动发展战略中的具体定位和主要路

径。有针对性地借鉴 JST 服务国家战略的主要经验，基于科协自身特点和我国经济社会发展实际，制定差异化举措，服务科技经济融合大局。科技经济想要实现深度融合，需要各有关主体实现有效协同，注重发挥科协组织的桥梁作用，在提升各有关主体的协同性方面有效作为。

三是基于企业需求，促进科技资源配置效率提升。发挥科协组织在科技资源的横向拓展和纵向延伸方面的优势，以系统性思维不断优化科技资源在不同主体间的配置，提升科技资源配置效率。从国际科技资源配置的经验看，以企业需求为导向，是提高科技资源配置效率、助力产业升级和科技进步的关键。科技经济融合的主要目的，是促进科技成果转化，提高企业的技术水平和创新能力，通过合作研发方式，完成企业发展迫切需要而又无法独自完成的技术研发项目，使企业、大学、科研机构的资金、人才、实验设备、研究资料等优势互补，产生科研集群效应，研发出各方都无法独自完成的新成果，增强企业的创新能力，加快产业技术升级换代和科技进步的速度。未来科协可通过"科创中国"品牌建设，进一步推进以企业需求为导向优化科技资源配置，促进科技经济深度融合。

四是善用市场力量，强化机制设计，大力推动科技成果转移转化。从美国、德国、日本等市场经济国家的经验看，科技成果转化的市场运行机制是促进科技经济融合的重要保障，政府和社会组织并不直接干预科技成果转化，而是为科技成果转化提供技术与平台支持、科技服务支持等，不断改进科技成果转化的市场机制。如 OTL 提供的商业化潜力评估与市场营销服务，FHG 开展的技术评估支持，JST 免费帮助科研人员申请专利，都是在供需双方之间磋商斡旋。未来科协可通过加强科技服务供给、完善技术与平台支持等举措，在完善科技成果转化的市场运行机制方面发挥更大作用。

七、"十四五"时期科协组织服务科技经济融合发展的对策

（一）强化科协在科技经济融合中的重要地位

"十四五"期间，创新驱动发展战略对强化科协在科技经济融合中的重要地位提出更高要求。建议科协从以下三方面出发，强化其在科技经济融合中的重要地位。

一是充分发挥科协横向拓展和纵向延伸的组织网络优势，强化科技公共服务

供给能力建设。首先，充分发挥科协人才驱动、散点分布、多元联结、灵活无界等独特的组织优势，撬动政府和市场力量，链接汇聚各类创新资源，广泛协同人才、技术、政策、资本等要素，促进科技经济融合。其次，在承接政府服务方面积极作为，推动政府、市场和社会组织等诸多相关主体各归其位、各负其责，继续鼓励各级科协有序承接科技评估、资格认定、成果鉴定、技术标准制定和奖励推荐等一系列能够发挥自身优势的工作，鼓励有关学会在新兴和前沿领域牵头开展标准研究工作，如大数据、人工智能等领域；最后，继续大力推进科技咨询服务，鼓励基层科协组织在各类科技服务方面积极作为，以点带面逐步推动科技经济不断走向深度融合。

二是继续强化学会能力建设，不断推动学会赋能科技经济融合实践。首先，搭建一系列合作平台以促进学会服务能力提升，推动实现学会的社会价值，如分地区推动平台建设，以便为本地区科技工作者提供功能全面和流程完整的一站式服务。其次，在学会联合体建设方面继续发力，构建学科协同、人才协同、资源协同的长效机制，在促发展、解难题方面形成稳定合力，以推动科技经济融合。再次，支持学会探索协同创新模式，建设各类新型协同创新组织，广泛联结高校、科研院所、企业、新型研发机构、技术服务中介等，强化组织赋能，打造技术创新与转移枢纽。最后，以服务于科技工作者为宗旨，不断提升学会的服务能力，继续努力加强学会对科技工作者的吸引力和凝聚力，为科技经济融合赋能。

三是以全球视角促进科技经济融合，加强国际合作。科技创新与开放合作是破解全球重大问题、直面人类重大挑战的必经之路。科协的国际联系渠道广泛，在推动国际科技合作进程、促进中国融入全球创新网络、不断向全球创新链和产业链上游攀升、推动全球产业体系重构方面可积极作为，利用自身优势不断为人类命运共同体建设赋能。

（二）多措并举，协同推动科技成果转化进程

科技成果转化对推动科技经济实现深度融合的重要作用不言而喻。"十四五"时期应逐步强化市场在创新资源配置中的决定性作用，善用市场力量，大力减少信息不对称，降低交易成本，不断推动技术要素的自由流通，实现供需双方的有效衔接，为产业提供强力支撑。建议科协以多种举措，协同推动科技成果转化进程。

一是基于市场规律，不断完善技术服务及交易平台建设，进而提升科技资源配置效率。长期以来，技术服务及交易的高成本是我国科技成果转化进程中的重大障碍。从科技成果转化的发展规律看，社会组织参与建立技术服务与交易平台，是降低技术服务和交易服务成本、促进科技成果转化的关键。"科创中国"平台已初步建立起技术服务与交易平台，"十四五"期间该平台有待进一步完善，如供需匹配更加有效和精准、项目覆盖面更加广泛等，以发挥市场机制的决定性作用，进而提升科技资源配置效率。

二是大力推动共性技术平台和产学研协同创新平台的建设。科技成果转移转化的全过程需要官产学研等多方主体参与，各主体均发挥着重要作用，且具有优势互补的特点。在成果转移转化过程中，各主体各司其职，协同配合，能够为科技经济融合积蓄强大的助推力量。建议推动科技成果转移转化利益共同体建设工作，在研发方面协同配合，对利益和风险实现共享共担。此外，党的十九届五中全会强调"加强共性技术平台建设"，故科协服务共性技术平台建设是大势所趋，可集成各方创新主体优势，推动共性平台建设。

三是科研人员成果转化意识仍需进一步加强。现阶段，我国科研机构中成果闲置现象普遍，许多成果拥有转化潜力，但是距离转化为现实生产力仍有较大距离，造成了极大的资源浪费。究其原因，转化激励机制不健全和转化意识不足兼而有之。"十四五"期间，既要破除体制机制障碍，优化科技成果转化激励机制，也要通过新闻媒体大力宣传科技成果转化的重要作用及重大意义，强化科研人员的转化意识，深化科技工作者对经济建设的参与程度。

四是加强知识产权保护。现阶段，我国逐渐向技术前沿逼近，加强知识产权保护，给予风险性投资更大的回报激励，有助于在较高的技术边界上继续向技术前沿推进。知识产权保护对科技创新具有激励作用，是基本手段，也是基本保障。科协可充分发挥专业人才优势，提供知识产权鉴定及相关技术咨询服务，同时与国家知识产权局等部门合作，形成加强知识产权保护的合力，既为"完善科研人员职务发明成果权益分享机制"奠定基础，又促进科研成果转化。

五是更好发挥科协在完善中国特色科创金融体系中的作用。借助科协资源优势、基层组织优势及其分布广泛的特点，在尊重科技创新规律的前提下，加大力度鼓励引导金融机构为科创企业提供有针对性的金融服务，改善金融资本流向，推动科技创新过程中金融资本供求双方的有效对接。

（三）发挥优势，赋能战略性新兴产业发展

战略性新兴产业因其对经济社会发展的重要引领和带动作用，不但具有巨大的增长潜力，同时也是科技经济融合的重要实践。科协组织服务战略性新兴产业发展，可有效促进科技经济融合，建议从以下两方面开展。

一是注重发挥科协组织对科技创新的支撑引领作用，以服务战略性新兴产业发展为抓手，为科技经济融合助力。对于战略性新兴产业涉及的一系列重要技术，如行业共性技术、"卡脖子"技术、产业核心技术等，可以考虑利用"科创中国"平台统筹发布产业技术创新需求，同时推动科研机构与企业、产业紧密结合，协助企业破解技术困境。

二是发挥科协组织的引领作用，集成官产学研各方面主体优势，在科技攻关、平台共建、人才培养等方面协同配合。依托众多学会的人才智力优势和对科技项目的集聚能力，引导和吸引各方面主体进行协同创新，服务于战略新兴产业发展，同时通过科技咨询和成果转移转化等一系列途径，在推动科技经济深度融合的同时，实现多方共赢。

（四）依托科协资源优势，赋能中小微企业发展

党的十九届五中全会提出，"强化企业创新主体地位，促进各类创新要素向企业集聚"。企业在科技经济融合中的重要地位得到凸显。考虑到中小微企业正在成为技术创新的重要力量，同时中小微企业在技术、资金等方面处于弱势地位，颇多中小微企业陷入如产品附加值低、议价能力低、竞争强度高等困境，在科协助力中小微企业发展方面，建议从下述四个维度入手：

一是不断推动中小微企业专家服务团的发展壮大，发挥学会和科研院所的专家优势，提供技术指导，助力中小微企业发展。如针对中小微企业面临的技术难题，专家服务团可结合自身专业优势，帮助中小微企业科技工作者了解最新科技信息，帮助企业破解技术难题，为技术升级提供助力。

二是广泛开展会企合作。将企业需求与学会的智力资源优势对接起来，深入企业，通过项目开发合作等途径，形成稳定的合作机制，不断推进科技创新和成果转化。

三是推动研究机构与企业合作。鼓励高校、研究机构和中小微企业合作进行研究开发，高校、研究机构的科技成果可直接与企业需求对接，快速转化为现实

生产力，促进科技成果转化。

四是在深入研究科技经济融合规律的基础上，发挥企业科协联合会在科技资源供需对接等方面的优势，探索企业科协联合会在科技经济融合实践中的作为空间。

（五）以"科创中国"为抓手推动科协组织建设

"科创中国"以组织创新和组织力提升为核心，以技术、人才的有效组织，把各类创新要素动员起来，通过组织来聚能、赋能、提能，探索与经济发展紧密结合的新模式、新经验，把组织优势转化为发展优势。现阶段"科创中国"品牌建设稳步推进，并取得了颇多成果。"十四五"期间继续打造"科创中国"品牌，有助于加强公众对科协提供的科技经济融合服务的认可度，提升社会影响力。

一是强化对试点城市科技经济融合途径的探索。试点城市科技经济深度融合的路径探索，是"十四五"期间组织创新和组织力提升的基础，如探索实践在技术供需双方和政府的"三螺旋"结构中，嵌入新的要素、培育新的组织、探索新的机制，通过协同创新组织网络，促进科技与经济双向互动和有机融合。"十四五"期间科协既要继续加强试点城市科技经济深度融合的路径探索，也要积极推广试点城市科技经济深度融合的经验，及时发现试点城市科技经济融合的问题，充分发挥试点城市路径探索对其他条件类似城市的示范作用。

二是加强基层科协组织建设。"科创中国"对基层科协组织建设提出了新要求，建议从以下两点加强基层科协组织建设，以有效整合科技资源，促进科技经济融合。一方面，建议面向促进科技经济融合的目标，整合地方企业创新服务中心和学会服务中心，从基层科协组织内部入手，着力打通人才与企业之间的沟通壁垒，提升人才资源的配置效率。另一方面，建议建立科协基层联络站点，整合基层科协的学会服务、企业服务、基层调查站点等职能，统筹推进企业信息收集、人才交流、成果对接等工作，加强对科技资源的全方位整合能力，进而更好地服务科技经济融合。同时，结合试点城市及数字平台建设，探索构建区域创新联盟、产学研联合共同体、技术交易中心等共同体，推动科协组织创新。

参考文献

[1] 闫冬. 科协组织在社会管理创新中的作用探析[D]. 济南：山东大学，2012.

［2］柳卸林，高雨辰，丁雪辰. 寻找创新驱动发展的新理论思维——基于新熊彼特增长理论的思考［J］. 管理世界，2017，33（12）：8-19.

［3］SOLOW R M. A Contribution to the Theory of Economic Growth［J］. The Quarterly Journal of Economics，1956，70（1）：65-94.

［4］ROMER P M. Increasing Returns and Long-Run Growth［J］. Journal of Political Economy，1986，94（5）：1002-1037.

［5］周士跃. 科技创新与经济发展融合问题研究综述［J］. 中共乐山市委党校学报，2018，20（3）：72-75.

［6］梁颖. 我国城区科技进步与经济社会发展的关系研究及比较分析［D］. 南京：东南大学，2015.

［7］钱丽，陈忠卫，肖仁桥. 中国区域工业化、城镇化与农业现代化耦合协调度及其影响因素研究［J］. 经济问题探索，2012，33（11）：10-17.

［8］吴寿仁. 科技成果转化若干热点问题解析（九）——技术及技术转移概念辨析及相关政策解读［J］. 科技中国，2018（2）：54-60.

［9］李国文，秦文，王世国. 需求导向技术产业化及科技成果转化对接模式研究——以泛米科技为例［J］. 企业改革与管理，2017，25（13）：57-59.

［10］陈学东，王冰，范志超. 科技与经济融合促进企业技术创新能力提升的思考［J］. 安徽科技，2019，32（12）：5-10.

［11］张玥. 浅谈新形势下科技成果转化的挑战与机遇［J］. 中国教育学刊，2017，38（S1）：29-31.

［12］张雨菲，茅宁莹. 基于交易成本理论的高校医药科技成果转化困境成因分析［J］. 科学管理研究，2020，38（1）：35-41.

［13］中华人民共和国国民经济和社会发展第十四个五年规划和2035年远景目标纲要［EB/OL］.（2020-11-03）［2021-05-16］. http://www.gov.cn/xinwen/2021-03/13/content_5592681.htm.

［14］中国科学技术协会. 中国科学技术协会章程［EB/OL］.（2021-05-30）［2021-05-30］. https://www.cast.org.cn/col/col13/#1.

作者单位：聂常虹，中国科学院大学
孙　毅，中国科学院大学
冯懿男，中国科学院大学
陈　彤，中国科学院大学
赵曼仪，北京理工大学

07 新形势下科协组织学术交流服务创新对策研究

◇段鑫星　赵智兴

【摘　要】　2020年，党的十九届五中全会站在"两个一百年"历史交汇点上，把握"两个大局"，提出中国国民经济和社会发展"十四五"规划和2035年远景目标，标志着我国进入了一个新发展阶段。新发展阶段，科协需要抓住新机遇，坚持新发展理念，迎接新挑战，办好高质量的学术交流。当前，科协在学术交流服务中存在学科交叉融合不充分、国际化程度低、信息化建设不完善、服务"一线"滞后、互动不深入、成果转化匮乏、凝聚力不足等现实问题；同时，科技期刊的影响力、传播方式和队伍建设等也有待提升。文章据此提出以下应对策略：织密多学科交叉融合保障网、加快学术交流信息化、推动学术交流国际化、挖掘学术交流实践潜能、重视学术交流结果的反馈和应用、创新学术会议模式、加速世界一流科技期刊建设。

【关键词】　新形势　科协组织　学术交流服务　创新对策

一、新形势的本质内涵与基本特征

"十四五"时期是我国全面建成小康社会、实现第一个百年奋斗目标之后，乘势而上开启全面建设社会主义现代化国家新征程、向第二个百年奋斗目标进军的第一个五年。2020年10月26日至29日，中国共产党第十九届中央委员会第五次全体会议在北京召开。党的十九届五中全会是站在"两个一百年"历史交汇点上，突出把握"两个大局"，谋划中国国民经济和社会发展的"十四五"规划和2035年远景目标的重要会议，对推进我国社会主义现代化进程、加快建设世界科技强国、实现科技自立自强有着里程碑意义。

（一）国际背景

1. 百年未有之大变局

把握新形势的关键在于把握"两个大局"。习近平总书记在主持召开推动中部地区崛起工作座谈会时曾指出："领导干部要胸怀两个大局，一个是中华民族伟大复兴的战略全局，一个是世界百年未有之大变局，这是我们谋划工作的基本出发点。""两个大局"思想是习近平总书记对当前国际环境和国内条件变化做出的重大判断，是习近平新时代中国特色社会主义思想的重要组成部分，也是做好科协组织"十四五"规划编制和科协事业发展改革工作的基本出发点。把握"中华民族伟大复兴的战略全局"与"世界百年未有之大变局"，在发展的重要战略机遇期、后疫情时代、中美关系变化等众多新形势的显著影响下，科协组织必须要坚持把学术交流作为主业主责，充分发挥自身在学术创新引领、实现科技自立自强中不可替代的作用。

当前，全球政治经济秩序加速变革，大国关系发生转折性变化，新一轮科技革命和产业变革改变了传统的生产方式、社会结构和生活方式，世界面临百年未有之大变局。首先，全球秩序加速变革。随着经济实力的变化，国际体系与世界力量对比"东升西降""新升老降"的趋势明显。世界权力首次开始向非西方世界转移扩散，一大批新兴经济体和发展中国家群体性崛起，世界经济中心向亚太转移。百年来西方国家主导国际政治的情况正在发生根本性改变，新型全球政治经济秩序正在加速形成。其次，大国关系尤其是中美关系出现转折性变化。中美战略博弈已拉开序幕，贸易战、科技战、规则战、舆论战等相继而来，"脱钩"风险增大。因大国战略博弈而产生的对我国的打压阻遏，科技、金融、粮食、能源等安全挑战同样相继而来，单边主义、保护主义、霸权主义对世界和平与发展构成威胁。最后，科学技术推动生产方式、社会结构和生活方式发生深刻变化。信息传输技术的进步、范围的扩大，让社会分工更为灵活。非国家行为体尤其是巨型高科技跨国公司异军突起，在全球生产组织中发挥重要作用。人工智能等前沿科技突飞猛进，深刻重塑人类社会的生产生活方式。我国作为后发国家和人口大国，在信息技术发展上具有独特的技术代际跨越优势和市场规模优势，尤其是在部分新兴领域已经站在了前沿。

2. 百年未遇之大疫情

新冠肺炎疫情对全球经济社会运行造成巨大冲击，并将加剧全球变局，疫情防控效果也成为检验各国治理成效的重要标尺，给全球治理带来重要影响。从这次新冠肺炎疫情看，目前全球疫情尚未得到控制，除中国外其他主要经济体防控疫情压力仍然很大，全球存在发生新一轮疫情的可能。国际货币基金组织、世界银行等多个机构预测，全球经济将出现大幅下降，全球贸易投资等将遭受巨大冲击。同时，疫情也推动全球产业组织形式、产业链布局、全球治理方式发生重大变化，全球化进程、全球政治经济秩序、全球治理体系的变革将因疫情影响而加速。

（二）国内背景

1. 发展目标"转段升级"

我们正处于从第一个百年目标向第二个百年目标"转段"的交汇期。第一，从社会生产力来看，人民对美好生活的期待全面升级。全面小康实现后，随着人民收入水平提高以及老龄化、城镇化、信息化、国际化的发展，人民需求结构全面升级。第二，从生产关系和上层建筑来看，改革开放后的高速发展也导致了一些矛盾，如区域发展不平衡、收入差距扩大、生态环境破坏、公共服务不足、腐败问题滋生等。这些矛盾和问题，有的是在特定国情和发展阶段下难以避免的，有的则是我们在探索过程中走的弯路。在新的历史阶段，需要进一步处理好政府和市场的关系，持续推进一系列重点领域改革，探索如何更好地弥补市场失灵、改善社会公平、优化公共服务，构建高效能、现代化的国家治理体系。

2. 经济转向高质量发展阶段

习近平总书记在党的十九大报告中指出："我国经济已由高速增长阶段转向高质量发展阶段。"我们必须准确把握党的十九届五中全会关于"一个格局、两个基点、一个动力"的深刻科学内涵，即服务构建新发展格局，以科技支撑供给侧结构性改革、扩大内需的战略基点，以改革开放为根本动力。面向未来，我们将推动经济高质量发展，建设现代化经济体系，逐步形成以国内大循环为主体、国内国际双循环相互促进的新发展格局，培育新形势下我国参与国际合作和竞争的新优势，实现建设社会主义现代化强国的宏伟目标。

二、新形势下科协组织学术交流服务的机遇与挑战

新发展阶段：当前，社会主要矛盾已经转化为人民日益增长的美好生活需要和不平衡不充分的发展之间的矛盾，人民对美好生活的要求不断提高。高质量发展是破解这一主要矛盾的基本路径。实现高质量发展，重点在于人才、技术和资本等创新要素的高效配置，提升科技创新成果转化能力。

新发展理念：创新、协调、绿色、开放、共享的新发展理念是习近平新时代中国特色社会主义经济思想的主要内容，具有继承和发展相结合、理论和实践相统一的鲜明特点。新发展理念产生于新时代中国特色社会主义实践，又在指导实践中不断丰富和发展，须贯穿中国特色社会主义事业"五位一体"总体布局和"四个全面"战略布局，统筹推进经济建设、政治建设、文化建设、社会建设、生态文明建设，协调推进全面建成小康社会、全面深化改革、全面依法治国、全面从严治党。

新发展格局：加快形成以国内大循环为主体、国内国际双循环相互促进的新发展格局，是根据我国发展阶段、环境、条件变化做出的战略决策，是事关全局的系统性深层次变革。构建新发展格局不是"自我封闭"，而是要推进更高水平的开放。构建新发展格局，强调畅通内外循环、内外并重、内外相互促进，是更高水平的开放发展布局。

新发展阶段、新发展理念、新发展格局对科协组织赋能学术交流提出了更大的挑战，要求学术交流坚持"四个面向"，把学术交流集聚的人才资源、平台资源和智力资源势能有效转化为为科技工作者服务、为创新驱动发展服务、为提高全民科学素质服务、为党和政府科学决策服务的强大动能。

对此，科协组织应抓住新发展阶段的历史机遇，坚持新发展理念，以学术交流支撑供给侧结构性改革战略基点，办好高质量的学术交流，努力把学术交流聚集的人才资源、智力资源、平台资源转化为高质量发展优势，不断提升学术交流为科技工作者服务、为创新驱动发展服务、为提高全民科学素质服务、为党和政府科学决策服务的质量和效能，充分满足人民日益增长的高质量学术交流的需求。

三、新形势下科协组织学术交流服务的现状与问题

(一) 学术交流的基本内涵

学术交流是指科技活动中提供、传递、转换和获取学术的信息、知识、思想、方法、精神的较为专门的、系统的交流过程。学术交流的基本分类如表 2-7-1 所示。不同主体举办的学术交流的特征如表 2-7-2 所示。

表 2-7-1 学术交流的基本分类

分类	具体形式
面对面的口授式学术交流	非正式（口头交流）学术会晤、学术人员流动、正式学术会议等
编码式的印刷物、纸质媒介交流	学术论文、学术期刊、二次文献、学术文献库等
电子文档的网络交流	互联网平台传输的电子学术文件等

学术期刊等各种形式的学术交流都是以科学知识和科学研究成果为主要内容，以传播信息、交流学术、促进科学发展为主要功能，以学术性、固定性、广泛性和交流性为共同特征。其他学术交流群体与学术期刊的受众群体存在交集，其他学术交流的参与者常常是学术期刊的作者和读者。二者相互促进，共同发展。其他学术交流有利于提升期刊的学术质量和影响力；学术期刊则有利于推动其他学术交流的发展。简言之，学术期刊是学术交流的关键载体。

表 2-7-2 不同学术交流主体举办的学术交流的特征

	基本特征	组织机构	经费来源	学术交流动机	交流形式	参会人员
科技社团	非政府性、自治性、志愿公益性	没有统一的组织形式，根据其组织的宗旨、组织规模和组织环境设计适合自身的组织机构模式	经费来源多元化，包括财政拨款、资助、捐赠、会费、企事业活动收入以及其他收入	侧重于凝聚科技工作者，搭建同行交流、同行评议、同行认可的交流平台，从而满足社团会员和科技工作者的需求	非正式（口头交流）的学术会晤、正式学术会议、学术论文、学术期刊、二次文献，以及网上电子文档的交流等	分布广泛，不局限于某个或某几个单位，提供较多机会给年轻尚无社会声望的科技工作者，为不同学派的学术争鸣提供更多机会

续表

	基本特征	组织机构	经费来源	学术交流动机	交流形式	参会人员
高等院校	多学科性	依托学校主干学科、重点实验室（工程研究中心）等科研平台、学术（技术）委员会、科研业务上级主管部门（如国家和省科协、行业部委等）	主要包括学校划拨经费、各学院设立的专项经费以及各课题组自筹的学术交流经费	侧重于丰富教学内容，提高教学质量，进行高校人才队伍建设，有利于高校科研水平提高、科研成果转化，有利于创新人才的培养	学校举办（含主办、承办）的各类学术交流与研讨会、科研项目工作会议、科研业务专题会议等	学校师生、相关领域专家学者
科研院所	多方面、全方位	各级科技委及其下设的专业委员会，有关科室科技委、企业科协组织、学会分会、挂靠行业性管理机构等	主要包括科研项目经费、科研院所划拨经费等	侧重于促进技术进步和产业发展，助力科研人员成长，推动与有关单位的交流合作、成果宣传并扩大知名度	行业性学术交流、与合作单位举办的双边交流、在内部举办的学术交流	单位科研人员、技术骨干

（二）科协组织学术交流服务的现状与问题

1. 调研设计

（1）数据来源

本次调研采取线上和线下非随机方式发放。调研对象为理、工、农、医类和交叉学科类科技社团的成员及参加过这类科技社团的学术交流的科技工作者。问卷共发放870份，有效回收810份，问卷有效回收率达93.10%。本部分通过描述性统计分析，呈现调研的基本信息。

（2）基本信息统计

由图2-7-1可以看出：在性别分布上，男性样本量占比58.15%，女性样本量占比41.85%，男性样本略多于女性样本。在年龄结构上（图2-7-2），51.85%的调研对象的年龄在30岁及以下，24.07%的调研对象的年龄在30~40岁，12.96%

的调研对象的年龄在 41~50 岁，8.15% 的调研对象的年龄在 51~60 岁，61~65 岁的调研对象占比最少。

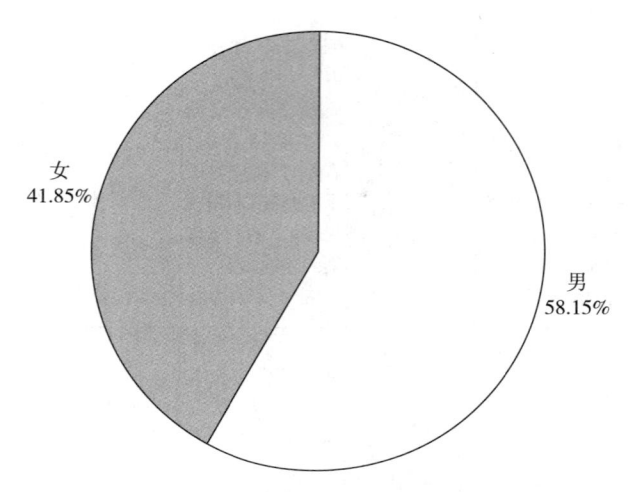

图 2-7-1　调研对象性别分布图

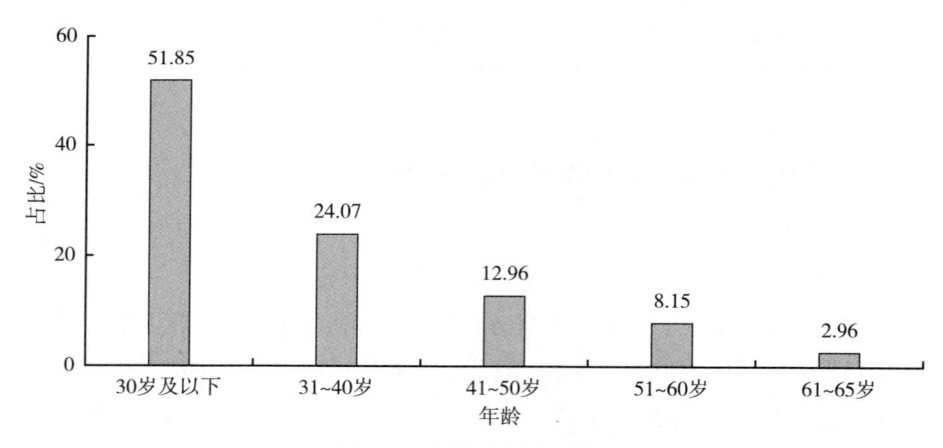

图 2-7-2　调研对象年龄分布图

如表 2-7-3 所示，文化程度方面，大专及以下的样本比例为 27.78%，本科学历的样本占比为 42.96%，硕士学位的样本比例为 17.04%，博士学位的样本比例为 12.22%。其中，拥有本科学历的样本占比最大，本科及以上的人数占比 72.22%，符合科技社团的高学历化现象，也表明调研对象整体的学习能力、认知水平较高，能较准确地理解和填写问卷。政治面貌方面，调研对象为中共党员的占 51.85%，为群众的占 20.74%，为共青团员的占 24.07%，民主党派和无党派人士分别占 1.85% 和 1.48%。整体来看，调研对象中政治面貌为中共党员的占比最高，其次是共青团员、群众，民主党派和无党派人士较少。职称分布方面，调研对象中副高级职称占 9.63%，中级职称占 20.00%，正高级职称占 10.37%，初级职称和无职称者分别占 11.85% 和 48.15%。

表 2-7-3 被调研者政治面貌、学历、专业技术职称分布情况统计表

学历		政治面貌		专业技术职称	
类别	占比 /%	类别	占比 /%	类别	占比 /%
大专及以下	27.78	中共党员	51.85	正高级	10.37
本科	42.96	民主党派	1.85	副高级	9.63
硕士	17.04	无党派人士	1.48	中级	20.00
博士	12.22	共青团员	24.07	初级	11.85
—	—	群众	20.74	无职称	48.15

从图 2-7-3 中可以看出：就理、工、农、医、交叉学科五类全国学会类型来说，科技社团成员人数占比最多的是工科学会，占 31.48%；其次是交叉学科，占 17.78%；理科和医科社团次之，分别占 15.56% 和 6.30%；占比最少的是农科学会，比例为 2.22%。

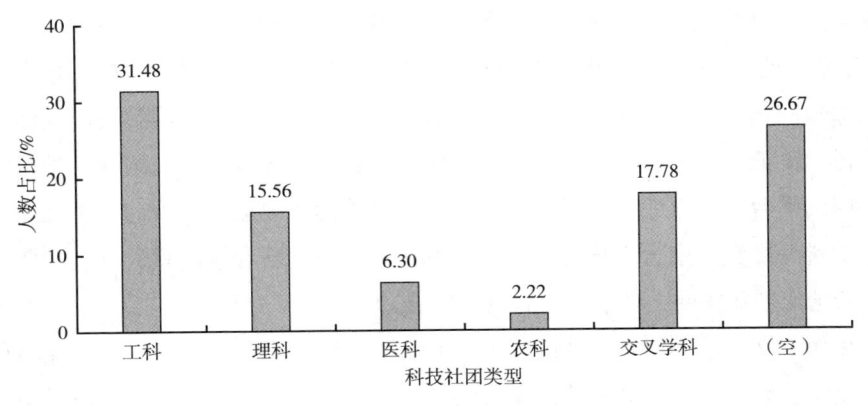

图 2-7-3 调研对象所在科技社团的类型

另外，调查显示，36.30% 的调研对象未参加科技社团；调研对象在市级科技社团的占比最多，为 44.07%；其次是国家级社团，占比 10.37%；占比最少的是省级社团，为 9.26%（图 2-7-4）。

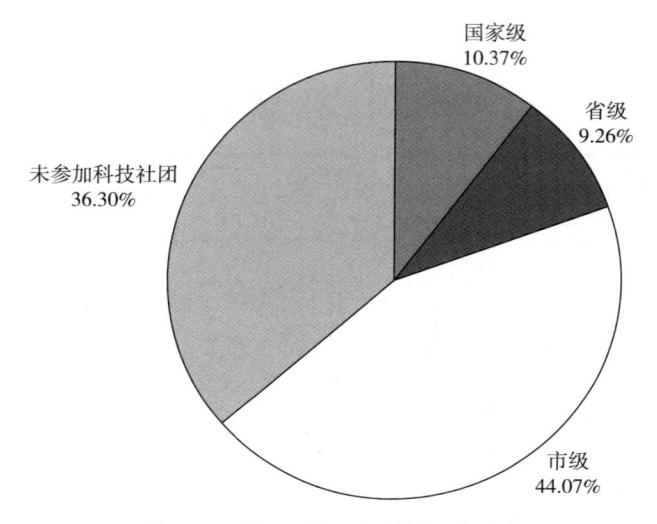

图 2-7-4　调研对象所在科技社团的级别

2. 科协组织学术交流服务的现状

（1）学科交叉融合方面

学科的交叉融合点往往就是科学新的生长点和新的科学前沿，这里最有可能产生重大的科学突破，使科学发生革命性的变化。同时，交叉融合科学是综合性科学，是跨学科的产物，更有利于解决人类面临的重大复杂科学问题、社会问题和全球性问题。而学术交流作为沟通知识、经验、成果，为共同解决问题而进行的探讨、论证、研究活动，能够为新时代跨学科、跨领域、交叉融合的学科发展提供广阔平台，是有效促进学科发展和人才培养的重要途径。因此，学术交流须以多学科深度交叉融合为核心，才能有效促进知识创新和解决重大社会问题，回应党和国家创新发展、科学普及的现实需求。

由图 2-7-5 可知，在 810 位调研对象中，仅有 35.19% 的人参加过交叉学科的学术交流活动，另外 64.81% 的调研对象在学术交流活动中都是以单一学科学术交流活动为主。

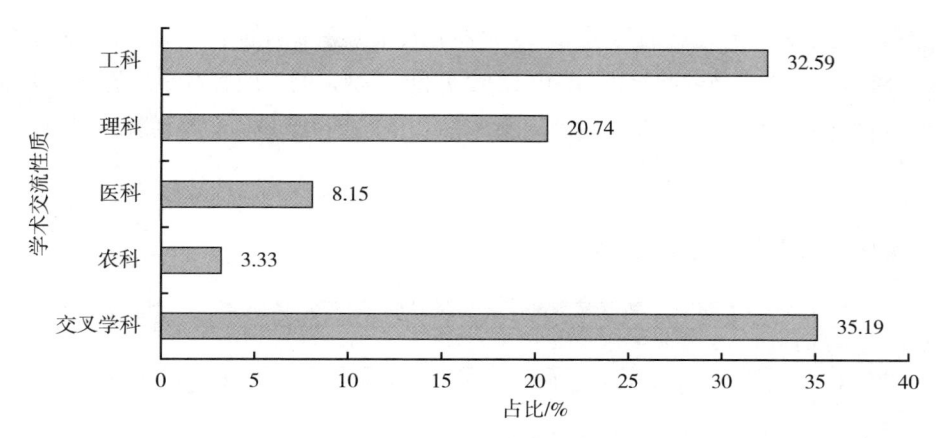

图 2-7-5 调研对象参加的学术交流的性质

由图 2-7-6 可知，在 810 位调研对象中，29.26% 的人所在的科技社团设立了 1~5 个专业委员会，13.33% 的人所在的科技社团设立了 6~10 个专业委员会，7.78% 的人所在的科技社团设立了 11~15 个专业委员会，4.81% 的人所在的科技社团设立了 16~20 个专业委员会，8.15% 的人所在的科技社团设有 20 个以上的专业委员会，还有 12.59% 的人所在的科技社团没有设立专业委员会。可见，科技社团中存在专业委员会设立较少甚至没有设立的情况。

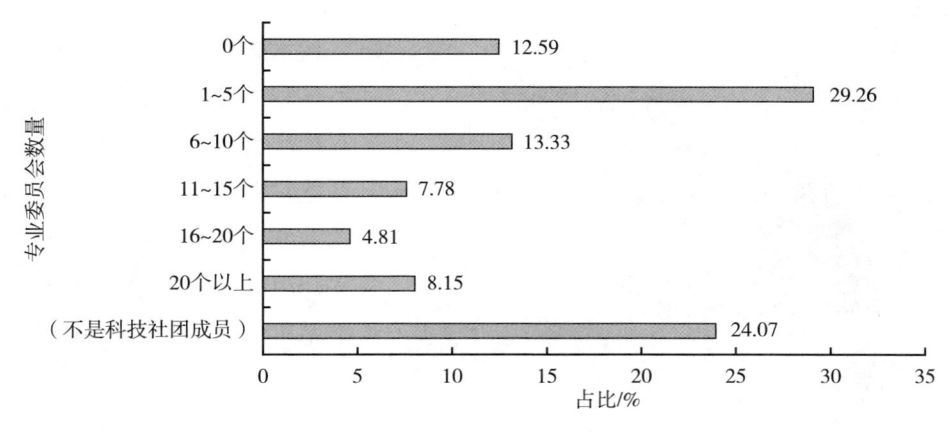

图 2-7-6 调研对象所在的科技社团设立的专业委员会数量

由图 2-7-7 可知，在 810 位调研对象中，有 10.37% 的人认为自己参加的学术交流总是会探讨跨学科和跨领域的问题，有 30.00% 的人认为在参加的学术交流中

"会探讨跨学科和跨领域的问题"，30.00%的人认为在参加的学术交流中"偶尔会探讨跨学科和跨领域的问题"，还有12.22%和17.41%的人回答在参加的学术交流中"很少会探讨跨学科和跨领域的问题"和"不会探讨跨学科和跨领域的问题"。

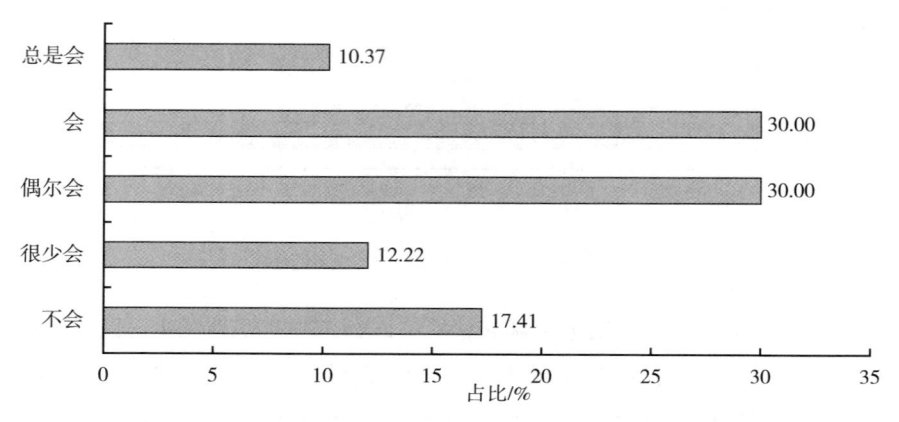

图2-7-7 调研对象参加的学术交流探讨跨学科和跨领域问题的情况

由图2-7-8可知，在810位调研对象中，有15.56%的人回答"参加的学术交流总是会邀请不同学科或不同领域的专家学者"，35.56%的人回答"参加的学术交流会邀请不同学科或不同领域的专家学者"，24.44%的人回答"参加的学术交流偶尔会邀请不同学科或不同领域的专家学者"，10.74%的人回答"参加的学术交流很少会邀请不同学科或不同领域的专家学者"，还有13.70%的人回答"参加的学术交流不会邀请不同学科或不同领域的专家学者"。

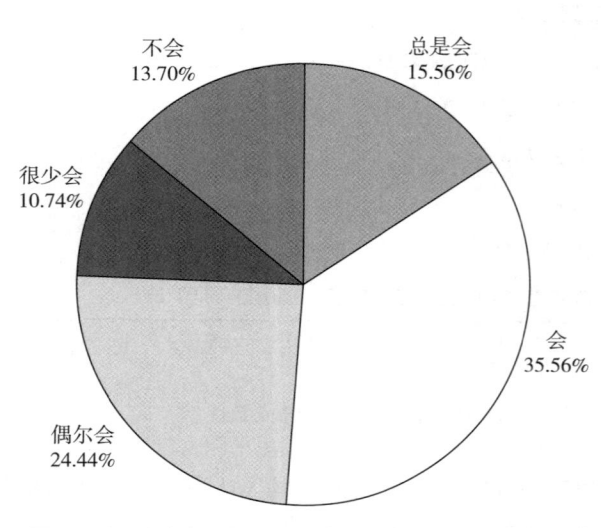

图2-7-8 学术会议邀请不同学科或不同领域的专家学者情况

由图2-7-9可知，在810位调研对象中，有16.30%的人回答"参加学术交流总是会获得跨学科的知识和信息",51.11% 的人回答"参加学术交流会获得跨学科的知识和信息",21.48% 的人回答"参加学术交流偶尔会获得跨学科的知识和信息",6.67% 的人回答"参加学术交流很少会获得跨学科的知识和信息",还有 4.44% 的人回答"参加学术交流不会获得跨学科的知识和信息"。

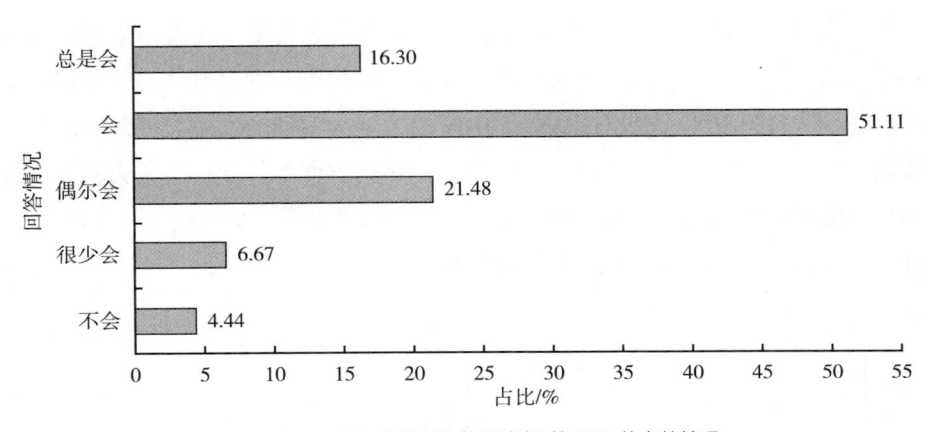

图 2-7-9 参加学术交流获得跨学科知识和信息的情况

（2）学术交流信息化方面

通过访谈发现，随着"互联网+"思维的渗透和人工智能的不断发展，学术交流信息化呈现出如下特征：第一，硬件基础设施建设较为完善。调查数据显示，参会者与科技社团的办公室联网率、校园网覆盖率以及企业网络联通范围皆达到100%。在计算机配备方面，人均配备 1 台计算机，覆盖率为 100%。与此同时，多数科技社团都能够提供信息化学术交流发展需要的所有设备和仪器，绝大多数参会者也能够较为熟练地使用线上学术交流所需的软件和设备。上述这些情况说明，我国学术交流已经具备了在教学、科研和管理等方面运用信息技术的基本条件。第二，具备正式与非正式渠道整合的开放式创新。通过访谈发现，网络学术交流媒介同时涉及正式渠道与非正式渠道，前者如同行专家评议后发表的电子期刊等正式渠道，后者如科研工作者用来陈述或分享过程性即时信息或零散想法的个人学术博客、微信朋友圈等非正式渠道。但随着网络学术交流的发展，正式与非正式渠道的边界越来越模糊。第三，具备实时互动的立体化学术交流生态。"互联网+"思维强调联通一切、实时分享。在移动互联网技术支持下，科研工作者可以实现即时沟通、及时反馈的互动交流，可以随时连接可获取的资料数据库进行资料获取或信息上传。随着流媒体技术的发展，可以传输多种媒介信息，可以将文字、声音、图像及视频等信息有机整合，使学术交流的信息交换以多种形式存在，更加立体化地展现科研工作者的能动性和科研活动。

（3）学术交流国际化方面

810位调研对象对参加的学术交流（"参加的学术交流"既指作为参会者参加的学术交流，又包括主办、承办的学术交流）的国际化程度整体感知情况如图2-7-10所示。在810位调研对象中，7.04%的人认为参加的学术交流的国际化程度很高，20.74%的人认为参加的学术交流的国际化程度高，41.85%的人认为参加的学术交流的国际化程度一般，13.70%的人认为参加的学术交流的国际化程度低，16.67%的人认为参加的学术交流的国际化程度很低。

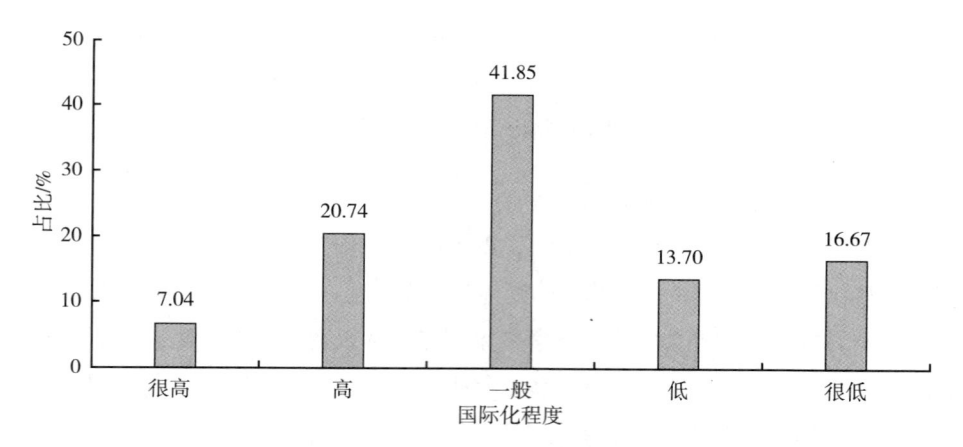

图 2-7-10　调研对象对参加的学术交流的国际化程度的感知情况

在810位调研对象中，有516位是科技社团的成员。如表2-7-4所示，在这516位科技社团成员中，有393位调研对象所在科技社团的外籍人员数在5人及以下，54位调研对象所在科技社团的外籍人员数为6~10人，28位调研对象所在科技社团的外籍人员数为11~20人，9位调研对象所在科技社团的外籍人员数为21~30人，3位调研对象所在科技社团的外籍人员数为31~40人，6位调研对象所在科技社团的外籍人员数为41~50人，23位调研对象所在科技社团的外籍人员数在51人及以上。

表 2-7-4 调研对象所在科技社团中外籍人员的数量

外籍人员数 / 人	选择人数 / 人	占比 /%
≤ 5	393	76.16
6 ~ 10	54	10.47
11 ~ 20	28	5.43
21 ~ 30	9	1.74
31 ~ 40	3	0.58
41 ~ 50	6	1.16
≥ 51	23	4.46

如图 2-7-11 所示，在 810 位调研对象中，34.44% 的人参加的学术交流没有外籍人员参加，39.63% 的人参加的学术交流很少有外籍人员参加，18.15% 的人参加的学术交流一般会有外籍人员参加，7.78% 的人参加的学术交流经常有外籍人员参加。如图 2-7-12 所示，516 位科技社团成员中，有 48.84% 的成员所在科技社团近 3 年没有举办过国际会议，35.47% 的成员所在科技社团近 3 年举办过 1 ~ 3 次国际会议，8.72% 的成员所在科技社团近 3 年举办过 4 ~ 6 次国际会议，2.91% 的成员所在科技社团近 3 年举办过 7 ~ 10 次国际会议，4.07% 的成员所在科技社团近 3 年举办过 10 次以上国际会议。

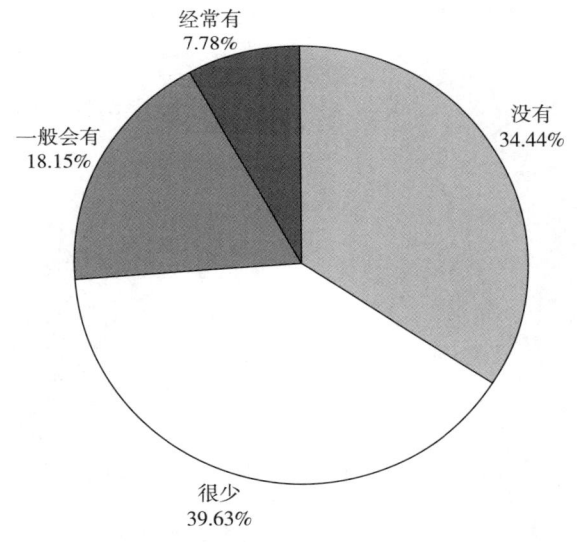

图 2-7-11 调研对象参加的学术交流有外籍人员参加的频率

（4）学术交流服务"一线"方面

在对 810 位调研对象所参加的学术交流（"参加的学术交流"既指作为参会者参加的学术交流，又包括主办、承办的学术交流）"是否会延伸到实践领域"（即参会的科技工作者到"一线"服务）的调查（见图 2-7-13）中，有 15.19% 的人认

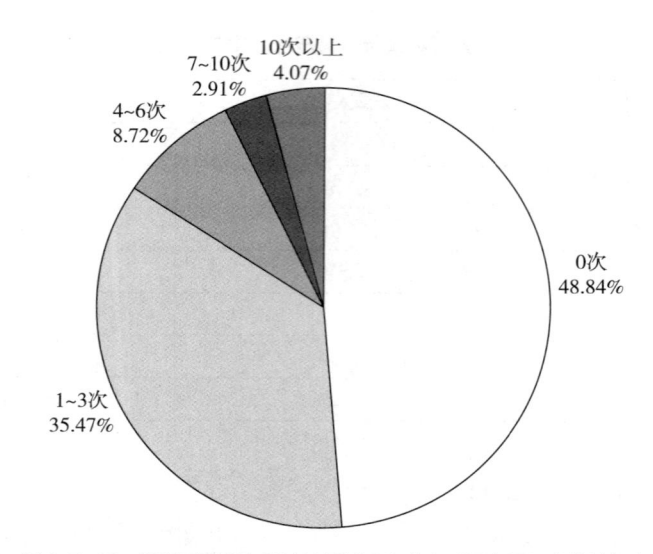

图 2-7-12　调研对象所在科技社团近 3 年主办或承办国际会议的频次

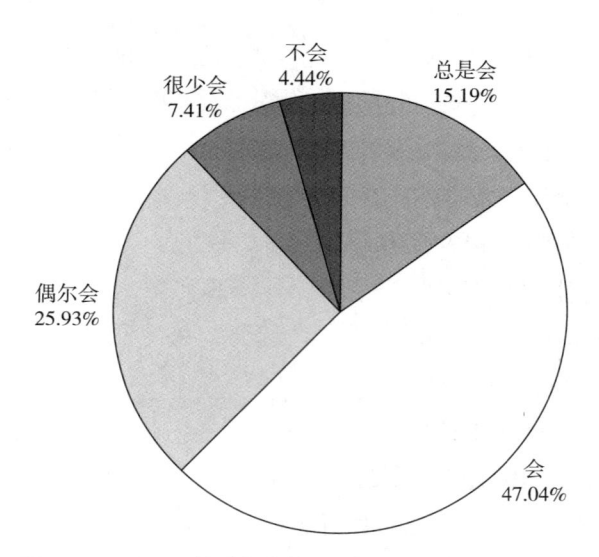

图 2-7-13　调研对象参加的学术交流延伸到实践领域的情况

为参加的学术交流总是会延伸到实践领域，47.04% 的人认为会延伸到实践领域，25.93% 的人认为偶尔会延伸到实践领域，7.41% 的人认为很少会延伸到实践领域，4.44% 的人认为不会延伸到实践领域。由此可见，有接近 38% 的人表示参加的学术交流延伸到实践领域的程度较低。

（5）学术交流的反馈与成果转化方面

图 2-7-14 显示，14.81% 的调研对象表示学术交流活动的主办方总是会在活动后询问对活动的感受，45.93% 的调研对象表示活动主办方会在会后询问对活动的感受，21.85% 的调研对象表示偶尔会，8.15% 的调研对象表示很少会，还有 9.26% 的调研对象表示主办方不会在活动后询问对活动的感受。由图 2-7-15 可知，有 54.07% 的调研对象表示参加学术交流未能达到预期目的的原因之一是没有充分的互动交流。

图 2-7-16 显示，29.00% 的调研对象表示所在科技社团不存在学术交流成果转化机制，说明学术交流成果转化机制还未完全覆盖全国科技社团，还存在部分

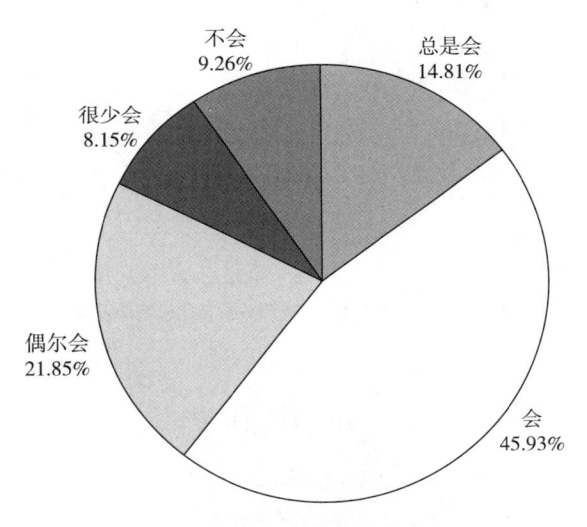

图 2-7-14　参加者对学术交流效果感知的情况

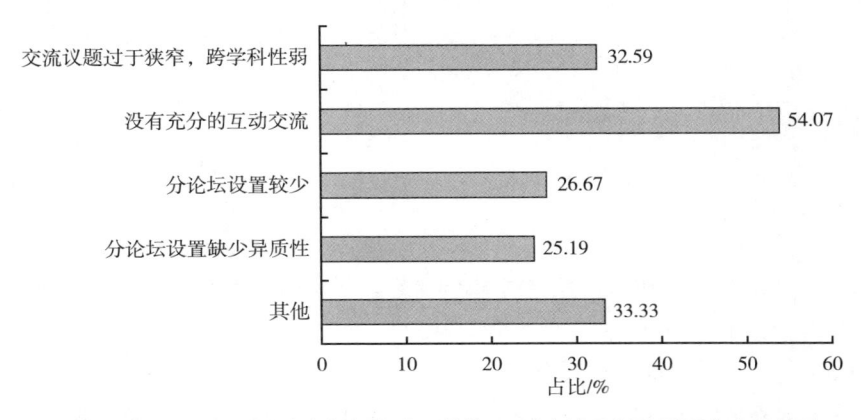

图 2-7-15　参加学术交流未能达到预期目的的原因分布情况（调研题目为多项选择）

科技社团没有系统的成果转化机制。同时,如图2-7-17所示,13.70%的调研对象表示学术交流的成果总是能够及时发布,52.96%的调研对象表示成果能够及时发布,22.22%的调研对象认为成果偶尔能及时发布,4.81%的调研对象表示学术交流的成果很少能及时发布,另外6.30%的调研对象表示学术交流的成果不能及时发布。

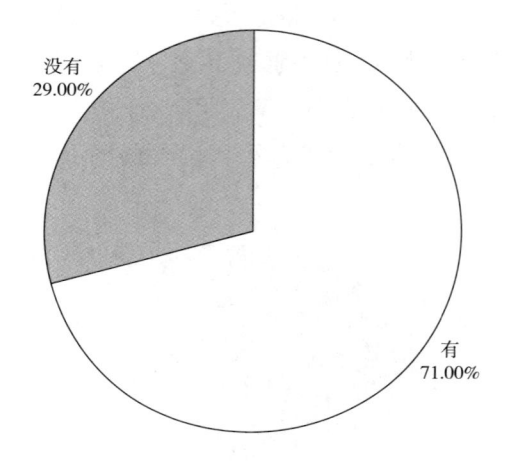

图2-7-16 科技社团学术交流成果转化机制建设情况

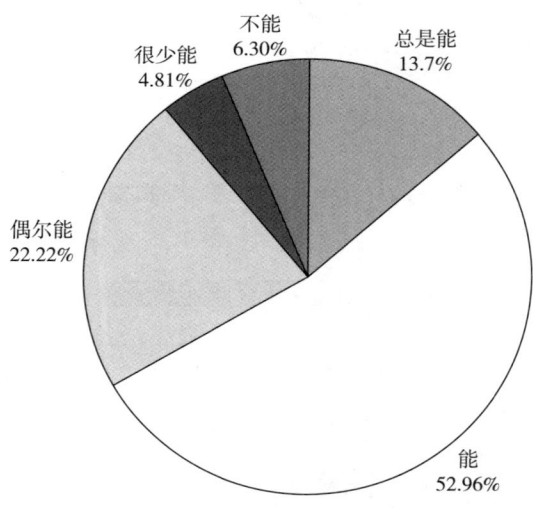

图2-7-17 学术交流成果发布的时效性统计情况

（6）关于学术会议的凝聚力

在学术交流能否促进政府、学会、企业、科技工作者及社会之间的联系这一问题上（图 2-7-18），有总计 72.22% 的人表示"学术交流总是能或能够促进政府、学会、企业、科技工作者及社会之间的联系"，而有总计 27.78% 的人表示"学术交流偶尔能、很少能或不能促进政府、学会、企业、科技工作者及社会之间的联系"。在参加的学术交流是否有企业人员参与这一问题上（图 2-7-19），有 21.85% 的人表

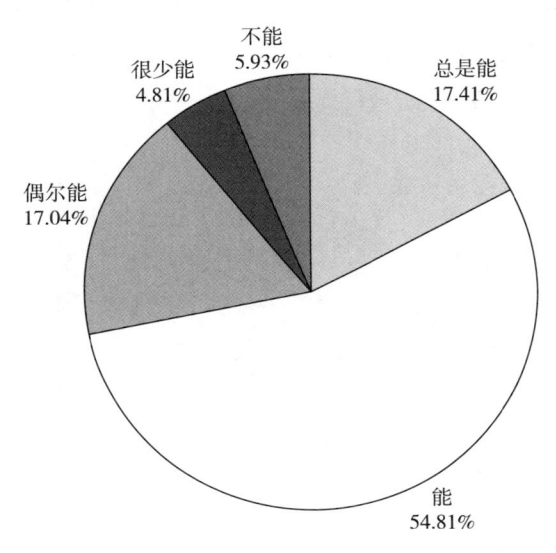

图 2-7-18　学术交流促进政府、学会、企业、科技工作者及社会之间联系的情况

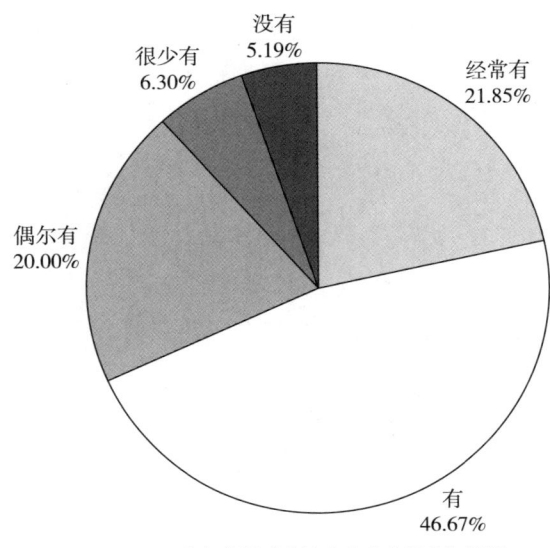

图 2-7-19　参加的学术交流中企业人员参与情况

257

示"参加的学术交流经常有企业人员参与",而 46.67% 的人表示"参加的学术交流有企业人员参与",而有总计 31.49% 的人表示"参加的学术交流偶尔有、很少有或没有企业人员参与"。同时,仅有 17.78% 的人表示所参加的学术交流总是会看到相关企业的展板或展示品,有 47.41% 的人表示所参加的学术交流会看到相关企业的展板或展示品,仍存在着 34.82% 的人表示所参加的学术交流只是偶尔会、很少会或不会看到相关企业的展板或展示品(图 2-7-20),仍存在着 40.37% 的人表示参加的学术交流只是偶尔会、很少会或不会促成科技工作者与企业的合作(图 2-7-21)。

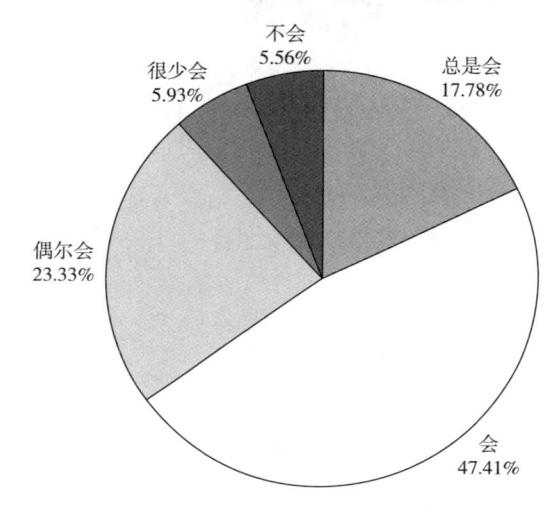

图 2-7-20　参加的学术交流中看到相关企业的展板或展示品的情况

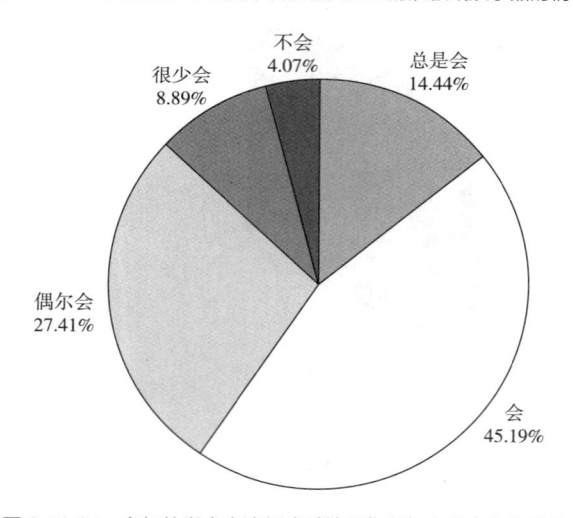

图 2-7-21　参加的学术交流促成科技工作者与企业合作的情况

3. 科协组织学术交流服务存在的问题

（1）学术交流中的学科交叉融合不充分

第一，学术交流活动以单一学科为主。如图 2-7-5 所示，810 人中仅有 35.19% 的人参加过交叉学科的学术交流活动，64.81% 的人都是参加的以单一学科为主的学术交流活动。第二，科技社团中存在专业委员会设立较少甚至没有设立专业委员会的情况。如图 2-7-6 所示，29.26% 的科技社团设立了 5 个以下专业委员会，还有 12.59% 的科技社团没有设立专业委员会。第三，学术交流中探讨跨学科和跨领域问题的意识不强。如图 2-7-7 所示，30% 的调研对象认为参加的学术交流偶尔会探讨跨学科和跨领域的问题，12.22% 的调研对象认为参加的学术交流很少会探讨跨学科和跨领域的问题，17.41% 的调研对象认为参加的学术交流不会探讨跨学科和跨领域的问题。同时，如图 2-7-9 所示，21.48% 的人回答"参加学术交流偶尔会获得跨学科的知识和信息"，6.67% 的人回答"参加学术交流很少会获得跨学科的知识和信息"，还有 4.44% 的人回答"参加学术交流不会获得跨学科的知识和信息"。第四，学术交流中跨领域专家学者的共现频次较低。如图 2-7-8 所示，24.44% 的调研对象感知到参加的学术交流偶尔会邀请不同领域的专家学者，13.7% 的调研对象感知到参加的学术交流不会邀请不同领域的专家学者，10.74% 的调研对象感知到参加的学术交流很少会邀请跨领域专家学者。

（2）学术交流国际化程度低

调研发现，学术交流国际化方面存在的主要问题是国际化程度低。在 810 位调研对象中，41.85% 的人认为参加的学术交流的国际化程度一般，13.70% 的人认为参加的学术交流的国际化程度低，16.67% 的人认为参加的学术交流的国际化程度很低，总和达 72.22%（图 2-7-10）。810 位调研对象中有 516 位是科技社团的成员，在这 516 位科技社团成员中，有 393 位所在科技社团的外籍人员数在 5 人及以下，占比高达 76.16%（表 2-7-4）。同时，在 516 位科技社团成员中，有 48.84% 的成员所在科技社团近 3 年没有举办过国际会议（图 2-7-12）。另外，通过对随机抽取的 22 个理、工、农、医和交叉学科类国家级学会的访谈，发现除医学类学会，其他学科类学会的国际化程度都较低。在访谈中，有学会负责人直接谈道："国际化是中国科协近几年一直在倡导的，但国际化的程度总体来看还是很低。当然，这是很多原因造成的，关键是还未形成一整套国际化的体系。"

（3）学术交流信息化建设不完善

学术交流信息化建设还存在许多不足的地方。第一，软硬件建设有待完善。通过访谈发现，大多数用户表示在线上学术交流过程中遇到过视频卡顿、网络连接迟缓、信号不稳定以及会议平台操作步骤烦琐等问题，且这些问题严重地影响了线上学术交流的效果。第二，沉浸互动感较差。调研中，很多科技社团工作者虽然都对线上学术交流的贡献做出了充分肯定，但同时也表示，线下学术交流互动具有线上会议不可比拟的优势，即面对面的交流感与学术社交性。此外，多数的参会者表示，线上学术交流虽然能够很好地突破时间和地域的限制，但是沉浸感较差，会议的参与感减弱，互动效果欠缺，缺乏学术交流氛围。第三，线上学术交流过程过于单一。如今的线上学术会议大多照搬线下学术会议的组织方式，包括会议流程、演讲方式、演讲时长、"茶歇式"自由互动等，相同的会议组织方式在线上没有达到线下形式的效果，使得部分参会者对线上形式失望。对此，需要探索一个和线上环境相匹配的组织方式，充分发挥线上会议的优势。第四，信息功能有待进一步挖掘。调研发现，大多数参会者主要通过朋友推荐、微信公众号、官网等方式了解参会信息，但往往存在时效性不足，供需不对称等问题。

（4）学术交流服务"一线"滞后

一是学术交流延伸到实践领域的程度较低，学术交流往往被"圈"在会议室内，科技工作者难以借助学术交流这一平台下沉到企业进行交流和互动，导致学术交流在科技工作者和企业之间的联动互动机制乏力或错位，难以形成基于顶层设计的引发和催化合力。在访谈中，有学会负责人和科技工作者提到，现有的学术交流大多在会议室内进行，而较少前往产业一线开展。二是企业对科技工作者智力作用发挥的注意力分布失衡。具体而言，企业往往只重视有"头衔"或"帽子"的科技工作者，而忽视广大无"头衔"或"帽子"科技工作者的价值和作用，构筑起"过度追星"的陷阱，导致企业方难以借助学术交流这一平台与广大科技工作者进行直接对接。在与企业负责人的交谈过程中可以感受到，企业通常将联系对象与科技工作者头上的"帽子"相捆绑，对拥有"帽子"的科技工作者重视程度显著高于其他科技工作者。

（5）学术交流互动不深入

问卷调查发现，39.26%的调研对象表示学术交流活动的主办方很少或不会在会后询问他们对活动的感受（图2-7-14），54.07%的调研对象表示参加学术交流未能达到预期目的的原因是没有充分的互动交流（图 2-7-15）。这两点充分表明，我国目前大多数学术交流活动还停留在"一厢情愿"的办会模式，主办方与参会者缺乏充分的沟通，并且缺乏一条可以交流反馈的通道。同时，当前学术交流通常采用的模式是"几个人在台上作报告，大多数参会者在台下听报告"，会议缺乏互动，会场活力不足；缺乏变信息的"单向传导"为"互动交流"的反馈机制。

（6）学术交流成果转化匮乏

调查结果显示，29% 的调研对象表示所在科技社团不存在学术交流成果转化机制，说明学术交流成果转化机制还未完全覆盖全国科技社团，还存在部分科技社团没有系统的成果转化机制（图 2-7-16）。同时，33.33% 的人表示学术交流的成果偶尔、很少或不能及时转化，再一次说明学术交流成果转化不及时（图 2-7-17）。访谈还发现，大多数学术交流缺乏规范化的、体系化的成果转化机制，常常随着交流活动的结束而结束，而缺乏对交流成果的反馈和总结，使得学术成果转化不及时。另外，调研发现，学术交流成果库建设滞后，生成的学术交流成果难以被有效保存和开发利用。

（7）学术会议凝聚力不足

国内学术交流活动的供给与实际需求缺少有效对接，其具体表现为：科技人员对举办学术会议没有强烈的参与意愿和积极性；而学术活动的数量和质量也无法满足不同层次的科技工作者、地方产业经济的需求，学术会议主题空洞、不切实际，无法为愿意交流的科技人员提供有价值、有实效的学术交流平台，这直接导致了学术交流的内外凝聚力不足的问题。

（三）科协组织科技期刊建设的现状与问题

科技期刊是学术交流的重要平台，其发展水平充分反映出学会的活力及学会在同类组织中的竞争力和影响力。目前我国科技期刊发展态势良好，学术质量和服务能力有了长足进步，但面对未来科技发展，面对科技期刊服务国家创新能力建设的需求，我国科技期刊与世界一流期刊相比仍存在一定的现实差距。我国是科技期刊大国，但远不是科技期刊强国。我国科技期刊存在的问题，突出表现在科技期刊的学术质量不高，学术影响力有限，发展水平远远落后于发达国家。科技期刊的发展水平也与我国科技的发展水平不相称，也必然影响我国的科技创新能力和建设创新型国家的能力。

1. 科协组织科技期刊建设的现状

科技期刊自问世以来就成为展示创新成果、推动学术交流、传播科学文化、传承科技进步的重要载体，既是记录科学发现与激发创新思想的主战场，也是国家科技竞争力和文化软实力的重要标志，更是科技强国的重要支撑。党的十八大以来，我国科技实力迅速提升，已成为具有影响力的科技大国，科技期刊数量稳步增长，到2019年已达4958种；学科门类齐全，基本覆盖理、工、农、医和交叉学科。

我国对世界科技创新贡献率大幅提高，已经成为世界上规模最大、成长最快的科研产出国。2018年，国际重要数据库收录我国科研论文已达41.8万篇，连续10年居世界第2位，高被引论文数量、热点论文数量持续居于世界第3位。我国研发人员总量已达535万人，连续6年稳居世界第1位。一大批优秀的科学家成长起来，原创性科研成果不断涌现。相较之下，我国科技期刊建设短板突出，国际显示度低，学术影响力弱。全国5000多种科技期刊中，被国际重要数据库收录的只有200余种，载文量不足3万篇。大量创新成果都需要到国外期刊发表，科技界对建设高水平学术期刊呼声强烈。

中国科协自2006年起实施"中国科协精品科技期刊工程"，自2013年起实施"中国科技期刊国际影响力提升计划"，自2016年起实施"中国科技期刊登峰行动计划"，2019年又联合六部委共同发布了"中国科技期刊卓越行动计划"。其中，"中国科技期刊卓越行动计划"重点支持一批学术质量较高、国际影响力较大的英文科技期刊，着力提升学术质量和国际影响力；同时争取每年创办10种代表中国前沿学科和优势学科，或能填补国内英文科技期刊学科空白的高水平英文科技期刊，努力为全世界贡献中国科技期刊的科学创造力与智慧，提高中国科技期刊的世界话语权和影响力。

2. 科协组织科技期刊建设存在的问题

（1）高水平期刊少，对外依赖度高

据统计，截至2019年年底，我国科技期刊共有4958种，居世界第3位。大不等于强。2019年，我国科技工作者在国外期刊发表论文近50万篇。论文发表需求与科技期刊供给不足的矛盾日益凸显。数千种科技期刊中，英文科技期刊仅359种，占比不足7%，远低于德国、日本的比例。科技成果发表缺乏自主平台，对外依赖度非常高，绝大多数英文刊"借船出海"，依靠海外出版平台出版传播，没有话语权，更没有评价权。而在"造船出海"方面，我国的科技期刊暴露了传播的内生动力不足的问题。

（2）学术影响力总体不强，缺乏吸引优质稿源的能力

虽然近年来我国科技期刊的影响因子等学术影响力指标上升较快，但被国际重要检索数据库收录的比例仍然较低，且期刊质量和载文规模出现一定程度的背离趋势，出现"剪刀差"现象。论文质量、出版能力和管理水平与我国论文大国的地位不相匹配（表2-7-5）。

表2-7-5 全球、中国科技期刊发表论文基本情况

指标	全球均值	中国科技期刊发表论文	中国作者发表论文
论文被引百分比	85.28%	80.39%	84.29%
引文影响力	14.11	6.59	12.83
学科规范化的引文影响力	—	0.50	1.1
相对于全球平均水平的影响力	—	0.57	0.98

①论文被引百分比。2010—2019年论文被引百分比的全球均值为85.28%，中国科技期刊发表论文的论文被引百分比为80.39%，中国作者发表论文的论文被引百分比为84.29%，高于中国科技期刊论文该指标3.90百分点。

②引文影响力。2010—2019年，论文引文影响力的全球均值为14.11，中国科技期刊发表论文的引文影响力为6.59，中国作者发表论文的引文影响力为12.83，比中国科技期刊该项指标高6.24。

③学科规范化的引文影响力。2010—2019年，中国科技期刊发表论文的学科规范化的引文影响力为0.50，中国作者发表论文的学科规范化的引文影响力为1.1，比中国科技期刊论文该项指标高0.6。虽还有差距，但影响力之差总体逐渐缩小体。

④相对于全球平均水平的影响力。2010—2019年，中国科技期刊发表论文相对于全球平均水平的影响力为0.57，同期中国作者发表论文相对于全球平均水平的影响力为0.98，比中国科技期刊论文该项指标高0.41。

（3）高水平论文外流，国内期刊吸引力不足

据统计，2010—2019年，中国科技期刊发表的论文中有1060篇论文被列为高被引论文，33671篇中国作者发表的论文被列为高被引论文。中国科技期刊高被引论文数与中国作者全部高被引论文数的比值为0.031，低于中国科技期刊发文

数与中国作者发文数的比值（0.095）(表2-7-6)。2019年，接近20%的高被引SCI论文由我国学者贡献。但遗憾的是，其中有95%的论文发表在海外期刊上（表2-7-7)（图2-7-22)。学者都愿意让自己的论文刊发在影响力大、学术性强和出版流程规范的期刊上，打造一流科技期刊的中国品牌成为广大科技工作者的共同心声。要努力转变科研人员对中国期刊的认识，让中国科技期刊获得中国学者的认可。核心期刊品牌还不够，需要继续培育国际影响力。

表 2-7-6　2010—2019 年中国科技期刊、中国作者高被引论文数

指标	全球高被引论文数/篇	中国作者高被引论文数/篇	占比/%	中国科技期刊高被引论文数/篇	占比/%
数值	152495	33671	22.08	1060	0.70

表 2-7-7　2010—2019 年主要 SCI 论文产出国家作者和期刊发表的高被引论文数

国家	该国作者高被引论文数/篇	发表在该国期刊上的高被引论文数/篇	比值
美国	72319	72181	0.998
英国	22625	49270	2.178
荷兰	10120	12659	1.251
德国	18679	7978	0.427
中国	33671	1060	0.031

图 2-7-22　2010—2019 年中国科技期刊和中国作者 SCI 年度发文量

（4）期刊资源分散，缺乏集群化发展基础

截至 2019 年年底，我国科技期刊共有 4958 种，其中基础科学类期刊 1556 种（31.38%），技术科学类期刊 2267 种（45.72%），医药卫生类期刊 1135 种（22.89%）（图 2-7-23）。虽然我国科技期刊已经形成了一定的数量规模，但按照期刊管理体制规定，各类期刊均基于属地化管理，且期刊的主办、出版单位多为公益性质的事业单位，从而在管理机制上形成刊号资源流动极为困难的现状。目前，我国 4958 种科技期刊的主管、主办和出版单位分布局面较为分散。①共有 1291 个主管单位，平均每个主管单位主管科技期刊 3.84 种；②基于第一主办单位的统计显示，共有 3083 个主办单位，平均每个主办单位主办期刊 1.61 种；③共有 4288 个出版单位，平均每个出版单位出版期刊 1.16 种。这种小而散的运作方式十分不利于需要基于学术资源聚集的数字化和市场化运作，期刊出版单位也很难形成在业内具有高度影响力的学术品牌。

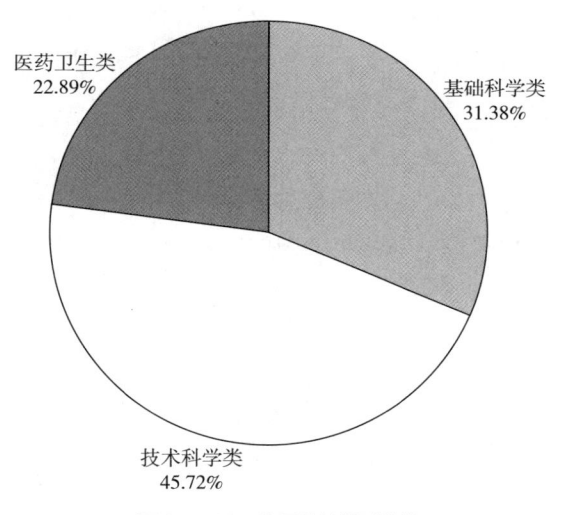

图 2-7-23　我国科技期刊分类

（5）期刊传播方式有待创新

科技期刊纸媒属于传统媒体，擅长专业内容的编辑出版，而对于新媒体时代所需要的互联网思维，科技期刊界大多尚处于低水平的认知。同时，受限于体制因素制约、经费不足等客观条件，科技期刊大多缺乏新媒体建设的技术支持，缺乏开发及运营新媒体的融合型人才及相应专职岗位的配套，新媒体多由纸媒编辑兼职运作。纵观全行业，只有极少数的头部期刊集群由于较早开始新媒体探索，已形成一定规模、影响力和平台优势。例如，中华医学会杂志社已大力推进数字化转型，目前已经完成了包括采编平台、质控平台、数字加工平台和多元发布平台等八个期刊管理平台的建设。这些平台的建设大大提高了内容传播的效率，依靠杂志社的资源优势，大幅提升了杂志社的服务能力和服务水平。然而，大部分科技期刊的新媒体及社交媒体的传播力、影响力仍十分有限，尚未能找到合适的发展路径。如图 2-7-24、图 2-7-25 所示，2019 年度年检中共有 4241 种期刊填写了新媒体投入数据，其中 2943 种期刊没有新媒体投入（投入为 0），占 69.39%。

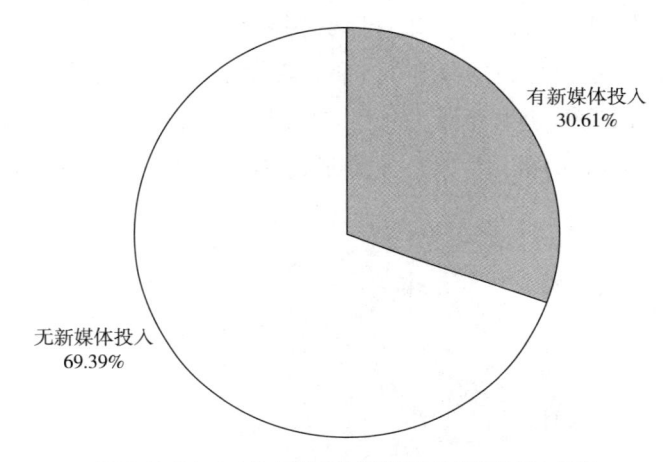

图 2-7-24　2019 年我国科技期刊年度新媒体投入情况

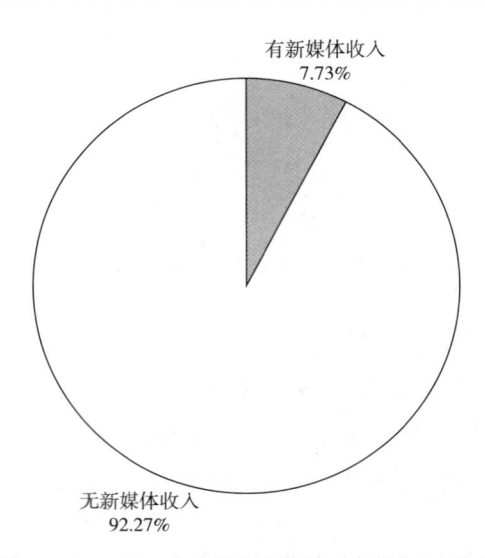

图 2-7-25　2019 年我国科技期刊年度新媒体收入情况

有 4203 种期刊填写了新媒体收入数据，其中 3878 种期刊没有新媒体收入（收入为 0，占 92.27%）。由此可见，大多数期刊新媒体收入不理想，尚未找到盈利途径，期刊盈利模式有待进一步创新，从而形成良性循环。

（6）期刊队伍建设有待加强

我国科技期刊编辑人员的社会地位、职业前景、薪资待遇等大多不尽如人意，因此常被队伍不稳定、难以吸引到高端人才等问题困扰。长期在"小作坊"式的办刊模式下，编辑人员案头工作繁杂，分工不明晰，人手紧张，这其实就直接反映在期刊服务能力不足、专业化程度不够、创新能力不强等方方面面。此外，尽管已有数量庞大的办刊队伍，但具有国际期刊运作经验的专业编辑出版人比例很低。编辑人才队伍建设是关键。要对科学编辑建立专门的人才评价体系、职称体系和薪酬体系，探索新的期刊评价体系。据统计，有 47.21% 的期刊没有发行工作人员，62.90% 的期刊没有广告工作人员，71.06% 的期刊没有新媒体工作人员。由此可见，大部分期刊缺少发行工作人员、广告人员、新媒体工作人员（图 2-7-26）。因此，可以适当吸引专业人才，加强这方面的人员培训力度。

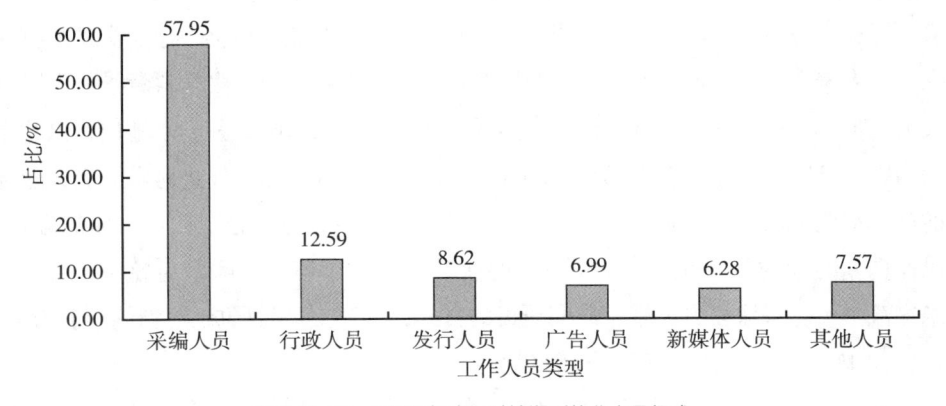

图 2-7-26　2019 年我国科技期刊从业人员组成

四、新形势下科协组织学术交流的创新对策

（一）织密多学科交叉融合保障网

1. 构建学术交流交叉融合新生态

首先，纵向融合，推动不同程度的学科交叉形态向深度发展。学术交流活动

作为学术问题沟通研讨的重要平台之一，必须要承担起并发挥好促进多学科之间由"简单叠加"到"一定程度的整合"再到"一体整合"作用。其次，横向交叉，支持并拓展会聚研究，即聚焦若干会聚型学科领域和交叉研究方向，打造多学科参与的学术共同体，以及科学、技术和产业的创新联合体，整合学科、队伍、平台、项目等创新要素，加强跨学科、跨部门的联动协同。最后，纵横交错，推进学科交叉发展的创新生态系统。遵循"涵养学术生态，提升学科质量"的建设思路，充分尊重跨学科教育和研究的规律，营造有利于创新的环境和文化，构建健康的科学家生态群，鼓励科技工作者自由畅想、大胆假设、辩证思考、认真求证，培育参会者的科学思维能力与探索创新精神，依托优良的学术生态，有效提升学科质量。同时，在建设健康生态群的过程中，要去除过多的行政干预，让管理处于无形，辅助服务科学家群体。

2. 加强学术交流交叉融合平台建设

首先，虚实结合，加强跨学科交叉融合的学术交流平台建设。通过线上线下结合的模式，以定期举办年会、交流会、论坛、报告会、专题会以及研讨会等方式，形成交叉学科发展平台，满足交叉学科动态发展要求。其次，双管齐下，引入有多元化专业背景的高端学者并成立跨学科交叉融合专业委员会，建立交叉学科专家库或专家群。一方面，通过外在激励政策从外部吸引国内外多学科背景的学科带头人。另一方面，通过品牌会议平台增强学术报告者的影响力和学术地位，以此作为内隐条件吸引并驱动专家学者主动加入。最后，协同合作，促进跨学科交叉融合的学术交流成果转换。理论联系实际，采取"政、校、行、企"四位一体的方式，以面向新时代的重大问题、学科发展的前沿问题、"卡脖子"问题为导向，通过学术交流平台，采取多方汇聚、共同研讨的方式，加速交叉科研成果的转化与应用。

3. 建立学术交流交叉融合新机制

第一，在学术交流的组织形式上，为一元和多元学科背景的科技工作者提供专题研讨班或组织专题研讨会。第二，在项目组织者的选择上，要联结有能力整合各方面资源并对跨学科活动进行管理的领导型专家。第三，在激励方面，构建有针对性的回报和激励机制（包括影响力和经济上的回报），如针对跨学科工作提供终身职位和制定晋级政策，对促进跨学科研究的学术领导人给予奖励，给予成功的跨学科研究的实际工作者以专业承认。第四，在评价方面，聘用具有丰富跨学科研究经验的专家来进行评估。第五，在资源条件上，为满足跨学科研究者经常旁征博引的需求，提供更加灵活的图书文献保障服务和学术信息服务。

（二）加快学术交流信息化

1.及时更新软硬件设施设备

第一，与时俱进，搭载 5G 高速运行。5G 具有较少的网络延迟、更快的响应速度，数据传输更快，将其应用于学术交流能够有效提升学术交流的效果，减少网络卡顿，增强直播视频交互，高速传递汇报内容等。第二，进入"云时代"，提供"云会议"技术。在"云会议"模式中，使用者在会议中进行的任何数据、资料等信息的传递，都是经过第三方软件保护加密后进行的，即便这些信息被盗用，也将以乱码等方式展示。第三，身临其境，网真技术实现面对面体验。网真产品的优势主要体现在提供真人大小的超高清视频显示、多通道声音跟随功能、融入式的网真环境设计、多种模式的网真会议以及集成的数据会议功能，能够极大地提升学术会议交流的沉浸感与互动感。第四，解放双手，提供智能移动视频技术。智能机器人加入会议中，自动转化语音形成文字，打破语言沟通障碍，确保熟悉不同语言的人们一起开会时及时相互理解，会议结束后自动生成文字会议记录并保存，供用户后续参考。

2.充分发挥学术交流信息化功能

第一，以学科为基本载体发布学术交流信息。建立具有品牌影响力的公众号、微信群或者其他相关学术交流平台，对相关学科领域的最新研究成果、发展动态及国际前沿知识进行搜集、评价、分类、整理，进行发布并定期更新，从而让科技工作者结合实际了解"第一手"信息。第二，以前沿问题为基本方向，供需结合确立会议主题。以信息化平台为依托，利用大数据，了解广大科技工作者关心的学科前沿、行业发展动态以及国家重点课题研究等方面的话题，不定期地开设网络专题论坛。第三，以共建共享为宗旨，建立国际学术信息网络。发挥信息化学术交流突破空间限制、成本低的优势，积极探索与国外高校、科研院所以及其他学术组织交流的新模式，建立学术信息网络共建共享机制。

（三）推动学术交流国际化

1.围绕学术交流国际化做好顶层设计

中国科协以提升各类社团学术交流国际化为核心，制定学术交流国际化发展的总体思路和基本指南，为各类社团及其成员与国际社团、国际组织、国际人员间的交流提供空间；同时，与外事部门等相关部门建立"横向到边、纵向到底"的协调机制，减免社团工作人员不必要的"行政办事"负担，破除国际社团、国际组织和国际人员来华参与和承办学术交流的部门壁垒，营造宽松有序的管理氛围；为国内外学术交流要素的双向流动提供宏观支持。

2.建设学术交流国际化发展资源共享平台

科协各级组织夯实已有的国际化学术交流平台，在此基础上建设面向国内外高校、企业、科研院所等多主体的学术交流国际化发展资源共享大平台，促进学术交流国际化发展资源共享共用，提升学术交流国际化发展的"滚雪球"效应，实现国际化学术交流"以旧带新"发展。

3.创新学术交流的运行机制

根据国内外发展趋势、行业和领域的研究动态、科技工作者的现实需求，做好国际化学术交流的年度安排。以"双主席制"（国外科技工作者和国内科技工作者共同担任学术交流活动的主席），推动学术交流信息在国内外社团及其成员间快速传播，提升我国学术交流的国际传播力和知名度。通过线上线下结合的学术交流方式，拓宽国际社团、国际组织、国际人员参与学术交流的渠道。

（四）挖掘学术交流实践潜能

1.推动学术资源下沉产业一线

面对产业发展需求，积极开展科技工作者"一线行"活动，通过远程视频、实地指导等方式将学术交流人才资源下沉到相关产业一线，帮助解决产业经济发展困境，支持科技工作者为产业经济发展服务，充分发挥学术交流的服务功能。

2.建立组织化的科技工作者服务中心

推动科技工作者团队与企业进一步合作，加快建设以企业为载体、以多个科技工作者团队为核心的组织化的科技工作者服务中心，并以此为平台举行面向企业和科技工作者的学术交流活动，吸引优质人才资源向企业聚集，及时回应企业现实需求。

（五）重视学术交流结果的反馈和应用

1.规范学术交流活动反馈机制

可制定和实施《学会评估评分标准》，通过问卷调查、访谈或设计专门的学术交流会议反馈平台，通过参会者对学术交流活动做出评价，反馈到各级学会，不断提高学术交流活动的质量，增强学术活动的影响力和吸引力。其一，问卷调查。随着学术交流活动的信息化管理，可采用线上调查形式向参会者发放问卷，也可以在学会网站上开设专栏，征询参会者意见反馈。问卷调查内容要涉及学术交流的主题、内容、形式、组织等方面的内容，搜集参与者的意见和评价，并找出问题的关键，形成总结报告，为下次同类学术交流活动提供借鉴。其二，访谈。会议组织者可以对若干有代表性的参会人员进行面对面访谈，获得他们对会议组织和会议效果的意见。可以获得较为详细和准确的信息反馈。其三，召开总结会议。

2. 建立学术交流成果转化机制

其一，学术交流活动成果再提炼，组织专家再交流。学术会议会后完善补充这个会议的成果提炼，可以以报告请示的形式报中国科协，相关专家进行交流，如果确有发展的空间，后期再进行一个专题邀请，把会议成果再提炼补充出来，使得学术交流成果更好地落地实施。其二，将学术交流成果"数据化"，形成学术交流成果数据库，充分发挥和挖掘学术交流成果的价值。在学术交流活动结束之后，运用数据化的方式将学术交流成果保存下来，分享给更多的人，方便之后的学者进行查找、引用以及实际运用。对学术交流活动中发表的期刊论文建立大数据库。全面推进数字化、智能化进程，建设科技期刊论文引文库、专著学者库、科技期刊应用数据库，基于大数据分析形成统一的评价体系，加强资源开放共享，让学者同时享受国际数据。其三，开展第三方评估，做好科技成果评价。征集遴选各产业科学问题和工程技术难题，连续两年推荐的项目入选中国科协十大重大科学问题和工程技术难题。组织院士专家等对重大科技成果进行第三方评价，评价报告作为国家科技奖等奖项评审和成果转化推广的重要依据。优先推广能解决重大科学问题和工程技术难题的成果，将有产业化价值的学术交流成果评估出来，并进行产业化。

3. 提升学术交流服务适切性

首先，满足科技工作者的需求。在学术交流活动中建立质疑和争鸣机制，将学术会议变为学术对话和思想碰撞的舞台。学术交流要摒弃之前的仅仅发言、作报告的单向交流形式，不仅要有发言，还要有提问和评论，要在与会者的思想碰撞间形成更多有价值的火花，更好地启迪科技工作者的创新思维，帮助解决科技工作者的实际问题。其次，及时回应产业发展需求。会议主题的确立要经过前期调研,确保会议"应该办"。大型综合性学术交流活动抓准宏观性、综合性、前瞻性重大课题,小型前沿专题交流活动聚焦关键性核心技术与基础研究领域"卡脖子"问题。再次,明确"学术交流是科普工作的高级形式"这一理念,扎根实际,立足于群众最需要了解的科学知识展开学术交流活动,促进全民科学素质的提高。最后,抓准党和政府的需求。科协组织要在学术交流活动中架起学术观点转化为决策行动、学术交流成果转化为科学生产力的桥梁,充分地利用学术交流成果,将高、新、精、准作为学术成果提炼标准,提取高质量、有价值的学术建议和信息,及时报送相关部门和单位参考,切实推动学术交流为党和政府的科学决策服务。

(六)创新学术会议模式

"十四五"期间,科协组织要革新传统学术会议模式,致力将以学术交流为主要目的的优势学术会议拓展为集学术研讨、专题报告、对话交流、技术转化、成果展示与应用等于一体的,具有实践反馈性的综合性学术盛会,着力构建"会展商服用"一体化的会议模式。

"会"即"会议",办好大会是基石。科协组织要丰富现有的学术会议品牌集群,着重在前沿学科交叉融合领域和国家战略发展的关键技术领域进行布局,办好相关大会。"展"即"展览",在现有学术会议的基础上,通过增设往届会议成果展及应届技术成果展,实现学术交流成果提炼与推广应用的可视化。"商"即"商贸",引导学会会员及相关企业会员积极参与学术会议,搭建二者交流合作的平台,构建创新技术链,对接资本链,开展示范应用和引导,让学术会议信息与成果在平台内自由流动。"服"即"服务",办好大会既要服务好科研工作者,使其成长成才;又要服务好地方产业与企业,促进科技经济深度融合;更要服务好党和政府决策,让学术会议成为地方"智库"建设的有力臂膀。"用"即"应用",增设"现场指导"环节,引导科研工作者下到生产一线、科研一线,回应实际需求,解决实际问题,不断提升会议品质。

(七)加速世界一流科技期刊建设

1. 优化科技期刊布局,提高学术服务能力

一是严格遵守党对科技期刊工作的全面领导。以习近平新时代中国特色社

主义思想为指导，增强"四个意识"，坚定"四个自信"，做到"两个维护"，自觉在思想上、政治上、行动上同以习近平同志为核心的党中央保持高度一致，树立正确办刊方向，认真贯彻国家总体安全观，有效防范和化解各类风险。

二是对标国际大刊，找准发展方向，明确发展定位。统筹短期目标和长期规划，强调以质量和价值为核心的绩效导向，建立并完善全生命周期的科学管理机制，实现期刊布局的动态调整和能力提升。

三是明确期刊建设重点。以提升科技期刊专业管理能力、市场运营能力、国际影响力为抓手，从总量、布局、结构、质量四个维度统筹科技期刊建设工作，切实提高我国科技期刊的学术影响力和学术服务能力。

2. 实施平台托举，提高科技期刊的影响力

一是打造中国科技出版资源数据库，建立开放获取平台。打造国家出版数字平台，推动企业、学术和期刊之间跨域合作，汇聚全球优质资源，为全世界贡献中国科技期刊的科学创造力量与智慧，提高中国科技期刊的影响力。

二是从国家层面遴选并重点建设一批高水平的旗舰刊物。第一批期刊集中于国际影响力较强的学科领域。在此基础上，分层次布局建设旗舰期刊的子刊或集群刊，形成具有一定规模的期刊生态群，不断提升我国在国际期刊界的话语权。

3. 探索科技期刊分类评价体系，提高国内期刊吸引力

一是着力提升学术质量。始终紧抓内容建设，充分发挥专家办刊作用，坚持根据专家意见审定期刊进展和发展目标，不断提高期刊学术水平。

二是建立科技期刊分类评价体系。按照学科领域分类，将不同领域的科技期刊进行分类，推动建立科技期刊分类评价标准，完善分类评价体系。同时，加强改革进展监测和期刊绩效评估，推动改革政策和举措逐步落地，及时研判并形成可复制、可推广的经验做法。

三是合理使用科技期刊的学术评价功能。既要充分重视科技期刊与论文的特殊作用，又要防止出现唯期刊、唯论文的倾向，避免科技期刊学术交流与学术评价功能的失衡。对此，恰当运用评价指标和评价方法，遵循科学、合理、公正的原则，不断优化生态，探索建立科学合理的期刊评价标准，推进科技评价导向转向。

4. 打造刊群联动，推动期刊集群化发展

一是刊群联动，推动集群化运作和集团化发展。支持若干科技期刊出版集团以市场为导向、以资本为手段，跨部门、跨地区重组整合期刊资源，加快集聚一

批高水平科技期刊，打造世界一流的科技期刊出版旗舰。

二是加大资金投入。集群的建设与发展需要持续稳定的资金保障，而目前我国科技期刊的盈利能力还比较弱。因此，要打造大刊名刊，建设可持续发展的期刊集群，政府和主管、主办单位还须提供更多的资金支持。

三是采取差异化定位。期刊集群是对原有出版资源的整合优化与再配置，以优质资源供给打造优质期刊。因此，期刊集群应形成有层次、有差异、有细分的期刊结构，各刊之间有竞争、有分工、有协作，在抱团发展中促进各刊利益最大化并提升整体影响力。

5. 创新期刊传播方式，推动期刊数字化发展

一是要打造数字化、智能化的出版平台。借鉴大型国有企业混改模式，推动建设专业化、数字化、智能化的出版社和出版平台，加强大数据中心及数字化知识服务出版平台建设，实现期刊出版流程数字化、出版管理智能化、传播发布全球化、内容资源共享化。

二是要建设科技期刊论文大数据库。全面推进数字化、智能化进程，建设世界科技期刊论文引文库、专著学者库、科技期刊应用数据库，基于大数据分析形成统一的评价体系，加强资源开放共享，让学者同时享受国际数据。

三是要不断优化组织管理结构，提升服务质量。推进期刊管理和办刊分离、期刊编辑和出版分离，实现期刊集中化、专业化管理，扩大期刊传播幅度，增强期刊传播影响力。加强整体统筹能力，逐步将编辑部、出版社、推送平台和用户反馈形成一个闭环，不断实现"资源通融、内容兼融、宣传互融、利益共融"的新型媒体形态，提高增值服务能力。

6. 优化人才结构，加强期刊队伍建设

一是要建立专业期刊编辑队伍。作为期刊内容质量的鉴定者、把关者和支撑者，编辑人员既需具备科学研究能力，也需要丰富的专业知识及学科发展的洞察力。通过建立专业期刊编辑队伍，加强对稿件选题的征集、挖掘、跟踪等，尝试开拓市场，吸纳国外专业编辑协助进行期刊工作。

二是不断提高编辑队伍的能力。通过学术交流活动、国际合作、绩效激励、培训等方式，提高编辑队伍的专业化水平，提升刊物质量和辐射影响力。同时，不断引入发行工作人员、广告人员、新媒体工作人员，使期刊队伍建设更加合理。

附件：

一、关于科技社团学术交流现状的调研问卷

尊敬的先生/女生：

您好！

为了解科技社团学术交流的状况，特开展此次问卷调查，以发现其中的问题并寻求解决方案，进而为提升科技社团学术交流的质量提供参考。请选择您认为合适的选项，选择没有对错之分。本次调研以匿名形式进行，获取的数据和信息仅用于统计分析，请您放心作答。您的回答对我们工作的开展有重要意义。由衷感谢您百忙中作答。

祝您工作愉快，生活幸福！

中国矿业大学课题组
2020.11

学术交流：主要是指会议类学术交流

1. 您的性别 [单选题] *

A. 男

B. 女

2. 您的年龄段 [单选题] *

A. 30 岁及以下

B. 31～40 岁

C. 41～50 岁

D. 51～60 岁

E. 61～65 岁

3. 您的文化程度 [单选题] *

A. 大专及以下

B. 本科

C. 硕士

D. 博士

4. 您的政治面貌 [单选题]*

　A. 中共党员

　B. 共青团员

　C. 民主党派

　D. 无党派人士

　E. 群众

5. 您的专业技术职称 [单选题]*

　A. 正高级

　B. 副高级

　C. 中级

　D. 初级

　E. 无职称

6. 您所在的科技社团是什么性质的社团（不是科技社团的成员不回答此题）[单选题]

　A. 工科

　B. 理科

　C. 医科

　D. 农科

　E. 交叉学科

7. 您参加过什么性质的社团的学术交流 [单选题]*

　A. 工科

　B. 理科

　C. 医科

　D. 农科

　E. 交叉学科

8. 您所在的科技社团是（注：若加入多个科技社团，请选择对自己意义最大的科技社团的级别）[单选题]*

　A. 国家级

　B. 省级

C. 市级

D. 未参加科技社团

9. 您所在的科技社团设立的专业委员会的数量

A. 1~5个

B. 6~10个

C. 11~15个

D. 16~20个

E. 20个以上

F. 不是科技社团成员

10. 您参加的学术交流的国际化程度［单选题］*

A. 很高

B. 高

C. 一般

D. 低

E. 很低

11. 您所在的科技社团近3年主办或承办的国际会议频次（不是科技社团的成员不回答此题）［单选题］

A. 0次

B. 1~3次

C. 4~6次

D. 7~10次

E. 10次以上

12. 您所在的科技社团中外籍人员的数量（不是科技社团的成员不回答此题）［单选题］

A. 5人及以下

B. 6~10人

C. 11~20人

D. 21~30人

E. 31~40人

F. 41~50人

G. 51 人以及以上

13. 您参加的学术交流有外籍人员的频率［单选题］*

A. 没有

B. 很少

C. 一般

D. 经常

14. 您所在的科技社团组织社团成员出国交流或访问的年均频次（新冠肺炎疫情期间除外）［单选题］*

A. 1 次

B. 2 次

C. 3 次

D. 4~6 次

E. 7 次及以上

15. 参加的学术交流探讨跨学科和跨领域问题的频率［单选题］*

A. 总是会

B. 会

C. 偶尔会

D. 很少会

E. 不会

16. 您参加的学术交流邀请不同学科或不同领域的专家学者的频率［单选题］*

A. 总是会

B. 会

C. 偶尔会

D. 很少会

E. 不会

17. 您参加的学术交流能同时回应理论和实践需求［单选题］*

A. 总是能

B. 能

C. 偶尔能

D. 很少能

E．不能

18．您参加的学术交流能促进政府、学会、企业、科技工作者以及社会之间的联系［单选题］*

A．总是能

B．能

C．偶尔能

D．很少能

E．不能

19．参加科技社团举办的学术交流活动后，主办方会询问我们对交流活动的感受［单选题］*

A．总是会

B．会

C．偶尔会

D．很少会

E．不会

20．您参加的学术交流的成果是否能及时发布［单选题］*

A．总是能

B．能

C．偶尔能

D．很少能

E．不能

21．您参加的学术交流的议题是否能满足您的需求［单选题］*

A．总是能

B．能

C．偶尔能

D．很少能

E．不能

22．您参加的学术交流是否有企业人员参与［单选题］*

A．经常有

B．有

C. 偶尔有

D. 很少有

E. 没有

23. 您所在的科技社团是否有学术交流成果转化机制（不是科技社团的成员不回答此题）[单选题]

A. 有

B. 没有

24. 您参加的学术交流是否有学术交流成果成功解决行业或领域的现实难题[单选题]*

A. 总是有

B. 有

C. 偶尔有

D. 很少有

E. 没有

25. 参加学术交流未能达到预期目的，主要原因是[多选题]*

A. 交流议题过于狭窄，跨学科性弱

B. 没有充分的互动交流

C. 分论坛设置较少

D. 分论坛设置缺少异质性

E. 其他

26. 通过学术交流，您认为科技社团及成员在以下哪些方面获得了明显的提升（按照明显程度排序）[排序题，请在中括号内依次填入数字]*

A. 开展下一次学术交流 [　]

B. 发表学术论文 [　]

C. 人脉资源 [　]

D. 获得委托项目 [　]

E. 科研成果转化 [　]

F. 获得科研奖励 [　]

G. 申请专利 [　]

H. 把握领域或行业前沿 [　]

I. 及时回应政府需求 [　]

27. 您参加学术交流会获得跨学科的知识和信息 [单选题]*

A. 总是会

B. 会

C. 偶尔会

D. 很少会

E. 不会

28. 主办方对学术交流是否有明确的成果凝练机制 [单选题]*

A. 有

B. 没有

C. 不知道

29. 您参加的学术交流主要面向学科前沿而未能及时回应现实需求 [单选题]*

A. 总是会

B. 会

C. 偶尔会

D. 很少会

E. 不会

30. 您参加的学术交流主要面向学科前沿并能及时回应现实需求 [单选题]*

A. 总是会

B. 会

C. 偶尔会

D. 很少会

E. 不会

31. 您在参加的学术交流中会看到相关企业的展板或展示品 [单选题]*

A. 总是会

B. 会

C. 偶尔会

D. 很少会

E. 不会

32. 您在参加的学术交流中会明显感受到有企业赞助 [单选题]*

A. 总是会

B. 会

C. 偶尔会

D. 很少会

E. 不会

33.您参加的学术交流会促成科技工作者与企业的合作［单选题］*

A. 总是会

B. 会

C. 偶尔会

D. 很少会

E. 不会

34.参加的学术交流会延伸到实践领域（即参会的科技工作者到"一线"服务）［单选题］*

A. 总是会

B. 会

C. 偶尔会

D. 很少会

E. 不会

二、访谈提纲

尊敬的先生／女士

您好！

本次调查属于 2020 年中国科学技术协会"新形势下科协组织学术交流服务创新对策研究"，旨在调查科协组织世界一流期刊建设和创新学术交流服务的现状及困境，为"十四五"时期科协组织赋能学术交流服务提供对策参考。我们诚邀您参与此次调查。回答没有对错之分，所得信息仅用于科研。请您根据实际情况回答或填写，感谢您的支持与配合。

中国矿业大学

"新形势下科协组织学术交流服务创新对策研究"课题组

访谈对象：科协及学会部分工作人员（科协学术部工作人员、典型学会负责人、优秀科技期刊主办单位负责人）。

访谈问题：

1. 贵单位开展了哪些学术交流活动？最为成功的学术交流活动有哪些？

2. 贵单位在开展学术交流时遇到过哪些问题，可以从哪些方面改进？

3. 贵单位举办的期刊运行情况如何？有哪些问题、困难？改进策略有哪些？

4. 新冠肺炎疫情发生后，贵单位举办的学术交流活动遇到了哪些问题？应该从哪些方面改进？

5. 贵单位是如何维持科技工作者间的日常学术交流的？科协及学会是否进行过相关平台建设（如学术交流群、App）？

6. 是否有相应的学术交流成果提炼转化机制？如何进行？应该怎样完善？

参考文献

［1］中国科学技术协会.中国科技期刊发展蓝皮书（2020）［M］.北京：科学出版社，2020.

［2］杨文志.强化经营理念　促进学会改革［J］.学会，2003（4）：9-14.

［3］杨文志，朱明燕.遵循办刊规律　繁荣学术期刊［C］// 中国科学技术期刊编辑学会.中国科协期刊工作经验交流会论文集.北京：中国科学技术期刊编辑学会，2004：10.

［4］杨文志.开创学会改革发展的新局面［J］.学会，2004（6）：9-10.

［5］江苏省科协学会学术部.努力构建学术交流活动的新高地［J］.科协论坛，2004（8）：19-21.

［6］杨文志，王晓彬，张利军，等.办好科技期刊　促进学会发展［J］.学会，2007（6）：21-28.

［7］李役青，李林.以科协学术活动为平台　促进学术生态建设［J］.科协论坛，2007(9)：19-21.

［8］常妍，李苑.中国科协学术期刊评价［J］.出版广角，2008（5）：24-27.

［9］佚名.中国科协学术期刊质量现状及存在问题［J］.出版广角，2008（5）：9.

［10］佚名.中国科协等5部门发布关于准确把握科技期刊在学术评价中作用的若干意见［J］.科技导报，2015，33（22）：11.

［11］薛彬.中国科协学术交流管理问题研究［D］.北京：北京理工大学，2016.

［12］李兴昌，姚希彤，张霞，等.中国科技期刊编辑学会组织期刊审读的做法与经验［J］.

编辑学报，2016，28（3）：270-272.

[13] 杨文志. 科普信息化建设新思维和新理念［J］. 科技导报，2016，34（12）：14-17.

[14] 程维红，任胜利，沈锡宾，等. 2011—2015 年中国科协科技期刊网站建设进展［J］. 中国科技期刊研究，2016，27（11）：1156-1161.

[15] 朱琳，刘静，刘培一，等. 中国科协科技期刊出版管理现状及思考［J］. 中国科技期刊研究，2017，28（3）：230-234.

[16] 佚名. 创新争先　追赶超越　省科协以学术交流激活创新源头活水［J］. 陕西画报，2017（6）：80-81.

[17] 中国科协学会学术部. 中国科协就世界一流学会一流期刊建设组织专题座谈［J］. 学会，2018（4）：2.

[18] 佚名. 中国科协聚力世界一流科技期刊建设［J］. 科技传播，2018，10（8）：3.

[19] 佚名. 中国科协重点推介的科普期刊［J］. 大自然探索，2018（05）：80.

[20] 陈丹. 加强学会建设，促进科技思想库建设［C］// 四川省科学技术协会. 中西南学会学研究第 36 届年会论文集. 成都：四川省科学技术协会学会部，2018：6.

[21] 佚名. 发挥科协优势　助力创驱发展［N］. 山东科技报，2018-09-21（003）.

[22] 何思远. 新形势下科协做好科技人才工作的思考［J］. 科协论坛，2018（9）：50-52.

[23] 佚名. 浙江省科协科技期刊发展座谈会在杭州召开［J］. 科技传播，2018，10（22）：12.

[24] 余晓洁. 练就内功"造船"出海　中国科协聚力世界一流期刊建设［J］. 科学大观园，2019（16）：38-39.

[25] 王光明. 中国科协 70 年发展历程回顾［J］. 学会，2019（8）：29-43.

[26] 王志芳. 中国科协学会联合体发展现状及对策建议［J］. 学会，2020（1）：30-33.

[27] 舒健. 学术交流的新形态：以疫情防控下的"宋元明清"云端论坛为例［J］. 中国史研究动态，2020（4）：86-88.

[28] 赵文义. 学术期刊开放获取的生成逻辑与发展演化［J］. 编辑之友，2020（9）：39-42.

[29] 怀进鹏. 共促科技期刊高质量发展　共筑健康的学术交流生态［J］. 中国科技产业，2020（10）：2-4.

[30] 刘筱敏. 学术交流视角下中国科技期刊发展的思考［J］. 中国科技期刊研究，2020，31（10）：1146-1152.

[31] 佚名. 共促科技期刊高质量发展　共筑健康的学术交流生态［J］. 科技导报，2020，38（20）：2.

作者单位：段鑫星，中国矿业大学（徐州）

赵智兴，中国矿业大学（徐州）

08 新形势下构建中国特色高质量科普体系对策研究

◇郑 念 王唯滢

【摘 要】 基于对科协组织"十三五"期间现代科普体系建设工作的总结与分析，结合新形势下高质量发展对科普事业发展提出的新要求，文章对新形势下中国特色高质量科普体系的概念进行了界定并探讨了该体系的建设目标与发展任务。针对"十四五"时期建设发展高质量科普体系的要求，立足当前，放眼长远，有针对性地提出了优化资源供给体系、构建平台支撑体系、完善科普运行体系、搭建实施保障体系四大战略重点和九个重大项目工程，向科协组织提出了若干具体实施建议，从而推动我国科普工作高质量发展迈出更大步伐，使科协组织努力成为新时代构建新发展格局、建设现代化发展体系、推动高质量发展的生力军。

【关键词】 新时期 高质量发展 科普体系

一、研究背景与选题意义

"十三五"进入收官之年，我国即将全面建成小康社会。与此同时，国内外信息技术革新推动全球范围内新一轮科技革命日益深化，2020年新冠肺炎疫情全球性蔓延，部分国家以"相对独立的经济体系"为诉求掀起了逆全球化浪潮，使我国发展面临的系统性不稳定、不确定性明显增强。只有坚定实施创新发展战略，方能应对百年未有之大变局，向第二个百年奋斗目标进军。我国要实现经济社会高质量、可持续发展，迫切需要加快科技成果转移转化，有效发挥科技创新的战略支撑作用。

中国科协作为国家创新体系的重要组成部分，肩负着服务科技工作者、服务创新驱动发展战略、服务公民科学素质提高、服务党和政府决策的重大使命，其中推进科普事业的管理和服务、提升全民族科学素质，奠定了建设创新型国家的重要基础。自2002年《中华人民共和国科学普及法》颁布以来，我国的科普事业发展取得重大进展，科普工作逐渐实现社会化和经常化。2016年，习近平总书记在全国科技创新大会、两院院士大会、中国科协第九次全国代表大会上的讲话指出："科技创新、科学普及是实现创新发展的两翼，要把科学普及放在与科技创新同等重要的位置。"这一重要讲话为新时期科普工作指明了方向。《中共中央关于制定国民经济和社会发展第十四个五年规划和二〇三五年远景目标的建议》（以下简称《建议》）提出，"弘扬科学精神和工匠精神，加强科普工作，营造崇尚创新的社会氛围"，明确了科普服务于创新驱动发展战略的重要使命。

在互联网迭代发展、智能信息技术持续升级的过去五年中，现代科普工作中各要素获得了长足发展，但其中部分要素仍有继续提升和拓展的空间。迈入社会主义新时代，科普事业肩负着神圣使命，要以全民科学素质的持续提升构筑未来发展新优势，培育国家创新发展的科技和人力资源基础，必须以新的发展理念武装科普工作；以更加符合科技创新规律和时代需要的手段，传播科学精神、科学思想、科学知识、科学方法。面向未来的五年，新历史形势、新技术条件和新发展理念对科普体系的创新提出了新的要求，打造高质量的科普体系势在必行。

本研究从构建中国特色高质量科普体系的角度出发，结合"十四五"期间国家整体发展、科技创新和全民科学素质建设的发展目标和定位，在分析以往工作成绩和不足的基础上，研究中国科协服务构建中国特色高质量科普体系建设的理念和重点工作。

二、"十三五"科协组织科普工作总结

（一）主要工作进展与成效

"十三五"期间，党和国家高度重视科学技术普及和创新文化建设工作，提出若干指导科普工作的新方针与政策，中央到地方科协组织的科普协调机制发挥了积极作用，社会各界广泛参与科普实践，科普活动形式更加丰富、数量进一步增

加，科普产业依托政策扶植与技术进步逐渐壮大，公民科学素质水平实现跨越性提升。以中国科协"十三五"规划中提出的建设目标为基准，回顾过去五年的现代科普体系建设情况，我国的科普事业发展和创新文化建设取得了长足发展，主要成就体现在以下几方面。

1. 我国公民科学素质大幅提升

"十三五"期间，新兴信息技术助力科普信息化建设，科普服务得到优化，各类科普设施的利用率及科普活动的覆盖度进一步提升，为我国公民科学素质的提高提供了良好的社会环境。[1]

第十一次公民科学素质抽样调查结果显示，2018年，我国公民具备基本科学素质的比例达到8.47%，到2020年年底，这一数据达到了10.56%，实现了"十三五"末我国公民具备基本科学素质比例超过10%的既定目标[2]，公民科学素质水平跨入创新型国家行列。具体来看，上海（24.30%）和北京（24.07%）两地遥遥领先，东部、中部和西部地区的公民科学素质水平分别为13.27%、10.13%和8.44%，京津冀、长三角和珠三角三大城市群的公民科学素质水平分别为14.24%、15.54%和15.21%。"十三五"期间，不同类别人群科学素质水平均有大幅提升。城镇居民和农村居民具备科学素质的比例分别达到13.75%和6.45%。

2. 科普信息化水平不断提高

"十三五"期间，"互联网+科普"建设工程的实施驱动了科普信息化服务体系，增强了我国科普信息化水平。随着网络化科普手段的丰富和深化拓展，中国科协、地方科协、全国学会和省级学会大力推动互联网科普传播的发展，主办了共千余个科普网站、科普App、科普手机报、科普微信公众号、科普微博及短视频科普账号，吸引了广泛关注。科协打造的"科普中国"品牌示范性和影响力进一步提升，结合社区科普e站、校园e站、乡村e站等项目，实施科普信息化服务相关落地应用，建成了一大批覆盖广泛的科普中国e站。

在科技馆信息化方面，多家大型科技馆在"十三五"时期建立了比较完善的基础信息系统，并展开了人工智能（AI）、增强现实（AR）科技资源的研发和建

---

[1] 黎娟娟，何薇，刘颜俊. 科学素质：社会治理的微观基础［J］. 科普研究，2020，15（4）：40-46+54+106-107.
[2] 中国科学技术协会. 公民具备科学素质比例达10.56%［EB/OL］.（2021-01-27）［2021-02-13］. https://www.cast.org.cn/art/2021/1/27/art_90_146018.html.

设。由中国科协联合中国科学院、教育部及其他单位共同建设的国家科技基础平台"中国数字科技馆"项目全面推进，逐步升级为集网站、移动端、线上线下活动及科普大篷车和流动科技馆远程管理平台等功能于一体的综合性网络科普服务系统，集成地方优质科普资源，发挥集群效应，扩大了各地优质科普资源的传播范围，促进了各地科普机构的交流和联系。

3. 科普科幻创作繁荣发展

"十三五"期间，国家出台相应政策鼓励新形式的科普创作，支持一系列新媒体科普平台上线，促进科幻影视、科普游戏的开发与制作，支持优秀科普作品实现产业转化。各级科协参与主办了类型丰富、主题多元的科普大赛激励科普创作；以创作基金的形式加大对科普创作的资金支持；通过一系列培训活动和相关赛事的举办推进科普创作人才培养，2017年以来持续开展青年科普科幻创作人才培训和扶持计划。"十三五"期间，科普图书创作热度持续走高，市场需求不断扩大。传统科技出版物方面，2019年科普图书发行出现回升，全国共出版科普图书12468种，发行量1.35亿册；出版期刊9918.49万册。二者均比2018年增加46.12%。[①] 在科普信息化方面，以"科普中国"为例，平台融合创新传播形式，通过H5专题形式集中展示；联动央视网、CCTV微视、魅力中国、IPTV等近50家视频媒体传播平台上线推广科普专辑，覆盖人数超5亿人次；各栏目（频道）累计建设科普信息内容资源超19.76 TB，累计浏览量和传播量超过196亿人次；累计传播渠道超过200家。[②]"科普中国"已成为科普作品的主流传播渠道。2019年，科幻电影票房收入占国内总票房收入的比例超过了"十三五"规划预期的15%，中国科幻大会、中国科普科幻电影周等科幻创作活动影响力持续增强，促进了科幻创作的交流与繁荣。

4. 科技馆体系建设创新升级

"十三五"时期现代科技馆体系建设取得突出成就。2019年全国共有科技馆和科学技术类博物馆1477个，比2018年增加16个。科普场馆展厅面积537.38万平方米，比2018年增长2.22%。全国平均每94.79万人拥有一个科普场馆。其

[①] 中华人民共和国科学技术部. 中国科普统计（2020年版）[M]. 北京：科学技术文献出版社，2020.

[②] 中华人民共和国科学技术部. 中国科普统计（2020年版）[M]. 北京：科学技术文献出版社，2020.

中，科技馆 533 个，比 2018 年增加 15 个；科学技术类博物馆 944 个。科技馆和科学技术类博物馆参观人次达到 2.43 亿人次，比 2018 年增长 10.93%。①两类科普场馆参观人数在"十三五"期间均持续增长，场馆的利用率和辐射能力也明显增强。流动科技馆数量在 2017 年就已达到 1035 个，提前达成"十三五"规划的目标；科普大篷车下乡次数提升，能有效覆盖未建科技馆地区的所有乡镇。此外，在相关政策鼓励下，更多高等院校、科研机构、企业面向公众开放了科普空间，重点实验室和生产车间开放等形式进一步推动了共建科普平台、共享科普资源的建设。

各级科普场馆的数字化建设是"十三五"时期的重要举措，信息技术手段的升级为场馆的现代化建设提供了有力支撑。以中国科技馆为代表的国家级科普场馆率先实施智慧化创新发展战略，加强面向公众的智慧服务建设，充分探索结合大数据、云计算、物联网、人工智能等技术建设综合信息服务平台，全面提升展览展品、教育活动、观众服务的信息化水平，线上虚拟科技馆等产品丰富了展教手段。②"十三五"期间场馆国际交流与合作规模进一步扩大，响应"一带一路"倡议，流动科技馆项目走出国门，以满足"一带一路"沿线国家发展的现实需求为目标明确合作模式，赢得了伙伴国家相关机构和受众的广泛好评。

5. 科技教育水平得到提升

"十三五"期间，校外科学教育进一步发展，青少年科技创新后备人才培养水平得到提升。2017 年，教育部发布《义务教育小学科学课程标准》，倡导推行科学、技术、工程、数学（STEM）教育理念，小学乃至部分地区幼儿园的科学教育受重视程度提升，全国小学科学教师数量逐年增长，基础设施逐年改善，发达地区模范校园的互联网科学教育实践也取得了良好成效。各种科学探究、小实验等活动对青少年产生显著影响，有助于激发青少年的好奇心和想象力。至 2019 年年底，全国共成立青少年科技兴趣小组 18.25 万个，参加人员达到 1382.14 万人次；举办科技夏（冬）令营 1.36 万次，参加人员 238.90 万人次。以"馆校结合"为代表的科学教育实践模式为拓展校外教育渠道取得了更多创新性成果，科技场馆积极发挥科普教育平台功能，为学校科学教育提供有力补充，打造了针对不同年龄层学

---

① 中华人民共和国科学技术部. 中国科普统计（2020 年版）[M]. 北京：科学技术文献出版社，2020.

② 殷皓. 以"智慧科技馆"建设促进新时代中国特色现代科技馆体系可持续发展 [J]. 博物馆管理，2019（1）：16-20.

生的个性化科学课程，研发了沉浸式科普体验活动等创新形式，提高了青少年的科技学习兴趣和科普实践活动的参与度。

6. 基层科普深入拓展

"十三五"时期各级科协组织及相关单位继续开展全民性、群众性、主题性科普活动，将科技志愿服务下沉基层，深入实践基层科普工程。在广大农村地区，基层科协组织结合自身实际，主动作为，调动各种资源，以特色科普活动助力新时代文明实践。2018年起，通过成立全国科普惠农乡村 e 站联盟，指导更多基层地区的乡村 e 站开展科普培训与宣传工作，实施"新技术新产品下乡，优质农产品返城"双向服务，探索乡村科普 e 站长效运行机制，通过科普兴村富民全面助力乡村振兴。在城市社区，e 站普及科普大屏、科普画廊或科普图书室等设施，搭载大数据、物联网等前沿技术手段，极大丰富了城镇居民身边的科普活动。此外，地方科协也重视城镇外来务工人员的科普工作，有针对性地建设相应的科普基础设施，举办特色主题科普活动。一方面宣传普及环保、健康、法律等生活相关的知识，另一方面提供就业及再就业相关培训，提升科普工作实效，切实惠及外来务工人员。基层科普的惠民实践针对留守儿童、农村妇女等基层弱势群体开展的专项工作，覆盖了更多急需科普教育的人群，各地展开多项"智爱妈妈行动"，对提高农村妇女科学素质发挥了重要作用。

（二）新形势下科普体系存在的不足

"十三五"时期的科普体系建设工作虽取得了良好成效，但也存在一些不足，主要体现在以下方面。

1. 不平衡不充分发展问题依然显著

尽管公民科学素质整体水平在"十三五"时期得到很大提升，但区域间、城乡间以及不同人群之间的发展仍不平衡，中部、西部地区的公民科学素质水平仍然明显落后于东部地区。区域间科普能力发展水平不平衡，科普投入、科普人才、科普基础设施发展方面的区域差异明显。缩小公民科学素质建设的区域差距，实现区域协调发展，是"十四五"时期的一项重点工作。

2. 科普产品与服务有效供给不足

互联网移动终端和新媒体传播渠道的高度普及引发了科普需求的结构性改变，与此同时受众市场日益细分化，科普产品与服务的供需关系面临着新的变化与挑战。传统的科普产品和公共服务已经不能满足受众精准化的需求,科普供给侧结构改革有待进一步加强和深化。高校、科研院所提供的科技成果转化服务在数量和质量上都需进一步提升;科普企业主要面向B端市场,对C端市场的重视不够,未能充分挖掘出市场潜力。由此,科普产品和服务的供给不足表现为:诸多陈旧、传统形式的科普产品濒临淘汰,市场中符合时代发展变化要求和受众新需求的科普内容相对紧缺。因此,亟须针对公众的科普需求,增加优质科普产品与服务供给。

3. 科普经费投入、人员数量有待增加

"十三五"期间,科普经费投入有所增长,但整体经费水平较低,社会化经费筹措水平偏低。2019年全国科普工作经费筹集额共计185.52亿元,比2018年增加15.13%。东部地区的科普经费筹集额高于中部和西部地区之和,科普经费投入区域发展不平衡的现状仍在持续。科普人员方面,2019年全国科普专、兼职人员数量均出现增长,总数达到187.06万人,比2018年增加4.80%。但是科普人员组成结构不平衡,高水平科普人员和兼职科普人员数量占比不高,中级及以上职称或本科及以上学历的专职人员有15.16万人,占科普专职人员的60.60%。从具体类别上来看,尽管2019年科普创作人员数量为2.01万人,但在科普专职人员中所占的比例依然过低,只占8.03%。创作人员不足抑或造成科普产品产出乏力。科学教育方面,许多地区仍然面临着师资和专业人才紧缺的情况。总体来说,"十三五"期间我国科普投入增量较少,随着科普工作的不断推进,科普经费与科普人员缺口加大,需求增强。

4. 科普产业化发展进程缓慢

中国特色科普事业的发展有效引领和组织了中央到地方的科普实践,保证我国科普工作在短时间内取得了相当大的进展。但另一方面,我国科普产业发展相对滞后,市场化程度不高,整体上未能形成规模化、集约化、专业化的发展格局,缺少龙头企业,难以形成产业集群,创新动力不足。进入社会主义新时代,习近平总书记提出的创新、协调、绿色、开放、共享的新发展理念对科普工作提出了新的要求,必须破解科普事业独角戏的局面。

5. 科普国际化影响力水平较低

"十三五"时期,科协组织培育了以中国科技峰会为牵引、以中国科协年会为龙头、以系列世界大会为支撑、以示范性学术会议为基础的学术会议品牌集群,以学术交流支持科普活动，积极搭建了世界公民科学素质促进大会等国际交流平台及国际交流活动，通过"一带一路"科普交流周等科普交流活动推进了与"一带一路"沿线国家的科普成果共建共享实践探索。但当前我国的科学国际合作更多停留在高层次的科技人员和成果交流层面，而在科学普及层面，除了参与世界公众科学素质促进联盟建设等现有合作机制，更多集中在国际场馆和部分人员之间的交流，尚不能够惠及更广泛的国际受众。我国科普从业者"走出去"的规模较小，未能建立起宣传和展示中国科学普及成就及先进经验的有效渠道。在"引进来"方面，侧重于引进海外优秀科普作品，缺少对海外科普服务模式的深入研究和中国化改造落地。平台建设方面，现有科普国际合作机制存在交流领域少、活动举办时间短和品牌影响力有限等问题，长期有效的交流互动机制有待建立和完善。

6. 科普社会化环境有待改善

我国当前建立起的政府指导、市场调节和社会参与的科普工作格局有待完善升级。在科普事业系统内部存在着"上热、中冷、下需"的失调情况，需实现系统内的纵向协同。横向方面，现行科普实践中三种机制协调不足，大多情况下，行政、市场与社会三种机制只用其一。市场和社会机制在科普实践中的作用非常有限，亟须建设富有活力的科普市场，打破分散格局，合理配置资源，动员多种主体参与科普，实现三种机制融合互促，形成良好的科普社会环境。

7. 政策与保障措施亟须完善

"十三五"时期新颁布了一批支持和保障科普工作的行业性、地方性政策法规，但距离《中华人民共和国科学普及法》颁布已有很长一段时间，与之相配套的实施细则仍未完善，社会协同的相关政策法规体系尚未成形，缺乏鼓励各类社会主体、个体参与科普工作的激励政策。我们鼓励市场机制在科普产业化建设中发挥作用，却缺少明确的支持型政策与健全的保障制度，现有的表彰、奖励等激励政策尚待完善落实，科普相关产业、民间科普组织、科普基金等发展支持保障制度不完善。各社会主体有效参与科普活动的考核评价机制尚未健全，国家科普统计和评估制度、科普创作创业激励机制以及科普产品版权保护机制等有待完善。

三、贯彻落实党的十九届五中全会对科普工作的要求

党的十九届五中全会着眼两个大局，即中华民族伟大复兴的战略全局和世界

百年未有之大变局，立足变革创新，突出了创新发展体制机制的变革，强调了科普在这场变革中的重要作用。《建议》在第三点"坚持创新驱动发展，全面塑造发展新优势"部分就"完善科技创新体制机制"明确指出："弘扬科学精神和工匠精神，加强科普工作，营造崇尚创新的社会氛围。"[①] 把科普工作列入国民经济发展五年规划，这在历史上还是第一次，充分说明了新时期科普工作的重要性及肩负的责任和使命。

第一，将提升人民科学文化素质贯穿始终。高质量不仅意味着社会经济发展的高质量，也要求实现人的素质的高质量发展，实现人的现代化。《建议》明确提出，"社会文明程度得到新提高。社会主义核心价值观深入人心，人民思想道德素质、科学文化素质和身心健康素质明显提高，公共文化服务体系和文化产业体系更加健全"。科学素质作为人的文明素质的重要组成部分，是连接科技与人、科技与经济、科技与社会、科技与文化的桥梁，体现了社会文明程度和人的全面发展。科普作为提升人民科学文化素质的重要举措，要根据不同人群采取切实可行的方式，切实服务于人的全面发展和社会文明程度的提升。

第二，以提升科普产品和服务能力为重点。《建议》明确指出以深化供给侧结构性改革为主线，新时期科普体系也要以供给侧结构性改革为主线，提升科普产品和服务供给能力。围绕人民对美好生活的向往，着力解决科普资源供给不平衡不充分的问题，把提高科普公共服务供给体系质量为目标，推动科普产品与服务供给侧的质量变革、效率变革和动力变革，不断满足人民群众个性化、多样化、持续升级的科普需求，推动新时期科普事业全面升级。

第三，形成服务创新发展的科普新格局。党的十九届五中全会提出，把新发展理念贯穿发展全过程和各领域，构建新发展格局，从而实现更高质量、更有效率、更加公平、更可持续、更为安全的发展。新时期构建高质量科普体系，要以适应新发展为核心，应加强前瞻性思考、全局性谋划、战略性布局和系统性推进，实现科普、教育、传播的深度融合，以高水平的社会化协同为动力，充分发挥政府、高校、科研院所、企业以及公众的力量，形成政府主导、市场带动的"科普事业＋产业"良性内生动力系统，服务创新发展。

---

① 本书编写组. 党的十九届五中全会《建议》学习辅导百问［M］. 北京：党建读物出版社，学习出版社，2020：18–21.

此外,《建议》围绕着"十四五"时期的发展方针与目标,提出了全面助推乡村振兴、推动区域协调发展、提高国家文化软实力、持续改善环境质量、推进健康中国建设、统筹安全和发展等举措。新时期科普工作应结合相关发展要求,在科普领域制定与之相适应的措施,全面助推经济社会的高质量发展与社会治理能力现代化(表2-8-1)。

表 2-8-1　党的十九届五中全会对科普工作的要求和相关内容

领域	《建议》相关内容	与科普工作的关联性
创新发展	"坚持创新在我国现代化建设全局中的核心地位";"深入实施创新发展战略,完善国家创新体系"	科普助力创新文化建设及创新能力提升,"营造崇尚创新的社会氛围"
科学素质	"社会文明程度得到新提高……人民科学文化素质明显提高"	提升公民科学(文化)素质的提升,促进社会文明程度的提高
乡村振兴	"把乡村建设摆在社会主义现代化建设的重要位置";"提高农民科技文化素质,推动乡村人才振兴"	科普资源下沉,提高基层科普服务效能;提升农民科学素质
文化发展	"提升公共文化服务水平,推动公共文化数字化建设……健全现代文化产业体系"	提升科普公共服务水平,推动"文化产业+科普"发展
卫生健康	"全面推进健康中国建设……提高应对突发公共卫生事件能力";"提升健康教育,促进全民养成文明健康生活方式"	实现资源整合共享,提升健康与公共卫生应急科普能力
环境保护	"增强全社会生态环保意识,深入打好污染防治攻坚战"	提升公众环保意识和生态环境素养
公共安全	"保障人民生命安全……全面提高公共安全保障能力……完善国家应急管理体系"	加强应急科普能力建设

四、中国特色高质量科普体系的概念与内涵

党的十九大报告指出,我国经济已由高速增长阶段转向高质量发展阶段。我国社会的主要矛盾发生了重大变化,国内外发展环境发生深刻变化,面临严峻挑战,不平衡不充分的发展就是发展质量不高的表现。高质量发展解决的是发展不平衡不充分的问题。当前,不平衡不充分问题也是制约科普事业创新提升、发挥更广泛更深厚效能的主要局限。从地域看,全国范围内,东中西部地区的科普产品与服务供给能力、公民科学素质仍存在不小差距;从行业看,科普与科研、教育融合不够充分,制约着科普资源转化和供给能力提升,影响科学普及效果;从

驱动力看，科普事业与科普产业发展严重失衡，科普产业发展仍处于小、散、弱状态，对科普发展的支撑带动作用极为有限，市场化机制远未完善；从科协优势看，科协"一体两翼"组织优势尚未得到充分利用，其中学会在科普发展中的参与积极性有待调动，巨大潜力有待激发；从科普实践看，科学传播、科普活动对新技术新理念的运用不够充分和合理，科普产品服务未能跟上技术发展和受众习惯的变化脚步，亟须适时调整创新。为解决新形势下科普事业的主要矛盾，"十四五"时期应着力构建中国特色高质量科普体系，助力发挥科协"一体两翼"的组织优势，织密网络，下沉两级，进一步铸强支持创新发展的科普羽翼。

（一）概念界定

中国特色高质量科普体系是指坚持以人民为中心，高效利用资源、有效供给产品和服务、精准满足人民群众需求，集聚科研机构、高校、企业等科技界和社会力量，服务于创新发展和经济社会高质量发展的科普系统，是科普内容优质化、科普机制社会化、科普手段智慧化、科普效果普惠化、科普交流国际化的科普服务功能和机制。

（二）指导思想

新时期高质量科普体系建设，要以习近平新时代中国特色社会主义思想为指引，坚持以人民为中心，全面贯彻落实党的十九大和十九届二中、三中、四中、五中全会精神，以高质量发展为主线，推进科普供给侧改革；在全社会广泛弘扬科学精神，倡导科学方法，普及科学知识，全面提升公民科学素质；培育创新文化，营造崇尚创新的社会氛围。

（三）基本目标

"十四五"期间，实现科普工作全面转型升级。公民科学素质进一步提升，科技自立自强能力进一步增强；科普经费、科普人才实现逐年增长，科普投入保障稳定；科普场馆数量稳步增长，结构日趋合理；科普活动形式多元化，参与社会化，覆盖全域化；科普工作体系和政策法规体系不断完善；实现科普内容、形式、传播手段、覆盖人群、效果表现的全面升级，基本建成高质量科普体系。

（四）建设路径

建设中国特色高质量科普体系应以落实"科学普及与科技创新同等重要"为主旨，在目标、任务和保障中突出"科学普及与科技创新同等重要"的制度安排。党的十九届五中全会指出，要"加强科普工作，营造崇尚创新的社会氛围"，表明高质量科普体系应以驱动创新能力为长期发展目标，充分发挥科学的价值引领作用。以系统合理的科普格局促进公民科学素质和文明程度的提升，助力科技创新发展，从而形成"两翼齐飞"的繁荣局面，推进科技强国建设的整体格局。具体而言，"十四五"期间高质量科普体系建设应以创新为主线，按照以下路径实施。

1. 强调科普价值，提升科学精神的引领作用

顺应发展形势，强调科普在精神、思想上的社会价值。打造良好的科普社会环境，增进科学界与公众的交流，为创新奠定社会文化基础。进一步弘扬勇于创新、追求卓越、团结协作、无私奉献的科学家精神；激发公众的科学意识，培养具有想象力、创造力的青年一代，打造有利于提升自主创新能力的文化氛围。

2. 变革科普体制机制，创新科普产品和服务供给

破解制约科普高质量发展的体制机制障碍，推动科普供给侧改革，提升科普的社会动员和行业引领能力。积极推进科普社会化协同，实现科普事业化与市场化并进的转变，促进科普与教育的融合、科研与科普的融合、科普事业与产业的融合。以责任机制促进高校、科研院所科技资源科普化。大力推进科普中国建设，打造国家级科学传播网络平台和科学辟谣平台，强化科普信息化落地应用。繁荣科普科幻创作，面向科技前沿、面向国家重大需求、面向人民生命健康等重大题材开展科普科幻创作。

3. 优化投入水平，提升科普人财物效率

均衡政府人均科普投入，扩大科普市场化投入比例；大力培养高水平科普专门人才，吸纳科普兼职人员，壮大科普志愿服务队伍，建设高质量科普人才队伍；通过优化科普设施、产品和服务等供给结构，形成数量充足、门类齐全、布局合理、特色鲜明的科普基础设施体系。

4. 坚持共享发展，打造科普基层服务网络

围绕国家基层社会治理发展方向，创新连接方式，打造科技志愿服务等赋能基层的品牌工作和机制模式，把科协系统的科普资源有效导入基层，提升基层科

普服务质量，服务基层社会治理。建立国家科普中心和国家级应急科普宣教平台、专家委员会。省域全面统筹政策和机制，市域重点搭建资源集散中心，县域着重抓好组织落实，构建以新时代文明实践中心（所、站）和党群服务中心为阵地，以志愿服务为重要手段的基层科普服务体系，打造科技志愿服务赋能基层的品牌工作和机制模式。

5. 坚持协调发展，发挥科普组织动员能力

有效发挥科协系统"一体两翼"作用，促进系统内协调联动的组织体制改革，提升基层科协和各级学会的科普活力和能力；充分发挥市场配置资源作用，广泛动员高校、科研机构、企业、媒体以及社会组织、社区等各类科普主体积极参与，发挥中国公众科学素质促进联合体的示范引领作用，形成政府、市场、社会等协同推进的大科普格局。提高科普对外开放水平，增强科普国际影响力。全面提高科普对外开放与国际合作水平，通过积极参与科技和科普全球治理变革，主动融入全球科技创新的新格局；实现更广泛的跨国科普理论研究与实践活动合作；推进全球科普产品服务贸易发展，支持优质原创科普作品、产品"走出去"，增强我国科普产品与服务的国际影响力。

五、"十四五"中国特色高质量科普体系建设战略重点

当前我国已进入经济社会高质量发展阶段，深入贯彻新发展理念、着力打造新发展格局的战略目标与举措对科普事业发展提出了更高定位和要求，科普发展亟须转型升级。"十四五"时期，中国特色高质量科普体系要坚持目标导向和问题导向，剖析当前科普事业存在的局限与短板，谋划科普事业发展的航向与蓝图，立足实际，精准判断，合理调整，系统安排，推动科普事业迈上高质量发展新台阶。

在全面把握中华民族伟大复兴战略全局和世界百年未有之大变局，深刻理解高质量发展内涵的基础上，本研究根据新形势下科普理论和实践的新要求，初步提出了构建推进科普服务体系供给侧改革，创新科普工作理念、组织动员方式和管理方式的高质量科普体系。中国科协在"十四五"期间，推动构建富有特色的高质量科普体系的主要架构应包括资源供给体系、平台支撑体系、组织运行体系和保障支撑体系四大体系；围绕建设四大体系，实施学会科普服务能力提升工程、

科技资源科普化工程、科普创作繁荣发展工程、现代科技馆体系建设工程、"科普中国"影响力提升工程、科普开放合作促进工程、全域科普推广落地工程等重大项目工程，建设科普智库平台，打造国家级权威应急科普平台，着力构建价值引领、主体多元、系统完备、规范高效、活力充盈的高质量科普服务体系。

（一）优化资源供给体系

1. 提升科普公共服务和产品供给能力

从公众对科普服务和产品的最实际需求出发，增加有效的科普公共服务和产品供给是坚持共享发展、科普惠民的重要途径。坚持普惠性发展，是解决科普发展不平衡不充分问题的重要手段，可以提高科普公共服务共建共享的能力和水平，可以使广大公众更加便捷有效地享受到科普发展的成果。

（1）实施学会科普服务能力提升工程。制定出台加强新时代学会科普工作的意见。推动全国学会制定科普工作规划，建立专职科普工作机构。建设科学传播专家团队和工作室，通过培训、交流、示范等，加强学会科普人才队伍建设，组织学会成员单位及专家开展常态化科普交流，开发学科专业领域科普资源。建立学会间合作交流机制，推进学会科普资源开发共享。开展全国学会—地方科协联合行动，建立地方点单、学会接单的科普供需对接机制，推进学会科普资源有效服务地方发展。推动学会加强科普基地建设，设立学会科普奖项。开展全国学会科普工作考核评价。

（2）推动实施科技资源科普化工程。不断增强科技创新主体科普责任意识，提升科技工作者科普能力，盘活科技资源科普化机制，解决科普供给源头问题。通过宣传引导、示范表彰、培训教育等手段强化科技工作者的"发球员"意识即科普主体意识，增强科技工作者的科普技术与能力。建立完善的科技资源向科普资源转化的机制，在各级各类国家科技工程、专项计划中增设科普相关指标，在科技奖励中增设科普专项奖，促进科普成为科研项目和考核验收的必要指标，推动将科普工作业绩作为科技工作者职称评聘的条件。广泛开展科技创新主体科普服务评价，通过合理的政策引导与激励，建立科普服务与产品供给市场化运行机制，引导企业和社会组织自觉探索并建立科技资源科普转化的有效机制和路径，及时跟进科学界的研究动态与热点，充分挖掘科研创新、成果转化、市场服务等科技创新环节的科普价值。鼓励支持创新主体与媒体、科普机构开展合作，做好科技资源的适时转化与传播。完善科技资源科普化管理制度，鼓励高校、科研院所等机构进一步开发和开放科普场所和设施，激发已有重大科研设施的科普功能，面向公众开展展览、体验、培训等科普活动，规划中的科研设施要同步做好科普功能的配套建设。

（3）实施科普创作繁荣发展工程。面向科技前沿、面向经济主战场、面向国家重大需求、面向人民生命健康等重大题材开展科普科幻创作。发挥好科普创作行业协会等组织的主体动员、行业规划、实践交流、奖励激励等作用，充分发动科技工作者、媒体从业者、专业创作者等社会主体的力量，全面激发科普创作的活力和积极性，围绕新兴重大科研成果普及、公共卫生健康等与人民利益和国家战略息息相关的重要题材，打造一批优秀示范性科普作品。加强科普创作对新兴技术的运用，推动创作手法、工具和形式的融合创新，精准把握人民群众的科普需求和接受习惯，大力开展影视、游戏、短视频、动漫等新媒体科普作品，全面提升消费者对科普作品的阅读观看体验，增强科普创作的影响力。挖掘和推广优秀科幻知识产权（IP），鼓励多方社会力量参与开发，打造一系列科幻主题公园、基地；鼓励成立科幻行业联盟，通过举办行业大会等手段，搭建起科幻创作交流、产业接洽、研究探索的动态性、开放性、专业性平台。

（4）创新科普公共服务和产品有效供给的方式。处理好政府主导和发挥市场调节作用以及社会动员作用的关系，不断提升科普供给的能力、质量和效率。深入挖掘市场需求，在政府主导下充分利用市场机制和社会资源，合力推动科普公共服务和产品供给方式的创新，满足大众日益提升的科普需求。推动政府与社会资本通力合作，共建共赢，广泛吸收社会资本积极参与科普供给服务。加强互信，做好规划与设计，加强监管与评估，实行政府、各级科协和社会资本联合的发展模式。通过委托、采购等方式激发企业和社会组织的参与积极性。大力扶植、支持社会团体和各类型科普群团组织，发挥其基层经验优势和组织影响优势，加强合作，拓宽科普公共服务和产品的有效供给渠道。

2.培养科普专门人才

高层次科普专门人才是科普工作高质量开展的优先资源，也是最紧缺的科普资源。进一步推进高层次科普专门人才培养工作，是未来我国从科技大国走向科技强国的智力基础。

（1）大力拓展科普专门人才培养试点范围。突出科普人才精品需求导向，更大力度拓展科普专门人才培养试点范围。要加快创新培养机制，构建多元培养模式，保障就业对接，极大地拓展培养试点范围，广泛吸纳社会各界力量，吸收更多高校以及相关部门参与。[①]建议由中国科协牵头，教育部、科学技术部、人力资源和社会保障部以及财政部等相关部委参与，形成联席会议等常态化协商共建制度和平台，共同研讨科普专门人才培养工作机制，强化科普专门人才培养的顶层设计，重点强调科普专门人才培养要与国家发展战略、新时代科普工作需求相结合。

（2）实施重大科普人才工程。以重大科普人才工程为重要抓手，撬动科普专门人才培养和发展体制机制的改革，统筹推进我国科普人才队伍建设。建议逐步推动科普专门人才，尤其是高层次科普专门人才进入国家"千人计划""万人计划"等重大人才体系工程，不断完善科普人才体系建设，提高科普人才质量。创新重大科普人才协同发展和推进机制，配套实施好科普专门人才的支持政策，设立专项科普人才资金。

（二）构建平台支撑体系

1. 打造国家级权威应急科普平台

为应对未来全球疫情常态化的可能趋势和我国自然灾害多发的客观情况，"十四五"时期的高质量科普体系建设必须依靠应急科普这一重要抓手。科协组织应通过建立健全应急科普机制、搭建应急科普公共服务平台来指导重大公共卫生事件和重大自然灾害突发时守护人民生命财产安全、维护社会经济稳定的科学知识普及工作。[②]建立健全应急科普协调联动机制，建立国家科普中心和国家级应急科普宣教平台、专家委员会。省域全面统筹政策和机制，市域重点构建资源集散中心，县域着重抓好组织落实，构建以新时代文明实践中心（所、站）、党群服务中心为阵地，以志愿服务为重要手段的基层科普服务体系，打造科技志愿服务赋能基层的品牌工作和机制模式。

（1）做好顶层设计，建立中央主导、各方协同的应急科普长效机制。发挥"一体两翼"组织优势，在科协组织内部设立专门应急科普部门，明确专责机构和

---

① 袁梦飞，周建中. 我国高层次科普人才培养的现状与建议［J］. 中国科学院院刊，2019，34（12）：1431-1439.

② 佚名. 科协系统突出应急科普全力抗击疫情［J］. 科技传播，2020，12（4）：10.

人员，发挥对突发危害事件应急科普工作的统筹与协调作用，强化应急科普常规化理念，促进应急科普文化建设，建立平战结合科普长效机制；支持、协助国家建立权威的应急科普管理机构，推动应急科普工作的常态化运行，提升应对突发危害事件的应急处置能力，增强对应急科普工作的指导与部署作用；做好应急科普政策法规优化的决策咨询工作，推动应急科普法治化和体系化的进程；沟通联动多方主体，引导科学工作者等专家团体出具专业科学的应急知识和防范技能等信息，联动主流媒体和活跃的新媒体平台大力传播权威科普内容，形成政府、专家和媒体三者相互协作、共同作用的良性应急科普信息传播机制。

（2）打造权威科普公共信息平台，及时发布准确科普信息，完善内容审核机制，提升受众覆盖率，推动数字化应急科普信息高效流动。优化"科普中国"等现有科普公共信息平台的应急科普内容生产与传播机制，吸引更多优秀科普创作者与平台建立长效合作，借助虚拟现实、人工智能等先进技术手段推进优质、趣味、通俗的应急科普内容生产；整合优质科普资源和信息渠道，形成权威科普信息发布矩阵，建立科学家、创作者、意见领袖和专业媒体平台的有效沟通渠道，优化突发情况下科普信息生产的效率和内容质量，借助专业新媒体的优势提升科普信息的传播效果；加强对公共信息平台所传播的科学知识的审查力度，避免误导性信息造成突发危机时期的信息混乱，避免干扰抗疫抗灾工作，及时排查造成恶劣影响的谣言并做出有效回应，加强谣言治理的法治化建设。

（3）洞悉突发危机事件时期不同群体的科普需求，以"互联网+应急科普"机制推动应急科普的供给侧结构优化，全向拓展科普传播内容、渠道和平台。面对突发公共危机事件，迅速及时掌握一线受影响群体的信息诉求，高效组织应急科普行动，对百姓的关切做出权威回应，根据不同地区、不同年龄、不同境况的受众群体采用指向性明确的传播方式，提高优质科普服务的影响力；建立权威互动性信息问答平台，邀请权威专业人士入驻，针对群众关切的问题及时回复、科学发声，进一步打压谣言的存在空间；加强对公共搜索平台的管理与协调，在突发危害性事件时置顶官方发布的重要权威信息，同时引导平台加强自查，有效过滤危害性虚假信息，提供可靠的应急科普内容；针对地方应急科普需要，整合现有科普场馆资源，建设和升级面向公众开展科普教育的培训场所、科普基地、避险区、安全体验馆等，完善应急科普场馆体系等配套设施，夯实常态应急科普的物质资源平台。

（4）推进应急科普服务下沉，强化基层应急科普"网格化"建设，提升农村应急科普服务的质与量，进一步扩大应急科普覆盖面，形成全民共享的应急科普服务格局。[①]各级科协组织充分把握基层科普需求，向基层纵深下沉应急科普服务，在公共危机事件突发的情况下及时提供线上及线下的科普资源供应与保障，助力基层抗灾防疫等应急管理工作；发挥基层"三长"的科普支撑和引导作用，动员科普信息员、科技志愿者在紧急突发情况下展开高效的应急科普服务[②]，充分利用科普e站和"村村响"农村广播系统等基础设施实现应急科普信息的落地；增强应急科普的群体针对性，打通应急科普"最后一公里"，重点关切老年群体以及落后地区留守老人、留守儿童等弱势群体在信息获取和甄别方面的困难，整合基层应急科普资源，向重点群体提供关键的、通俗的、有一定趣味性的科普信息，逐步提升该群体的防护、避险、自救、互救能力。

2. 创新科普信息化建设

数字化、网络化、智能化驱动了新一轮信息技术革命，成为当前科技创新发展的核心动力，也是新时代科普实践全面创新并走向现代化的关键推手。互联网等关键技术正在助力传统科普转型升级为全新形式的信息化科普，社会公众也更多地通过新的互联网及移动互联网渠道获取科普知识。"十四五"时期打造面向未来的高质量科普体系，应进一步促进"互联网+"、大数据、云计算、人工智能等信息化手段在科普领域广泛应用，创新探索出更为高效、便捷、精准，感染力更强的科学传播模式，培育出更为泛在、精准、交互式的科普服务。打造国家级科学传播网络平台和科学辟谣平台，强化科普信息化落地应用。

（1）实施"科普中国"影响力提升工程。深化推进高水平科普融媒体平台建设，进一步打通"互联网+科普"服务平台，将以"科普中国"为核心的网络科普产品矩阵打造成为最具影响力的科普品牌。增强"科普中国"品牌矩阵的引导力、协调力，统筹增进科普机构、科普媒体、科普大V和广大受众的联系，推动实现优质科普资源的跨平台、多渠道良性互动与循环流动；引导和利用市场力量参与和协助科普信息化建设，通过众筹众包、项目共建等形式将优秀技术团队和

---

① 王明，杨家英，郑念. 关于健全国家应急科普机制的思考和建议［J］. 中国应急管理，2019（8）：38-39.

② 郑念，尚甲，齐培潇."三长制"赋能基层科协　助力宁夏新时代文明实践中心建设试点和高质量发展［EB/OL］.（2021-01-18）［2021-03-11］. https://www.crsp.org.cn/plus/view.php?aid=3190.

创意项目引进和应用到"科普中国"及旗下各种新媒体终端的创新发展中；深化与主流媒体、新媒体、大型互联网平台的交互合作，以联合举办活动、相互增加外链等形式进一步扩大"科普中国"的受众范围和群众影响力；大力支持和鼓励多种形式的互联网科普内容创作，建设有效的受众反馈渠道，敏锐把握需求侧发展变化，提升优质内容的供给能力和可获得性。

（2）充分引进市场机制，建立科普信息化的多元主体协同运营模式，发展大科普产业，借助媒体和企业的优势全面扩大科普信息化建设规模和成果。通过政策吸引鼓励更多优质产品和服务供应商参与信息化科普服务竞争，助力科普服务供给侧改革，促进互联网科普作品从数量导向往精细化高质量方向转变；以社会责任要求和市场利润，双轮驱动大型互联网企业参与科普资源、科普服务共建共享，统筹综合互联网服务商、大型互联网门户、知识分享网站、短视频内容平台等掌握前沿互联网技术和用户数据的互联网企业，增加其科普贡献，强化主流网络平台的科普职能。

（3）推进高新技术手段落地科普信息化实践，加强全域科普场馆智慧化建设与创新。把握前沿互联网技术演进趋势，不断引进先进的互联网、物联网、大数据、5G和人工智能的服务，助推科普产品和科普服务的迭代升级，打造高质量的智慧化科普服务体系；进一步推进科普场馆信息化建设工程，基于不同受众群体需求，结合新的技术路径，从优设计制作展品，提升场馆智能化体验、优化场馆网站系统性；建设高质量数字科技馆，升级现有数字化场馆，提升线上科普服务的易用性、趣味性；开发科技馆信息资源在基层落地的新设施和渠道，通过基层科协网络进一步推广和普及，使线上科普资源和科普终端惠及更多有需要的群众，弥合城乡、区域间科普资源不平衡的鸿沟。

（4）坚持做好科普舆情监测，基于大数据和人工智能算法开发新一代智能科普平台，规范实施科普信息化评估。通过大数据工具追踪科普热点，挖掘受众科普需求，探索深受公众欢迎和喜爱的科普形式，助力科普产品的设计与研发，同时把握重点舆情的二次传播窗口期，提升关键科普信息的传播范围与效果；运用机器学习等人工智能算法，开发自主追踪科普热点、自动整合编排科普内容的全新智能化科普系统，通过人工编辑和审核把关，运用算法推送至有需求的群体，实现针对目标群体的及时精准化科普。为推动科普信息化的高质量发展，应规范和实施科普信息化评估工作，建立有针对性、适用性的评估指标，对各科普主体的信息化发展情况进行监测和评估。

3. 实施现代科技馆体系建设工程

高质量的现代科技馆体系是提高全民科学素质的重要基础保障和国家公共服务体系的重要组成部分。为促进公共基础服务均等化，要以实体科技馆为龙头和依托，通过增强和整合科技馆科普资源的开发、集散、服务能力，统筹流动科技馆和科普大篷车及数字科技馆的发展，并通过提供资源和技术服务，辐射带动农村中学科技馆及其他基层公共科普服务设施和社会机构科普工作的发展，使公共科普服务覆盖全国各地区、各阶层人群，构建具有世界一流辐射能力和覆盖能力的公共科普文化服务体系。

（1）建立完善科技馆体系协调机制。成立现代科技馆体系工作领导小组，建立联席会议制度，建立省、市科协分级管理运行机制，促进所在地区实体科技馆、流动科技馆、科普大篷车、农村中学科技馆、数字科技馆等协同发展。依托中国数字科技馆，集成整合优质科普资源，建设科技馆体系数据中心和管理平台。发起成立科普场馆联盟，建立展教资源共建共享服务机制，推动将科技类博物馆纳入科技馆体系。

（2）加强科技馆体系基础建设。优化实体科技馆布局，推动地市级至少拥有一座科技馆。推广流动科技馆区域换展等共享服务机制，加大科普大篷车已配发车辆及车载资源更新力度，加大农村中学科技馆建设力度，推进优质科普展教服务资源下沉。开展科技馆体系数字化、信息化和智慧化建设，在现有各级各类科技馆的基础设施建设中要充分考虑建立信息化网络；强化数据库建设，提升算法质量，充分发挥好数字科技馆等平台的枢纽和桥梁作用，实现各级各类科技馆资源服务协同共享，打造线上线下一体化服务平台。

（3）提升科技馆科普服务水平。加大前沿科技、公共安全、健康教育等主题科普展教资源开发力度，提高展览展品研发制作能力，对标学校课程标准，推动优质科普资源、活动与学校科学教育有效衔接，提升展览教育服务水平，将科技馆打造成为科学家精神培育基地、前沿科技体验基地、公共安全健康教育基地和科学教育资源汇集平台，推动现代科技馆体系高质量发展。

（4）大力培养科技馆人才队伍。加大对科技馆人才支持的投入比例，实现科技馆人才培养专款专用，将财政投入向科技馆人才培养倾斜。完善人才培养、培训体系，试点探索建立地方专科院校培养科技馆专业人才的渠道。完善评估评价体系及激励机制，打通科技馆人才晋升通道。完善科技馆人才培训体系，不断提升在职人员科普能力。

（三）完善组织运行体系

1. 完善社会协同机制

科协组织更好发挥《全民科学素质行动计划纲要》牵头部门职责，完善大联合大协作机制；有效发挥科协系统"一体两翼"作用，提升基层科协和各级学会的科普活力和能力；充分发挥市场配置资源作用，广泛动员各类科普主体积极参与，推动经验互鉴和资源共享。

（1）转变科普事业管理思路，提升对各类社会主体在科普事业发展中关键主体地位的认知，以政策支持和行动表率为科普事业营造良好的社会环境。全面激发社会力量参与科普事业的积极性和创造性，尤其注重着力建设和完善科普市场化运行机制，努力推动科普经费筹措、科普设施建设、科普服务供给等向市场化转型，形成多方参与、优势互补、高效公平的社会大协同科普运行体系。通过合作、宣传、激励等政策机制激发企业主体、科技共同体开展科普活动的能动性；完善行业规范和制度，打造友好公平的市场竞争环境。

（2）探索完善社会化协同运转机制。完善科普事业高质量发展的协商决策机制，建立多主体平等协商的联席/听证/磋商制度与平台，发挥好利益协调、机会识别、价值共识、信息沟通的功能，提升科普决策科学民主化水平。完善科普事业高质量发展的动员激励机制，以税收减免、金融支持、审批简化、优先合作等政策激励企业等市场化主体，以绩效奖励、职称评定加分等管理制度改革提升科研人员从事科普的积极性。

2. 建立市场化机制

（1）加大政策支持力度。通过研究制定土地优惠、财政补贴、税收优惠、金融支持、招商合作等全方位实用性优惠政策，简化各类行政审批流程，提升公共服务质量，减少企业发展成本，促进各类企业积极开展科普活动，提供科普相关产品和服务。

（2）完善制度建设进程。加快科普市场行业基本制度建设，完善科普产品服务标准，建立科普行业准入门槛，提升各类科普产品供给质量，减少信息不畅等原因带来的成本浪费，提升生产效率，打击规避滥等充数等有害市场行为，为科普事业发展的管理规范化和质量优选化奠定基础。

（3）坚持需求导向。加强科普评估和受众调查，充分了解广大公民作为科普受众的感受和需求，以此为基础，结合各地产业、科技、文化等发展实际，加强科普相关产业规划，通过市场营销、宣传倡导、优惠发放等手段全面刺激提升社会科普需求，扩大科普消费。

（4）扩展科普产业路径。加强科普产业研究和实践探索，创新开发各类科普业态。大力发展科普文创产业，丰富科普作品形式，鼓励科普相关的小说、影视、综艺节目、短视频、电子游戏等多形式的作品尤其是新媒体作品的创作，树立精品意识，打造科普文创经典品牌 IP，延长文创产业链条，推出全链条品牌周边产品和服务，促进科普增值。大力发展科普教育培训产业，形成公益性科学教育的有益补充，抓住青少年、老年人、各类有提升素养需求的职业人群等群体的需求，逐步开辟市场化科学教育道路。大力发展科普观光体验和科普文旅产业，在东中西部地区建设各类旅游景点和博物馆、展览馆等场所。将自身特色与科普结合，灵活运用 5G、VI、AI 等全新技术，寓科普于观光体验，以科技魅力武装产品，改进服务，吸引更多受众。大力发展科普传播产业，鼓励优秀、专业的市场化科普自媒体发展，打造科普"注意力经济"，以优质内容吸引巨额流量。

3. 实施科普开放合作促进工程

实施科普开放合作促进工程，建立国际科普开放合作平台，开展更大范围、更高水平、更加紧密的国际交流，推动经验互鉴和资源共享。

（1）推进科学素质国际化合作。推动科普事业国际交流纳入科技外交和公共外交体系，以中国做法、中国经验参与乃至推动全球科学文化建设，完善科技科普领域全球治理体系，增进文明互鉴，促进全球公民个体全面发展。

（2）建立全球公民科学素质共治共享的合作机制。以世界公众科学素质促进组织为有益试点，提供研究探讨、磋商协作、学术交流的平台，积极探索更开放、更高效、更专业的合作模式，吸引更多文化和政体各异的国家加入，促进各国科学素质理念沟通、资源信息共享、优秀经验互鉴。

（3）推动更广泛的跨国科普实践合作。推动各国政府、社会组织、企业、大学、研究机构等主体积极开展科学素质提升的国际合作活动，举办理论与实践研讨会，开展科学教育合作交流项目，设立各类专业科普人才培养进修奖学金，助力缩小世界范围内公民科学素质建设环境条件的差距。

（4）推进全球科普消费与贸易。借鉴科普事业起步较早的发达国家的市场化路径，学习可行的科普商业模式，增强自身科普领域的文化自信和文化创造力，面向世界，打造一批既讲好中国故事、又倡导多样文明的现代化科普作品和IP，坚持"引进来"与"走出去"相结合，增强优秀科普产品的国际影响力。

4. 实施全域科普推广落地工程

（1）将天津市首创的全域科普概念与模式推广落实，创新发展。尤其关注偏远、民族、贫困地区，提升科普不发达、不充分地区的科普公共服务和科普产业发展水平，确保保障全面到位，倾斜资源全域覆盖，融合媒体全息传播，扩大动员全民参与，切实推动基层科普发展均等化。

（2）推进各地方加快制定出台全域科普工作行动计划与配套制度，为全域科普计划实施指明发展目标和方向，划定各项责任和义务，明确重点任务与措施，为解决各地科普发展不均衡、提升科普服务质量提供基本的法律和制度保障。制定配套的税收优惠、项目资助、基础设施建设、激励表彰等保障措施方案和办法，为全域科普落地提供切实保障。

（3）推动各地方落实科普属地责任。完善基层科协组织建设，各地合理统筹资金、基础设施、人才、项目资源，重点向欠发达地区倾斜。以基层党组织为核心，结合基层新时代文明实践中心建设、"三长"制推进等重点抓手，结合各地群众生活需求、产业发展需要，灵活探索科技科普志愿服务落地路径。

（4）提升信息化水平，打造科普全媒体传播体系。在广播电视、报纸杂志、科普图书和音像制品等传统媒介基础上，基于基层实际特点，挖掘公共交通、户外和楼宇电子屏、广告牌、社区宣传栏的科普功能。融入参与各地融媒体中心建设进程，重点建设科普新媒体体系，打造以微信公众号和短视频平台为主体的新媒体传播矩阵，在承接科普中国优质内容资源的同时加强地方特色化科普品牌塑造。

（5）实施各类人群专项科普行动计划。强化与教育部门合作，通过探索课标、招生改革等提升科学教育在学校教育中的重要性，鼓励教师、学生开展和参与各类科技科普活动。逐步将科学教育纳入各政府系统领导干部培训的内容列表。大兴基层科技志愿服务，加强对城市社区居民、农村居民及老年人等群体的科普宣传教育。

（四）搭建实施保障体系

1. 发展科普高质量发展的政策体系

科普政策法规建设是科普事业发展的重要制度保障，是调配科普事业发展所需的人力、财力、物质资源的基础，能为科普发展创造有序的法治和文化环境。

"十四五"期间，要进一步完善以《中华人民共和国科学普及法》为核心的科普政策体系，强化各级政府履行《中华人民共和国科学普及法》中关于落实科普经费等条款的具体责任。明确与科普相关各部门在职责、利益方面的责任，保证政策执行的实效。

在科普政策体系建设中，从理念上更加突出以人为本，维护和保障公众参与科学事务的权利和获取科普信息的权利，享受科普发展的福利；从内容上加强规制衔接，增强科普法对地方和部门法规的健全完善、规范指导；从内涵上鼓励科学精神、科学思想和科学方法的传播和普及。

2. 完善科学素质标准与评价体系

完善科学素质标准与评价体系，是衡量科普工作效果、保证科普生态健康发展的规范化、制度化根基。

要完善国家科普统计和评估制度。完善科普工作统计体系，建立国家科普评估制度，加强对科普工作发展的统计。利用大数据及时分析科普和公民科学素质工作的运行情况，建立监测评估及反馈通道，促进科学素质工作规范化、高质量、高效率发展。

完善公众科学素质监测评估体系。完善各社会主体有效参与的考核评价机制，逐步推动建立全社会统一认可、包含各类主体的科普行动考核积分制度，设立科学的考评标准。

3. 建设科普智库平台

围绕科普重点工作，大力发展科普智库、行业咨询产业，对接有知识需求的产业实体和有智力资源的专业人员或机构，提供技术咨询、战略顾问等专业服务。建设多个主题和专题的研究与服务中心，吸纳社会力量参与智库建设、专题研究工作和主题服务工作。统筹研究资源，开展科普基础研究，支撑科普学科建设。搭建智库产品生产转化平台，通过购买服务、委托出版、专题交流等方式，形成系列智库产品。畅通智库产品上报、发布、精准推动的路径和渠道，及时有效地发挥智库产品的作用。

六、结语

基于对科协组织"十三五"期间现代科普体系建设工作的总结与分析，结合新形势下高质量发展对科普事业发展提出的新要求，本研究对新形势下中国特色高质量科普体系的概念进行了界定，并探讨了该体系的建设目标与发展任务。针对"十四五"时期建设发展高质量科普体系的要求，立足当前，放眼长远，本研究有针对性地提出了优化资源供给体系、构建平台支撑体系、完善科普运行体系、搭建实施保障体系四大战略重点，围绕学会科普服务能力提升工程、科技资源科普化工程、科普创作繁荣发展工程、现代科技馆体系建设工程、国家级权威应急科普平台、"科普中国"影响力提升工程、科普开放合作促进工程、全域科普推广落地工程、科普智库平台九个重大项目工程，向科协组织提出了若干具体实施建议，进而推动我国科普工作高质量发展迈出更大步伐，使科协组织努力成为新时代构建新发展格局、建设现代化发展体系、推动高质量发展的生力军。

参考文献

[1] 编者. 科协系统突出应急科普全力抗击疫情[J]. 科技传播，2020（4）：10.

[2] 邴璞. 新媒体视野下的移动端科普融合创作研讨[J]. 新闻研究导刊，2018（13）：155–156.

[3] 陈玲，李红林. 科研人员参与科普创作情况调查研究[J]. 科普研究，2018（3）：49–54+63.

[4] 陈套. 我国科普体系建设的政府规制与社会协同[J]. 科普研究，2015（1）：49–55.

[5] 程悦. 关于科普国际化的实践与思考——以"一带一路"国际科普交流周为例[J]. 科学教育与博物馆，2019（6）：430–433.

[6] 高宏斌，郭凤林. 面向2035年的公民科学素质建设需求[J]. 科普研究，2020（3）：5–10+27+108.

[7] 高培勇. 深刻认识"我国已经进入高质量发展阶段"[EB/OL]. （2020–08–18）[2021–03–16]. http://theory.people.com.cn/n1/2020/0818/c40531–31825674.html.

[8] 郭声琨. 深入学习贯彻党的十九届四中全会精神：坚持和完善共建共治共享的社会治理制[EB/OL]. （2019–11–18）[2021–03–16]. http://paper.people.com.cn/rmrb/html/2019–11/28/nw.D110000renmrb_20191128_1–06.htm.

[9] 黄丹斌，洪祥武. 新常态下的科普理论创新[J]. 科学论坛，2016（4）：33–35.

[10] 姬十三. 从时代趋势看科普和科普产业化发展[J]. 民主与科学，2017（6）：36–38.

[11] 金文恺. 全民传播视域下科学传播的社会共治责任伦理[J]. 新闻爱好者，2020（7）：50–55.

［12］黎娟娟，何薇，刘颜俊．科学素质：社会治理的微观基础［J］．科普研究，2020（4）：40-46+54+106-107．

［13］李朝晖．新中国科普基础设施发展历程与未来展望［J］．科普研究，2019（5）：34-41．

［14］李婧．STEM教育理念对科学教育实践的三大启示［J］．中小学信息技术教育，2018（10）：45-47．

［15］李娟，陈玲，李秀菊，等．我国小学科学教师和科学教育基础设施现状分析研究［J］．科普研究，2017（5）：58-62+70．

［16］李永．“互联网+科普"时代背景下的科普工作创新路径［J］．科技传播，2019（12）：172-173．

［17］梁磊．新媒体语境下科普动画的创作思路及行业发展对策分析［J］．四川戏剧，2018（5）：112-114．

［18］刘克佳．美国的科普体系及对我国的启示［J］．全球科技经济瞭望，2019（8）：5-11．

［19］龙金晶．中国流动科普展览服务"一带一路"建设的实践与思考［J］．学会，2020（1）：45-48．

［20］倪杰．创新文化建设背景下科普能力的提升与科普人才的培养［J］．科学教育与博物馆，2018（3）：161-164．

［21］彭加茂，金跃明．"互联网+"时代医学科普宣传的思考［J］．江苏卫生事业管理，2016（3）：1-2．

［22］任福君，任伟宏，张义忠．促进科普产业发展的政策体系研究［J］．科普研究，2013（1）：5-12．

［23］任磊，王挺，何薇．构建新时代公民科学素质测评体系的思考［J］．科普研究，2020（4）：16-23+39+105．

［24］王帆，郑频频，傅华．新冠肺炎疫情中的健康传播与健康素养［J］．健康教育与健康促进，2020（1）：3-4+9．

［25］王静．新媒体环境下知识付费产业的未来［J］．卫星电视与宽带多媒体，2020（8）：191-192．

［26］王黎明，钟琦．基于搜索数据的网民科普需求结构和特征研究［J］．科普研究，2018（4）：51-60．

［27］王明，杨家英，郑念．关于健全国家应急科普机制的思考和建议［J］．中国应急管理，2019（8）：38-39．

［28］王明，郑念．建立国家应急科普机制势在必行［N］．科普时报，2020-02-21（01）．

［29］王挺．国家科普能力发展报告（2019）［M］．社会科学文献出版社，2019．

［30］王熹．学术期刊运营短视频新媒体助推科普供给侧改革［J］．黄冈师范学院学报，

2019（6）：139-141.

[31] 王晓义. 从科普人才培养维度看科普教材出版［J］. 科普研究，2020（3）：84-90+113-114.

[32] 习近平. 为建设世界科技强国而奋斗——在全国科技创新大会、两院院士大会、中国科协第九次全国代表大会上的讲话［M］. 人民出版社，2016.

[33] 习近平. 在科学家座谈会上的讲话［M］. 人民出版社，2020.

[34] 熊小秦. 我国科普影视现状及对策探析［J］. 戏剧之家，2019（9）：116-117.

[35] 殷皓. 以"智慧科技馆"建设促进新时代中国特色现代科技馆体系可持续发展［J］. 博物馆管理，2019（1）：16-20.

[36] 袁梦飞，周建中. 我国高层次科普人才培养的现状与建议［J］. 中国科学院院刊，2019（12）：1431-1439.

[37] 詹丽凝. 关于科普产业化的实践探讨［J］. 高科技与产业化，2019（2）：86-88.

[38] 张理茜，杜鹏，孙勇. 科普企业发展机制研究：以中国国家地理为例［M］// 王挺. 国家科普能力发展报告（2019），社会科学文献出版社：2019.

[39] 赵正国. 应对新冠肺炎疫情科普概况、问题及思考［J］. 科普研究，2020（1）：52-56+62+107.

[40] 郑恒峰. 协同治理视野下我国政府公共服务供给机制创新研究［J］. 理论研究，2009（4）：22-58.

[41] 周寂沫. 新时代，科普理论发展的任务和问题研究［J］. 民主与科学，2017（6）：38-41.

作者单位：郑　念，中国科普研究所
　　　　　王唯滢，中国科普研究所

09 新形势下中国特色科技馆体系创新升级对策研究（一）

◇章梅芳　岳丽媛

[摘　要]　党的十九届五中全会提出将人民的"科学文化素质和身心健康素质明显提高"作为"十四五"时期提高社会文明程度、提升国家文化软实力的重要内容，并强调要"弘扬科学精神和工匠精神，加强科普工作，营造崇尚创新的社会氛围"。这是首次把"加强科普工作"列入国民经济发展五年规划，这是在深刻认识我国社会主要矛盾变化带来的新特征、新要求基础上提出的，反映了新时期科普工作肩负的重要责任和历史使命。在新时代、新形势下，中国特色现代科技馆体系作为科普工作重要的公共文化基础设施，需要新的建设发展思路、目标和重点举措。文章指出，科技馆体系一方面要继续发挥制度优势，实现顶层设计，凸显中国特色；另一方面也急需破除制约高质量发展的体制机制障碍，强化有利于提高资源配置效率、有利于调动全社会积极性的重大改革举措，转变思想观念，坚持"以人为本"，持续增强发展动力和活力。与此同时，进一步扩大科技馆辐射服务职能，促进我国科技类博物馆系统整合以及与图书馆、文化馆、文博类博物馆等的密切联动，以推动我国公共科普服务能力实现跨越式发展，促进公共科学文化设施普惠公平，实现全民科学素质整体显著提升。

[关键词]　中国特色科技馆体系　转变观念　优化体制　创新机制

一、中国特色现代科技馆体系概念的提出与发展

2011年召开的党的十七届六中全会提出,"加强文化基础设施建设,完善公共文化服务网络,按照公益性、基本性、均等性、便利性的要求,让群众广泛享有免费或优惠的基本公共文化服务,是全面建设小康社会的进程中,社会主义文化建设的基本任务。"科学文化作为一种文化形式,也亟须加强传播普及和基础设施建设,完善服务体系。中国现代科技馆体系在这样的环境下应运而生。

2012年,党的十八大提出,在中国共产党成立一百年时全面建成小康社会,在新中国成立一百年时建成富强民主文明和谐的社会主义现代化国家。要实现"两个一百年"的发展目标,我国公众的科学素质必须实现跨越式发展。我国科技馆的管理架构和政府组织结构有利于科技馆体系内部多机构多元素联动发挥体系优势,但是我国科技馆体系的整体效应还没有得到充分发挥,这在一定程度上影响了公众科学素质的快速提升,需要加强对中国现代科技馆体系的研究。

2012年11月,科技馆体系概念首次正式提出。当时是指以科技馆覆盖全国大中城市,以流动科技馆覆盖中小城市和县级城镇,以科普大篷车、农村中学科技馆覆盖县以下乡镇、社区和学校,以数字科技馆覆盖全国网民,被简称为"四位一体"。但这一最初的概念着眼于通过上述不同科普设施的建设与布局实现对城乡居民的覆盖,并未表明各个科普设施之间的体系构成关系,也没有涉及基层科普设施后续运行中的资源与技术服务问题。

2013年1月,中国科协组织中国科技馆、中国科普研究所、清华大学相关人员对于科技馆体系进行的系统研究结果发布,科技馆体系的概念表述发生了重要变化:"中国特色现代科技馆体系(以下简称'科技馆体系'),是立足我国国情,以科技馆为龙头和依托,通过增强和整合科技馆的科普资源开发、集散、服务能力,统筹流动科技馆、科普大篷车、网络科技馆的建设与发展,并通过提供资源和技术服务,辐射带动其他基层公共科普服务设施和社会机构科普工作的发展,使公共科普服务覆盖全国各地区、各阶层人群,具有世界一流辐射能力和覆盖能力的公共科普文化服务体系。"[1]

新的表述更侧重于各科普设施之间的关系,并强调这是一个通过资源与技术服务纽带将各层级科普设施联结为一体的公共科普文化服务体系。之所以发生这

一改变，是由于相关研究人员认识到，现有的各级科普设施普遍面临资源与技术服务渠道不畅、可持续发展能力不足的问题，在进行科普设施的建设与布局的同时，必须建立和理顺资源与技术服务渠道，并通过相应的机制使各成分之间真正形成体系。新的概念被中国科协所采纳，并在中共中央书记处扩大会议上得到了认可和支持。在此后的相关研究中，科技馆体系的概念基本保持了这一新的表述。①

科技馆体系由核心层、统筹层、辐射层和覆盖层及相关成分构成（图2-9-1）[1]：

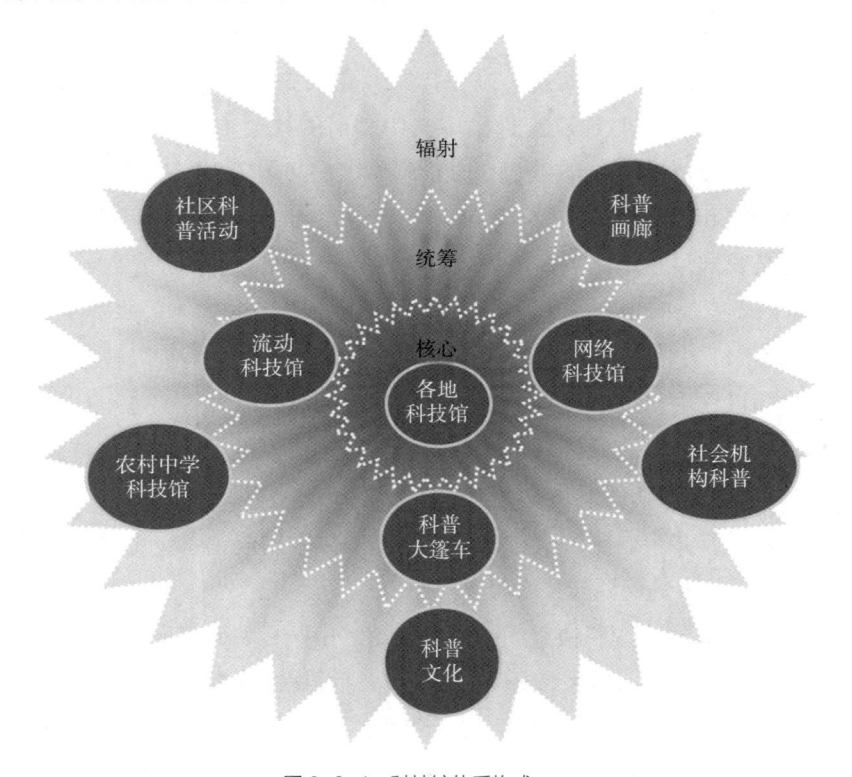

图2-9-1　科技馆体系构成

核心层——各地科技馆，要在增强自身的科普展教功能、提升能力和水平的同时，通过体系建设和整合，将众多的科普资源开发、集散、服务功能集于一身，成为整个体系的龙头和依托。

---

① 相关背景参考了中国科协"十三五"规划前期研究课题成果《中国特色现代科技馆体系建设发展研究报告》。

统筹层——流动科技馆、科普大篷车、网络科技馆，由各地科技馆统筹负责其建设、开发、运行、维护和管理。

辐射层——一是农村中学科技馆、青少年科学工作室、社区科普活动室、科普画廊等基层公共科普设施，由各地相关机构进行建设和管理，由各地科技馆提供技术维护和资源更新服务；二是学校、科研院所、企业等其他社会机构开展的科普活动，由各地科技馆提供技术、资源和场地等服务。

覆盖层——上述科技馆、流动科技馆、科普大篷车、网络科技馆和农村中学科技馆、青少年科学工作室、社区科普活动站、科普画廊等基层公共科普设施所覆盖的居民。

通过以上描述可以看出：

——在科技馆体系结构及相关成分中，科技馆居于核心和"龙头"的地位，它负责统筹层各成分的建设、开发、运行、维护和管理，并为辐射层各成分提供技术、资源等服务，统筹层和辐射层各成分科普功能的充分发挥与可持续发展因此获得了稳定、可靠的技术和资源保障。

——原本分散于各系统的核心层、统筹层和辐射层各要素，由于纳入了科技馆体系，形成了既有分工又有协同的相互关系，不仅可共享资源和服务，并且可共同围绕某一特定的科普任务开展不同层面、不同形式的科普活动。

由此可见，科技馆体系是将原来分散孤立的各类场馆、设施集合于一个以资源共享、技术服务、信息沟通为纽带的体系中，实现资源的共建共享，形成巨大的合力，从而产生倍增放大效应，促进基本公共科学文化服务普惠、均衡，实现社会效益的最大化。[2]科技馆体系的提出，是我国科技馆事业发展的创新认识和一项重要举措。

2020年是"十三五"规划收官之年，是谋划"十四五"规划的承上启下之年。贯彻党的十九届五中全会精神，擘画新蓝图，开启新征程，在新时代、新形势下，科技馆体系建设也面临新的机遇和挑战。科技馆体系应该是一个开放的系统，中国特色的现代科技馆体系需要紧跟我国社会的经济、科技、文化发展需要和人民日益增长的多层次、多样化需求，与时俱进，可持续发展。我们对科技馆体系的认识、理解和建设，应强调开放、强调发展、强调创新。因此，科技馆体系概念的内涵和外延需要进一步拓展，结构要素也都需要新的认识和调整。为此，结合新形势、新变化、新需求，本课题总结"十三五"期间取得的经验，同时梳理面临的问题与困难，在此基础上提出"十四五"期间的发展思路、目标和重要举措。

二、科技馆体系建设已取得的成效

自2012年科技馆体系概念提出以来，以"广覆盖、重实效"为目标，我国实体科技馆、流动科技馆、科普大篷车和数字科技馆建设不断提速，科普资源开发、共享与服务能力逐步增强，服务覆盖范围显著扩大，中国特色现代科技馆体系基本布局已初步建成。特别是"十三五"期间，科技馆体系建设总体态势良好，为提升全民科学素质、推动科普公共服务公平普惠做出了重要贡献。

在核心层，各地实体科技馆方面，建设规模迅速扩大，社会效益凸显。中国科技馆发挥引领作用，服务全国各级科技馆[3]，加强自身建设的同时，注重借助、整合、挂靠机构力量，开展科普服务领域的标准化建设和科技馆人才队伍培养，"为全国科技馆领域的标准化、规范化、专业化和可持续发展做了大量基础性和前瞻性工作，为科技馆事业的蓬勃发展贡献了力量"[4]。

全国场馆规模增长迅速，覆盖范围不断扩大。截至2019年年底，全国建成的达标科技馆达到293座，其中从2016年年初到2019年年底，新增建设的科技馆有116座（"十二五"期间新增科技馆86座），占现有科技馆总数的39.6%，新增建筑面积104.94万平方米，另有在建科技馆110余座。中国成为21世纪全世界科技馆数量增长最快的国家。除了数量的大幅增加，我国实体科技馆的展教功能稳步增强，呈现内容和形式不断丰富[5]。2019年，全国科技馆馆内接待观众总数超过8103万人次，是2015年的1.76倍，2016—2019年4年间服务公众累计达到26981万人次。2019年，科技馆免费开放补助资金已覆盖30个省、自治区、直辖市和新疆生产建设兵团科协，几年来免费开放科技馆年接待观众量大幅度增长，从2015年的2612万人次增至2019年的5544万人次，增长率达112.3%，年均增长率28.1%。科技馆已成为全国各类博物馆中平均观众量最多的场馆，尤其是对青少年观众来说。

在统筹层，各项科普设施快速发展，促进科普服务公平普惠。流动展览数量持续增长，服务基层公众人数快速提升。流动科技馆财政经费投入稳步增长，2011—2016年，近6年时间完成第一轮全国县级城市覆盖任务，服务公众6757

万人次，超额完成财政部2012年立项时提出的任务指标；2017—2020年，仅用3年时间完成第二轮全国巡展覆盖。"十三五"期间（截至2020年10月），全国共配发流动科技馆展览资源281套，组织巡展2823站。流动科技馆项目实施近10年来，将优质科学教育资源带到了全国29个省1888个县市，服务全国公众人数大幅提升，有力推动了公共科普服务公平普惠。"十三五"期间，科普大篷车的配发力度继续加大，全国共配发科普大篷车657辆，在近五年时间里，项目累计为全国配发1727辆科普大篷车，累计行驶里程1460万千米，开展活动10.7万次，服务公众9276万人次，形成了足迹遍及我国广大基层乡镇农村的科普服务网络。

中国数字科技馆聚焦于为科技馆体系服务，突出科技馆体系枢纽这一定位，致力于发展成为体系创新升级的引擎。数字科技馆建成了服务于科技馆体系的信息化应用系统；围绕实体科技馆展览展品提供数字化与网络服务；利用虚拟现实技术，为全国各地科技馆制作全景漫游系统，实现包括中国科技馆在内的全国115家科技馆5800多个虚拟漫游场景的在线展示，总浏览量达到1993.9万人次，其中2020年2月以来新冠肺炎疫情期间的浏览量为1586.9万。公众可以不受时空限制随时随地"游览"全国科技馆。

项目建设虚拟现实共建共享集群，并搭建虚拟现实共建共享平台，覆盖我国32个省级行政区及俄罗斯阿穆尔州。"十三五"期间，中国数字科技馆总用户超1000万，中国数字科技馆网站资源总量达15.7 TB，网站日均页面浏览量从260万增长到目前的364万，微信公众号关注数达127万，官方微博粉丝数达824万。

在辐射层，以农村中学科技馆为代表的基层公共科普设施进一步发挥科普公共基础设施服务"最后一公里"的现实功效。"十三五"期间，在全国已有28个省、自治区、直辖市和新疆生产建设兵团累计建设农村中学科技馆947所，累计培训科技教师超过1300人次，直接服务公众452万人次以上。"中学科技馆在行动"活动实施以来，通过展览展教、组织科普活动，有效促进了科普教育资源的均衡普惠，填补了科普服务从城镇到农村"最后一公里"的空白，进一步增强了农村及偏远地区学生创新创造的热情[6]。

在覆盖层，上述科技馆、流动科技馆、科普大篷车、网络科技馆和农村中学科技馆、青少年科学工作室、社区科普活动站、科普画廊等基层公共科普设施的覆盖范围逐步扩大，影响力不断增强。

以上数据参考和援引了中国科协、中国科技馆统计的最新官方数据，从增长趋势上看，已经基本代表了科技馆体系概念提出以来，包括"十三五"期间的整体发展状况，科技馆体系的基本布局业已建成，成为促进我国科普事业发展和提升公众科学素质的重要抓手。

三、理解新时代，认清新形势，把握新要求

当今社会，科技已经成为支撑和引领社会发展的主导力量，国民整体科学素质是衡量国家竞争力的重要指标之一，以科技实力和经济实力为主的综合国力竞争，最终表现为国民科学素质的竞争[7]。党的十八大提出，在中国共产党成立一百年时全面建成小康社会，在新中国成立一百年时建成富强民主文明和谐的社会主义现代化国家。党的十九大提出分两个阶段实现全面建成社会主义现代化强国的战略安排。2020年10月末召开的党的十九届五中全会再次深入分析了国际国内形势，通过了《中共中央关于制定国民经济和社会发展第十四个五年规划和二〇三五年远景目标的建议》。要实现"两个一百年"的发展目标，我国公众的科学素质必须实现跨越式发展，为此，全会提出将人民的"科学文化素质和身心健康素质明显提高"作为"十四五"时期提高社会文明程度、提升国家文化软实力的重要内容，并强调要"弘扬科学精神和工匠精神，加强科普工作，营造崇尚创新的社会氛围"。这是首次把"加强科普工作"列入国民经济发展五年规划，这是在深刻认识我国社会主要矛盾变化带来的新特征、新要求基础上提出的，反映了新时期科普工作肩负的重要责任和历史使命。

面对新的目标和更高要求，如何加强科普工作成为核心问题。对此，党的十九届五中全会精神也为我们提供了具体抓手，那就是推动科普工作的高质量发展。习近平总书记强调："高质量发展就是体现新发展理念的发展，是经济发展从'有没有'转向'好不好'。"这是党根据我国发展阶段、发展环境、发展条件变化做出的科学判断。党为国家发展所绘制的蓝图和提出的指导方针深刻揭示了我国科学教育的需求和科普工作发展的大方向、大趋势、大格局，是我们做好下一步工作的基本遵循和行动指南。

科技馆作为科普工作重要的公共文化基础设施，向社会公众传播科学知识、科学方法以及融于其中的科学思想和科学精神，不仅对于提升公众的科学素质，

促进公众对科学的理解、支持和参与具有重要的社会意义,更是培育科技创新的文化土壤、孕育科技创新力量的源泉。近年来,随着科学教育与普及工作的广泛开展,我国公民的科学素质已得到稳步提升,但仍与欧美发达国家存在着差距。面对加速演进的新一轮科技革命和产业变革,及后疫情时代国际格局和世界秩序的深刻调整,对公民科学素质水平提出更高的要求,也给我国的科技馆事业带来了挑战和机遇。如何以制度优势凝聚各方力量,着力把制度优势转化为治理效能,推动科技馆体系高质量可持续发展,是新形势下中国特色科技馆体系创新升级的关键。

四、新形势下科技馆体系发展的问题与挑战

虽然科技馆体系概念的提出是中国在科技馆发展规划方面的重大突破,随后按此规划的发展也取得了一系列重要成就,但总的来看,目前科技馆体系的整体发展和各个层级、类别的系统运作仍存在着一些问题和困难。在对科技馆功能的理解和认识、科技馆管理体制与体系的协调以及科技馆运行机制、展教服务和人才培养等方面,存在较大的提升、改革和发展空间。科技馆体系内各级实体科技馆(核心层)之间,及其与内部资源(统筹层)、外部资源(辐射层)之间,尚未建立有效的资源共建共享机制。由于这些问题的存在,科技馆体系未能完全实现"十三五"提出的从"规模增长的外延式发展"向"科普能力与水平提升的内涵式发展"的转变,进而也影响了科技馆体系的整体展教服务质量,未能充分实现全面提升公众科学素养、传播科学文化和为社会提供充分公众文化服务的理想目标。

(一)观念问题

新时代新形势下,对于如何真正理解习近平总书记提出的"科技创新、科学普及是实现创新发展的两翼,要把科学普及放在与科技创新同等重要的位置"的重要论断,如何发挥科技馆体系的功能,把"同等重要"真正落到实处,首先要解决观念问题。课题组调研发现,相比"科技创新",地方政府和地方科协对"科学普及"的认识和重视还是不够充分,未能以足够的重视程度和力度来规划、管理和支持科技馆和科技馆体系的软实力发展。

就此而言,观念层面的问题主要体现在以下几方面:

一是忽视了对科技馆文化的构建，科技馆运营缺乏核心价值体系的支撑。在欧美发达国家，科技类博物馆多有百年历史积淀，以文化魅力深入人心，成为居民文化生活不可或缺的一部分。以英国科学博物馆集团为例，它由伦敦的科学博物馆、科学与工业博物馆等五个博物馆和一个大型收藏机构组成，具有100多年历史，700多万件藏品，所遵循的核心价值观就是以观众为中心、以人为本，投入了很多研究来发掘这种制度的真正价值所在，确保为尽可能广泛的受众所做的事情的价值和利益最大化。[①] 在国内，大部分城市仍将科技馆建设当作城市名片和政绩标志，偏重硬件的投资和建设，对科技馆建设与发展科学文化、服务公众科学文化需求之间的重要关系认识不充分，相对轻视对于科技馆发挥其服务功能更为重要的软件投入，未意识到科学普及在展教服务、内容创新、人才培养等软件建设上的复杂性，忽视了科技馆正常运营存在的困难和问题。换言之，缺乏科技馆文化的深层次构建。调研及访谈发现，一些场馆不管是决策层，还是普通员工，很多人都缺乏对于科技馆文化的深刻认知，其场馆运营也缺乏系统性的核心价值体系的支撑。

二是对展教服务功能的认识和重视程度不够。正是由于部分科技馆及其主管单位偏重场馆建设，相对忽视运行中的展教创新服务功能，导致科技馆自身和展览、展品相关企业的创新能力缺乏，展教资源开发创新不足，国际化水平有限。大部分场馆的展览、展品多为模仿照搬，同质化现象严重，各馆的特色不突出。加上受限于专业人才的缺乏，常设展览和短期展览集成多，自主研发不足。除个别发展较好的大型馆，大部分场馆的展览展品更新内容和频率落后于国家要求，不能满足科技迅速发展和公众日益增长的美好生活需要。科技馆组织的科技教育活动的形式、内容、数量还不够丰富，部分场馆的培训、实验等非展览科普活动缺乏科技馆自身特色和公众吸引力，不少科技馆在围绕展品组织科普教育活动方面的能力十分薄弱。

国内若干大型、超大型科技馆的场馆面积、规模已经在国际上遥遥领先，但是展品展项设计能力和水平却仍落后于发达国家。国内引进国外的流动展、专题展比较常见，但是自主研发并向外输出的展品、展项却寥寥无几，国际化能力和

---

① 参考2020年8月28日第三届中国科普研学论坛海伦·琼斯（Helens Jones）和贝丝·霍金斯（Beth Hawkins）的线上报告《向所有人开放：英国科学博物馆集团关于STEM学习和社会公平的研究》。

水平亟待提升。此外，科技馆为社会公众提供的科学普及服务主要是一种信息服务，还需要借助市场营销的理念和方法宣传和推广科技馆，吸引更多人了解科技馆、走进科技馆，让科技馆的教育和传播真正融入人们的日常生活。

三是对科技馆体系的顶层管理存在认识局限。在现实中发挥作用的实体馆并非只是由我国传统意义上的科技馆构成，而是包含了各类实际发挥着科普功能的相关场馆和机构，这些机构往往归属不同政府部门和企事业单位管理。因而，要想真正建成理想的、各场馆间密切配合和功能互补的、更广泛范围的科技馆体系，需要从顶层转变管理观念，打通政府各部门的分块管理模式，形成在涉及科技馆体系管理的各部门之间合作共通的管理方式，实现包括资源共享在内的合理协调机制，以系统工程的思维来认识和推进科技馆体系的建设。

（二）体制问题

我国科技馆体系的各组成部分以国有体制事业单位为主，现行的管理架构和政府组织结构有利于体系化建设和管理，具有举国家财力投入发展场馆建设的优势，有利于集中力量办大事，实现全国一盘棋，充分发挥制度优势，这是"十三五"期间我国科技馆体系建设取得长足进步的关键。但同时，也在一定程度上因为这一体制特点而影响了科技馆体系的发展和运行。甚至可以说，科技馆运营管理模式和财务管理等方面存在的问题正是由体制问题引起的。

一是现有的管理模式制约了公共文化设施的运行和发展。目前，处于体系核心层的科技馆基本都属于公益一类事业单位。现行的科技馆财务管理制度，因收支两条线，制约了科技馆在自主创新方面的积极性，限制了将创收用于科技馆创新发展的可能，客观上阻碍了科普产业的发展，影响了科普成果的转化和市场机制进程。虽然现阶段把所有科技馆完全推向市场自负盈亏是不现实的，总体上科技馆的建设和运行还要依靠政府支持，但可以尝试从一些符合条件的科技馆开始，从体制上松绑，逐步转变为政府引导、社会运作，体现"市场在资源配置中的决定性作用"。调研实践还表明，许多企业和机构很看重科普，还有一些民营科技馆和企业科技馆受益于灵活的市场机制，已经做出一定成绩，可见，科技馆的社会运作大有可为。此外，在具体的场馆运营监管方面，上级管理机构应尽量放权于具体职能部门，以符合科学普及的特殊性和达到理想的科普效果为目标，采用灵活而非僵化的管理体制进行管理。

二是现行财务制度不利于社会市场资金的投入。在发达国家，科技馆的经费主要有三个渠道的来源，政府财政或税收拨款、社会赞助和捐赠、门票和经营活动的收入。从发达国家一些科技馆的成功经验看，这三方面的资金供给可以达到各占 1/3 的比例。相比之下，我国各地科技馆绝大部分是由政府投资建设的，其运行经费也主要来自财政拨款，社会和企业对科普等公益性事业的投入意识和机制还有待于进一步大力培育。在过去的 30 年里，特别是进入 21 世纪后，靠政府的巨额财政投入，迎来了科技馆建设的高潮。但是，目前政府的投入仍然不能满足科技馆事业发展的需要。特别是有些地方政府对于科技馆建设与运行投入的主观性、随意性较大，是否投入与投入多少，往往取决于少数人的决策，缺少建立在科学测算基础之上的制度性规定和规范化流程。

近年来，各地科技馆按要求实行免费开放，而政府对科技馆运行的财政拨款有限。作为一级一类公益机构，科技馆相较于其他类型博物馆，展教开放、维护、更新等运营费用更高，但由于不被允许进行自主创收，运营缺乏足够经费支持，创新活力进一步减弱，有许多场馆因无力进行展览展品更新、短期展览开发，无力开发与实施科学普及、教育、传播活动，无法实现可持续发展。实体馆发展受限，其为流动科普设施、基层科普设施和社会科普活动提供辐射服务更是"有心无力"。

（三）机制问题

从科技馆内部管理机制来看，除了个别率先尝试企业化运营的科技馆（如厦门科技馆），国内很多科技馆仍未能建立和有效实施科学化的管理机制，突出问题表现在人才队伍建设、教育服务能力和资源共享共建方面。

一是人才培养和激励机制有待完善。其一，科技馆专业人才队伍编制和数量不足。2017 年，全国事业单位性质科技馆平均编制数为 32 人，其中，特大型科技馆平均编制数每馆 85 人，大型科技馆 47 人，中型科技馆 23 人，小型科技馆仅 10 人。不同建筑规模科技馆的工作人员编制数均低于《科学技术馆建设标准》中的相应要求。其二，科技馆专业技术人员的岗位职责与专业素质要求不明确，专业技术职务晋升通道不明确，很难找到对口专业技术职务序列，评审标准与科技馆专业不吻合，严重影响专业技术人员的职业发展。其三，科技馆行业缺乏面向在职人员并针对不同专业、不同岗位、不同层次的系统性培训，导致人才的创新能力和可持续发展能力不足。其四，我国科技馆从业人员和同级别科研教学单位相比，收入普遍偏低，激励机制不健全，与所承担的提高全民科学素质的重任不相适应；现有体制未能充分发挥市场在资源配置中的作用，不利于激发员工的创新活力，不利于吸引优秀的人才投身科技馆事业。

二是教育服务管理机制不完备。由于缺乏相应的教育服务机制的推动和激励，在科技教育上，科技馆的活动形式和教育活动方面的经验仍无法和学校相提并论，又往往经费、人力投入不足，导致教育活动规模较小，影响范围有限。现有的"馆校结合"仍缺乏制度层面的顶层设计，尚未形成科技馆体系与学校之间优势互补的良好局面，与学校科学教育的结合度有待提升。此外，科普服务观众的水平有待提升，教育服务受众需求的细分研究不足，科技馆的服务重点仍是面向青少年群体，对社会上的各类职业群体、老年人、乡镇居民以及特殊群体的科普服务尚未形成规模，缺乏足够的关注，未能纳入相应的考评机制。

三是资源共建共享机制尚不健全。科技馆体系内各级实体科技馆（核心层）之间，及其与内部资源（统筹层）、外部资源（辐射层）之间尚未建立起有效的资源共建共享机制。一是科技馆体系内部整体高效协同的运行机制尚未完全建立，一体化水平不高。二是信息化应用水平较低，尚未有效建立面向整体科技馆体系的高效信息化服务平台，使得资源整合与服务能力欠佳。三是社会化科普工作机制尚未形成，与科技馆体系以外的社会组织、高校、科研院所、企业的科普场馆，及图书馆、文化馆、文博类博物馆等公共设施合作不足，影响与其他机构间的资源共建共享，公共科普服务供给水平有限。

（四）其他具体问题

一是科技馆体系的布局和发展在全国范围内不均衡，标准化建设相对薄弱。全国科技馆场馆总量仍然不足，虽然进入21世纪以来我国科技馆的建设速度为世界之首，但以目前的场馆数量和我国人口数量来看，科技馆数量与人口总数之比还远未达到目前发达国家或世界的平均水平。科技馆的区域分布仍然不均衡，经济较为发达的东部沿海省份和中西部落后地区的科技馆数量仍存在差距，农村、乡镇与大中型城市的场馆规模、展教质量也不可同日而语。要解决区域不均衡的问题，需要有着眼全局的视野和国家层面的统筹协调，单凭各地政府精耕自己门前的"一亩三分地"，难以真正解决这一问题。

二是科技馆建设标准亟待补充和修订。根据建设部和国家发改委 2007 年批准新修订的《科学技术馆建设标准》,"达标科技馆"须同时满足下列条件:①以科普教育为主要功能,拥有常设展览,以互动体验、动态演示型展品为主要展示载体;②科普教育设施(常设展厅+临时展厅+教室+报告厅+影厅)占建筑面积 50%以上;③常设展厅面积 1000 平方米以上,并占建筑面积 30% 以上。这一标准仅涉及硬件要求,即科普教育设施和常设展厅的面积规定,未能关注更为重要的软实力要求,如科普资源、人力资源、运行管理等方面的标准。在科技馆体系建设初期阶段,提出规模上的标准是十分必要的,目前该标准已经远不能满足新形势下科技馆体系发展的实际需要。据了解,新标准目前正在制定中,建议全面结合新形势下的发展需求,兼顾科技馆体系的系统化、多层级、多元化的特点统筹编制,避免求大求全的倾向,从建设成本上减轻国家财政压力,通过有效规范基础设施建设,确保科普资源的利用充分、合理、有效。

三是科技馆的信息化应用能力不足。在信息化时代,需要通过"智慧管理"实现科技馆体系运营数据互通共享,为科技馆体系的建设、运营、评价、决策提供平台支撑。目前,大部分科技馆服务于公众的信息化手段仍不够丰富,形式不够多样,面临着观众流失的风险。与如火如荼建设的智慧博物馆相比,中国建设智慧科技馆的步伐略显缓慢,科技馆信息化服务观众的能力明显不足。调研样本显示,全国仅有 60.5% 的科技馆使用了信息化系统,其中展品信息化管理系统的应用比例仅为 36.5%。部分中小科技馆甚至没有能力建设和维护官方网站。

此外,中国数字科技馆共建共享服务平台的作用还没有得到充分发挥。各地方科技馆的信息化发展还不充分,只有少数省级科技馆数字化建设取得了一定成效,大部分中小型科技类博物馆还没有充分认识到实施信息化建设的重要性和必要性。需要将网络科普纳入科技馆必备的科普职能方面,借力新基建,打造"没有围墙、24 小时不闭馆、覆盖全国"的网络科技馆体系。

五、"十四五"期间科技馆体系创新升级发展思路、预期目标

在新时代、新形势下,中国特色现代科技馆体系,一方面要继续发挥制度优势,凸显中国特色,另一方面也急需破除制约高质量发展的体制机制障碍,强化有利于提高资源配置效率、有利于调动全社会积极性的重大改革举措,坚持以人

为本，持续增强发展动力和活力。与此同时，要进一步扩大科技馆辐射服务职能、促进我国科技类博物馆系统整合、密切联动，以推动我国公共科普服务能力实现跨越式发展，促进公共科学文化设施普惠公平，实现全民科学素质整体显著提升。总而言之，新时期的科技馆体系需要新的建设发展思路、目标和重点举措。

（一）发展思路

党中央高度重视全民科学素质提升和科普工作，要深入贯彻习近平总书记提出的"科技创新、科学普及是实现创新发展的两翼，要把科学普及放在与科技创新同等重要的位置"的重要论断。坚定不移地贯彻以人民为中心的发展理念，推进科技馆体系服务能力现代化。努力实现科技馆体系的可持续发展，为提升全民科学素质、孕育科技创新文化土壤、建设世界科技强国贡献智慧和力量。

基于上述理解和认识，以科技馆体系建设的时代任务作为制定"十四五"期间科技馆体系建设与发展对策的基础，课题组提出以下科技馆体系建设的基本思路：

以公众为核心出发点，提升科技馆体系服务能力，满足人民群众多样化、个性化的科普需求。

以提升全民科学素质水平为目标，拉动公共科普服务体系整体发展，培育科技创新文化土壤。

以促进观念转变为引领，凝聚发展共识，创建系统化顶层设计和多元化管理模式，推动科技馆体系高质量发展。

以推动体制改革为抓手，完善布局、优化体制，推进科技馆运营市场机制多元化、协同化的平衡发展。

以推动机制创新为保障，坚持广泛协同，实现科技馆体系内外联动，激发科技馆体系创新活力。

全面推进中国特色现代科技馆体系创新升级发展。

以上基本思路也是"十四五"期间科技馆体系建设与发展的指导方针。

（二）预期目标

"十四五"期间，结合我国社会经济发展、教育改革及科技、产业变革的时代背景，依据中国特色现代科技馆体系建设现状及经验问题，遵循《全民科学素质行动计划纲要（2021—2025—2035年）》的指导，课题组提出新形势下科技馆体系可持续发展的目标、任务和举措。

1. 总目标

在"十四五"期间，汇聚各方力量，形成社会化参与、市场化运作、制度化保障、信息化支撑、国际化交流的有效机制，初步建成中国特色现代科技馆体系的创新升级版。

在科技馆体系现有的核心层、统筹层、辐射层及覆盖层基础上，进一步调整和拓展现有的科技馆体系概念和构成体系。核心层以实体科技馆为龙头和依托，统筹流动科技馆、科普大篷车、农村中学科技馆以及网络科技馆之间的协调发展；统筹层以广义的科技类博物馆为主，包括自然历史博物馆、专业类科学技术博物馆、天文馆、水族馆、湿地博物馆与自然保护区等，及科普基地、工业遗址、青少年科技活动中心、科普活动室等各类基层科普基础设施，通过核心层引领，促进资源共建共享，实现有效的协同共生发展；辐射层涵盖具有科普功能的文博类博物馆、图书馆、电影院等公共文化服务设施，各级各地学校、科研机构、企业等行业机构，及各类公园、景区、机场、车站等公共场所，由核心层带动，统筹层协同，搭建合作平台，促进科普资源大联动，实现广泛的科普文化交流与合作。

基于科技馆体系新的概念内涵，在设施建设、资源开发、信息共享、服务供给等方面探索建立多方参与、协同增效的运行模式；以中国数字科技馆为依托，实现科技馆体系智慧化发展，促进科技馆体系信息化水平总体提升；探索建立科技馆体系社会化参与、市场化运作的新机制新模式；与国际组织和国际科普场馆开展深入合作，进一步加强优质科普资源对外交流力度。促进资源丰富性、服务精准性明显提升，以公众现实需求为导向，不断提升科技教育水平。

2. 具体目标

（1）实体科技馆

继续推动各地科技馆建设，在保持科技馆数量、规模快速增长的同时，使其布局结构更加优化、更加合理。实现各直辖市和省会城市、自治区首府大中型科技馆服务创新升级；地市级科技馆进一步改造、改建；建设一批具有专业或地方特色的专题科技馆，将一些企业运作的科技类博物馆纳入体系；同时，还要加大对欠发达地区和基层科技馆的扶持力度，加快中西部地区和地市级科技馆的建设步伐，使东中西部城市的科技馆资源差距逐步缩小，进一步优化实体科技馆结构布局和区域平衡。

（2）流动科技馆

全面落实"广覆盖、系列化、可持续"目标，推动全国无实体科技馆的县城实现流动科技馆巡展全覆盖。面向流动科技馆教辅人员的业务培训体系初步建立，从业人员素质大幅提高；提升流动科技馆科普展教资源的开发能力与水平，实现巡回展览的专题化和特色化，丰富科普展教的内容与形式，增强展教效果；借助信息化手段实现展览展品精细化管理和科学合理的绩效评价；完善以科技馆为依托的运行与服务机制，建立巡展效果与经费挂钩的评价制度，保障巡展的数量、质量和可持续发展。

（3）科普大篷车

实现科普大篷车对全国广大乡镇地区科普服务广覆盖，实现全国保有量的大幅提高，实现分布上的合理；大力提升科普展教资源的开发能力与水平，开发多套具有专题特色的展品和教育活动项目，科普大篷车人才队伍的业务能力显著提高。建成科普大篷车资源共享平台，社会力量广泛参与，形成系列化、多样化的科普资源共享，科普服务能力持续提升。

（4）中国数字科技馆

推动达标科技馆的科普网站、数字科技馆或科技馆网站的科普栏目建设，打造"24小时不闭馆、覆盖全国"的网络科技馆和科学教育平台。初步建成科技馆体系信息化枢纽平台，逐步实现资源、数据、业务等的信息化连接和标准化。实现实体科技馆、流动科技馆、科普大篷车、网络科技馆线上线下相结合的良性互动模式，使之成为科技馆体系内重要的资源集散平台、输送渠道和信息中心，为资源开发与共享、活动协同与增效服务。

（5）农村中学科技馆

推动农村中学科技馆建设和改造，在保障国家和地方财政支出力度的基础上，探索建立稳定的社会捐赠渠道，确保农村中学科技馆的可持续发展。同时，进一步优化科普资源配置，并适当向中西部地区倾斜。加强与农村公共文化服务平台的对接，以及科普资源的精准化投放，实现不同学校的个性化科普资源定制。建立展教人员长效培训、激励机制，通过线上线下相结合的服务机制，促进优质线上资源与农村中学科技馆的精准对接，有效提高农村中学科技馆的利用率，推动科技馆服务提质增效。

六、"十四五"期间科技馆体系创新升级重点举措

展望未来,迎接挑战,"十四五"期间,我国科技馆体系建设应坚持稳中求进的工作总基调,以推动高质量发展为主题,以深化供给侧结构性改革为主线,以激发科技馆人才队伍建设和改革创新为根本动力,以满足人民日益增长的美好生活需要为根本目的。为进一步推动科技馆体系服务创新升级,针对当下存在的观念、体制、机制等层面的重点问题和制约因素,全面深化改革,扎实提质增效,提出"十四五"期间科技馆体系建设的五方面重要任务和四项重点工程。

(一)重要任务

1. 转变思想观念,创新服务模式

科技馆体系全面完成从"规模建设"转变为"内涵发展",应充分认识到科技馆体系是服务于公众的公共科普文化服务体系。摒弃传统科普自上而下的传播理念,应以公众需求为导向,坚持"以人为本",以"为社会公众服务"为己任。党的十九届五中全会提出:"人民对美好生活的向往就是我们的奋斗目标。'十四五'时期经济社会发展必须遵循坚持以人民为中心的原则,坚持人民主体地位……发展成果由人民共享,维护人民根本利益,激发全体人民积极性、主动性、创造性,促进社会公平,增进民生福祉,不断实现人民对美好生活的向往。"具体到科技馆体系的发展上,以人为本也是根本准则。现代科技馆作为重要的公共文化基础设施,以向公众提供科普展教服务为主要功能和责任。当代博物馆学界已经存在一个共识性的命题,博物馆的社会服务理念经历了从重"物"到重"人"的转变,衍生出诸如"从物到人""以人为本""观众导向"等一系列有关博物馆价值重置的话语表述。[8]博物馆服务于广大群众,自然应该"从群众中来,到群众中去"。"十四五"期间,科技馆体系建设,首先要明确以公众为核心出发点,不断锤炼和提升科技馆体系的服务能力,满足人民群众多样化、个性化的科普需求。这是科技馆体系安身立命之本,也是其存在的根本意义所在。

为此,需要进一步提高地方政府直属部门和地方科协对科技馆体系建设重要性的认识。在展教内容和服务对象上,在原有的普及"四科",即"科学知识、科学方法、科学思想、科学精神"的基础上,还应充分发挥场馆优势,大力弘扬科

学家精神，宣传科技工作者在长期科学实践中积累的宝贵精神财富。将科学家请进科技馆，请进社区和校园，讲好科技创新的故事，讲好中国科学家的故事，营造全社会爱科学、学科学的良好氛围。同时，科普内容还需要进一步下沉为以人们日常学习、工作和生活多样化需求为目标的"四科"，即"科普助学、科普强企、科普兴农、科普益民"。在以青少年为主要教育目标的基础上，要兼顾服务职业人群、老龄退休人群、乡镇农村人群和特殊需要人群，使人人都能各取所需，推动公共科学文化设施普惠公平，促进全民科学素质的提升。

2. 拓展科技馆体系概念内涵与外延

随着经济社会的不断发展，科技与社会的关系日益密切，人民生活水平日益提高，公众对科技应用、生态环境日益关注，人们对科普的需求也在不断增长，不再局限于传统意义上的科学知识、方法、思想和精神的需求。这要求我们用"大科普"视野，构建大协作、大联合工作格局。与之相应的，如前文所述，对科技馆体系的内涵和外延的认识也需要与时俱进，应该将作为体系基础的实体馆从"科技馆"延伸至更为广泛的"科技类博物馆"，将自然历史博物馆、专业类科技博物馆、天文馆、水族馆、湿地博物馆与自然保护区等囊括在内，不断丰富科技馆体系的资源、信息、服务渠道，在设施建设、资源开发、服务供给等方面探索。推动体系内外，区域之间，及区域与整体之间的协同，统一筹划和协调发展，形成资源共享、产业互动、布局联动格局。同时，思考和探索实体科技馆作为核心层，如何进一步建设发展，以及怎样发挥好核心层的引领、统筹作用。

3. 成立科技馆体系的顶层管理机构

相较于西方国家，我国科技馆发展时间较短，科技馆体系正处于探索、创新、建设的阶段，顶层设计和发展指导不足。我国科技馆大部分隶属各级科协组织，少部分归科技部（科委）主管，还有大量的自然科学博物馆、行业博物馆等科技类博物馆分别隶属于不同的部委和企事业单位。随着科技馆体系的拓展，作为一个全社会的系统工程，科协在组织管理上也面临着困难，应该推动国家层面建立一个顶层管理组织，打造一个中国科协主导并承担管理、统筹工作，其他各部委配合分担相应协调责任，通过科技馆体系开展科普工作，联合高校、科研院所、社会组织、企业等团体，广泛开放、普惠共享的公共科技文化服务体系。

4.构建大协作、大联合的体系格局

科技馆体系概念的提出和发展，体现了"系统"观念，即以实体科技馆为龙头和依托，流动科技馆、科普大篷车、数字科技馆、农村中心科技馆四位一体，形成合力，共同服务于全国各地的公众。课题组的调研表明，国内部分地区科技馆体系已经以区域科技馆联盟或科学教育馆联盟等形式发挥着联动作用。特别是在新冠肺炎疫情期间，一些区域科技馆体系联合组织活动，通过网站、微信、微博等多种数字化渠道开展线上"应急科普"，在防控重大疫情方面发挥了重要作用，这为科技馆体系日常科普、应急科普工作提供了经验。

"十四五"时期，我国将进一步健全区域战略统筹、市场一体化发展、区域合作互助、区际利益补偿等机制，更好促进发达地区和欠发达地区、东中西部和东北地区共同发展。在此背景下，新时期中国特色现代科技馆体系建设应进一步推动区域体系带动全国整体体系高质量发展，特别是京津冀、长三角、珠三角三大地区以及一些重要城市群的公共科普设施要充分发挥示范和引领作用，并加大力度对落后、偏远地区的科技馆、科普设施进行投入和协助，改善发展不平衡现状，加快构建大协作、大联合的科技馆体系格局。

5.推进科技馆的体制机制改革

前述分析显示，运营管理模式和财务管理是科技馆体制问题的症结所在。党的十九届五中全会明确指出，"十四五"时期经济社会发展必须遵循"五个坚持"的重要原则，这就是坚持党的全面领导、坚持以人民为中心、坚持新发展理念、坚持深化改革开放、坚持系统观念。具体到科技馆体系建设方面，在"坚持系统观念"的同时，更需要"坚持深化改革"以激发强大发展动力。"十四五"时期，要坚持和完善社会主义基本经济制度，充分发挥市场在资源配置中的决定性作用，更好发挥政府作用，推动有效市场和有为政府更好结合。在此背景下，我国科技馆体系要想实现服务的创新升级，需要进一步推动科技馆行业体制改革，探索社会化、市场参与运作的新模式，充分发挥市场在科普资源配置中的作用。在此基础上，建立起科学有效的管理机制，突破人才队伍建设、教育服务能力和资源共享共建等方面的制度约束，进一步激发活力，才能真正带来运行模式的转变，实现可持续发展。科技馆是一项惠及全体公众的社会事业，科技馆体系的发展不仅仅要依靠政府加大力量投入，还必须发挥社会和市场多方面的作用，培养和建设政府引导的体系化管理、多渠道投入、多层次供给的良性运行机制，以实现科普

资源合理配置和服务均衡化、广覆盖。由此,"十四五"期间,体制机制改革势在必行。

(二)重点工程

1. 科技馆体制机制改革工程

推动科技馆行业体制改革,探索社会化、市场机制运作模式。目前,市场在科普资源配置中的作用发挥不足,科技馆体系的人才、资金、项目缺乏活跃性,资源配置不够灵活,服务渠道整合不足,发展动力和后劲不足,一定程度上影响科技馆体系的协同增效。基于此,"十四五"期间,中国科技馆体系建设一方面应继续发挥制度优势,走特色发展的道路,坚持稳中求进的工作总基调,另一方面也应与时俱进,积极探索深化体制机制改革的可能路径,真正激发科技馆体系的发展活力和内驱力。可以尝试利用科技馆人才、专业、技术和设备等条件,切实转变并提升服务意识和服务理念,延伸、发展和丰富科普服务,并探索适当创收的可能性,同时做好制度设计,建立健全相关管理制度以加强监管;可以尝试探索"政府购买公共服务"机制以及"公私合营"模式在科技馆行业的应用——通过公开招标、定向委托等形式将原本由自身承担的公共服务转交给社会组织、企事业单位履行,以提高公共服务供给的质量和财政资金的使用效率,改善社会治理结构,满足公众的多元化、个性化需求。同时,还需要建立科学合理、有利于创新的展教资源开发与采购的制度和规范。科技馆也要切实合理、有效地运用这些制度,使其为科技馆的现实需要服务。

2. 科技馆人才队伍建设工程

博物馆发展"从物到人"的观念转变不只是将关注的重点由物件转向公众,更重要的是强调要关注支撑物件的个人与群体,即博物馆专业人员。科技馆体系建设要实现高质量发展,需要在"人"上下功夫。这里的"人"不只是公众,不只是要致力于满足公众日益增长的多样化需求,还要重视科技馆体系人才队伍建设。人才队伍是科技馆体系最重要的发展资源和发展命脉。

"十四五"时期,国家将进一步深化人才发展体制机制改革,全方位培养、引进、用好人才,健全以创新能力、质量、实效、贡献为导向的科技人才评价体系,充分激发人才创新活力。目前,科技馆人才培养体系初步形成,但进一步发展还需要突破学校教育、招聘管理、在职培养、评聘晋升等方面存在的障碍,切实打通科技馆人才发展通道。通过正规教育、在职培训和进修、国内外交流等多种途径和方式培养高素质的科技馆专业人才，逐步建立科技馆专业人才在职培养、培训体系，造就一大批包括管理型、专家型和技术型的高素质人才队伍。探讨建立健全科技馆展教、管理等相关专业人员的任职资格序列及其评聘办法，切实形成能够激发从业人员不断提高业务水平的良性竞争激励机制和人才评价体系。搭建具有行业影响力的、高水平的学术刊物、网站等交流平台，形成一批品牌活动和载体，促进全国科技馆学术交流的规模、水平、深度得到改善，与国际间学术交流更加广泛、深入。

3. 科技馆大协作大联动工程

进一步研究制定科技馆体系总体协调下实体科技馆、网络科技馆、流动科普设施及其他基层科普设施、社会机构之间的联动协作机制，各科技馆之间以及各科普项目之间资源集成、开发、服务的共建共享机制，科技馆与社会机构有效协作机制等一系列的制度性安排。创新方式方法，突破现有制约，建立科协体系内外大协作、大联动的各科技类博物馆资源共享通道和平台。

以实体科技馆为龙头，全体科技类博物馆为主体，数字化科技馆平台为依托，建立展教资源共享互动机制；与教育相关部门协商合作，推进"馆校结合"发展新机制；与图书馆、博物馆等公共文化服务体系建立长期合作模式；积极支持科普研学等市场运作模式，加强科普产业发展；以省级科技类博物馆的区域体系建设为示范和引领，加大对流动科技馆、科普大篷车、农村中学科技馆、青少年科学工作室、社区科普活动站、科普画廊的管理、协调和支持力度，确保大科普时代的科学教育实现全领域行动、全地域覆盖和全层级联动。

4. 科技馆建设运行标准建设工程

建立健全科技馆体系运行机制和科技馆效果评估指标工程，研究建立中国特色现代科技馆体系运行机制。

不同地域、级别、规模和类型的科技馆面临的问题多种多样。针对这一现状，要鼓励科技馆多元化发展、生态化发展。总体上，科技馆评估应以教育功能为核心，以教育功能的实现情况为出发点。需要在分析国内外博物馆、科技馆评估理论研究与实践的基础上，归纳出科技馆评估的类型，并基于各级科技馆在中国特色现代科技馆体系中的定位和职责，提出科技馆评估方式。应根据科技馆的地理区域、行政级别开展运行评估，建立健全针对不同级别、不同类别科技类博物馆的运营效果评估指标和评价体系。并将科技馆体系的建设和取得的实效纳入当地各级政府的政绩考核中，作为重要考核内容之一。

5.科技馆科普内容创新工程

以多种渠道拓展、丰富科技馆展教内容供给，包括：加强与科研机构、高校、企业等的协调合作，探索将科技资源有效转化为适合科技馆体系的优质科普资源的方式方法；通过引导其他科技类博物馆、科普基地乃至生活中常见的公共科技设施拓展科普功能，让科普元素融入日常生活；建立相关的培训、经费和激励制度，为科研人员开展科普工作提供有力的支持；倡导知名科学家积极参与科普工作，尤其是围绕国家科技创新重大项目和公众关注的生活中的科技热点问题，建立专家库，形成一批有影响力的科学家科普队伍，形成应急科普、常态科普合作模式，进一步促进公众理解科学、参与科学和用好科学。

要以科学精神、工匠精神指引科普宣传的创新发展。习近平总书记在科学家座谈会上勉励广大科技工作者肩负起历史赋予的科技创新重任，强调要大力弘扬科学家精神，并重点阐述了爱国精神和创新精神。[9]十九届五中全会再次强调要"弘扬科学精神和工匠精神"。在新形势下，科技馆体系更需要大力弘扬科学界勇攀高峰、敢为人先的创新精神，精益求精、百炼成钢的工匠精神，以及开拓进取、合作共赢的企业家精神。依托中国科协老科学家学术成长资料采集工程规模庞大、内容丰富的"采""藏"资源和已经开展的"宣传"工作经验，联合科研机构及高校、各类媒体、社会组织等多方力量，深入挖掘各级各类实体科技馆的展教设施、形式和内容，探索充分利用数字化资源的方式方法，并结合全国科技工作者日、全国科普日、全国科技活动周等重要常规活动，建立起体系化、联动化、常态化、信息化的科学家精神、工匠精神传播新格局，使科技馆体系成为科学家精神的培育基地，通过展现科学家精神培育科技创新文化。

（三）保障措施

1.组织保障

公共科学文化设施是重要的社会公益服务和培育科技创新文化的基础，要推动各级科协加强对科技馆事业的谋划和统筹，积极争取党委、政府的领导和支持，将科技馆体系的目标任务纳入国家、地方、部门发展规划。各级科协组织确定牵头部门责任，切实履行综合协调的职责，会同相关部门，密切配合，形成合力，将各项任务目标落在实处。

科技馆研究建立理事会制度，借鉴国内外相关行业理事会制度的经验，研究、探索并试行的理事会制度，条件成熟时在科技馆行业推行，使有关方面代表、专业人士和各界群众共同参与管理科技馆，提高科技馆管理运行的能力和水平。

2. 制度保障

科技馆体系建设是一个全国性的跨地区、跨系统、跨部门的工程，涉及部分职能、任务、资源、经费、节点、渠道、供求关系的重新布局和再分配，有可能打破某些机构之间现有责、权、利的格局。因此，需要有一整套立足于国家公共科普服务体系建设的创新性机制和制度安排。"十四五"期间，要从统筹协调、能效管理、运行保障、考核评价四方面理顺和创新体制机制。建立各项考核制度，加强政策支撑，但也要避免政绩导向，不能沦为形式。要在国家统一协调下，由相关部委联合出台相关指导意见，构建推进科技馆体系可持续发展的政策机制，发挥制度引领作用。

3. 财政保障

政府扶持，多元兴办——各地方财政应将科技馆建设纳入当地国民经济和社会事业发展总体规划及基本建设计划，加大对科技馆建设和运行经费的公共投入。落实有关优惠政策，鼓励社会各界对公益性科技馆建设提供捐赠与资助；鼓励有条件的企业事业单位根据自身特点建立专业科技馆；落实有关鼓励科普事业发展的税收优惠政策，鼓励企事业单位及个人参与科技馆建设，推动科技馆体系运行机制的社会化、多元化发展。

4. 人员保障

加强人才队伍建设，完善科技馆体系人员招聘、培养、使用、评聘制度。根据科技馆体系内各场馆、设施所需专业工作的性质、特点，及其对专业人才素质、技能的需求，确定人才培养目标，针对存在的问题提出相应对策，制定科技馆体系专业人才队伍中长期发展规划。加强与高校和专门机构合作，联合培养科普人才，开展专业人才的继续教育，理论与实践结合，创新、发展的人才队伍。推动形成符合科技馆体系发展需要和人才发展规律的人才评价、专业技术岗位评聘管理相关制度，建立激励机制，充分调动人才的积极性。

参考文献

[1] 朱幼文，齐欣，蔡文东．建设中国现代科技馆体系，实现国家公共科普服务能力跨越式发展［M］//程东红，任福君，李正风，等．中国现代科技馆体系研究．北京：中国科学技术出版社，2014：3-17．

[2] 评论员．我们为什么要建设科技馆体系［N］．科技日报，2018-09-14（6）．

[3] 苏青．中国的科技馆事业先行者——中国科技馆30年发展历程与启示［M］//殷浩．中国现代科技馆体系发展报告．北京：社会科学文献出版社，2019：20-25．

[4] 刘怡．"迈向2035"——科技馆事业发展研讨会暨第十次科技馆理论研讨会在中国科技馆召开［J］．自然博物馆研究，2018（3）：76．

[5] 操秀英．在祖国的每个角落播撒科学的种子——中国特色现代科技馆体系初步建成［N］．科技日报，2018-9-14（6）．

[6] 中国新闻网．中国已建947所农村中学科技馆 服务公众逾452万人次［EB/OL］．（2020-09-09）［2020-11-20］．https://baijiahao.baidu.com/s?id=1677361597475998591&wfr=spider&for=pc．

[7] 丁晓平．试析科技馆的科普供给机制与市场经营［J］．科协论坛（上半月），2009（6）：33-34．

[8] 尹凯．"从物到人"：一种博物馆观念的反思［J］．博物院，2017（5）：6-11．

[9] 评论员．大力弘扬科学家精神——论学习贯彻习近平总书记在科学家座谈会上重要讲话［N］．人民日报，2020-09-15（01）．

作者单位：章梅芳，北京科技大学
岳丽媛，北京科技大学

10 新形势下中国特色科技馆体系创新升级对策研究（二）

◇蔡文东　马宇罡　刘玉花　谌璐琳　王美力　刘　琦　龙金晶
　陈　健　任贺春　常　娟

【摘　要】本文通过文献研究、实地调研、线上调研、专家访谈等方法，结合统计数据，系统总结中国特色科技馆体系取得的成就和建设经验，深刻剖析存在的主要问题，在分析宏观形势、国外科技馆发展趋势的基础上，根据党和国家对科普工作的新要求，提出"十四五"期间中国特色科技馆体系创新升级的发展目标、重点举措和重大项目。四个重点举措是：推进科技馆体系基础设施工程、推进科技馆体系能力提升工程、推进科技馆体系融合发展工程、推进科技馆体系社会协同工程。三项重大项目是：中小科技馆科普展教资源支持项目、流动科技馆创新升级项目、科技馆体系"智慧+"项目。希望科技馆体系通过创新升级，为实现中华民族伟大复兴的中国梦做出应有的贡献。

【关键词】科技馆体系　创新升级　对策研究

一、绪论

2012年11月，党的十八大提出"完善公共文化服务体系，提高服务效能，促进基本公共服务均等化"。据此，中国科协针对我国公共科普资源供应不足、地区分布不均衡的问题，提出建设中国特色现代科技馆体系（以下简称"科技馆体系"）：在有条件的地方兴建实体科技馆；在尚不具备条件的地方，在县域主要组织开展流动科技馆巡展，在乡镇及边远地区开展科普大篷车活动，配置农村中学科技馆；开发基于互联网的数字科技馆网站，一方面为网民提供体验式的科技馆服务，另一方面集成科普资源，服务于基层科普机构和科普组织。在科技馆体系各成分中，实体科技馆是龙头和依托，通过增强和整合科普资源研发、集散、服务能力，统筹流动科技馆、科普大篷车、农村中学科技馆、数字科技馆的建设与发展，并通过提供资源和技术服务，辐射带动其他基层公共科普服务设施和社会机构科普工作的发展，使公共科普服务覆盖全国各地区、各阶层人群[1]。

中国科协提出的建议得到党中央和国务院领导的重视和支持，科技馆体系从2013年起进入实施阶段。

科技馆体系自建设以来，发展态势良好，成效显著，缓解了全国科技馆地区间分布不均衡的矛盾，使得公共科普服务惠及更为广泛的城乡居民，推动了公共科普服务的公平普惠。但与此同时，科技馆体系建设依然存在着发展不平衡不充分、发展质量和水平有待进一步提高等问题，一定程度上影响了科技馆体系科普服务效能的充分发挥。"十四五"期间（2021—2025年），正值"两个一百年"奋斗目标的历史交汇期，同时国际环境日趋复杂，不稳定性和不确定性明显增加，新冠肺炎疫情影响广泛深远，世界进入动荡变革期。我国强调了科技自主创新的重要性，这需要进一步提高公民的科学素质，在全社会营造良好的创新氛围，因此科技馆体系面临创新升级的迫切需求，亟须总结提升、创新理念。

本文通过文献研究、实地调研、线上调研、专家访谈等方法，结合统计数据，系统总结科技馆体系取得的成就和建设经验，深刻剖析存在的主要问题，在分析宏观形势、国外科技馆发展趋势的基础上，根据党和国家对科普工作的新要求，提出"十四五"期间科技馆体系的发展目标、四个重点举措和三项重大项目，旨在推动科技馆体系创新升级，为实现中华民族伟大复兴的中国梦做出应有的贡献。

二、"十三五"期间中国特色科技馆体系的成就、经验及问题

科技馆体系自建设以来，发展迅速，成效显著，使得科普公共服务的覆盖范围不断扩大，服务公众数量不断增加，服务质量水平不断提高，各地在实际工作中开创并积累了许多成功的做法和经验，但同时也存在一些问题与不足，需要改进。

（一）取得的成就[①]

"十三五"期间，科技馆体系建设总体态势良好，实体科技馆、流动科技馆、科普大篷车、农村中学科技馆和数字科技馆建设发展不断提速，科普资源开发、共享与服务能力逐步增强，服务覆盖范围显著扩大，实体科技馆、流动科技馆、科普大篷车、农村中学科技馆服务公众总数超过4.6亿人次[②]，中国数字科技馆总用户超1000万，为提升全民科学素质、助力国家脱贫攻坚重大任务做出了应有的贡献。

1.实体科技馆跨越式发展，科普服务能力显著提升

（1）科技馆数量迅速增长，夯实科普服务基础

至2019年年底，全国共有科技馆293座，其中从2016年年初到2019年年底的四年间，新增科技馆116座（"十二五"期间新增科技馆86座），占现有科技馆总数的39.6%；另有在建科技馆110余座。西部地区科技馆数量占全国科技馆数量的比例由2016年年初的25.4%上升为33.1%；中西部地区科技馆数量之和的占比也由2016年年初的54.8%上升为59.7%，全国科技馆地区性分布不均衡的局面进一步改善。

（2）科技馆服务能力显著提升，科普效益显著

科技馆接待观众的数量逐年增加（2020年除外）。2019年，全国293座科技馆馆内接待观众总数超过8103万人次，是2015年4600万人次的1.76倍，2016—2019年四年间服务公众累计达到26981万人次。2019年，全国已备案博物馆达5535家，接待观众12.27亿人次，博物馆馆均接待观众22.2万人次，科技馆馆均接待观众数达27.7万人次，比博物馆高出24.8%。科技馆已成为青少年最喜欢参观的场馆之一，科普效益显著。

（3）常设展览展品创新研发能力逐步提升，实现常展常新

各地科技馆更加注重常设展览策划和设计，展览以主题展开式、故事线、知

[①] 本部分的数据，如无特别说明，均由中国科技馆科研管理部、资源管理部、网络科普部以及中国科技馆发展基金会办公室提供。其中，实体科技馆的数据由科研管理部提供，流动科技馆和科普大篷车的数据由资源管理部提供，数字科技馆的数据由网络科普部提供，农村中学科技馆的数据由中国科技馆发展基金会办公室提供。

[②] 本研究成果完成于2020年12月，实体科技馆的数据截止时间为2019年年底，其余部分提及的"十三五"期间的数据，如果没有特别说明，均截至2020年10月底。另外，本研究成果的部分观点后来被《全民科学素质行动规划纲要（2021—2035年）》和相关论文采纳或引用，被《全民科学素质行动规划纲要（2021—2035年）》采纳的内容涉及馆校结合、标准化建设等。

识链、学科分类式等多种形式并存。新能源、航空航天、信息技术、生物工程等前沿科技展示内容和 VR、AR 等新技术的展示方式不断涌现，展品的互动性、启发性、创新性、特色化不断增强。同时，各地科技馆注重常设展览展品的更新改造，保持场馆常展常新。仅 2019 年一年间，完成常设展览更新改造的科技馆共计 71 座，约占科技馆总数的 1/4。

（4）短期展览数量增多，内容不断丰富，对公众的吸引力也不断提高

2019 年全国科技馆馆内展出短期展览共计 700 余个，展出 1026 次，接待观众 1961 万人次，与 2015 年展出 704 次、接待观众 1437 万人次相比，短期展览展出次数增加 45.7%，接待人数增加 36.5%。2019 年自主开发与合作开发的短期展览数量总计 366 个，占比 47.9%，引进国外优秀展览的数量逐步提升。同时，结合时事热点开发短期展览，增强了科技馆对公众的吸引力和影响力。2020 年，全国科技馆结合新冠肺炎疫情防控开发短期展览，做好公众应急科普工作，如中国科技馆开发的"大医精诚　无问西东"主题展览，广东科学中心开发的"战疫——抗击新冠病毒"展览等。

（5）科学教育活动形式持续创新，活动范围不断扩大

各级各地科技馆对科学教育活动的开发与实施愈发重视，教育活动的数量、类型明显增多。教育活动范围坚持馆内和馆外相结合、线上与线下相结合。仅 2019 年，在馆内举办教育活动的次数达到 14.1 万次，服务总人次达到 1628 万人次，教育活动开发数达到 7503 项，与 2015 年的举办活动 3.85 万次、服务总人次 299 万人次相比，分别增长 266.2%、444.5%。2019 年，在馆外举办教育活动 1.3 万次，服务总人次达到 801 万人次。在教育活动的形式、内容、手段、资源等方面主动创新求变，强调教育活动的互动性、针对性、系列性，有效融合各类社会科普阵地资源，注重增强科学教育活动的效果，探索将科技馆打造为科普教育资源汇集平台。

（6）在科技馆体系中的龙头作用不断增强，充分发挥引领示范作用[①]

众多省级科技馆勇挑重担，统筹本省流动科技馆、科普大篷车的运行与发展。例如，黑龙江省科技馆"十三五"期间面向本省具备巡展条件的 50 个县（市），

---

① 素材和数据来源：2020 年 7 月，中国科协科普部下发《关于报送中国特色现代科技馆体系"十四五"发展规划编制有关材料的函》，各省、自治区、直辖市科协，新疆生产建设兵团科协根据该函于 2020 年 11 月底前报送的相关材料和数据。

持续开展流动科技馆巡展工作，共接待本省公众430余万人次，巡展地区中小学生参观率达到99%，巡展总行程30000多千米，展出面积累计32000多平方米，播放特效电影20000余场，并开展赠送科普展览、知识问答、有奖征文、绘画和摄影作品展评活动。举办科普大篷车进大集、进学校、走村屯活动250余次，有效支援了该省科普设施薄弱地区的科普事业发展。安徽省的流动科技馆由省科技馆牵头，合肥市科技馆、芜湖市科技馆、蚌埠市科技馆分别负责本区域的流动科技馆的运行和管理。

2. 流动科普设施开拓发展，服务覆盖范围逐步扩大

（1）聚焦基层，促进公共科普服务公平普惠程度快速提升

"十三五"期间，流动科技馆项目的财政经费投入稳步增长，中央财政经费投入总计3.56亿，比"十二五"期间增长20%，共配发流动科技馆展览资源281套；服务全国基层公众人数大幅提升，服务公众人数8938万人次，是"十二五"期间的1.9倍。服务基层县市数量显著增长，2016—2020年共巡展2823站，服务站点数为"十二五"时期的2.4倍。巡展效率和速度大幅提升。2011—2016年，近6年时间完成第一轮全国县市巡展覆盖任务。2017—2020年，仅用三年时间即实现了第二轮巡展覆盖。流动科技馆项目实施近十年来，将优质科学教育资源送到了全国29个省1888个县市级区域的基层公众面前，有力推动了公共科普服务公平普惠。

"十三五"期间，继续加大科普大篷车的配发力度，配发数量657辆，项目累计为全国配发1727辆科普大篷车，形成覆盖乡村的科普服务网络。在近5年的时间里，科普大篷车项目累计行驶里程1460万千米，持续开展进乡镇、进村庄、进校园、进企业、进社区、进集市、进军营、进政府机关等活动，足迹遍及我国广大基层乡镇农村地区，服务对象覆盖农民、学生、留守儿童、乡镇和社区居民等不同人群，开展活动10.7万次，服务公众9276万人次，观众覆盖面、社会影响力与日俱增。

"十三五"期间，农村中学科技馆项目继续配置优质科普展品资源，共在全国28个省、自治区、直辖市和新疆生产建设兵团建设了940所农村中学科技馆，累计培训科技教师超过1800人次，直接服务公众超过362万人次。农村中学科技馆项目实施以来，有效推动科普资源下沉，助力中西部地区和农村地区学校科普基础设施建设不断完善，促进了我国科普资源的均衡化。

（2）精准发力，助力国家脱贫攻坚重大任务

"十三五"期间，流动科技馆项目针对我国科普建设水平区域差异，统筹兼顾、突出重点，资源配置向偏远地区、边疆地区、经济落后地区倾斜，向贫困县市倾斜，着力缓解中西部县市科普场所紧缺的矛盾，积极稳步推进精准扶贫、科技扶智相关工作。流动科技馆巡展已覆盖全国贫困县市574个，覆盖率达97%；共面向全国配备展览资源281套，其中，西部地区占50%。"十三五"期间，全国无实体科技馆覆盖的1696个县均由流动科技馆巡展提供科普服务。

"十三五"期间，共向全国204个贫困县配发科普大篷车204辆，大力助力精准扶贫工作，有效提高了农村地区的生产水平和生活质量，激发了脱贫内生动力，助力精准扶贫工作效果显著。充分发挥科普大篷车应对重大公共卫生事件、自然灾害、突发事件开展应急科普的能力，新冠肺炎疫情防控战役打响以来，科普大篷车持续面向广大农村、社区多角度、多手段地开展防疫科普工作，助守基层抗疫防线。

（3）流动科技馆推进"一带一路"国际巡展，构建"民心相通"桥梁

流动科技馆项目与"一带一路"倡议紧密结合，促进科普知识在中亚、东南亚等周边国家广泛传播，实现科普教育资源互惠共享，提升国际影响力。2018年开始，流动科技馆陆续赴缅甸、柬埔寨、俄罗斯开展国际巡展，带动和促进周边国家的科普教育发展和科普场馆建设，依托流动科普资源的合作共享，促进中国与周边邻国人民民心相通、互通互信，推动双方科学传播和科学教育事业的发展和共赢。

（4）科普大篷车社会化科普工作格局初见成效

从2017年起，科普大篷车开展社会化运行试点工作，每年持续扩大社会化运行范围，"十三五"期间累计配发社会化运行车辆21辆，覆盖全国9个省份，取得了较好的运行效果；以科普大篷车为平台，积极联合教育、文化、卫生、农业等部门开展联合行动，策划主题科普活动，扩大项目社会影响力。加强与企业合作，与互联网头部公司合作，开发主题式科普大篷车及弘扬科学家精神主题活动，调动社会力量参与科普大篷车工作。

（5）农村中学科技馆助力提高农村青少年科学素质

农村中学科技馆项目实施以来，不仅得到社会不同程度的关注和参与，更获得受助学校和当地群众的普遍欢迎和赞誉，为广大农村地区，特别是经济欠发达的边远地区、少数民族地区的青少年搭建体验科技魅力、享受科技乐趣的平台，

激发其对科学的兴趣和创新创造热情。同时，还带动了农村中学教育理念的革新和教学方式的转变，促进了农村青少年创新能力的培养和科学素质的提升。农村中学科技馆向周围居民开放的举措，也辐射了广大农村居民，助力提升其科学意识，培养其科学精神。

3. 数字科技馆蓬勃发展，资源量和影响力不断提升

（1）线上服务能力大幅提升，影响力不断扩大

"十三五"期间，中国数字科技馆总用户超1300万人；PC端注册用户增长了20万人，达到126.7万人；官方微博粉丝数增长约708万，达824万；微信粉丝数增长约117万，达127万；网站日均页面浏览量从260万增长到目前的364万，增长超40%；网站资源总量从8.6 TB增长至15.7 TB，增长83%。

（2）数字资源库建设初显成效，科普资源量稳步提升

建设中国数字科技馆精品栏目库。坚持以内容建设为中心，创作和集成了科普专题、音视频节目、互动游戏、VR和AR内容、漫画、电子周刊等形式多样的优质数字化科普内容，在此基础上，打造了一批精品栏目。

建设中国数字科技馆展览展品库。通过中国数字科技馆"展品荟萃"栏目集成各地科技馆、流动科技馆、科普大篷车、农村中学科技馆展品等数字化资源；建成"创新决胜未来"等优质短期展览的虚拟漫游系统；建成"做一天马可·波罗：发现丝绸之路的智慧"等主题线上展览。

建设优质移动端科普传播作品库。聚焦科技馆体系重大活动、社会热点事件、焦点问题等，持续创作图文类、H5类、微视频类原创科普作品，建立全媒体内容传播形态，依托新媒体矩阵扩大信息的影响力与传播度。

（3）搭建共建共享交流平台，服务手段不断创新

建设全国科技馆VR漫游系统，实现包括中国科技馆在内的全国115家科技馆、5800多个虚拟漫游场景的在线展示，总浏览量达到1993.9万人次，其中2020年2月以来新冠肺炎疫情期间的浏览量为1586.9万人次。

建设虚拟现实共建共享服务平台。截至2020年11月，可联网、可上报使用数据的标准化内容累计落地全国49家实体场馆及117家流动科技馆，累计运行超过22万次；移动端标准化内容累计落地全国20家实体场馆，落地内容613个。

提供面向行业协同发展的智慧共享服务。以中国数字科技馆为枢纽，统筹管理体系数万件展品，提升运行管理效能。

（二）主要经验[①]

"十三五"期间，科技馆体系建设进入快速发展阶段，取得的上述成就，离不开各级党委和政府以及社会的大力支持，离不开科协系统组织优势的充分发挥和各级科协、科技馆的开拓创新，各地在实际工作中开创并积累了许多成功的做法和经验。

1. 注重展教资源创新研发，开创科普供给侧改革新局面

近年来，各地科技馆愈发重视创新研发，着力改善展览展品同质化现象，在常设展览改造、短期展览策划、教育活动开发方面推陈出新，建立流动科技馆首台（套）展品研制制度，每年更新丰富展览内容，以用户需求为导向，着力开展科普供给侧改革。例如，重庆科技馆先后举办"奇异的材料""海洋权益与军事展"等22个专题科普展览，接待观众270余万人次，自主策划的"超级病毒——科学防疫主题科普展"及时开展，助力打赢疫情防控战；黑龙江省科技馆以流动科技馆展品为基础，开发出"小球旅行记""机器人——人类的朋友"等特色教育活动，将科技馆的趣味科学实验和科学表演融入巡展中，增强展览的互动性和趣味性；江西省通过设计制作流动馆巡展图书、导览手册等方式，让青少年带着问题有目的地去观看、体验，加深观众对流动馆展品的理解，丰富的内容和展示形式大大提升了流动巡展的展示效果。

2. 促进区域协同创新发展，构建科普资源共建共享新模式

"十三五"期间，科技馆资源集成与共享进一步深化，各地各级科技馆逐步拥抱社会各方力量开展科普工作，在平台汇聚、资源共享方面做出努力。例如京津冀科学教育馆联盟整合凝聚区域内的科技馆、专业场馆和科研院所、高等院校、企事业单位等，联合举办科普资源推介会、"科学达人秀"等活动，评选、资助优秀科普作品，合作研制展品，开发科普主题研学线路，推动科普场馆资源多渠道、多方位互动交流，促进公益性科普事业与经营性科普产业有序协调发展。长三角科普场馆联盟在教育、研究、馆藏、展示等方面开展广泛合作，成功举办了馆长论坛、科普临展、人员交流、项目合作等有影响力的活动。广东省成立粤港澳大湾区科技

[①] 素材和数据来源：2020年7月，中国科协科普部下发《关于报送中国特色现代科技馆体系"十四五"发展规划编制有关材料的函》，各省、自治区、直辖市科协，新疆生产建设兵团科协根据该函于2020年11月底前报送的相关材料和数据。

馆联盟，成功举办粤港澳青少年研学活动、"科学秀"会演、理论研讨会等活动，服务大湾区建设的科普力量不断凝聚起来。福建省科技馆带头整合社会优质科普资源，目前已成立9家省科技馆分馆，促进不同学科领域的深度合作，将具有代表性的专业科普场馆纳入科技馆体系。福州市、莆田市、南平市等设区市也纷纷跟进，成立市级科技馆分馆，逐步构建多层次、"综合+专业"的科技馆建设模式。

3. 创新管理方式，运行效率与服务水平再上新台阶

2018年，中国流动科技馆开始探索区域常态化巡展模式，尝试以地级市作为独立的巡展区域，进一步激活基层科普场馆基础设施的活力，真正实现了展览资源在基层"活"起来、"动"起来、"转"起来，取得了很好的试点效果。科普大篷车实施特别配发制度，为工作开展较好的省份特别配发资源；重点建设北斗动态管理系统，对配发车辆进行远程管理和动态监测，为评价工作提供依据。2020年，宁夏回族自治区将"宁夏农村中学科技馆可持续发展"项目列入政府预算，给予全区农村中学科技馆支持发展资金825万元；教育部门、人社厅提供了人力、政策方面保障。宁夏回族自治区已建成88所农村中学科技馆，其中在贫困地区建设76所，率先在全国实现了本地贫困地区农村中学科技馆的全覆盖。四川省流动科技馆通过购买服务的方式，委托社会企业进行布撤展和维修服务，提升了服务质量。

（三）存在的主要问题

科技馆体系虽然取得了显著的成绩，总结出一系列经验，但还存在一些问题：尚未建立起一套与之相适应、适合我国国情的科技馆体系统筹协调机制，科技馆的数量与质量不能满足人民群众的科普需求，科普资源同质化现象依然存在，科学精神传播力度也有待加强。

1. 统筹协调机制有待完善

科技馆体系内部尚未形成一个高效的统筹发展、协同增效、资源共享的有机整体，政策法规、公共科普服务经费、从业人员队伍建设等保障条件有待加强。同时，社会化工作机制有待完善，没有充分调动、挖掘和整合社会力量促进体系资源集成与创新，开展科普工作的主体和手段较为单一，内容和形式较为局限，发展活力不足。

2. 科技馆数量不足，中小科技馆科普能力亟待提高

截至2019年年底，我国实体科技馆达到293座，平均约每483万人才拥有

一座科技馆。众多省市科协反映当地科技馆数量不足，我国众多适宜建设科技馆的城市还没有科技馆，不能满足当地居民就近参观科技馆的需求。同时，已经建成开放的许多中小科技馆，受财力资源、人力资源、科普资源等诸多因素的限制，科普功能的发挥效果还不甚理想。

3. 科普资源同质化现象依然存在

公众对于科普资源的需求日益增长，但科技馆自身和展览展品相关企业创新能力不足，展览展品模仿比重偏高，同质化现象仍然存在，各馆的特色不突出，在流动科技馆、科普大篷车、农村中学科技馆也存在类似的现象。受限于专业人才的缺乏，常设展览和短期展览集成创新多、自主研发不足，展览展品更新的内容和频率落后于国家标准要求、科技发展步伐和公众日益增长的科普需求。

4. 科学精神传播力度有待加强

展览侧重普及科学知识，而对科学方法、科学思想、科学精神的弘扬和传播力度不足、方法有限、效果欠佳。目前国内许多科技馆缺乏对科学传播理论和实践的深层次研究与总结；仅追求观众参观数量和观众对展品的喜爱程度，而对实际教育效果重视不足；展览展品设置和教育活动仍停留在简单地表达展品的科学原理与知识，而忽视引导观众进入观察、探索、思考的过程和对科学方法、科学思想、科学精神的启迪，对科学精神的传播力度有待加强、传播方法有待改进。

5. 人才培训体系不健全

缺乏面向在职人员并针对不同专业、不同岗位、不同层次的系统性培训，导致人才的创新能力和可持续发展能力不足。对科技馆工作人员的培训组织体系不健全，缺少专门针对科技馆专业人才的培训；培训工作都是围绕着具体的政策、活动任务而开展，培训内容之间没有连续性；培训时间也不固定，各单位都按自己情况来开展培训，表现出培训的组织工作比较松散和不连贯。现有的培训大多是自发的、零散的和随意性较强的培训，缺乏有效性和针对性，更未着眼于科技馆急需或重点人才的核心需求，核心业务培训的欠缺直接影响科技馆专业人才的核心竞争力。

三、科技馆体系面临的形势和变化

当今社会，科技进步日新月异，社会经济发展变化迅速，国际环境日趋复杂，这对科技馆体系建设提出了新要求。"十四五"期间，科技馆体系将面临目标人群、理念内涵、资源建设主体等方面的变化。

（一）科技馆体系面临的形势

对科技馆体系创新升级对策进行研究，离不开对国内外形势的分析。

1. 宏观形势分析

从国际看，当今世界正经历百年未有之大变局，新一轮科技革命和产业变革深入发展。同时，国际环境日趋复杂，不稳定性不确定性明显增加，新冠肺炎疫情影响广泛深远，经济全球化遭遇逆流，国际经济政治格局复杂多变，世界进入动荡变革期。从国内看，我国已转向高质量发展阶段，继续发展具有多方面优势和条件。同时，我国发展不平衡不充分问题仍然突出，特别是创新能力不适应高质量发展要求，关键核心技术受制于人的局面没有得到根本性改变，多个领域存在"卡脖子"问题，在科技发展面临的外部打压和遏制加剧的形势下，亟待加快自主创新步伐[2]。

"十四五"时期是我国全面建成小康社会、实现第一个百年奋斗目标之后，乘势而上开启全面建设社会主义现代化国家新征程、向第二个百年奋斗目标进军的第一个五年。经济社会发展将坚定不移贯彻创新、协调、绿色、开放、共享的新发展理念，以推动高质量发展为主题，加快构建以国内大循环为主体、国内国际双循环相互促进的新发展格局。创新处于我国现代化建设全局中的核心地位，科技自立自强成为国家发展的战略支撑。文化事业和文化产业进一步繁荣发展，人民思想道德素质、科学文化素质和身心健康素质明显提高。终身学习体系得以完善，正在加快建设学习型社会。

经济、社会、科技、文化、教育等领域的深刻变革和新的形势，要求科技馆体系建设准确识变、积极应变、主动求变，在中华民族伟大复兴进程中做出应有的贡献。

2. 党的十九届五中全会提出的新要求

党的十九届五中全会明确了"十四五"时期及面向 2035 年的新发展理念、新发展格局和新发展主题。党的十九届五中全会审议通过的《中共中央关于制定国民经济和社会发展第十四个五年规划和二〇三五年远景目标的建议》提出，"弘扬科学精神和工匠精神，加强科普工作，营造崇尚创新的社会氛围""坚持创新驱动发展",将"人民思想道德素质、科学文化素质和身心健康素质明显提高,公共文化服务体系和文化产业体系更加健全"作为我国"十四五"发展的主要目标之一,这些理念、思路和目标为科技馆体系的变革和创新提供了重要动力和指引。

根据新的要求,以及为了深入贯彻习近平总书记"科技创新、科学普及是实现创新发展的两翼,要把科学普及放在与科技创新同等重要的位置""坚持面向世界科技前沿、面向经济主战场、面向国家重大需求、面向人民生命健康""大力弘扬科学家精神""好奇心是人的天性,对科学兴趣的引导和培养要从娃娃抓起,使他们更多了解科学知识,掌握科学方法,形成一大批具备科学家潜质的青少年群体"等重要指示精神,科技馆体系必须紧紧围绕党和国家工作大局,明确自身定位,坚持守正创新,注重社会协同,用改革求进步,以创新促发展。

(二)科技馆体系面临的变化

基于当前国际、国内形势变化,及科技馆体系面临的新要求,"十四五"期间科技馆体系也将面临新变化。

1.目标人群之变

党的十九届五中全会提出"完善终身学习体系,建设学习型社会",在这一大背景下,伴随着社会人口结构的显著变化,科技馆面临着从以服务未成年人为主到服务全年龄段公众的变化。科技馆的社会功能不断扩展,在经济社会发展中起着越来越重要的作用,这一点从近年来的科技馆研学热中可见一斑。习近平总书记曾说"博物馆就是一所大学校",其实,科技馆也是一所大学校,在科学文化方面发挥着不可替代的教化公众的社会功用。过去科技馆多集中于大中城市,在公平普惠共享方面做得不够充分。今后要以开放性和包容性原则为指导,保证全民在科技馆的教育权利和学习权利,特别是要充分满足经济欠发达地区、边远地区公众的科普需求,促进科技馆公共科普服务均衡发展。

2.理念内涵之变

科技馆的发展理念发生了变化。在过去,科技馆的使命一直是"四科"(普及科学知识、倡导科学方法、传播科学思想、弘扬科学精神),将普及科学知识置于首位。虽然科普工作者认同"科学精神、科学思想、科学方法"很重要,但实践做得不够。新时期科普工作要将"价值引领"放到头等重要的位置,让科学精神和科学家精神在公众心里扎根。当下公众了解科学知识的渠道非常丰富，科技馆的主要作用之一应转变为涵养科技创新土壤，保护、激发公众的好奇心和想象力，培育有科技创新潜质的青少年，激发他们的科学兴趣和创造力。

3. 资源建设主体之变

党的十九届五中全会提出"把科技自立自强作为国家发展的战略支撑"，科技馆作为科普资源建设主体，也要努力争取以自主创新为主。

在常设展览改造和短期展览研发等方面，需要改变部分科技馆对于科普企业的过度依赖。目前，流动科普资源开发主要由科技馆主导，发动社会力量参与力度不够，对社会已有优质科普资源的集成不够，导致其科普内容局限性较大，学科单一，更新迭代较慢。需要转变为"跨界合作、社会参与、市场运作"的思路，建立吸引社会力量参与研发的激励机制，以公开招标、联合研制、课题研究等多种方式开发多学科主题的科普内容，促进内容快速迭代，以适应基层公众的新需求。

科技馆要与众多教育和娱乐方式争夺公众的时间和注意力，数字化科普资源开发应该成为科技馆信息化转型的重要支撑，这就要求其开发主体应该以科技馆为主。同时，科技馆要开门办馆，主动与互联网头部企业交互融通，不断推出公众喜闻乐见的具有科技馆特色的数字科普内容与资源。

四、"十四五"期间中国特色科技馆体系的发展目标、重点举措和重大项目

"十四五"期间，科技馆体系将履行新使命，实现新发展。本文结合当前科技馆体系建设的新形势与新变化，提出科技馆体系的发展目标、重点举措和重大项目，以推动科技馆体系创新升级。

（一）发展目标

到2025年，科技馆体系开放、协同、联动、共享的科普生态格局初步形成，科技馆体系的信息化建设、规范化发展、社会化运行、国际化合作水平显著提高，服务范围进一步扩大，服务功能进一步提升；科技馆将被打造成为科学家精神教育基地、前沿科技体验基地、公共安全健康教育基地和科学教育资源汇集平台，

为未成年人、老年人、农民、产业工人、领导干部和公务人员等提供高质量科普服务。

1. 基础设施建设能力和利用率显著提升

实体科技馆建设更加因地制宜，科普主体更加多元。流动科普设施和农村中学科技馆的建设、管理、运行水平以及资源配置效率显著提升，乡镇地区覆盖率和利用率大幅提升。数字科技馆平台建设更具精准性、可及性、有效性。

2. 科普服务能力进一步增强

展览教育资源研发、学术研究、科技资源科普化和应急科普的能力不断提升，科普志愿服务蔚然成风。

3. 科技馆体系融合发展效果显著

依托中国数字科技馆建设科技馆体系的信息枢纽、数据中心和管理平台。科技馆在科技馆体系中的核心地位和基础性作用进一步加强。在国家层面，科技馆体系做好顶层设计、平台搭建和统筹协调，资源共建共享、人员交流、信息互通的全域科普格局得以确立；在省科协指导下，省级科技馆牵头承担各省域科技馆体系发展任务；市级和县级科技馆协调发展；区域科普联盟因地制宜推动协同创新。中小科技馆得到重点扶持，科技馆体系短板得以补足。

（二）重点举措

为推动科技馆体系创新发展，结合发展形势分析，聚焦科技馆体系发展的突出问题和薄弱环节，立足当前、着眼长远，本文认为在"十四五"期间采取的重点举措主要是推进四大工程：科技馆体系基础设施建设工程、科技馆体系能力提升工程、科技馆体系融合发展工程、科技馆体系社会协同工程。

1. 推进科技馆体系基础设施建设工程

（1）加快实体科技馆建设，推动分区分类均衡发展

精准施策，优化实体科技馆结构布局。分区分类加快推进科技馆建设，推动地级市区域内至少建成一座科技馆，有条件的县级区域因地制宜建设科技馆。加大对欠发达地区和基层科技馆的扶持力度，进一步提升科技馆的覆盖率和利用率，促进科技馆的区域分布均衡。

（2）优化流动科技馆巡展模式，扩大巡展覆盖面

强化流动科技馆项目管理，促进运行模式创新升级，激发项目发展内生动

力。建立健全流动科技馆项目管理制度和管理体系、绩效评价及激励制度，探索建立积分管理、工作通报及经验交流制度，激发各省、自治区参与流动科技馆工作的积极性。探索新的运行模式和机制，扩大区域换展的覆盖范围，实施资源共建共享，提升资源利用效率。通过信息化手段提升项目管理效率和服务水平。建立流动科普品牌标识，强化知识产权保护，打造流动科技馆品牌新形象。

"十四五"期间，流动科技馆年展览配发量不少于35套；五年总计巡展不少于2500站，服务公众不少于7500万人次；集成开发新展览不少于20套。

（3）完善科普大篷车运行机制，提高运行效能

坚持公平普惠，以市级科协为主要配发对象和运行主体，建立根据运行效果、资源种类等进行配套比例动态调整的新配发机制。鼓励有条件的单位通过购买服务的方式开展社会化运行，引导经费和人员不足的运行单位引入社会资源开展活动。加强制度建设，加快完善科普大篷车项目信息化平台和北斗动态管理平台。

"十四五"期间，科普大篷车累计配发、更新车辆不少于300辆，累计更新车载资源不少于200套，年服务公众不少于1500万人次。

（4）加强中国数字科技馆内容建设，推动平台转型升级

立足科学教育，将中国数字科技馆打造成权威科学教育网络平台。推动数字化科普的供给侧改革，加强原创内容和精品栏目建设。充分利用直播和远程交互技术，发挥多会场、多场馆联动的组织优势，办好品牌活动。分类建设网络科普资源包，提高资源的复用性和易用性。

（5）加强农村中学科技馆建设，提升资源配置和示范性水平

推动资源优化配置，着重向革命老区、少数民族地区、边疆地区、经济欠发达地区倾斜。加大农村中学科技馆样板间建设力度。完善社会捐赠机制，建立稳定的社会捐赠渠道。与农村公共文化服务平台对接，开展资源整合和推广。通过购买服务、公益服务和捐赠等机制，为农村中学科技馆提供适配的可协作资源。

"十四五"期间，农村中学科技馆计划新建400所。对2020年以前（含2020年）建设的农村中学科技馆进行升级改造，五年计划完成200所。

2.推进科技馆体系能力提升工程

（1）建设科学家精神教育基地，突出价值引领

加强科学家精神宣传内容建设。以"时代楷模""最美科技工作者""大国工匠"等项目为抓手，与相关部委合作，联合开发科普资源。加强科学家精神宣传推广。联合宣传、科技、教育、文旅等部门，对接新时代文明实践中心和党群服务中心，推动科学家精神进社区、进校园、进乡村，打造融媒体宣传阵地，全方位、多渠道弘扬科学家精神。结合全国科技工作者日、全国科普日、全国科技活动周等重要节事活动，开展弘扬科学家精神主题活动，将常态化宣传和短期重点宣传相结合。

（2）建设前沿科技体验基地，推动科技资源科普化

加强国家重大科技项目科普开发力度。围绕面向科技前沿、面向经济主战场、面向国家重大需求、面向人民生命健康等重大科技成果，聚焦人工智能、量子信息、生命健康、脑科学、生物育种、空间科技、深地深海等前沿领域，开发多种形式的科普资源，及时普及重大科技成果。鼓励、支持和指导高校、科研机构、企业等利用科技资源开展科普工作、开发科普资源，拓展科技基础设施科普功能，推动有条件开放的科研机构面向社会定期开放。

（3）建设公共安全健康教育基地，提升应急科普能力

加强自然灾害、事故灾害、公共卫生事件等公共安全健康相关的科普资源建设。鼓励有条件的地区建立公共安全健康专题科技馆，或设立公共安全健康展区，开展日常教育活动[3]。联合消防、气象、安全、食品、卫生等部门，共同研发多种形式的科普资源，依托爱国卫生运动、安全生产月、防灾减灾日、食品安全宣传周以及全国科普日等节事活动，共同开展主题教育活动。

（4）建设科学教育资源汇集平台，强化资源融通共享

在有条件的地区，引导科普资源研发能力较强的科技馆联合相关机构建立科学教育资源研发基地，加强科学教育方法研究，与高校、科研院所、企业、社会机构等联合开发展览展品、教育活动及其资源包、数字化科普资源、文创产品等，形成多主题、模块化、菜单式的科学教育资源库[3]。

以科学教育资源研发基地为依托，建设科学教育资源汇聚平台，促进全社会科学教育资源的整合、交流、共享，搭建学校、家庭、社会与个人科学教育的融通渠道。科技馆联合中小学校、博物馆、科普基地等科普设施广泛开展各类科学

教育活动。设立科技馆体系科学教育资源开发相关的国内外赛事，举办全国科技馆展览展品大赛、国际科普作品大赛、全国科技馆辅导员大赛等，促进科学教育资源研发能力提升和专业人才培养。

（5）加强规范化和标准化建设，促进全方位提质增效

建立健全科技馆体系建设和管理的各项规范和标准。推动构建科技馆体系国家标准、行业标准、地方标准、团体标准和企业标准的多维标准体系，以"急用先立、重要先立、上层先立"为指导原则，分级分类制定科技馆体系基础通用标准、资源建设标准、服务标准、评价标准等。设立标准编制专项，开展标准的预研和修订。

（6）加强人才培训，提升科普人员服务能力

与各地组织人事部门、编制委员会办公室等相关部门密切沟通，实施科技馆体系人才培养培训工程，促进形成总量快速发展、质量不断提升、结构日趋合理的科技馆体系人才发展态势。加强与高校和专门机构合作，联合培养科普人才，开展专业人才的继续教育。加强从业人员学术能力建设，开展科技馆理论、国际科技馆发展、科技馆建设与管理、科技馆标准化等研究，促进科技馆体系整体服务能力和水平的提升。

（7）推动科技馆体系科普志愿服务建设，构建科普工作新格局

完善科普志愿服务组织机制，构建科普志愿服务体系。联合全国及地方学会、社会组织、学校建立志愿服务队，形成科普志愿服务的基本组织框架，发挥枢纽型组织作用。进一步完善小志愿者服务项目，积极发挥中学生、大学生志愿者的作用，全面整合和逐级下沉已有科普志愿服务项目，因地制宜创新推进，着力打造全国性重点项目，引导地方开展特色项目。建立分层、分类的科普志愿服务项目，形成馆内馆外、线上线下、科学专业的志愿服务项目体系。积极引导参与国际志愿项目的交流合作，助力"智惠行动"科技志愿服务项目。

3. 推进科技馆体系融合发展工程

（1）建立馆际资源互通共享机制，提升科技馆体系运营和服务水平

充分运用互联网思维和技术手段，搭建"科技馆体系综合服务系统"。实现科技馆体系与社会机构及个人间的沟通协作，提升科技馆体系资源整合和服务能力，推动实现科技馆体系的智能化管理和对公众的个性化服务。依托中国数字科技馆，集成整合科技馆体系各部分优质科普资源，在科技馆体系内循环并持续输出，实

现资源共建共享。建设科技馆体系数据中心和管理平台，及时、量化地了解各地运行情况，提升科技馆体系统筹能力。

（2）促进省级（域）科技馆体系创新升级，形成体系发展合力

支持省级（域）科技馆在省科协指导下承担所在省域科技馆体系建设发展的职责和任务。结合当地经济、社会、资源现状和未来发展规划，因地制宜构建当地科技馆体系组织架构和运行模式。统筹协调实体科技馆、流动科普设施、数字科技馆及基层科普设施等协同建设和运行，形成科技馆体系的发展合力。

（3）推动建立区域科普联盟，促进科技馆体系协同创新

积极响应国家区域化发展战略，由各区域省级科技馆牵头，整合科技馆体系的区域发展力量，成立区域科技馆体系联盟，与博物馆等相关机构合作开发科普展览，共享展览教育资源，促进行业内及跨行业的交流。积极发挥中国自然科学博物馆学会科技馆专业委员会、科普场馆特效影院专业委员会以及公众科学素质促进联盟、长三角区域科普联盟、粤港澳大湾区科普场馆联盟、京津冀科学教育馆联盟等相关社会组织的示范带动作用，促进科技馆体系科普资源融合与协同创新。鼓励在有条件的地方，探索适合科技馆体系创新升级的总分馆制建设和运行模式，以省级或地市级科技馆为总馆，以所辖市、区、县科技馆为分馆，同时吸纳科研院所、高校和企事业单位的科普场馆、科普设施等作为特色分馆，推动科技馆体系特色化、协同化发展。

（4）重点扶持中小科技馆发展，保障科技馆体系建设协同推进

加大对中小科技馆发展的扶持力度和政策支持，设立科技馆发展专项支持计划项目。由省级科技馆主导，重点面向中小科技馆提供优质科普资源，强化科技馆体系的"神经末梢"和"毛细血管网络"。

4. 推进科技馆体系社会协同工程

（1）推动科技馆体系社会化协同

与图书馆、博物馆等公共文化服务体系相关单位建立长效合作机制。支持各地科技馆与各级图书馆签署战略协议，推动实体科技馆、流动科技馆等展览教育资源和数字科普资源走进图书馆[3]，"十四五"期间覆盖不少于200家县级公共图书馆。联合博物馆打造优质展览教育资源，开展藏品教育活动开发、展览互换、人员交流培训等合作。与教育主管部门协商建立科技馆体系与中小学科学教育协同发展新机制。建立"馆校结合"长效机制，与中小学校共建"馆校合

作基地校",对标学校课程标准,推动优质科普资源、活动、项目进校园、进课堂。[3]

(2)推动科技馆体系面向全社会开放共享

建立以中国科协为主导、社会参与、全民动员、开放共享的公共科普服务平台。支持高校、科研院所、企业、社会组织、个人等利用科技馆体系资源和平台合规地发布科普内容、开展科普服务。在短期展览、科技培训、特效电影、科普文创等非基本公共服务方面,有条件的地区可探索适当、有效的社会化运行、市场化竞争机制[3]。

(3)加强科技馆体系国际化建设,推动建立常态化国际交流合作机制

加强与国际组织、场馆和企业的交流与合作。积极参与和承担相关国际组织的活动和工作,并争取发挥作用,增强国际话语权。依托中国自然科学博物馆学会及其科技馆专业委员会、中国科技馆发展基金会以及地方社会组织等开展行业培训和国际学术交流活动,促进国内外科技馆从业人员在展教资源建设、传播和普及等方面的交流和能力提升。深入推进流动科技馆"一带一路"国际巡展,扩大巡展范围,探索与"一带一路"沿线国家开展长期合作的有效机制,实现常态化巡展。探索与世界一流展览展品企业开展合作,学习借鉴其研发技术及巡展经验,提高自身实力。

(三)重大项目

建议中国科协在"十四五"期间实施如下重大项目,推动科普工作高质量发展。

1. 中小科技馆科普展教资源支持项目

加大对中小科技馆发展的扶持力度和政策支持,设立科技馆发展专项支持计划项目。由省级科技馆主导,重点面向中小科技馆和县级科技馆,提供科技馆常设展览更新改造、短期展览巡回展出、信息化建设等方面的支持,以及教育活动课程、科普影视作品等资源。通过捐赠、共建、集成等方式,解决中小科技馆展教资源匮乏陈旧、无力更新等问题,增强中小科技馆科普服务能力。

2. 流动科技馆创新升级项目

(1)建设流动科技馆"1+X"展览资源体系

建立流动科技馆"1+X"展览资源体系,打造系列化、模块化、多样化、菜

单式的展览资源库储备，满足不同地区、不同巡展模式的多样性需求，满足社区科普、新时代文明实践中心、党群活动中心建设等多元化需要。

（2）推广流动科技馆区域换展项目

全面总结试点模式和经验，完善项目管理制度，调动各省实施区域换展项目的积极性，扩大覆盖面和服务范围。以地市级科技馆为主体，以流动科技馆的展览资源共建共享为依托，由中央、省、市、县按一定比例出资配置资源，在一定区域范围内的临近县市定期轮换不同主题的展览，以此模式促进多方联动，使优质科普资源下沉基层，辐射带动县域科普设施建设和服务能力提升，有效弥补体系建设中的薄弱环节。

3. 科技馆体系"智慧+"项目

推动科技馆体系信息化建设，提升资源整合和服务能力。搭建"科技馆体系综合服务系统"，实现科技馆体系与社会机构及个人间的沟通协作。

一是推动实现智慧服务，应用信息技术创新科技馆体系的展示手段和服务方式，建设基于移动互联网的手机应用服务中心，为公众提供场景化、个性化、定制化的高质量科普服务。

二是推动实现智慧共享，集成整合科技馆体系各类优质科普资源，在科技馆体系内外循环并持续输出，实现资源共建共享。

三是推动实现智慧管理，建设科技馆体系数据中心和管理平台，及时、量化地掌握实体科技馆、流动科技馆、科普大篷车、农村中学科技馆的运行情况，通过数据统计、分析，为科技馆体系的建设、运营、决策和服务提供智慧化决策支持，提升科技馆体系的统筹、融合能力。

参考文献

[1] 朱幼文，齐欣，蔡文东. 建设中国现代科技馆体系　实现国家公共科普服务能力跨越式发展［M］// 程东红. 中国现代科技馆体系研究. 北京：中国科学技术出版社，2014：3-47.

[2] 韩正. 到二〇三五年基本实现社会主义现代化远景目标［M］// 本书编写组. 党的十九届五中全会《建议》学习辅导百问. 北京：党建读物出版社，学习出版社，2020：13.

[3] 齐欣，刘玉花，马宇罡，等. 新时代新挑战　新征程——中国现代科技馆体系可持续发展研究报告［M］// 殷皓. 中国现代科技馆体系发展报告 No.2. 北京：社会科学文献出版社，2021：16.

作者单位：蔡文东，中国科学技术馆

马宇罡，中国科学技术馆

刘玉花，中国科学技术馆

谌璐琳，中国科学技术馆

王美力，中国科学技术馆

刘　琦，中国科学技术馆

龙金晶，中国科学技术馆

陈　健，中国科学技术馆

任贺春，中国科学技术馆

常　娟，中国科学技术馆

11 新形势下青少年科技活动创新发展对策研究

◇李 维

【摘　要】　科技活动是青少年科技教育体系的一个组成部分，它是指学科课堂之外以实践为主的科技教育形式。青少年科技活动具有科普与教育的双重属性。创新驱动发展战略、信息化社会发展、经济全球化以及青少年科技教育发展的新形势为青少年科技活动的创新发展提供了新机遇，也使其面临着新挑战。科协组织开展青少年科技活动的现状，仍存在活动总量供给不足、形式单一、原创性弱、供给不平衡、青少年对科技活动的选择自主性有限、供给效率不高、缺少市场机制等问题。从青少年科技活动创新发展的国际经验和基本遵循出发，科协组织开展青少年科技活动应坚持服务平台引领的生态发展方向，坚持"众创、众包、众扶、众筹、分享"的活动资源观，坚持"名利权情"的青少年科技活动社会动员机制，坚持"精准供给"的青少年科技活动服务形式。在"十四五"时期，科协组织要转变工作理念，依据新形势下青少年科技活动创新的基本遵循，全面推进科协组织青少年科技活动供给侧的结构性改革；强化社会协同，广泛动员社会力量参与青少年科技活动相关工作，加快建立健全青少年科技教育领域标准，推动青少年科技活动规范化建设；发挥科协"一体两翼"的组织优势，全力搭好服务平台，全面提升科协各级各类组织的青少年科技活动服务水平；强化青少年科技活动项目的源头设计与开发，借助信息技术手段促进活动资源共建共享，做好立足地方和学校特色的青少年科技活动服务品牌建设；创新服务方式，在精准把握青少年科技活动需求侧的基础上实现精准供给，把优质的青少年科技活动资源有效导入基层。

【关键词】　青少年科技活动　科协组织　基本遵循　发展思路

当今世界，科技是第一生产力，人才是第一资源，科技创新是百年未有之大变局的关键变量。习近平总书记在 2016 年 5 月 30 日召开的全国科技创新大会、中国科学院第十八次院士大会和中国工程院第十三次院士大会、中国科学技术协会第九次全国代表大会（简称"科技三会"）上发表重要讲话强调："科技创新、科学普及是实现创新发展的两翼，要把科学普及放在与科技创新同等重要的位置。"

少年智则国智，少年强则国强。青少年是祖国的未来，科学的希望。国民科学素质提高的基础在青少年，面向青少年的科技教育是培养和提高国民科学素质的基本途径和基础工程。青少年科技教育分为正规教育和非正规教育两种类型。正规教育一般是指学校的基础教育和系统化教育，非正规教育一般是指学校以外的非基础性和非系统化的教育。当代科普属于非正规科技教育的一种形式，它既是学校科技教育的继续、延伸和必要补充，也是科协组织与生俱来的重要社会责任。随着社会的进步和科技教育事业的发展，当代科普已经进入学校的教育系统之中，成为与正规教育配合的不可缺少的重要教育内容。

我国正处在"十四五"时期开局的新形势下。立足新发展阶段、贯彻新发展理念、构建新发展格局、推动高质量发展，迫切要求科协组织充分发挥人才第一资源的作用，通过青少年科技活动的创新发展，充分发挥科技教育在青少年人群科学素质提升方面的重要作用。

一、青少年科技活动的概念界定

（一）青少年科技活动的内涵

科技活动是青少年科技教育体系的一部分，它的内涵是指学科课堂之外以实践为主的科技教育形式。青少年科技活动是青少年根据自己的爱好、特长、需要和精力，自愿选择参加的活动，是以小组、班级、学校或校外教育机构等为组织单位，围绕某一主题在课外活动、研究性学习或社会实践活动中开展的具有一定教育目的和科普意义的综合性、群体性科技活动。青少年科技活动一般可分为校内课外科技活动和校外科技活动[1]。

青少年科技活动为适龄青少年提供了一个培养科学兴趣、发展个性特长、拓宽视野、丰富知识以及开发创造力的广阔天地。科技活动为青少年创设了一个与"题海"作业完全不同的舞台，以此来激发青少年的求知欲和对科学的好奇心，让他们在自己动手和动脑的过程中获得知识，并融会贯通，使他们从基础教育时期就开始培养开拓精神和创新能力[2]。

校内课外科技活动包括第二课堂、科技兴趣小组、科技社团等形式，校外科技活动包括科技竞赛、科学调查、科普研学、科普展教活动等形式[3]。

（二）青少年科技活动的科普属性

科普本质上是面向公众的、大众化的科学活动。2002年颁布的《中华人民共和国科学技术普及法》将科普做了宽泛的描述，即国家和社会采取公众易于理解、接受和参与的方式，普及科学技术知识、倡导科学方法、传播科学思想、弘扬科学精神的活动。"科普"是"科学技术普及"的简称，是科学技术类公共服务，是科技和社会发展过程中的文化现象，是科技创新发展的内在要求，是社会文明进步的重要标志。青少年科技活动作为科普活动的一部分，必然地具有现代科普服务的基本特征。

1. 公共性

现代社会中的公共服务，是指使用公共权力和公共资源向公民提供的各项服务。科普公共服务，是由政府主导、社会力量参与，以满足公民基本科普需求为主要目的而提供的公共科普设施、科普产品、科普活动以及其他相关科普服务。随着国际竞争的日趋激烈，科普公共服务越来越受到国际社会的高度重视，成为政府公共服务的重要组成部分。改革开放以来，党中央、国务院陆续颁布各项科普文件，尤其是制定并实施《全民科学素质行动计划纲要（2021—2025—2035年）》，确立了我国科普事业发展的基本方向和战略方针，将青少年的科学兴趣、创新意识与科学实践能力的提升作为建设重点，青少年成为开展科学素质行动的首位重点人群。作为带动全体青少年科学素质整体水平跨越提升的主要手段，青少年科技活动具有公共性的科普服务特征。

2. 均等化

均等化是科普公共服务的基本要求。公共服务均等化是公共财政的基本目标之一，是指政府要为社会公众提供基本的、在不同阶段具有不同标准的、最终大致均等的公共物品和公共服务。科普公共服务均等化，是指全体公民都能公平可及地获得大致均等的科普基本公共服务，其核心是促进科普机会均等，重点是保障人民群众得到科普基本公共服务的机会。因此，作为科普公共服务产品的一部分，青少年科技活动必须满足服务均等化的要求，为全体青少年提供机会大致公平均等的科普活动公共服务产品，尤其是要重点扶持少数民族地区、边远贫困地区的青少年科技活动服务产品的均等化供给。青少年科技活动均等化也是服务于区域协调发展战略、缓解我国社会教育主要矛盾的必然诉求。

3. 合作性

科普服务需要社会各方面的支持和参与。《中华人民共和国科学技术普及法》明确规定，国家机关、武装力量、社会团体、企业事业单位、农村基层组织及其他组织应当开展科普工作。国家保护科普组织和科普工作者的合法权益，鼓励科普组织和科普工作者自主开展科普活动，依法兴办科普事业。科普是国家公共文化服务的重要组成部分，《中华人民共和国公共文化服务保障法》规定，国家鼓励社会资本依法投入包括科普公共服务在内的公共文化服务，采取政府购买服务等措施，支持公民、法人和其他组织参与提供科普公共服务，公民、法人和其他组织通过公益性社会团体或县级以上人民政府及其下属部门，捐赠财产用于科普等公共文化服务的，依法享受税收优惠，鼓励通过捐赠等方式设立科普等公共文化服务基金。青少年科技活动作为科普事业的重要组成部分，同样需要社会各界，尤其是企业、市场的参与合作，厚植青少年科技活动的文化土壤。

（三）青少年科技活动的教育属性

科技活动作为一种功能独特的教育形态，是教育体系不可分割的重要组成部分。科技活动既不是学科课堂教学内容的简单重复，也不是必须依附于学科课程才能彰显自己的教育功能。相比于纸笔学习，科技活动更加形象生动，创造了满足青少年好奇好动心理的学习情境，更有利于增强他们解决问题的动机；需要青少年通过亲身观察获取信息作为思维加工的基础，有利于他们提出问题能力的提升；能直接从实践中及时地获得反馈信息，有利于青少年实践意识与评价能力的提升；活动中蕴含着极其活跃的因素，会出现许多意想不到的问题，有利于深化知识和训练思维；活动形式多样，能为青少年提供全面而又符合个性特长的发展条件[4]。由于这些独特的教育功能，科技活动成为现代青少年科技教育不可或缺的重要教育形式[5]。

二、青少年科技活动创新发展的新场景

党的十八大以来，以习近平同志为核心的党中央把科技创新摆在更加重要的位

置，提出大力实施创新驱动发展战略，强调科技创新、科学普及是实现创新发展的两翼，要把科学普及放在与科技创新同等重要的位置。这为科普的发展，包括青少年科技活动的发展指明了方向，成为新时代青少年科技活动创新发展的逻辑起点。

（一）创新驱动发展战略对青少年科技活动创新发展的新要求

党的十八大提出实施创新驱动发展战略，强调科技创新是提高社会生产力和综合国力的战略支撑，必须摆在国家发展全局的核心位置。创新驱动发展战略的实施和创新型国家建设，需要科技创新人才和高技能人才队伍提供智力支撑。青少年是国家创新人才的储备力量，通过科技教育提高青少年的科学素质、激发他们的科技兴趣、培养他们的创新精神和实践能力，有利于我国科技创新人才和高技能人才队伍的建设发展。创新驱动发展战略对新时期青少年科技活动创新发展提出了新的更高要求。

推动科技创新涉及诸多方面，培育良好的创新文化是重要基础。只有大力培育创新文化，才能为青少年科技活动创新发展提供良好的文化氛围和社会环境。创新文化主要体现在鼓励创新的价值观念和相应的制度设计两个层面。价值观层面的创新文化，最重要的是青少年创新精神和创新意识的培养，倡导青少年形成敢为人先、勇于冒尖、大胆质疑的创新自信；制度形态的创新文化构建了科技创新活动最重要的科研环境和保障机制，调节创新资源的配置，引导创新主体的价值取向，规定相应的评估标准和激励方式，通过持续不断的作用，逐步塑造青少年的行为模式，并影响着青少年对科技创新活动的态度和看法。

创新驱动发展必须通过开展科技活动夯实青少年的科学素质基础。当今社会的竞争，与其说是人才的竞争，不如说是人的创造力的竞争，是创新意识和创新能力的竞争。一个青少年缺乏创新意识和创新能力的民族，将是一个没有希望的民族。要加强科学教育，丰富科学教育教学的内容和形式，激发青少年的科技兴趣；加强科普，提高全民科学素质，在全社会塑造科学理性精神。通过科技教育手段，培养学生的创新意识，提高学生的创新能力，从而培养适应时代发展的学生，是科技教育的重大使命和责任。

（二）信息化社会发展对青少年科技活动创新发展的新挑战

以信息技术为代表的新一轮科技革命和产业变革正越来越深刻地改变世界，

智能社会呼之即来。随着信息化的发展，互联网特别是移动互联网彻底改变了世界，也改变了青少年科技活动的途径和方式。据2021年8月27日中国互联网络信息中心（CNNIC）发布的第48次《中国互联网络发展状况统计报告》，截至2021年6月，我国网民规模达10.11亿，互联网普及率为71.6%，其中青少年网民的比例近55%，在整体网民中的占比最大。青少年是信息化社会的"原住民"，青少年科技活动必须适应当今信息化之变局，充分运用先进信息技术，有效动员社会力量和资源，丰富青少年科技活动的内容，顺应青少年科普表达偏好的变化，创新表达形式，通过多种网络途径便捷传播，满足青少年参与科技活动方式的新诉求。还要利用市场机制，建立多元化运营模式，满足青少年的个性化需求，提高科技活动的时效性和覆盖面。这是青少年科技活动适应信息社会发展的必然要求。

人工智能正在开启新的时代。随着网络的普及，人类已经步入智能化时代，移动化、泛在化、数据化、智慧化等正在成为信息化发展的新趋势。虚拟现实（VR）、增强现实（AR）技术的革命，成为继互联网、智能手机后人类生活方式又一次大跨越[6]。因此把VR、AR技术与青少年科技活动结合起来，可以让参与者强烈体验到一种身临其境的科技真实感，从而使青少年参与科技活动的方式发生巨变[7]。同时，信息化社会的庞杂信息要求开展青少年科技活动必须提升青少年辨别、获取、处理信息的能力[8]。

（三）经济全球化对青少年科技活动创新发展的新要求

我国一直坚持对外开放的基本国策。在科技全球化背景下，青少年科技活动"引进来""走出去"的双向开放、互利多赢，是新时代青少年科技活动的必然选择。青少年科技活动"引进来"，就是积极利用和参与国际分工，分享世界最新的科技成果和服务产品，加快提升我国青少年科技活动的服务能力，缩小我国与发达国家之间青少年科技活动服务的距离。青少年科技活动"走出去"，就是积极主动把我国的青少年科技活动服务产品投放到国际市场，让世界分享我国最新的成果，促进世界各国青少年科技活动服务的共荣发展。

我国将大力开展"一带一路"科普人文交流，加强同各国创新合作，启动"一带一路"科技创新行动计划，开展科技人文交流、联合实验室、科技园区合作、技术转移等多项行动，通过科普人文交流的方式，夯实多边和双边人文交流的基础，推动实现我国青少年科技活动创新发展。

要深度参与青少年科技活动创新发展国际分工与合作。在新时代，我国青少年科技活动不能孤芳自赏、闭门造车，要面向全球，加强与国际科普组织及其他国家和地区科普机构的联系，提升我国青少年科技活动服务的国际地位和影响力。我国应当积极地开展全方位多层次的青少年科技活动合作，在合作中，使国内的科技活动资源与国际科技活动资源更好地结合，充分利用国际上的资金、设备、信息和人力资源，来提升我国的青少年科技活动的服务能力、国际影响力和世界话语权。要凭借我国独有的国家优势和区域特色，将国际青少年科技活动合作的智慧与资源注入我国青少年科技活动的创新驱动发展中。

（四）青少年科技教育发展的新趋势[9]

1. 全景化趋势

国家创新能力和竞争能力，取决于一个国家的教育能否培育和造就出适应时代发展的大批创新人才。实践表明，科技教育有助于培养学生的科学探究能力、创新意识、批判性思维、信息技术能力等未来社会必备的技能和创新素养，并有可能在学习者的未来生活和工作中持续发挥作用。由此，从世界科技教育发展态势看，各国特别是一些发达国家，纷纷聚焦未来社会必备的技能和创新素养，确立了理想化、全景化的教育远景，着力提高青少年全景化、综合性的素质。

近 10 年来，美国针对青少年开展科学、技术、工程、数学（STEM）学习的方式发生很大变化，日渐呈现出学校课程学习与校外活动参与相结合、分科式课程学习与综合性项目学习互为补充的发展趋势。美国教育部、美国教育研究所联合于 2016 年 9 月发布《STEM 2026：STEM 教育创新愿景》报告，对实践社区、活动设计、教育经验、学习空间、学习测量、社会文化环境六大方面提出全景化的愿景规划，指出了 STEM 教育未来 10 年的发展方向以及存在的挑战。

2. 融合化趋势

科技教育的目的，是使今天的青少年在今后变成两类人：一类是涉及科学并能理解科学和技术的人，即具备科学素质的公民；另一类是从事科学和技术相关工作的科学家、工程师等，即把科学和技术作为自己的职业。对青少年不同的未来取向，导致科技教育的方式也不同。对此，到底科技教育应该由谁来主导、谁有资格向青少年传播科技知识，一直没有达成共识。近年来，在科技教育中，科学家的榜样作用得到充分发挥，教育界与科技界的紧密结合、深度融合成为基本趋势，由此形成一些科教结合的青少年科技教育实践模式。这些模式包括学校主导型科技教育模式，即学校组织各种科技类必修课、选修课、活动课、科技兴趣小组及科技俱乐部，开展各种学习、研究和探索活动；科教交融型科技教育模式，即将基础教育课程与科技教育相融合；社会与学校互动科技教育模式，即由校外教育机构和自然科学学术团体为科技爱好者组织相应的活动，利用假期举办综合的或专业的科技夏（冬）令营，组织青少年进行学科竞赛活动，组织各种科技参观、考察和实验活动，组织短期研习活动等；网络化科技教育模式，即将信息技术引入学校，运用于教学，逐步改变教师讲、学生听的传统教学方式。

3. 乐享化趋势

科技教育的责任和使命之一是培养青少年的创新能力。无数实践证明，唯有自由的人，才有感悟、思考的闲暇和创新创造的快乐。"金字塔的建造者，绝不会是奴隶，而只能是一批欢快的自由人"。科技教育注定要让学生获得自由，免于恐惧，才能使他们的灵感自由飞扬，思维自由穿越，微笑和友谊都会自由潜滋暗长。随着互联网技术的发展，一种基于创新、交流、分享的"乐享化"科技教育理念和行为迅速萌发，并在世界范围内兴起。例如，美国政府在2012年初推出一个新项目，计划在未来四年内在1000所美国中小学校引入"创客空间"，配备开源硬件、3D打印机和激光切割机等数字开发和制造工具；2014年启动"创客教育计划"并颁布一系列政策措施以支持创客教育发展。创客教育已经成为美国推动教育改革、培养科技创新人才的重要内容。我国教育部2015年9月明确提出探索创客教育等新教育模式，要通过创客教育提升学生的信息素养和创新能力，并开始进行创客教育的尝试，如开设校内创客空间、通过课外社团等形式组织创客活动。

4. 促成化趋势

突出科学探究、重视培养学生的科学探究能力是当前国际科学教育改革的核心理念。我国中小学新课程体系强化科学课程，并在"十三五"青少年科学素质行动中明确，基于学生发展核心素养框架，完善中小学科学课程体系，研究提出中小学科学学科素养标准，更新中小学科技教育内容，加强探究性学习指导。青少年科学探究是通过竞赛选拔等促成手段和个性化培养等方式，激励学有余力、有科学爱好与特长的青少年，在感兴趣的学科专业领域，去发现与实践，研究与解决现实问题和科学问题。通过青少年科学探究，可以提升青少年基于现实生活发现问题、应用科学文化知识于创新与实践以及应变等诸方面的能力，形成不拘泥于书本知识、勇于质疑的创新思维、科学精神与价值观。

三、我国青少年科技活动发展现状研究

（一）我国青少年科技活动发展的经验与成就

1. 各地区开展青少年科技活动的能力有所提升

各地区围绕"立德树人"的根本任务，立足青少年的发展需要，开展的科技活动整体呈现出数量多、规模大、辐射面广的特点。辽宁省的科技大篷车先后开展科普活动44次，总行程1.4万千米，接待参观群众8万人次。各地区努力发挥品牌活动的作用，积极创新品牌活动的内容与展现形式。四川省在开展青少年科技创新大赛时设置了"中小学校长科技教育高峰论坛"和"科技教师科技论坛"，同时完善人才追踪工作，请昔日选手树榜样。与此同时，不少地区还利用多方资源开发独特的地域活动，从而满足当地科技教育发展的需求。西藏自治区山南市科协组织开展"科普知识进农牧区活动""科普知识进校园活动""科普一条街活动"等，发放9万余元的科普物品，发放宣传资料和科普书籍共16320余份/册。

2. 充分利用高校、科技馆等社会资源构建广阔的科技资源平台

社会资源不仅保障了科技活动的硬件设施，同时也扩展了青少年的眼界。高校作为重要的社会资源，既可以使青少年提前接触学术科研，从而有益于他们做好未来规划，又能帮助青少年科技中心开发活动资源，促进基础教育与高等教育的衔接。北京市开展的"英才计划"共有240余名学生在北京大学、清华大学等高校导师指导下开展科学实践活动，规模全国居首。天津市青少年科技中心联合天津市中小学教育教学研究室、天津大学等高校开展"科技活动进课堂，科学课程进活动"的理论研究和课程、活动开发。部分地区在科技教师的培养上也依托于高校资源。江西省青少年科技中心与南昌大学合作承办江西省科创新教育骨干教师研修班，为广大科技教师提供学习交流探讨的平台。科技馆更是为青少年科技活动提供了活动场所和硬件设备，其社会影响力使科技教育逐渐被大众了解。青海省积极动员当地科技馆，组织开展了5次大规模科技馆主题科普活动，每次活动均设计6~7个板块，包括25~30个活动，时间跨度达15天，累积接待公众近15万人次。

3. 重视科技辅导员能力的培养，培训工作逐渐完善

各地针对不同的青少年科技项目，安排了不同的培训活动。山西省面向全省青少年科技教育骨干教师，举办不同类型的骨干教师培训班4次，分别是青少年科学调查体验活动骨干教师培训班、青少年高校科学营组织工作者和营前培训班、山西省青少年机器人竞赛骨干裁判员培训班、山西省青少年科技教育活动骨干教师培训班，累计培训一线科技教师400余名。部分地区积极构建科技教师交流平台，促进科技师资力量协调发展。青海省在对科技教师培训期间，派各项目县教师2人前往北京参加农村青少年校外教育项目教师经验交流活动，随后派各项目县教师2人前往内蒙古参加第二期农村青少年校外教育项目教师经验交流活动。

4. 大力推进科技扶贫工作，努力缩小地区经济与资源差距导致的青少年科技教育差异

各地区组织贫困地区的学生到经济相对发达的地区学习。内蒙古自治区大力实施科技助力精准扶贫，遴选了210名各族优秀青少年赴北京市、上海市、广州市、湖北省、江苏省等地的10所高等学府，感受大学特有的文化和精神。部分地区组织城市与农村的教师相互交流研讨。甘肃省开展农村青少年校外教育项目期间，派各项目县教师2人前往北京参加农村青少年校外教育项目教师经验交流活动。各地为贫困地区建设科技资源平台（科技工作室、科技馆等）。江西省青少年科技活动中心申请10万元精准扶贫项目经费，组织专家和科普志愿者在南昌市湾里区红星乡南岭小学建立了科学工作室，开展科技辅导员培训、科普展板展览和捐赠科普资源包等活动。

5. 部分地区在持续开展地方特色活动的情况下，将当地资源和网络平台相结合

在信息技术的支持下，部分地区开发出了新的科技活动形式。天津市利用新媒体短视频App"抖音"开展科教互动，天津市教委信息化教学平台同步直播"开学第一课"。江苏省广播电视总台和江苏省科学传播中心两个直播平台对青少年科技创新大赛开幕式及公开展示环节进行在线直播，开展STEM教育网络在线学习，即慕课（MOOC）培训。也有其他地区采用线上线下相结合的活动形式开展科学教育活动。

（二）我国青少年科技活动发展中的问题

1. 活动总量供给仍不足，形式单一，原创性弱

地方特色活动不够突出，活动形式较为单一。各地区开展的活动大都是统一

规划活动,如青少年科技创新大赛、青少年机器人竞赛、中学生奥林匹克竞赛、青少年科学调查体验活动、青少年科学影像节活动、青少年创意编程与智能设计大赛、高校科学营分营活动、英才计划项目、"明天小小科学家"奖励活动、青少年科学工作室项目等。这些活动多采用传统的专家讲授、教师培训、学生参赛等形式进行。除了这些活动,地方特色活动占比低,形式单一,多以讲授为主,学生参与不充分。尤其是经济发展较为落后的偏远地区,活动内容不丰富,且组织形式较为单一,如各种主题类的系列科普讲座,大多以专家讲授为主,活动的实践性和趣味性不足,导致学生的参与度较低,活动的效果大打折扣。

活动内容较单薄,与其他学科融合力度不够。在当前大多数地区开展的青少年科技活动中,学生所从事的活动通常是单一学科方面的,只有少数地区开展了综合性较强的科技活动。如江苏省开展的青少年 STEM 科技素养普及活动和上海市开展的"STEM 云进山区"活动。从各学科的发展情况来看,当前各个学科既高度分化又高度综合,且以综合为主。许多新的学科在不同学科的交叉点上相继出现。适应这一形势,加强相关学科的联系和渗透,将人才培养由知识型、综合型向能力型、通材型、复合型方向转化,培养青少年的综合素质和能力,已成为当前科技教育的必然选择。

2.供给不平衡,青少年对科技活动的选择自主性有限

地方经济和教育资源等方面的原因,导致科技活动供给不平衡,因此出现部分地区开展的科技活动种类较少且活动内容和形式较为单一、活动主题陈旧的局面,进而导致青少年对科技活动的选择机会不多,且自主性十分有限。

各地区活动开展力度差异明显。就地方经济差异而言,即便是统一规划活动,部分地区仍然无法完成,或是要缩减活动环节才能完成。就教育资源差异而言,发达地区的科教中心合作单位多数是高水平的学校和单位,而偏远地区的科教中心合作单位多为中小学。各地区科教中心发展水平参差不齐。发展较好的科教中心开展的活动规划完整,过程清晰,能够明确突出工作成效。而部分科教中心由于经验不足,队伍建设不成熟,并且受地方经济与教育资源的制约,出现了形式化工作的现象,没有体现活动实质性的内容与成效。

部分地区的科技活动主题陈旧,缺乏创新,脱离学生的学习和生活实际。例如有些地方,仍有一些动植物种类调查和标本制作等适合小学和初中低年级的活动在高中学段出现。近年来,我国青少年科技创新活动迅猛发展,生态学、生理

学、遗传学、环境学乃至生物工程学方面的成果不断涌现,而且已经成为现代青少年科技活动的主流。在这种大背景下,有些学校的高中学生仍然从事一些学科单一、内容简单的科技活动。主要原因是科技活动的指导者、辅导教师对青少年科技活动缺乏正确的认识,观念陈旧。

3. 供给效率不高,缺少市场机制

各地区多依赖于教育部统一规划活动,没有形成本地区独特的科普教育产品、科普传播产品和科普活动产品,从而对接市场的力度相对薄弱。要真正把科协组织建设成为对科技工作者有强大吸引力与凝聚力、能够为党委和政府及社会各界提供不同形式高质量科技类社会化公共服务产品的中国特色社会群团。服务是科协组织的命脉,科协组织服务的最终目的是满足需求,科协系统深化改革的核心是提高科协组织公共服务产品的有效供给。科普教育产品的对象是那些真正的需求者,他们是产品的客户,同时也决定着产品的导向。产品的最终接受者是产品的用户,他们会决定产品的细节,但不会左右产品的方向。科技活动必须以服务用户、吸引用户、集聚用户为出发点、落脚点和着力点。因此,科普服务产品不但要考虑客户的需求,还要考虑用户的购买和使用问题,这便是完善市场机制首先要考虑的问题。各地区的青少年活动中心仍缺乏对于需求侧的深入研究,服务目的性不鲜明,没有对应好客户需求与用户使用,导致盈利模式匮乏,使科技活动供给效率低下。

四、青少年科技活动创新发展的基本规律与基本遵循

(一)从国外青少年科技活动发展看青少年科技活动创新发展的基本规律

1. 各国政府对青少年科技活动的发展高度重视

科技是推动近代世界加速前进的巨大原动力,并借此进入政府规划的视野。青少年科技活动是中小学生在学科课程之外开展的各种以科技为主要内容的教育活动,在培养青少年的创新意识和实践能力方面发挥着不可替代的作用。因此,各国政府非常重视青少年科技活动的发展[10]。早在1985年,美国就启动了著名的基础教育课程改革"2061计划",针对从幼儿园到高中阶段的技术教育问题,提出了一系列重大改革举措,代表着美国基础教育课程改革的趋势。为促进青少年科技活动的发展,美国国家青少年科学基金会举办了国家青少年科学营地

（NYSC），其宗旨之一是培养富于思想的未来科学界领导人员。美国科学服务社发起了科学人才选拔赛（STS）和国际中学生科学工程博览会（ISEF），影响力深远。英国各研究理事会把科普工作的重点都放在支持中小学校的科学教育上，各自设立面向学校的科普计划。为将其落在实处，英国的著名科技团体、研究机构、大学等都支持或举办面向青少年学生的科普讲座，其中时间最长、影响力最大的是英国皇家科学院的圣诞科学讲座。同时，英国还开展了青少年科技创新竞赛以激发青少年的科技兴趣，支持和鼓励青少年科技创新。日本在促进青少年科技活动的发展上也采取了多种举措，例如开展全日本儿童学生发明创造展览会，日本科技厅每年支持研究机构在暑期开展青少年科学营地等，日本教育文化体育与科学技术部开展了"超级科学高中"和"科学伙伴"项目等多个科普教育项目，培养学生自主发现问题、自主学习思考、自主进行判断、更好地解决问题的素质与能力。

2. 科研人员介入青少年科技活动

各种形式的青少年科技活动都少不了科研人员的指导参与，安排科研人员到中小学校开展活动已成为许多国家加强中小学科学教育的首选方式。欧美国家的著名科学家，包括诺贝尔奖获得者，经常被邀请到中小学校与学生见面，与学生一起畅谈科学问题。一般性的科技人员，特别是研究生，则通常被有组织地安排到中小学校，指导学生进行各种科技活动。由英国生物技术与生物科学研究委员会、工程与物质科学研究委员会各自牵头实施的研究人员驻校计划就取得了较大的规模和效果。

培养青少年科学兴趣和能力的有效途径之一是让他们直接参与或从事科学研究活动。通过这样一种方式，也促进了科学家与青少年的直接接触与互动。美国从20世纪70年代起一直实施"学生—科学家合作伙伴关系"（SSP）计划，其中比较成功的有森林观察计划、有益环境的全球学习观测计划和太平洋地区降雨气候实验计划等。这种"学生—科学家合作伙伴关系"对科学家和学生都有好处。对科学家而言，让散布在全国乃至世界各地的学生收集有关地理环境和物种变迁的数据再合适不过了；学生们也因为能参加真正的研究项目，能与科学家接触和交流，而感到新鲜有趣。

3. 社会力量积极参与青少年科技活动

校外教育是通过形式多样的科技实践活动提升广大青少年科学素养的重要教

育形式，科研机构、高校、媒体、社会机构、企业等社会各界共同关注着青少年的科技教育，积极搭建青少年科教融合服务平台，与学校、科技界力量有机结合起来，形成青少年科技教育的合力，共同为青少年科技教育服务[11]。在美国等主要发达国家，除了青少年组织和科普机构为青少年举办科学夏令营，一些大学及研究机构也会开展此类活动，以促进中小学校的科学教育。1942年，在西屋电气公司赞助下，美国科学服务社组织开展了第一届科学人才选拔赛。1998年，英特尔公司成为科学人才选拔赛的领衔赞助商。经过近80年的发展，科学人才选拔赛目前已成为美国历史最长、最负盛名的青少年科技竞赛。还有一类青少年科学研究活动是组织高中生到大学和研究机构进行见习研究，这在西方一些国家已成为一项制度化的做法。科学中心和科学博物馆作为青少年日常科普活动的重要场所，受到各国的普遍重视，美、日、法、德、英等国家不仅经常斥巨资建设科学中心和科学博物馆，而且在展览方式及内容上不断求新。科学中心和博物馆还积极拓展其他形式的青少年科技活动，积极支持中小学的科学教育，使科技中心和博物馆的发展充满生机和活力。

（二）新形势下青少年科技活动创新的基本遵循

1. 推动开放型、枢纽型、平台型科协组织建设，坚持服务平台引领的青少年科技活动创新发展方向

（1）构建青少年科技活动科教融合服务平台。发挥科普活动育人使命，科教融合促进创新。如果将科教融合简单理解为科研工作与教学工作的融合互补，不免陷入了"科""教"二元观的窠臼。科教融合还应包括科教活动之间的结合，即有效行使科普活动的育人职能，全面发挥学生的主动精神和探究精神。科普活动是以科研成果反哺教学的有效形式，高水平的科普活动本身就是创造性地解决未知问题，并提出具有创新性的理论和解决问题的方案。科普活动是培养发现问题和创新性解决问题的能力并提升科学素养的高效途径。促进科普活动与教育的深度融合不仅是大势所趋、人心所向，而且是不容回避的。科协及科普教育工作者是构建青少年科技活动科教融合服务平台的中坚力量。

（2）构建青少年科技活动人力资源服务平台。构建青少年科技活动人力资源服务平台，实际上就是构建人力资源载体，通过实现科普网络在空间地理上的集中，形成科协、科普基地、科普活动中心、学校、社区等多方参与、多元主体相

互关联的载体。搭建起有利于科普参与主体关联、促进科普链整合、提升科普凝聚力的服务平台，是强化科普活力的重要因素。

（3）构建青少年科技活动信息化服务平台。构建青少年科技活动信息化服务平台，提高数据共享和集成程度，摆脱信息孤岛现象。信息化背景下，传统科普机制、内容、理念等与多元化、多样化、扁平化的网络社会发展不相适应，科普公共服务未能有效满足公众日益增长的科普文化需求，科普的吸引力、影响力和号召力日益减弱，科普活动机构、科技辅导员实现科普信息实时共享存在困难。因此，应推动青少年科技活动信息化服务平台的建设，实现科普信息、科普活动实时化，消除活动屏障，减少信息冗余，形成辅助科普活动设计和实施所需的大数据，为以后建设区域性科普共享活动奠定基础[12]。

2. 统筹整合资源与渠道，坚持"众创、众包、众扶、众筹、分享"的活动资源观

（1）需求导向，惠及学生。科普资源链接学生需求，激励智力资本。学生是国家未来科技成果的应用者、自主创新的践行者、科普活动的承继者。将科普活动与科普教育紧密结合，将青少年的个性化、多样化、移动化、泛在化的科普资源需求与科普活动资源观对应衔接。把大学生的科普活动与专业教育融合起来，加强对大学生科学思想、科学方法和科学精神的训练，积累智力资本。组织科普创新活动的特色探索，引导大学生探索自然的好奇心和崇尚科学的激情，构成科普活动的凝聚力和影响力。

（2）众创分享，深化应用。兼顾众创分享，释放科普创新活力。欲使每一个具有科学兴趣、科学思维和创新能力的人都可参与科普创新，形成大众创造、释放众智的新局面，打造以众创分享为主形态的科普生态环境是其必由之路。应通过科技社团网络，传播和普及最新科学发现和技术发明等热点知识。

（3）融合创新，科学安全。厚植创新文化，加强资源保护。激发科技认同感、创新思维以贴合大众创新、开放创新趋势。在科技创新的背景下，突出科普内容资源的科学性、针对性和时效性。树立科普创新、创新科普的价值导向，大力培育科普创新文化，使科学技术在应用和普及两方面相得益彰。同时加强安全管理和防护，保障科普网络和信息资源安全。引导创建科学、灵活的科普活动管理机制，对萌芽期、初创期科普活动基地提供支持。加强科普活动承办者自律管理，做好风险防范。形成依托互联网的微创新，亦借助互联网信息传递的便捷性提高

科普活动主体的风险识别能力和防范意识。

（4）统筹规划，多方协作。全局统筹，灵活发起，大众响应。站在全局的高度对科普信息化发展进行统筹规划，整合线上线下资源，形成科普合力。线上依托互联网平台，推介科研最新成果，实现科普活动发起者与公众的高效对接、高效交流；同时将大众创新力量内化为科普力量，扩大原有组织边界，丰富科普团队的创新知识源，避免资源过度依赖。线下发挥科普活动发起者及专家的知识优势，坚持面向企事业单位、中小学、社区、农村开展不同方式、多种形式的科普合作。形成一方发起、多方响应、大众受益的局面。

3. 坚持"名利权情"的青少年科技活动社会动员机制

新时期科协组织社会动员，主要基于科普相关者的名誉、利益、权力、情怀等动机来实现。

（1）名誉既是道德激励，也是利益激励。对于科普工作者而言，行政荣誉可以给人带来精神上的满足与愉悦，也可以带来物质上的利益。荣誉是一种评价，评价本身就是一种监督，这种监督包含着道德监督和工作绩效的监督。在获得荣誉以后，这种监督不仅没有减弱，反而会加强。因为荣誉的获得，原本不受公众关注的行为主体变得更为引人瞩目，会有更多的人加入对行为主体的评价队伍，促使科普工作者建立充分的道德自觉，间接促进科普活动的完善。

（2）从科普中受益，构建利益联结。要构建长久有效的利益机制，补充科普内在发展动力，构建科普活动联合体，激发科普活动的独立性和创造力，提高改革创新积极性。要能够基于科普发展的需要，理顺各级各类科普主体间的合作分工，引导良性竞争，促进长期发展。

（3）赋予权力就是赋予责任。基于权力动机的科普动员，关键在于建立科普的权力与义务、责任的对应机制。权力是一种约束力、控制力、影响力或者支配力，赋予科普相关人员以权力，亦是向其加注约束力、控制力、影响力。通过合理的授权许可等管理手段，不断强化激励权力受益者满足科普期望，正是基于权力驱动的科普动员的重要组成部分。

（4）积蓄科普情怀，构筑长效激励机制。科普情怀是对科学和科普事业，对公众和社会的思想感情。科普工作者的情怀影响着科普活动的方向和纵深，适时、适当的激发和认同科普情怀能够强化科普工作者的情感力量，提高归属感，有益于科普期望的达成。

4. 坚持"精准供给"的青少年科技活动服务形式

科普信息化和科普创新的深刻变革，必须坚持以需求为导向，着力于科普活动服务形式的变革。科普服务是政府为满足公众科普和科学素质提升的需求，面向全体公民或某类社会群体，组织协调科普相关机构、企业和社会组织等直接提供的科普产品和服务的系统与制度的总称，包括科普服务设施、服务内容、服务手段、服务提供者，以及资金、技术和政策保障机制等。

在以青少年为主要对象的科普活动中，要贴近青少年个性化、多样化、移动化、泛在化获取科普内容资源的需求，同时要设计满足青少年身心发展规律的科普活动。要系统构建科普服务标准体系，突出青少年科普服务工作重点；基于青少年发展实际与科普服务发展现实，适度引导科普服务创新需求；结合青少年心理发展机制，构建开源科普服务标准体系；确保科普服务层次清晰，保障标准体系与目标人群的切合性。

五、"十四五"时期科协组织青少年科技活动创新的发展思路、发展目标与重点举措

（一）发展思路

（1）转变工作理念，依据新形势下青少年科技活动创新的基本遵循，全面推进科协组织青少年科技活动供给侧结构性改革。

（2）强化社会协同，广泛动员社会力量参与青少年科技活动工作，加快建立健全青少年科技教育领域标准，推动青少年科技活动规范化建设。

（3）发挥科协"一体两翼"的组织优势，全力搭好服务平台，全面提升科协各级各类组织的青少年科技活动服务水平。

（4）强化青少年科技活动项目的源头设计与开发，借助信息技术手段拓展活动资源共建共享渠道，做好立足地方和学校特色的青少年科技活动服务品牌建设。

（5）创新服务方式，在精准把握青少年科技活动需求侧的基础上，实现精准供给，把优质的青少年科技活动资源有效导入基层。

（二）发展目标

（1）打造科协组织青少年科技活动的社会协同体系。

（2）打造科协组织青少年科技活动的公共服务平台。
（3）建立科协组织青少年科技活动的共建共享机制。
（4）建立科协组织青少年科技活动的精准服务机制。

（三）重点举措

（1）建立扁平化的组织模式，进一步密切科协组织各部门之间的关系，优化科协组织对既有科技活动资源的整合，在"科普中国"等科普平台开辟专区进行重点展示。

（2）广泛沟通科协组织青少年科技教育成员单位，汇集科技活动资源，以"科普中国"共建基地、科普公众号等为抓手带动社会机构合作研发青少年科技活动项目。

（3）通过举办青少年科技活动项目海选展示大赛，发现和培育青少年科技活动项目的创作团队，建立专家和团队资源库。

（4）以"科普中国"为依托，建立同主要网络平台的联系与合作，通过网络进一步提升青少年科技活动资源的项目量和传播量。

（5）研制出台青少年科技活动相关评价标准和管理规范，建立青少年科技活动"宽进严出，效果导向"的品牌认证机制。

（6）建立中国青少年科技类综合实践活动平台，为青少年科技活动、科技场馆参观赋予综合实践活动课程学分，实现"科技活动课程化"。

（四）重大项目

1. 青少年科技活动"精准供给"服务模式创新工程

将现代信息技术应用到青少年科技活动服务中，通过社会计算，动态感知青少年的个性化活动需求，建立和维护基于信息社会的青少年科技活动生态，建立和实行基于信息时代的活动动员体系。

2. 青少年科技活动组织管理与支撑体系创新工程

建立并完善青少年科技活动标准和规范体系，创新可持续和高效的活动服务供给和动态监管模式。

3. 青少年科技活动生态模式服务平台建设试点工程

通过共建青少年科技活动服务平台的生态模式，推动"科普中国"服务平台的转型升级。

4."因材施教"的青少年科技活动体系工程

促进青少年科技活动在相同学段不同教育领域的整体推进和均衡发展,构建"因材施教"的青少年科技活动体系,通过分类实施,提高青少年科技活动服务的供给效率。

参考文献

[1] 刘炳升. 科技活动创造教育原理与设计 [M]. 南京:南京师范大学出版社,1999:1-2.

[2] 符国鹏. 非正式环境中的科技教育:连通青少年的科学世界与生活世界 [J]. 上海教育,2021(24):24-27.

[3] 杨文志. 当代科普概论 [M]. 北京:中国科学技术出版社,2020:221-224.

[4] 李维,钟铃. 探索高质量本土化的 STEM 教育 [J]. 天津科技,2017(4):17-21.

[5] 冯碧薇. 促进青少年创新思维培养的科技教育案例及策略 [J]. 中国科技教育,2020(1):64-66.

[6] 魏本宏,倪清,张宗禹,等. VR 虚拟科技馆系统设计与实现 [J]. 中国教育信息化,2020(10):30-33.

[7] DEVELAKI M. Methodology and Epistemology of Computer Simulations and Implications for Science Education [J]. Journal of Science Education and Technology,2019(28):353-370.

[8] CHANG H Y,LIANG J C,TSAI C C. Students' Context-Specific Epistemic Justifications,Prior Knowledge,Engagement,and Socioscientific Reasoning in a Mobile Augmented Reality Learning Environment [J]. Journal of Science Education and Technology. 2020(29):399-408.

[9] 杨文志. 科普供给侧的革命 [M]. 北京:中国科学技术出版社,2017:139-148.

[10] 张运红. 国际青少年科技教育发展的阶段、特征及趋势 [J]. 教育导刊,2018(5):93-96.

[11] 王俊民. 高校参与中小学科技教育的启示——以新西兰 3 所院校的长期科技教育项目为例 [J]. 中国高校科技,2021(8):55-59.

[12] 张奇. 以信息化推动青少年科技活动管理的不断发展——全国青少年科技创新活动服务平台 15 年发展回顾 [J]. 中国科技教育,2017(8):6-7.

作者单位:李 维,天津师范大学、天津市青少年科技教育协会

新形势下中国科协高端科技创新智库建设对策研究（一）

◇张　丽　贺茂斌　夏　婷　董　阳　苏丽荣　张艳欣　王　萌　李　琦

【摘　要】 中国科协建设高端科技创新智库是完善和发展中国特色社会主义制度、推进国家治理体系和治理能力现代化的内在要求。文章基于对"十四五"时期科技创新智库建设的新形势新要求的分析，借鉴国际知名智库管理经验，立足中国科协自身特点，提出推进高端科技创新智库建设的建议。一是明确智库发展战略目标和定位，从组织架构、运行机制和学术支撑三方面夯实智库建设基础。二是形成智库核心产品，畅通智库影响渠道，提升智库影响力。三是建议实施养"心"工程、强"翼"工程和链"家"工程，协同推进中国科协高端科技创新智库建设。

【关键词】 中国科协　科技创新智库　战略目标　运行机制　重点工程

科技创新智库作为创新思想的重要策源地，在科技创新治理中发挥着越来越重要的作用。当今世界面临百年未有之大变局，国内国际形势都发生着深刻复杂变化，科技创新突飞猛进，带动产业加速变革，形成新挑战新机遇。建设世界一流的科技创新智库，提高科技决策和治理水平，已经成为推进国家治理体系和治理能力现代化的重要内容。

一、"十四五"时期科技创新智库建设的新形势新要求

（一）全球科技创新治理亟待高端科技创新智库参与

当今世界面临百年未有之大变局，全球科技创新已经进入空前密集活跃期。科学技术新发现、新发明呈现非线性、爆发式增长。科技创新同政治、经济、社会、文化、生态交互作用，问题更加复杂，需要从全球层面和系统视角寻求解决方案。构建一个多元参与的全球科技创新治理体系的需要已非常迫切。中国科技创新实力不断提升，已迈入创新型国家行列，在全球科技创新治理中发挥越来越重要的作用。中国的科技创新智库要具有国际视野，不仅要关注国内科技创新治理问题，也要积极参与全球科技创新治理，发出中国声音，贡献中国智慧。

（二）建设世界科技强国亟须科技创新智库提供前瞻性高水平建议

党和政府不断推进决策科学化民主化，提高政府决策水平，亟须科技创新智库切实为科学决策提供高质量建议。2015年1月，中共中央办公厅、国务院办公厅印发《关于加强中国特色新型智库建设的意见》，标志着中国特色新型智库建设已正式提升至国家战略高度。2017年，习近平总书记在党的十九大报告中明确提出"加强中国特色新型智库建设"。2020年2月14日，中央全面深化改革委员会第十二次会议召开并审议通过《关于深入推进国家高端智库建设试点工作的意见》，强调"建设中国特色新型智库是党中央立足党和政府事业全局作出的重要部署，要精益求精、注重科学、讲求质量，切实提高服务决策的能力水平"。立足新发展阶段，亟须科技创新智库切实为党和政府科学决策提供高质量建议，为建设世界科技强国建言献策。

（三）党和政府对中国科协建设高端科技创新智库提出新要求

建设高端科技创新智库是党和政府赋予中国科协的重要使命。《关于加强中国特色新型智库建设的意见》明确要求中国科协要努力成为"创新引领、国家倚重、社会信任、国际知名"的高端科技智库。2016年5月，习近平总书记在全国科技创新大会、中国科学院第十八次院士大会和中国工程院第十三次院士大会、中国科学技术协会第九次全国代表大会上对中国科协做出了161个字的重要指示，进

一步强调中国科协要服务党和政府科学决策。中国科协积极落实党和政府的要求，充分发挥学科门类齐全、领域交叉充分、智力资源密集的优势，积极促进智力优势向决策咨询建议转化，形成了独特的决策咨询品牌和资源积累。2021年5月，习近平总书记在两院院士大会、中国科协十大上，对中国科协提出新的要求。中国科协智库建设要深入贯彻落实总书记指示精神，坚持面向世界，面向未来，高效发挥组织和人才优势，有效凝聚科技界力量，提供有价值的智库产品。

综上，世界正经历百年未有之大变局，新一轮科技革命和产业变革深入发展，国际力量对比深刻调整，"十四五"时期以及更长时期的发展对加快科技创新提出了更为迫切的要求，我国经济社会发展和民生改善比过去任何时候都更加需要科学技术解决方案，都更加需要增强创新。根据党的十九届五中全会精神，谋划中国科协高端科技创新智库建设，要坚持创新在我国现代化建设全局中的核心地位，把科技自立自强作为国家发展的战略支撑。要坚持面向世界科技前沿、面向经济主战场、面向国家重大需求、面向人民生命健康选题布题，积极服务新发展格局，支撑供给侧结构性改革和需求侧改革。要以改革开放为动力，持续完善科技体制机制改革，深化国际科技合作，切实提升我国科技创新实力。中国科协高端科技创新智库要以科学咨询支撑科学决策，以科学决策引领科学发展，以自身建设提升决策咨询水平。

一是服务全球科技创新治理。世界新一轮科技和产业变革风起云涌，全球创新竞争格局深刻调整，战略决策与政策制定的复杂性日益增强。科技创新智库要全面准确把握科技创新的发展规律和战略动向，不断提升科技战略、规划和政策制定的能力，面向全球选题，为全球科技治理提供中国智慧和中国方案。

二是服务新发展格局和高质量发展。我国经济已由高速增长阶段转向高质量发展阶段，科技与经济社会发展相互交织，科技创新智库需要前瞻谋划国家和地区创新体系的战略格局，紧紧围绕科技工作者情况、科技和创新趋势、促进科技与经济社会发展紧密结合做文章，服务创新驱动发展，加速科技经济融合，助力区域创新。

三是服务国家治理体系和治理能力现代化建设。中国科协建设科技创新智库要落实群团改革要求，加强顶层设计，重构组织体制，创新机制流程，充分发挥科协组织广泛联系科技工作者的独特优势，及时将科技工作者的个体智慧凝聚上升为有组织的集体智慧，成为集中科技界智慧、反映科技界情况的重要渠道和参与社会科技创新治理的重要力量。

二、国际知名智库发展经验

（一）国外知名智库建设经典案例

1. 美国兰德公司

兰德公司（RAND）是美国较大、较有影响力的综合性战略思想库之一。其组织结构分为行政部门和学术研究部门，最高决策部门是托管理事会。理事会人数不固定，随着兰德成长而壮大。托管理事会下设的行政部门包括秘书办公室、总财务办公室、对外事务办公室等，公司的日常运作由总裁负责。

兰德公司的研究机构主要包括负责国内外社会与经济的部门、由联邦资金资助的研究中心以及兰德企业分析处，运营独立性较强，坚持公正客观。兰德公司的运营独立于政府和财团权利控制之外，保证处于公正客观的立场，更好地为决策服务。具体而言，独立性包括资金独立与研究独立，即资金方面减少对财政的依赖，研究方面改变完全按照领导意图进行研究的状况，实现既能发现与改进已有问题，也能提出并解决新问题。

人才队伍方面，兰德公司重视"外脑"，力求保持人才队伍多元化。兰德公司有员工1875人，来自53个国家，涉及语言75种，56%以上人员持有博士学历[1]，人才队伍学历层次水平较高。除了本公司的专业研究人员，兰德公司还从大学和研究所等外部机构聘请了数百名高级研究人员作为顾问[2]，作为现有人才队伍的有益补充。

兰德公司严谨的审查制度和高质量的研究标准是保证研究成果质量的关键核心要素。兰德公司的评审主要包括基于全公司价值观的制度原则设定、对研究项目全过程的外部审查和对研究产品的质量审查等。评审过程会选择2—3名该领域内未参与此研究的研究人员，进行审查并做出评审报告。研究最终形成的报告需经过相关副总裁审定通过才可发布或发表[3]。全流程实行严格把控，保证报告质量。

矩阵管理结构模式是兰德公司运营中的鲜明特色，兼收直线型组织和横向协作型组织的长处。具体而言，兰德公司采取"研究部—研究处"的结构。研究部负责该领域人员的招聘等事项，同时也审查课题安排、研究进度及经费开支情况；研究处具体负责研究任务，每个项目又划分为若干课题研究组。分管部的副总裁、主任负责排列研究课题的优先顺序，寻找课题委托单位，审定兰德研究报告并批准其发表[4]。

综上，运营的独立性、人才队伍的多元化、严格的审查流程以及矩阵式管理模式保证了兰德公司研究成果的客观性和准确性。

2. 美国国防部高级研究计划局

美国国防部高级研究计划局（DARPA）是美国国防部下属的一个行政机构，是美国国防部核心研究与开发机构，负责管理和指导基础研究、应用研究与先期技术开发，其开展的研究项目在一定程度上代表了世界前沿军事领域和基础技术领域的发展方向。

DARPA组织架构呈现扁平化特征，分为局长、业务处长、项目经理三层，设立六个技术部门和五个保障部门，通过各种渠道招聘一定数量的懂技术、会管理的优秀科学家担任项目经理，由他们组织技术人员建立研发团队开展研究。项目经理实行任期制，对项目实施、研究经费全权负责。DARPA最大限度激发项目经理的责任感和使命感[5]，这种短期聘任制有利于最大限度保持创新思想。

同时，为了保证智库的前瞻性和战略视野，DARPA重点关注高风险、高收益的项目。DARPA对尖端技术的开发从提炼潜在需求展开，即分析美国未来可能面临什么挑战、应对这些挑战需要什么样的技术[6]。基于此思路，DARPA对新技术的研究往往比其实际应用提前数十年。值得关注的是，技术信仰一直是DARPA创新的精神支撑，是其核心凝聚力。DARPA对于技术信仰具备价值认同，在此基础上允许失败，且强调信任，这对于团队创新研究的有序开展起到了至关重要的作用[7]。

学术环境方面，DARPA非常注重保持研发团队与军方、国会、工业界的交流沟通与有机协作，通过举办各类活动聚集产业链中的各个角色，积极促进研发成果的转化和应用，激发研发团队的工作热情。其次，DARPA坚持向所有潜在参与者提供同等的信息，与政府、院校、研究所、企业、智库之间均建立了顺畅的信息交流渠道，保证信息发布、收集和处理的公平公正，坚持做到决策信息机制的透明化，从而构成其维护公平竞争所必需的前提条件，以便形成永不间断的竞争态势。

3. 世界经济论坛

世界经济论坛以研究和探讨世界经济领域存在的问题、促进国际经济合作与交流为宗旨，总部设在瑞士日内瓦，也称"达沃斯论坛"。

组织机构方面，世界经济论坛构成模式相对简洁，以保证其高效率运行。具体来说，董事会全面负责制定论坛长期发展的目标和方向，执行董事会负责管理论坛的活动和资源，驻日内瓦、纽约、北京和东京的四个代表处负责与驻在地的官方机构和利益相关者合作。

选题方面，世界经济论坛侧重选择有重大社会影响力的议题，以保障高关注度。它将基金董事会和执行董事会在全球的资源加以充分调动，以便能够及时、全面、准确地在全球收集热点问题，形成年会和高峰会的主题及各讨论焦点。

在品牌形象培育方面，世界经济论坛注重形成广泛的影响力。其创办的刊物和研究力量是其品牌成功的一个重要保障，例如，世纪经济论坛发布的全球年度竞争报告已经被各国政府作为自己工作业绩的衡量基准，成为反映国家竞争力的重要标志[8]。

4.德国弗劳恩霍夫协会

德国弗劳恩霍夫协会是德国面向工业界从事以应用技术研发为主的研发机构，也是欧洲最大的应用科学研究机构。协会定位为"科学界和企业界的桥梁"[9]，宗旨是支持科技知识的技术实用转化，致力于科学知识与技术环节的实际运用开发，为硕士生和博士生提供实用研究领域的实践和进修，为欧盟技术项目和国际性科研项目的全球性科研布局做出贡献[10]。

协会发展呈现出非线性、多角色和开放性的协同创新特征，逐步形成了"弗劳恩霍夫创新模式"。在弗劳恩霍夫创新模式中，大学—研究机构—企业的差异化与异质性产生了利益需求互补，推动三者成为稳定的资源共享者与创新合作者，突破了创新主体间的壁垒，达到了协同创新 1+1+1＞3 的非线性效果[11]。协会有针对性地开展产业需求研发方式。通过"合同科研"的方式，向客户提供"量身定做"的解决方案和科研成果，技术创新各参与主体协同互动，资源获得有效配置与整合。[9,11]在专利保护服务方面，协会在政府的支持下创建了德国科研专利中心，该中心为协会以及其他未设专利服务部门的高校、科研机构、自由发明人提供专利的配套服务[9]。

协会的运行机制创造了一个无缝衔接的人才流动通道。协会大部分研究所设在大学，保障了协会自身的人才供给。大学从与弗劳恩霍夫协会的合作中获得了面向客户的教育培训场所和实践平台，推进了学生培养和大学研究的实用性，同时还可获得企业对大学研究和教育的经济支持。由于弗劳恩霍夫协会经常要求人员常驻企业内部开发项目，因此与其合作大学的研究生在毕业时往往已经拥有了熟练的技术专长，并具备了开拓市场的全方位技能以及广泛的商业关系网。这就促成了一个同时面向知识创新和技术创新的无缝衔接的人才流动和共享机制，保障了创新人才的培养和转移[11]。

5. 卡内基国际和平研究院

卡内基国际和平研究院（原称"卡内基国际和平基金会"）是美国历史最悠久的国际事务智库，它以积极应对不断变化的全球环境及致力于改进公共政策而闻名于世[12]，是世界上第一个进行和平问题研究和推广世界事务知识的公众教育机构[13]。

卡内基国际和平研究院建立全球视角[14]，深入分析国际重大问题。研究院在全球拥有六个研究中心，主要侧重地区化视角和政策以避免仅仅用美国政府的视角看问题。如在伊朗核问题上，来自北京、布鲁塞尔、海湾地区、莫斯科、特拉维夫－雅法和华盛顿的学者们提供了多样化的视角和分析[12]。

研究项目方面，研究院根据国际局势需求及时设立研究项目，结合当地实际和本土专家思考，发布高水平研究成果。研究院六大全球政策研究中心根据各自地区的局势变化和现实需求设立研究项目，同时对与项目相关的信息进行长期跟踪监测。

同时，研究院重视报告质量，关注报告影响。研究院不仅仅通过推特等社交工具、媒体关注度或网上点击率测量报告的影响力，更重视想法的质量、反响和生命周期。其目标是持续关注长期趋势及其影响，而不是记录政治舞台上每天上演的权谋斗争中的胜负[12]。

此外，研究院还重视出版刊物，扩大影响。研究院于1970年创办的《外交政策》是世界上非常有影响力的国际政治经济期刊，被美国政治学会评为"国际关系领域的知名刊物"，以英语、土耳其语、意大利语、西班牙语四种语言在128个国家发行。此外，研究院还不定期出版《政策简报》《问题简报》《工作报告》等学术性评论刊物[14]。

6. 谷歌产品经理

谷歌公司成立于1998年，是一家致力于为全球用户提供搜索服务的公司。谷歌突破性的先进技术和始终如一的创新思想为实现公司"为世界收集世界信息"的目标而奋斗。在实现这一目标的过程中,公司的战略和创新机制发挥了重要作用[15]。谷歌素来宣称"只雇用最聪明的人",留住各方面的专业人才,在人才管理上有很多新奇的点子[16]。其中,产品经理是其人才队伍的重要组成部分。

谷歌产品经理的职责包括:定期发布产品,识别市场机遇,定义产品愿景和战略,了解用户需求,开发新的产品,改进现有产品,与工程团队紧密合作,一起决定最优的技术实现方法以及合理的执行计划。谷歌通过产品意识、技术能力、分析能力、沟通技巧、文化契合度五个核心类别来评估产品经理能否胜任。谷歌产品经理的成功经验可归纳为如下几点:

一是注重技术能力。虽然谷歌不期望一个产品经理能写代码,但这种技术"DNA"已经渗透到他们的产品经理面试标准中。谷歌面试官将深度考核候选人是否具备足够的技术能力,以便与技术工程团队合作并领导他们。

二是"产品三人组"合作模式。以产品开发为核心,每一个三人组都由用户体验设计师、产品项目经理和开发人员各一名组成,因为对于产品开发而言,这三个岗位的密切协作,能保证达到最好的效果。

三是用数据驱动的决策流程来定期告知和指导产品决策。谷歌创立了APM项目,测试并收集了42种不同的颜色的点击数据,看看哪种颜色会带来最高的点击率。[16]

(二)国际知名智库建设经验借鉴

通过分析美国兰德公司、美国国防部高级研究计划局、世界经济论坛等国外知名智库的建设经验和谷歌公司、卡内基国际和平研究院等国际知名机构的组织管理经验,本文提炼出决策机制、管理模式、人才建设、质量管理、传播渠道五方面的智库经验。

1. 现代合理的治理结构保证智库不断发展

理事会在国际知名智库治理结构中扮演着不可或缺的角色。理事会或董事会通常负责监管、制定章程、选定领导人等事项,从而保证智库的健康运行。例如,卡内基国际和平研究院的领导机构是理事会,由政治界、商界、学界等各领域的29名杰出人士组成,理事会的职责是支持研究院在全球开展各种项目并保障研究院的独立性。又如,美国企业研究所的大政方针由理事会制定,近30名理事会成员均为美国著名大公司的董事会主席或首席执行官,负责制定全面的发展战略和监督整个机构的运行。此外，世界经济论坛也通过构建简洁的组织机构，保持高效率，其董事会全面负责制定论坛的长期发展目标和方向，执行董事会负责管理论坛的活动和资源，驻日内瓦、纽约、北京和东京的四个代表处负责与驻在地的官方机构和利益相关者合作[8]。

2. 独立专业的管理模式保证智库高效运营

管理模式是决定智库多个部门之间能否协调稳定运营的关键。独立性和专业性贯穿了智库管理的完整生命周期。独立性充分保证智库运营的客观与公正，使其产品具备更强的公信力，具体体现在资金独立与研究独立两方面。如美国智库兰德公司，其运营独立于政府和财团权利控制之外，保证了公正客观的立场，资金方面减少对财政的依赖，研究方面既能发现与解决已有问题，也能提出并解决新问题[1]。专业化的管理是智库产品高效产出的基本保障，可以有效避免资源浪费，选择专业的人去做专业的事。兰德公司所采用的矩阵式管理模式，将学科知识与研究课题有效结合，既有利于整个智库的有效管理，也符合智库需要多个学科专家共同协作的特点。

3. 灵活协作的人才制度保证智库研究持续创新

人才是高质量智库成果产出的重要保证，聘请知名教授和各类高级专家参与管理重大课题的分析和论证，有助于提高研究成果的质量。在此基础上，灵活的人才组成是有益补充，有助于确保智库的持续性创新，具体表现为不拘一格的人才聘用形式、队伍内部的协作方式以及多元化的人才来源。如美国国防部高级研究计划局实行项目经理制度，通过各种渠道招聘一定数量懂技术、会管理的优秀科学家担任项目经理，通过项目经理组织技术人员建立研发团队。项目经理实行任期制，对项目实施、研究经费全权负责，最大限度激发项目经理的责任感和使命感[5]，这种短期聘任制有利于最大限度地保持创新思想。又如谷歌产品经理的"产品三人组"模式[15]。德国弗劳恩霍夫协会在人才凝聚方面也表现出创新性，大部分研究所设在大学，保障了协会自身的人才供给，同时对大学的研究和教育提供支持。[10]

4. 严格规范的质量管理保证智库成果的权威性

高品质研究成果是智库形成高影响力和权威性的根基，而智库的质量管理直接影响智库产品的质量和水平。国际知名智库通过制定成果、数据产品的高质量研究与分析标准，建立成果质量管理部门或组织机制（科学委员会、评审委员会等),开展内部、外部同行专家严格评审与监督等方式,进行质量控制。兰德公司对研究成果采用内部评审制,专门设有研究质量保证部负责研究成果的质量控制,每个研究项目都由学部主任选择2~3名该领域未参与研究计划的资深研究人员做评审员,负责项目开始后的中期审查和结项审查,写出评审报告,以判断是否达到了兰德公司的要求,并在其官方平台发布《高质量研究与分析标准》。布鲁盖尔研究所设有科学委员会负责机构评估、成果评审等,以保证高质量的研究标准、独立性和影响力。美国能源部能源信息署为保证信息的质量,要求其发布的信息产品必须符合《信息质量指南》(*Information Quality Guidelines*)的要求。美国国家研究理事会的各种研究和分析报告在发布或提交前,都要由报告评审委员会批准的外部独立评审小组按照规定的评审标准(指南)予以独立、严格的评审。未经报告评审委员会批准的评审小组评审、没有按照评审要求修改完善的报告,不得发布。

5. 多元畅通的传播渠道提升智库成果的影响力

在全球化、信息化时代,智库要使其研究成果发挥最大效用,需要根据自身研究成果的特点、传播目标和受众的需求,打造多维立体式成果传播渠道,实现精准的传播效果,广泛提升智库成果的影响力。国际知名智库以发行出版物、举办成果发布会、研讨会、媒体吹风会、讲座、培训和国际交流等方式,面向受众采取精准化服务措施,不断拓展其全球影响力。如卡内基国际和平研究院出版的《外交政策》以英语、土耳其语、意大利语、西班牙语在128个国家发行。[12]胡佛研究所积极向社会媒介展示自己的研究成果,广泛开展与社会各界的项目交流与合作,营造良好的社会舆论[17]。美国企业研究所通过建设官方智库网站、出版印刷物、举办会议、开通社交媒体、播出系列广播节目和电视节目等方式多维度宣传其研究成果,提升智库的影响力[18]。英国海外发展研究所为提高自身及其研究成果的可见度和影响力,采用各种方式积极宣传和传播组织的发展政策、任务、实证成果等,包括开展会议宣讲、联络政府机构、组织论坛活动、出版学术期刊、充分利用网络和社交媒体等,将研究成果传播至世界范围[19]。

三、建设中国科协高端科技创新智库的思考

本文基于开放式创新理论和创新生态系统理论,结合中国科协自身特色,构

建出"十四五"时期中国科协高端科技创新智库建设全景图,如图 2-12-1 所示,主要包括智库建设战略目标、建设基础和平台建设三部分。

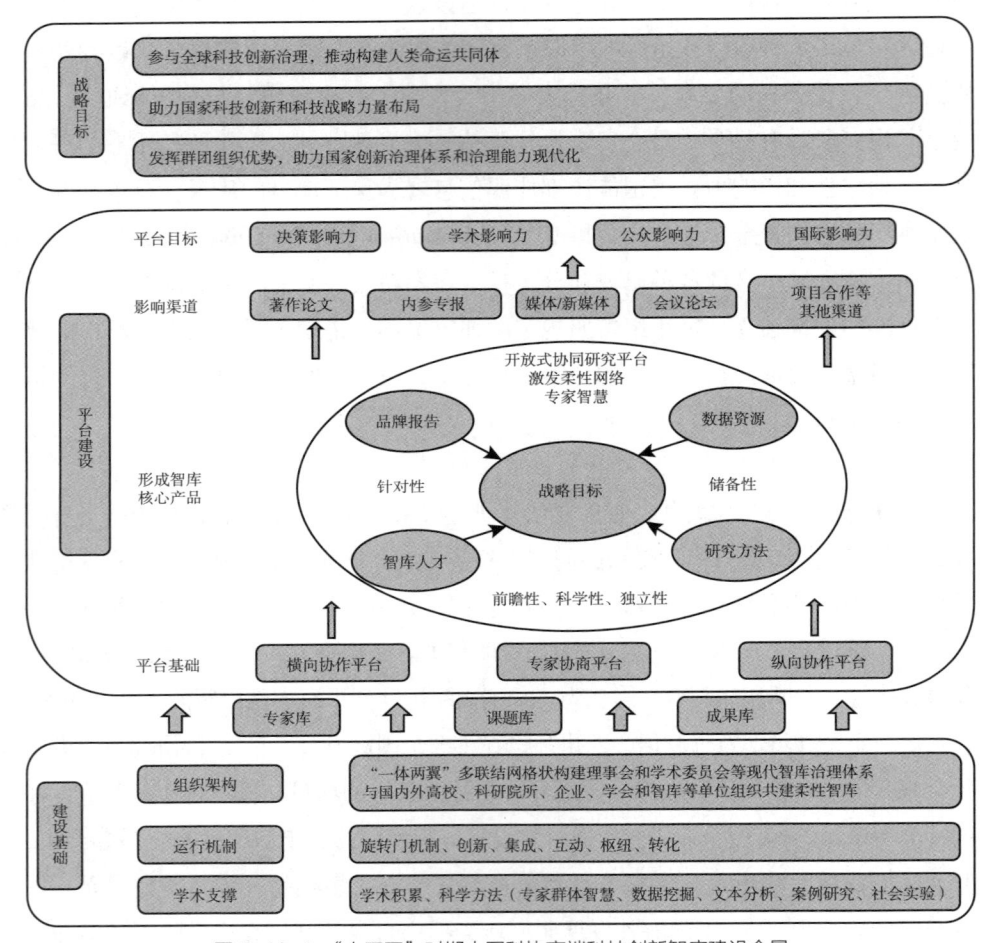

图 2-12-1 "十四五"时期中国科协高端科技创新智库建设全景

(一)智库发展战略目标与建设生态

在以国内大循环为主体、国内国际双循环相互促进的新发展格局下,要结合中国科协"科创中国""科普中国""智汇中国"和"科技工作者之家"的"三国一家"建设,开展高端科技创新智库建设。要积极参与全球科技创新治理,构建全球伙伴关系网络,推动构建人类命运共同体,助力国家科技创新和科技战略力量布局,推进国家创新治理体系和治理能力现代化。

在中国科协高端科技创新智库建设过程中，要充分发挥人才优势和组织优势，以协同化为核心，搭建协同创新平台，充分发挥全国学会和各级科协联系全国科技工作者的平台优势，重点从全球化、网络化、专业化和多元化的角度，系统构建中国科协高端科技创新智库的建设生态（图2-12-2）。

图2-12-2　中国科协高端科技创新智库建设生态

全球化的发展将世界各国纳入统一的世界市场，国际分工的日趋细化导致各国对科技创新的需求日益增加。科协组织在建设高端科技创新智库的过程中，不仅需要立足国内科技创新需求，也要放眼世界，从科技创新的视角为构建人类命运共同体提供智力支持。

网络化是指随着5G等新兴信息技术手段的发展，带来了社会生产和生活方式的转变，也缩小了不同组织和不同群体之间的沟通鸿沟，降低了信息沟通成本，构建起网格化的社会沟通模式。中国科协高端科技创新智库建设要利用新一代信息技术，开展决策咨询，构建思想交流平台，积极推进科技创新智库的数字化和网络化转型。

专业化分工合作使得科协组织在高端科技创新智库建设过程中可以充分利用学会的学科专业优势，优化资源配置，提升智库的专业化建设效率。依托社会专业数据调查公司等进行相关专题调查，获取社会大众对科技创新的需求信息，缩短调研时间，降低调研成本，提升调研效率。

多元化不仅是指中国科协高端科技创新智库提供咨询内容的多元化，也包括咨询参与主体多元化。通过广泛联系高校、科研机构智库和社会智库，发挥各自优势，协同开展决策咨询服务。在服务政府部门，提供相关科技创新发展政策报告的同时，根植于社会发展需求，推动科技为民服务。同时，发挥科协组织的平台优势，搭建起科技创新发展和繁荣地方经济之间的桥梁，助力科技成果转化，更好地服务地方经济发展。

（二）智库建设定位及建设目标

中国科协高端科技创新智库建设瞄准"专业、特色、有用"，积极推动"科普中国""科创中国""智汇中国"建设，实现全方位服务，既要向党政部门提供决策咨询，也要把服务转向市场需求、社会发展的有关方面。建立思想市场，汇聚科技界多元学科的智慧，结合市场化方式手段建设智库，形成思想自增长平台。根据自身的人力、财力、物力，在特定边界条件下寻求最优（图2-12-3）。

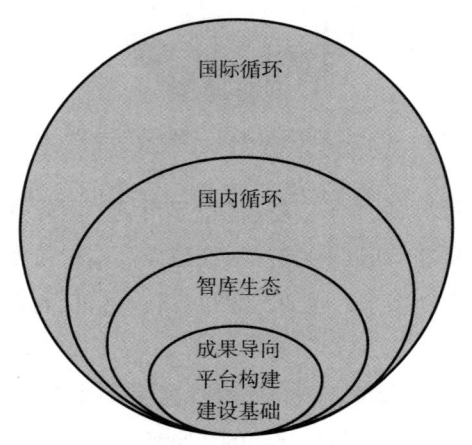

图2-12-3　中国科协高端科技创新智库建设目标及定位

在参与全球治理过程中，要以提升智库的决策影响力、学术影响力、公众影响力和国际影响力为目标，夯实智库平台基础，形成核心产品，畅通提升智库影响力的渠道，打造全球有影响力的科技创新智库。针对全球重大科技问题发布品牌报告和智库专家观点等。

在服务科技经济融合的过程中，通过搭建决策咨询平台，赋能科协组织和学会，服务科技工作者，实现创新价值。以"科创中国"建设为契机，推动创新创业协同组织建设，促使人才资源下沉，服务企业创新活动，助力地方产业发展。

同时，营造良好的创新生态，大力弘扬科学家精神和创新精神，在全社会积极营造鼓励大胆创新、勇于创新、包容创新的良好氛围；既要重视成功，更要宽容失败，发挥好人才评价指挥棒作用，为人才发挥作用、施展才华提供更加广阔的天地。

（三）智库建设基础

在中国科协高端科技创新智库建设过程中，要注重组织建构、运行机制和学术支撑体系建设，注重形成中国科协特色的专家库、课题库和成果库。

首先，在组织架构上，从"小中心大外围"向"柔性智库网络"转变。中国科协智库建设要从"一体两翼"（以中国科协为主体，全国学会、地方科协是科协组织的"两翼"）的格局向"一体两翼"多联结网格状的新发展格局转变。与国内外高校、科研院所、企业、学会和其他智库等单位组织共建柔性智库。借鉴国外知名科技创新智库的建设经验，构建理事会和学术委员会等现代化的智库治理体系，提升中国科协智库体系和治理能力的现代化水平。做强核心枢纽机构，使"柔性智库网络"体系高效运转。

其次，在运行机制上，建设适合中国科协高端科技创新智库发展所需要的"旋转门"机制和平台枢纽，促进人才和思想的集聚与流动。中国的"旋转门"大多仅朝一个方向转动，即退休的高级官员进入智库，而从智库到政府的反向流动需要加强。要注重增强智库、政府、企业间的交流，充分发挥科协智库开放平台的优势，坚持以我为主、专兼结合，不求所有、但求所用的引智原则，建立创新、开放、流动的智库高级专家"旋转门"使用机制，推进高级专家队伍建设和高水平智库思想的产出。

再次，在学术支撑体系上，增加智库自身学术积累，加强调查研究，运用大数据等新技术，提升智库研究方法的科学性，打造智库品牌报告，形成特色数据库。在加强自身核心团队学术积累的同时，借助中国科协所拥有的专家资源和柔性智库体系中的专业研究机构，协同创新。

最后，要注重专家库、课题库和成果库建设。充分发挥中国科协广泛联系科技工作者的优势，汇聚各个科技领域的专家学者，形成跨学科、多层次的专家库。建立科学的课题遴选机制，制定选题标准，形成课题库。加强成果收集与整理，既要有自己的成果，也要注意收集同类智库公开发表的成果，形成门类清晰、便于查找的成果库。加强成果质量控制，成果达到评审标准，才能入库。

（四）智库平台建设

一是夯实智库平台建设基础。发挥中国科协的人才优势和组织优势，搭建全方位、多学科、多层次的专家人才协商平台。加强与社会各类智库的横向协作，同时加强与上下游用户的联系，构建纵向协作平台。

二是形成智库核心产品。以国家战略需求为导向，提升智库产品的前瞻性、针对性、储备性、科学性与独立性。强化品牌研究报告、论坛会议及特色数据库建设。针对不同服务对象，形成不同类型的智库产品。

三是提升智库影响力。用好现有的决策咨询专报，服务党和政府科学决策。利用科技期刊、会议、论坛资源，推动智库成果在学术界传播。加强同国内外媒体对接，有针对性地向公众发布智库研究成果。围绕全球科技热点问题选题布题，运用多种语言形成系列研究成果，面向全球发布。积极发起、承办、参加国际会议，参与国际规则和行业标准制定，提升国际话语权。

四、对中国科协高端科技创新智库建设的几点建议

一是实施养"心"工程。深化体制机制改革，加快建成高端科技创新智库枢纽，加强新型智库人才队伍建设，吸引集聚一批高水平科技战略专家，培养一批懂科技、懂科协、懂人才、懂政策的中青年研究骨干。加强智库品牌建设，拓宽成果上报渠道，提升智库影响力，做实做强中国科协创新战略研究院等中国科协系统内的智库机构。

二是实施强"翼"工程。依托全国学会做强专业性智库。支持全国学会聚焦专业领域开展专业决策咨询服务，做强专业性智库。依托地方科协，与地方政府、全国学会共建产学联合组织和产业前沿科技智库，从各地重点产业布局出发，开展对口合作，助力重点产业集群发展，促进智库更好地发挥服务地方科技经济发展的作用。做好专家库、课题库、成果库分库建设与连接，有效构建促进各类要素合理流动和高效聚集的动力系统，增强智库发展活力。

三是实施链"家"工程。团结凝聚科技工作者，建好"科技工作者之家"。构建跨学科、跨部门、跨组织、跨国界的多层次跨领域融合生态体系，链接、凝聚全球广大科技工作者，打造多维立体式民间科技交流渠道，拓宽科协组织"朋友圈"。成立战略专家委员会，研判新形势，研究新对策，引领新发展。聚焦关键领域科学问题，共建联合研究中心，助力改善全球科技现状。探索设立中国科协高端科技创新智库海外办公室，促进智库国际化建设。

参考文献

[1] 佚名. 关于兰德公司 RAND [EB/OL]. (2020–12–01) [2020–12–01]. https://www.rand.org/zh-hans/about.html.

[2] 赵蓉英, 郭凤娇, 邱均平. 美国兰德公司的发展及对中国智库建设的启示 [J]. 重庆大学学报（社会科学版）, 2016, 22（2）: 125–131.

[3] 宣景昭, 谢泽润. 兰德公司智库研究体制实证探究及其启示 [J]. 智库理论与实践, 2018, 3（5）: 60–68.

[4] 张志新. 美国兰德公司的管理模式 [J]. 国际资料信息, 2010（11）: 39–43.

[5] 杜晓坤, 蔡志海, 刘宏祥. 美国 DARPA 机构管理运行模式对中国军事科技创新体制建设的借鉴思考 [J]. 科技与创新, 2018（7）: 40–42.

[6] 曹凯. 从发现人才开始: DARPA 的创新过程与管理 [J]. 军事文摘, 2015（7）: 46–49.

[7] 曹晓阳, 魏永静, 李莉. DARPA 的颠覆性技术创新与启示 [J]. 中国工程科学, 2018（6）: 122–128.

[8] 国家发展改革委国际合作中心课题组. 达沃斯论坛和博鳌论坛的比较研究 [J]. 全球化, 2013（6）: 104–113, 128.

[9] 林晓霞. 基于弗劳恩霍夫创新模式对引进创新科研团队的思考 [J]. 科技信息, 2012（4）: 19.

[10] 詹同叙, 张晓静, 高子涵, 薛力. 2018 年德国弗劳恩霍夫协会科技创新、发展成果及国际科普活动动态研究 [J]. 天津科技, 2019, 46（2）: 1–4+7.

[11] 黄宁燕, 孙玉明. 从 MP3 案例看德国弗劳恩霍夫协会技术创新机制 [J]. 中国科技论坛, 2018（9）: 181–188.

[12] 栾瑞英. 卡内基国际和平基金会的运行机制与发展动态 [J]. 智库理论与实践, 2016, 1（3）: 81–90.

[13] 萧良. 卡内基国际和平基金会: 美国历史最久的思想库 [J]. 今日中国论坛, 2005（12）: 64–65.

[14] 杨文静. 卡内基国际和平基金会 [J]. 国际资料信息, 2003（4）: 36–41+44.

[15] 王怡. 谷歌的领导力、战略和创新机制（英文）[J]. 中阿科技论坛（中英阿文）, 2020（5）: 205–206.

[16] 段泓羽. 自我管理在谷歌公司中的应用机制分析 [J]. 管理观察, 2019（1）: 21–23.

[17] 刘文祥，莫溪琳. 胡佛研究所在美国国家安全政策中的影响探析——以多源流理论为分析框架［J］. 江南社会学院学报，2019，21（3）：22-28.

[18] 姜萃，高春玲，姜荟. 美国企业研究所的使命、运作机制及对我国的启示［J］. 智库理论与实践，2019，4（2）：89-95.

[19] 杨志刚. 英国海外发展研究所的使命、运作机制与发展动态［J］. 智库理论与实践，2018，3（2）：77-88.

作者单位：张　丽，中国科协创新战略研究院
贺茂斌，中国科协创新战略研究院
夏　婷，中国科协创新战略研究院
董　阳，中国科协创新战略研究院
苏丽荣，中国科协创新战略研究院
张艳欣，中国科协创新战略研究院
王　萌，中国科协创新战略研究院
李　琦，中国科协创新战略研究院

13 新形势下中国科协高端科技创新智库建设对策研究（二）

◇李海龙　方　丹　高　凡　杨宝路　卜　琳　李宗真

【摘　要】中国科协作为党和政府联系科技工作者的桥梁和纽带，是推动科学技术事业发展的重要力量，具有为党和政府科学决策提供科技支撑的重要使命。中国科协智库是以中国科协为中心，以"科技进步与创新"为特色，既有实体，又有虚拟；既有中心，也有地方的网络型综合智库组织。面向"十四五"及2035年全球科技革命、产业变革与我国经济社会转型和高质量发展要求，中国科协应将培育建设高端科技创新智库作为主要抓手，谋划新形势下科协组织高端科技创新智库发展战略，到2025年，建成定位明晰、特色鲜明、规模适度、布局合理、运作高效的中国科协高端科技创新智库网络体系，到2035年，建成全球科技智库网络的重要枢纽，建成全球高端科技创新智库中心。应明确智库建设网络体系和运行管理、成果提炼发布、人才培养等的方向路径，加强中国科协智库建设组织领导和顶层设计，强化中国科协高端科技创新智库网络体系，创新高端科技创新智库建设运行管理模式，完善高端科技创新智库成果提炼发布方式，探索高端科技创新智库人才培养、活力激发机制，系统提升中国科协服务国家科技创新的能力。

【关键词】科协智库定位　发展目标　建设路径　项目建议

一、研究背景

当前，我国正处于中华民族伟大复兴的战略全局和世界百年未有之大变局的重要交汇期，新冠肺炎疫情全球大流行使世界大变局加速演进。国际经济、科技、文化、安全、政治等格局都在发生深刻调整，国内发展环境也经历着深刻变化。

从国际形势看，新一轮科技革命和产业变革深入发展，国际力量对比深刻调整，和平与发展仍然是时代主题，人类命运共同体理念深入人心；同时国际环境日趋复杂，不稳定性、不确定性明显增加，经济全球化遭遇逆流，世界进入动荡变革期，单边主义、保护主义、霸权主义对世界和平与发展构成威胁。新冠肺炎疫情席卷全球，经济形势更加复杂严峻，不稳定性、不确定性增大，科技在人类命运共同体应对重大挑战的过程中，发挥了前所未有的重要作用，也必定在将来引领人类的命运。同时，在中美博弈的新形势下，美国逐渐将中国视为科技领域的潜在竞争者，担忧中国动摇美国在科技领域的全球领先地位。打压中国高科技领军企业，已经成为美国对华科技战略的重要着力点。

从国内环境看，伴随着我国社会主要矛盾的发展变化，我国经济结构出现重大变化，居民消费加快升级，创新进入活跃期，我国经济发展也开始从高速增长阶段转向高质量发展阶段。但发展不平衡不充分问题仍然突出，重点领域关键环节改革任务仍然艰巨，创新能力不适应高质量发展要求。转变发展方式、优化经济结构、转换增长动力，这是一个必须跨越的关口。在这一过程中，科技创新是建设现代化产业体系的战略支撑。以科技创新引领高质量发展，是破解当前经济发展深层次矛盾的必然选择，也是加快转变经济发展方式、调整经济结构、提高发展质量和效益的重要抓手。

在国内外形势背景下，党中央提出构建"以国内大循环为主体、国内国际双循环相互促进"的新发展格局。中国经济社会发展和民生改善比过去任何时候都更加需要科学技术解决方案，都更加需要增强创新这个第一动力。因此，我国科技创新发展迫切需要科技创新智库利用专业知识和背景，在深入分析国内外发展形势的基础上，提出具有战略性、前瞻性、科学性、综合性的政策建议和解决方案，提高科技决策的科学性和针对性，破解科技创新发展与改革中的难题。

（一）中国特色新型智库概述

党的十八大以来，习近平总书记多次提出加强中国特色新型智库建设，希望通过加强高端智库建设，切实提高国家治理体系和治理能力的现代化。中国特色新型智库的提出，显示了中国领导人对中国智库发展道路的坚定决心。

1. 中国特色新型智库定义

2015年1月,中共中央办公厅、国务院办公厅印发了《关于加强中国特色新型智库建设的意见》(以下简称《意见》),提出建设中国特色新型智库、建立健全决策咨询制度,目标是到2020年,形成中国特色新型智库体系,重点建设一批具有较大影响力和国际知名度的高端智库,建立智库管理体制和运行机制。

《意见》对中国特色新型智库进行了定义:以战略问题和公共政策为主要研究对象、以服务党和政府科学民主依法决策为宗旨的非营利性研究咨询机构。

中国特色新型智库应当具备以下基本标准:

(1) 遵守国家法律法规、相对稳定、运作规范的实体性研究机构;
(2) 特色鲜明、长期关注的决策咨询研究领域及其研究成果;
(3) 具有一定影响的专业代表性人物和专职研究人员;
(4) 有保障、可持续的资金来源;
(5) 多层次的学术交流平台和成果转化渠道;
(6) 功能完备的信息采集分析系统;
(7) 健全的治理结构及组织章程;
(8) 开展国际合作交流的良好条件等。

2. 中国特色新型智库分类

中国特色新型智库主要分为如下几类(图2-13-1):

(1) 党政军直属智库,包括中央政研室、中央财办、中央外办、国务院研究室、国务院发展研究中心、中国社会科学院、中央党校、国家行政学院,以及地方社科院、党校、行政学院等,重点围绕提高国家治理能力和解决经济社会发展中的重大现实问题开展国情调研和决策咨询研究。其中包括高水平科技创新智库,其任务是发挥中国科学院、中国工程院、中国科协等在推动科技创新方面的作用,围绕建设创新型国家和实施创新驱动发展战略,促进科技创新与经济社会发展深度融合。

(2) 高校、部属科研机构智库,是一批党和政府信得过、用得上的新型智库,建设一批社会科学专题数据库和实验室、软科学研究基地、全球及区域问题研究基地和海外中国学术研究中心。

(3) 企业智库,包括国有及国有控股企业等,是产学研用紧密结合的新型智库。

(4) 社会智库,其任务是参与决策咨询服务。

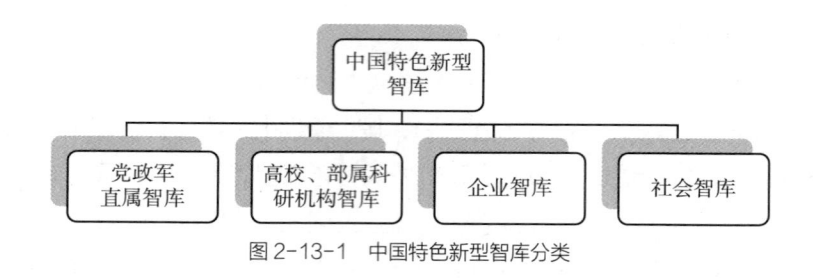

图 2-13-1　中国特色新型智库分类

（二）中央对智库的新要求

1. 明确智库在国家治理体系和治理能力中的重要地位

新形势下，中国发展仍然处于战略机遇期，但机遇和挑战都有新的发展变化。作为完善国家治理体系和治理能力的新兴力量，智库在当前及今后很长一段时间内将会发挥重要的作用和价值。特别是加强高端科技智库建设，是推动科学决策、民主决策，推进国家治理体系和治理能力现代化、增强国家软实力的重要举措。

智库要以习近平新时代中国特色社会主义思想为指导，把握正确方向，秉持家国情怀，坚持唯实求真，努力打造适应新时代新要求的高水平智库，在党和国家事业发展中展现更大作为。

2. 明确要求智库精益求精、注重科学、讲求质量，提高服务决策的能力水平

2020 年中央全面深化改革委员会审议通过的《关于深入推进国家高端智库建设试点工作的意见》提出，建设中国特色新型智库是党中央立足党和国家事业全局做出的重要部署，要求智库精益求精、注重科学、讲求质量，切实提高服务决策的能力水平。智库要牢牢把握服务决策这一根本任务，紧紧围绕党和国家中心工作和重大需求，加强现实针对性、战略前瞻性研究，为经济社会发展提供有力思想和智力支撑。通过专业且科学、精细又精准、前瞻加储备的扎实研究，在功能定位、重点研究方向、管理体制机制、国际交流合作、人才队伍建设等方面进行不断探索，提高服务决策能力的水平。

（三）中国科协智库定位

1. 中国科协系统具有智库职责传统

中国科协作为党和政府联系科技工作者的桥梁和纽带，联系广泛、智力密集、人才荟萃，是推动科学技术事业发展的重要力量，具有为党和政府科学决策提供

科技支撑的重要使命，在为党和国家建设发展建言献策方面具有优良传统[1]。

《中国科学技术协会章程》明确规定中国科协的重要任务之一为：组织科学技术工作者参与国家科技战略、规划、布局、政策、法律法规的咨询制定和国家事务的政治协商、科学决策、民主监督工作。

改革开放初期，一批中国科协所属全国学会在中央批准下陆续成立，为党和政府决策提供了重要技术支撑，逐步成为党和政府科学决策、民主决策的重要力量。2010年，中国科协发布了《中国科协关于加强决策咨询工作推进国家级科技思想库建设的若干意见》，并将"建设国家级科技思想库"纳入中国科协"十二五"规划中。中国科协第八届全国委员会（2011—2015年）致力于引领全国科技工作者为创新驱动发展、科学素质提升以及党委和政府科学决策服务，明确了学会是科协的主体，应该积极承接政府转移职能，明确了智库工作是科协的重要工作。"十二五"时期，中国科协及各级科协组织以建设"国家级科技思想库"为目标，主要依托学术交流活动，组织有关学会专家围绕专门问题开展研究论证，通过《科技工作者建议》等内刊向党和政府提出政策建议，积极促进智力优势向参与决策咨询转化，在服务国家科学决策、引领社会思潮方面发挥了重要作用，初步形成了独特的决策咨询品牌和资源积累。

2. 中国科协智库在中国特色新型智库中的定位

建设高水平科技创新智库是党中央赋予科协系统的使命。科协系统智库建设工作是由科协的决策咨询、建言献策工作发展起来的，具有长期的工作基础。随着科协事业发展进入新时代以及新使命目标的确立，随着"智库、学术、科普"三轮驱动工作格局的提出，智库建设在科协工作格局中被提升到更加重要的位置。

《意见》要求中国科协在国家科技战略、规划、布局、政策等方面发挥支撑作用，努力成为创新引领、国家倚重、社会信任、国际知名的高端科技智库，支持中国科协开展高端智库建设试点。

中国科协智库在中国特色新型智库中的定位为：中央直属"科技创新"特色智库网络。中国科协本身不是智库，但可以发挥智库作用，通过构建中国科协智库网络，沟通科技智库目前相对封闭、各自为政的孤岛，以科技工作者形成的学术共同体为基本单元，形成一个与科技社团、高校、企业等社会各方力量横纵联合的智库网络。

从性质上看，中国科协智库以中国科协为中心，直接服务于中央，区别于一般的科研机构、大学、企业和社会智库。科协智库服务于党和国家科学决策，站位立场必须把政治性突出出来。坚持党的领导是第一位的，是科协智库建设要牢牢把握的方向。中国科协作为中央群团组织，坚持发挥党和政府联系科技工作者的桥梁纽带作用。与部委所属智库相比，中国科协智库不隶属于政府组织，具有第三方身份和立场，适合组织科技工作者从学术共同体的角度，独立开展决策咨询和建言献策工作，提供更多有价值的建议。

从专业领域看，我国智库的研究范围总体可分为"经济社会发展""思想理论建设""科技进步与创新"和"外交、国防和国家安全"四大研究领域。中国科协智库属于以"科技进步与创新"为研究范围的综合性智库机构，区别于其他聚焦政治、经济、社会、军事、法律、国际交往等领域的专业性智库。中国科协智库体现科技特色和科学性，依托科技社团的人才和资源进行跨学科交叉融合研究，基于数据和事实，预判科技前沿发展趋势，把握科技界发展动向，开展第三方评估，服务创新驱动发展，推进创新文化研究。同时，科协智库也体现社会性，向社会表现科技工作者的责任担当，做好智库成果的传播转译。

从组织形式上看，中国科协智库属于既有实体，又有虚拟，既有中心、也有地方的网络型智库组织，区别于依托单一研究咨询机构的智库。中国科协智库以中国科协创新战略研究院为中心实体，打造专职研究人员队伍；依托学会建设一批虚拟的专业科技智库，发挥科技共同体顶尖专家资源的优势；以科技治理为特色，与高校、企业等共建一批虚拟的研究平台，研究科技伦理、科技社会、科技人才等与科技相关的社会性问题；依托地方科协建设一批区域科技智库研究基地，助力地方政府决策咨询和拓展社会化服务，共同形成中心与外围、中央与地方横纵联合的网络组织。

二、中国科协智库发展态势

（一）"十三五"时期发展成果

2015年以来，中国科协先后出台了《科协系统深化改革实施方案》《中国科协关于建设高水平科技创新智库的意见》《中国科协高水平科技创新智库建设"十三五"规划》《面向建设世界科技强国的中国科协规划纲要》等文件，明确提出高端科技创新智库的建设目标和实施路径。

"十三五"中国科协智库建设的主要目标包括：初步形成创新智库网络，促进国家治理体系和治理能力现代化建设，参与国际科技治理；推进中国科协重大调研课题研究，开展技术预见研究计划，围绕科技产业前沿领域，预测新学科生长点，分析生长机制并提出对策建议，及时形成重大决策咨询成果；集中打造高端智库活动品牌，邀请知名科技战略专家设置热点科技议题并展开讨论，打造致力于人类命运共同体建设的科技战略思想平台；构建智库管理模式和运行机制，建设科协系统智库统一领导体制，建立专兼职结合的专家队伍，完善智库人才培养、聚集、激励机制，智库成果报送、发布、宣传渠道更加多样，智库建设经费稳定增长，投入机制更加合理多元；推进智库信息化建设，建立完善科技工作者状况调查体系，建成科技数据中心，对相关数据进行及时更新和有效维护。

"十三五"时期以来，中国科协智库建设取得积极进展，具体成果如下：

1. 明晰了中国科协智库建设工作的组织管理机制

在中国科协党组和书记处的领导下，中国科协智库建设工作由中国科协高端智库建设领导小组总体把握建设方向，由中国科协调研宣传部负责智库建设和管理工作，由以中国科协创新战略研究院为中心的各研究机构具体实施。

2. 初步构建了"小中心，大外围"的智库网络

中国科协智库充分发挥中国科协开放型、枢纽型、平台型的组织优势，按照"小中心，大外围"的模式，以实体研究机构和虚拟研究机构为基础，建立跨学科、跨单位、跨区域、网络化的柔性科技智库网络。

中国科协智库以2015年成立的实体研究机构——中国科协创新战略研究院为中心，广泛联合各级学会、高校和地方科协，打造虚拟研究机构。

中国科协与学会合作共建专业研究所四所：依托信息科学学会联合体建立智能社会研究所，依托智能制造学会联合体建立智能制造研究所，依托中国公路学会联合相关学会和企业建立未来交通研究所，依托中国城市科学研究会建立未来城市研究所。

中国科协突出治理主题，共建以治理为特色的研究平台，与高校合作共建研究中心、研究院6个：与北京大学共建科学文化研究院，与清华大学共建科学发展与治理研究中心，与中国人民大学共建智能社会治理研究中心，与天津市政府、南开大学共建数字经济研究中心，与北京航空航天大学共建科技组织与公共政策研究

院，与湖北省人民政府、华中科技大学共建华中公共卫生与健康联合研究中心。

中国科协依托地方科协，建立服务国家区域发展的智库分库，在江苏省建立区域研究基地，形成长期合作机制，覆盖专业研究员96人，专家委员会专家235人，其中院士54名，柔性科技智库网络初步形成。

中国科协动员全国学会专家参与地方智库建设，为基层科协组织服务党委、政府决策提供支持，咨询报告多次得到地方领导批示，推动科协组织智库影响力持续提升。通过共建智库，发挥相关单位学科人才资源、全球合作网络等方面优势，突出科技治理特色，支撑国家治理现代化。

3. 形成了一批具有重大政策影响力的咨询成果

中国科协智库逐步形成了一批高质量的研究咨询成果。在服务中央决策方面，形成跨界研判机制，围绕总书记对破解"卡脖子"问题等事务的重大关切，聚焦中美贸易摩擦、数字经济、科技伦理治理等国家重大战略问题，汇聚"反卡""对卡"之策，组织全国学会、地方科协、高校智库及其他单位报送《科技工作者建议》《科技界情况》等专报，报送建议多次得到中央领导同志批示，组织科技界、产业界、金融界专家跨界研判，服务中央决策的动员机制日益完善。

2016年、2017年和2018年，中国科协在深入调研的基础上分别上报了《关于对既有多层住宅加装电梯的建议报告》《关于将既有多层住宅加装电梯纳入重要民生工程的建议报告》和《关于继续推动既有住宅加装电梯的建议》，得到了国家有关领导批示。2018年和2019年，李克强总理在《政府工作报告》中先后提出在老旧小区改造中"鼓励有条件的加装电梯"和"支持加装电梯"，这一重大民生举措受到全国各地群众的高度赞赏和广泛欢迎。

中国科协创新战略研究院根据国家发展的战略全局，以"创新创业"为核心着力点，顺利完成一批战略规划、政策评估等重大项目，包括开展《国家中长期科学和技术发展规划纲要（2006—2020年）》实施情况评估、开展"双创"示范基地评估、开展大众创业万众创新评估等。第三方评估工作取得突破性进展，积极支撑国家科技决策咨询体系，得到党中央、国务院的高度重视，在科技界和全社会产生广泛影响。

此外，中国科协还通过发布《中国科技人力资源发展研究报告》《互联网人才发展报告》《绿色发展科技创新人才地图》等报告，为促进我国科技创新、人才培养提供决策参考。

4. 打造了一系列具有影响力的智库活动品牌

中国科协通过组织中国科技峰会系列活动，包括科普高峰论坛、高层次专家研讨会、青年科学家沙龙等，打造中国科技智库旗舰品牌。

"中国创新50人论坛"自2015年首次举办以来，已分别围绕"创新的新理念、新模式、新态势与中国的产业升级""平台经济与中国制造的未来""推动区域创新，支撑创新型国家建设""关于加强我国高端科技人才队伍建设的建议""以企业为主体的技术创新体系建设""人才引领　创新高地"的主题，举办了6期正式论坛。

2019年，中国科协第九届全国委员会第四次全体会议提出，实施"智汇中国"工程，开展技术预见研究计划，培育中国科协论坛、中国科技政策论坛等系列高端前沿学术论坛，与有关地方政府联合打造系列高端创新战略论坛，实施全球科技组织伙伴计划，成立中国科技战略委员会，着力打造中国特色科技创新高端智库。

其中，中国科技政策论坛由中国科协常委会决策咨询专门委员会主办，聚焦科技政策领域的热点问题，邀请党政部门、科技思想库、高等院校、科研院所和企业的专家学者，采用政策要点宣讲、主旨报告、专家对话等形式，多角度解读国家科技政策，介绍科技政策实施效果，探讨科技政策未来发展方向。

2019年6月28日，中国科协与黑龙江省人民政府在哈尔滨市联合主办以"新时代·新战略·新动能：科技创新与东北振兴"为主题的中国科技智库论坛（2019），旨在打造高端平台，更有效汇聚智库思想，更有效促进国际交流。

2020年8月10日，中国科协与山东省人民政府在北京联合主办了以"构建具有全球竞争力的创新人才治理体系"为主题的中国科技智库论坛（2020），聚焦新时期我国创新人才治理体系如何构建，以及如何支撑国家创新发展、新旧动能转化及科技经济融合等核心议题，集中展示智库研究成果，服务新时代改革开放和人类命运共同体建设。

5. 开展了一系列技术预见性研究和前沿研究

自2018年以来，中国科协瞄准世界科技前沿，研判未来科技发展趋势，前瞻谋划和布局前沿科技领域与方向，组织全国学会及学会联合体开展重大科学问题和工程技术难题征集活动并向公众发布，三年共评选、发布了100个难题，并针对重大问题开展系列智库研究课题。

中国科协持续增强学会和学术交流平台的学术引领能力，通过建立重大科学问题和工程技术难题发布机制，树立科技前沿发展风向标。2020年8月，中国科协组织全国学会及学会联合体开展重大科学问题和工程技术难题征集活动并向公众发布。该征集发布活动共征集到103家全国学会、学会联合体、企业科协提交的490个问题、难题，1.88万余名院士、专家、一线科技工作者参与。经过网络初评投票、复审评议和终审评议，中国科协发布了10个对科学发展具有导向作用的科学问题，以及10个对技术和产业具有关键作用的工程难题，产生显著的社会影响力。

6. 建立了多个科技人才数据平台

中国科协进一步加强全国科技工作者状况调查站点体系建设，建立了科技工作者状况调查平台。以全国青少年科技创新大赛等青少年科技竞赛和全国中学生五项学科竞赛获奖学生以及高校科学营等活动参赛青少年为研究对象，建立了青少年科技创新人才数据库。

7. 取得了一定的国际影响力

2016年，在国内智库评价机构通过社交大数据方式进行的智库评价中，中国科协智库综合排名第一；在美国宾夕法尼亚大学发布的权威报告《全球智库报告2016》中，中国科协智库排名第58位。

在"2019全球最佳科技政策研究"智库排名中，中国科学技术协会位列第39名，在上榜中国智库中居首位。

（二）突出问题

1. 缺乏高端智库建设的政策、路径、项目、平台、评估系统支持，亟须补强

中共中央办公厅、国务院办公厅已经印发《关于加强中国特色新型智库建设的意见》，但目前科协缺乏具有针对性的、具体可落实的高端智库建设政策，总体建设路径不明晰，尚未出台具体做法。同时，符合智库运作规律、灵活有效的经费使用制度和管理体制尚未建立，研究质量和内容创新还不够，研究关注热点问题和短期问题多，对于中长期问题和基础领域投入不足，综合研判和战略谋划能力还不强，提出的方案单一，缺乏多种选择。此外，中国尚未建立统一、权威的智库评价体系，尚未形成公信度高、得到科技智库一致认可的第三方专业评估机构。

2. "一体两翼"治理格局对科协智库网络体系建设的定位仍不明晰

《中国科协高水平科技创新智库建设"十三五"规划》中提出，形成特色鲜明

的中国科协科技智库体系，明确提出"以中国科协创新战略研究院为核心，以 10 个地方科协智库、10—15 个学会智库、5 个左右高校科协智库为支撑"的目标。当前智库建设状况与这一目标还有一定的距离。中国科协和全国学会、地方科协"一体两翼"的治理格局对科协智库网络体系建设至关重要，但目前"一体两翼"多级联动网络建设尚不成熟，整体架构还需进一步明晰，联通模式需要进一步优化。在管理方面，绩效评价、薪酬标准、奖罚机制等制度均有待完善，尚未形成高效协同的科技智库运行模式。

3. 中国科协所属事业单位高端科技智库职能不突出，影响力不强，体制受限

中国科协创新战略研究院的核心枢纽组织作用仍有待提升，外围智库群组不成体系，科协的智库建设组织动员优势仍待进一步发挥，系统化、网络化功能不强，缺少凝聚力。中国科协创新战略研究院目前尚未形成稳固的联系枢纽和平台，协调运行机制尚不健全，智库之间的信息资源共享度、课题协作程度不高，没有形成稳健的科技创新智库网络体系。"小中心、大外围"的组织架构仍需完善，"小中心"尚未发挥"中心"作用，未能在政策制定、人才管理、项目研究等方面带动学会联合体智库及地方科协智库发展。

4. 全国学会水平参差不齐，大部分受体制束缚，学会智库发展生态亟待改善

我国各学会在整体规模、研究水平等方面参差不齐，学会智库的组织构成较为单一，在资金、人员、内部管理体制等方面，均直接或间接来源于各级政府，具有比较浓重的行政色彩，人员资金管理面临各类约束、限制较多，一定程度上抑制了科技智库的发展活力。学会智库整体上仍处于初期建设探索阶段，体系化、科学化、规范化发展水平不高；各类型智库发展模式趋同，尚未形成各具专业特色的智库管理标准与发展模式。

5. 地方科协所属学会智库研究水平不高，对地方党委、政府决策支撑能力不足

地方科协智库与相应领域决策部门之间的咨政供需对接效率与政策咨询实效不高，智库研究"浅轻散"问题比较普遍，针对决策部门阶段性重点急需议题的高质量、前瞻性、全局性政策研判不足。研究成果对政策延伸、为政策注释较多，开创性的战略构建和趋势研判预案较少。智库建设战略设计能力欠缺，研究成果在决策实践中转化率低，智库决策咨询产品和服务的供给不足。政府部门和科技智库之间的合作多以委托任务模式进行，合作模式较为单一，多元化的合作方式有待拓展。此外，我国学界和政界、思想和权力之间通过科技智库平台实现研

者与决策者、学者与官员身份转换的"旋转门"机制尚不成熟,限制了智库成果对决策支持作用的发挥。

6. 科协高水平科技智库机构、高质量智库成果、高水平智库人才普遍缺乏

科协科技智库存在有"库"无"智"、有"库"无人等现象。目前科协智库尚未形成对于国家科技发展战略具有前瞻性指导意义的成果。科协科技智库的领军人才和决策型管理人才普遍缺乏,高层次专业领军人才职责体系不完善,首席专家等管理型研究岗位灵魂与核心作用不强,先导示范与引领带动作用发挥不够充分。人才交流与共建机制不完善,智库与决策系统之间缺少制度化的人才流转、交流与联合培养机制。人才管理、激励机制亟待创新,考核评价、绩效管理、奖励激励等制度比起行政系统缺少显著突破。

7. 智库的国际化水平及影响力严重不足,亟须以世界眼光融入国际话语体系

科协智库在研究能力、咨询水平、全球视野等方面,与国际一流智库仍存在较大差距。与国际知名智库相比,科协智库国际性人才引用机制不健全,缺乏高素质、高水平的国际化人才。此外,由于西方智库掌握了国际话语霸权和重要传播体系主导权,在意识形态与价值观念差异的影响下,科协智库成果的国际传播受到极大限制,缺乏国际影响力,参与国际治理能力较弱。

(三)新诉求、新方向

在新形势和新要求下,面向"十四五"发展,中国科协智库建设须重点解决以下三方面的问题。

一是根据国家智库发展总体部署与要求,结合国内外新形势,基于中国科协改革创新发展系列政策、规划、已开展项目和长远谋划,进一步明确"十四五"时期及远景高端科技智库建设的发展目标和工作重点。

二是结合中国科协及省市科协系统、全国学会、科研院所、高校、企业科协组织的智库建设现状、面临的困难与主要诉求,制定"十四五"时期高端科技智库建设改革的关键举措与实施路径。

三是结合国际科技智库发展运行创新机制以及对其经验借鉴,明确短板不足与改革发力方向,上下结合,找准难点与症结,明确"十四五"主要发力点,谋划一批重点工程,形成引领示范。

2020年10月,党的十九届五中全会审议通过《中共中央关于制定国民经济和

社会发展第十四个五年规划和二〇三五年远景目标的建议》(以下简称《建议》),对科技创新核心地位及重点工作方向都有了清晰的阐述,对新形势下中国科协高端科技创新智库建设很有启发。本文结合国内外最新形势,以及中央高端智库发展新动态,报告总结中国科协智库建设的五个新方向。

1. 将服务党和政府科技创新决策作为首要任务

《建议》提出坚持创新在现代化建设全局中的核心地位,把科技自立自强作为国家发展战略支撑,摆在各项规划任务的首位,进行专章部署,这是党编制五年规划建议历史上的第一次,也是党中央把握世界发展大势、立足当前、着眼长远做出的战略布局。当今世界正经历百年未有之大变局,科技创新是其中一个关键变量。于危机中育先机、于变局中开新局,必须向科技创新要答案。面向未来,在全面建设社会主义现代化国家新征程上,要抓住新一轮科技革命和产业变革的重大机遇,充分发挥科技创新的关键变量作用,发挥科技创新在战略全局中的支撑引领作用。

中国科协智库建设应积极适应新时代新形势,将服务党和政府科技创新决策作为首要任务。科协智库应围绕经济社会发展中的关键科学问题,认真研判未来可能产生变革性技术的前沿科技领域,及早进行战略性、前瞻性布局,推动重大科技创新问题预判和研究,及时形成科技创新方面重大决策咨询成果。

2. 着力原始创新和基础创新的整体布局

《建议》尤其强调了原始创新和基础创新的重要性,在科技创新四大重点工作中都进行了突出强调。把原始创新能力提升摆在更加突出的位置这一重点阐述符合当前我国科技创新的现实形势。我国科技创新最为突出的问题是原始创新能力还比较弱,一些重大核心关键技术有待突破。近年来,美国针对我国高科技企业持续打压,凸显了一些关键核心技术受制于人的痛点和原始创新能力不足的短板。

中国科协智库建设应制定长期稳定地支持数学、理论物理、生态环境等学科领域长周期原创性研究的机制,应大力营造尊重原始创新、尊重创新人才的学术氛围,倡导宽容失败的科学精神,在课题研究和奖项设置方面支持能独立思考、有独创精神的学者和青年人才,在智库评价体系中也应强调原始创新和基础创新能力水平的评估。

3. 聚焦促进科技、经济、社会融合发展

中国科协智库建设应明确始终围绕中心、服务大局,聚焦科技、经济、社会发展中的大事难事急事,着眼于建立科技与经济、社会的有机联系。重点明确要科学回答我国科技发展必须面对的战略问题，围绕实施创新驱动发展战略、促进经济高质量发展献计献策。要加强科技、教育、产业界的联合，加强与社会科学各领域专家的协作，形成智库合力。要研究营造良好生态，建立有效制度，支撑一系列重大颠覆性技术的突破性进展，完善促进科技与经济结合的组织机制。

4. 服务激励科技工作者，优化创新生态

党中央着眼"十四五"时期加快科技创新的迫切要求，指明科技创新方向，希望广大科学家和科技工作者肩负起历史责任，向科技广度和深度进军。同时，《建议》首次将"激发人才创新活力"作为科技创新四大重点工作之一专节论述。中国科技界已经有科学技术人才9100万人，每年毕业工程师达500万人，如何发挥好科技人才的作用，对科技强国建设与中华民族伟大复兴具有重要意义。

中国科协是党和政府联系科技工作者的桥梁和纽带，智库建设具有为党和政府科学决策提供科技支撑的重要使命，应组织号召广大科技工作者投身到科技创新四个"面向"中，敢于提出新理论、开辟新领域、探索新路径，为不断丰富和发展科学体系做出贡献。应完善有利于人才竞相成长的科技奖励和激励机制。完善科技奖励制度，建立公开公平公正的评奖机制，创造良好的科技人才成长发展环境，建立智库人才职业规划，以薪资待遇、发展空间、奖励制度激励科技人才，留住科技人才。

5. 倡导全球视野，服务人类命运共同体构建

新形势下科技共同体更需要团结一致，更需要以科学精神和理念推动科学发展，不断增强科学和技术服务人类社会的能力。拓展全球视野，探索以科技助力构建人类命运共同体，共同打造面向新世纪的开放交流新舞台，为世界科技创新和经济社会发展贡献智慧，发出中国声音，提出中国方案。

中国科协要筹建中国科技战略委员会并发挥作用，以中国科技峰会为平台，构筑中国科技智库旗舰，调动国内外智库资源，围绕人类可持续发展等关键问题，发起议题，为构建人类命运共同体贡献中国智慧。

三、中国科协智库发展战略

（一）发展目标

中国科协组织作为中国特色新型智库的重要组成部分，通过高端智库建设，

成为服务、凝聚各学科领域优秀科技人才的载体和有效激发"一体两翼"智库资源组织活力的引擎，持续建设创新引领、国家倚重、社会信任、国际知名的高水平科技创新智库。主要分两阶段建成国家科技智库网络、国际科技智库中心。

（二）工作重点

主要聚焦跨领域融合、科技发展、科技创新、科技人才四大核心议题开展工作。

汇聚科技界思想智慧，坚持第三方客观公正立场，在跨部门、跨领域、跨学科等方面重点精准发力，系统优化资源配置，高水平服务党和国家科学决策。

从科学技术发展角度，研究事关全局的重大问题，从科技规律出发前瞻性思考世界科技发展趋势，开展科学评估，进行预测预判，提出战略性、前瞻性建议。

从科技创新角度，聚焦科技与经济、社会互动融合发展中的重大议题，推动科技治理格局和体制创新，提出前瞻性、建设性建议。

从科技人才成长角度，聚焦科技工作者发展与科技创新重大议题，深入研究科技人才培养、管理、评价机制，提出营造良好创新生态与促进人才成长的政策建议，推进体制机制改革创新，激发人才活力。

四、中国科协智库建设路径

面向"十四五"时期及2035年全球科技革命、产业变革以及我国经济社会转型和高质量发展要求，中国科协应将培育建设高端科技创新智库作为主要抓手，谋划新形势下科协组织高端科技创新智库的发展思路、发展目标、重点举措与重大项目，明确网络体系和运行管理、成果提炼发布、人才培养等的方向路径，系统提升中国科协服务国家科技创新的能力。

（一）加强中国科协智库建设组织领导和顶层设计

1. 坚持党的组织引领核心作用，牢牢把握智库建设方向

中国科协高端智库建设要坚持直接服务党和国家科技发展战略，在党的领导下协调行动，为党和国家决策提供咨询。

建议在中国科协党组和书记处的领导下，成立中国科协高端科技创新智库建

设领导小组，统筹推动中国科协高端科技智库建设。建议整合中国科协决策咨询专家委员会、创新评估指导委员会、中国科技战略委员会机构与专家资源，建立学科门类齐全、代表面广泛的中国科协高端智库专家委员会。

建议通过定期召开领导小组会议、专家委员会会议，及时响应党和国家战略需求，充分凝聚专家智慧，协调中国科协智库专家人才资源，提出高水平咨政建议。

建议进一步明确中国科协科技创新智库的研究方向，围绕党和国家战略方向与亟须解决的问题，研究确定中国科协智库重大选题，定期发布智库决策研究指南，通过专项任务委托等形式，引导带动中国科协智库研究方向，提升决策咨询和服务水平。

2. 坚持规划引领，高水平编制中国科协智库建设规划

充分发挥中国科协的宏观指导、统筹协调、服务保障作用，优先组织编制并推动实施《中国科协高端科技智库建设规划（2021—2025）》。通过谋划中国科协智库建设的顶层设计和整体发展，明确不同层级、不同类型、不同区域智库的类型划分与统筹协调机制，培育各级各类智库，形成智库主攻研究方向，策划重点研究选题，部署配置研究资源和力量格局，突出智库的专业特色和优势，联合形成中国科协智库体系特色品牌。

规划应坚持中国科协直接领导，高标准规划、高水平建设、高层次谋划，紧密结合党和国家战略，发现研究需求，研判国际国内科技发展趋势，凝聚科技智库人才智慧，产出高质量咨政研究成果。

规划应统筹考虑中国科协国家层面智库和地方科协层面智库资源，统一指导、统筹规划，打破智库间条块分割、各自为政的局面。充分利用中国科协学科门类齐全、与科技工作者联系广泛的特点，开展跨学科、交叉学科科技战略咨询，加强多学科交叉融合和多技术领域集成创新。

应通过规划实施引领，统筹整合现有智库优质资源，发挥中国科协在推动科技创新智库建设方面的组织优势，充分调动各方面积极性、主动性、创造性，有力推动重大议题研究攻关，为国家抢占科技发展国际竞争制高点、构筑发展新优势、有效带动产业发展与社会进步提供强有力支持。

3. 强化顶层制度设计创新保障能力，引领智库协同发展

加强中国科协智库组织管理加强顶层部署与系统施策，持续优化科协智库建设整体布局。强化中国科协智库专业化管理水平，在咨政研究、人员管理、经费使用、对外交流等方面健全管理标准。持续引导、推动体制内全国学会智库、地

方科协智库建设发展，形成高质量、规范化发展新格局。

应重点针对全国学会和地方科协，开展高端科技创新智库建设试点。鼓励和支持试点单位结合科协和学会实际，开展高端科技智库建设的制度创新先行先试，及时总结有效做法与先进经验并予以推广，发挥科技智库建设的带动引领作用。

引导优化形成多元互补格局，创设有序竞争的科协智库发展环境。从提高智库发展自主性入手，强化系统设计，加强资源整合，推动人才培育和国际合作，深化体制机制创新，不断提升智库的决策咨询服务质量和水平。以健全决策咨询制度、建设高质量智库和完善智库体系为目标，充分发挥中国科协高端科技创新智库在推进国家治理体系现代化、提升国家软实力方面的重要作用。

应注重中国科协高端科技创新智库的协同性、整体性和系统性建设。立足于服务国家经济社会的整体进步，既能独立发挥自身优势，又能与其他智库联合，取长补短，从而对内满足经济社会发展的决策咨询需要，对外提高我国智库的整体竞争力。

（二）建设中国科协高端科技创新智库网络体系

1. 建设直接服务党中央决策的高端科技智库

建议中国科协发挥集中力量办大事的体制优势，成立直接面向党中央、服务于党中央决策，聚焦对国家发展战略至关重要的高端科技的旗舰型高端科技智库。

中国科协高端科技智库应前瞻性预判决定国家科技与经济发展命脉的"卡脖子"技术、革新性引领性技术，组织国内顶级专家进行长期跟踪研究，对未来形势及需求进行前瞻性判断。

高端科技智库的研究成果要定期或不定期地上报中央，提出战略路径、关键发展点、实施时序布局等方面的合理建议，服务党中央进行前瞻性科技战略决策部署。

2. 高水平建设中国科协创新战略研究院，打造科技智库旗舰

做大做强中国科协创新战略研究院，重点强化其战略平台和网络枢纽作用，建设成为中国科协高端科技创新智库核心枢纽、国家高端科技智库，在国家科技战略、规划、布局、政策等方面发挥支撑作用[2]。

建议以中国科协创新战略研究院为中国科协智库建设核心平台，通过开放、

合作、共享机制发挥平台枢纽作用，协同全国学会、地方科协、专业研究机构和各类专家学者参与智库建设，与一流科研机构、高等院校、科技组织、科技智库建立伙伴关系，围绕创新发展的重大前沿领域，共建一批跨学科专业研究机构，实现科协系统决策咨询资源共建共享。

可依托中国科协创新战略研究院建设创新战略研究网络，广泛联络国内外智库同行，培育发展特色鲜明的专家网络和信息情报网络[3]，面向科技界开放战略研究资源，集成社会智慧，实现共建共享。

3. 依托全国学会、学会联合体建设专业化高端科技创新智库

充分发挥各级学会学科性和专业性的优势，实施全国学会"智库伙伴计划"，推动柔性智库体系建设，形成专业化科协系统科技社团智库网络（图2-13-2）。

推动建设一批"国家急需、特色鲜明、制度创新、引领发展"[4]的国家级全国学会高端专业智库。培育全国学会智库，围绕主攻方向精钻细研，打造优质智库成果与高端智库品牌，形成擅长解决某一领域问题的高精尖智库网络。

组织推进各学会智库科学预判科技发展趋势，完善开放协同、跨界集智机制，为培育国家未来核心竞争力，提出基础性科技知识储备方向性建议。培育全国学会智库，围绕专业化的问题，依靠专业化技术手段、专业数据库和专业工具，提出专业化的可操作性解决办法。重点围绕各行业、各领域国家重大科技与产业战略需求，开展前瞻性、针对性、储备性政策研究，切实提高综合研判和战略谋划能力，提高决策咨询服务质量和水平，服务中央和地方现代化治理决策咨询。

4. 引导地方科协推动省市高端科技创新智库建设

引导地方科协，围绕所在省市工作大局和当地党委、政府中心工作，立足创新驱动和科技支撑引领，组织广大科技工作者和本地智库高端人才队伍入库专家发挥智力优势，向当地党委、政府提交前瞻性、应对性、储备性系列决策咨询建议[5]。

围绕国家区域发展战略和区域发展方向，由中国科协或区位优势明显、决策咨询工作较好的地方科协牵头，建设一批跨区域的创新战略研究基地，形成特色化地方科协智库网络，充分发挥地方科协智库网络对区域创新发展的建言献策作用。

5. 持续推动与高校、企业等合作，共建高端特色智库机构

聚焦科技治理、科技经济融合发展等专题，将与高校共建的智库基地做优做强。聚焦关键核心技术领域与技术创新体系建设，推动与企业共建高端智库平台。聚合中国科协系统优势和组织优势，发挥高校学科优势和人才优势，根据国家科

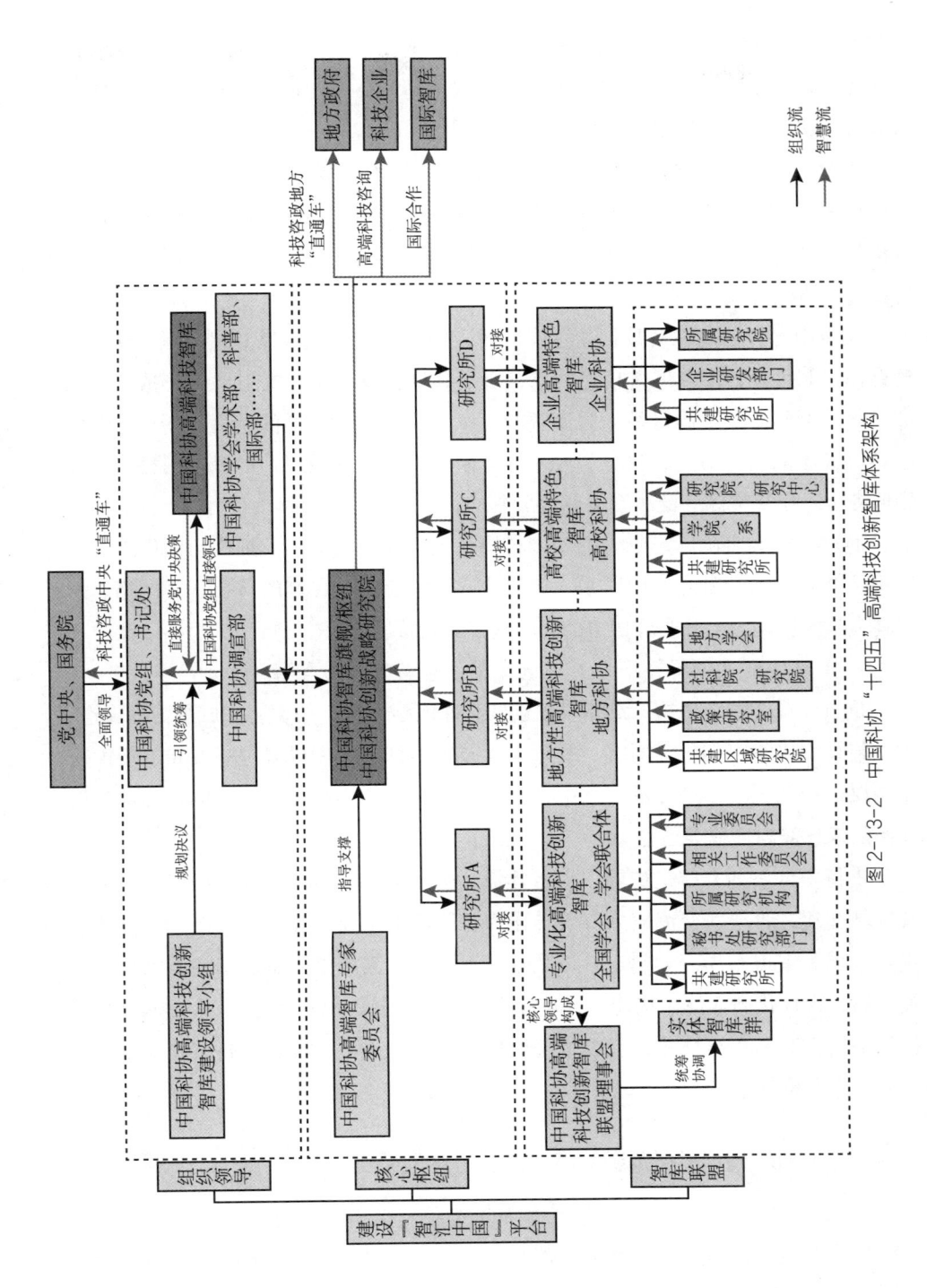

第 2 部分 专题研究
13 新形势下中国科协高端科技创新智库建设对策研究（二）

图 2-13-2 中国科协"十四五"高端科技创新智库体系架构

技与经济社会发展的战略需求，开展综合性、前瞻性、战略性研究，搭建"政产学研才金用"交流平台，打造学术和智库服务高端品牌。加快培育一批与中国科协既有密切关联又具有相对独立性的第三方社会智库。

6.构建高端科技创新智库资源整合与柔性协作机制

建立不同层级智库间的纵向联合机制和不同领域、不同地域智库间的横向联合机制，避免画地为牢、各自为政，打造沟通协调平台，积极借助"外脑"，整合科技创新研究智慧资源。

建设中国科协高端科技创新智库联盟，促进智库建设成果共建共享，通过联动合作机制创新，不断完善信息共享、资源共享、成果共享机制[6]，形成联盟内部不同专业领域、不同区域的智库资源互联互通、互学互鉴的制度创新，打通中国科协智库网络在信息、物资、人才等方面交流共享的通道，形成中国科协专业领域齐全、研究地区广泛、交叉融合紧密的智库网络。

通过举办具有国际影响力的中国科协科技智库交流活动，加强与国内外智库机构及知名专家学者之间的联系，构建开放对话、广泛合作的科技智库网络，形成具有学术影响力、社会公信力的高端科技创新智库联盟[7]。

7.搭建"智汇中国"平台，线上线下结合构建柔性智库网络

重点建设"智汇中国"高端科技创新智库网络平台，拓宽智库成果传播渠道。建立集智库决策咨询供需对接、智库人才技术培训、智库成果提炼发布、智库交流会议活动等板块于一体的网络平台，形成中国科协柔性智库网络体系内部快速通畅的信息双向传输渠道[8]。

支持学会参与"智汇中国"平台建设，突出学科领域特色和组织优势，强化跨领域交流，将学术交流成果有效转化为智库成果，前瞻性提出未来竞争优势的重要领域和重点布局，为制定科技战略、规划和政策提供依据。围绕国家重大发展战略、现代化产业体系构建、区域和产业协调发展等现实问题，深入调查研究，提供解决方案和可行性建议。以重大项目为纽带，把更多海内外高层次专家学者纳入智库专家队伍[9]。

（三）创新高端科技创新智库建设运行管理模式

1.形成中国科协智库建设政策体系，分级分类引导培育

研究制定中国科协智库分类管理办法，形成智库分类管理的政策建构与管理

框架。对中国科协科技创新智库进行分类引导，遴选建立学科门类齐全、研究领域广泛、研究问题集中的智库网络体系，形成基础理论、政策研究、评估评价、情报信息、咨询服务的全链条智库服务建设体系，优化科技创新智库体系发展的多元化互补格局。

强化对全国学会和地方科协智库建设的政策引导与规范化管理。建议研究出台《中国科协关于加强全国学会和地方科协智库建设的意见》，从工作目标、重点任务、条件保障、考核奖励等方面提出具体工作要求。应要求全国学会和地方科协认真贯彻落实有关文件精神，合理编制智库建设工作方案，积极争取将科协智库纳入当地重点建设智库范围，积极争取将科协智库纳入政府购买服务重点采购单位，积极争取参与重大科技决策，为智库持续发展提供保障[10]。

2. 遴选典型试点智库，探索管理运行机制创新实践

遴选典型试点智库，在管理体制、职能建构、咨政质量、理论创新、启迪民智、社会服务、公共外交等方面进行先行先试探索，发挥示范与带动作用。

引导中国科协智库在管理体制与运行机制方面持续加大改革力度，结合国家事业单位改革和全国学会改革，在人事、岗位、项目、资金等方面加强探索、先行先试，率先建立起高效规范的现代智库管理制度。

遴选部分全国学会智库，探索与党政机构、事业单位管理体制脱钩，实行现代化管理模式，实施理事会领导下的智库首席专家、智库职业经理人双负责制，明晰机构运营自主权，使高端科技创新智库主体享有人、财、物等要素自主权，建立与市场紧密对接的运营新机制，有效发挥高端科技智库研究活力、功能与效用。

3. 发挥市场机制作用，激发高端科技智库机构活力

加大试点智库的专项资金支持力度，探索形成政府财政拨款、设立基金、政府课题定向资助、提供社会服务收入等多种方式结合的经费保障机制。率先探索研究智库单位基金设立的可行性，明确基金建立的类型、方式，制定完善基金管理办法和使用机制。

建议选择一些高端智库作为试点，率先建立符合智库特点的财务管理制度，进行智库筹资机制改革，与企业和个人捐助制度结合，适当减免相关税收，调动社会资本支持智库建设的积极性。完善面向市场的资金来源机制[11]，推动决策咨询报告、政策方案、规划设计、调研数据等纳入政府采购范围和政府购买指导目录，引导智库通过市场化途径开展专业咨询服务，获取经费支持。积极探索社会

捐赠捐助渠道，鼓励和吸引民间资本加大对新型智库建设的投入力度，努力形成多渠道的投入机制。

创新智库内部治理结构，加快完善党组、党委领导下的学术委员会或理事会研究管理体制，探索首席专家在具体研究领域中的责任制度。探索契合中国科协智库发展规律与业务特点的经费管理制度，重点在支出结构、分级预算、基金管理等方面加强研究和创新探索，根据服务决策贡献大小形成多劳多得、优劳优得的激励机制。

4.搭建交流对接机制，畅通决策部门互动沟通渠道

强化智库供给端和需求端对接制度建设，加强决策部门同中国科协智库体系的信息共享和互动交流，建立常态化的交流对接机制。大力提升咨政对接效率，突出智库精准化政策服务能力，完善政府购买智库专业化政策研究、决策咨询、政策评估服务的标准化流程与体制机制保障，强化智库与相应领域决策部门的长期定向调研咨政积累。

加强智库服务管理平台建设，提高咨政供需信息统筹管理水平，让决策部门准确掌握不同智库的领域定位、职能特性与研究专长，推动建立符合我国咨政供需双方特点的高质量政策研究市场。优化科协智库研究选题机制，建立符合党和国家重大发展议题所需的"自下而上"和"自上而下"的选题路径，做到短期与中长期、决策急需和战略长远议题合理兼顾。

完善决策部门的决策需求信息发布机制、购买决策咨询服务机制和重要任务委托机制。建立有效的信息发布和数据披露机制，拓展政府信息公开渠道和查阅场所，发挥新兴信息发布平台的作用，方便智库及时获取政府信息。完善政府购买决策咨询服务制度和重要任务委托制度，研究制定政府向智库购买决策咨询服务的指导意见。建立按需购买、以事定费、公开择优、合同管理的购买机制，采用公开招标、邀请招标、竞争性谈判、单一来源等多种方式购买。

建立不同领域智库之间、体制内外部智库之间、中央与地方智库之间的重大战略研究协作机制，打破部门界限、区域界线，推动各类型智库优势互补，发挥咨政研究合力。

5.促进国际交流合作，打造智库交流合作网络

全面发挥科协智库对国际事务的基础支撑和智力支持作用，深度参与国际规则和标准制定。支持具备国际视野、政治可靠、德才兼备的智库专家到国际组织

任职，鼓励、支持有条件的智库参与公共外交和全球治理，对外讲好中国故事、传播好中国声音。借助新建或参与已有的国际研究合作平台，使我国智库更大范围参与重大全球性议题的合作研究与对话，向世界贡献中国倡议、中国智慧和中国方案，持续提升我国智库的国际影响力与全球品牌知名度，使智库更深层次融入新时代中国特色大国外交体系。

建立与国外智库的双向交流机制，强化与国际智库的合作，助力构建人类命运共同体。鼓励科协智库参与国际智库平台对话和国际合作项目研究，联合发布具有国际影响力的智库成果。积极为智库人员参与中外专家交流、举办或参加国际会议等创造有利条件。发挥高端科技智库的外交优势，面对世界科技的共同挑战，如能源问题、环境问题，在新技术、新科技革命、数字化、信息化等领域强化国际智库合作，推动构建人类命运共同体。通过举办中国科技峰会、发起全球科技创新重大议题和国际科技计划、推动在华建立国际科技组织、开展"一带一路"科技人文交流、推动工程能力认证与国际互认等举措，共建开放包容的智库合作新平台，促进中国科协高端科技智库国际交流合作。

6.建立智库评价标准，引导科协智库规范发展

建立匹配中国科协智库发展实际的考核评价制度。科学合理制定考核标准与评价指标体系，积极推动智库机构评估工作科学化发展。认真研究智库机构建设、智库人才队伍建设、智库活动开展、智库成果产出和智库宣传影响等评估标准，坚持统筹与分类评价相结合、同行评议与社会评议相结合、内部与外部评价相结合，建立契合不同类型智库特点的差异化考评体系。

组织专职部门、主管部门和专业第三方机构对各类型智库建设科学开展评估，形成常态化评估机制，根据评估结果进行激励，提高科协各类型智库建设的规范性和积极性。

（四）完善高端科技创新智库成果提炼发布方式

1.建立科协智库集智凝智机制

建立"中国科协—智库网络—智汇中国"的集智、凝智工作机制闭环。聚焦科协智库研究范围，以科技为本，站在国际视角，关注科技与经济社会深度融合，反映科技工作者群体情况和心声，聚焦科技创新、科技治理、科技政策、科技人才、科技伦理等主题（图2-13-3）。通过中国科学智库政策研究、决策咨询、政

策评估、政策解读、对外交流"五位一体"职能架构，借鉴世界先进研究方法、工具与手段，加强多学科知识融合运用，强化数字化、信息化技术应用，提高咨政研究质量与技术支撑水平，加强数据采集分析和实际情况调研，突出科学性特征。

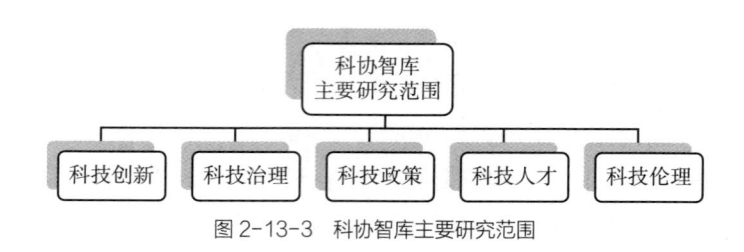

图 2-13-3　科协智库主要研究范围

以科协智库网络组织为整体，以国家重大战略政策建议、决策咨询为核心产品，以为地方政府提供的高端科技咨政以及服务地方经济社会发展的智库活动（中国科协年会、中国科技峰会、科技服务团等）为基础产品，以为科技企业定制的社会化高端科技咨询服务以及第三方评估为特色产品，以联合国际组织、国际科技智库开展的研究为国际产品，打造科协智库全系统、全流程服务地方经济社会发展的特色产品矩阵，建立科协智库成果库（图 2-13-4）。

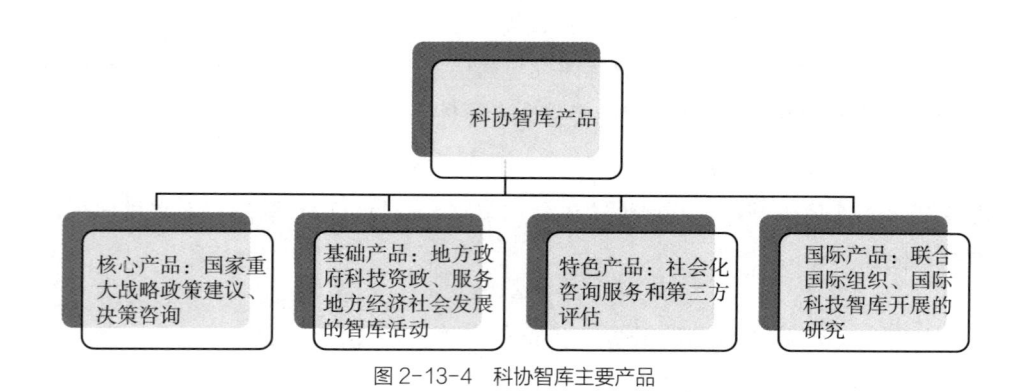

图 2-13-4　科协智库主要产品

针对科协智库网络各机构的专业和地区特点，制订年度研究计划和工作安排，并考核年度成果完成度，纳入各智库机构绩效考核要求。安排经费支持对国家重大战略问题和重点区域发展的专题研究，支持实体智库机构开展社会化服务。

重视各领域智库间的合作研究，加快形成以问题、课题为中心的协作机制，让重大课题研究的多领域专家协作常态化、制度化，通过制度设计形成高质量咨询成果。

2. 推动智库成果报送制度化建设

政治性是科协组织的灵魂和第一属性，科协智库是科协为党和政府科学决策服务的重要载体，是党政决策的重要支撑。进一步畅通"自下而上"的政策建议报送渠道，充分发挥中国科协直达中央的政策建议渠道优势，利用中国科协所属全国学会、地方科协、高校科协、企业科协等智慧组织网络的特点，汇集科学家和科技工作者的群体智慧，鼓励以学术共同体的名义，提炼智库成果，提出政策建议，汇集智库智慧直达党中央、国务院及相关部门。针对经济社会发展面临的重大课题和改革发展难点领域，根据决策需要，设立政策建议专题，及时组织智库和科技工作者进行有针对性的建言献策，组织中国科协智库有关机构进行客观公正的第三方专题研究。

充分发挥中国科协、地方科协"自上而下"的联系纽带作用，形成院士建议及高端智库建议地方直通车，发挥地方科协、高校科协、企业科协及其所形成的智库组织优势，结合地方科技工作者熟悉当地情况的特点，积极对接地方有关党政部门，因地制宜地对地方经济社会科技发展提出政策建议，共同形成覆盖全国重点发展区域的政策建议报送网络。

推动政策建议报送制度化建设，制定中国科协政策建议报送管理办法，明确政策建议的受理部门、审查和筛选条件、报送流程、报送去向等。制定政策建议审查和质量把关制度，明确工作落实部门，设立审查专家委员会，对《科技界情况》《科技工作者建议》等智库产品的成果质量严格把关。加强对政策建议报送的政策解读和宣传，提高科协政策建议报送渠道在科技工作者当中的影响力，力争做到科技工作者"建议有门，报送有路"。

围绕创新发展和政策管理方面的重大战略问题，加强与政府有关部门的双向沟通联系，定期开展研讨交流，形成专家建议，打造中国科协高水平科技创新智库的标志性载体。

3. 搭建成果公开发布和国际传播平台

在多个国际智库排名指标体系中，网络关注度和粉丝数已成为反映智库影响力的重要指标。科协智库可借鉴"科普中国"品牌建设经验，主动承担起"意见领袖"的职责，在中国科协网站的基础上，加快智库自媒体建设。针对民众最关心的国家战略、科技政策、前沿科技问题和未来预测等议题，围绕新闻的重要性、显著性、时效性、接近性、趣味性"五性"原则，对政策建议和智库成果进行二次编码后发布。通过图文并茂的文章、视频乃至互动游戏等鲜活样态，增强知识创新扩散的浸入式体验，使得智库成果通俗易懂，同时增强与大众的交流互动，获取民意反馈，树立科协智库既高端又近人的形象，培养受众黏性。

建立科协智库各机构间的战略合作关系，以中国科协创新战略研究院为中心，依托"智汇中国"平台，搭建官方认可的跨机构协作传播平台，为不同智库机构网站提供接口，聚合科协智库的资讯、成果与专家信息，使社会形成对科协智库的整体认知，并在允许范围内公开提供智库研究相关成果，提升智库成果的开放获取程度。与主流媒体形成紧密战略合作关系，在主流媒体设立智库专栏，实现信息互融互通。

充分利用中国科协年会、中国科技峰会等重要品牌活动平台，公开发布重大咨询成果，并在网络上发布智库报告和有关成果。利用中国科协年会，采取年度发布的方式总结科协智库系统性成果，提升科协智库的社会影响力，更好发挥引领社会思潮的智库功能。

提升科协智库的国际竞争力和国际影响力，加强智库对外传播能力和话语体系建设。重视智库外语人才引进和培养，吸取全球智慧，建立权威审查机制，审慎推动国际智库成果翻译出版工作。完善智库宣传网站外文版建设工作，发展全球用户网络，利用媒体传播中国主张，发出中国声音。

4.注重智库成果传播人才引进和培养

加快引进和培育具有国际视野、媒介素养和多国语言传播能力，能灵活运用各种传播手段推广思想观念、与公众展开对话的复合型传播人才，建立专门部门或专人承担智库成果传播工作[12]。加强对智库研究人员和其他工作人员媒体沟通能力的培训，形成传媒推广战略和媒体形象设计，提高媒体曝光率，提升科协智库的社会显示度和影响力。

重视智库的公众影响，着力加强智库的社会公益性职能建设，在国家发展重大战略性问题上积极引导社会舆论与公众视野，准确阐释重大方针政策，增强智库舆论引领能力与品牌化建设，提升智库引领主流价值与社会思潮的能力，在政策阐释、舆论引导、启迪民智等方面更好地发挥智库的公众影响力与社会公益性职能。

5. 将成果传播纳入科协智库评价标准和绩效考核指标

将智库成果推送量和开放获取度、网络平台关注度等指标，纳入科协智库评价标准体系，可细化为智库网站访问人数、浏览网页数、浏览时长、点赞人数、在主流媒体发表评论性文章数、研究成果获各类媒体报道和转载的篇次等，以此反映智库的网络传播力和社会影响力，推动智库宣传工作的开展。

通过绩效考核、奖励等激励性措施，激励科研人员主动向社会推广其研究成果，最大限度地发挥和调动科研资源的效能与智库成果转化过程中各参与主体的积极性。

（五）探索高端科技创新智库人才培养机制、活力激发机制

1. 实施人才分级分类管理，建立人才专家库

建立引进与培养并重的人才队伍建设机制，面向社会公开遴选智库高端人才。

重点吸引和培育高端科技智库专业领军人才，树立强烈的担当精神和社会责任感，使其发挥智库建设灵魂与核心作用，肩负起智库领头人重任，在人才结构优化、人才管理创新、领域性人才发掘与培养、专业化人才团队塑造等方面发挥主体职责。

实施人才分级分类管理、选用，建立人才专家库，为专家"贴标签"，分专业领域汇集凝聚一批决策咨询专家，支持建设一支业务骨干队伍，发现培养一批年轻科研人员，引导专家、人才在各自擅长的领域发挥引领作用，高标准增强智库组织整合力，向全社会提供科技问题解决方案。

2. 制订差异化、多层级人才培养方案，构建高水平智库研究梯队

采取系列政策吸引国内外一流人才，打造一流的智库研究团队，对不同类别人才采取分阶段差异化培养、分周期阶段式提升培养方案，定期举办人才培训和学术研讨，支持智库人才参与国内外交流合作，提高智库人才专业化、职业化、国际化水平，培养顶尖创新人才，打造一流智库品牌。

加快创新智库人才管理体制[13]，充分发挥首席专家等管理型研究岗位的先导示范与引领带动作用。加快培养具有宏观性、战略性、系统性、创新性思维，兼具政策理论基础和政策实操能力的复合型智库人才。加速中青年人员成长[14]。

通过中国科协创新战略研究院、党校、科学技术传播中心、国际交流中心等机构的智库人才培养职能，着力培养高水平智库研究梯队，坚持高层次、专业化、创新型人才发展导向，实施以专为主、专兼结合的智库人才管理体制，广泛吸纳不同专业背景和年龄梯次的研究人才充实智库队伍[15]。

3. 制定人才评价、职称评定体系，调动人才积极性

制定科学、合理、有效的智库人才评价指标体系，实施有利于调动智库人才积极性、主动性、创造性的政策措施，完善智库人才职称评定制度和业绩评价机制，对智库人才评价体系进行精细审视、精准发力、精心探讨，推动具有中国特色和世界水平的智库评价体系实施。

完善以创新能力、人才质量和实际贡献为导向的评价办法，构建以需求侧、用户端评价和社会评价为主，同行评价为辅的新型智库建设指标评价体系。

4. 完善人才奖励激励制度，激发人才创新活力

完善科技奖励制度，建立公开公平公正的评奖机制，增强提名、评审的学术性，评奖过程公开透明，让高端智库科技创新人才得到合理回报，建立智库人才职业规划，以薪资待遇、发展空间、奖励制度激励全体员工，留住科技人才，增强人才的归属感、自豪感、使命感和获得感。

强化智库投入向人才建设方面倾斜，健全优劳优酬激励机制，持续加强智库资金投入的人力资本导向。创新智库人员激励机制，根据其参与政策研究、咨询、解读、评估及外事工作的成效与实际贡献健全咨政绩效评价体系，持续拓展海外进修、挂职锻炼等多元激励，激发科技工作者成长、创业和创造的激情。

提升智库管理运行机制的灵活性，增强智库在调配智力资源方面的自主权，深化对现行课题管理、财务报销、职称评定等制度的改革。完善科研人员绩效考核评价机制，把科研人员的创造性活动从不合理的经费管理、人才评价等体制中解放出来，营造有利于激发科技人才创新的生态系统。

5. 完善人才交流政策，健全人才交流机制

健全决策部门与智库间的人才交流机制，加强国内人才交流，在专业性较强的经济社会新兴领域探索制度性、常态化人才交流政策，提高智库人才与企业、高校、研究机构、政府机构等的交流合作；加强民间智库人才国际交流，制定智库人才国际交流的支持政策。

五、中国科协智库重大项目建议

（一）全面启动实施开展中国科协"智汇中国"工程及平台建设

对标"科创中国""科普中国"，以"智汇中国"重大工程及平台建设为重要引领和依托，全面推进中国科协智库组织建设和高水平发展。

建设科技智库专家交流平台，汇聚科技工作者的实时状况、科技舆情，以及科技政策、科技战略研究、重大科学问题、科学决策建议等信息数据，并进行加工，实时发布科协柔性智库机构信息和智库产品。依托专业性智库、区域性智库、联合共建智库以及全球智库合作机构等多渠道，精准分发和推送智库信息和智库产品。与媒体建立良好的互动合作，针对公众普遍关注的卫生健康、疫情防控、食品安全、科技伦理、生态环境等民生热点或敏感话题，组织科技工作者通过解读、讨论、对话等方式释疑解惑。

（二）建立中国科协高端科技创新智库机构网络及陪伴式培育机制

以高端科技创新智库为核心，以中国科协创新战略研究院为枢纽，以学会联合体智库、共建智库、地方科协智库等为支撑，构建中国科协高端科技创新智库机构网络。通过构建智库网络体系，解决国家重大科技问题，为国际科技发展战略提供理论支撑和可行建议[16]，以重大项目为纽带，促进智库网络联动，整合科协智库资源，对重大科技问题进行研判，明确未来科技发展道路。

创新中国科协高端科技创新智库机构陪伴式培育机制，打造资源共享、长期跟踪式培育，并随着智库及其网络体系的发展，结合当前社会环境、科技发展状况及未来趋势及时调整。

（三）开展中国科协高端科技创新智库建设试点示范与样板建设工程

形成高端科技创新智库建设试点工作制度框架。在深入调研、广泛听取意见的基础上，出台《中国科协高端科技智库建设试点工作方案》，配以《中国科协高端科技智库管理办法》和《中国科协高端科技智库专项经费管理办法》。

遴选高端科协智库作为试点。从全国学会、学会联合体、地方科协、高校、企业等组织中，分别选择一批专业化高端科技智库、地方性高端科技智库以及高端特色智库,形成试点示范名单。

试点示范应强化战略研究能力、资源整合能力、调查研究能力、成果转化能力、对外交流能力五大能力,着力提升咨政建言水平,拓展面向国际国内的交流合作。推动试点智库积极面对世界科技界共同的挑战,强化国际智库合作,发挥示范效应。

(四)建设中国科协科技咨政中央－省市"直通车"工程

建立中国科协与党中央的交流沟通、上传下达机制,建立中国科协智库组织的集智凝智机制,针对国家重大决策需求,快速、有效组织智库组织和科技工作者有针对性地建言献策,加强决策部门同中国科协智库的信息共享和互动交流。建设科技智库服务管理平台,明确各类型智库的主要专家和研究资源,提高咨政供需信息统筹管理水平。

开展中国科协科技咨政中央—省市"直通车"工程,充分发挥地方科协的纽带作用,发挥创新战略研究院作为中国科协智库组织旗舰、枢纽的作用,针对地方经济社会科技发展需求,有针对性地调动智库柔性网络资源,联合全国学会、地方科协、高校、企业智库组织,形成跨学科、多领域、全方位的科技咨政建议。

(五)建设中国科协精品化国际智库交流与成果共享平台(会－刊－媒体)

建设中国科协精品化国际智库交流与成果共享平台,通过会议、刊物、媒体等途径,积极对接国际资源,促进国际科技智库开放、信任、合作与成果共享。

举办科学与技术、科技与经济、科技与文化、科技与青年等中国科技峰会系列活动,举办全球科技智库高峰论坛、国际创新战略与科技政策论坛等,设置科技重大议题,汇集国际高端智库,提出促进全球科技创新、应对经济社会发展重大挑战、社会可持续发展等相关政策建议,促进全球智库交流合作。设立全球科技政策智库刊物,立足人类科技发展前沿,提前预判讨论全球科技治理、科技伦理等重大议题,与全球顶尖科研机构、科技组织、科技智库建立互利共赢的长期交流合作机制,提升中国科协智库的国际学术影响力,提出全球科技治理的中国立场。加快设立中国科协智库全媒体平台,与《人民日报》、新华网等国家级主流媒体建立战略合作关系,推动建立学术共同体智库成果国际发布渠道。

（六）建立中国科协高端智库及人才评价方法与评估机制

建立匹配中国科协智库发展实际需求的智库及人才考核评价制度。科学合理制定智库考核标准与评价指标体系，组织专职部门、主管部门和专业第三方机构对各类型智库建设开展科学合理的评估，形成科学化的中国科协智库评价方法和常态化的智库评价机制。对智库人才以综合素养、专业技能等为核心进行能力考核，完善以创新能力、人才质量和实际贡献为导向的评价办法，坚持统筹与分类评价相结合、同行评议与社会评议相结合、内部与外部评价相结合，建立契合不同类型智库特点的人才差异化考评体系。

（七）实施中国科协领军智库人才、青年智库人才遴选与培养工程

在科协智库内分级分类构建专家库，要求学会、地方科协、高校和企业的各类型智库根据研究领域对专家进行标签化定位，并形成科协智库内部共享交流机制。优选百名各领域首席专家、千名科技领军人才和万名科学技术带头人作为科协智库的核心专家团队。选拔一批政治素质好、业务水平高、创新能力强的优秀中青年专业技术骨干人才，通过重点培养，使他们成为能担负新世纪发展重任的各学科、各行业的学术、技术带头人。

积极选好、育好、用好科协智库内高层次人才队伍，围绕科协智库发展需要和科技行业领域发展状况，层次化、梯队式制定专家库选拔条件，对人才进行标签式管理。按照人才专业类别和成熟度，优先支持智库人才申报重大基础研究计划、重大成果转化项目、优势学科建设项目，着力推动人才队伍紧密聚合、广泛储备、有序流动。引导智库人才通过专家献计、技术服务、科普推广等方式，带头开展教育培养、科研探讨和学术交流等活动，疏通智库人才交流渠道。

参考文献

［1］徐婕，黄辰，程豪．新时代科协系统智库建设评价指标研究［J］．科协论坛，2018（11）：33-36．

［2］夏婷．科技创新智库运行机制研究——以中国科协创新战略研究院为例［J］．科协论

坛，2018（12）：31-35.

[3] 张志强，苏娜. 国际智库发展趋势特点与我国新型智库建设[J]. 智库理论与实践，2016，1（1）：9-23.

[4] 习近平：在哲学社会科学工作座谈会上的讲话[EB/OL].（2016-05-18）[2021-03-16]. 新华社. http://www.xinhuanet.com/politics/2016-05/18/c_1118891128_4.htm.

[5] 秦定龙. 加强地方科协智库建设的思考[J]. 科协论坛，2018（7）：38-40.

[6] 宋元武. 我国科技智库建设存在问题及对策探讨[J]. 智库时代，2018（46）：19-20.

[7] 陈开敏. 中国智库国际化转型的困境与出路[J]. 现代国际关系，2014（3）：30-38.

[8] 黄雯. 中国科技智库研究的进展与反思[J]. 大连海事大学学报（社会科学版），2020，19（3）：88-94.

[9] 张辉菲，刘佐菁，陈敏，等. 关于我国智库人才创新管理与培养的研究[J]. 科技管理研究，2018，38（4）：140-148.

[10] 秦定龙. 加强地方科协智库建设的思考[J]. 科协论坛，2018（7）：38-40.

[11] 胡海鹏，袁永. 我国科技决策智库体系及内部运行机制研究[J]. 科技管理研究，2020（4）：34-39.

[12] 赵恒煜. 政府智库成果的社会化传播：现状、问题与对策[J]. 社会科学文摘，2018（10）：116-118.

[13] 邱丹逸，袁永. 我国科技决策智库人才队伍建设研究[J]. 科技管理研究，2019（21）：46-52.

[14] 吕旭宁. 科技智库人才引进、培养、使用和管理研究[J]. 科技管理研究，2018（10）：258-262.

[15] 潘燕婷，杨再峰. 科技智库建设价值、困境及对策[J]. 贺州学院学报，2017，33（4）：108-112.

[16] 熊立勇. 中国特色新型科技政策智库影响力提升路径研究[J]. 科技与法律，2018（3）：82-8.

作者单位：李海龙，中国城市科学研究会
方　丹，中国城市科学研究会
高　凡，中国城市科学研究会
杨宝路，中国城市科学研究会
卜　琳，中国城市科学研究会
李宗真，中国城市科学研究会

14 新形势下科协组织工作服务下沉对策研究

◇朱洪启 刘名飞

【摘　要】　对标党的十九届四中全会"推动社会治理和服务重心向基层下移,把更多资源下沉到基层,更好提供精准化、精细化服务"的重要指示要求,为推动科协改革和发展融入国家建设的大局,发挥科协组织在加强和创新社会治理中的协同作用,本研究结合基层的定义和范畴、基层治理的功能和结构等理论基础,以及国外相关科学组织参与社会治理的实践,思考科协组织参与基层社会治理的角色定位和切入路径;基于当前科协组织工作服务下沉的主要思路和已开展的有关案例,分析科协组织工作服务下沉中存在的问题和困难;根据科协的组织特征和国家基层治理的需求,提出"十四五"时期科协组织工作重心下移、服务资源下沉的发展思路、发展目标、重点举措,为科协组织工作服务下沉提出可行建议。一是构建党组织领导的区域统筹、条块协同、上下联动的服务下沉工作新格局;二是完善事前事中事后、从顶层到底层的服务下沉工作体系;三是动员多主体,搭建平台,建立有效机制;四是推进服务下沉工作精细化、精准化。同时,本研究提出"新时期乡村振兴发展专项""典型经验做法和创新模式研究及推广""服务下沉供需对接平台建设"等重大项目。

【关键词】　基层　科协组织　工作服务下沉　举措建议

一、科协组织工作服务下沉的基本遵循

2019年10月31日,党的十九届四中全会发布的《中共中央关于坚持和完善中国特色社会主义制度　推进国家治理体系和治理能力现代

化若干重大问题的决定》指出:"推动社会治理和服务重心向基层下移,把更多资源下沉到基层,更好提供精准化、精细化服务。"2020年10月29日,党的十九届五中全会通过的《中共中央关于制定国民经济和社会发展第十四个五年规划和二〇三五年远景目标的建议》(以下简称《建议》)再次提出:"推动社会治理重心向基层下移,向基层放权赋能,加强城乡社区治理和服务体系建设,减轻基层特别是村级组织负担,加强基层社会治理队伍建设,构建网格化管理、精细化服务、信息化支撑、开放共享的基层管理服务平台。"这是党中央对当前和今后一个时期加强和创新社会治理的重要指示要求,同时也凸显了基层在社会治理中的重要意义。

治国安邦重在基层,党的工作最坚实的力量支撑在基层,最突出的矛盾和问题也在基层。《建议》中提出:"坚持把实现好、维护好、发展好最广大人民根本利益作为发展的出发点和落脚点,尽力而为、量力而行,健全基本公共服务体系,完善共建共治共享的社会治理制度,扎实推动共同富裕,不断增强人民群众获得感、幸福感、安全感,促进人的全面发展和社会全面进步。"人民的需要和呼唤,是科技进步和创新的时代声音,"面向基层,服务群众"是科协作为群团组织的重要使命。坚守初心使命,必须深入践行群众路线,在服务党和国家事业发展中彰显科协独特贡献。

在全面建设社会主义现代化的新征程中,科协的服务对象和服务内容也要因应国家治理的需要,不断进行改革、拓展和丰富,发挥其在社会治理中的独特协同作用,夯实国家基层社会治理的基础。

二、科协组织工作服务下沉的理论基础

(一)基层的定义和范畴

基层治理是国家治理、地方治理的微观基础,而"基层治理"中的"基层"是什么?基层不只是整个体制的末端,也不只是社会中下层群体所处的位置,而是社会的所有成员在日常生活中共同分享到的各种社会关系和社会情感,直接接触的各类组织和制度[1]。从这个角度来理解,基层的内涵大大拓展,从传统的物质性、结构性"基层"概念拓展到"社区型"概念,成为国家与社会力量既相互竞争又相互协作的空间场域。具体来看,它包括了如下具体形态。

首先,从行政机关层级角度来看,传统上有将乡镇政府界定为基层政府的惯例,也有人将县级政府界定为基层政府,将县级以下社会界定为基层[2]。而现代随着国家行政能力的延伸,基层的范围更加聚集,进一步延伸到街道和乡镇层级[3],并有向城市和农村的居民社区进一步延伸的趋势。

其次,从国家与社会的关系结构来看,基层指向最底层的原子化的个体,是可以实施"基层民主"和"基层自治"的范畴[4],如城市中的基层居民[5]与农村中的基层农民[6]。

再次,从组织学的角度来看,基层即各种社会组织中最低的一层,与群众的联系最直接,如党、团的支部,工会的基层委员会等[7],以及最基层的宗族、村庄、小团体[8]等。

最后,从物质形态来看,基层概念从原有的层级性行政机构或组织形态依托,拓展到网络空间的"社区"层面,比如微信上的各种闲聊群、业主群等,以及豆瓣上的各话题小组,还有其他互联网平台上的各种讨论空间等。

对于科协组织服务下沉来说,基层概念应该包括如上这四个维度。在实践中,科协正积极推动多个维度的基层下沉服务。

(二)基层治理的功能变迁

伴随着改革开放以来的市场化转型和民众就业结构的变迁,基层社会正从"单位制社会"转变为"后单位社会",以"国家—单位—个人"为核心的刚性社会结构逐渐瓦解,转变为"国家—单位\社区\社会组织—个人"的复杂结构[9]。在这种复杂结构下,社区取代单位成为民众生活的主要空间,而基层治理和公共服务供给的重心也逐渐向社区转移。

相较于在自然基础上成立的传统社区,现代社会的社区,其传统意义上的"社区"功能大为下降。斐迪南·滕尼斯(Ferdinand Tönnies)指出,社区(community)和社会有着本质的不同:社区往往建立在小范围地缘基础之上,是其成员间的有机结合,社区成员相互之间有着较为密切的社会关系,相互提供服务和保障[10]。但随着现代科技和服务业的发展,人们的日常生活从传统的地域性社区"脱域"和"缺场"[11],个人的日常生活需求可以通过网络购物来解决,而感情需求也可以通过不在场的网络聊天、视频等方式来满足。因此,社区成员间的情感纽带和功能纽带受到削弱,更多地仅成为个体生活的机械连接,缺乏传统社区成员之间的互动和在此基础上生长出来的情谊。由此，社区在基层治理中的角色受到极大冲击，其提供公共服务的能力不断衰退。

社区的衰落给个人生活和公共生活都带来了不利影响。社区基础上形成的信任、互惠等社会资本对于维护社会稳定、增进公共参与、提高居民健康水平、提高社会活力等都具有重要作用[12]；而衰落的社区则容易滋生犯罪、催生社会冷漠情绪、增加贫困等[13]。再加上老龄化进程的加剧和个体需求的多元化趋势，基层在公共服务中被赋予众望，人们希望它能够承担起减轻国家公共服务负担、修复社会关系的重任。因此，许多国家都开展了社区修复运动，希望通过政府干预，来恢复社区层面的社会关系和网络，建构新的关系密切、功能良好的社区。

与国际趋势相一致，我国基层治理改革的思路，也在向提供公共服务转移，致力于满足民众不断增长和分化的公共服务需求。2019年5月，中共中央办公厅印发《关于加强和改进城市基层党的建设工作的意见》，明确提出"推动街道党（工）委聚焦主责主业，集中精力抓党建、抓治理、抓服务"；6月，中共中央办公厅、国务院办公厅又联合印发《关于加强和改进乡村治理的指导意见》，提出"充分发挥乡镇服务农村和农民的作用，加强乡镇政府公共服务职能，加大乡镇基本公共服务投入，使乡镇成为为农服务的龙头"。这些整体改革趋势表明，基层治理的重点是强化基层的社会治理、民生保障职能，更有针对性地满足民众日益增长的公共服务需要。

（三）基层治理的结构变化

在基层治理中，治理结构也有两种可能的选择：社会取向与行政取向。社会取向注重加强社区建设，注重在现代社区引入传统社区的精神，主要方式即通过志愿服务、社会组织建设社区等方式来充实社区建设主体，带动社区层面的公众参与。这种方式在发达国家最为常见，比如英国于2019年2月发布了《整合社区行动计划》(Integrated Communities Actions Plan)[14]来服务其整合社区战略，将社区作为其推进青年教育、繁荣英语语言、支持新移民和本地居民、繁荣经济的重点依托，而行动重点则是要充分发挥志愿组织、地方企业、学校、宗教组织等力量在地方社区建设中的作用。在我国也有不少城市选择了这种模式，塑造出一套权责明确、议行分离、相互制约的社区运作机制，社区被重新定位。但这种社区自治运作模式也有着明显的缺陷,主要原因在于城市社区居民的社会参与意识较弱,基层自治存在严重的空壳化现象,导致社区自治流于形式。

行政取向则是加强基层行政机构建设,延伸国家的公共管理和服务链条,将行政力量进一步下沉到基层。受制于管理能力,传统社区管理主要依靠村民自治和社会自治来进行;但随着国家能力的增长和基层治理需求的增加,社区加强了行政力量建设,着力推进传统自治机构如居委会等在基层治理中的半政府角色[15];而各职能部门也在基层派驻服务人员,满足基层群众不断增长的服务诉求[16]。在这种模式中,政府对基层的行政管理力量不断增强,在市区两级政府基础上,形成市—区—街道的三级纵向管理体制,通过扩大街道办事处的管理权限,向街道办下放财政和行政权力,来增强基层办事机构的管理功能。

在这两种选择之外,有学者提出了第三种模式,即将政府力量与社会自治力量有机结合,既要提高政府的社会治理创新能力,也注重激活、调动各方力量积极参与社会治理,形成一种政社分开与团结基础上的基层社会治理机制[17]。在基层治理中,党的十九大报告进一步确立了这种模式,要求"加强社区治理体系建设,推动社会治理重心向基层下移,发挥社会组织作用,实现政府治理和社会调节、居民自治良性互动"。

(四)国外科学组织参与社会治理的相关实践

英国皇家学会的宗旨是促进自然科学的发展,发掘科学精英,支持重要的科学研究及其应用,促进国际交流,强化科学、工程和技术在社会生活中的作用,促进教育,普及公众科学知识,在科学、工程和技术领域提供独立且权威的建议,鼓励科学发展史研究,出版书刊传播科学研究成果,把科学由少数人的精英科学发展到大众的科学[18]。"皇家学会对话"是"社会中的科学"项目的主要活动之一,它包括每年的地区性和全国性论坛,讨论有关科学或技术发展带来的社会问题。通过论坛,科学家、公众可以聚到一起分享和交换意见,为科学政策和决策制定提出建议[19]。

美国科学促进会的使命是"为了全人类利益,在世界范围内推进科学、工程和创新"。为了完成这一使命,科学促进会制定了如下主要目标:增强科学家、工程师和公众之间的沟通;促进和保护科学的正确性以及对科学的利用;加强对科技企业的支持;就一些社会事件提供科学的建议;促进科学在公众政策中的合理、可靠的利用；加强科技队伍的建设并使其多元化；促进公众的科学教育；增加公众对科技活动的参与；促进科学界的国际合作[20]。一年一度的美国科学促进会年会的关注焦点除了科学研究本身，更关注"科学与社会"，因为它的宗旨就是"促进科学服务社会"[21]。科学促进会开展的科学教育项目"科学与日常经验"会发动其成员去进行科学的推广，利用社区组织、专门人群组织进行科学普及，拉近受众与普及者之间的距离[22]。

此外，国外一些非政府组织通过提供教育、培训、咨询、扶贫济困等各类社区服务，在满足公民需求方面举足轻重[23]。比如，美国地区老龄机构是协调美国各地社区的老年人社会服务的非政府组织，定期解决健康相关的社会问题，有时与其他社会服务和卫生保健组织合作[24]。同样面对老龄化问题，韩国在救助会的支持下，由当地非政府组织 Saerom 发起，以社区为基础，建立了"帮助韩国老年人自助小组"，每个小组大约由 25 名成员组成，他们每周都开展各种各样的课程，比如韩语写作和锻炼等。除了每个成员每周的聚会，该组织还开展各种各样的活动俱乐部，包括无线电戏剧、乐器演奏俱乐部和其他较小的活动小组，来促进社区应对老龄化的社会努力[25]。有研究表明，卫生非政府组织在社区进行教育和健康宣传行动计划，可减轻突发事件的不利影响，在促进人口健康方面发挥了关键作用，特别是在边缘社区[26]。比如在墨西哥，社区卫生工作者为在家庭中感到孤立的家庭主妇提供医疗服务，减少她们其他地方就医的旅费负担，改善了她们的生活，给其家庭带来了身心健康方面的好处[27]。

尽管中国在意识形态、社会结构、文化传统等方面与其他国家有很多不同，但我们还是可以从国外科学组织和非政府组织在社会治理方面的实践中，借鉴一些成功的经验和方法，并与中国实际相结合，形成具有中国特色的基层治理发展思路和社会建设模式。

（五）科协在基层治理中的角色定位

在基层治理的服务导向趋势下，科协作为科技创新和科学普及的重要力量，不可推脱地成为基层治理的重要主体，并开始逐步进入正式的基本公共服务范畴。在 2020 年 9 月 25 日天津市第十七届人民代表大会常务委员会通过的《天津市街道办事处条例》中，街道办事处的公共服务职责就包括了"卫生健康、医疗保障、文化教育、科学普及、体育事业、住房保障、社会救助、养老助残、就业创业、退役军人服务、国有企业退休人员社会化管理、民族宗教、公共法律服务等",其中"科学普及"被列为排名第四的基层公共服务职能。

除了科学普及,科协组织还要坚持为科技工作者服务、为创新驱动发展服务、为提高全民科学素质服务、为党和政府科学决策服务;推动开放型、枢纽型、平台型科协组织建设,接长手臂,扎根基层;团结引领广大科技工作者积极进军科技创新,组织开展创新争先行动,成为建设科技强国的重要力量;提升科技群团治理效能,扩大组织和工作覆盖,发挥基层组织的社会治理能力,支撑国家治理体系建设。

从身份属性来看,科协是具有政治性、先进性和群众性的中国特色群团组织,是党领导下团结联系广大科技工作者的人民团体、提供科技类公共服务产品的社会组织、国家创新体系的重要组成部分,是党和政府联系广大科技工作者的桥梁和纽带。作为群团组织,科协代表着特定社会群体的共同利益,具有较强的社会影响力。从性质上来看,科协既不等同于政府部门,也不完全等同于行业性组织协会或非营利组织,而是兼具政治属性和社会属性[28]。从政治属性来看,科协组织是党在群众中的工作组织延伸;从社会属性来看,科协组织具有所在人群的利益代表、利益表达和利益保护功能[29]。科协在社会组织中的特殊身份,决定了它在基层治理中理应发挥更大作用。而在参与和切入基层治理的过程中,科协组织要下沉到基层,就必须将自身服务同基层的党群服务机构及社会组织融合起来,与党建、基本公共服务等基层工作相融合,实现自己服务基层的使命。

而在融合的模式选择上,科协应以"调度中枢"为定位(图2-14-1),坚持党中央的直接领导,服务于党和国家的决策方针,突出政治性;以纽带和桥梁的角色,充分利用枢纽型组织优势,最广泛地动员、吸收、指导社会力量,参与服务基层,发挥先进性;推动重心下移、资源下沉,联系广泛、服务群众,向基层放权赋能,解决基层困难,体现群众性。

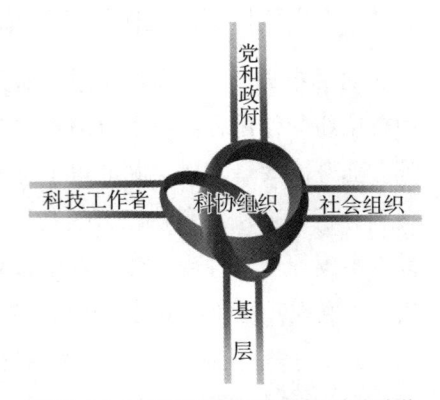

图2-14-1 科协在基层治理中的角色定位

三、科协组织工作服务下沉现状

（一）当前科协组织工作服务下沉的主要思路

中国科协坚持以党建为统领，推动"3+1"试点与新时代文明实践中心、基层党群服务中心建设深度融合，吸纳医院院长、学校校长、农技站站长等"三长"进入县乡科协兼职挂职，围绕基层党委、政府中心工作和基层群众生活关切，助力实施健康中国战略、创新驱动发展战略、乡村振兴战略，推进基层科协有效壮大工作队伍、拓宽服务领域、激发组织活力、提升动员能力[30]。

中国科协党组理论学习中心组召开的2020年第二次集体学习研讨扩大会议强调，要面向基层，服务群众。深化会地合作，探索打造地市级科技创新资源供需对接的调度中枢，推动重心下移、资源下沉。健全党建带群建机制，发挥枢纽型组织优势，完善联系广泛、服务群众的科协工作体系。以科技志愿服务机制赋能基层，进一步激发"面向基层、服务群众"的组织活力，让科技在服务全面建成小康社会中创造新的价值[31]。

怀进鹏在《全面提升科协系统组织力　汇聚决战决胜的科技力量》文中指出，以"一体两翼"组织架构深化组织改革创新，横向强化学会联合体、协同创新共同体等跨界融合组织机制，纵向突出地市级科协的联动枢纽作用，打通资源集成和工作下沉堵点；强化"智汇科协"和"三长制"建设赋能强基，解决组织功能下沉"最后一公里"问题[32]。

（二）科协组织工作服务下沉的典型做法

对标中央"工作重心下移、服务资源下沉"的指示精神，科协发挥组织优势和桥梁纽带作用，动员多方力量，在科技助力、科学普及、制度统筹、技术创新等方面开展大量工作，并取得了可观成效。本研究通过文献研究、调研、访谈和案例分析等方法对科协已开展的服务下沉相关工作进行了梳理，现以定点扶贫、科创中国、全域科普、疫情防控为例，来阐述科协服务下沉典型案例的成效和做法，为发现问题和提出对策建议提供依据。

1. 发挥科技优势，服务基层扶贫

自1985年以来，中国科协坚持"扶贫为主题，志智双扶"的定点扶贫工作思路，先后选派 21 届扶贫团和 4 届讲师团共 117 名（计 132 人次）优秀干部到吕梁挂职，与吕梁人民同甘苦、共奋斗，坚持把"科"字特色融入定点扶贫全过程，强化定点扶贫同科学普及、科技推广相结合，围绕定点扶贫县需求，充分发挥科技群团组织优势，动员全国学会、地方科协及广大科技工作者，积极为吕梁汇智聚力、智力扶贫、科技扶贫。

从 1985 年开始，扶贫团（讲师团）积极倡导在临县沿黄河一带种植红枣，促使全县种植面积由 6 万余亩（1 亩 ≈ 666.7 平方米）发展到现在的 82 万余亩，年产量达 1.8 亿千克，年产值 6 亿元，受益枣农 37 万人；2018 年建立临县红枣院士工作站，开展红枣提质增效技术研究，举办"红枣论坛"，促使红枣成为全县重要支柱产业。

1997 年，中国科协吕梁科技扶贫团率先将加温温室大棚技术引入离石严村，改造替代当地的蔬菜拱棚，开展培训示范，形成以瓜果飘香、亲自体验、农家乐、民宿等为特色的新农村美丽画卷，离石严村成为蔬菜科普示范基地和乡村振兴样板。

2008 年，中国科协科技扶贫团、当地政府及当地企业共同在岚县建立马铃薯脱毒种薯繁育技术示范基地，实现全县马铃薯平均增产 60%，举办高端论坛，打造岚县地标品牌，促使马铃薯成为岚县支柱产业。

2013 年，中国科协率先将香菇种植技术引入临县，形成具有地域特色的枣木香菇新产业，2019 年全县种植规模达 1500 万棒，总产值 1.5 亿元，使香菇种植成为临县主导产业之一。

此外，中国科协吕梁科技扶贫团立足当地，以市场为主导，以经济效益为中心，大力开展种养殖技术示范推广，推广黄河鲤鱼养殖、肉驴、山羊养殖、沙棘、甘蓝种植等技术，增加贫困农户收入，促进地方经济发展。扶贫团还针对不同人群开展健康医疗、护工技能、乡村振兴、科普业务、实用技术等订单式培训，仅 2018—2020 年三年间就培训了基层干部和技术人员 1.8 万余人，提升了贫困地区群众脱贫内生动力，增强了脱贫致富的信心和能力。

2. 打造在线交易平台"科创中国"，助力社会主体创新发展

2020 年 5 月 30 日全国科技工作者日上，"科创中国"品牌正式亮相，旨在通过平台搭建，让技术拥有者、技术需求者、技术服务者和资本拥有者汇聚一堂，聚集"政产学研金服用"多方力量，加快科技成果转化应用发展，让技术、人才、数据汇入地方生产一线。此外，中国科协还将"科创中国"技术服务平台与各大交易平台网站、App、微博和微信公众号进行关联，用户可一键发布需求与成

果，实现在线对接。同时，结合线上网络，中国科协还推进线上线下融合，打造了"科创中国"试点城市，遴选出全国首批22个试点，明确重点支持产业。试点城市下沉基层，梳理技术创新需求，上挂对口全国学会，导入高端供给，聚力创新驱动发展，聚合多方力量，协同搭建创新赋能组织平台，服务地方经济高质量发展。

当前，"科创中国"已建有近百个科技服务团，共有131家全国学会、103家地方学会、301所高等院校、287家科研院所、223家企业参与其中，集成优势，为多个试点城市提供个性化、定制化服务"套餐"。自发布以来，"科创中国"已开设了近70场路演，发布国际项目100多个，涉及10多个国家近200家机构，实现科技项目对接投资机构1400多家次；"科创中国"已汇聚22.7万条成果信息、7112条需求信息、130万条人才信息，吸引714家组织入驻，并且形成了资源入库标准，可以实现对入库信息的筛选把关，同时还试运行了科技经济融通平台云对接、云交易、专家咨询功能等模块。疫情期间，作为推动"科创中国"品牌建设的有益尝试，中国科协所属的全国学会组建了63支科技服务团，开展科技服务团线上宣讲20多次、国内外路演活动40多场、学术会议和产学对接签约活动60多场[33]。

3. 开展基层大科普，服务社区建设

2019年3月，天津市委办公厅、市政府办公厅印发了《关于大力推进全域科普工作的实施意见》，该文件指出，天津市将加大科学普及力度，提升全民科学素质，并就推进全域科普实施的重点任务和工作措施做出了系统化安排，包括动员社会联动协调、落实属地责任、提高信息技术水平、促进全民参与四方面[34]。其中社区（街道）的科普责任落实与工作能力提升是要点之一，体现了基层科普工作在党的建设体系中的重要地位。现以天津市河西区天塔街道宾水西里社区为例，介绍天津市全域科普模式下基层社区科普工作的情况，及其中科协服务下沉相关举措。

作为全域科普具体工作的实施者，宾水西里社区党委在"党建+科普"典型模式的基础上开展科普工作，创造了新应用的同时取得了成效。社区科普馆、户外社区广场及植物科普花园是该社区创建的三个主要科普阵地。

宾水西里社区科普馆位于该社区党群服务中心二层，由河西区科协和天塔街道办事处共同建设，于2020年6月建成并投入使用。场馆面积约200平方米，是以社区居民特别是青少年群体为主要服务对象的"社区博物馆"，馆内陈列展示了天文学、物理学、化学、地球科学、生物学等自然科学科普知识，还设有人工智能科学与技术展区，为开展"敬畏自然、尊重生命、普及知识、创新思维"的科普教育提供了良好条件。

户外社区广场是流动科技馆的主要阵地，服务范围扩大到全区各单位、各部门、各社区的群众，力求做到"老百姓身边的全科普"。广场活动主要以露天的全域科普知识展览的形式进行，同时为群众提供技术咨询服务。2020年9月29日，在户外社区广场上以"科技志愿服务 扮美首善河西"为主题，开展全国科普日科技志愿服务活动，来自全区各地方的科技志愿者们现场为居民开展科学知识竞答、消防安全宣传、卫生健康宣传、反邪教警示教育、智慧社区用电安全、科技馆活动进社区等科技志愿服务活动。现场的全域科普知识宣传展览，包含全域科普宣传展示、秋冬季节疫情防控、推进公筷公勺行动、厉行勤俭节约、地震避险小常识等，共向现场群众发放各类宣传资料上万份，为超过300名群众提供技术咨询。

"心田花园"由天津农学院与宾水西里社区党委合作共建，是宾水西里社区独创原发的社区科普阵地。花园以植物科普和实践种植活动内容为主，旨在为居民，尤其是青少年，提供认识植物、了解种植原理的机会，更为居民创造了一片舒缓压力的空间。该科普模式是"党建+科普"基础模式与创新的结合，体现出社区的聪明才智，更体现出社区党委在基层工作中领导组织的卓越能力。

在宾水西里社区"心田花园"、户外广场科普活动的工作布局中，宾水西里社区党群中心充分发挥了宏观调控的作用，灵活运用两新组织全覆盖与党员双报到的要求，完美地解决了资源分配问题。首先，社区党委作为地区的领导核心，将私营单位、社工事务所等民间社会组织纳入资源管理辐射范围中，通过其第三方作用吸纳资金与人力资源；其次，运用党委的强大组织能力合理分配工作与资源，使专业人员与社会力量的合作在体制中效果扩大；最后，充分动员党员的积极性，在完善党的建设的同时扩充社区服务队伍。

天津市率先在国内开展了全域科普的实践，社区作为实现全域科普与基层党建相结合的关键环节，以"党建+科普+创新创业服务"的工作模式为特色，取得了一定的成绩。实施过程中，上级科协除了下放领导人员到社区、下沉科普资源、提供资金支持，还积极吸纳学校、科研机构、基金会、民办非企业机构等社会组织建设科普阵地，开展科普活动，对街道基层科普工作的开展产生了积极的影响。

4.多渠道切入防疫前线,助力疫情防控

新冠肺炎疫情发生以来,为深入贯彻落实习近平总书记一系列重要批示指示精神,进一步凝聚科技工作者力量,坚决打赢疫情防控阻击战,中国科协和全国学会向全国科技工作者发出倡议:众志成城,服务一线;协同攻关,服务决策;全域科普,服务社会;资源下沉,服务基层;强化堡垒,服务群众[35]。各级科协组织积极响应,推动应急科普、心理咨询服务的同时,组织干部下沉社区,筑牢基层防线,推动服务资源下放,基层"三长"、科技志愿者和科普信息员队伍勇挑重担,工作直达街道、乡镇、社区、村等基层一线,为打赢疫情防控阻击战、推动经济社会发展贡献力量。

例如,在2020年1月防控疫情的严峻时期,北京市平谷区科协党员干部下沉一线,到大华山村、前北宫村、后北宫村和挂甲峪村,与村工作人员一起开展疫情防控工作,同时印刷宣传横幅,制作警示彩旗悬挂在村路口醒目路段;撰写《致村民的一封信》为村民发放,协助村委会与各户签订防控承诺书;为各村发放市科协印制的疫情防控宣传海报,在村内进行张贴;利用平谷科普微信公众号、科普视窗、科普画廊等媒介,推送、播放疫情防控知识。6月23日,在北京市疫情防控的紧要关头,北京市科协成立了一支由20名干部职工组成的下沉工作队,并于次日驰援丰台区西罗园街道核酸检测点,积极投入丰台抗疫一线。

天津市各区科协根据所在区疫情防控指挥部统一部署,工作人员全部下沉至街道、乡镇、社区、村等基层,投入车辆排查、人员管控等一线工作;同时,结合工作情况,组织防疫工作人员向往来人员、车辆发放科普宣传资料。福建宁德福安基层科协"三长"作为乡镇街道、村社区抗击疫情的中坚力量,表率先行,深入疫情防控一线,构筑起防控疫情的钢铁长城,涌现出一批先进典型。浙江省科协携手网易云音乐、网易新闻,共同发布《科学防护 共同抗疫》疫情科普系列原创歌曲主题歌单,"科学+战役"抖音秀、全民益智答题、《百变小加之上班族必看》和《百变小加抗疫儿歌家里蹲》科普动漫等,通过艺术和科普融合,创作了形式丰富的公共科普文化产品,并将资源下沉到地市,以公众喜闻乐见的方式做好新冠肺炎应急科普。新疆科协强化政治引领,广泛动员新疆各级科协组织、学会、广大科技工作者积极投入疫情防控、应急科普宣传、慰问、捐款捐物等活动,进一步将科普资源服务向基层下沉,将应急科普工作覆盖到基层村和社区一线，积极宣传科学防控知识，引导群众科学认知，理性预防，不信谣、不传谣，增强了群众战胜疫情的信心和决心。

（三）科协组织服务下沉工作存在的问题

当前科协组织下沉基层虽然已经取得了诸多成果，但仍存在着问题，面临一些困难，主要体现在以下三方面。

1.落地实效还需大力提升

供给对接不够精准化，资源配置不合理，缺乏高效的信息交流平台和载体。基层需求不够明确、不够聚焦，科协所能提供的服务不够具体，业务开展不平衡，存在政策和财政方面的堵点。

2.基层科协组织活力不足

基层科协存在着机关化、行政化等倾向，机构设置不合理，经费、资源及权力空间较小，工作开展难度大，业务发展有限，工作手段单一，基层组织不健全，作用发挥不得力。编制及实有工作人员偏少，年龄偏大且素质偏低，基层组织有效覆盖面不大，与科技工作者联系不够紧密。

3.服务下沉工作体制机制不够完善

顶层设计、产品设计、内容设计还需要进一步完善，上下联动不畅，亟待出台相应的支持政策、权责清单、明细分工，须建立相应的制度机制，如社会力量参与服务基层的机制、评估机制、激励机制等。

四、对中国科协"十四五"规划的对策建议

（一）科协组织工作服务下沉的发展目标与思路

1.发展目标

为深入贯彻新发展理念，回应人民群众诉求和期盼，扎实推动共同富裕，确立"十四五"时期科协组织工作服务下沉发展目标如下。

（1）扎实服务好乡村振兴，确保资金到位、人员到位、工作到位，统筹谋划好脱贫摘帽后的科协帮扶计划，并把定点帮扶实践中的好做法、好模式、好样本向全国推广，实现巩固拓展脱贫攻坚成果同乡村振兴有效衔接。

（2）利用信息化手段，多元主体参与，供需精准对接，建立针对基层不同层

级、不同地域、不同领域、不同人群的下沉服务平台，打造服务品牌和产品，实现科协服务下沉工作高质量发展常态化、长效化。

（3）完善党建带群建制度机制，打破条块分割，加强基层科协组织建设，构建高效科协组织服务下沉工作体系，增强政治性、先进性、群众性，建设开放型、枢纽型、平台型科协组织。提升社会治理实战水平，促进经济社会全面发展。

2.发展思路

立足新阶段、新起点，深入贯彻习近平总书记的重要指示精神，按照"接长手臂，扎根基层"的工作要求，深入贯彻落实党的十九届五中全会对加强和创新社会治理的决策部署，以满足人民日益增长的美好生活需要为根本目的，以人民为中心。

树立强基固本思想，坚持重心下移、力量下沉、资源下投，深化供给侧结构性改革。打造权责明晰、高效联动、上下贯通的垂直下沉路径，充分发挥科技群团组织优势和科技共同体作用，最广泛动员全国学会、地方科协及广大科技工作者、高校、科研院所等多方社会力量参与服务基层，以项目、基金、活动、产品等多元形式为载体，精准对接需求，推动经济社会发展，为实现第二个百年奋斗目标、实现中华民族伟大复兴的中国梦奠定坚实基础。

（二）科协组织工作服务下沉的重点举措建议

1.构建党组织领导的区域统筹、条块协同、上下联动的服务下沉工作新格局

坚持党的组织引领核心作用，打造上下贯通的纵向工作服务下沉路线，完善中国科协—省科协—市科协—区县科协工作服务链条，形成层级贯通联动的工作格局。建立层级需求反馈机制，根据基层需求，精准对接，动员和组织全国学会、地方科协及广大科技工作者、高校、科研院所等多方社会力量，设计项目、设立基金、搭建平台、举办活动、提供资金、资源、专业人员、产品、政策指导，或由第三方投资、资助、共享、整合资源，通过科技助力、科学普及、人才培训、设施建设等方式，帮助解决基层的问题，帮助解决老年人、城镇劳动者、妇女、青少年等不同人群涉及的社会问题，以推进全民科学素质的提升，加强突发公共事件的防控能力，助力乡村振兴等（图2-14-2）。

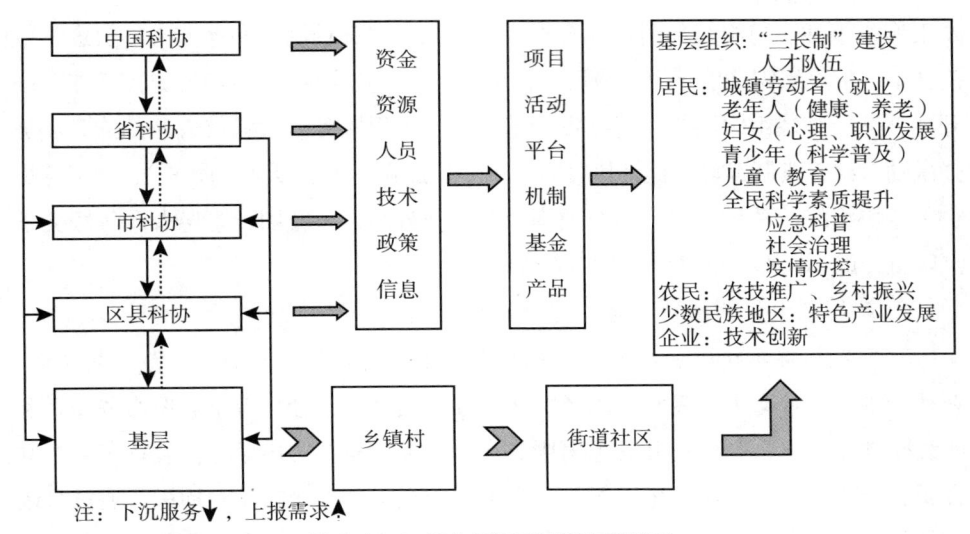

图 2-14-2 科协组织工作服务下沉路径

2. 完善事前事中事后、从顶层到底层的服务下沉工作体系

（1）健全重大政策事前评估和事后评价制度，畅通参与政策制定的渠道，提高决策科学化、民主化、法治化水平。事前可组建团队对所要服务的基层进行调研，了解当地情况和需求，明确"是什么"；事中因地制宜，设计内容和方案，联络相应学会和地方科协，制定政策、开展项目、举办活动、建设设施，确定"怎么做"；注重过程管控，注重社会效应。提升项目设计的质量与有效性，以项目制推进对基层的服务，加强对项目实施过程与效果的监督检查。可引入第三方评估，进行公众满意度调查。科学设置指标体系和考评标准，加强督促检查和考核，压紧压实责任链条，监测"怎么样"，确保各项任务落地见效。

（2）充分发挥各层级的重要作用，努力打造权责明晰、高效联动、上下贯通、运转灵活的工作服务下沉体系。成立服务下沉领导小组，制定权责清单，进一步厘清不同层级、部门、岗位之间的职责边界。加强上级科协对基层科协的指导、支持力度。建议研究出台《关于推进科协组织工作服务下沉的实施意见》，强化全国科协系统服务下沉工作的政策引导和规划；分级分类制定服务菜单，向基层放权赋能，形成"点单式，订单式"的服务体系。

（3）加强基层科协组织队伍建设。培育基层党组织带头人，加强对城乡社区工作者和网格管理员队伍的教育培训、规范管理、职业保障、表彰奖励，有效激

439

发工作积极性。与组织部门加强合作，共同推进"三长制"和地方人才引进，赋能强基，解决组织功能下沉"最后一公里"问题。扎实推进"3+N"试点工作有序开展，健全基层组织网络，持续提升基层科协组织服务广大科技人才的能力。加强激励与评价机制建设，提升执行力。进一步加强高校、企业（园区）、乡镇（街道）科协组织的建设，提高运行效率。组织智囊团、科技团、志愿者团等服务下沉队伍，以不同形式的实践发挥专业优势。

3. 动员多主体，搭建平台，建立有效机制

（1）发挥群团组织和社会组织在社会治理中的作用。畅通和规范市场主体、新社会阶层、社会工作者和志愿者等参与社会治理的途径。健全志愿服务体系和四级联动服务体系，广泛开展志愿服务行动，推进科技志愿服务。发挥工会、共青团、妇联等人民团体作用，把各自联系的群众紧紧凝聚在党的周围。通过行政动员和社会参与两条途径，统筹整合行政机关、群团组织、企事业单位以及社会公益人士等各方面力量，形成服务群众、凝聚群众的强大合力。

（2）推进科研院所、高校、企业科研力量配置优化和资源共享。加强对高校、科研院所、学会以及其他社会组织从事基层服务工作的支持力度，从项目支持到完善机制，提升社会力量服务基层的积极性和效率。建议科协与有关高校加强合作，扩展服务的空间和深度。支持推广科技小院、专家大院、院（校）地共建等服务模式。

各地高校，尤其是农业类高校，在服务当地农村的技术与经济发展方面，一直开展着很有成效的工作。如江西省科协以科技小院建设为依托，有效克服新冠肺炎疫情、特大洪水灾情等不利影响，组织科技人才下沉到基层一线，开展各类科技服务。上高水稻、井冈蜜柚、安远蜜蜂、彭泽虾蟹、广昌白莲、修水宁红茶、赣州食用菌等七个科技小院的师生始终扎根在农业生产一线。农业企业在产业发展中遭遇了瓶颈，科技人员就集中攻关；农民朋友在农业生产中碰见了难题，科技人员就现身解决。"零距离、零时差、零门槛、零费用"的技术展示、技术服务、技术培训，精准解决了江西省农业发展创新不足、技术含量低的问题。科技小院建设取得积极成果，为推进产学研用结合及复工复产做出了贡献。据不完全统计，2020年6月、7月，七个科技小院师生入驻时间累计300余天，开展田间技术指导40场次，培训涉及农户、农技人员3000余人，形成翔实的调研报告2份，编写《暴雨条件下作物生产应对措施》等高质量资料7篇，线上答疑、线下会诊，

有针对性地提出指导意见。这些工作有效提升了农民朋友的科学文化素养、农业生产能力和发展农业产业的信心，培养了更多懂农业、爱农民、爱农村的新型人才。

（3）构建网格化管理、精细化服务、信息化支撑、开放共享的基层管理服务平台。借鉴"科创中国"的创新理念和"因需因能、试点探索、平台覆盖、务求实效"的思路，以及淘宝、京东等电商的市场化模式，搭建数字化供需对接双向交易平台，加强平台建设、三库建设——人才库、项目库、需求库建设，打造科技产品，开展线上线下相结合的订单式服务，强化学会联合体等融合组织，建立有效的评价激励机制。通过资源整合、科技服务，把科技供给与基层需求连接起来，达到供需匹配，以"产品、活动、项目"为切入点，真正实现联系广泛、服务群众、面向全国的科协组织下沉服务品牌。

以现代治理理念，拓宽与群众的联系渠道。利用微信群、公众号等新媒体平台，建立科协与科技工作者、基层的紧密联系，开展活动，促进项目进展。比如，天津全域科普工作中，河西区天塔街道宾水西里社区党委组建了针对居民青少年的家长群，取名"奔跑向日葵"，用于发布信息、组织活动、预约参观社区科普馆等，以提升青少年科学素质；天津广播新闻中心科普节目《我们爱科学》工作人员加入了市科协和各区科协的工作群，使节目工作人员密切跟进科协科普工作的进展和重点，关注社会热点，主动参与其中，进行提前谋划，消除消息闭塞的弊端，加深了相互之间的联系和交流，科协可第一时间向节目组推送资源、信息、专家，促进了节目主题内容的创作，使节目得到社会各界的大力支持和广泛喜爱，日均听众约20万人次，预计年听众达到5000万人次，成为实现全域科普与全媒体提升全民科学素质相结合的关键环节。

（4）坚持开放的整体观，与有关部门已开展的有关工作衔接。将科协系统资源统筹下沉基层，提升党群服务中心、新时代文明实践中心的科普功能，积极开展科技志愿服务，与农民合作社、科技特派员等积极合作。树立"一盘棋"意识，将文明实践融入乡村振兴战略，与基层党建、乡村治理等相结合。发动学会、高校、科研机构等在新时代文明实践中心广泛开展实用技术推广、青少年科技活动指导、卫生健康服务、应急安全技能培训等活动，促进公众理解、接受、应用现代科技，养成科学、健康、文明的生产生活方式。

整合闲置资源，打破基层综合文化服务中心、党群服务中心、文化礼堂、农家书屋等阵地设施之间的固有壁垒，完善设施，加强管理，"一点多用"，积极吸纳多方力量，合力打造有地方特色的科普阵地，方便群众参与。例如，天津市河西区科协、北辰区科协与街道办共同在党群服务中心内部建设社区科普馆作为科普阵地，形成"党群服务中心＋科普＋创新创业服务"的工作模式，在提升基层治理效能中发挥了积极的作用。

（5）强化信息技术手段，营造崇尚创新的社会氛围。在读图时代，形象的传播影响力巨大。在让基层科技场馆开起来、科普大篷车跑起来、电子科普画廊用起来的同时，应关注科普文化产品的开发与传播，包括影视作品、文学作品、创意设计、科普题材的公益广告。制作高品质的科普宣传片，在各类媒体、社区楼宇显示屏、商场大屏等处播放。中国科协与中国新华新闻电视网联合出品了原创音乐短片《力量》，展现2020年具有里程碑意义的重大科技成果，体现"科技兴则民族兴，科技强则国家强"；还有见证了科协定点扶贫吕梁35年艰苦奋斗的原创歌曲《去山西》，这首歌也是科技扶贫大型纪录片《使命之路》主题曲。

5G时代，移动互联网、大数据、人工智能等新技术展现出巨大能量。抖音、快手、今日头条等平台和微信、微博成为公众获取信息的重要媒介渠道。尤其在群体传播的新时代，信息生产方式发生了深刻变革。截至2020年6月，中国网民规模达9.4亿，互联网普及率达67%，网民中使用智能手机上网的比例为99.2%[36]。新媒体平台日益成为科学传播的重要方式，"果壳网""环球科学""科普中国"都是"互联网＋科普"的鲜活案例，可大力向基层宣传推广应用。科协可鼓励引导科学家发声，联合科技工作者、科研院所、社会机构、自媒体等注册新媒体官方账号，创作科技传播作品，普及科学知识、常识、信息，推广先进技术，科学辟谣、反伪破迷，启迪科学思维；开展线上培训、线上答疑、线上论坛等"零距离"信息化服务；建立对科普内容的科学性监管，制定审核标准，建立沟通机制，引导社会资本参与科普信息化平台建设，利用新媒体，开发融媒体，打造系统化全媒体协同联动，以重点人群辐射全民的基层科普体系，弘扬科学家精神、科学精神，传播科学思想和科学方法，提升公众科学素质，促进社会主义精神文明建设，营造科学文化氛围，打通宣传科学、教育群众、以信息服务群众的"最后一公里"。

4. 推进服务下沉工作精细化、精准化

（1）推动服务下沉工作按基层地域精准化分工

一是农村地区。科协组织可通过农技推广、基础设施建设、人才培养等手段发展特色产业。有针对性地建设农业专家服务站，建立科普惠农长效机制。强化农业科技和装备支撑，提高农业良种化水平，健全动物防疫和农作物病虫害防治体系，建设智慧农业。强化绿色导向、标准引领和质量安全监管，建设农业现代化示范区。

发展县域经济，推动农村第一、二、三产业融合发展，丰富乡村经济业态，拓展农民增收空间，打造创意农业、乡村旅游业。强化县城综合服务能力，把乡镇建成服务农民的区域中心。提高农民科技文化素质，推动乡村人才振兴。建立农村低收入人口和欠发达地区帮扶机制，保持财政投入力度总体稳定，接续推进脱贫地区发展。健全防止返贫监测机制和帮扶机制，做好易地扶贫搬迁后续帮扶工作，加强扶贫项目资金资产管理和监督，推动特色产业可持续发展。在西部地区脱贫县中集中支持一批乡村振兴重点帮扶县，巩固脱贫成果，增强其内生发展能力。推进媒体深度融合，实施全媒体传播工程，做强新型主流媒体，建强并用好县级融媒体中心。协助开展网上展销、电商、直播带货等新形式消费扶贫，推动传统产业转型服务。

二是企业。发挥企业家在技术创新中的重要作用，鼓励企业加大研发投入，对企业投入基础研究实行税收优惠。发挥大企业引领支撑作用，支持创新型中小微企业成长为创新重要发源地，加强共性技术平台建设，推动产业链上中下游、大中小企业融通创新。加快壮大新一代信息技术、生物技术、新能源、新材料、高端装备、新能源汽车、绿色环保以及航空航天、海洋装备等产业。推动企业设备更新和技术改造，扩大战略性新兴产业投资。弘扬企业家精神，加快建设世界一流企业。持续推动"科创中国"平台建设，搭建数字化技术服务和交易平台，打造试点城市网络，把创新的要素引进企业，提升企业竞争力和技术创新力。

三是社区。推动生活性服务业向高品质和多样化升级，加快发展健康、养老、育幼、文化、旅游、体育、家政、物业等服务业，加强公益性、基础性服务业供给。推进服务业标准化、品牌化建设。加强数字社会、数字政府建设，提升公共服务、社会治理等数字化智能化水平。提升全民数字技能，实现信息服务全覆盖。深入开展爱国卫生运动，促进全民养成文明健康的生活方式。建设党群服务中心科普阵地，引进第三方资源项目，激发多元主体参与社区治理的制度活力，发展社区科普、社区应急科普。开展党建引领社区科协建设试点，打造社区书院、科普讲堂、健康沙龙等群众欢迎的活动品牌，把惠民服务和党的理论宣讲有机结合。

随着脱贫攻坚、全面建成小康社会，人口城镇化趋势日趋凸显。"十四五"时期，还将有上亿人口进入城市生活，城市人口将逐步达到总人口的70%左右[37]。农村人口流向城镇后，如何适应城市生活？这成为社区基层新需求。科协可发动

443

基层组织开展促进新进人口改善生活方式、思维方式、生活态度，传播科学文化，提供现代化技术的一系列服务和活动，解决知识鸿沟、素质鸿沟、智能鸿沟问题，帮助流动人口提高生活质量。

四是少数民族地区。通过农技推广、技术培训、病虫害防治，科技助力，精准帮扶，发展特色产业和支柱产业。提高民族地区教育质量和水平，加大国家通用语言文字推广力度。加强各民族优秀传统手工艺保护和文化传承。开发与宣传优质特产，在进一步提升经济效益的同时，也可加强地方文化的建设。在各少数民族地区，科协可协同举办类似"中国丝绸之路吐鲁番葡萄节"的品牌活动，根据特色设立相应主题、宗旨，集旅游、经贸、文化、科学技术传播为一体，促进经济文化交流。

（2）推动服务下沉工作按人群精细化分类

一是城镇劳动者。健全就业公共服务体系、劳动关系协调机制和终身职业技能培训制度。更加注重缓解结构性就业矛盾，加快提升劳动者技能素质，完善重点群体就业支持体系，统筹城乡就业政策体系。扩大公益性岗位安置，帮扶残疾人、零就业家庭成员就业。完善促进创业带动就业、多渠道灵活就业的保障制度，支持和规范发展新就业形态，健全就业需求调查和失业监测预警机制。加大人力资本投入，增强职业技术教育适应性，深化职普融通、产教融合、校企合作，探索中国特色学徒制，大力培养技术技能人才。

二是妇女、青少年、儿童。关注妇女儿童心理健康、教育等问题，动员组织专家开展心理咨询、亲子活动、主题沙龙、学前科学启蒙教育。健全学校、家庭、社会协同育人机制，提升教师教书育人能力素质，增强学生文明素养、社会责任意识和实践本领，重视青少年身体素质、科学素质培养和心理健康教育。

在2020年9月11日召开的科学家座谈会上，习近平总书记指出："好奇心是人的天性，对科学兴趣的引导和培养要从娃娃抓起，使他们更多了解科学知识，掌握科学方法，形成一大批具备科学家潜质的青少年群体。"馆校结合科学教育、中学生科技创新后备人才培养计划（英才计划）、青少年科普科幻教育等都是当下科协针对青少年科学教育正在开展的项目活动。在新发展阶段，建议科协进一步加强与学校、社区的联合，创新科技教育体系，打造社会与学校互动的科技教育模式、网络科技教育模式，激发青少年的科学兴趣和科学梦想，培养其科技好奇心，帮助其树立科学思维，遵循青少年心理特点开展科技教育活动。

三是老年人、残疾人。健全老年人、残疾人关爱服务体系和设施，完善帮扶残疾人社会福利制度。推动养老事业和养老产业协同发展，健全基本养老服务体系，发展普惠型养老服务和互助性养老，支持家庭承担养老功能，培育养老新业态，构建居家社区机构相协调、医养康养相结合的养老服务体系，健全养老服务综合监管制度。倡导社会各行各业人群增强法律意识、服务意识，帮助解决老年人在生活中遇到的不便，比如协助使用手机支付、智能挂号等。针对老年人协助开展健康讲座、反伪破迷宣讲、智能技术培训等活动。

（3）推动服务下沉工作在各领域的落实

一是理想信念教育领域。推进理想信念教育常态化制度化，加强党史、新中国史、改革开放史、社会主义发展史教育，加强爱国主义、集体主义、社会主义教育，弘扬党和人民在各个历史时期奋斗中形成的伟大精神，推进公民道德建设，实施文明创建工程，拓展新时代文明实践中心建设。

二是科技创新领域。推进国家实验室建设，重组国家重点实验室体系。布局建设综合性国家科学中心和区域性创新高地，支持北京、上海、粤港澳大湾区形成国际科技创新中心；构建国家科研论文和科技信息高端交流平台；深化人才发展体制机制改革，全方位培养、引进、用好人才，造就更多国际一流的科技领军人才和创新团队，培养具有国际竞争力的青年科技人才后备军；支持发展高水平研究型大学，加强基础研究人才培养。

三是文化和旅游融合发展领域。建设一批富有文化底蕴的世界级旅游景区和度假区，打造一批文化特色鲜明的国家级旅游休闲城市和街区，发展红色旅游和乡村旅游；强化历史文化保护、塑造城市风貌，加强城镇老旧小区改造和社区建设；提倡艰苦奋斗、勤俭节约，开展以劳动创造幸福为主题的宣传教育；推进城乡公共文化服务体系建设，创新实施文化惠民工程，广泛开展群众性文化活动，推动公共文化数字化建设；传承弘扬中华优秀传统文化，加强文物古籍保护、研究、利用，强化重要文化和自然遗产、非物质文化遗产系统性保护。

四是城乡生活环境治理领域。推进城镇污水管网全覆盖，基本消除城市黑臭水体；推进化肥、农药减量化和土壤污染治理，加强白色污染治理；推行垃圾分类和减量化、资源化；实施国家节水行动，建立水资源刚性约束制度；加快构建废旧物资循环利用体系。

五是国家应急管理体系领域。加强应急物资保障体系建设，发展巨灾保险，提高防灾、减灾、抗灾、救灾能力；坚持专群结合、群防群治，加强社会治安防控体系建设,坚决防范和打击暴力恐怖、黑恶势力、新型网络犯罪和跨国犯罪,保持社会和谐稳定。

六是社会和谐发展领域。推进以县城为重要载体的城镇化建设,完善帮扶残疾人、孤儿等社会福利制度,加强流动人口、自由职业者、留守人群等新兴群体的群众工作。

七是国家地区间协同发展领域。坚持和完善东西部协作和对口支援、社会力量参与帮扶等机制;推动西部大开发形成新格局,推动东北振兴取得新突破,促进中部地区加快崛起,鼓励东部地区加快推进现代化。支持革命老区、民族地区加快发展,加强边疆地区建设,推进兴边富民、稳边固边;更好促进发达地区和欠发达地区、东中西部和东北地区共同发展。

(三)"十四五"重大项目建议

根据以上理论基础、实践分析及确立的"十四五"时期科协组织工作重心下移、服务资源下沉的发展思路、发展目标、重点举措,现提炼出如下重大项目建议(表2-14-1)。

表2-14-1 "十四五"时期科协组织工作服务下沉重大项目建议

项目名称	内容	目标
基层需求调研行动计划	选举科协领导干部、专职人员成立调研小组,遴选城镇社区、欠发达地区、西部边疆、少数民族地区、脱贫县、乡村等需下沉服务地区,规划调研方案,了解当地情况	形成各基层区域调研报告,明确基层具体需求、可发展领域、科协可提供的服务,制定因地制宜精准对接服务工作方案
乡村振兴发展专项	统筹实施脱贫摘帽后的科协帮扶计划;推进干部挂职、"三长制";开展科技志愿服务,动员组织多元力量参与帮扶;组织赋能实现长效跟踪服务;推动特色产业可持续发展;打造文旅产业;营造科学文化氛围	巩固拓展脱贫攻坚成果同乡村振兴有效衔接,实施全媒体传播工程,提高农民科学文化素质,健全防止返贫监测和帮扶机制
激活多元主体参与社区治理的制度机制	整合闲置资源,完善设施;拓宽与居民的联系渠道;制定社区居民不同人群精准化匹配服务清单,号召多方力量接单;根据社区阵地特色设计项目内容,整合资源,积极吸纳学校院所、科研机构、基金会、民办非企业机构等社会组织投资、竞标	建立街道社区"党建+"工作模式;建立激励多元主体参与服务工作机制;打造活动品牌,形成社区特色阵地活动常态化

续表

项目名称	内容	目标
科协组织工作服务下沉典型经验做法和创新模式的研究及推广	研究成功案例的服务下沉工作格局、理念和创新机制；遴选试点地区，建设"样板模式"示范区，验证实践实效；召开推广会议等	推广可复制经验，促进科协组织服务下沉工作高质量发展，切实为基层问题、矛盾提供解决方案，提高社会建设水平
构建科协组织服务下沉工作体系	研究出台《关于推进科协组织工作服务下沉的实施意见》，制定权责清单，建立激励、评估机制，健全志愿服务机制等	构建党组织领导的区域统筹、条块协同、上下联动的服务下沉工作新格局，畅通参与政策制定的渠道，打造权责明晰、高效联动、上下贯通、运转灵活的工作服务下沉体系
服务下沉供需对接平台建设	建立集需求库、成果库、人才库于一体的服务平台，进行需求发布、需求分析、"点单、接单"服务；同时可开展线上咨询、线上答疑、线上培训等"零距离"服务	构建网格化管理、精细化服务、信息化支撑、开放共享的基层管理服务平台，实现科协组织工作服务下沉精准化对接，促进科协服务工作落地见效

参考文献

[1] 杨雪冬. 把基层的空间还给基层 [J]. 人民论坛, 2010 (16): 4.

[2] 郁建兴. 辨析国家治理、地方治理、基层治理与社会治理, 光明日报, 2019-08-30 (11).

[3] 叶敏. 城市基层治理的条块协调：正式政治与非正式政治——来自上海的城市管理经验 [J]. 公共管理学报, 2016, 13 (2), 128-140+159.

[4] 张翔. 城市基层治理对行政协商机制的"排斥效应" [J]. 公共管理学报 2017, 14 (1): 49-60+156.

[5] 刘凤, 傅利平, 孙兆辉. 重心下移如何提升治理效能？——基于城市基层治理结构调适的多案例研究 [J]. 公共管理学报, 2019, 16 (4): 24-35+169-170.

[6] 狄金华, 钟涨宝. 从主体到规则的转向——中国传统农村的基层治理研究 [J]. 社会学研究, 2014, 29 (5): 73-97.

[7] 赵立新, 朱洪启, 高宏斌. 中国基层科普发展报告 (2017—2018) [M]. 北京：社会科学文献出版社, 2018：9.

[8] 徐林, 宋程成, 王诗宗. 农村基层治理中的多重社会网络 [J]. 中国社会科学, 2017 (1): 25-45+204-205.

[9] 田毅鹏, 薛文龙. "后单位社会"基层社会治理及运行机制研究 [J]. 学术研究, 2015 (2): 48-55.

[10] 滕尼斯. 共同体与社会 [M]. 林荣远, 译. 北京: 商务印书馆, 1992.

[11] 杨君, 徐选国, 徐永祥. 迈向服务型社区治理: 整体性治理与社会再组织化 [J]. 中国农业大学学报（社会科学版）, 2015 (32): 95-105.

[12] 王丽萍. 中国社会资本: 维护与创造 [J]. 民主与科学, 2010 (03): 17-20.

[13] ROBERT D P. Bowling Alone: The Collapse and Revival of American Community, New York: Simon and Schuster, 2000.

[14] Integrated Communities Action Plan [J]. Ministry of Housing, Communities & Local Government, 2019 (2): 9.

[15] 蔡禾. 中国城市基层自治组织的"内卷化"及其成因 [J]. 中山大学学报（社会科学版）, 2005 (5): 109-114+133.

[16] 叶敏. 城市基层治理的条块协调: 正式政治与非正式政治——来自上海的城市管理经验 [J]. 公共管理学报, 2016, 13 (2): 128-140.

[17] 徐选国, 徐永祥. 基层社会治理中的"三社联动": 内涵、机制及其实践逻辑——基于深圳市h社区的探索 [J]. 社会科学, 2016 (7): 87-96.

[18] 张雨棋, 王慧. 英国皇家学会发展模式初探 [J]. 农村经济与科技, 2017, 28 (16): 155-156.

[19] 陈江洪, 厉衍飞. 英国皇家学会的科学文化传播 [J]. 科普研究, 2010, 5 (1): 61-65.

[20] 佚名. 世界上最大的综合性科学团体——美国科学促进会 [J]. 科技导报, 2009, 27 (2): 111.

[21] 夏婷. 美国科技社团参与决策咨询的体制机制及其对我国的启示——以美国科学促进会为例 [J]. 学会, 2013 (8): 5-9+21.

[22] 谢小军. 美国科促会的三个科学教育项目对我国科普事业的点滴启示 [J]. 今日科苑, 2008 (23): 116.

[23] 侯玉兰. 非营利组织: 美国社区建设的主力军——美国非营利组织的调查与思考 [J]. 北京行政学院学报, 2001 (05): 13-17.

[24] BREWSTER A L, SUZANNE K, JANE S, et al. Cross-Sectoral Partnerships by Area Agencies on Aging: Associations with Health Care Use and Spending [J]. Health Aff, 2018, 37 (1): 15-21.

[25] YANG Y. The Role of NGOs in Enabling Elderly Activity and Care in the Community: A Case Study of Silver Wings in South Korea [J]. Journal of Cross-Cultural Gerontology, 2017: 1-12.

[26] HARTMANN C, HARTMANN J M K, Lopez A, et al. Health Non-Governmental Organizations (NGOs) amidst Civil Unrest: Lessons Learned from Nicaragua [J]. Global Public Health, 2020 (10165): 1-10.

［27］DEITZ R L，HELLERSTEIN L H，GEORGE S M S，et al. A Qualitative Study of Social Connectedness and Its Relationship to Community Health Programs in Rural Chiapas，Mexico［J］. BMC Public Health，2020，20（1）：852.

［28］褚松燕. 在国家与社会之间——中国政治社会团体功能研究［M］. 北京：国家行政学院出版社，2014.

［29］KOJIMA K，CHOE J Y，OHTOMO T，TSUJINAKA Y. The Corporatist System and Social Organizations in China［J］. Management and Organization Review，2012，8（3）：609-628.

［30］中国科学技术协会. "2019年度科协十大事件"揭晓［EB/OL］.（2022-04-04）［2021-03-16］. https://www.cast.org.cn/art/2020/4/4/art_79_118003.html.

［31］中国科学技术协会. 中国科协党组理论学习中心组专题学习习近平总书记关于统筹推进疫情防控和经济社会发展工作的重要论述［EB/OL］.（2020-03-29）［2021-03-16］. https://www.cast.org.cn/art/2020/3/29/art_79_117518.html.

［32］怀进鹏. 全面提升科协系统组织力 汇聚决战决胜的科技力量［J］. 旗帜，2020（5）：11-13.

［33］佚名. 科创中国 用互联网撬动科技"宝库"［J］. 科学大观园，2020（12）：52-55.

［34］天津市科学技术协会. 关于大力推进全域科普工作的实施意见［EB/OL］.（2019-04-08）［2021-03-16］. http://www.tast.org.cn/tzgg/system/2019/04/10/020013671.shtml.

［35］中国科协调研宣传部. 战"疫"有我，为决胜攻坚提供科技志愿服务——向全国科技工作者的倡议［EB/OL］.（2020-02-01）［2021-03-16］. http://www.cast.org.cn/art/2020/1/31/art_79_109409.html.

［36］佚名. 《第46次中国互联网络发展状况统计报告》发布 我国网民规模达9.40亿 互联网普及率达67.0%［J］. 网络传播，2020（10）：66-72.

［37］中共中央关于制定国民经济和社会发展第十四个五年规划和二〇三五年远景目标的建议［M］. 北京：人民出版社，2020.

作者单位：朱洪启，中国科普研究所
刘名飞，中国科普研究所

15 新形势下科协组织参与国际科技治理与合作研究

◇王　妍　李军平

【摘　要】 当今世界正在经历百年未有之大变局，大变革、大调整在加速推进；与此同时，突如其来的全球疫情给当今世界带来更多不稳定性和不确定性，给我国构建"总体稳定、均衡发展"的大国关系以及多边治理体系带来挑战和困难。为贯彻落实习近平总书记关于"深度参与全球科技治理，贡献中国智慧，着力推动构建人类命运共同体"，以及构建国内国际双循环相互促进的新发展格局等重要指示精神，报告建议中国科协在制定科协"十四五"规划时，需要积极参与国际科技治理，营造中国国际科技治理与合作新格局。

　　报告提出，新形势下科协组织参与国际科技治理与合作要坚持以习近平新时代中国特色社会主义思想为指导，围绕国家科技战略和对外政策目标，切实发挥民间科技人文交流主渠道作用，服务科技工作者走进世界舞台中央，服务创新驱动，打造国际技术服务平台，服务全民科学素质，促进科普资源共享，服务高端智库建设，搭建民间对话机制，着力为学术、科普、智库赋能，着力拓展双边、多边民间科技合作渠道，着力提升"一体两翼"组织活力，为加快建设创新型国家、构建新型国际关系和人类命运共同体做出贡献。

　　报告指出，鉴于当前的新形势，建议科协组织在"十四五"期间实施以下重大行动计划：科技外交助力行动、国际学术引领行动、国际科学素质建设行动、科技外交智库建设行动、国际人才服务行动、港澳台工作提质增效行动，以及服务科技经济融合发展行动。

【关键词】 国际科技治理　科协组织　国际科技交流与合作

一、引言

历史证明，科技革命和产业变革往往伴随着大国兴衰和国际竞争格局、治理格局的大调整，导致世界经济中心和科技创新中心的转移。世界科技创新中心首先是国际科技合作中心。虽然近年来出现了一些逆全球化的因素，但总的看来，科技合作是应对全球性问题的根本出路。人类共同面临极端气候、环境恶化、食品安全缺陷、能源短缺、传染病蔓延等一系列传统的全球性问题，与此同时，数字经济、人工智能、基因编辑等新科技对全球科技治理提出新的挑战。这些挑战不可能依靠单一国家去应对，必须依靠整个人类社会共同努力。相关科学技术也不可能依靠单一国家去开发、独享，需要全球科技工作者加强交流合作，消除人为的科技合作壁垒，真正形成全球科技合作新格局，共同解决人类面临的全球性问题。

当前国际局势正处在关键节点，反全球化思潮涌动，贸易保护主义和内顾倾向有所上升。中国作为负责任的大国，坚持互利共赢的开放政策，积极倡导人类命运共同体建设，妥善应对国际经贸环境的新变化，努力建设开放创新体系，打造市场化、法治化、国际化的营商环境。未来要在国家总体外交和总体科技工作中统筹政府间科技外交和民间科技交流合作，从多元治理角度充分发挥部门、企业、大学、院所、地方和社会的主体积极性，构建全方位、多层次、跨领域的国际科技合作新格局，为中国创新发展塑造稳定趋好的国际合作氛围与外部环境。

习近平总书记在中国科学院第十九次院士大会、中国工程院第十四次院士大会上提出："深度参与全球科技治理，贡献中国智慧，着力推动构建人类命运共同体。"为贯彻落实习近平总书记的重要指示，中国科协应充分发挥民间科技交流渠道的独特作用，鼓励科技社团等民间科技机构主动搭建国际科技人文交流渠道，开辟新平台与对话空间；鼓励通过国际科技组织参与全球治理，与联合国下属机构、国际非政府组织及其他民间合作伙伴加强工作交流，共同推动国际社会在非传统安全领域密切沟通合作；加强对外科学传播和舆论应对，充分发挥民间科技交流渠道优势，广泛联系国外合作伙伴，借助双边、多边合作平台，结合重大国际活动和重要节展赛事等，展示中国科技界的开放合作形象，做好正面宣传和舆论引导。

因此，新形势下，建议科协组织在"十四五"期间实施以下重点行动计划：①科技外交助力行动：深度参与全球科技治理，争取国际科技组织落地中国，拓展"一带一路"民间科技合作，深化中欧民间科技合作伙伴关系，巩固与周边国家的民间科技合作机制，筑牢中俄新时代全面战略协作伙伴关系的民间科技合作纽带，强化中美两国民间科技交流主渠道作用。②实施国际学术引领行动：打造世界一流学术品牌，推动建设世界一流科技期刊，设立世界一流科技奖项，搭建世界一流技术服务平台，开展世界一流的标准化工作。③实施国际科学素质建设行动：开展青少年科技教育国际活动，开展世界公众科学素质促进系列活动，推进全球科普资源共建共享。④实施科技外交智库建设行动：举办中国科技峰会系列活动，搭建科学文化国际交流平台，推动高端国际科技智库建设。⑤实施国际人才服务行动：搭建海外人才服务平台，掌握全球科技人才状况，培养知华友华爱华外籍科学家，推动工程教育和工程师资格国际互认。⑥实施港澳台工作提质增效行动：加强与香港科技社团的交流，发展与澳门科技交流合作机制，促进两岸科技人员交往，拓展深化同港澳台青少年交流项目。⑦实施服务科技经济融合发展行动：围绕服务"科创中国"品牌，促进与国际科技组织、重点国家的科技、产业和经济等领域的交流合作；开展海智计划，服务科技经济融合发展；围绕推进海峡两岸暨港澳协同创新，促进港澳长期繁荣稳定、两岸经济社会融合发展。

二、文献综述

（一）全球科技治理的背景：政策分析

2014年6月28日，习近平总书记在和平共处五项原则发表60周年纪念大会上提出坚持公平正义，推进全球治理体系改革。我国高举构建人类命运共同体旗帜，秉持共商共建共享的全球治理观，倡导多边主义和国际关系民主化，推动全球经济治理机制变革。推动在共同但有区别的责任、公平、各自能力等原则基础上开展应对气候变化的国际合作。维护联合国在全球治理中的核心地位，支持上海合作组织、金砖国家、二十国集团等平台机制化建设，推动构建更加公正合理的国际治理体系[1]。

党的十九届三中全会就深化党和国家机构改革做出部署，在制度建设和治理能力建设上迈出了新的重大步伐。党的十九届三中全会指出："我们党要更好领导人民进行伟大斗争、建设伟大工程、推进伟大事业、实现伟大梦想，必须加快推进国家治理体系和治理能力现代化，努力形成更加成熟更加定型的中国特色社会主义制度。这是摆在我们党面前的一项重大任务。"现在，在确定社会主义现代化强国三步走战略的同时，也明确了制度建设和治理能力建设的目标，即"到2035年，各方面制度更加完善，国家治理体系和治理能力现代化基本实现"，以及"到本世纪中叶，实现国家治理体系和治理能力现代化"。

　　完善国家治理体系和实现治理能力现代化离不开科技支撑。习近平总书记多次强调："创新是第一动力"，"重大科技创新成果是国之重器、国之利器"。中国要强盛、要复兴，就一定要大力发展科学技术，努力成为世界主要科学中心和创新高地。当前，我国对重大科技创新成果的需求非常迫切，对激发科技创新主体活力的要求尤为强烈。习近平总书记高度重视创新发展中自主创新和对外开放的关系，提出在加快创新驱动发展的同时，要"坚持融入全球科技创新网络，树立人类命运共同体意识，深入参与全球科技创新治理，主动发起全球性创新议题，全面提高我国科技创新的全球化水平和国际影响力，我国对世界科技创新贡献率大幅提高，我国成为全球创新版图中日益重要的一级。"

　　随着新一轮全球科技革命和产业变革的到来，我国科技界从"跟跑者""并行者"迈向"领跑者"，站在新的历史起点。2018年5月28日，习近平总书记在中国科学院第十九次院士大会、中国工程院第十四次院士大会上提出："深度参与全球科技治理，贡献中国智慧，着力推动构建人类命运共同体。"[2]这是时代发展的要求，也是我国科技崛起的必然。当前，全球面临着气候变化、环境污染、粮食危机和新兴科技带来的伦理风险和社会挑战，这是人类可持续发展共同面临的问题。作为负责任的大国，中国理应贡献自己的智慧，深度参与全球科技治理，提高开放水平，深化国际科技交流合作，探索并建立科学有效的合作机制和模式，应对共同面临的可持续发展方面的挑战，在国际上发出更强声音。在具体领域，例如，在加快人工智能发展的同时，提出要加强对这项颠覆性技术的监管和治理。我国提出"到2030年将我国建成为世界主要人工智能创新中心"，并将"制定促进人工智能发展的法律法规和伦理规范"作为第一位的保障措施，以规避人工智能带来的社会风险，促进新一代人工智能的健康发展。

完善科技创新体制机制是推进国家治理体系和治理能力现代化的题中应有之义。在国内外发展环境条件变化的新形势下，2019年10月31日，党的十九届四中全会审议通过《中共中央关于坚持和完善中国特色社会主义制度 推进国家治理体系和治理能力现代化若干重大问题的决定》，突出强调了加快建设创新型国家的重大制度支撑。科技体制机制是决定国家创新发展水平的基础，国际竞争很大程度上是创新体系的比拼。建设创新型国家必须对科技创新的战略、规划、主体、评价等作为体系建设和布局，促进各类创新主体协同互动和创新要素顺畅流动、高效配置，建立科学高效的组织实施体系，构建社会主义市场经济条件下关键核心技术攻关新型举国体制，营造良好的创新生态环境，这是推进国家治理体系和治理能力现代化的基础性、系统性、长期性任务[3]。

中国科协深入贯彻落实习近平总书记重要讲话，按照党中央对新时代科技外交和群团改革的总要求，强调中国科协作为民间科技交流的引领者，积极融入国际科技治理与合作。近年来，在"1-9·6-1"工作战略布局下，中国科协积极打造国际化服务平台，深度参与全球科技治理，发挥民间科技交流合作的主渠道作用，把握科技发展的内在规律和世界科技创新竞争合作的规律，扎实做好国际科技交流相关工作，积极构建以我为主的国际科技交流平台；加大我国科学家在重要国际科技组织中的履职服务能力，维护科学家人身安全和正当权益，不断增强我国科技界在世界科技舞台的影响力，为国家治理能力现代化做出积极的贡献。发起中国主场外交，凝聚世界科技治理共识。总之，加强科技治理体系建设、提高科技治理能力是提升我国科技创新能力的强大推进器，更是创新型国家和世界科技强国建设的必备工具箱。

（二）全球科技治理国内外研究综述

全球化时代给科技创新带来了新的挑战和新环境。随着科技与社会互动带来的一系列影响，全球科技治理的话题也越来越受到国内外学者的关注。早期的研究重点关注全球科技治理的概念内涵、治理模式、治理结构等理论层面的分析和探讨。鉴于全球科技治理与全球重大技术、现实问题研究息息相关，研究者一方面从更加现实的视角研究全球治理议题，包括研究全球公共品属性、全球治理参与主体、治理缺陷与困境等，另一方面，除了宏观政治理论的研究，更多的学者开始转向对现实的全球治理议题，例如生物治理、环境治理、气候谈判、人工智能、大数据安全等的研究，分析新兴科技带来的社会问题和伦理挑战，推进治理从理论到实践的转变[4]。以下从四方面对已有研究进行梳理。

1. 全球科技治理的概念和政策研究

"治理"（governance）在拉丁语中原意为驾驶、掌舵、导航，后用于国家、社会的政治系统或者私人和公共组织系统的管理和调节。1989年，世界银行首次使用了"治理危机"（crisis in governance）一词。现在，治理已经超越政府运作范围，强调一种权利关系、组织制度和对公共事务的管理。与政府统治相比，治理的内涵更为丰富，既有正式的政府机制，也有非正式、非政府的机制；强调一种协调的过程，一种持续的互动，而不是控制[5]。

20世纪90年代，詹姆斯·罗西瑙（James Rosenau）最早提出全球治理概念并将其用来反映全球政治秩序的变化。他对全球治理的定义是："人类活动所有层面的规则体系——从家庭到国际组织，以及为了实现这些规则而进行的具有跨国影响力的控制活动"[6]。梅斯纳尔（Messner）认为，治理是为了应对全球挑战和解决跨地区持续出现的问题，发展一种国际合作的新的机制、制度与调节体系[7]。库尔曼（Kuhlmann）等人认为，科技治理是治理理论在科技领域的延伸。这一概念强调科技政策的参与性、合作性以及政策制定过程的民主性，后来获得了科技管理领域的普遍认可。他认为，科技治理的核心思想是中央（联邦）政府不再是公共研究、科技及创新政策的唯一制定者，越来越多的跨区域、跨国的科技政策正成为一国科技政策的重要组成部分，并预见性地提出，未来的科技治理模式是集中型（centralized）的科技政策和分权型（decentralized）的科技政策的统一，中央政府起到的是协调（mediated）的作用[8]。

经济合作与发展组织（OECD）从技术治理的维度理解全球科技治理，指出技术创新是人类福祉和经济活动的主要动力。然而，技术是一把双刃剑，技术引起了个人和社会的担忧，从工业上的技术变革浪潮和当前围绕人工智能、核能、基因编辑和社交媒体的辩论中就可以看出这一点。强调预防或减轻技术的潜在负面影响时，也应该看到技术好的一面，从而获得新兴技术的好处。这是当前科学技术和创新（STI）政策面临的一个重大挑战[9]。21世纪初，芬兰、瑞士、挪威等欧洲八国联合发起科技治理项目（Science, Technology and Governance in Europe Project，STAGE），获得欧洲第五框架资助，包括三个专题的研究，其中包括通信、转基因、环境等领域的治理，以及社会参与在科技治理中的作用。针对2020年突然发生的全球疫情事件，基辛格（Kissinger）撰文指出，应以启蒙思想倡导的自由世界秩序原则，推进全球科技合作共同治理，解决现实重大问题和危机，在全球合作共同应对新冠肺炎过程中构建未来的世界秩序[10]。

邢怀滨和苏竣认为全球科技治理包括两方面内涵：①针对科技全球化而制定的国际规则；②针对全球问题而提出的科技治理，这两者是相互关联的。一方面，全球科技治理是在国际层面上干预、制定科学技术发展的制度、规则体系或倡议，例如全球通信技术标准、环境保护国际协定、全球气候治理行动、人工智能伦理倡议、国际知识产权制度等；另一方面，全球问题的治理需要通过全球共识和共同行动来实现，通过制定科技全球化的规制措施，引导和约束特定科学技术的发展[11]。

董新宇和苏竣指出，政府政策工具的影响力在减小，几乎所有国家的公共政策都要受到国际因素的制约。文章重点分析了中国政府在全球科技治理中的行为和可以发挥的作用——要在全球科技治理的范畴下建设国家创新系统，包括人员\知识\信息的流动、公私合作、正式或非正式制度的构建等。在企业无能为力的地方，政府充分利用市场机制为科技活动服务，有效提升企业研发能力；中国政府积极参与各种国际组织和论坛，影响全球规则全球科技体制的形成，为中国和其他发展中国家争取合法权益[12]。

结合中国航天技术的快速发展和美国对本国公司技术出口的指控这一事件，苏竣和董新宇指出，在科技全球化的背景下，主权国家的科学技术活动越来越受到多种国际组织和国际制度的约束，本来属于本国的研究问题逐渐成为全球性问题，大量的科技活动超越了国家的范围。面对全球问题，要求全球合作和全球治理。在此背景下，文章引入了全球科技治理的概念，即在全球化的背景下探讨世界各国科技活动的管理机制，包括各自的责任、权利、地位和相应的规则和制度。需要进行全球科技治理的对象，已经超越了科技本身，还包括因此而引发的政治、经济和社会问题。参与、谈判与协调则是全球治理的主要手段。全球治理的目标与国家利益和全球性问题联系在一起，包括促进可持续发展、保持技术垄断、保持军事和国防领先、成为外交事务和政治谈判的砝码等[13]。

2. 全球科技治理的主体

全球科技治理反映了一种权利结构，由于涉及多方利益关系，需要多方主体的参与。其中，国家政府、市场（跨国公司）和社会是最重要的行动者，它们的行为中渗透着全球主义与国家主义、工具理性和价值理性之间的冲突，这些冲突也给全球科技治理带来了诸多困境。在科技全球化的不同方式下，企业与政府表现出不同的行为选择，从而也影响了科技全球化国际规则的制定[11]。

卡特林·布劳恩（Kathrin Braun）等人指出，政策制定者不能单纯依靠知识开展治理实践，要考虑道德因素和主体诉求等多种因素，重构科学、社会与政府之间的关系[14]。马克·贝维尔（Mark Bevir）也认为，要通过主体间的对话互动，赋予其他治理主体更多的政策空间，完善治理主体，实现治理行为接纳度提升。随着国际间科技合作项目的增多，跨国界的科技治理尤其需要更多主体参与、政府协调，合理调节科技治理实践中集权与分权的关系[15]。全球治理需要实现范式转变，在新范式中，不同参与主体在不同的全球治理问题中承担主导作用。例如维护国际安全与和平主要还是由国家政府来负责，但具体的治理机制与过去相比则更加多元。在其他一些领域，依靠政府之间达成国际协定的难度和成本越来越高。非政府主体能够发挥作用的治理空间则相应增大。例如，在科学发展领域，国际科学共同体通过网络合作、行动倡议等方式规范行业内部的行为准则[16]。在全球科技治理体系的主体研究中，对公民参与的研究也是学者关注的重点，比如公众理解科学、公民参与科学的路径、公民对社会的理解、公民诉求等方面都吸引了大量学者的关注[17]。

3. 全球科技治理的动因和模式研究

全球科技治理政策的制定主要由国际标准组织、战略技术联盟、区域标准化组织、跨国公司等组织与各国政府一起构建。巴特里克·伯恩哈根（Patrick Bernhagen）认为全球科技治理的合作模式不再局限于政府间国际组织与国家政府之间。例如联合国最初面对的治理对象是主权国家，而如今的联合国则越来越重视发挥全球联盟的作用[18]。

曾婧婧和钟书华根据全球科技治理产生的两方面诉求——为了国际研发合作和为了贸易往来，将国际科技治理模式分为两种：基于研发的科技治理与基于贸易的科技治理[19]。薛澜认为对全球治理模式框架的研究应该转向新的范式，注重务实和微观的视角，以现实世界变化为基础，以实际治理问题为导向，梳理全球治理的发展脉络，而不是局限在宏观政治理论的维度。为此，他提出了"问题—主体—机制"的分析框架。面对新时期全球治理的发展，他强调在保护国家利益的同时，应能够去思考世界面临的各种问题与治理事务，探索全球问题的治理。新兴大国如果主动地去参与和推动新兴的全球治理体系，那么就有可能真正抢得先机，成为塑造未来全球治理体系的设计师，对新兴治理范式的形成做出建设性贡献[20]。

吴金希等人研究了实现科技治理体系现代化的内涵、特征和挑战，认为科技治理体系现代化是为实现科技创新可持续发展、参与各方长期共赢，实现与科技创新相关的政府、企业、大学、科研院所、个人、社会团体等多个利益主体和行动者之间的协同、合作、交流、互动，是推进我国科技创新相关制度体系和治理过程逐步实现法治化、科学化、民主化和文明化的过程。因此，科技治理体系现代化至少要做到五个"有利于"：①有利于实现国家科技战略目标；②有利于提升国家产业竞争力；③有利于提升人民的福祉，科技创新最终要促进生活更美好，人民健康水平提高；④有利于环境、社会可持续发展，科技创新的发展要着眼于经济社会的长期利益，做到长期利益最大化；⑤有利于促进人类文明进步，以科学新发现促进人类认识水平的提高[21]。这五方面为我国构建全球科技治理体制提供了参考标准。

朱本用和陈喜乐提出构建符合我国国情的科技治理柔性模式，即多主体参与的柔性治理架构，以责任文化和科学精神为价值取向，倡导科技治理主体之间的平等互动和民主协商，采用灵活多样的治理工具，形成多层次的政策学习机制[22]。

4. 深度参与全球科技治理的路径研究

近年来，对于如何深度参与全球科技治理，我国的学者也做了许多探索。当代全球科技治理的三个主要议题是：全球问题的科技治理、科技发展的风险治理和科技创新的规则治理。针对问题的不同性质，应该有不同的治理实践和机制[23]。深度参与全球科技治理，需要特别重视科技发展的风险治理和科技创新的规则治理，坚持以人为本，尊重市场规律，以自由自愿、公平公正的规则体系，构建合作创新、成果共享的机制。

钟科平在《中国科学报》上发表文章支持深度参与全球科技治理，并提出要在更高起点上推进自主创新，要提高开放水平，深化国际科技交流合作，积极融入全球科技创新网络，探索并建立科学有效的合作机制和模式[24]。

陈强强指出，中国深度参与全球科技治理是自身发展和承担全球治理责任的共同需要，中国方案的制订应该包括积极推动全球科技治理体系变革和国内科技体制改革，加强同美国等发达国家的商谈与合作，基于"一带一路"倡议推进全球科技创新中心、平台与联盟的建设，这些措施均是中国融入全球科技治理体系的有效方式[25]。

张瑾等关注了全球经济和科技治理格局的新变化，面对新兴经济体的崛起、开放与保护的较量、美中之间以科技为基础的经济竞争、多边与单边的对垒，中国参与全球科技治理需要统筹协调，兼顾国内治理和全球治理，推进自主创新和开放创新的协同发展，构建"政府—市场—社会"融合的开放创新体系[26]。米尔托斯·拉迪卡斯（Miltos Ladikas）则分析了欧洲、印度和中国三地开展高效全球科技治理的方法，并提出了研究全球科技伦理的比较框架，提出将伦理纳入科技政策的建议，提倡三地在科技领域有效合作，促进负责任的科学技术治理和伦理[27]。

5.针对具体领域的全球科技治理研究

王国豫等人研究了纳米技术的社会和伦理问题。纳米伦理关注的焦点包括安全问题、个人隐私、在医学中的应用、在军事上的应用以及纳米技术利益与风险的公正分配问题等。文章指出，如果没有一个全球治理框架协议，将导致纳米技术发展的恶意竞争，最终阻碍技术发展[28]。2018年，发生了基因编辑婴儿事件，暴露出监管的漏洞和缺乏执法力度的伦理指导原则，不得不让学界反思我国的科技伦理和科技监管体系。例如，陈海丹以英国胚胎和干细胞研究为例，分析了英国如何应对伦理争论，构筑强健的生命科学治理体系，旨在为中国的科技治理提供借鉴[29]。

从以上文献分析可以看出，全球科技治理是全球治理的延伸，从20世纪90年代初兴起，目前已经取得了丰富的研究成果。在习近平总书记有关全球科技治理的重要讲话指引下，近年来，我国学者重点开展中国深度参与全球科技治理的路径、方案及挑战研究，在纳米技术、生命伦理、人工智能、航天、通信等具体的领域也开展了许多有针对性的研究。目前来看，许多研究主要是在反思、倡导和呼吁的层面，如何将这些反思转化为实践，在全球科技治理体系的构建上体现中国方案、中国智慧，还需要更多的实践和行动。政府、学界、民间科技组织、科技社团、公众等不同利益主体如何发挥各自的作用，了解各自行为的限度，也是未来全球科技治理应该关注的重点。

三、科技发达国家科技社团的全球科技治理能力研究

科技社团是各国科技创新和科技进步的重要建设力量。"十四五"时期,科协组织参与国际科技治理与合作,既有机遇也要应对挑战,需要学习世界一流科技社团的经验,完善和优化参与全球科技治理与合作的模式、途径、内容和行动计划。

(一)美国科学促进会

1. 基本情况

美国科学促进会创建于1848年9月20日,是规模庞大的非营利科学组织,也是全球最大的跨学科科学协会,下设21个专业分会,涉及数学、物理学、化学、天文学、地理学、生物学等自然科学学科;现有265个分支机构和1000万名成员,在全球91个以上的国家拥有个人会员。美国科学促进会也是《科学》杂志的主办方和出版方,其年会是科学界的重要聚会,近年来,每次年会都能吸引数千名科学家和上千名科学记者参加。

美国科学促进会总部设在华盛顿,员工近300人,包括执行办公室、财务与行政部、人事部、发展部、国际项目部、教育和人力资源项目部、会议部、成员部、"2061计划"部、公共项目办公室等部门和《科学》杂志编辑部。美国科学促进会在英国剑桥设有办事处。

美国科学促进会的宗旨是"促进科学,服务社会",具体而言,是通过在全球范围内促进科学、工程和创新的发展以造福人类。

2. 美国科学促进会参与国内科技治理的相关举措及做法

美国科学促进会在美国国内进行科技治理的两个重点领域是科学教育和科技政策。它运用科学界的力量,关注科学教育,提高公民的基础科学素养,增强科技部门的影响力;与政府合作,提供科技政策咨询,参与科技政策的制定,运用科学证据为政策制定者提供更好的思路。

需要特别说明的是,美国科学促进会为推动各个学科领域的科学发展开展了大量的工作,但主要是着眼于全球而不是局限在美国国内,相关内容在下文介绍。

（1）关注科学教育

美国科学促进会的一个主要目标是增加科学、技术、工程和数学（STEM）相关专业的学生和从业人员的教育机会。它通过推行相关政策和项目，举办相关专业会议，提供多种多样的奖励，确保社会能够获得全方位的 STEM 人才。

（2）参与科技政策制定

为了更好地开展科技政策咨询项目，美国科学促进会设立了科学政策与社会项目中心来更好提供咨询服务，还成立了政府关系办公室，建立相关渠道，及时准确地为国会提供现今科学和技术问题的信息。具体包括：①为科技人员提供参与科技政策研究的机会，设立研究基金；②开展研究竞争力方面的咨询；③建立科学、技术与安全政策中心；④开展联邦科学预算分析。

3. 美国科学促进会参与国际重大议题的方式及做法

美国科学促进会推进公众理解科学的主要方式之一是通过其出版物，特别是《科学》杂志推动不同学科领域的科学发展。这种科学发展不仅影响美国，而且影响全世界。此外，举办学术会议、加强学术交流、传播科技最新动态，也是其推进科学发展和公众理解科学非常重要的一方面。它下属的专业分会也会定期举办相关的学术交流活动，探讨科技前沿领域重大议题。

（1）《科学》杂志关注全球热点话题

美国《科学》杂志是世界上著名的自然科学综合性学术期刊之一，具有新闻杂志和学术期刊的双重特点，每星期向世界各地发布关于科学技术和科技政策的重要新闻，发表全球科技研究中具有显著突破性的研究论文和报告。《科学》杂志于每年年底盘点"十大科学突破"，反映科学发展的新动向。在庆祝杂志创刊 125 周年时，该刊公布了 125 个最具挑战性的问题，充分发挥了学术引领作用。

（2）美国科学促进会年会

美国科学促进会第一届年会于 1848 年在宾夕法尼亚州的费城举行，170 多年以来，该年会已成为规模巨大的科学会议，汇集世界各国的科技工作者，研讨科技发展的新趋势和新挑战。

2019 年年会的主题是"科学跨越边界"（Science Transcending Boundaries），强调通过跨越客观的和人为的界限，包括学科、部门、意识形态和传统的界限，把人及其思想汇集在一起，解决人类社会共同面临的问题。会议的重点从美国科技政策转回科学技术发展本身的问题，讨论科学技术的发展前景，探讨科学在解决当今人类社会发展所面临的共同难题中发挥的作用，强调超越国家的全球合作。这充分反映了在这个变化的世界中科学发展的一些特点和走向。

（二）美国物理联合会

1. 基本情况

美国物理联合会成立于1931年，由10个成员学会组成，主要为其成员学会提供物理学、天文学文献的出版、交流与教育服务。该会出版十几种期刊、杂志、会议录，通过"Scitation"平台为成员学会和相关学会提供电子版文献发行与访问服务，数据回溯至1930年。

作为一个学会的联合体，美国物理联合会除了有10个会员社团，还有22个附属社团和3个其他会员组织。该会为这10个学会成员服务，并致力于推广物理科学和天文学发展。该会是一个非营利性的会员团体，年度预算超过2500万美元，成员覆盖约12万名科学家、工程师和学生。美国物理联合会出版有限责任公司为全球物理科学界提供经同行评议的高被引科学论文信息，全球有近4000家机构的研究人员使用该公司的17种期刊，包括著名的《应用物理学快报》（Applied Physics Letters）、《应用物理学报》（Journal of Applied Physics）、《化学物理学杂志》（Journal of Chemical Physics），以及美国物理联合会会议文集系列。

多年以来，美国物理联合会一直以国际化业务为导向，与来自日本、欧洲国家、中东国家、印度和美国各地的客户建立了合作伙伴关系。

2. 美国物理联合会参与科技治理的相关举措及做法

美国物理联合会通过一系列的公共政策计划、奖学金资助项目来帮助成员学会实现其公共政策目标；通过多渠道和企业合作，推进创新发展驱动。

（1）公共政策计划

该会举办多种多样的科技政策活动，在更大范围内寻找政策同盟，多渠道宣传制定科技政策战略。

①科技政策活动，包括组织特定主题的政策活动、搭建学会和国会议员间的沟通渠道，起草并落实政策战略通讯，例如给国会的信、意见稿和新闻稿，对学会相关的法规做出评论、倡导，等等。

②在更大范围内寻找政策同盟，以放大政策信息和诉求，促成更多科技政策倡议。美国物理联合会帮助学会使用科学政策社区中的资源，通过推广共享信息

来增强影响力，包括联系有共同政策诉求的成员学会，共同发布政策倡议，签署科技合作协议等。

③多渠道宣传推广机会，旨在帮助成员学会在国会、联邦机构、白宫和华盛顿科学政策界关键决策者面前提高知名度。包括设置团体国会访问日、在各类会议上安排学会与行政部门沟通、组织物理学专业学生与国会代表互动等。

公共政策小组致力于倡导科技公共政策，协助会员制定和实施政府关系计划，代表国会和其他决策者转达科学政策，并与科技界合作，影响政策发展并游说拨款。

（2）科学奖励或奖学金计划

①迈格斯项目奖，两年颁发一次，旨在资助并改进美国高中物理教学，提高学生对物理学的兴趣，提高物理学教育的质量。

②物理学工业应用奖，表彰对物理工业应用做出杰出贡献的个人，由美国物理联合会企业联盟和美国物理学会轮流与通用汽车共同赞助。

③科学传播奖，设立于20世纪60年代，表彰上一年出版的优秀科学著作。参赛作品的目的是提高公众对物理科学、天文学、数学和相关科学领域的认识。参赛作品由科学家和新闻记者委员会评判。获奖作者将获得3000美元的奖金。参选的作品包括图书、报纸、杂志和在线文章等。

④国务院奖学金计划，鉴于美国国务院面临的大多数外交政策问题都具有科学或技术成分，该计划通过安排科学家或工程师到其所在部门位于华盛顿特区的总部工作一年的方式，来增强该部门的科学和技术能力。这是向总部贡献科技专长并提高对科学投入价值认识的独特机会。同时，科学家通过与联邦政府的决策者进行互动，来了解外交政策程序以扩充自己的经验。

（3）多渠道与企业合作，推进创新驱动发展

美国物理联合会作为科技社团的联合组织，可以在更广阔范围内促进产学研相结合，通过建立企业联盟、职业网络、工业物理论坛等方式促进学会与企业之间形成合作链条，在更大范围内合理配置和有效利用科技资源。

美国物理联合会企业联盟是该会三个成员组织之一，它帮助企业在技术和研究方面同学会建立联系，加强企业研发部门和学会及政府部门的交流，使企业能够实时了解影响研发的重大问题、趋势和科学进展。同时，企业联盟通过企业和学会共同主办会议等方式，帮助企业招募雇员，寻找潜在客户。另外，企业联盟

通过组织政策会议和论坛，帮助企业研发部门利用新兴技术进行战略规划，帮助企业保持竞争力。

美国物理联合会的职业网络面向工业、学术界、政府，为物理学家、工程师和其他物理相关专业人士提供就业服务；通过行业拓展活动将工业界和学术界的物理学家联系起来，并致力于促进企业的科技进步。

美国物理联合会的成员学会共同举办的工业物理论坛旨在探讨当今经济环境中物理学的新应用、产品开发以及其他应用。此类会议是针对特定主题的会议，以新兴物理科学在企业中的应用为重点。

3. 美国物理联合会参与全球重大议题治理合作的方式

美国物理联合会数据库主要收录物理学和相关学科的文献内容。其出版的期刊是物理学的权威期刊。目前，全球物理学界研究文献1/4以上来自美国物理联合会及其会员的出版物，受到物理学研究人员的广泛关注。由于该会在学术界的突出地位与影响力，以及定位极高的编辑标准，其出版物吸引了来自世界各地物理学权威人士的撰稿和发文。其代表性刊物为《科学仪器评论》(Review of Scientific Instruments)、《应用物理学报》及《化学物理学杂志》。在1948年，该会出版了引起大众极大兴趣的科学普及杂志《今日物理》(Physics Today)。在20世纪50年代，由于俄罗斯的物理学研究处于活跃的发展阶段，为了更好地进行科学传播，美国物理联合会开始将俄语物理学杂志进行翻译，出版英文译本。随着互联网时代的来临，该会旗舰刊物《应用物理学快报》在1995年上线。至1997年，该会的全部刊物已经实现了在线阅读。2004年，应供应商的要求，美国物理联合会重新设计其出版服务，降低成本，并提供更多的自动化服务，在2011年推出了旗下第一个开放获取期刊《美国物理联合会研究进展》(AIP Advances)。截至2014年，美国物理联合会出版了不同种类的17份期刊，包括从1930年至今的30万篇文章的庞大资源，占据了全球物理学界研究文献20%以上的内容。美国物理联合会出版有限责任公司在应用物理学及相关科学领域享有很高声誉。它为科研人员提供检索工具，为整个物理学界提供服务。该公司一年出版15000篇论文，涉及超过5万位作者。

多年以来，美国物理联合会一直以国际化商业为导向。2010年6月17日，该会在北京成立了首个国际办公室，通过支持中国的物理学者，推进物理科学集体知识的增长。该会与中国建立了新的合作关系，增加中国的审稿人和编委人数，增强与学会会员的纽带关系,在中国举办了几次重大会议,例如第十八届国际真空大会、第八届柏林开放获取会议和第十届亚太地区国际微分离、分析会议等。《今日物理》与中国的知名物理杂志《物理》签署了内容共享协议,允许《物理》的编辑每期从《今日物理》上摘译三页内容。《今日物理》的内容也由合作伙伴翻译成日文。中国的物理专业学生可以加入该会的物理专业学生学会(SPS),SPS第一个中国分会于2010年12月在东南大学成立。(SPS有700多个分会,大部分分布在美国。海外的分会主要集中在加拿大、墨西哥、埃及和菲律宾。)

(三)美国实验生物学学会联合会

1. 基本情况

美国实验生物学会联合会是一个由29个关注生物医学各个领域的学会构成的联合会,这些学会大多位于美国,但也包括众多的国际成员,目前拥有超过13万会员。联合会主张通过合作和服务促进生物和生物医学领域的科学研究和教育,从而提高公众健康水平。联合会为它的学会会员以及相关领域的科学共同体提供学术活动、出版等方面的服务。

2. 参与国内科技治理的相关举措及做法

联合会通过发起学术活动、发布和倡导科技政策、提供出版物和资源、发布职位、开展网络和教育研讨会等多种方式,提供专业发展机会,为其学会会员及科学共同体服务。同时,联合会也参与了国家相关的科技战略和政策的制定工作。

(1)学术活动

联合会通过发起丰富的学术活动,组织学会会员进行学术交流,其学术活动的宗旨是:"学习,参与,贡献。"

联合会的学术活动通常采用小组讨论的方式,科学家、教职员工、博士后研究员和研究生可以在小组讨论中讨论科学进展,并通过讲座、海报、会议和非正式讨论分享前沿研究成果。联合会官网提供未来两年的会议清单,同时通过提供丰厚的赞助来支持会议的召开。会员可通过提交提案的方式申请会议资助。

(2)科技政策

联合会鼓励其会员积极参与科技政策活动。方式包括:组织与联邦立法者共同开展会议、访问国会、提供有关研究如何改善公共卫生或增强经济活力的具体示例、联系社交媒体、主持参观实验室。除了由联合会的科学政策委员会及其小组委员会积极推行的科技政策问题，联合会还监测科学界感兴趣的各种主题。

（四）德国工程师协会

1. 机构概况

德国工程师协会成立于1856年，是德国最大的工程师与自然科学家协会，会员覆盖工业界、学术界、教育界等领域，其中包括来自各个不同专业方向的工程师、自然科学家及新兴的电脑工程师，独立于经济界和政治党派，是公益性的工程师和科学家组织，也是世界上较大的技术导向的协会和组织之一。德国工程师协会是世界工程组织联合会的正式成员，下设45个区分会和18个专业协会，拥有正式会员约14.5万人，其中大学生和青年工程师约占1/3，是欧洲最大的工程师协会，总部设在杜塞尔多夫市。

德国工程师协会主要从事技术的发展、监督、标准化、工作研究、权利保护和专利等方面的工作，还承担工程师的培养、继续教育以及向政府、议会和社会提供咨询等方面的工作，并在区域、国家和国际层面提供活跃的合作交流网络。近年来，该协会增加了技术转让的工作。

2. 运行机制

德国工程师协会在国际科技合作中发挥着重要的作用。协会拥有大量的国外学者，还积极与国际相关领域科技社团保持紧密合作与联系，并在一些重要的科技合作中代表德国参与。

一是设立地区联合会。目前有45个国家和地区参加联合会。联合会每年举办5300多场活动，邀请遍布全球的会员讨论知识、技术以及政策等方面的相关议题，促进国际科技合作交流。联合会在世界范围内蓬勃发展，现在大约有6000名成员在国外工作，在阿根廷、澳大利亚、巴西、法国、意大利、美国、罗马尼亚、西班牙和南非都建立了自己的"朋友圈"。联合会吸引了不同国家和地区的各个阶层的工程人员，包括学生、新晋专业人员和工科女性等。

二是组织和参与国际科技交流活动。该协会每年都积极参与汉诺威工业博览会，为专业领域新秀、资深专家以及管理人员提供宝贵的联系平台。该协会定期开展知识论坛，举办近2150场几乎涵盖各个工程技术学科的活动，展示最新的跨学科知识以及实用知识。该协会还在专家的指导下举办儿童和青少年俱乐部活动。

三是开展国际技术咨询。德国工程师协会技术咨询中心是欧洲一家颇具特色的咨询企业，邀请国际同行参与咨询项目，为国际交流合作提供了平台。该技术咨询中心员工已由开始创办时的 4 个人发展到现在的 100 多人。他们知识面较宽，大多具备双重专业，其中科技人员超过总数的一半。技术咨询中心工作效率极高，每年接受全球的咨询委托任务 3000 多项，这在同类型咨询机构中是不多见的。德国工程师协会技术咨询中心的主要业务是针对新兴行业，如微电子技术、传感技术、可靠性技术、接合技术、计算机软件、光电技术、激光技术、涂膜技术，以及一部分电机与机械方面的技术等。该技术咨询中心提供的咨询服务是全方位的，包括提供技术情报、开展技术咨询、进行分析预测、审批项目资助等。该技术咨询中心着眼于整个工业结构的更新，以新技术先行，帮助企业提高经营管理水平，强调客观中立，不走极端，制定有严格的项目保密制度，深得全球企业和联邦政府的信任，在德国的咨询同行中声誉极佳，为开展国际科技合作提供了组织平台。

纵观国外的一流科技社团，它们在专业领域、全球范围内具有崇高的学术声誉，在一定程度上引领着世界科技发展。如在美国科技治理过程中，美国科学促进会、美国物理联合会、美国实验生物学学会联合会积极参与国家科技政策制定，发挥专业优势，服务政府决策，推进专业领域科学研究和技术创新，以多种方式传播科学知识，在全球范围内开展科技交流与合作，构建国际科技合作创新网络。国外科技社团的建设与发展，给新时代的中国科协建设提供了良好的参考。未来中国科协应当对标世界一流学会，提升学术发展引领力，提升国际化水平，联络全球范围内的高层次科技工作者，提升专业能力和业务能力，积极参与全球科技治理和社会治理。

四、世界主要科学中心和创新组织研究

创建全球科技创新中心是中国深度参与全球科技治理的必然选择，可为中国全球科技治理提供最为重要的国内平台。世界主要科学中心和创新组织都是国际化程度较高的全球科技治理参与体，在全球科技治理组织模式、参与途径、组织机制、运行机制等方面拥有比较深厚的积淀。推进"科创中国"建设，完善中国科协深度参与科技治理的职能，发挥好中国科协参与全球科技治理的作用，需要

借鉴世界主要科学中心和创新组织参与全球科技治理的经验。

（一）平台型创新组织

1.欧洲商业和创新中心联盟

（1）机构概况

欧洲商业与创新中心联盟成立于1984年，是欧洲最大的商业创新中心（BICs）联盟，在欧盟委员会、欧洲工业领导界以及首批商业创新中心的联合倡议下创建，总部位于布鲁塞尔。

欧洲商业与创新中心联盟现有300多家BICs成员单位，由欧洲及其他国家的孵化器、科技园和科研机构组成，其中有160余家大学科技园。联盟负责欧洲科技孵化标准EU-BIC的制定，部署和协调在相关领域的欧盟及国际项目合作，包括"欧洲2020"计划等，其合约伙伴涵盖了欧盟、欧洲航天局、欧洲专利局、联合国开发计划署和欧洲投资银行等著名机构。

（2）运行机制

一是承担国际中介网络平台角色。该联盟作为一个充满活力的国际中介网络平台，在创业、孵化、集群、区域经济发展、应用创新等领域积累了30年的丰富经验，可以为初创企业、中小企业和企业家提供国际化交流商务平台，为会员、客户和合作伙伴提供跨境和B2B伙伴关系机会，通过一系列高水平的活动、会议和研讨会将成员联系在一起，并与其外部环境建立联系。

联盟在孵化器和集群组织的支持下，为初创企业和中小企业服务，特别是为它们的国际扩张服务。因此，这项国际化服务的主要目标是为企业提供简单实用的解决方案，从"智能起飞"到"软着陆"，以确保进入或扩张新市场的企业能更有效地了解所在国的商业惯例、文化和机遇。该服务有助于加速外国公司的学习过程，在新的国家建立新的联系，建立海外销售网点，并提供获取达成特定业务目标所需的资源和情报的途径。

二是为企业提供认证和政策咨询服务。该联盟为科技型孵化器和加速器提供独特的认证和"标杆体系"，为孵化器和加速器配备了专业的质量和认证体系，也是唯一被欧盟等组织认可的认证体系。联盟为确保质量标准的商业支持机构提供认证，并提供标杆管理、培训和同行评议服务。联盟在欧洲政府圈、国际组织（欧洲航天局、联合国开发计划署）、国家/地区公共组织、非欧盟地区和机构中有良好的声誉。

三是组织社区及年会论坛等交流活动。该联盟发展的社区包括线上和线下两种模式，通过可下载的内容和活动分享最佳实践、成功故事和知识。联盟每年与一位成员一起举办一次大型国际会议，每年在布鲁塞尔举办一次政策活动，向成员国介绍来自欧盟的最新机遇。联盟举办了一个技术营，让会员们能够分享有效的工具和技术，展示有用的资源。联盟推动的高效的"欧盟资助项目"合作工厂，就一系列策略性事宜为会员提供新的建议。

2. 欧洲企业网络

（1）机构概况

欧洲企业网络成立于2008年2月，也被称为欧洲创新投资和企业联盟网络中心，由1987年成立的欧洲信息中心和1985年成立的欧洲创新中心合并组建，旨在为中小企业提供技术创新、转化和资助支持，目前推广范围超过60个国家，涉及25万家欧洲中小企业，已成为全球最大的商业服务中心。

（2）运行机制

一是立体的网络组织管理结构。欧洲企业网络以一个中心为协调机构，并设有多个分中心，连接着当地的多层次复杂网络。欧洲企业网络的主要工作机构有四个：①欧盟委员会企业工业总司，对竞争与创新计划及欧洲创新政策全面负责；②欧洲竞争与创新执行署，作用是支持欧盟委员会运营管理欧洲企业网络和其他的竞争与创新计划项目，管理区域联盟的协议与财政扶助，以各种服务手段为伙伴机构提供实际的支持；③指导与咨询小组，保证伙伴机构、欧盟委员会企业工业总司、欧洲竞争与创新执行署三者之间的对话交流，成员由欧洲企业网络代表（由各成员国选举产生）组成；④专题小组，有着多国性质，给予了一个满足特定客户具体需要的组织框架，目前共成立了17个专题小组。

四个层面的管理与保障是欧洲企业网络运行的基础，既将该网络拉入欧洲创新政策和"欧洲2020"计划的宏观框架中，也通过运营和技术操作，针对欧洲中小企业的需要，将其合作业务从欧洲市场扩展到世界市场。各个层面都与机构之间有着很好的沟通和协调机制，保证网络发挥良好的作用。

二是"零门槛"的产学研协同创新机制。在网络的总站点下，为了满足不同地区、不同企业的不同需求，成立分站点，而每个分站点内部的组织方式又不尽相同，但最终目的是把官产学研按照最合适的方式联系起来，形成一定区域内的

469

创新生态系统，发挥其协同效应。总站点作为协调中心，汇总各方面的数据和需求，对各分站点进行协调沟通。这种立体网状结构也是欧洲企业网络"一站式"和"零门槛"理念的很好体现。"一站式"理念保证了对欧盟企业全生命周期的任何阶段都能提供量身定制的解决方案，而"零门槛"理念就是任何有需要的欧盟企业通过该网络都能找到相应的方案，而没有任何门槛。

三是"流创新"和"源创新"互动发展的环境。在技术市场中，需求方创新生态系统与供应方创新生态系统相对独立，而该网络将两个市场相连接，使得两个生态系统之间具有相互的正向网络效应。需求方生态系统越强，就会吸引更多供应方加入供应方创新生态系统；同样，供应方生态系统越强，就会吸引更多需求方加入需求方创新生态系统。这样，系统间和系统内的相互作用会形成源源不断的动力系统。该网络提供了鼓励"源创新"的政策、培养"源创新"的高校和研究所、维护企业知识产权的法律保障以及有助于"流创新"和"源创新"互动发展而创造新价值的环境，为供需双方提供了一个较大的平台，协调着两个系统之间的互动。

四是代表中小企业向欧盟委员会反馈意见。该网络提供的信息反馈服务能使政策制定满足中小企业的需求。信息反馈主要有五个目的，即了解中小企业在欧洲经营时所面临的困难、验证欧盟计划的成效、了解具体的立法所造成的困难、让中小企业参与欧盟的政策制定过程并提高创新驿站的服务质量。信息反馈主要有3种方式。①立法咨询活动。欧盟委员在制定法律法规前，会开展公开咨询，征求主要的利益相关者的建议，然后将咨询的反馈结果进行公布或出版，进一步征求当地中小企业的建议。如英国西南部站会挑选出特定的咨询反馈结果给欧洲西南部的企业，然后举办一系列的业务咨询小组活动，搜集当地企业的立法建议并反馈给欧盟委员会，以使欧盟委员会制定出对英国企业更有利的法律。②中小企业反馈工具。企业可通过匿名提交当地创新驿站所提供的中小企业反馈表，向欧盟委员会表达意见。反馈表上的问题包括：欧洲指令所导致的困难，欧洲法律对企业在欧洲市场开展业务的影响及所造成的不必要的财政或行政成本，中小企业在进入欧洲市场时所遇到的业务问题及对欧洲某些程序的疑问，等等。③顾客满意度调查。该网络为了改进自己的服务，还会对客户进行顾客满意度调查，希望通过顾客满意度调查找出最终受益者以及企业对服务的满意程度。顾客满意度调查的内容主要包括：所收到的信息是否符合顾客的要求，信息的更新程度如何，信息是否明确、员工的效率、服务质量,服务是否易于获得,收到的资料如何,个性化搜索档案的好坏,业务档案的创建,等等。希腊站依靠优良的服务获得了极高的顾客满意度,据调查,85%的顾客对希腊站的服务相当满意或非常满意,90%的顾客认为希腊站提供的服务效率和质量很高。

3. 欧洲创新与技术研究院

(1)机构概况

欧洲创新与技术研究院成立于2008年3月,总部设于匈牙利首都布达佩斯。欧盟认为推动技术创新必须整合资源,将知识三角中的教育、科研和生产三要素有效结合起来。该研究院即为增强研发创新能力、促进可持续增长和提高竞争力而建。研究院的宗旨是:整合欧盟各国高等教育机构、企业及研究机构的研发创新资源,建立公私伙伴合作机制,实现欧盟产学研用无缝对接,探索有效促进研发成果转化、实现科技卓越的道路,促进欧洲研究区建设及科技融合,增强欧盟竞争力。

研究院已经成为欧洲最大的创新社区,包括246个高等教育机构,252个研究院所,133个城市、区域和非政府组织,983家企业,以及超过1500个各类合作伙伴。研究院下设知识创新利益共同体(Knowledge and Innovation Communities,KIC),这是研究院的运作核心。每个KIC由若干个联合创新中心(CO-Location Centers,CLC)组成。通过KIC和CLC,研究院目前培育形成了超过60家创新驿站,超过3100个项目从研究院计划中毕业,开发了超过1170个新产品新服务,有3200个项目得到风险投资支持,风投金额超过33亿欧元,新增了超过1.3万个就业岗位。

KIC都是独立法人,是由高等教育机构、科研院所、创新型企业组成的合作伙伴组织,其伙伴单位包括企业、研究与技术机构、高等教育机构、投资机构(私人投资者、风险基金)、研究基金、慈善机构、基金会、地方/区域和国家政府。根据研究院管理规定,每个KIC至少要包括三个独立的伙伴机构,且3个伙伴机构必须位于3个不同成员国。其中,必须包括一家高等教育机构和一家私有企业。目前有8个KIC:气候变化与零碳经济、数字化转型、食品创新、卫生健康与老龄化、创新能源、原材料、制造业竞争力、智能化安全社会及城市交通。

KIC的宗旨是:通过产学研无缝连接,吸引政府研发经费,带动企业和社会资金，提高创新能力，促进科研成果转化，开发新产品和新市场。KIC 的目标是实现 3 个转变：①将概念转变为产品；②将实验室成果转变为市场竞争力；③将学生转变为企业家。

CLC 是 KIC 的一个节点，负责将不同组织机构、不同产业领域、不同地区甚至不同国家的研究力量结合在一起。在 CLC，来自创新链条不同环节的创新人员开展面对面交流，为着一个共同目标——以最有效的方式开展联合攻关和知识转移。CLC 分布于欧盟国家，涵盖全欧洲数百家顶级大学、科研机构和创新企业。

（2）运行机制

一是采取以管理委员会为核心的组织管理形式。欧洲创新与技术研究院设有管理委员会和执行委员会。管理委员会是最高管理和决策机构，负责宏观战略规划、监督评估及经费预算等重大事项的决策管理，由来自高校、科研机构、企业的 22 名委员组成；执行委员会负责执行管理委员会的决策，由管理委员会中的 4 名代表委员组成，主席由管理委员会的主席兼任。在 KIC，最高决策机构是 KIC 代表大会，代表由加盟 KIC 的合作伙伴选举产生，对 KIC 的发展战略和规划、重大项目活动等进行决策管理。KIC 设有执行指导委员会，负责落实代表大会的决定，委员由各 CLC 和主要合作伙伴代表组成。执行指导委员会任命 KIC 首席执行官。KIC 的管理团队包括首席科技官、首席运营官、市场与联络部、教育培训部、研发部和商业开发部，各部门负责人由首席执行官任命。

二是以欧盟财政资金和捐赠为主的经费来源。欧洲创新与技术研究院的经费来源于欧盟财政资金支持、私有企业投入、慈善机构捐款等社会资金。2008 年研究院成立以来，欧盟委员会每年提供财政经费 3.09 亿欧元，用于支持其日常管理、知识转移、网络建设、创业培训项目等。在"地平线 2020"计划中，欧盟将进一步加大对研究院的经费支持力度。2014—2020 年，研究院的总预算达到 31.8 亿欧元，占"地平线 2020"计划总预算的 3.5%。KIC 的经费来源多元化。EIT 提供 KIC 总经费的 25% 作为种子资金，其余 75% 由 KIC 自筹，包括：申请成员国国家教育或研究理事会资助、欧盟竞争性资金（如框架计划、结构基金）、企业及私人基金会赞助、项目参加单位自有资金及人力物力投入等。2010—2012 年，KIC 自筹资金占总经费的 78.5%，其中，企业投入 38.5%，成员国和区域政府资助 21.5%，欧盟竞争性资金 13.5%。KIC 创新项目包括：项目组织管理和协调，创业硕士、博士培训项目，人员交流计划，成果孵化和创业活动，知识产权管理，等等。

三是有效促进产学研相结合和合作研发创新。研究院组建的 KIC，与传统的研发创新机构相比，不同之处在于建立了连接整个创新链条并包括教育机构、科研机构和企业等创新主体在内的利益共同体。在这种多元化、跨领域的共同体中，建立互信合作机制，统一和协调各方利益，是挑战性任务。KIC 作为独立法人实体运作和管理，对进入共同体的各利益攸关方的责、权、利进行了严格规范，从而使合作伙伴关系更为稳定。KIC 的合作伙伴利益互补、资源共享、联合攻关，共同开发新产品、新服务，将创意、技术、商业模式有效转化为生产力和产品，是促进产学研相结合的创新举措。在项目实施过程中，KIC 根据项目需要，还与欧洲区域研究创新网络建立了广泛合作，与欧洲 90 多个政府、区域组织、企业和私有组织开展各领域的合作研究与创新。KIC 的合作创新机制为解决关键社会问题开辟了新的途径。

四是高层次创新与创业复合人才培养模式。KIC 的加盟伙伴中有众多著名大学。KIC 的一个重要职能就是：开展创业教育和培训，以提高创造、创业、创新能力为核心，培养新一代具有创新技能和创业精神的复合型人才，满足商业和社会需要。研究院鼓励大学改革研究生教育体系，将科学研究、企业管理及多学科技能有机整合，开设专门培养创业人才的硕士和博士培养项目，为社会培养高层次创新创业人才。这种创业硕士和博士培训项目，已经成为研究院满足企业和社会需求、培养创新与创业技能相结合的复合型人才的一个重要品牌，是欧盟推进技术创新和成果转化、提高企业市场竞争力的一个创新举措。目前，研究院已在新能源、可再生能源、智能城市建设、数字信息、气候变化领域开设创业硕士培训项目，开展的博士研究方向有可持续可再生能源、智能城市、智能电网与储存等。KIC-ICT 和 KIC-Climate 分别建立了博士培训中心，在现有的博士培训项目中，增加了创业知识和技能、企业管理、商业和市场开发等内容。为保证创业培训项目的质量，研究院实施了强化学习质量模式（Learning Enhancement Quality Assurance Model，EIT-EL-QA Model），按照培养创新和创业人才的目标要求，对培训项目的创造性、创新性和创业性规定了质量认证标准，对符合标准的学员颁发 EIT-EL-QA 证书。研究院的创新创业复合型硕士和博士培养项目已成为欧盟的重要品牌。

（二）产业集群型创新组织——以生物谷为例

生物谷（Bio Valley）始建于 1996 年 7 月，是欧洲倡议的首个生物技术产业集群，也是国际著名的生物技术基地。生物谷由 3 个部分组成，分别是瑞士巴塞尔生物谷、德国巴登-符腾堡生物谷和法国阿尔萨斯生物谷。

1. 机构概况

生物谷是连接法国、德国和瑞士的交通枢纽，也是欧洲的生物技术中心。20世纪 70 年代硅谷的成功使其成为当时全球园区建设的典范。1996 年，依托莱茵河流域（三国接壤的三角地带）强大的化学和制药工业基础，瑞士企业家格奥尔格·恩德雷斯（Georg Endress）和汉斯·布里纳（Hans Briner）提出在该区域建设生物谷。生物谷建设初期主要得益于诺华集团提供的风险基金，促成了一大批初创企业成立；之后，欧盟"INTERREG"项目（1997 年开始）也对集群建设提供了经费支持，生物谷逐渐发展成为欧洲乃至世界的生物技术基地。

目前，集群内形成了包括现代生物技术、农产品经营、生物制药在内的 900 多家企业，以诺华（Novartis）和罗氏（Roche）为代表的国际著名生物公司的总部均设在此地，全球较大的制药企业的 40% 都在这一区域。集群内有 20 家科研机构、12 所大学，包括超过 1 万名在校学生，建立了 11 个生命科学园区，每年新增 2000 份左右工作机会，形成了世界顶级的科研产业网络。

2. 运行机制

生物谷是多国科技转移的典范，其运行机制主要有以下特点：

一是生物谷内设生物谷促进机构，由其进行管理及协调。生物谷促进机构由一个生物谷中心机构和 3 个成员国子机构构成。中心机构负责统筹协调三个成员国子机构的运行，成员国子机构负责协调集群内本国企业的科研、开发、贸易和商业协作等。生物谷中心机构由 15 名代表组成（三国各五名代表）。中心机构在三国分设 3 个子机构，每个机构下又设置机构大会、董事会和审计部。其中机构大会是子机构的最高权力机关，主要职责为批准年度预算和审计报告、决定董事会和审计部成员、设定会费标准、批准机构章程等。董事会主要负责日常管理、对外交流、会员招募、年度计划和预算制定及机构资产管理等。审计部主要对机构内部财务进行管理和年度审计，报送机构大会。

二是集群内四类机构合作密切，形成产学研合作网络。研发企业包括以诺华、罗氏为代表的龙头企业及中小型研发企业；服务咨询企业包括许多促进成果转化的组织和辅助高校成果转化的公司；供应企业主要从事产业链生产资料供应等；研究机构主要是大学及研究所，提供生物技术、化学、制造及其他相关学科的课程高等教育和基础技术输出。

三是集群内三国紧密合作，共享优势资源。①生物谷促进机构协调集群内的企业宣传、研究转化等工作的跨国开展，促进企业宣传，提高成果转化率。②欧盟为促进生物谷内三国合作，专门提供了专项合作项目，如欧盟"INTERREG"项目设立了三国合作项目，项目要求至少两国企业共同捐助50%以上的研发经费，"INTERREG"负责剩余经费，共同完成项目，促进交流合作。③集群建设数据库保证信息共享，数据库汇集企业、科研机构、科研成果等信息，促进信息共享及深度合作。

四是得益于政府的大力支持及三国优越的投资环境。生物谷经费充足且来源多元化，其中巴塞尔部分的经费主要包括：①欧盟"INTERREG"项目经费支持；②瑞士联邦政府和参与该计划的瑞士西北部各州拨款；③风险资本、私人股权投资基金及投资公司。

五是汇集全球生物医药产业巨头，形成强大的孵化力量。生物谷汇集了全球生物医药产业巨头，如诺华、罗氏、礼来、强生、先正达和辉瑞等。1997—2012年，园区内初创企业的数量从每年40家增长至每年200家，集群为初创企业提供了良好的条件，如提供企业管理培训、技术培训、高校技术对接及融资渠道对接。

（三）启示与启发

1. 对标世界一流学会，提升学术发展引领力，提升国际化水平

在美国、德国、法国等科技强国的科技治理过程中，其科技社团积极参与国家科技政策制定，发挥专业优势服务政府决策，推进专业领域科学研究和技术创新，以多种方式传播科学知识，在全球范围内开展科技交流与合作，构建了国际科技合作创新网络。美国科学促进会、美国物理联合会、美国实验生物学会联合会等科技社团的建设与发展给中国科协建设提供了良好的参考。未来中国科协应当对标世界一流学会，提升学术发展引领力，提升国际化水平，联络全球范围内高层次科技工作者，提升专业能力和业务能力，积极参与全球科技治理和社会

治理。

2.借鉴世界主要科学中心和创新组织参与全球科技治理的经验，完善中国科协深度参与全球科技治理职能

创建全球科技创新中心是中国深度参与全球科技治理的必然选择。中国科协是中国全球科技治理最为重要的国内平台。世界主要科学中心和创新组织都是国际化程度较高的全球科技治理参与体，在全球科技治理的组织模式、参与途径、组织机制、运行机制等方面拥有比较深厚的积淀。推进科创中国建设，完善中国科协深度参与全球科技治理的职能，发挥好中国科协参与全球科技治理的作用，需要借鉴世界主要科学中心和创新组织参与全球科技治理的经验。

五、科协组织参与全球科技治理与合作的现状及问题

中国科协深入贯彻落实习近平总书记重要讲话，按照党中央对新时代科技外交和群团改革的总要求，作为民间科技交流的引领者，积极融入国际科技治理与合作。近年来，在"1-9·6-1"工作战略布局下，中国科协积极打造国际化服务平台，深度参与全球科技治理，发挥民间科技交流合作的主渠道作用，把握科技发展的内在规律和世界科技创新竞争合作的规律，扎实做好国际科技交流相关工作，积极构建以我为主的国际科技交流平台。

下文从科协组织参与国际科技治理与合作的九种主要模式和途径入手，梳理和剖析这九种模式在"十三五"期间助力中国科协参与国际科技交流和科技治理的情况。

（一）支持我国科学家到国际科技组织任职

"十三五"期间，中国科协积极规范中国科协系统国际民间科技组织任职信息报备，举办中国科协国际组织任职及后备人员培训班，大力扶持和支持中国科学家在国际科技组织任职。中国科学家在国际科技组织任职人员快速增加，并覆盖了医学、地球与行星科学、环境科学、工程学、生物化学遗传等多个学科领域。中国科学家在全球的科技地位与影响力进一步提升。截至2017年，中国科协所属的全国学会、协会、研究会中，共有125个科技社团加入了400个国际组织，囊括了全球性学术组织、欧洲学术组织、亚太学术组织，以及美、日、英等发达国

家的学术组织。

（二）推荐学会发起或者加入国际科技组织

"十三五"期间，中国科协发布《面向建设世界科技强国的中国科协规划纲要》，支持和推动国外科技团体在华建立国际科技组织取得重要进步。"一带一路"国际科学组织联盟、国际机器人组织联盟、流行病防范创新联盟、国际微纳创新联盟等落户北京、上海、南京等城市。据不完全统计，超过 207 家全国学会加入核心和重要的国际民间科技组织。

（三）承担联合国咨商工作

"十三五"期间，中国科协利用联合国经济及社会理事会特别咨商地位，积极承担联合国咨商工作，围绕生命科学与人类健康、信息与通信技术、能源与环境以及灾害风险研究，参加了联合国第 22 届世界艾滋病大会、第 14 届互联网治理论坛、联合国气候变化大会等 14 次联合国有关活动，提名和推动陶小峰当选 2018 届联合国互联网治理论坛多利益相关方咨询专家组成员，有效传播了中国科技界在联合国舞台上的声音。

（四）发起国际科技会议

"十三五"期间，中国科协举办和发起的国际科技会议数量众多，参会人数稳步增长。2016—2019 年，中国科协共举办境内国际学术会议 7323 次，会议参加人数达到 338.7 万人。北京、上海、深圳、武汉、杭州等城市举办了世界机器人大会、世界生命科学大会、世界交通运输大会、2019 年智能制造国际会议等一系列高规模、高规格、影响大的国际科技会议，形成协同、融合、共赢、创新、引领等会议共识。

（五）开展双边高层对话

"十三五"期间，中国科协围绕国家对外政策需求及科技创新战略，积极推进双边高层对话，建立了中美、中英、中日、中俄、中瑞等科学家高层战略对话机制。2016—2019 年，中国科协在西安、嘉兴、德清、遂宁、厦门举办了中俄工程技术论坛，有效为中俄科研机构、高等院校、企业的交流合作提供了渠道和平台，促成各参与单位签署了多份合作协议，极大地促进了两国科技领域的多层面、全方位合作。2017—2019 年，四次中日科学家高层对话先后在北京、青岛、哈尔滨、深圳召开，对话以"智能科技应对老龄化"为主题，推动构建中日在智能养老领域的长期合作机制。2017—2019 年，中国科协启动中瑞高层科学家对话机制，在瑞典举办"中国的科研与创新"论坛，实施"中瑞科学家交流计划"，有效推动中瑞科学家跨学科多领域交流。

（六）高层互访

"十三五"期间，中国科协扎实推动双边科技交流工作，积极推动中国科协领导及机关部门负责人与国外科技组织负责人和科技界相关人士的双边会见。2016—2019 年，中国科协领导及机关部门负责人的双边会见次数达到 90 次，共会见外宾 383 人，双边会见次数和人数快速增加。此外，中国科协领导及机关部门负责人的出访遍及欧洲、北美洲、南美洲、非洲和亚洲多个国家，有效加强了中外科技界的交流合作，增进了双方的理解共识。

（七）发起全球顶尖科学家对话

"十三五"期间，全球顶尖科学家对话建设进一步深入。2018—2020 年，"世界顶尖科学家论坛"在上海连续召开三次，每次均汇聚了数百位获得诺贝尔奖、图灵奖、菲尔兹奖、沃尔夫奖、拉斯克医学奖等全球顶尖科学奖项的科学家参会，围绕光子科学、生命科学、人工智能等世界科学前沿命题展开交流探讨，进一步打造了具有全球影响力的国际科学交流平台。

（八）开展国际技术贸易

"十三五"期间，中国科协发起和组织了"2020 中关村论坛技术交易大会""国际技术贸易大会暨中日韩技术贸易论坛"等多项国际技术贸易会议，联合国际技术转移协作网络，合作共建"技贸通"国际技术交易促进协作网络，实施国际技术贸易促进行动，进一步推动了国际技术贸易对话。

（九）推动"一带一路"国际科技组织合作平台项目

"十三五"期间，中国科协积极推动"一带一路"国际科技组织合作平台项目。2016—2020年，科协"一带一路"国际科技组织平台建设项目持续增加，2020年立项高达62项，设立了"一带一路"精准农业国际合作联盟、"一带一路"技术转移与科技创新人才培训中心、中非典型生态脆弱区联合研究行动计划等面向"一带一路"的国际科技合作项目。

六、中国科协参与全球科技治理的重大行动

《中共中央关于制定国民经济和社会发展第十四个五年规划和二〇三五年远景目标的建议》核心要义之一就是新发展格局，构建以国内大循环为主体，国内国际双循环相互促进的新发展格局，重塑我国国际合作和竞争新优势。为此，中国科协在制定科协"十四五"规划时需要积极参与国际科技治理，营造中国国际科技治理与合作新格局。

坚持以习近平新时代中国特色社会主义思想为指导，围绕国家科技战略和对外政策目标，切实发挥民间科技人文交流主渠道作用，服务科技工作者走进世界舞台中央，服务创新驱动发展战略，打造国际技术服务平台，服务全民科学素质提升，促进科普资源共享，服务高端智库建设，搭建民间对话机制，着力为学术、科普、智库赋能，着力拓展双边、多边民间科技合作渠道，着力提升"一体两翼"组织活力，为加快建设创新型国家、构建新型国际关系和人类命运共同体做出贡献。

为此，中国科协在"十四五"期间应当实施科技外交助力行动、国际学术引领行动、国际科学素质建设行动、科技外交智库建设行动、国际人才服务行动、港澳台工作提质增效行动，以及服务科技经济融合发展行动。

（一）实施科技外交助力行动

1. 深度参与全球科技治理

利用多边交流平台扩大我国国际影响，深度参与全球科技治理中的规则制定、议程设置、舆论宣传、统筹协调。加强在"联合国2030年可持续发展目标"框架下的科技界协同，用好中国科协联合国咨商地位，汇聚科学家开展全球重大问题研究，主动承办相关重点领域的论坛或展览。加强与国际科学理事会、世界工程组织联合会、国际工程联盟等国际科技组织和重点国别对口组织的合作，支持我

国科学家担任重要国际组织领导职务。

2. 争取国际科技组织落地中国

支持全国学会发起成立国际科技组织，聚焦前沿新兴交叉学科领域，运用国际规则，吸引国际同行共同搭建国际交流平台。积极引导国际科技组织来华登记并设立总部或分支机构，为国际科技组织开展活动提供良好条件。与"一带一路"沿线国家的科技组织联合发起区域性国际组织，支持科学家发起的"数字地球"等大科学计划，服务沿线国家。

3. 拓展"一带一路"民间科技合作

与"一带一路"沿线国家联合开展工程教育认证、清洁能源、气候变化等方面的共同行动。组织开展援外科技培训工作，增进我国与发展中国家科技界之间的友谊。举办"一带一路"青少年创客营与教师研讨活动，建立青少年科技人文教育交流长效机制。

4. 深化中欧民间科技合作伙伴关系

加强与欧洲国家全方位、深层次科技人文战略合作，深化与英国皇家学会、法兰西科学院的合作。支持全国学会和地方科协在科技创新、科学传播、技术服务等方面与欧洲国家对口组织建立长期合作关系。推动与瑞典皇家工程科学院、瑞典皇家科学院、卡罗林斯卡医学院等机构建立"会院"战略合作机制，实施中瑞科学家高层对话活动和中瑞青年科学家交流计划。

5. 巩固与周边国家的民间科技合作机制

加强同周边国家睦邻友好关系，继续办好中日、中韩科学家高层对话活动，不断丰富活动内容。深化同东盟等地区组织的合作，继续办好"中国—东盟减灾救灾科学传播论坛"，在公共科技领域不断寻找合作共识。

6. 重视中俄新时代全面战略协作伙伴关系的民间科技合作纽带

按照《关于进一步加强科技人文交流与合作的谅解备忘录》开展合作并建立年度会晤工作机制，与俄罗斯科学工程协会联合会开展全方位合作。深化在"一带一路"、上海合作组织、金砖国家等多边框架下的中俄民间科技合作。加强中俄在世界工程组织联合会中的协作，加强中俄工程能力建设交流合作。共同推动数字经济示范项目。建立多层次的中俄科技人才交流平台。

7. 强化中美两国民间科技交流主渠道作用

发挥民间交流独特作用，组织中美科学家对话、中美物理学家圆桌会活动。

采取短期项目等灵活方式，在双方共同关心的领域开展务实合作。

（二）实施国际学术引领行动

1. 打造世界一流学术品牌

大力支持全国学会举办高级别、高水平系列国际科技会议，发起或联合举办生命科学、机器人、交通等世界系列大会，在前沿学科交叉融合领域以及国家战略发展的关键技术领域形成示范品牌。进一步将中国科协年会打造成为中国科协"发声、发力、发布"的高端国际平台。

2. 推动建设世界一流科技期刊

以"中国科技期刊卓越行动计划"为牵引，推动完善中国科技期刊发展支撑体系，分梯次建设优秀科技期刊，重点支持有潜力的优秀期刊进入世界同领域顶级期刊行列，形成世界一流期刊建设方阵。

3. 设立世界一流科技奖项

支持全国学会和地方科协组织国际性大赛，提升奖项国际影响力，努力掌握全球学术引领和学术评价主动权。支持学会设立专门奖项促进青年参与国际合作项目或参加国际学术会议，资助研究生或博士后在海外开展研究。发挥全国学会同行评议优势，推送更多中国科学家进入国际大奖评选。

4. 搭建世界一流技术服务平台

发挥学会和地方科协作用，围绕产业链、创新链提供国际一流的专业性、知识性服务，支持各类园区、企业与国际优质科技创新资源双向对接。推动建设开放式、国际化的技术交易平台，构建技术项目、技术成果大数据，深入挖掘技术成果交易增值服务。充分利用国际组织和对口组织的科技资源，开展国际技术服务、技术转移合作。在中国科协年会、中国北京国际科技产业博览会和中国国际进口博览会上组织国际技术贸易论坛和展教活动。

5. 开展世界一流的标准化工作

鼓励全国学会开展国际化标准工作，与国际组织合作牵头制定国际标准，支持我国标准成为行业国际标准。帮助我国企业参与国际标准化活动，提升公众对国际标准化工作的认识，推广国际标准应用，培养国际标准化人才。

（三）实施国际科学素质建设行动

1. 开展青少年科技教育国际活动

打造青少年科技教育国际论坛，推动青少年科技创新大赛、机器人竞赛等重大竞赛活动的国际化，扩大参赛国家和地区规模，办成国际青少年科技爱好者和科技教育者嘉年华。规范全国中学生五项学科竞赛监督管理工作，做好国际奥林匹克学科竞赛选拔、培训及组队参赛工作，办好国际科学与工程大奖赛（ISEF）等重点国际青少年科技交流活动。

2. 开展世界公众科学素质促进系列活动

举办世界公众科学素质促进大会，与国际社会共同应对科技与社会发展的全球共性问题，推动形成世界公众科学素质建设长效合作机制，筹划发起建立世界公众科学素质促进组织。构建公民科学素质国际基准，联合有关国家科研机构开展科学素质调查，就各国公众科学素质建设情况进行国际比较，发布世界公众科学素质报告，共享各国公众科学素质建设的有效模式和经验。

3. 推进全球科普资源共建共享

推动建立科学传播领域全球性、综合性、高层次的交流合作机制，推动搭建全球科学文化传播平台，建立全球传播数字网络，推动搭建全球科学文化传播平台，建立全球传播数字网络。举办国际科普作品大赛，组建"一带一路"沿线国家科普场馆联盟，开展科普大篷车等服务活动。

（四）实施科技外交智库建设行动

1. 举办中国科技峰会系列活动

发挥中国科协智库体系优势，举办科学与技术、科技与经济、科技与文化、科技与青年等系列专题峰会，举办全球科技智库高峰论坛、国际创新战略与科技政策论坛等，继续办好全球科技发展与治理国际论坛，设置科技重大议题，提出促进科技创新、应对经济社会发展重大挑战、社会可持续发展等相关政策建议。

2. 搭建科学文化国际交流平台

以《科学文化》（*Cultures of Science*）英文期刊为平台，组织国际同行开展科学文化联合研究，适时建立科学文化研究的国际联盟。定期举办科学文化与教育文化论坛，共同研究科学文化与科学教育中的全球共性问题，推动科学文化与科学教育深度融合。

3. 推动高端国际科技智库建设

坚持全球视野、历史方位、前沿方法、开放合作，支持全国学会和地方科协聚集国内外一流学者开展高水平研究，形成有影响力的国际化智库平台。联合国内外高校和智库机构共建高端国际科技智库，组织聚焦转型时期的中国国家创新体系、创新区域与产业集群、科学技术工程指标、科技外交、国际技术贸易等重大问题开展研究。

（五）实施国际人才服务行动

1. 搭建海外人才服务平台

按照"建家交友、建言咨询、建设发展"的思路，调整"海外智力为国服务行动计划"的运行机制。有序发展海智工作基地，在条件成熟的城市建立海外人才离岸创新创业基地，打造连接海外前沿科技、高层次人才与企业的载体。支持全国学会和地方科协设立服务平台，为企业开展国际化业务和跨境产业合作提供专业支持。

2. 掌握全球科技人才状况

加强国际科技创新人才调查研究，建设全球科技人才信息系统，建立世界科技人才流动监测机制，绘制全球"人才地图"。加强对国际顶尖实验室人才培养机制和国际通行标准的运作体系的调查研究，推动人才政策创新突破，塑造更加充满活力的制度体系和人才发展生态环境。

3. 培养知华友华爱华外籍科学家

坚持"请进来"与"走出去"相结合，充分利用中国科协已有对口组织，联系具有全球视野和跨文化理解的科学家来华参观考察。协调全国学会、地方科协共同参与，组织"海外人才中国行"活动。邀请国外青年科学家、博士研究生或博士后来华交流学习，发展知华友华爱华人士。支持全国学会开展外籍会员试点工作。

4. 推动工程教育和工程师资格国际互认

在加入《华盛顿协议》的基础上，继续开展双边互认试点和多边互认谈判工作，使中国工程能力评价标准与国际主要通行标准实质等效，逐步实现工程师资格国际互认。探索解决我国工程技术人员海外从业资格问题及工程师国际流动瓶颈问题等，推动建立完善国内工程能力认证评价标准及认证体系。

（六）实施港澳台工作提质增效行动

1. 加强与香港科技社团的交流

推动与香港科技界、工程界、教育界交流合作，逐步强化对港在科普、学术、人才、"双创"领域的交流。积极拓展和深化中国科协与香港工程师学会等科技团体和组织间的合作关系。

2. 发展与澳门科技组织交流合作机制

在"中国科学技术协会与澳门特区政府科技交流合作委员会"框架下，组织全国学会和地方科协参与科普、学术、人才、"双创"领域合作交流。深化与澳门科学技术协进会等科技团体和组织间的合作关系。

3. 促进两岸科技人员交往

巩固与台湾地区民间科技团体间的合作关系，继续打造学术交流项目品牌。对接台湾青年的现实需求，搭建青年创新创业、实习就业的大平台。

4. 拓展深化对港澳台青少年交流项目

以"当代杰出华人科学家公开讲座""青少年高校科学营""港澳台大学生暑期实习计划"等品牌交流项目为基础，创新交流形式，扩大交流规模，使港澳台青少年在交流中增强对中华民族的认同感。

（七）实施服务科技经济融合发展行动

第一，围绕服务"科创中国"品牌，促进与国际科技组织、重点国家的科技、产业和经济等领域的交流合作。

第二，开展海智计划，服务科技经济融合发展。

第三，围绕推进海峡两岸暨港澳协同创新，促进港澳长期繁荣稳定，促进两岸经济社会融合发展。

参考文献

[1] 中共中央关于坚持和完善中国特色社会主义制度 推进国家治理体系和治理能力现代

化若干重大问题的决定［EB/OL］.（2019-10-31）［2020-03-17］. http://www.gov.cn/zhengce/2019-11/05/content_5449023.htm.

［2］习近平. 在中国科学院第十九次院士大会、中国工程院第十四次院士大会上的讲话［N］. 人民日报，2018-05-29（02）.

［3］唐婷. 中国科技 70 年硕果累累　迈向世界科技强国的路径怎么走？［N］. 科技日报，2019-09-13（07）.

［4］INGE K. Providing Global Public Goods：Managing Globalization［M］. New York：Oxford University Press，2003：646+xxii.

［5］The Commission on Global Governance. Our Global Neighborhood［M］. Oxford：Oxford University Press，1995.

［6］JAMES R. Governance，Order and Change in World Politics［M］//Governance without Government：Order and Change in World Politics. ROSENAU J，CZEMPIEL E O. Cambridge：Cambridge University Press，1992：1-29. ROSENAU J.A Governance in the Twenty-first Century［J］. Global Governance，1995，1（1）：13-43.

［7］MESSNER D. Globalisierung，Global Governance und Perspektiven der Entwicklungszusammenarbeit［J］. Franz Nuscheler (Hrsg.). Entwicklung und Frieden im 21. Jahrhundert，Bonn，2000：267-294.

［8］KUHLMANN S，EDLER J. Scenarios of Technology and Innovation Policies in Europe：Investigating Future Governance［J］. Technological Forecasting and Social Change，2003，70（7）：619-637.

［9］OECD，The Role of Technology Governance［EB/OL］.（2020-04-04）［2021-03-21］. http://www.oecd.org/sti/science-technology-innovation-outlook/technology-governance/.

［10］KISSINGER，H. The Coronavirus Pandemic Will Forever Alter the World Order［EB/OL］.（2020-04-04）［2021-03-21］. https://fortunascorner.com/2020/04/04/the-coronavirus-pandemic-will-forever-alter-the-world-order-by-henry-kissinger/.

［11］邢怀滨，苏竣. 全球科技治理的权力结构、困境及政策含义［J］. 科学学研究，2006（3）：368-373.

［12］董新宇，苏竣. 科技全球治理下的政府行为研究［J］. 中国科技论坛，2003（6）：79-82.

［13］董新宇. 科学技术的全球治理初探［J］.科学学与科学技术管理，2004（12）：21-26.

［14］朱本用，陈喜乐. 试论科技治理的柔性模式［J］. 自然辩证法研究，2019，35（10）：44-49.

［15］BEVIR M. Democratic Governance：Systems and Radical Perspective［J］. Public Administration Review，2006，66（3）：426-436.

[16] NICOKRISCH, The Decay of Consent: International Law in an Age of Global Public Goods [J]. American Journal of International Law, 2014, 108（1）: 1–40.

[17] EVIE K, FIONA S, WENDY M, et al. Evolving scientificresearch governance in Australia: a case study of engaging interestedpublics in nanotechnology research [J]. Public Understanding of Science, 2009, 18（5）: 531–545.5.

[18] Patrick Bernhagen, The Private Provision of Public Goods: Corporate Commitments and the United Nations Global Compact [J]. International Studies Quarterly, 2010, 54（4）: 175–1187.

[19] 曾婧婧, 钟书华. 科技治理的模式：一种国际及国内视角 [J]. 科学管理研究, 2011（1）: 37–41.

[20] 薛澜, 俞晗之. 迈向公共管理范式的全球治理——基于"问题—主体—机制"框架的分析 [J]. 中国社会科学, 2015（11）: 76–91+207.

[21] 吴金希, 孙蕊, 马蕾. 科技治理体系现代化：概念、特征与挑战 [J]. 科学学与科学技术管理, 2015（8）: 3-9.

[22] 朱本用, 陈喜乐. 试论科技治理的柔性模式 [J]. 自然辩证法研究, 2019（10）: 44–49.

[23] 张弦. 我们需要怎样的全球科技治理 [N]. 学习时报, 2020-08-28（02）.

[24] 钟科平. 深度参与全球科技治理 [N]. 中国科学报, 2018-06-07（01）.

[25] 陈强强. 中国深度参与全球科技治理的机遇、挑战及对策研究 [J]. 山东科技大学学报（社会科学版）, 2020（2）: 1, 3, 6-7.

[26] 张瑾, 杨彩霞, 万劲波. 全球科技治理格局下的开放创新体系建设. 科技导报, 2020, 38（5）: 6-12.

[27] LADIKAS M. Science and Technology Governance and Ethics: A Global Perspective from Europe, India and China [M]. Berlin: Springer, 2015.

[28] 王国豫, 龚超, 张灿. 纳米伦理：研究现状、问题与挑战 [J]. 科学通报, 2011, 56（2）: 96-107.

[29] 陈海丹. 伦理争论与科技治理——以英国胚胎和干细胞研究为例 [J]. 自然辩证法研究, 2019, 41（12）: 40-46.

作者单位：王　妍，中国国际科技交流中心
　　　　　李军平，中国国际科技交流中心

16 新形势下科协组织信息化建设发展对策研究

◇曲长虹 石 楠 张国彪 潘 芳 张 妍

【摘 要】 党的十九届五中全会提出,要"发挥群团组织和社会组织在社会治理中的作用"以及"完善国家科技治理体系"。科协组织作为党领导下的群团组织,落实"社会治理"与"科技治理"既是新的历史使命,也是一个非常明确的要求。与此同时,信息化始终被视为推动治理现代化的重要手段之一。如何在"十四五"时期,更好发挥科协独特优势,通过加强信息化建设参与国家社会治理和科技治理,将成为重要命题。文章通过分析科协信息化的现状、特征、阶段及基本规律,并按照中央关于信息化工作的具体指示要求,提出以基础层、平台层、应用层三个维度推动"十四五"时期科协组织信息化建设工作。

【关键词】 科协组织 信息化 发展对策

一、宏观背景

(一)科协信息化是助力科技领域治理体系和治理能力现代化的关键手段

党的十九大以来,国家治理体系和治理能力现代化被提到了很高的位置,不少学者解读这是中华人民共和国成立之初的"四个现代化"之后,我国的"第五个现代化"。随着我国社会主要矛盾的转变,我们发展的对立面已不再是落后的生产力,而是不平衡、不充分的发展。因此,现代化的治理体系和治理能力成为治国理政必不可少的关键环节。与此同时,中央在多个重要会议上反复强调,始终将坚持和完善中国特色社会主义制度、推进国家治理体系和治理能力现代化并列为全面深化改革的总体目标，并在多个重大文件中逐步深化落实，对于我国的政治发展，乃至整个社会主义现代化事业来说，具有重大而深远的理论意义和现实意义。

在推动治理能力与治理体系现代化的过程中，中央逐步深化、细化各领域的相关要求，已经从顶层设计开始走到具体路径制定。在党的十九届五中全会上，《关于制定国民经济和社会发展第十四个五年规划和二〇三五年远景目标的建议》（以下简称《建议》）提出要"发挥群团组织和社会组织在社会治理中的作用"以及"完善国家科技治理体系"。"社会治理"与"科技治理"两个论断非常重要，对科协组织这一党的群团来说，这无疑是新的历史使命，也是一个非常明确的要求。如何在"十四五"时期，更好发挥科协优势，参与并引领国家社会治理和科技治理，将成为下一时期极为重要的命题。

与此同时，信息化始终被视为推动治理现代化的重要手段之一。习近平总书记在多个场合反复强调信息化的关键作用，讲到"没有信息化就没有现代化"。通览当今世界发展格局，世界多极化、经济全球化、文化多样化、社会信息化深入发展，谁在信息化上占据制高点，谁就能够掌握先机、赢得优势、赢得安全、赢得未来。在党的十九届五中全会上，中央直接将治理与信息化关联起来，提出要"加强数字社会、数字政府建设，提升公共服务、社会治理等数字化智能化水平"。这既是对之前实践的总结，也是对未来治理工作提出的要求。因此，以信息化推动治理体系和治理能力现代化，将成为"十四五"时期，甚至到2035年的中长期内，我国改革和发展的基础性制度安排。

（二）科协信息化是推动学科融合、实现资源共享的重要抓手

党的十九届五中全会提出，坚持创新在现代化建设全局中的核心地位，把科技自立自强作为国家发展战略支撑，摆在各项规划任务的首位，进行专章部署。这是党编制五年规划建议历史上的第一次，也是党中央把握世界发展大势、立足当前、着眼长远做出的战略布局。对于强化国家战略科技力量，《建议》提出"优化学科布局和研发布局，推进学科交叉融合，完善共性基础技术供给体系"，并要求"制定实施战略性科学计划和科学工程，推进科研院所、高校、企业科研力量优化配置和资源共享"。

在新一轮科技革命和产业变革的驱动下，无论是学科交叉融合的路径、共性

基础技术的供给模式，还是资源配置和共享方式，都在发生深刻变革。以信息化为基础特征，智能化、网联化、共享化的融合跨界发展趋势正在重塑我们的科技格局和科研方式。

信息网络的应用，使资源的配置范围和配置的效率发生了非常大的变化。原来不可能的跨国界的资源配置、跨行业的资源配置、跨学科的资源配置，由于信息化的手段而成为现实；配置范围的极大扩张，也使得资源配置效率发生了本质性的变化。这体现了一种系统效率，是一种资源配置方式的变革带来的配置效率的显著提升。

（三）科协信息化是促进各类创新要素向企业集聚的重要平台

《建议》再次强调了企业创新的主体地位，提出"推进产学研深度融合"并"促进各类创新要素向企业集聚"。

运用信息化模式是产学研实现有机结合、推进创新要素向企业集聚的必然抉择。在当今信息技术高度发展的时代，信息化模式在对多个个体进行组合而使其成为有机的整体以发挥出强大功能方面，具有不可替代的高聚合和引动作用。信息化模式的这种高效能作用，与信息化本身具有的特殊优良性能相关联。信息化所具有的链接、联动、协调等性能，使得它能够把产学研各方组织机构，及其各工作环节、各管理层次，以及所运用的各类生产要素、管理要素等相互紧密连接，形成有机运作的统一体。

信息化所具有的融合、扩展性能，使它一方面能够在联合体内部融合产学研各方面的力量和各类物质的以及非物质的资源，另一方面还能够向联合体外部延伸，拓展自身的组织与业务体系，并吸纳、融合其有利于自身发展的各类要素。它所具有的优化、创新等性能，使它能够对联合体的业务流程和相关的组织结构、管理体系不断进行优化重组，以实现在优化基础上的创新发展，并通过运作机制创新来推进业务、技术与产品等的全面创新。

科协组织信息化建设具体要发挥三项不可取代的重要作用。一是要利于搭建产学研各方用于开展技术创新的信息平台，包括产学研多方互通的协同办公业务网、创新业务专用网、创新资源共享网。二是要利于整合产学研各方的内部网，形成统一运作的技术开发和创新局域网格局，构成产学研联盟内部协同的通道和机制。三是要实现产学研联盟内部网与市场、社会联通的广域网，通过国际或国内市场的信息联系，形成多个信息通道，一方面吸引更多创新资源，另一方面打开市场形成创新闭环。

专栏：中央关于信息化工作的具体指示与要求

1. 信息化代表着新的生产力和新的发展方向

2014年2月27日，习近平总书记主持召开中央网络安全和信息化领导小组第一次会议时就强调，当今世界，信息技术革命日新月异，对国际政治、经济、文化、社会、军事等领域发展产生了深刻影响。信息化和经济全球化相互促进，互联网已经融入社会生活方方面面，深刻改变了人们的生产和生活方式。我国正处在这个大潮之中，受到的影响越来越深。

2016年4月19日，在网络安全和信息化工作座谈会上，习近平总书记进一步指出，从社会发展史看，人类经历了农业革命、工业革命，正在经历信息革命。信息革命增强了人类脑力，带来生产力又一次质的飞跃。

2018年4月20日，全国网络安全和信息化工作会议召开，习近平总书记发表重要讲话强调，信息化为中华民族带来了千载难逢的机遇，我们必须敏锐抓住信息化发展的历史机遇。网信事业代表着新的生产力和新的发展方向，应该在践行新发展理念上先行一步，围绕建设现代化经济体系、实现高质量发展，加快信息化发展，整体带动和提升新型工业化、城镇化、农业现代化发展。

2019年10月11日，习近平总书记向2019中国国际数字经济博览会致贺信，强调中国正积极推进数字产业化、产业数字化，引导数字经济和实体经济深度融合，推动经济高质量发展，指出："当今世界，科技革命和产业变革日新月异，数字经济蓬勃发展，深刻改变着人类生产生活方式，对各国经济社会发展、全球治理体系、人类文明进程影响深远。"

2. 让人民群众在信息化发展中有更多获得感、幸福感、安全感

习近平总书记在2018年4月20日全国网络安全和信息化工作会议上强调："网信事业发展必须贯彻以人民为中心的发展思想，把增进人民福祉作为信息化发展的出发点和落脚点，让人民群众在信息化发展中有更多获得感、幸福感、安全感。""我们要深刻认识互联网在国家管理和社会治理中的作用，以推行电子政务、建设新型智慧城市等为抓手，以数据集中和共享为途径，建设全国一体化的国家大数据中心,推进技术融合、业务融合、数据融合,实现跨层级、跨地域、跨系统、跨部门、跨业务的协同管理和服务。"2016年10月9日,习近平总书记在主持中共中央政治局第三十六次集体学习时强调,随着互联网特别是移动互联网发展,社会治理模式正在从单向管理转向双向互动,从线下转向线上线下融合,从单纯的政府监管向更加注重社会协同治理转变。

3. 网络空间是亿万民众共同的精神家园

"网络空间是亿万民众共同的精神家园。网络空间天朗气清、生态良好,符合人民利益。网络空间乌烟瘴气、生态恶化,不符合人民利益。"习近平总书记多次强调,要依法加强网络空间治理,加强网络内容建设,做强网上正面宣传,培育积极健康、向上向善的网络文化,用社会主义核心价值观和人类优秀文明成果滋养人心、滋养社会,做到正能量充沛、主旋律高昂,为广大网民特别是青少年营造一个风清气正的网络空间。

习近平总书记在2016年4月19日网络安全和信息化工作座谈会上强调:"为了实现我们的目标,网上网下要形成同心圆。什么是同心圆?就是在党的领导下,动员全国各族人民,调动各方面积极性,共同为实现中华民族伟大复兴的中国梦而奋斗。"为此,习近平总书记明确要求,各级党政机关和领导干部要学会通过网络走群众路线,善于运用网络了解民意、开展工作,"网民来自老百姓,老百姓上了网,民意也就上了网。群众在哪儿,我们的领导干部就要到哪儿去,不然怎么联系群众呢?"

2019年1月25日,中共中央政治局在人民日报社就全媒体时代和媒体融合发展举行第十二次集体学习。习近平总书记在讲话中强调,全媒体不断发展,出现了全程媒体、全息媒体、全员媒体、全效媒体,信息无处不在、无所不及、无人不用,导致舆论生态、媒体格局、传播方式发生深刻变化,新闻舆论工作面临新的挑战,"宣传思想工作要把握大势,做到因势而谋、应势而动、顺势而为。我们要加快推动媒体融合发展,使主流媒体具有强大传播力、引导力、影响力、公信力,形成网上网下同心圆,使全体人民在理想信念、价值理念、道德观念上紧紧团结在一起,让正能量更强劲、主旋律更高昂"。

4. 没有信息化就没有现代化

"没有网络安全就没有国家安全,没有信息化就没有现代化。"习近平总书记的这一重要论断,把网络安全上升到了国家安全的层面,为推动我国网络安全体系的建立、树立正确的网络安全观指明了方向。

安全是发展的前提，发展是安全的保障，安全和发展要同步推进。习近平总书记在 2014 年 2 月 27 日主持召开中央网络安全和信息化领导小组第一次会议时指出，网络安全和信息化是相辅相成的，"网络安全和信息化是一体之两翼、驱动之双轮，必须统一谋划、统一部署、统一推进、统一实施。做好网络安全和信息化工作，要处理好安全和发展的关系，做到协调一致、齐头并进，以安全保发展、以发展促安全，努力建久安之势、成长治之业"。

2019 年 9 月 16 日，国家网络安全宣传周在天津拉开帷幕。习近平总书记做出重要指示强调，国家网络安全工作要坚持网络安全为人民、网络安全靠人民，保障个人信息安全，维护公民在网络空间的合法权益。要坚持网络安全教育、技术、产业融合发展，形成人才培养、技术创新、产业发展的良性生态。要坚持促进发展和依法管理相统一，既大力培育人工智能、物联网、下一代通信网络等新技术新应用，又积极利用法律法规和标准规范引导新技术应用。要坚持安全可控和开放创新并重，立足于开放环境维护网络安全，加强国际交流合作，提升广大人民群众在网络空间的获得感、幸福感、安全感。

5. 让网络空间命运共同体更具生机活力

"每一次产业技术革命，都给人类生产生活带来巨大而深刻的影响。现在，以互联网为代表的信息技术日新月异，引领了社会生产新变革，创造了人类生活新空间，拓展了国家治理新领域，极大提高了人类认识世界、改造世界的能力。互联网让世界变成了'鸡犬之声相闻'的地球村，相隔万里的人们不再'老死不相往来'。可以说，世界因互联网而更多彩，生活因互联网而更丰富。"2015 年 12 月 16 日，习近平总书记在第二届世界互联网大会开幕式上发表主旨演讲。正是在这篇演讲中，习近平总书记率先提出推进全球互联网治理体系变革应坚持的"四项原则"：尊重网络主权、维护和平安全、促进开放合作、构建良好秩序。他还就共同构建网络空间命运共同体提出"五点主张"：加快全球网络基础设施建设，促进互联互通；打造网上文化交流共享平台，促进交流互鉴；推动网络经济创新发展，促进共同繁荣；保障网络安全，促进有序发展；构建互联网治理体系，促进公平正义。

"世界各国虽然国情不同、互联网发展阶段不同、面临的现实挑战不同，但推动数字经济发展的愿望相同、应对网络安全挑战的利益相同、加强网络空间治理的需求相同。各国应该深化务实合作，以共进为动力、以共赢为目标，走出一条互信共治之路，让网络空间命运共同体更具生机活力。"2018 年 11 月 7 日，习近平总书记在致第五届世界互联网大会的贺信中希望大家集思广益、增进共识，共同推动全球数字化发展，构建可持续的数字世界，让互联网发展成果更好造福世界各国人民。

二、科协信息化发展的特征、阶段与使命

（一）科协信息化发展的特征

首先，从性质上看，科协组织信息化建设有鲜明的政治属性。科协组织负有联系全国科技工作者的使命和任务，为党和国家工作大局服务始终是科协组织的价值所在，为科技工作者服务始终是科协组织的天职和生命线。因此，科协组织信息化与其他部委的信息化建设有较大不同，不仅仅满足于自身办公、组织、宣传等诉求，还更多承担着通过在线手段联系科技工作者的职能。

其次，从职能上看，科协组织信息化建设要满足"四个服务"的基本职责定位。服务科技工作者、服务创新驱动发展、服务全民科学素质提高、服务党和国家科学决策的"四个服务"，框定了科协组织信息化建设的四类对象。一是通过信息化建设更好联系科技工作者，要符合科技工作者的使用需求和习惯；二是通过信息化平台促进科技与经济互动，打破科技要素和经济要素各自为政的局面；三是通过信息化途径转译科技成果、服务科普工作，因此具有门户网站的特性；四是通过信息化手段为党和国家科学决策服务，具有较强的内部性和保密性，且体现出垂直型的特征（图 2-16-1）。

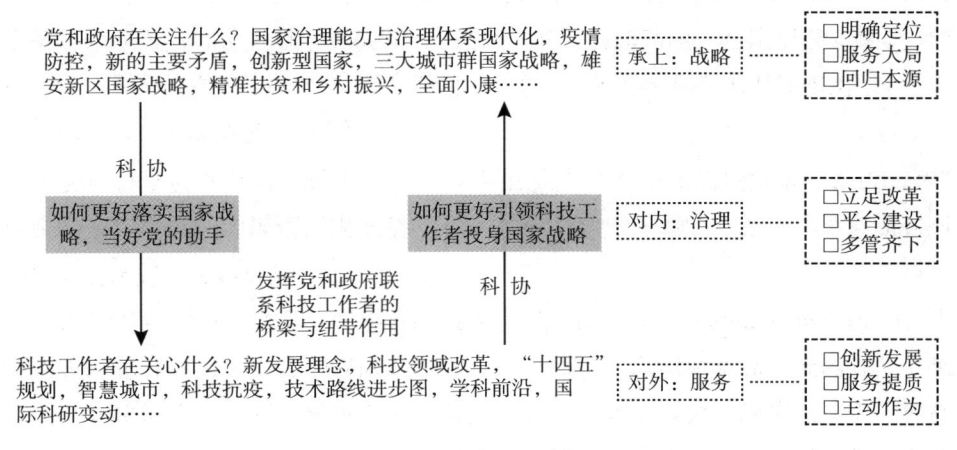

图 2-16-1 科协信息化平台的承上启下作用

最后，从动力机制上看，科协组织信息化效用的发挥必须依靠平台作用。蒸汽机革命后产生了工厂，电力革命后产生了公司，而信息革命后催生了平台。纵观中外，阿里巴巴、亚马逊、脸书等所有具有世界影响力的信息化企业有明显的平台型特征。平台是属于21世纪的组织模式，科协组织信息化建设是典型平台建设，科协组织本身不掌握各类要素，却可以起到各类要素的中枢作用，通过科协信息化平台作用，实现各学科资源汇聚，实现"承上启下""内外融通"的作用。

（二）科协信息化发展的阶段

信息化发展一般可以分为显性化和资产化、场景化、自动化和智能化、智慧化四个阶段。四个阶段循序渐进，背后是硬件条件（包括物理载体、云操作系统、传输技术等）的支撑和软件服务（包括适用于科协组织的人工智能软件、衍生应用软件等）的更新换代（图2-16-2）。

第一阶段是显性化和资产化过程，即将中国科协的各类资源通过信息化手段显性化，并将有价值的部分实现资产化，实现资源的传递、共享和创新，增强组织的凝聚力和竞争力。第二阶段是场景化过程，即将已经通过信息化附加价值的显性化资源，通过场景洞察、场景设置、场景营造等步骤实现内容场景化应用，一般的场景可以分为决策场景、共享场景、使用场景等。第三阶段是自动化和智能化过程，即在信息化技术的支持下，经过自动检测、信息处理、分析判断、操

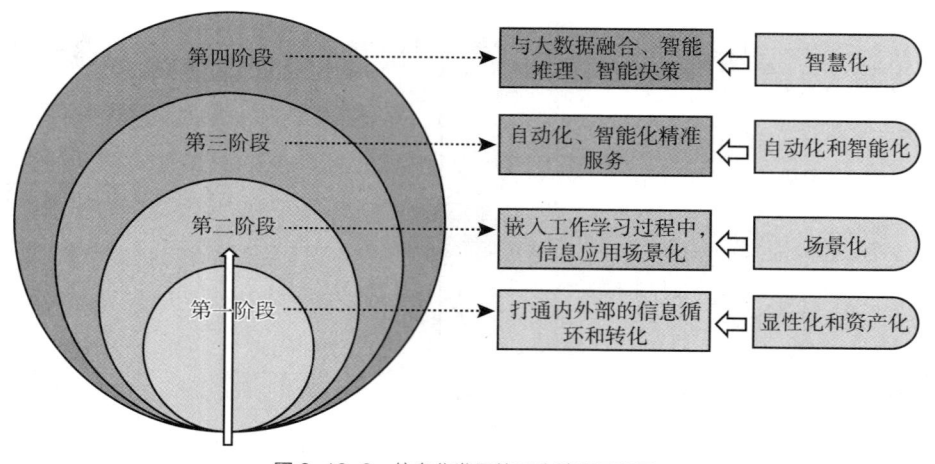

图2-16-2 信息化发展的四个阶段示意图

纵控制,实现预期目标。典型的信息化服务产品包括自动外呼、自动应答、自动分类、自动记录等。第四阶段是智慧化阶段,是运用互联网、大数据、物联网和人工智能等技术手段,实现智能推理和智能决策。

科协组织信息化建设的阶段研判。从用户的角度看,目前中国科协的信息化建设已经成功搭建了四大场景,开始向自动化和智能化阶段演进。其中,四大场景包括:面向科协人的中国科协官网系统,面向科技工作者的"科技工作者之家",面向广大人民群众的"科普中国"系统,以及面向生产要素的"科创中国"平台。四大场景覆盖了科协组织绝大部分的核心职能、内部业务,较好完成了党和国家赋予中国科协在党建、智库、科普、创新以及政务等方面的职责。目前,中国科协的信息化建设正在从第二阶段向第三阶段过度,即从场景化向自动化和智能化阶段过度。

科协组织下一阶段信息化建设的方向。在从第二阶段向第三阶段过度的过程中,中国科协应整合各类信息资源,实现"人""信息""场景"的深度融合和精准匹配,将信息服务嵌入管理、技术研发、业务工作以及创新全过程,挖掘集体智慧,利用数字资源开展有效的、不同层次的、多种类型的个性化服务,以满足机构/人群对某一专业领域、某一专业单元、某一问题的特殊要求。具体可以分为四个步骤(图 2-16-3)。

一是打通信息整合汇聚通道,构建数据仓库。整合内外部各种来源的信息资源,构建统一管理、统一服务的数据仓库,打通信息采集、整合、加工、组织、管理及服务的全流程通道,构建信息分类体系和标签体系,完成信息自动分类、自动打标签及挖掘分析。

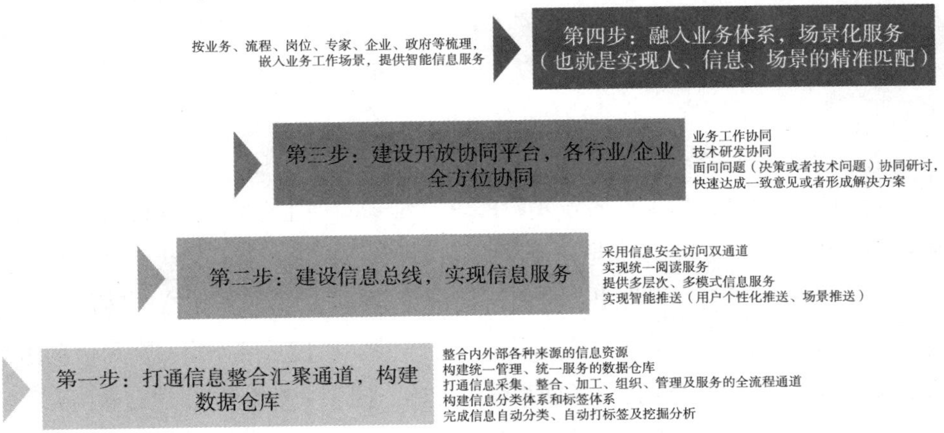

图 2-16-3 科协组织下一阶段信息化建设的四个步骤

二是建设信息总线，实现信息服务。采用信息安全访问双通道，实现统一阅读服务，提供多层次、多模式信息服务，实现智能推送（用户个性化推送、场景推送）。

三是建设开放协同平台，各行业/企业全方位协同。分三个层面实现协同：业务工作协同、技术研发协同，以及面向问题（决策或者技术问题）协同研讨，快速达成一致意见或者形成解决方案。

四是实现人、信息、场景的精准匹配。按业务、流程、岗位、专家、企业、政府等梳理，嵌入业务工作场景，提供智能信息服务。

（三）进一步推进信息化建设是科协组织的职责使命

1. 发挥党的群团工作职责

党的群团工作会议对党的群团工作和群团改革做出全面部署，明确要求群团组织打造线上线下相互促进、有机融合的群团工作新格局。要提高网上群众工作水平，实施上网工程，建设各具特色的群团网站，推进互联互通及与主流媒体、门户网站的合作，弘扬网上主旋律，以加强和改进党的群团工作。"科技三会"上，习近平总书记对科协工作提出了进一步的要求："中国科协各级组织要坚持为科技工作者服务、为创新驱动发展服务、为提高全民科学素质服务、为党和政府科学决策服务的职责定位，团结引领广大科技工作者积极进军科技创新，组织开展创新争先行动，促进科技繁荣发展，促进科学普及和推广。"中国科协是科技工作者的群众组织，是党领导下的人民团体，是党和政府联系科技工作者的桥梁纽带。在新的历史时期，人民群众都在网上，中国科协必须把信息化平台建设成为党的群众工作的坚强阵地，落实以人民为中心的工作导向，切实解决好代表谁、联系谁、服务谁的问题。

2. 落实国家战略部署

党的十九大报告提出贯彻新发展理念，"推动新型工业化、信息化、城镇化、农业现代化同步发展"，明确把建设网络强国、数字中国、智慧社会作为加快建设创新型国家的重要内容，提出"全面增强执政本领"，"善于运用互联网技术和信息化手段开展工作"。以习近平同志为核心的党中央高度重视网络安全和信息化工作，党中央、国务院相继提出了网络强国战略、国家大数据战略、"互联网+"行动、数字中国、智慧城市、智慧社会等一系列重大战略部署。作为党领导下的人民团体、党和政府联系科技工作者的桥梁纽带，中国科协积极贯彻落实国家信息化战略部署是义不容辞的责任。

3. 为推动国家治理体系和治理能力现代化提供重要科技支撑

中央高度重视治理体系和治理能力现代化，并对科协组织划定了明确的治理范围。在十分关键的历史时期，特殊的发展阶段，中央多个重要会议反复强调治理能力和治理体系现代化，将坚持和完善中国特色社会主义制度、推进国家治理体系和治理能力现代化并列定为全面深化改革的总体目标，并对科技类党的群团工作提出了新的要求：发挥群团组织和社会组织在社会治理中的作用、完善国家科技治理体系。过去，以信息化建设提升治理水平更多依靠的是"电力"，高容量存储、高能耗水平、高运算速度，通过高效计算生产信息化产品来服务业务工作；未来，信息化支撑治理水平升级靠的是"数据"，海量数据、机器学习、实时传输，通过全新算法支撑战略决策和治理选择。具体可以体现为四个层面。一是信息化建设的作用已经从支撑科协业务流程优化向支撑科协战略贯彻转变。二是信息化建设正在成为建设党和政府高水平科技智库的重要一环。三是信息化建设是实现科协价值、回应科技工作者诉求的抓手。四是信息化建设是进一步提升科普产品、科普服务的有效路径。

4. 融入全球创新主线

第二次世界大战结束以来，人类社会的创新驱动力主要来自电子信息技术的创新。某些国家的全球创新中心地位，也主要是由电子信息技术创新奠定的；其他领域的创新升级，很大程度上是电子信息技术渗透和驱动的结果。电子信息技术的创新当中又有三大关键领域：一是半导体技术，如高性能芯片；二是软件技术，如人工智能算法；三是数据传输技术，如5G、物联网。近年来，以上三大领域均出现颠覆性的进步，将从基础逻辑上改变传统科技与产业创新系统。

专栏：下一代科技和产业创新系统的概述与例证

1. 概述

下一代科技和产业创新系统是以高性能芯片为内核，以机器算法、人工智能算法为中枢，以云计算操作系统为平台，以泛在的物联网、大规模分布式数据库技术、5G等新一代信息通信技术为物理载体的创新系统。

我们可以这样形象地来理解这个系统，它就好像人类社会的神经系统：物联网和数据库是神经末梢，负责搜集、存储终端数据；5G 网络就是中枢神经，负责将这些信息上传到云计算平台；机器学习、人工智能就是大脑，负责分析数据、研发创新和做出决策（图 2-16-4）。

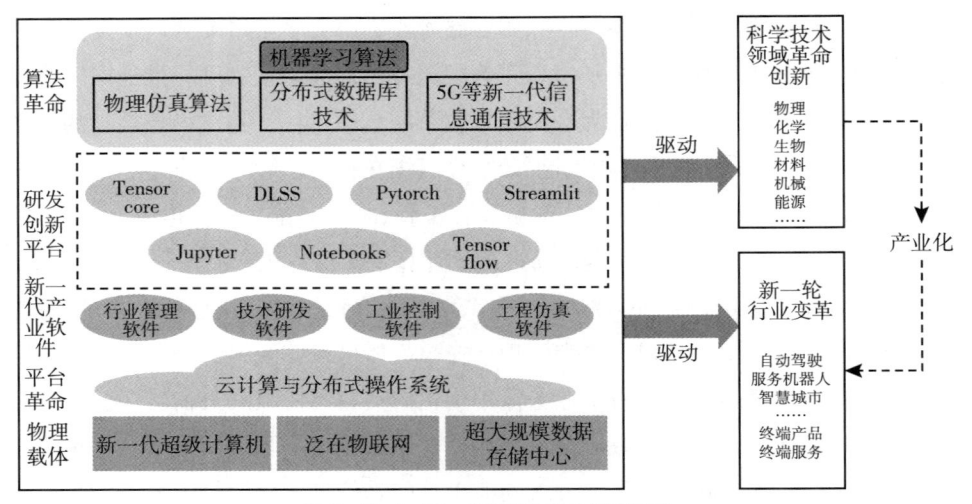

图 2-16-4　下一代科技和产业创新系统

这个系统将会成为人类未来数十年几乎所有科技和产业创新的源头或关键驱动力。在这个系统的驱动下，物理、化学、生物、材料、机械、能源等各个领域的科学家和其他研究人员将会做出各自领域的革命性创新，各行各业也将要在这个系统的控制下运行和寻找升级的方向。

2. 例证——英伟达 GPU 通过机器学习算法突破摩尔定律，带来全新产业图景

2020 年 9 月，英伟达公司发布了最新的 RTX 30 系列显卡，其内核 GPU 芯片数据处理能力翻倍，这将可能引领图形处理、VR 方阵、超级计算机、自动驾驶等多领域革命。例如，实时光线追踪技术在新一代 GPU 的支持下变得非常成熟，依靠实时光线追踪技术制作仿真画面，自动驾驶的测试平台就可以比较方便地放到虚拟世界进行测试，再经过高强度人工智能训练，最终建成一个能更好应对各类复杂路况的"无人驾驶汽车"系统。

在不到 18 个月的时间里，英伟达实现了芯片数据处理能力翻倍的目标，突破了"24 个月翻倍"的摩尔定律，同时还能把价格降低 50%。英伟达公司取得这样的成绩，首先得益于半导体制程的进步——从 10 纳米进步到了 8 纳米。但这个进步只有20%，并不足以让计算能力翻倍。更关键的是引进了 DLSS 2.0（深度学习超级采样）和 Tensor core 技术（深度学习专用核心）。其性能翻倍的关键，并非制造工艺的进步，而是机器学习带来的算法改进。

类似的例子在其他领域也越来越多，逐渐形成了新的创新逻辑主线：机器学习算法推动物理、化学、生物、材料、机械、能源等各个领域算法改进——算法改进提高基础理论研究水平——理论研究进步带动科研实验——新的产品研发和市场开拓。就好比 AlphaGo 正在改变围棋世界，但 AlphaGo 只是这场创新变革的终端产品，它的出现意味着创新体系正在不断走向成熟。

新的发展阶段，信息化建设不再是规划信息化产品，而是以信息化建设做好底层的创新系统。应当更加深入研究新形势下的科技与产业创新系统，考虑前瞻性搭建大数据平台、人工智能系统，切实提高对智力资源和数据的整合能力、分析能力、治理能力，为科技进步和产业融合发展提供。

三、科协信息化建设的现状、思路与内容

（一）科协组织信息化建设的成就和挑战

1. 中国科协信息化的总体格局分析

基础层已经为新一轮信息化建设奠定良好基础。课题组在 2020 年 9 月中旬与中国科协信息中心开展座谈。根据访谈的内容，课题组认为相对于其他部委，中国科协信息化水平较高，计算资源与存储资源丰富，硬件基础设施更新换代及时，为新一轮信息化建设奠定了良好基础。中国科协互联网出口带宽 380 兆，国家电子政务外网出口带宽 300 兆，接入 BGP 网络带宽 80 兆，办公内网实现全覆盖，建设了覆盖 32 个省级科协的中国科协视频会议系统。

平台层实现部分数据汇总，在数据标准化、舆情监控和数据安全等方面进步明显。在数据标准化方面，数据资源调研分析已完成，并已经进行了标准化管理，开始产出部分信息化产品。在舆情监控和数据安全方面，中国科协网络信息安全体系和网络安全应急处置工作机制健全，可对科协系统 310 个网站进行实时监测，及时掌握科协系统网络安全态势，提升了科协系统网络安全防御水平。

应用层开始形成数据引驻能力。总体上看，中国科协已经形成"一网两平

台"(中国科协网和"科普中国""科创中国")的基本格局,并稳步推动"科猫"等科技工作者之家建设,赋能科协组织四个服务职能的作用愈发明显。中国科协逐步形成了内网、外网工作系统以及各类业务系统组成的应用服务格局(图2-16-5)。

中国科协官网	面向全国学会、地方科协:内部治理平台
科技工作者之家	面向科技工作者:集引领、活动、展示、服务、社交于一体,永不落幕、永不打烊、永远服务的网上科技工作者精神家园
科普中国	面向广大人民群众:国际一流水平的知识分享平台	加工科普内容14.58 T,浏览量和传播量达到157亿次,覆盖全国31个省市,通过21296个e站、34375块大屏、140个渠道、464个地方电视台、近3万名科普员等渠道传播"科普中国"内容
科创中国	面向生产要素:推动科学家和企业家合作,促进经济与科技融合

图2-16-5 科协组织信息化建设的应用格局(用户视角)

2. "十三五"期间中国科协信息化建设的成就

中国科协工作流程得到优化,工作效率得到提升。"十三五"期间,中国科协通过信息化建设,进行了智慧党建、智慧计财、人事管理、公文办理、后勤服务等应用平台搭建,有力支撑了中国科协内部管理协同化、高效化。目前,中国科协网成为中国科协形象展示的窗口、政务信息的权威发布平台、社会公众了解科协的重要渠道。中国科协网形成了遍布全国学会、地方科协的信息员队伍和信息报送网络,建立了科协系统政务信息发布联动机制,推动了200多家全国学会、31家地方科协网站建设。按照"引领、发布"的要求,及时发布党和国家的最新政策,传播科协声音,不断提升科协系统网站社会知名度,凝聚广大科技工作者的共识。

形成了一定的数据吸引力,引领科技工作者向科协靠拢。得益于科协信息化在计算资源、存储资源、舆情监控、数据安全等方面的优势,一些地方科协、部分全国学会开始选用中国科协的信息化服务,搭建自己的信息化平台。"科猫"(中国科技工作者之家)平台于2017年5月30日上线。"科猫"服务于科技工作者,已入驻1282个科协组织、643个学会组织、125家企业,以及468个调查站点,用户数达到130137个，初步形成网上科技社区。"科猫"平台将传统的垂直化连接方式转变为扁平化的网络联系，通过精准挖掘需求，定向推送服务，提升科协组织的公共产品供给能力。此外，"十三五"期间，中国科协初步搭建了数据中心，推进科协数据分享；建成了中国科协信息服务体系，扩大新媒体社会影响力；开展信息化测评工作，提高信息化建设效能。

"互联网＋科普"工作得到极大推进，有效提高公民科学素质。"科普中国"于2015年9月上线，"十三五"期间取得积极进展，成绩斐然。截至2017年2月6日，"科普中国"累计浏览量和传播量约77亿人次，其中移动端约57亿人次，约占74%。协同人民网、新华网、腾讯、百度等平台共同实施"科技前沿大师谈"等20余个子项目，累计建设内容资源近12 TB，包括科普视频（动漫）约4500个、科普图文约35000篇、科普游戏约100款，并逐步形成包括人民网、新华网、腾讯、百度等55家大众网络媒体的传播渠道，以及一支超过1000人的高水平专业创作团队和超过2000人的专家团队。中国科协依托已有的基础设施，按照有网络、有场所、有终端、有活动、有人员等"五有"的基本要求，建设基于科普信息服务落地应用的"科普中国"e站。目前已在全国建设"科普中国"e站12226个，其中乡村e站5406个、社区e站4911个、校园e站1909个。目前已汇聚科普微视频约3500部，总时长2.5万分钟，进入全国20多个省级行政区和近250个地方电视台专题栏目，覆盖全国41175块电子屏，日均播放时长4248分钟。[①]

高端生产要素对接平台搭建完毕，推动科技与经济融合发展。"科创中国"目前已经初步形成找服务、找设备、找专家、找技术、找资金、找政策六类菜单式服务，推动人才聚合、实现技术集成、实现服务聚力，推动科技与经济融合发展。"科创中国"于2020年5月30日上线，将发挥科学家品牌、多学科综合交叉、央地无缝对接、国际组织联系等优势，旨在构建资源整合、供需对接的技术服务和交易平台，以发现企业需求价值和构建园区产业链为重点，通过探索产学融合的组织机制和激励机制，打通堵点、连接断点，引导技术、人才、数据等创新要素流向企业、地方和生产一线，加快促进科技向现实生产力转化。实现推动技术交

---

① 中国科普研究所. 科普中国建设取得积极进展成效斐然［EB/OL］.（2017-02-16）［2020-09-16］. http://www.crsp.org.cn/xinwenzixun/xueshuzixun/02131ZH017.html.

易规范化、市场化、国际化，建设创新、创业、创造生态，让科技更好地服务经济社会发展。

3. "十三五"期间中国科协信息化建设面临的挑战

顶层设计：信息化缺乏通盘设计，制约了科协新使命的履行。科协信息化建设缺乏通盘设计，一些领域在信息化建设机制、数据治理方式等方面不明确。由此造成了信息化分散建设、各自为政，未形成合力，发展不平衡、不充分等问题。加剧了数据资源分散、"烟囱"林立、"孤岛"普遍等现象，进一步造成数据价值难以通过有效手段进行挖掘（图2-16-6、图2-16-7）。

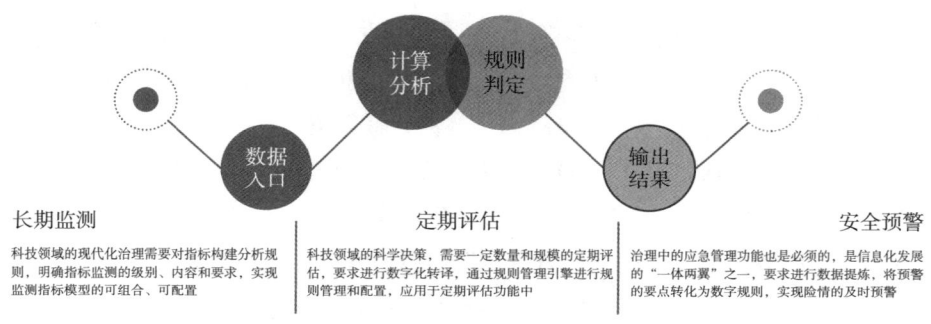

图2-16-6 科协组织数据治理过程中的三个重要环节

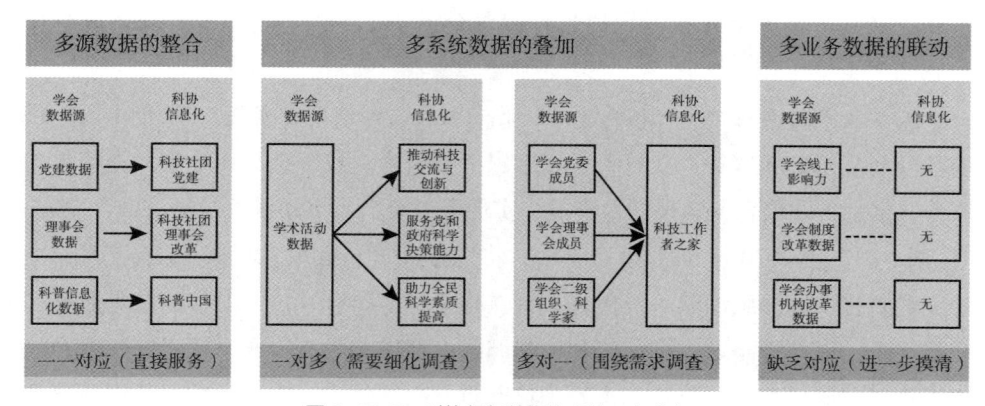

图2-16-7 科协组织数据治理的三大难点

平台层面：部门领导责任制为主导的信息化治理机制和措施相对落后。各单位的信息化建设各自为政、重复建设，不利于形成信息化合力。信息化组织和管理机制、支持和保障条件落后于实际应用和需求，难以从全局统筹科协系统整体信息化工作，综合利用效能较低。

应用层面：存在明显的数据紊乱现象，未形成总体形象。针对不同场景的各类应用繁多，而且连年调整变化，归口不一；应用独立发展、应用之间数据交叉紊乱，没有形成中国科协信息化建设的总体形象和门户界面。各类应用正在沿着各自的发展路径进化，有可能进一步形成孤岛效应，不利于更好地落实科协"一体两翼"的总体工作布局（图2-16-8）。

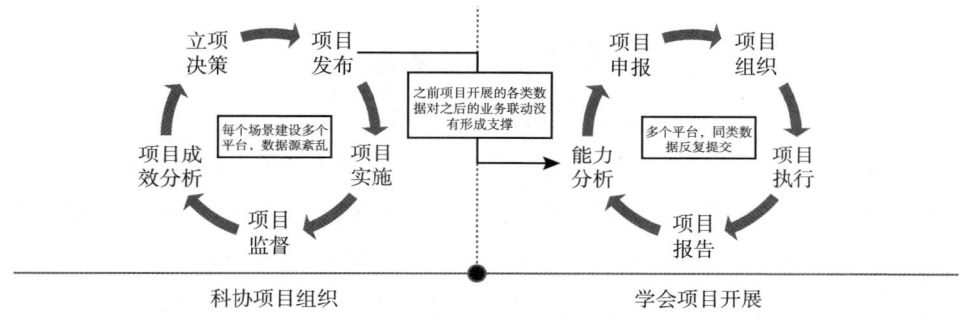

图2-16-8 学会与科协工作联动的困难

用户层面：用户获得感和满意度不高，信息化成效不明显。在服务多学科科技创新层面，全国学会资源连接不充分且机制不明确，网上群众组织力不强。未来更应该针对学科发展的集体需求，而非学会组织发展的内部需求，要通过信息化建设抓取学科大类需求，辨明学科间融合诉求，以此推动信息化平台的服务职能提升。在服务科技工作者层面，未能充分认知科技工作者多元化且专业聚焦的学术交流和科技成果转化的需求，信息化平台建设方向出现偏差，科技工作者的归属感和凝聚力不强。未来更应该针对科技工作者的群体需求，而非科技工作者的个人需求，否则需求过多、过杂、过乱，不利于统筹兼顾，在信息化平台建设时更难以找到重点。在服务公众科学素质提高层面，信息化时代科普受众的需求正在变得多样化、碎片化、个性化，传统单一定向的科普传播手段往往容易忽视受众的创新热情和交流能力，易形成僵化不变的固定模式和思维惯性，不利于激发受众的持续兴趣。未来应该通过信息化平台搭建科普内容与读者反馈的双向通道，通过大数据分析，及时跟踪公众科普诉求。未来应通过大数据决策的引导，在社会已经形成的"看科普""读科普"的良好基础上，向"用科普""传科普"转变（图2-16-9）。

```
┌─────────┬─────────┬─────────┬─────────┬─────────┬─────────┐
│01.需求确认│02.选定模型│03.选定数据│04.模型验证│05.开发算法│06.功能嵌入│
└─────────┴─────────┴─────────┴─────────┴─────────┴─────────┘
```
确定指标模型解决的问题和应用场景 / 确定模型构建方法和模型结果评价体系 / 确定模型运行所需的数据类型、格式和属性精度等 / 形成演示数据，对模型的可靠性和准确性进行验证 / 与开发人员对接，确定模型功能的逻辑结构和控制结构等 / 开发形成可运行的功能模块，嵌入系统功能

既是服务科技工作者，也是赋能科协组织

➤ 须确保模型的分析结果能够支撑国土空间规划编制和实施管理
➤ 须要确保选定的基础模型为业界和学界认可的模型
➤ 模型构建中常遇到数据难以获取或数据精度不够的情况
➤ 模型运算结果的科学性需要大量的调查工作和验证工作去检验
➤ 开发人员需要充分理解模型的逻辑，以便形成对应的算法
➤ 开发人员对系统进行后台集成处理，并在前台展示为统一门户

图 2-16-9　需求导向下的信息化开发流程

（二）新形势下科协组织信息化建设的思路

1. 总体思路

统一顶层架构：建设包含统一组织体系、统一技术架构、统一建设模式、统一标准体系的"四个统一"顶层管理架构，形成科协信息化建设总体格局。建议由中国科协信息化部门专门负责研究制定《中国科协信息化建设规划（2021—2025）》《关于推动中国科协与全国学会信息化联动试点的意见》《关于推动中国科协与地方科协信息化联动试点的意见》，强化全国学会与地方科协"两极"和中国科协"一核"的数据供需联动制度建设，建立常态化的数据、业务交流对接机制。

明确平台建设：立足科协信息化发展现状，第一步建设标准化的数据仓库；第二步实现以科协全系统核心数据共享为特点的"数字孪生科协"；第三步实现大数据价值挖掘的信息化服务平台建设，为全国学会及各学科领域科技工作者提供优质服务；第四步实现依托大数据构建群团智能化管理生态系统。

集成应用管理：围绕四类目标用户，以应用促建设（科协系统），以应用促融合（全国学会），以应用促沟通（科技工作者），以应用促互动（社会公众、重点企业），删繁就简，整合各类应用，立足服务对象或使用对象统一出口。

2. 建设目标

发展智慧党建，强化政治引领。把落实线上群团建设作为首要目标。以信息化促党建，强化中国科协政治引领能力。搭建中国科协智慧党建系统，把党员的基本信息和工作信息纳入系统，在线提供学习宣传交流信息和政策服务，进行智能数据分析，与线下党建活动融合，提升党员管理、教育、监督的科学化水平，增强联系服务和组织动员能力。

基础层：构建新一代信息化基础设施和网络安全新格局，提升中国科协信息化支撑能力。以科协数据、互联网数据、外购数据的汇聚、融合、挖掘、提炼作为信息化基础的建设目标；进而通过异构整合、资源整合、数据整理构成的数据整合层，完成数据自动提取、相似分析、数据标引、自动分类、数据挖掘等系列内容管理功能，并辅以全过程安全控制，形成大数据与人工智能分析相结合，信息收集、分析、生产、报送、发布、交互等服务为一体的数据治理产品（图2-16-10）。

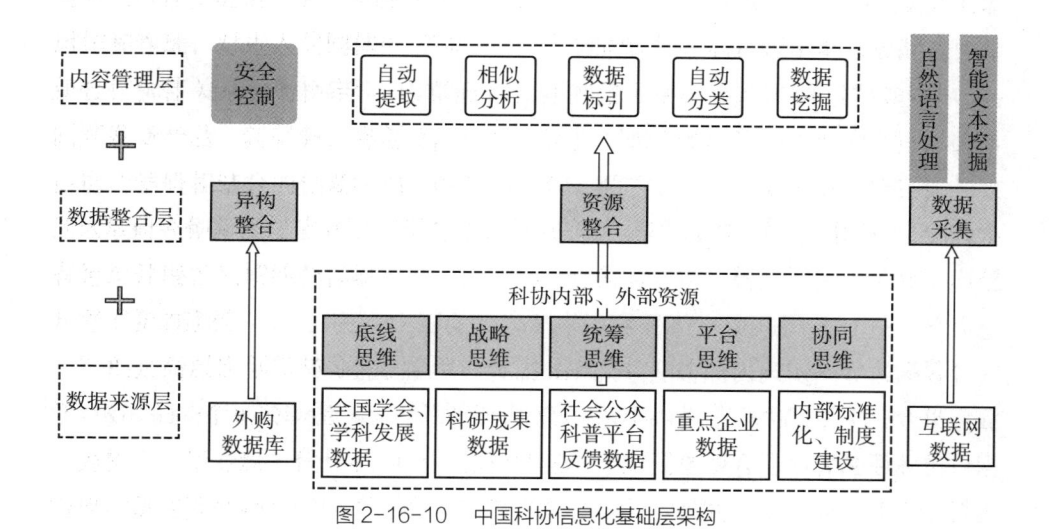

图2-16-10　中国科协信息化基础层架构

平台层：树立服务思维，汇聚各方数据，提升中国科协数据服务能力、舆情分析能力、宣传导向能力。明确以服务汇聚数据的思想，针对学科发展与多学科融合规律、重点类别企业创新需求、社会公众科普诉求等服务对象，建设融合共享的数据中心，提升信息服务能力（图2-16-11）。充分利用大数据、云计算等技

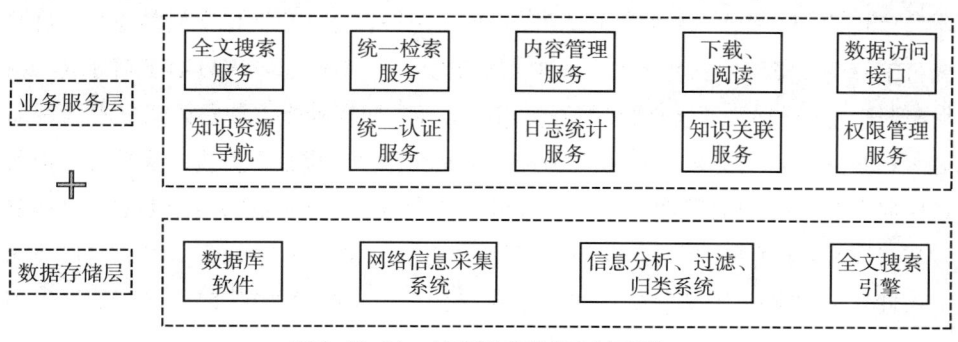

图2-16-11　中国科协信息化平台层架构

术，汇聚科协数据资源，引进社会优质资源，采集互联网数据，建设全科协统一的数据存储、数据处理、综合利用、分析挖掘、数据展现、大数据技术平台以及数据治理、平台运营体系，融汇以资源共享、智能服务为导向的核心资源大数据，实现汇聚科协数据资源、引进资源和互联网采集资源的有效汇聚、开放共享和集中管控，挖掘数据价值，提高数据资源服务的水平与效能，逐步建成科技行业领先的数据服务平台，为全国学会、重点企业、社会公众提供一体化数据服务。

应用层：形成中国科协信息化门户统一形象，提升中国科协"四服务"能力。"十四五"期间，科协组织的信息化建设有必要从"四大面向"向"三大均衡"转型，形成科协信息化门户。具体而言，就是在四类服务对象的基础上，通过信息化平台的建设，打通科协人、科技工作者、广大人民群众、高端生产要素两两之间的关节，最终促进社会稳定、市场繁荣、政务畅达。第一，拓展"科普中国"平台，不仅进行知识生产，同时提供科普服务，特别是科普应急服务，这在新冠肺炎疫情暴发以来显得尤为重要；第二，拓展政务系统的横向、纵向边界，实现内部智能办公和外部智能协同办公；第三，发挥大数据职能服务平台、"科创中国"、科协云平台等平台的作用，服务人才、资本、科技、数据等市场要素有序、有效流动（图 2-16-12）。

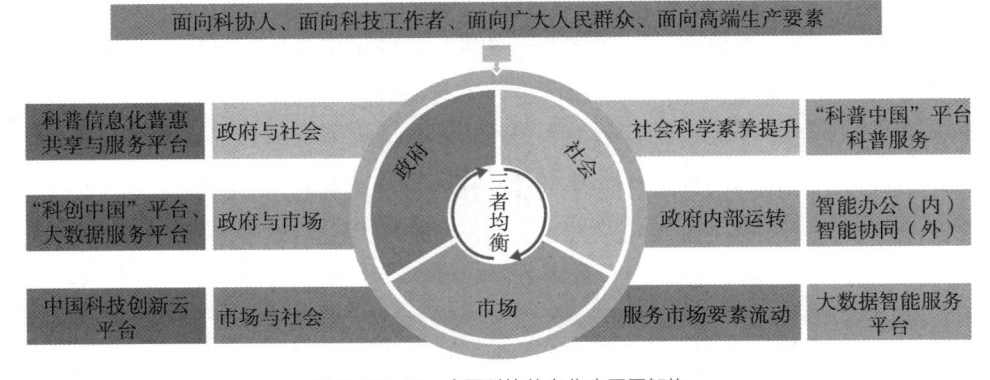

图 2-16-12 中国科协信息化应用层架构

3. 整体架构

根据上述分析，初步搭建"十四五"期间中国科协信息化建设的总体框架如图 2-16-13 所示。

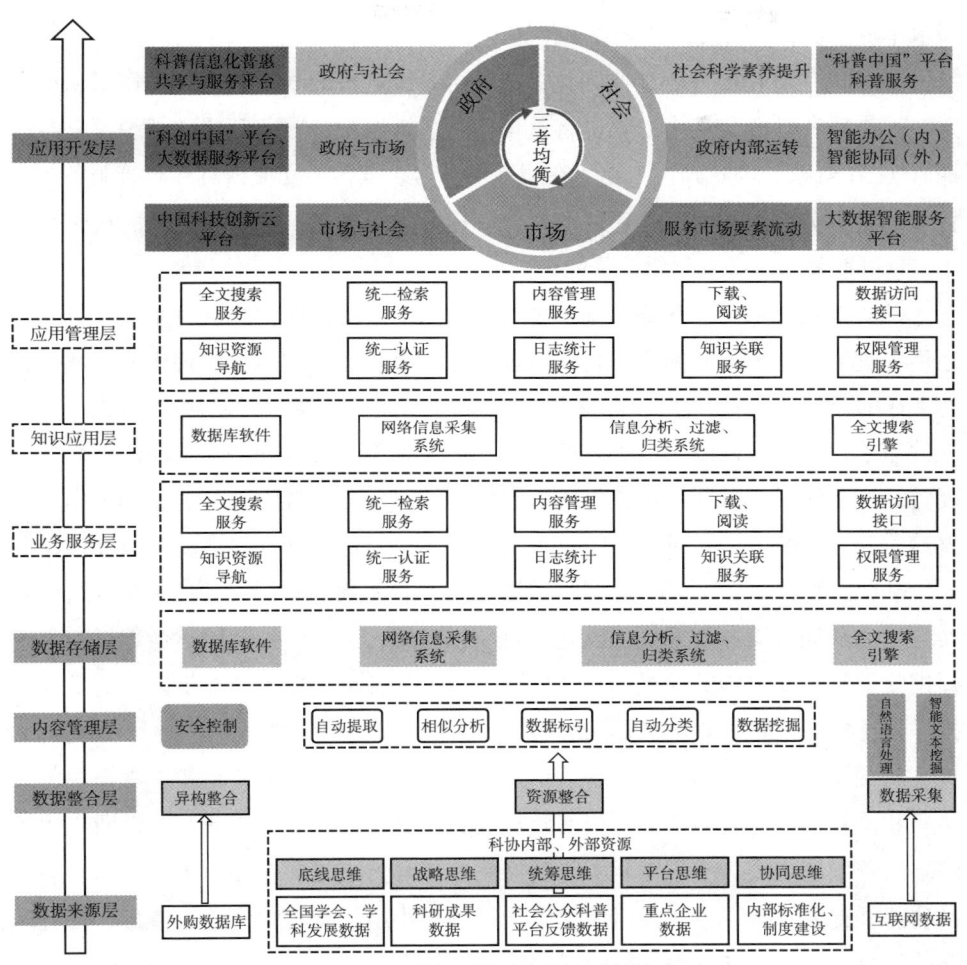

图 2-16-13 中国科协信息化建设整体框架

（三）科协组织信息化建设的主要内容

1. 推动智慧党建：实现网上群团组织建设

目前，各部门、各地方都在建设"互联网+党建"平台，根据对中国城市规划学会的访谈调查，规划科技工作者党员常用的平台包括"支部工作""学习强国"和各地方党建App、"（中央）机关青年"公众号等。这些党建信息化平台分别重点针对党务工作、党员教育、政策传达、理论宣贯等内容，为党建工作提供了一定支撑。但是这些平台均独立建设，对于繁杂琐碎的党务工作，无法实现系统化、流程化组织，不但造成党务工作不够高效，而且对科技工作者党员的需求反应也不够全面，同时反而让党务工作压力更大。

建议以信息化促进党建便利化，把科协系统党员的基本信息和工作信息纳入系统，鼓励各学会会员中的党员将基本信息录入系统，服务基层党组织"三会一课""工作台账"等基础性工作，在线提供学习、宣传、交流信息和政策服务，进行智能数据分析，与线下党建活动融合，提升党员管理、教育、监督的科学化水平，增强联系、服务和组织动员能力。

构建智能化的电子党务系统。电子党务是一个典型的信息管理系统，目的是运用先进的信息技术和网络平台，实现党务工作管理的网络化、现代化，增强党建工作的效率性、服务性。针对科协领导下"功能型党委"、科协组织各板块党支部的需求，可以开发以下电子党务功能：一是月度"三会一课"工作建议，如季度党课选题建议、月度主题党建活动建议等，每月一次对党支部的相关工作进行整治引领，保障中央各时间段的重点工作落实；二是支部党建活动工作支撑，提供包括全国科技馆、"科普＋红色"资源、各教育基地等资源，为各单位党组织开展党建活动提供支撑。三是建设党务自动化应用，例如，为全国学会理事会党委提供党委与分支机构党小组的公文处理系统，为各单位党支部提供内部的日程安排、党建会议管理、事务管理等服务。

构建回应化的网络问政系统。信息化平台已经成为行使知情权、参与权、表达权和监督权的重要渠道，网络问政也成为一股执政新风。因此，建设回应化的网络问政系统也成为推进党建工作的必然要求。特别是要在 200 多个全国学会建设功能型党委、数千个二级组织建设功能型党小组的过程中，逐步摸索、投石问路的问政需求会更加紧迫。针对科协组织的特点，探索建立面向各单位党委、党支部书记的问政核心数据平台，共享数据库资源，实现"一站式问政"以及"一站式回复"，从而最大限度地提升网络问政的便捷性、系统性和高效性。

构建感知化的组织活动系统。充分利用互联网、传感器等信息技术，以信息化、电子化、智能化为主要方向，构建一套全面感知的组织活动系统。为更好地推动多学科融合、科技经济融合，可以尝试党建先行、带动学界互动的理念，建设联合开展党建工作的平台。通过线上预告展示—线下沟通合作的方式，实时发布党组织活动预告和安排，提供文字、语音、视频等多种对话沟通平台，开拓党建工作交流的全新渠道，实现学界、业界及社会各界组织党建活动的良性互动。

构建实时化的价值传播系统。面对互联网巨大的信息空间，亟待构建一个实时化的、符合科技工作者学习工作特点的主流价值传播系统，加强网上思想舆论阵地建设，掌握网上舆论主导权。针对科技工作者业务与党建融合发展的特点，采用科协组织报送科技文章的办法，将落实中央精神的专家报告、行业实践生动地展示在互联网平台，为各学科科技工作者提供参考，在网上建设具有广泛影响力的思想文化传播平台。在互联网上形成多层次、立体化、即时性的集团链接效应，进一步扩大科协对科技工作者政治引领的辐射力和影响力，形成积极向上的主流舆论，展示客观的事实和真相，始终坚定地发出党的声音，消除虚假信息传播蔓延的空间。此外，构建适合科技工作者利用碎片化时间学习的平台，构建网站、微信、微博等立体化远程教育模式，定期采编针对性、动态性的学习资料，多渠道发送给广大科技工作者党员，使之根据个人时间特点自由安排学习，使远程教育工作不受时间和空间限制，从而实现党员干部教育工作的立体化、多样性、全覆盖。

构建数据化的党建决策系统。通过对党员数据、党建数据、活动数据的引入，借助不断升级的大数据和人工智能手段，逐步建成一个智能化的决策支持系统。一方面，围绕中国科协党组中心工作，组织和开展决策信息支持系统建设，为各级组织实施科学、民主决策提供及时、准确、全面的信息支持服务；另一方面，通过党员、干部、人才等的电子档案和党内文件等党建数据库的系统建设，为科协所属机构建立党组织运行画像，及时提供党建评价，实现评价过程和评价结果的开放化和快捷化。

2.打造数据中心：以科协组织信息化服务汇聚、联通、融合学会数据

打造大数据收集、采集平台。建设大数据收集、采集平台，实现数据高效采集、转换、加载。构建中国科协统一高效、互联互通、安全可靠的数据资源体系，建设数据资源分级分类管理。分级、分类建成组织信息、人员信息、资料档案和专项业务四大类主题数据仓库。完善基础信息资源共建共享应用机制，依托统一共享交换平台，加快推进跨部门、跨层级数据资源共享共用，形成中国科协重要数据资源集散共享中心。

建设大数据清洗、加工、分析平台。建设数据清洗、加工与分析平台，主要负责数据存储、数据处理、数据服务，并通过业务开发平台，向业务部门开发人员提供开发套件及其他专用工具，帮助其进行相关数据业务的开发与使用（图2-16-14、图2-16-15）。

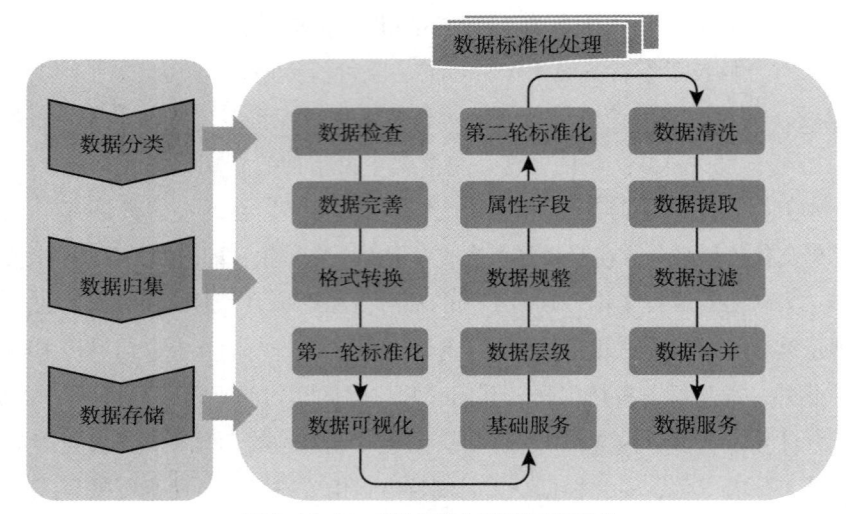

图 2-16-14　科协信息化建设数据标准化

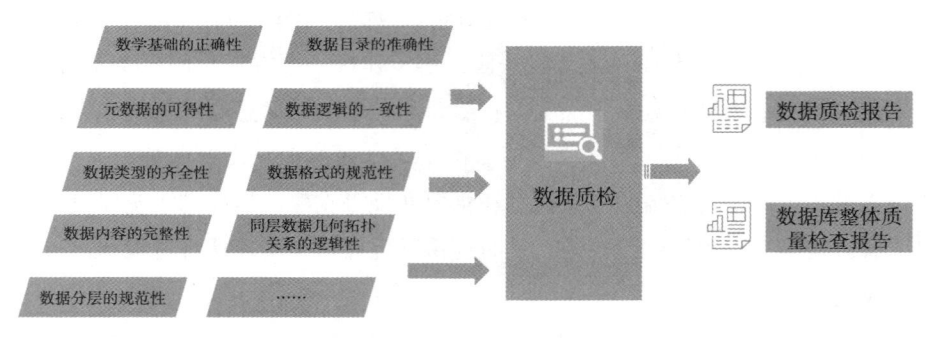

图 2-16-15　科协信息化建设数据质检

重点打造大数据服务平台。建设大数据服务平台，通过业务开发平台所提供的专用工具及开发套件，针对不同业务需求，可以开发不同的数据产品。服务于综合分析决策、科协知识图谱等应用，为智慧科协建设提供数据支撑服务。更重要的是，开放大数据服务功能，为全国科协组织、学会、重点企业、科普工作机构等提供支撑。

建立健全大数据监管体系。建设大数据监管体系，包括平台运营机制、运行维护机制、质量管控机制等。以支撑科协大数据平台建设为目标，重点整理数据资源目录，建立数据资源共建维护机制（图 2-16-16、图 2-16-17）。

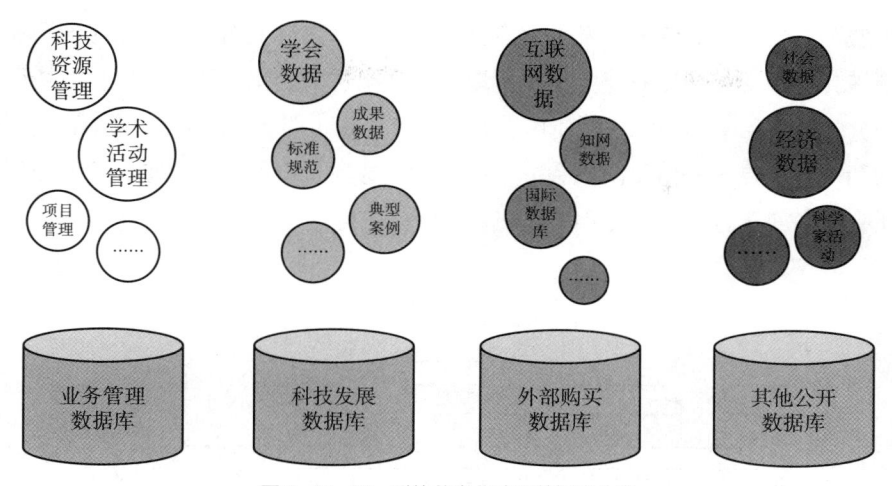

图 2-16-16　科协信息化建设数据库分类

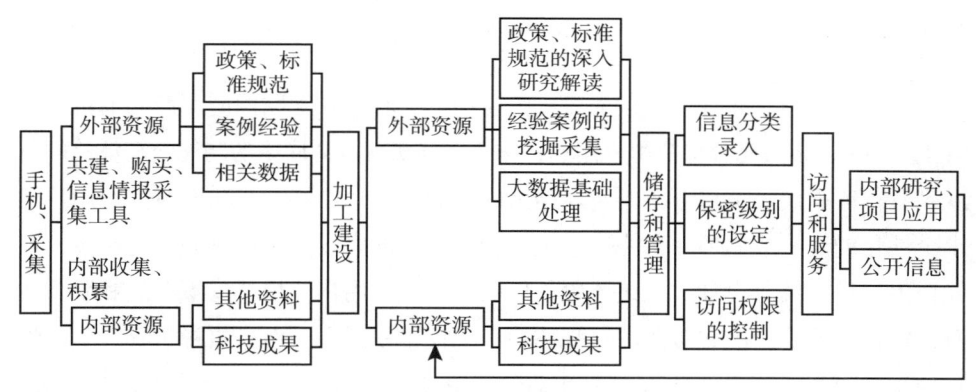

图 2-16-17　中国科协数据中心建设

3. 转变导入思路：推动科技工作者沟通联络全覆盖

要实现科技工作者沟通联络全覆盖，关键是让科技工作者更多地来到线上科协，融入"数字孪生科协"的发展，为此必须重构科技工作者服务平台，秉持"轻"注册、"重"服务，抓大放小，自然而然的思路。一是用服务吸引科技工作者自觉入驻；二是以全国学会、高等院校、科研机构、高新园区、重点科创企业为抓手，通过吸引这四类对象入驻，广泛联系和服务科技工作者；三是团结主要高科技市场力量，强化学会组织对科技界的网上服务、网上动员、网上引导能力。

重构科技工作者入驻逻辑闭环。无论是大数据中心还是智能化决策支持系统，首先需要完成引流工作。在个性化互联网时代，个人获得信息、展示自我都变得更加便利，导致引流的模式发生根本性的变化，以往自上而下的"点对面"模式逐渐被自下而上的"点对点"模式所取代。基于这个变化，我们可以把科协引流工作分为知道、了解、信任、使用、分享五个步骤（图2-16-18）。其中，数据引入的两个爆发点——信任阶段和分享阶段，是这项工作的重中之重，这两个爆发点还有很多创新的引流方式可以挖掘。

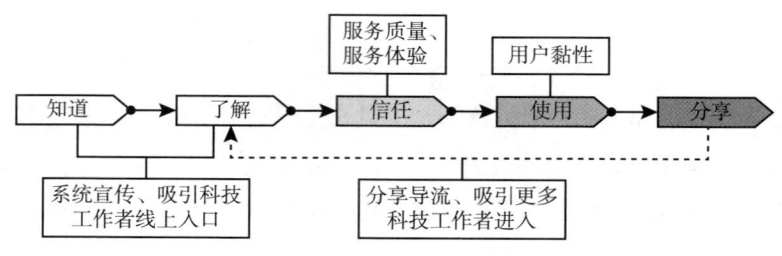

图2-16-18 重构科技工作者入驻闭环

充分重视用户体验。一般而言，吸引用户体验一款互联网应用产品的机会仅有1—2次，必须充分重视用户体验，才能更好实现沟通联络的功能。从体验的角度来看，体验设计重点有三。一是体验内容的个性化。移动互联网时代的用户追求个性化的产品或服务，科协信息化平台所提供的内容要从产品差异化出发，对知识内容进行细分设计。二是体验价值的过程化。用户开始从注重产品和服务本身，转移到接受产品或服务的过程体验，不仅重视结果，而且重视过程，是习惯性使用的过程。三是体验方式的互动化。用户不再满足于被动接受产品或服务，而是希望更加主动地参与到产品设计开发当中。因此，科协信息化数据导入可以在以上三方面寻找切入口。比如，邀请多家学会共同参与信息化平台建设，对共性服务产品的设计出谋划策。

四、对科协"十四五"期间信息化建设的建议

综合前文分析，本研究认为，科协组织信息化的本质是"助力科技领域治理体系和治理能力现代化的关键手段"，该项工作要解决的核心问题是信息不对称的问题，主要包括科协系统内部各部门信息不对称、科协与学会信息不对称等，最终要实现的目标是扩大科协组织资源配置的范围、提高科协组织资源配置的效率。

目前，科协组织信息化建设已经成功完成四大场景的初步搭建，开始向自动化和智能化阶段演进。面临着四大挑战：一是缺乏通盘设计，一些领域在信息化建设机制、数据治理方式等方面不明确；二是各单位的信息化建设各自为政、重复建设；三是存在明显的数据紊乱现象，未形成总体形象；四是全国学会资源连接不充分且机制不明确，网上群众组织力不强。

未来，科协组织信息化建设应按照统一顶层设计、明确平台职能、集成应用管理的总体思路，分四个步骤推动，包括：构建数据仓库，建设信息总线，建设开放协同平台，最终实现人、信息、场景的精准匹配。这个过程中，最关键的三大路径是：基础层，构建新一代信息化基础设施和网络安全新格局，提升中国科协信息化支撑能力；平台层，树立服务思维，汇聚各方数据，提升中国科协数据服务能力、舆情分析能力、宣传导向能力；应用层，形成中国科协信息化门户统一形象，提升中国科协"四服务"能力。

（一）基础层：建设"科协大脑"机器学习底座

站在国家发展的视角来看待信息化升级，不仅需要满足信息化应用场景，更需要从建设底层创新体系的视角来做工作、做规划。这几年机器学习算法突飞猛进，已经在半导体等关键领域开始产生重要作用，如英伟达的新一代GPU的研发、制造以及性能的飞跃。一旦在这个领域落后，就难以在先进科学领域与世界竞争。因此，要前瞻性搭建中国科协的机器学习底座，运用新算法、引入新要素、构建新制度，初步实现三大转型：从大规模数据库到大数据分治、抽样和特征遴选，从大数据聚类到智能和数据挖掘应用，从搜索引擎到推荐系统（图2-16-19）。

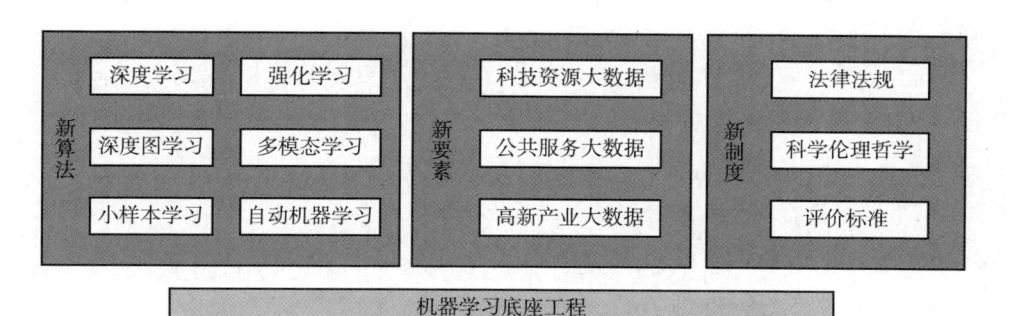

图2-16-19 科协信息化机器学习底座工程

专栏：机器学习一般流程

机器学习系统大致可以分为四个步骤。一是数据预输入处理，对未处理的数据增加标签，经过特征抽取、幅度缩放、特征选择、维度约减、采样，得到"测试集＋训练集"。二是模型学习，完成模型选择、交叉验证、结果评估、超参选择等工作。三是模型评估。四是新样本预测，判断模型优劣（图2-16-20）。

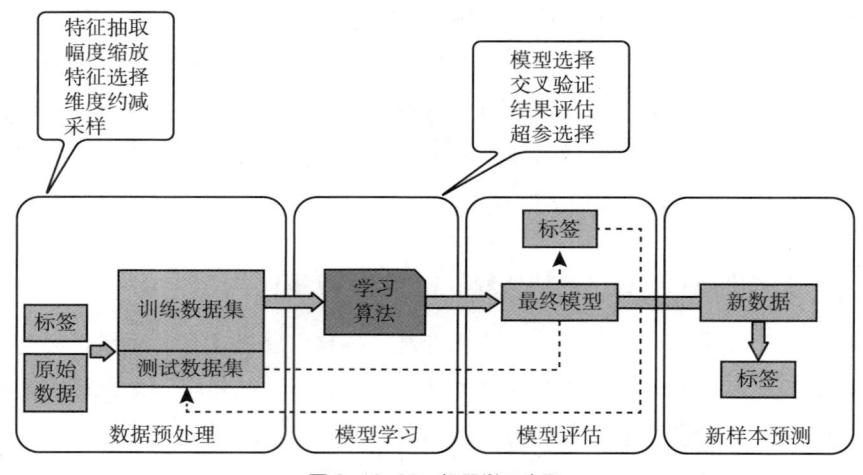

图 2-16-20 机器学习步骤

"科协大脑"搭建参考机器学习基本过程，可以分为十大流程（图2-16-21）。

□ **数据源**：机器学习的第一个步骤就是收集数据，并将收集的数据进行去重复、标准化、错误修正等，保存成数据库文件或者CSV格式文件，为下一步数据的加载做准备。

□ **分析**：这一步骤主要是数据发现，比如找出每列的最大值、最小值、平均值、方差、中位数、三分位数、四分位数、某些特定值（比如零值）所占比例或者分布规律等，找出因变量和自变量的相关性，确定相关系数。

□ **特征选择**：特征的好坏很大程度上决定了分类器的效果。将上一步骤确定的自变量进行筛选，筛选可以手工选择或者模型选择，选择合适的特征，然后对变量进行命名以便更好地标记。

□ **向量化**：向量化是对特征提取结果的再加工，目的是增强特征的表示

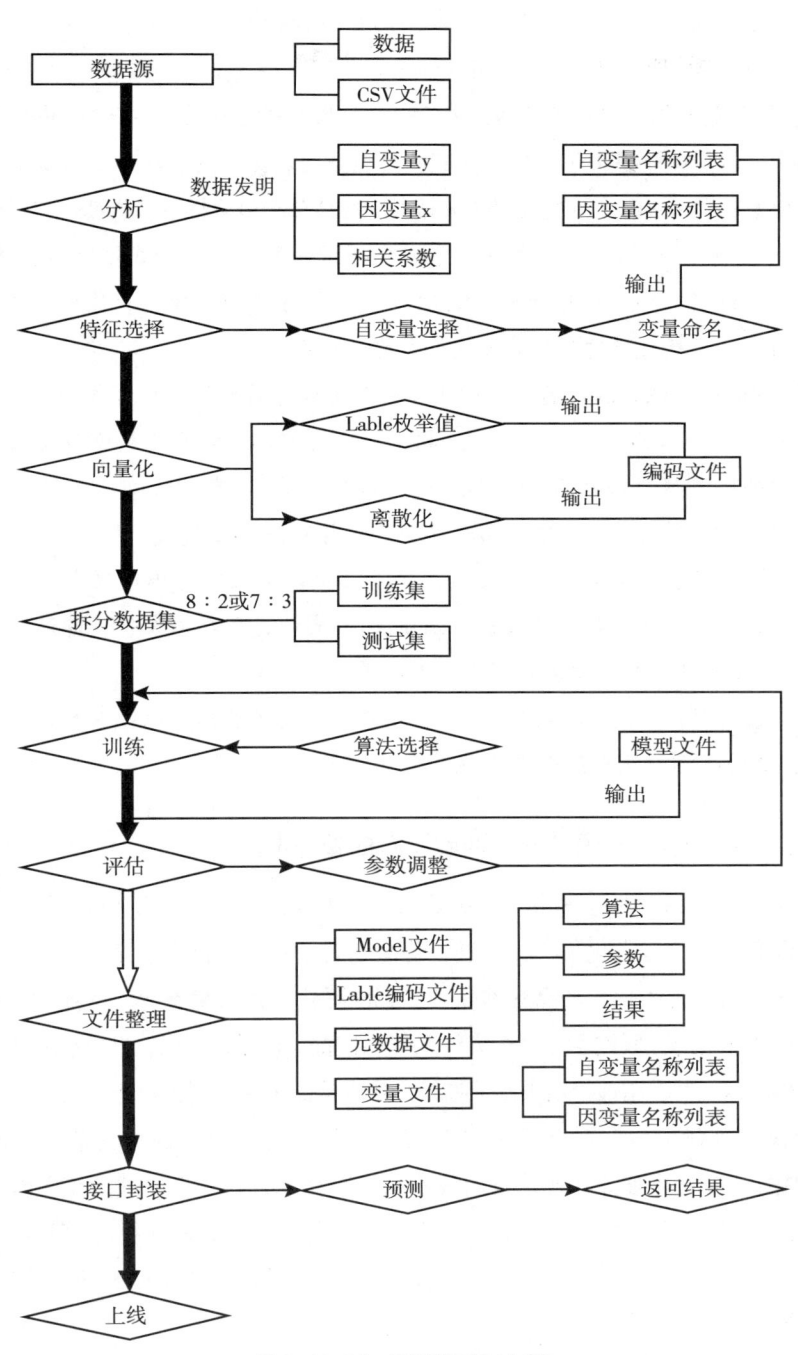

图 2-16-21　机器学习基本过程

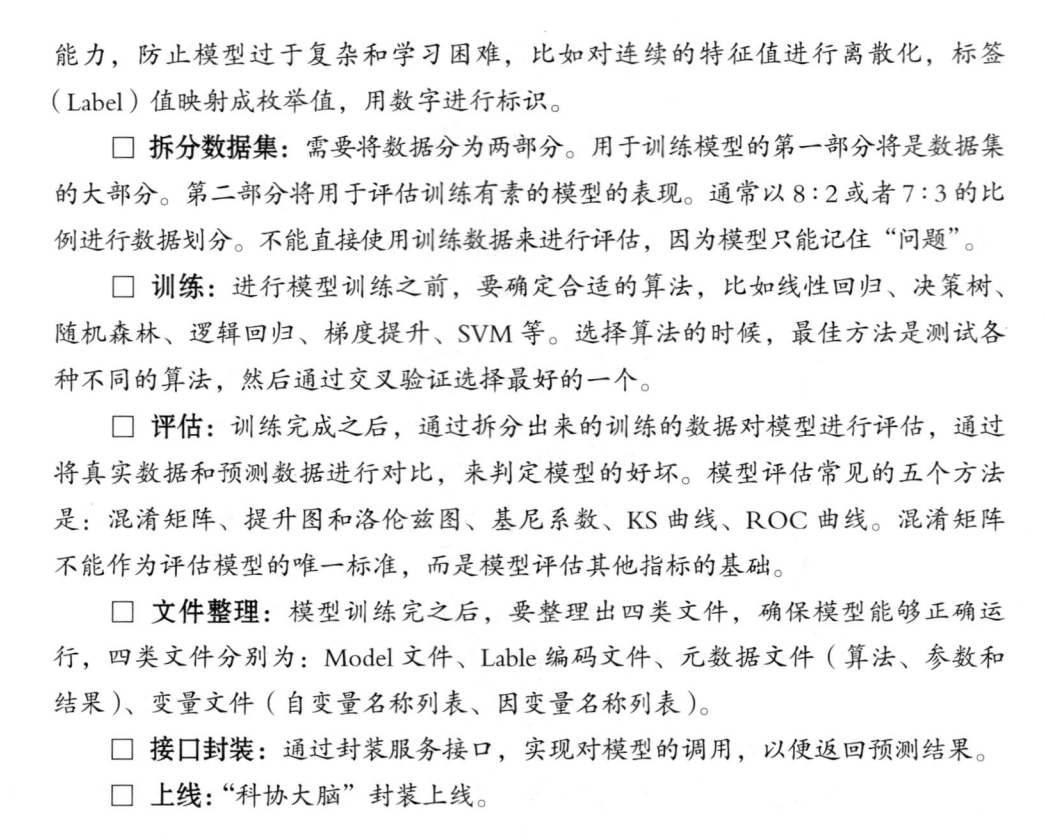

能力，防止模型过于复杂和学习困难，比如对连续的特征值进行离散化，标签（Label）值映射成枚举值，用数字进行标识。

□ **拆分数据集**：需要将数据分为两部分。用于训练模型的第一部分将是数据集的大部分。第二部分将用于评估训练有素的模型的表现。通常以8:2或者7:3的比例进行数据划分。不能直接使用训练数据来进行评估，因为模型只能记住"问题"。

□ **训练**：进行模型训练之前，要确定合适的算法，比如线性回归、决策树、随机森林、逻辑回归、梯度提升、SVM等。选择算法的时候，最佳方法是测试各种不同的算法，然后通过交叉验证选择最好的一个。

□ **评估**：训练完成之后，通过拆分出来的训练的数据对模型进行评估，通过将真实数据和预测数据进行对比，来判定模型的好坏。模型评估常见的五个方法是：混淆矩阵、提升图和洛伦兹图、基尼系数、KS曲线、ROC曲线。混淆矩阵不能作为评估模型的唯一标准，而是模型评估其他指标的基础。

□ **文件整理**：模型训练完之后，要整理出四类文件，确保模型能够正确运行，四类文件分别为：Model文件、Lable编码文件、元数据文件（算法、参数和结果）、变量文件（自变量名称列表、因变量名称列表）。

□ **接口封装**：通过封装服务接口，实现对模型的调用，以便返回预测结果。

□ **上线**："科协大脑"封装上线。

（二）平台层：建设"一体两翼"数据服务平台

在进一步做强"科普中国"的基础上，搭建科普应急常态化平台。针对突发事件，建设科普应急常态化平台，促进科普应急服务和信息化手段充分融合，实现工作精品化、服务智能化、产品标准化、视野国际化、体系生态化。依托大数据、云计算、舆情分析等互联网手段，全方位采集和挖掘公众科普需求，智能化精准推送科普资源至目标人群，用评价结果反馈指导，建立从需求采集到用户评价的闭环流程。

增强"科创中国"科研成果转化实力，推动科技融入经济发展。及时总结"科创中国"中"找服务、找设备、找专家、找技术、找资金、找政策"等各板块建设的阶段性成果，适当优化流程，进一步提高平台的数据支撑能力，解决长期困扰科技成果转化的"最后一公里"问题，跨越成果转化"死亡之谷"，培育经济社会发展新动能。

（三）应用层：建设"科协客厅"网上办事大厅

面向科协机关、直属单位、全国学会、地方科协和基层组织等所有科协组织，加强"智慧党建"门户建设。充分利用云计算、大数据的技术优势，实现机关联网、党建靠网、党员活动上网的线上线下相互结合的新局面，将官网发布、内网专题、微信互动、客户端推送等各种载体融合在一个平台上，避免因重复投入资金、人力而造成信息化建设的浪费，确保把党中央的精神及时、有效、全面覆盖到每一名党组织成员。

面向科协机关和直属单位，加强"智慧科协"的智能办公系统门户建设。推动中国科协内部的公文办理、人事劳资、财务管理、固定资产、预算管理等内部业务管理工作的全流程协同再造。一是强化科协组织的网上互联互通，满足科协机关和直属单位的信息化协同办公、人事劳资、固定资产、项目管理、预算管理、绩效考核等业务管理需求，实现管理系统整合、数据集成和共享，打造统一协同的智能系统。二是完善内网办公系统，增强办文、办会和办事的服务功能，加强关键环节和重点工作的督察督办和绩效考核，逐步推广建设各单位内部的工作流程一体化管理，实现机关各部门、各直属单位之间业务联动、数据互通的内网办公模式。三是完善内网视频会议系统，将视频会议系统与内网办公系统进行高度集成整合。

面向全国学会和地方科协，进一步强化"科协一家"用户体验，打造全部门统一协同办公系统门户。整合公文交换、统计报表、项目承接、表彰奖励、人才举荐等专项业务管理和信息服务系统，提供统一的、互联互通的沟通、交流、服务和管理的工作系统，实现工作人员全覆盖、管理全统一、业务全贯通的网上协同工作模式。实现系统分散建设和信息孤岛大幅减少、集约化程度明显提升、建设进度明显加快、服务能力显著增强。

面向科技工作者，统筹建设在线"科技工作者之家"。分类推进建设科协组织管理系统、全国学会会员管理系统、中国科协专家人才管理系统等中国科协重点服务工作的信息化建设，实现集管理、协作、互动和服务于一体的多元化科技工作者服务新系统。以业务管理工作"模块化、流程化、自动化"为原则，以提升工作质量和效率为目标，建设业务流程管理分析系统，梳理和再造中国科协内部管理和外部服务的业务工作流程，厘清"顾客"需求，理顺业务结构，利用流程规划、流程建模、流程执行、流程优化和绩效考核等业务流程管理工具，促进各项业务管理工作的制度化和规范化进程。

参考文献

[1] 中国科协机关党委. 中国科协党组理论学习中心组专题学习研究"智慧科协"建设［J］. 科协论坛，2018（3）：61.

[2] 吴骏泽. 科技社团信息化发展策略及政策建议——以中国农学会信息化建设为例［J］. 农学学报，2019，9（12）：60–64.

[3] 吴骏泽. 中国农学会信息化建设现状及发展展望［J］. 学会，2019（12）：58–60.

[4] 武汉市科协科技创新智库委托课题组，周耀林，赵跃，纪明燕. 武汉市科协信息化建设现状分析与推进建议［J］. 科协论坛，2017（5）：36–39.

[5] 冯少东，张红兵，黎梅梅. 以科普信息化为抓手让科普服务更加有效——近年来江苏科普信息化探索与实践研究［J］. 科普研究，2016，11（6）：84–88+99+103.

[6] 王志芳. 全国学会信息化现状及发展对策研究［J］. 科协论坛，2016（8）：28–32.

[7] 杨建荣. 开源协同 全面推进科普信息化［J］. 科技导报，2016，34（12）：80–81.

[8] 朱文辉，田若松，乔云，张玮琳. 会员服务的信息化［J］. 学会，2019（7）：11–20.

[9] 马麒. 新时代背景下的智慧科协建设刍议［J］. 科协论坛，2018（6）：46–48.

[10] 冯钰. 智慧科协建设需求调研情况分析报告［J］. 科协论坛，2018（5）：40–43.

[11] 孙梦迪. 信息化背景下科普传播体系构建研究（1994—2016）［D］. 南京：南京信息工程大学，2018.

[12] 石强，骆春荣，封娇媛，李建明. 科普教育基地信息化平台监评的研究与探索［C］// 中国科普研究所，广东省科学技术协会. 中国科普理论与实践探索——第二十四届全国科普理论研讨会暨第九届馆校结合科学教育论坛论文集，2017：8.

作者单位：曲长虹，中国城市规划学会
　　　　　石　楠，中国城市规划学会
　　　　　张国彪，中国城市规划学会
　　　　　潘　芳，北京清华同衡规划设计研究院有限公司
　　　　　张　妍，北京清华同衡规划设计研究院有限公司

17 新形势下科协组织资源配置和条件保障对策研究

◇李大海　林明森　高建东　杜　伊

【摘　要】科协组织的资源和条件是指科协组织基于定位职责提供公共产品的过程中所需要的资金、人才、装备、场地等要素，即通常所说的"人、财、物"。当前，科协组织已经建立了以财政支持为主要经费来源、专职与兼职干部相结合、高度依赖体制的条件保障模式，在全面支撑科协各项工作开展的同时，也存在基层科协和基层组织资源配置能力薄弱、学会资源配置存在若干体制障碍、科协组织配置体制外资源和利用新兴资源的能力不足、中国科协整合各级各类资源的手段有限、资源配置惯性导致创新不足、资源配置有时与服务对象需求错位等问题。"十四五"时期，国家发展新阶段目标、群团改革纵深推进、服务对象需求变化、信息技术革命等新机遇新条件，对科协组织资源配置和条件保障提出新要求。科协组织作为党领导下的群团组织，具有政治性强、工作面广、联系广泛的特点，应以习近平新时代中国特色社会主义思想为指导，坚持以人为本、需求导向、改革创新、开放协同、科技赋能，大力推动资源配置项目化，强化学会资源平台功能，加大专业化团队建设资源供给力度，建立资源配置动态评估机制，促进资源跨域协同，推动业务工作资源化，适度引入资源配置市场机制，加强网络资源开发，进一步增强资源配置能力，优化资源配置方式，健全资源协同机制，提升条件保障水平。为更好促进资源配置和条件保障各项目标任务落实，中国科协可加大工作力度，进一步扩大科协组织覆盖面，强化地方党政对科协组织的支持，增强学会"造血"能力，壮大科技志愿者队伍，完善资源向基层组织输送的支持机制，优化基层干部工作条件，强化工作场所和设施保障。建议实施科技资源信息库、科技创新综合体等重点项目，以项目建设支撑资源配置和条件保障。

【关键词】 科协　学会　资源配置　条件保障

中国科学技术协会是中国科学技术工作者的群众组织，是中国共产党领导下的人民团体，是党和政府联系科学技术工作者的桥梁和纽带，是国家推动科学技术事业发展的重要力量。科协组织由全国学会、协会、研究会，地方科学技术协会及基层组织组成。科协组织承担了密切联系科学技术工作者、开展学术交流、组织科学技术工作者开展科技创新和科学普及、健全科学共同体自律功能、组织科学技术工作者参与国家战略规划咨询、组织所属学会有序承接政府转移职能、培养发现科技人才、开展民间国际科学技术交流、组织相关社会公益事业等职责。资源配置和条件保障能力建设，是科协组织建设的重要方面，也是完善科协组织、提升工作能力的重要支撑。

一、概念内涵和研究范围界定

（一）概念内涵

科协组织开展工作离不开工作资源和条件的保障。本研究所指的资源和条件，是指科协组织基于定位、职责提供公共产品过程中所需要的资金、人才、装备、场地等要素，即通常所说的"人、财、物"。

（二）研究基础

科协组织是科学技术工作者的群众组织，是具有特殊性的科技社团。科协组织所能利用的资源包括资金、人才、装备、场地等。目前，关于科协组织资源配置和条件保障方面的专门研究比较少，有关现状、问题和对策研究的基本观点和实证分析主要散见于其他方面相关研究中。主要可分为以下几方面。

一是资源配置对科协组织公共服务能力的影响研究。作为科技领域的社会组织，科协组织调动、利用社会资源来保障自身更好地开展公共服务[1-2]。其资源配置和条件保障能力对其作用发挥具有直接影响。基于资源基础理论的社会组织行为理论认为，组织所拥有的稀缺、有价值且不可完全复制的资源，造成了组织间差异，是组织竞争优势的唯一来源[3]。其中，人力资源[4-5]和资金[6-7]被认为是组织决策、行为和绩效的关键影响因素。按照该理论分析框架，科协组织科技类社会化公共服务产品供给，主要受到资源禀赋的影响。专家是科协组织发挥作用的关键因素[8]。经费充裕度和经费结构对组织在公共服务供给中的表现有重要影响[9]。

二是科协组织的资源供给来源和模式研究。作为全国性、权威性科技社团，科协组织的资源配置和保障条件与其功能定位和作用发挥存在较大关联。科协组织是党领导下的群团组织，是知识生产者、传播者、使用者和管理者之间的桥梁和纽带[10]。官方定位使其工作资源和条件保障主要来自各级政府，以及公办科研机构、国有企业等[11]。同时，科协组织还具有科技中介组织的特点，通过促进知识、技术、信息、资金等要素在创新链条各环节之间的流动融合，创造新的社会价值[12-13]，从而具备了利用市场规律配置资源和提升条件保障的可能性。

三是新形势下科协组织资源配置和条件保障能力变化研究。当前，我国科技体制改革正在向纵深推进，科协组织承接政府职能试点工作取得了阶段性进展[14-15]。科协组织在国家科技创新体系中的特殊作用日益彰显。在新形势下，一方面，科协组织承担的科技奖项评审、科技评价和技术鉴定、人才评价、专业技术人才培训、科普基础设施建设、科普传播、青少年科技教育、对外科技交流与合作、科技社团管理服务等职能不断强化[16-17]，对资源配置和条件保障的需求不断增加；另一方面，职能转变和业务增加也带来了资源条件供给的新来源、新模式、新路径[18-19]。因此，资源配置和条件保障能力建设应当成为新形势下科协组织改革的重要内容，从扩大资源供给、优化配置方式、促进资源协同、增强统筹能力等方面增强资源配置和条件保障能力。

综上，前期研究对科协组织资源配置和条件保障的多方面均有涉及，但尚未见对该问题的专门性研究。

（三）研究范围界定

本研究系中国科协"十四五"规划专题研究，主要目的是为中国科协编制"十四五"规划服务，在资源配置和服务保障方面提出可行建议。资源和条件都要为科协事业服务，资源配置和条件保障必须与科协组织各条战线工作的需求相对接。因此，本研究不能单纯着眼于科协组织的人、财、物等资源配置，必须将资源配置、条件保障与科协组织"十四五"各方面重点工作相结合。并且，科协组织作为全国性的政治组织，由中国科协领导各级科协、全国学会（包括协会、联合会，下同）和基层组织开展工作，其工作资源与条件势必通过一定的机制实现全国配置和保障。因此，资源配置与条件保障问题必须与科协组织的工作机制相衔接。

研究科协组织的资源配置和条件保障问题，还必须充分考虑科协的组织特征和工作特点。一是科协的政治属性。科协组织作为党领导下的人民团体，政治性是其本质特征。把全国各条战线上的科技工作者紧紧团结在党的周围，团结带领科技工作者"听党话跟党走"，是科协组织的根本宗旨和光荣使命。因此，不能把科协组织等同于行政管理部门和业务单位。科协组织资源配置和条件保障不仅要着眼于支撑和推动业务工作，更要聚焦科协的政治属性，把强化科协团结和引领科技工作者的能力作为首要考量。二是科协工作战线的广泛性。科协业务工作具有面宽点多的特点，科创服务、服务联络科技工作者和科普等三大主要工作有一定关联但相对独立，各条工作战线都需要人、财、物的支撑，而科协能够调动资源的总量是有限的。因此，在努力争取扩大资源供给的同时，如何加强各条战线、各级组织的资源协同，提高资源配置效率，应当作为研究重点。三是科协组织结构的弱连接性。各级科协组织在同级地方党委领导和上级科协指导下开展工作，学会大多采用挂靠行政管理部门（少数独立运行）的方式接受科协领导。各级科协、学会和基层组织的人、财、物大多具有相对独立的配置和保障机制。中国科协主要通过干部挂职、项目资助、购买服务、转移支付等方式对下级组织提供资源和条件支持，但渠道和规模相对有限。同时，地方科协、全国学会与其下级组织、会员之间亦具有类似的弱连接关系。因此，以资源配置和条件保障为抓手，强化中国科协对下级组织的引领带动作用，并加强各级科协组织和学会的覆盖能力和链接能力，应当成为本研究的另一个重点。

综上，本课题的研究重点是：在现有组织体系和运行机制下，针对科协组织在"十四五"时期进一步拓展资源调配手段、提高资源配置效率、促进资源优化协同、增强资源配置和条件保障能力的思路和措施，提出对策建议。

二、科协组织资源配置和条件保障的现状特点

长期以来，科协组织在全国建立了完整的组织体系，除了科协机关和全国学

会,其地方组织基本覆盖了省(区、市)、市(地、盟、州)、县(市、区、旗)各级。2019 年,全国各级科协数量达到 3209 个,直属单位 1907 个,各级代表大会总人数 30.5 万人。在各级党组织领导和各级政府支持下,科协组织形成了体制化的资源配置和条件保障模式,支撑了科协组织各项工作的开展。

(一)以财政支持为主要来源的经费保障模式

各级科协组织的工作经费主要由同级财政保障。中国科协的工作经费绝大部分由中央财政经费支持,地方的工作科协经费总体来自同级财政,纳入同级政府财政预算。中央、省、市、县级科协均建立了预算决算制度,其经费管理与政府机关和事业单位类似,形成了高度制度化的资金保障模式。各级科协组织获得财政经费的支持力度与其级别成正相关,由于各级财力的差别,越是高级别的科协组织,其经费越充足,工作覆盖面越大,工作开展越充分。财政来源经费一般与工作事项相匹配,年际间差别不大。近年来,随着党和政府对科协重视加强,各级科协组织工作经费总体保持增长态势。2019 年,各级科协本年收入总额 134.0 亿元,较 2015 年增长 25.2%。其中,中国科协 2019 年决算收入达到 32.3 亿元,较 2015 年增长了 68.2%(图 2-17-1)。中国科协财政拨款收入从 17.2 亿元增长到 29.4 亿元,增长 70.9%(图 2-17-2)。各地方科协经费大多保持增长或稳定态势,支撑了科协工作发展(图 2-17-3、图 2-17-4)。

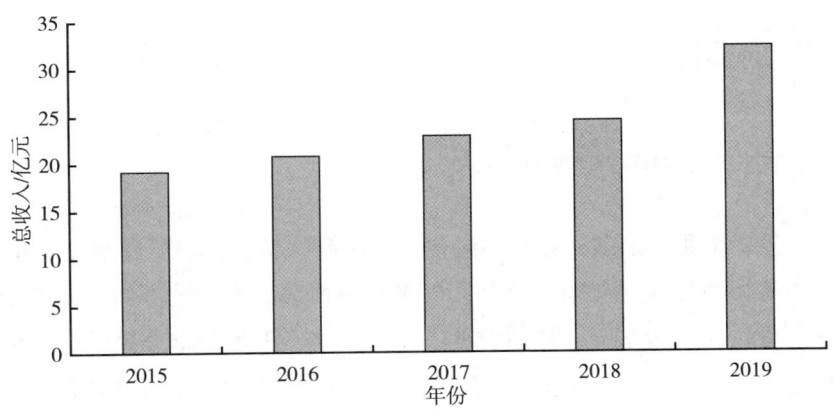

图 2-17-1　2015—2019 年中国科协经费情况

资料来源:中国科学技术协会 2015—2019 年部门决算相关资料。

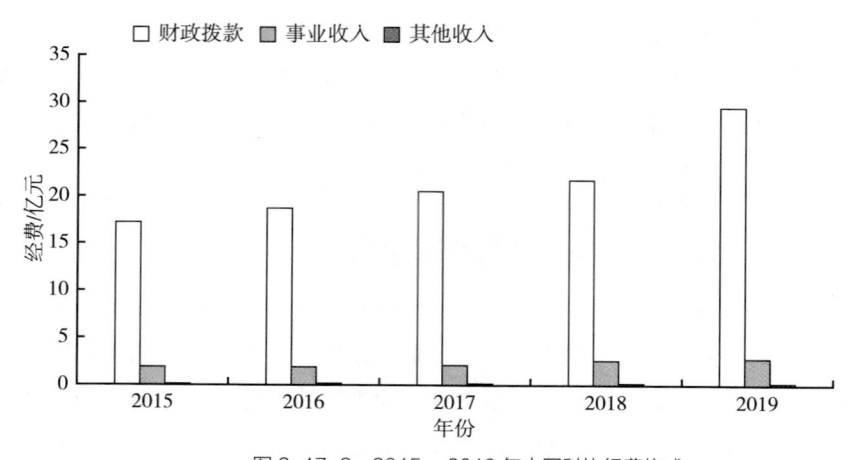

图 2-17-2　2015—2019 年中国科协经费构成

资料来源：中国科学技术协会 2015—2019 年部门决算相关资料。

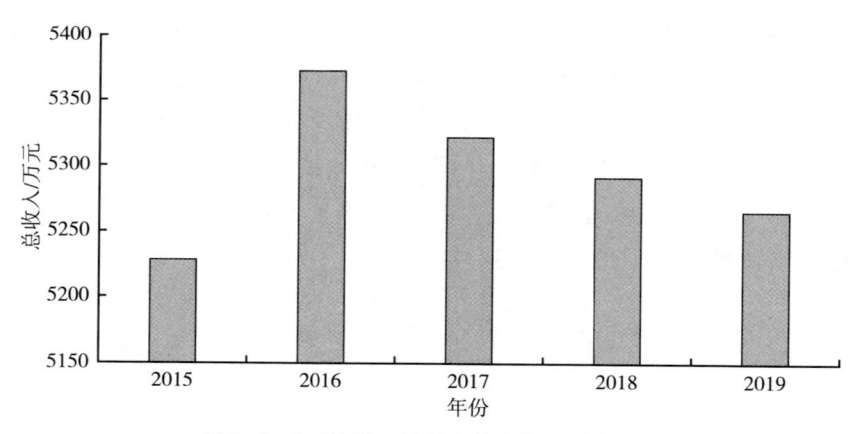

图 2-17-3　2015—2019 年某省（区、市）科协经费情况

资料来源：根据调研资料整理。

学会经费来源更加多样化和多元化。2019 年，各级科协所属学会 29675 个，其中中国科协所属全国学会 210 个，省级科协所属省级学会 3848 个。2019 年，全国学会总收入 49.6 亿元，较 2015 年增长 75.9%，平均每个全国学会年度经费约 2361.9 万元。由于大多数全国学会采用挂靠行政主管部门或业务单位的运行模式，其经费亦大部分来自政府补助收入，通过挂靠单位和中国科协供给。会费占收入比重较低。少数学会通过会费或经营性服务获得收入。总的来看，全国学会

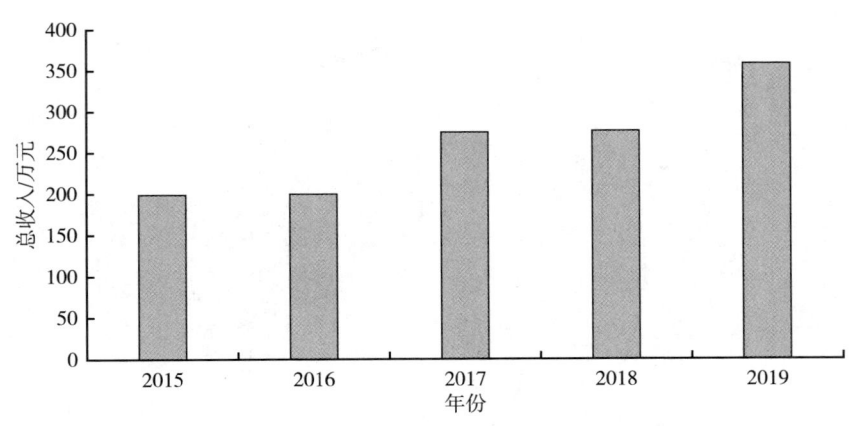

图 2-17-4　2015—2019 年某市（地、州、盟）科协经费情况

资料来源：根据调研资料整理。

大多依赖政府补助收入运转，且收入波动主要受政府补助影响。以某全国学会为例，该学会 2019 年总收入为 390.5 万元，政府补助收入占 69%；在政府补助收入中，通过各种形式从中国科协获得经费约 100 万元，约占政府补助收入的 37%（图 2-17-5、图 2-17-6）。另一个全国学会 2019 年总收入为 1920.4 万元，其中政府补助占 35%；从科协获得经费约 550 万元，约占政府补助收入的 82%（图 2-17-7、图 2-17-8）。

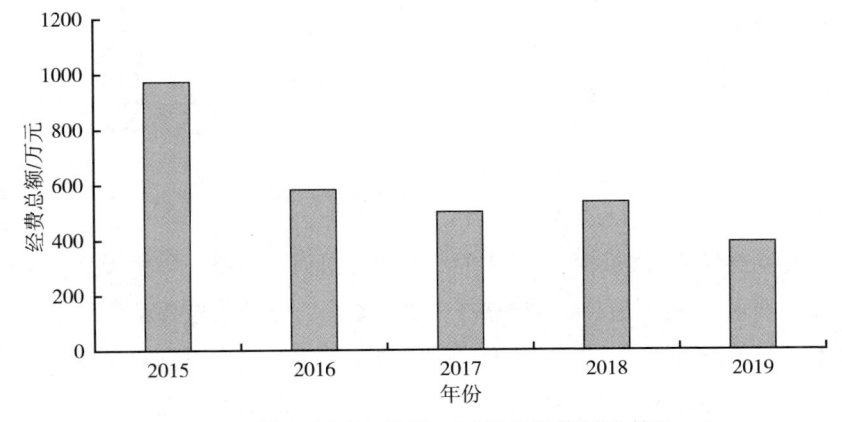

图 2-17-5　2015—2019 年学会甲收入情况

资料来源：根据调研资料整理。

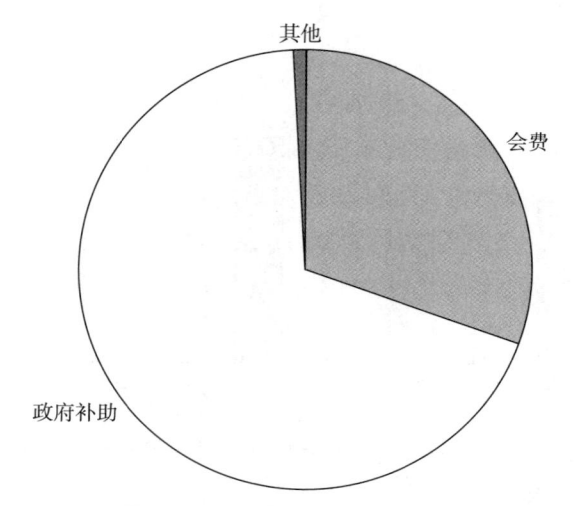

图 2-17-6　2019 年学会甲收入结构

资料来源：根据调研资料整理，具体数额略。

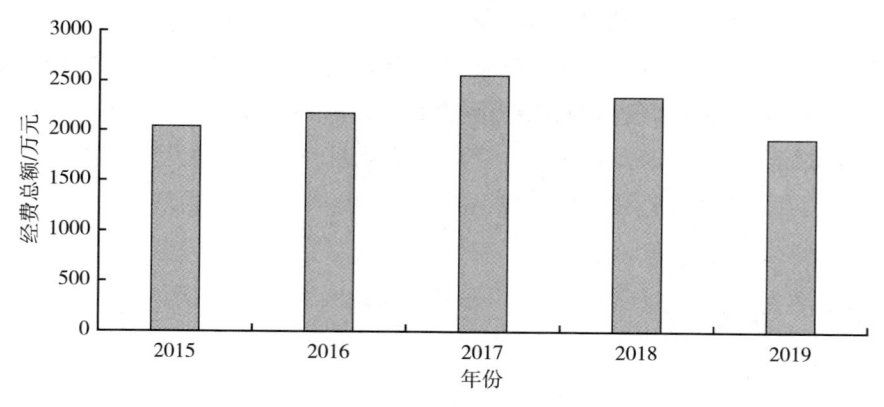

图 2-17-7　2015—2019 年学会乙收入情况

绝大多数基层科协组织缺少制度化的经费获取渠道。乡镇级科协大多由乡镇办（站）加挂牌子，基层协会大多挂靠村（居）委会、企业、合作社，活动所需经费大多由依托单位解决，未建立制度化的经费来源机制。中央、省级财政有一些资金可以通过转移支付形式拨付基层科协组织，用于资助特定工作开展，需要专款专用。近年来，中国科协加大了对基层组织转移支付支持力度，促进了基层组织发展。

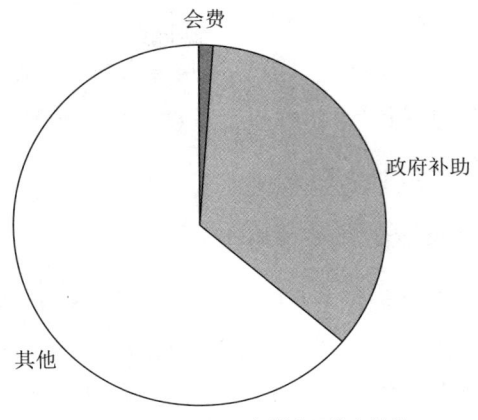

图 2-17-8　2019 年学会乙收入结构

（二）专职与兼职相结合的人员配置模式

2019 年，各级科协从业人员 3.45 万人，其中女性从业人员 1.50 万人。县级以上科协组织均配备专职干部，各级政府编制委员会已经将科协纳入编制管理范围，对科协干部参照公务员管理。中国科协、省市级科协多配属各类事业单位，事业单位工作人员按照事业编制管理。科协及其管理的事业单位干部任用由具有干部管理权限的党组织决定。受机构编制的限制，各级科协工作人员中，级别越高的科协组织，专职工作人员数量越大、比例越高。县级科协组织中专职人员数量比较少，很多地方已不能划分专业科室。

2019 年，两级学会从业人员 5.08 万人，其中全国学会从业人员 0.37 万人，省级学会从业人员 4.71 万人。绝大多数会员不驻会，实际从事学会日常组织管理的工作人员数量少。全国学会主要采取以兼职干部为主的人员配置模式。挂靠行政管理部门的全国学会，其秘书处工作人员主要由挂靠机关（事业单位）干部兼任，但兼任干部大多专职（或主要）从事学会秘书处工作。同时聘用部分合同管理的工作人员。挂靠企业的学会由企业人员兼职。少数独立运行的学会配有专职干部。省级学会情况与全国学会类似。

乡镇级科协由于采用办（站）加挂牌子体制，工作人员绝大多数为兼职工作。科协基层组织人员绝大多数亦为兼职工作者。未建立科协的乡镇（街道）和村（居）委员会，科协工作多由基层干部对口负责。基层协会、农技协等工作多由挂靠企业、合作社骨干人员承担。

科协组织正在大力推进科技志愿者队伍建设。自 2018 年启动志愿者工作以来，该项工作已在省级层面推开，正在向基层深入拓展。志愿者工作主要以科普为主。2019 年，全国注册科普工作者和志愿者总数为 262.3 万人。未来，科技志愿者有望在科协工作中发挥更大作用。

（三）高度依赖体制的条件保障模式

所谓条件保障，即科协组织在开展工作过程中所必需的办公场所、科普场馆、装置装备、展品等物质保障。其中，科技馆、流动科技馆、科普大篷车等场馆和装备是科协组织特有的物质需求。在现代信息技术快速发展的条件下，网站、App 等虚拟空间门户在科协工作中日益发挥更大作用，正在成为科协条件保障的重要组成部分。

办公场所是科协组织开展工作的基础条件。县级以上科协组织均由同级政府提供办公场所，全国学会大多由挂靠部门（单位）提供办公空间，或通过市场机制租用办公场地。基层组织一般没有专门的办公场所，但其工作场地基本可依托挂靠单位解决。

科技馆是科协开展科普工作的重要阵地。目前，全国和各省（区、市）均已建设了科技馆，部分有条件的市（地、盟、州）、县（市、区、旗）亦已经或正在建设科技馆。据统计，2019 年，各级科协拥有所有权或使用权的科技馆有 978 个，展厅面积 231.1 万平方米，全年接待参观人数 7479.4 万人次，分别较 2015 年增加 119.8%、87.9%、77.2%。中国科协正在推进流动科技馆建设，利用租用场地开展科普展览，为中小城市提供科普教育服务。中国科协亦对若干县级科协配备了科普大篷车，用于偏远乡镇和村社的科普宣传。2019 年，全国共配备科普大篷车 1057 辆，全年下乡次数 3.5 万次，受益人数 1834.3 万人次。体系化的科普场馆和装备建设，为各级科协开展工作提供了条件。

三、资源配置和条件保障方面存在的问题

（一）基层科协和基层组织资源配置能力薄弱

基层组织是科协组织服务科技工作者和广大人民群众的基本载体。科协组织各项工作能否落到实处、能否取得成效，基层组织是关键。但是，在当前体制下，

越是基层组织,能够获得的财政资金支持越少。同时,越是基层组织,人员越少,兼职工作人员比例越高。这在很大程度上限制了基层组织开展工作的方式和路径,使基层组织以获取资源难易程度作为设计和开展工作的重要考虑因素。例如,市、县级科协多将工作重心放到科普工作方面,在科创和联系科技工作者方面能力不强。个别地方有依靠其他政府部门或企业开展科普、培训活动的现象。

(二)学会资源配置存在若干体制障碍

在经费保障方面,全国学会由于依托单位多为国家行政管理部门或央企,经费保障大多比较充足,基本能够满足日常运行需求。但是,由于行政部门多无专门的学会经费预算,受行政部门经费管理制度限制,个别学会存在工作经费不足与经费执行难并存的问题。例如,利用行政经费召开学术会议,受标准限制,往往无法在规模、标准上达到学会会议基本要求;一些无法列入部门开支的工作经费无法得到保障。地方学会除了存在上述问题,还存在一些学会因经费无法得到保障而停止运行、成为"僵尸"学会等问题。在人员保障方面,学会常驻人员仅为秘书处工作人员,学会成员大多分布在全国各地、各系统、各单位。学会与会员之间不存在人事、经费管理关系,联系相对松散,因此,对于一些对专业性、团队性要求较高的工作,如课题研究、智库建设、科创平台搭建等工作,学会组织专家难度较大,在一定程度上影响了学会作为科协核心力量作用的发挥。

(三)科协组织配置体制外资源和利用新兴资源的能力不足

基于体制的经费供给和人员配置,使各级科协、学会运行出现类似于行政机关的特征。调研中发现,各级科协组织在开展工作过程中,往往习惯于与同级机关事业单位、国有企业开展协作,获取资源。与非公企业以及没有共同隶属关系的单位协作较少,也缺少激发其合作积极性、调动其资源的方法和手段。这使科协组织在一些缺少体制内资源支持的领域难以有所作为。例如,在调研的基层组织中,少见与非机关事业单位或非国有企业联合开展的活动,少见与非隶属关系的科协组织联合开展的活动。此外,随着(无线)网络的普及和各类功能性软件的广泛使用,人们的社交方式、信息获取模式都在改变。沟通交流的范围不再局限于传统的家庭、社区和单位,"信息爆炸"代替了信息贫乏。这种情况下,网络空间中与服务对象直接联系的网站和应用成为与现实空间中场馆、设施同等重要的条件保障；可精准投送信息的模式和算力、具有高影响力的网络人才，成为重要的新兴资源。依托互联网社会建立网上基层组织，提高科协组织的服务能力和资源配置能力，可行性在不断增大。但是，除了网站建设，尚未发现科协组织在上述资源条件拓展方面有所行动。

（四）中国科协整合各级各类资源的手段有限

各级组织是科协带领团结广泛科技工作者的触手和纽带。中国科协在发出政治号召的同时，通过人、财、物等资源输送，整合调动全国各级各类科协组织，是科协扩大各项工作覆盖面和增强实效性的有效手段。经过不懈努力，在现有财政经费管理制度框架内，中国科协通过购买服务和提供项目资助等形式，每年向全国学会、大学智库和相关企业提供经费超过20亿元。但是，仍存在覆盖面偏窄、支撑带动力偏弱等问题，在吸引高水平人才和专业化团队加入科协工作体系方面作用仍有待进一步加强。同时，在服务科技创新、推动产业化、加强网上阵地建设、强化基层能力等方面，人、财、物跨层级、跨地域输送配置的手段有限，亟须开拓更多有效途径。

（五）资源配置惯性在一定程度上限制了工作创新

由于工作经费预决算制的管理模式，科协组织经费获取和使用具有类似于"财政事权"的特征，即经费跟着事走。开展的工作有相应经费支持，终止的工作其经费也不再拨付，而且工作事项和经费都是在前一年由预算事先确定好的。这使科协组织开展工作具有与行政机关类似的特点，即开展新工作、获取新经费需要进行相当的行政协调工作，而一旦经费列入预算，除有特殊原因，第二年仅按照惯例在预算中保持即可。这种工作机制下，某项工作一旦开展，往往具有惯性，能够持续数年乃至十几年。即使一些工作已经明显"过时"，也不会立即取消；而亟须开展的新工作又受制于预算制度，不能立即组织开展。这使科协工作的资源配置往往难以随时代变化而及时优化。例如，在人与人之间联系高度网络化的今天，一些20世纪80年代的科普手段仍在使用。

（六）资源配置有时存在与服务对象需求错位的现象

当前，各级科协组织均采用比较典型的"科层化"管理模式，管理信息在上下级之间以高度制度化、规范化的形式传递。随着各级管理链条的延长，由于信息选择性推送而造成的信息延迟、衰减比较普遍。高层级科协组织对基层组织运行情况、服务对象需求变化情况"后知后觉""不知不觉"的现象时有发生。例如，调研中发现，一些干部将部分基层组织工作难以开展归因于经费不足、支持不够，而忽视了基层干部积极性、服务对象需求和对科协认同度等方面的原因。在个人时间碎片化、掌上终端成为主要信息来源的条件下，一些组织仍将信息化重点放在 PC 端，且交互界面未能充分考虑老年人、青少年、科技工作者等不同群体的差异性。

四、"十四五"时期科协组织资源配置和条件保障面临的新形势

"十四五"时期是我国全面建成小康社会、实现第一个百年奋斗目标之后，乘势而上开启全面建设社会主义现代化国家新征程、向第二个百年奋斗目标进军的第一个五年。从国际形势看，保护主义、单边主义上升，世界经济低迷，全球产业链供应链因非经济因素而面临冲击，国际经济、科技、文化、安全、政治等格局都在发生深刻调整，世界进入动荡变革期。从国内形势看，党中央提出把满足国内需求作为发展的出发点和落脚点，加快构建完整的内需体系，逐步形成以国内大循环为主体、国内国际双循环相互促进的新发展格局。在新的发展阶段，科协组织资源配置和条件保障面临新形势。

（一）创新发展时代使命给科协优化资源配置设置了新课题

2020 年 9 月 11 日，习近平总书记在科学家座谈会上指出："当今世界正经历百年未有之大变局，我国发展面临的国内外环境发生深刻复杂变化，我国'十四五'时期以及更长时期的发展对加快科技创新提出了更为迫切的要求。"从国际来看，科技领域正在成为大国之间角力的焦点，科技创新能力成为我国突破大国封锁、实现自立自强的关键所在。从国内看，"我国社会主要矛盾已经转化为人民日益增长的美好生活需要和不平衡不充分的发展之间的矛盾，为满足人民对美好生活的向往，必须推出更多涉及民生的科技创新成果"。因此，科技创新在"十四五"发展总体格局中的地位进一步提升。团结服务科技工作者，是科协组织的中心工作。党和政府对科技投入必将不断加大，这为科协组织扩大工作资源、增强条件保障创造了有利条件。

（二）群团改革纵深推进为科协优化资源配置创造了新条件

"十三五"时期，按照党中央的统一部署，围绕服务创新驱动发展战略，科协组织以服务科技创新、团结服务科技工作者、科普为重点，持续推进自身改革，积极承接政府转移职能，取得了很大进展。未来，科协组织将进一步增强自身的群众性，团结、联系、服务科技工作者，扩大基层组织覆盖面，构建畅通稳定的双向联系渠道；将进一步改革学会治理结构和治理方式，全面推进会员结构、办事机构、人事聘任、治理结构、管理方式改革，提升服务能力；将进一步创新面向社会提供公共服务产品的机制，调动激发科技工作者的积极性、主动性、创造性，团结带领广大科技工作者助力创新发展。科协组织改革的持续推进，既为优化资源配置和强化条件保障创造了新条件，也对进一步提高资源配置效率提出了新的更高要求。

（三）服务对象需求变化对科协优化资源配置提出了新要求

在科研项目规模不断扩大、学科交叉成为创新常态、创新链与产业链耦合更加紧密的条件下，科技创新资源"条块化""碎片化"成为我国科技强国建设的重要制约因素之一。我国传统的由部门主管、按学科和技术领域设置的科研单元体系，已经难以适应现代科技创新发展需求。科技工作者在潜心科研的同时，对跨学科、跨系统、跨业态、跨地域交流与合作的需求与日俱增。科研与产业、科学家与企业家之间的联系日趋紧密，创新链与产业链融合趋势更加明显。科协组织作为科技工作者之家，其桥梁与纽带作用日益凸显。此外，我国已基本建成小康社会，在物质生活得到初步保障的同时，广大公民对科学知识和科学素养的需求也在不断增长，对科协科普工作提出了更高要求。因此，科协资源配置和条件保障必须充分考虑服务对象需求变化，围绕核心工作扩大资源供给，优化资源配置。

（四）信息技术革命为科协优化资源配置提供了新手段

信息技术革命正在深刻改变着经济社会发展的方方面面，对国民信息渠道、社交模式和生活方式产生革命性影响。经过长期的电信基础设施建设，我国信息网络已遍布广大城市农村。拼多多、淘宝、微信、抖音等应用软件成为国民日常生活和交流不可或缺的工具。此外，人工智能、机器学习、大数据的发展，为准确识别和精准投送信息提供了技术手段。随着信息技术发展，科协组织已经潜在地获得了与广大科技工作者和科普重点人群直接沟通的能力。在传统的体制化管理体系之外，如何高效率地利用信息技术，开拓科协服务的新阵地，开发信息时代的新资源，创造在虚拟世界工作的新条件，提高科协组织服务能力和水平，成为科协组织必须认真思考和回答的重大命题。

五、科协组织优化资源配置和强化条件保障的总体思路

（一）指导思想

以习近平新时代中国特色社会主义思想为指导，科协组织优化资源配置应遵循创新驱动发展战略总体要求，全面落实党的十九大和十九届二中、三中、四中、五中全会精神以及党中央关于群团改革的决策部署，立足科协组织"为科技工作者服务、为创新驱动发展服务、为提高全民科学素质服务、为党和政府科学决策服务"的职责定位，始终坚持以科技工作者为中心，深化体制机制改革，提升科协组织优化资源配置和强化条件保障的能力。进一步加大新资源、新条件开发力度，增强科协组织资源条件供给和配置能力；进一步打通中国科协支持各级科协组织、学会和基层组织的资源调配渠道，确保人、财、物等资源条件靠前配置到工作第一线，提高资源配置效率；进一步优化科协工作组织模式，促进资源要素跨系统、跨业态、跨地域流动和协同，提高资源协同配置能力；进一步增强条件保障能力，完善社会化条件保障机制，加大互联网工作新条件保障力度，做强网上阵地。通过增强资源配置和条件保障能力，支撑科协组织政治吸纳能力、创新文化引领能力、创新人才凝聚能力、科技社会化服务能力、科技人文交流合作能力的全面提升，把广大科技工作者紧紧团结在党的周围，充分释放科技创新能量，为加快建设科技强国、实现现代化和中华民族伟大复兴立新功。

（二）基本原则

一是以人为本。坚决贯彻落实党的群众路线，坚持以科技工作者为中心，支持科技工作者事业发展与成长，将科技工作者满意度作为衡量科协服务以及资源配置效率的标准。根据科技创新特点和科协组织特色，在促进科技与产业结合、

推动跨学科创新协同、助力科技工作者服务社会等方面加大资源投入，创新资源供给和配置模式，增强科协资源配置的实效性。

二是需求导向。发挥党领导下团结联系广大科技工作者的人民团体的社会功能，紧紧围绕"四个服务"，把满足科技工作者投身科技事业和广大人民群众增加科学知识的实际需求作为科协组织开展服务和配置资源的努力方向。认真了解科技工作者所想所需，确保科协资源投向最急需的工作领域。适当运用市场机制下的资源配置手段，使资源配置与服务对象需求更加契合。

三是改革创新。坚持走中国特色社会主义群团发展道路，把优化资源配置和强化条件保障作为科协组织改革创新的重点方向之一。立足历史逻辑与时代潮流，认真审视科协组织资源配置结构与模式，分析资源配置中存在的深层次矛盾和重点难点问题，打破思维定式与陈旧观念，在资源基础、供给模式、配置方式、协同机制等方面探索新方向、新路径、新手段，实现科协资源配置的创新发展。

四是开放协同。认真开展自我革命，在提升当前分级管理的科协组织体系效率与活力的同时，按照政治性、先进性、群众性根本要求，大力开展组织体系更新，重点开展资源协同平台和配套机制建设，促进各级、各系统、各业态、各地域科协资源协同融合、优势互补，提升科协资源配置的整体效率，赋能基层组织。

五是科技赋能。把握当前信息技术革命发展趋势，利用信息网络技术发展更具针对性和更加高效的特点，优化联系服务对象的手段。改革传统的线性信息传递模式和层级化组织模式，探索依托网络平台构建虚拟基层组织和信息平台的方法手段。以信息化、网络化减少管理层级，降低行政依赖，扩大服务宽度。积极拓展利用网络新资源，提升网络资源支撑科协工作的能力，提高科协工作的效能和资源配置效率。

（三）发展目标

"十四五"时期，要通过加大工作力度和创新体制机制，基本解决科协组织工作资源供给渠道单一、基层组织资源不足、资源配置效率较低、资源协同能力不强、条件保障水平不高等问题。科协组织覆盖面进一步扩大，组织体系和工作手段更加优化，服务科技工作者、服务创新驱动发展战略、服务公民科学素质提高、服务党委和政府科学决策的能力明显增强，科协组织资源配置和条件保障体系进一步优化，支撑科协服务能力显著提升。

资源配置能力进一步增强。全国范围内财政支持基层科协组织发展的体制基本建立，地方科协组织编制、经费、人员等基本资源要素供给得到保障。学会组织发展更加成熟，社会化运行的学会组织比例进一步提高，"造血"能力进一步增强。各级科技志愿者队伍初步建立，科技志愿者广泛参与科协、学会活动成为常态。网上科协建设取得较大进展，网络资源供给能力、手段初步具备。

资源配置方式进一步优化。科协组织工作资源向基层倾斜的配置机制更加完善，中央财政向基层科协组织转移支付事项和金额稳步增长。中国科协调配资源支持全国学会、地方科协工作的机制更加完善，在平台构建、智库建设、志愿者队伍建设、科普示范等方面发挥重要作用。科协资源配置和利用的绩效评估机制全面推行，信息渠道更加通畅，服务对象对科协资源配置效果的评价反馈实现常态化。适度引进市场机制，使资源配置更加符合服务对象真实需求，杜绝资源"错配"和低效使用。

资源协同机制进一步健全。科协工作资源顶层统筹机制初步搭建，全国科协人、财、物信息平台基本建成。以信息共享为基础，多形式、多层级的科协资源共享平台大量涌现，成为基层科协组织、科技志愿者队伍资源供给和配置的公共载体。跨层级、跨业态、跨地域的资源协同机制在各类各地科协组织中得到探索和试点，去中心化的资源协同机制初步建立。资源协同对资源供给和配置效率提高起到显著作用。

条件保障水平进一步提升。各级科协办公场所得到充分保障，地方科技馆、流动科技馆、科普大篷车等场馆（设施）运营维护有充足条件支撑。学会挂靠单位重视学会发展，强化干部配备和经费支持，积极支持学会开展活动。企业、高校、科研院所建立科协组织和组织参与学会活动的场所、经费、设备等基本条件得以保障。网上科协建设得到政府、企业的大力支持，自建、共建和依托网络平台开展科协服务的工作条件基本完备。

六、重点任务

（一）推动资源配置项目化

受预算、编制和组织运行模式限制，各级科协组织与学会在短期内大幅提升工作经费和工作人员数量的可能性比较小。鉴于当前科协组织"强干弱枝"的资源配置现状，加大中国科协对全国学会、地方科协的资源支持力度，带动提升各级科协的组织工作能力，成为提高资源配置能力与效率的最优选择。要大力推动科协主要业务工作的项目化，将中国科协与全国学会、地方科协之间以"政治号召＋下级响应"为主要形式的互动模式变为"政治号召＋项目实施"模式。通过设计实施工作项目，将政治动员、工作目标、重点任务、资源配给、考核评估等系列工作要素整合，实现工作实施、资源配置、过程管理的有机结合。围绕中国科协科技创新、联系服务科技工作者、智库建设、科普等工作重心，以咨询课题、一流期刊、高层次学术会议、志愿者工作、培训、创新协同联合体建设、专业性社会化服务、国际交流合作为重点，大力推进业务工作项目化。探索建立项目申报、实施、考核评估和奖惩的制度化机制。逐步扩大项目制在科协工作组织中的比重，增强中国科协通过项目向下级组织调配资源的能力。鼓励各级、各地科协组织参照中国科协做法，因地制宜推行项目化工作机制，增强带动资源整合和绩效提升的能力。

（二）强化学会资源平台功能

全国学会资源整合调配能力偏弱，组织引导基层组织和会员团队承接中国科协任务能力不足，已经成为科协组织资源配置的薄弱环节。要结合中国科协工作任务项目制推行，进一步强化全国学会资源整合调配平台的作用，将它们打造为科技工作者人力资源与中国科协经费资源结合并承接任务、发挥作用的载体。结合一流学会建设，依托学会专长和项目任务特点，设立项目联合申报机制，由学会牵头，联合会员所在单位进行项目申报，项目经费可下拨学会并转拨到承办单位。学会负责对项目实施过程进行指导和监督，项目实施结果纳入对学会的考核。推动重要领域工作项目常态化、年度化，保持学会对会员单位及团队的吸引力，以项目强化学会对会员的引领、组织和激励作用。中国科协定期对各领域工作项目完成情况进行考核，评估各学会项目完成情况，逐步建立项目申报门槛，建立项目申报资格分级管理制度，以优胜劣汰促进学会强化自身建设。未来，要推动项目制向科技志愿者、科普等领域拓展，逐步将地方科协纳入平台建设工程，强化省级科协组织的资源输送和整合平台功能。

（三）打造专业化团队

针对科协组织工作战线宽、专职人员数量少、对一些专业性较强的工作实施能力不足的问题，依托全国学会和地方科协资源平台，在智库、专业性社会化服务、科普、培训等领域，通过常态化、年度化项目筛选和培训专业技能骨干，在各领域逐步形成相对稳定和较高业务水平的专业化团队。构建"资源平台＋若干专业化团队"的集团军式组织模式，提升科协组织"四服务"能力和水平。处理好购买服务和项目资助的关系，对于专业性很强、学会和地方科协尚无能力承担的任务，采取购买服务形式补齐能力短板，满足工作需求。注重以购买服务吸引科协组织以外的人才团队加入科协工作体系，促进组织建设和专业化团队培训，最终实现项目资助模式对购买服务模式的替代。中国科协可采取合作、共建等方式，扩大项目资助覆盖范围，增强外围组织，在更大范围整合社会资源。对于专业化团队，亦应结合项目实施开展定期考核，实行任务资质升降级管理，促进优胜劣汰。

（四）建立动态评估机制

科技工作者不需要、老百姓不认可的工作，是对科协工作资源的最大浪费。避免形式主义和官僚主义，切实把资源配置到服务对象最急需、最关切的工作领域，应当成为科协组织资源配置的出发点和落脚点。应建立工作调研制度，加强与基层干部和服务对象的沟通交流，找准科技工作者所需所想，提高工作谋划的针对性；建立工作试点制度，科协服务产品的推出必须经过小范围试点，充分评估效果和改进完善后，才能在全国范围推行；建立资源使用绩效评估机制，对各项工作开展定期评估，对其资源使用效率进行横向和纵向比较，评价其资源利用情况，整改效率偏低项目，淘汰性价比过低的项目；建立与资源使用绩效挂钩的支持机制，加大对资源利用效率高的基层科协组织和科技志愿服务组织的资源倾斜力度，将高效利用资源的项目和产品作为示范，在全国范围形成学习效应。

（五）促进资源跨域协同

受行政体制限制，我国各级科协组织主要在管辖地域、行业、领域内配置资源。越到基层组织，越面临资源碎片化和同质化问题，资源不匹配在很大程度上影响了资源配置效率。提高资源配置效率的关键在于工作资源的跨地域、跨行业、跨领域协同，使资金、人力、知识技能、信息等资源得以跨界流动，解决若干基层组织的若干工作由于关键资源缺失而无法开展的问题。中国科协应搭建全国性资源信息库，对各级、各界科协组织可利用资源进行汇总、分类，使资源信息透明化，降低各级科协组织的信息获取成本。建立鼓励资源跨界流动的激励机制，以行政手段为主，适度引进市场机制，鼓励基层组织之间合作实施项目并共享资源。中国科协可对各科协组织可调动优势资源进行推介，对于可挖掘的潜在资源进行识别，支持全国学会、地方科协和基层组织加大资源开发和配置力度。发挥科协组织作为群众团体的优势，鼓励基层科协组织牵引促进依托单位之间的合作和资源共享，使科协组织在各地方、各系统、各单位发展中发挥更大作用，提高科协组织在各自系统、各自地区、各自单位配置资源的能力。鼓励基层科协组织将开展工作的资源需求上网公示、询问，以资源需求侧带动资源供给侧发力。

（六）推动业务工作资源化

注重科协组织各项业务之间的资源协同效应，即一项业务工作可能为其他业务工作提供资源支撑。例如，科技志愿服务工作可为科普、智库、竞赛、会议等多项工作提供人力和智力支持；若干科技标准制定可为学会开展培训、资格认证等工作提供支持。特别是在一些学会承接政府职能转移后，承担的项目评审、奖励推荐、标准制定等工作可以强化科协组织与科研单位、专家学者、技术人才的联系，强化科协其他工作的资源配置的基础。因此，应当注重科协内部各项工作任务的链条化，避免由于行政层级和组织设置造成科协系统内部的条块化和工作体系的碎片化。中国科协应当建立顶层统筹机制，对于存在资源化潜在价值的业务工作，应该将其为其他战线工作提供资源支撑的情况纳入工作考量，并作为重要考核依据。对于存在资源供需上下游关系的部门和项目，应当建立一定（正式或非正式）的联动协同机制，争取形成合力。结合承接政府职能转移工作，中国科协可联合科技部，推动接受财政资助的科研单位和承接财政资助科研项目的科学家团队承担科技咨询和科普任务，逐步纳入单位和项目考核，形成制度性安排。

（七）适度引入市场机制

要发挥市场机制在资源配置中效率高、反应快的特点，在当前行政化资源配置模式基础上，探索建立行政与市场相结合的资源配置机制，形成相得益彰的资源配置模式。鼓励学会、农技协等专业化基层组织适度开展培训、咨询、认证等营利性服务，找准业务工作与服务对象的真正契合点。改革中央财政转移支付形式，探索试行后补助模式，根据服务效果和服务对象认可度拨付经费，确保财政资金发挥实效。适度鼓励科协基层组织利用市场机制跨地域、跨业态开展服务，允许多家基层组织在同一地区、同一领域开展竞争性服务，优胜劣汰，提高科协资源利用效率。在人才服务、咨询、科普等领域，探索以购买服务形式吸纳非科协组织承接科协任务、项目。认真研究服务对象特点，探索以市场机制调动重点人群参与科协工作的积极性，如可利用优惠券、流量包等奖励，对老年人、青少年接受科普教育提供补贴，调动其学习积极性。

（八）加强网络资源开发

应把握信息化时代浪潮，加大互联网工作手段开发力度，加大无线互联网、人工智能、大数据等新技术在科协工作中的应用。积极开发利用网络新空间，建设网上科协，基于网上社区建设新型基层组织，建设科协工作网上新阵地；积极开发利用网络信息新通道，基于网络信息传输的便捷性，建立直达基层科协组织的信息通道，作为传统层级制信息传输的有益补充，促进信息资源共享；积极开发利用网络管理新平台，进一步完善各级科协网站，打造各级科协工作的信息库、任务库和资源库，提高科协工作效率；积极开发利用网络社交新媒介，基于网络时代公民社交网络化、时间碎片化的特点，探索与支付宝、微信、抖音等与应用相关的互联网企业合作，利用网络媒介开展信息服务、科普宣传等工作，增强科协服务实效性；积极开发利用网络服务新手段，针对老年人、青少年特点，探索与电商、电游企业合作，开发科普新产品，寓教于乐加强科普宣传。

七、保障措施

（一）进一步扩大科协组织覆盖面

组织资源是科协最大的资源，没有科协组织的支撑，一切科协工作就都无从谈起。长期以来，中国科协在全国范围内建立了比较完整的组织网络，但在基层组织建设方面仍然存在薄弱环节。针对我国科技资源分布特点，应将基层组织建设重点放在省、市两级科协，重点推进高校、科研院所、大型企业、高技术产业园区科协组织建设，夯实科协组织资源供给的社会基础。中国科协可组织实施"组织建设攻坚战"，绘制全国科技资源地图，建立组织建设目标责任制，层层压实组织建设责任，实现组织覆盖的较大突破。结合各领域、各业态、各地域实际，开展分类指导：高校科协组织重点支持大学生科协社团建设，特别是要调动博士、硕士研究生工作积极性，壮大科技志愿者队伍，打造科协活动生力军；科研院所要强化青年科技工作者主体作用，对准青年科研人员关注点、兴奋点设计项目，发挥人力资源优势；国有企业和大型民企要建立以一线工程技术人员和技术工人为主体的科协组织，工作重心要放到解决企业生产实际问题方面，在创造价值过程中实现科协组织和成员的价值提升；高技术产业园区和创新创业基地要注重发挥科协组织的平台、网络作用，引导园区（基地）企业开展资源交流、共享和协同，努力提供高质量科技公共服务。

（二）强化地方党政机关对科协组织的支持

各级党委和政府的大力支持，是科协组织生存和发展的根本。能否将科协发展与科协所在地方、行业、单位发展有机统一起来，是各级科协组织工作能否打开局面的关键。各级科协组织应注重围绕党政中心工作谋划和开展工作，在服务地方发展大局中争取党政支持，提高科协资源统筹和整合能力。建立科协组织联系地方的常态化机制，中国科协主动了解省（区、市）党委政府重点工作，在中央层面统筹科协资源，引导和支持省级科协服务党政中心工作；地方科协亦应建立相应机制，形成下压一级的常态化联系制度，提升地方党政机关对科协组织的重视。探索建立各级科技服务和科普联盟，对于愿意接受科协指导、承担科协工作任务的社会组织、大学生社团、小微企业等，可以采用购买服务、承办、合作等方式将之纳入科协工作体系，扩大科协社会资源。

（三）增强学会"造血"能力

学会是科协的组织基础，学会工作是科协的主体工作。强化学会资源供给，是推进学会改革和提升学会服务能力的重要支撑。要积极推进学会实体化，对中国科协下属学会组织进行分类指导。对具有较大规模和较强营收能力的学会，加快推进治理结构和治理方式改革，促进形成资源拓展与业务拓展相互促进的良性循环；对于挂靠运行的学会，支持学会承接挂靠部门（单位）重点工作，在服务行业、系统创新体系建设中扩大资源供给，逐步推进学会秘书处实体化建设；对于缺少稳定资源供给渠道的学会，支持其利用科协资源发展培训、咨询、信息服务业务，增强利用市场手段增加资源供给的能力。以推动中国科协所属学会有序承接政府转移职能为契机，提高学会在本领域科技创新活动中的影响力、牵引力，打造科技创新公共服务平台，扩大学会资源供给的社会基础。进一步扩大学会覆盖面和代表性，扩大无挂靠、无业务主管单位学会的试点范围，打造运转高效、规范有序的实体型学会。探索建立学会联合体，推动面向大学科领域或全产业链的学会集群发展，促进资源协同，形成工作合力。

（四）壮大科技志愿者队伍

科技志愿服务组织是指各级科协组织和相关机构成立的科技志愿者协会、科技志愿者队伍、科技志愿服务团（队）等。科技志愿者是指不以物质报酬为目的，利用自己的时间、科技技能、科技成果、社会影响力等，自愿为社会或他人提供公益性科技类服务的科技工作者、科技爱好者和热心科技传播的人士等。要加快科技志愿服务组织体系建设，推动省、市、县各级志愿服务队伍建设。进一步扩大志愿服务规模，以科技工作者、基层"三长"、大学生、乡土科技人才和科普中国信息员为骨干，打造各类专业化志愿服务团队。加强各级科协组织对志愿者团队的引领，支持科技志愿服务组织承接、承办科协工作。积极搭建基层科技志愿服务平台，研究设立符合地方发展需要的科技服务项目，塑造科技志愿服务发力点。加强科技志愿服务的条件保障，采用固定与灵活机制相结合的方式，一方面推动各级科协组织建立志愿服务条件保障机制，另一方面促进志愿者团队与基层政府、企业、社区建立合作关系，形成相互支持的良性互动。

（五）强化向基层组织输送资源的支持机制

完善中央财政转移支付支持基层科协组织的机制，稳步增加财政转移支付事项，扩大转移支付规模和覆盖面，积极争取省级财政给予相应配套，使基层组织多干事、干好事。扩大中国科协机关与学会、地方科协的人员双向挂职交流的规模与范围，科协机关和事业单位抽调一定数量干部到学会和学会联合体挂职锻炼，机关留出10%—15%的局处级岗位，择优选拔科研单位、高等学校和学会的科技工作者或管理人员挂职。地方科协应参照中国科协建立相应的双向挂职制度。加强对基层兼职科协干部的关心和培养，以工作条件保障和业务能力培训为重点，增强兼职干部干事创业能力，促进兼职干部成长进步。完善科协干部联系科技工作者的制度，探索由中国科协建立包括知名科学家、各领域高水平专家、高技术企业管理经营者的高层次人才库，通过定期举办"基层行"、网上见面会等形式，丰富基层科协干部的人脉资源。

（六）优化基层干部工作条件

当前，绝大部分科协基层组织尚没有机构编制方面的政策保障。基层组织依托实体部门加挂牌子，基层干部兼职从事科协工作，在全国范围内成为常态。因此，加强基层兼职干部工作条件保障，是科协基层保持活力和战斗力的关键。应落实科协基层组织负责人的政治待遇，中国科协可联合相关部委、省（区、市）下发文件，确保高校、科研院所、企业、乡镇（街道）科协负责人在行政级别、参加会议、阅读文件等方面享有与中层干部相同的政治待遇。尊重基层兼职干部推动科协工作的自主性、积极性，减少指标性考核，避免不顾基层实际情况压任务、摊指标。鼓励基层干部根据科协根本宗旨和主要工作目标，结合本单位实际情况，实事求是、因地制宜地谋划和开展工作，上级科协组织主要做好资源协同和条件保障工作，使科协组织成为基层干部干事创业、成长进步的舞台。鼓励基层干部将本职业务工作与科协工作相结合，如文宣与科普、招商与科创、科技管理与科技智库、成果转化与科创等，利用科协资源协同平台推动业务工作开展，实现科协工作与业务工作的双赢，扩大科协组织在本单位影响力，激发基层干部积极性。

（七）强化工作场所和设施保障

必要的工作场所和设施是科协组织开展工作的物质基础。应加强与相关部委和省（区、市）协调，确保各级科协组织（特别是基层科协组织）有基本的办公场所和条件，确保地方财政对地方科技馆、流动科技馆、科普大篷车等基层科技场馆（设施）给予充足配备，保障其顺利运转、发挥作用。加强与科技部及相关部委协调，落实财政资助科技基础设施向社会公众开放制度，逐步做到国家重大科技基础设施及其他大型设施（涉密设施除外）百分之百向公众开放。加强与教育部及相关部委协调，加快推动高校教学资源向公众开放，由高校科协牵头，设置公共开放课程，以讲座、旁听、慕课等形式为社会大众提供教育资源。结合高技术产业园区、众创空间、孵化器等科创基地的科协组织建设，推动科协公共服务向新经济单元覆盖，打造创新创业者之家和创新创业科普基地。适度引入市场机制，探索建立场所、设施对公众开放补贴制度，鼓励各类科技资源为社会大众服务，提高科技基础设施利用效率。

八、重大项目建议

（一）科技资源信息库项目

围绕增强资源配置和条件保障能力的要求，结合科协承接基地、科技计划、科研项目评估及评奖推荐等职能，发挥基层科协组织网络化信息优势，建立全国性科技数据库和大数据分析平台，依托数据库建设科技智库。

采取"核心+网络"模式，由中国科协牵头，广泛利用基层、企业、科研机构的信息、存储和运算资源，建设实体化、分布式的数据中心和智库机构。中国科协牵头建设信息中心，包括基础数据中心和运算中心（可租用国内超算中心算力和机时），数据库主要将科协现有各级各类数据整合，再利用网络数据挖掘等技术手段补充数据，建立大数据系统。信息中心将各类可利用资源按照类别建成人才库、知识技能库、项目库等子数据库平台，形成可查找、可比对、可联络的数据公共服务产品。各级科协和科协基层组织设立输出终端，可根据工作资源需求情况查找信息，跨地域、跨业态、跨领域建立工作合作和资源系统关系。

结合科协信息库建设，组织建立各类专业化科技志愿服务团队，专门负责各方面信息搜集整理、数据处理、需求分析和组织间联系等工作，同时负责开发、推出标准化的数据产品并推介各地资源协同模式，为中国科协高效率运行信息库和各基层组织更好利用科协资源提供服务。中国科协对信息库运行及科技志愿服务团队工作开展情况进行监督考核，确保取得实效。

（二）科技创新综合体项目

以北京、上海、深圳、合肥等科技资源丰富的地区为试点，由地方科协组织牵头，带动科研机构、企业、中介机构、金融机构参加，打造具备完整创新链条、从研发到产业转化一体化的创新综合体。

发挥全国学会和省级学会作用，牵头带动本领域高校科研机构成立技术转移机构，采取学会、高校、科研院所、高技术企业和地方政府联合的形式，依托上海张江高科技园区、安徽合肥、北京怀柔、粤港澳大湾区四个综合性国家科学中心建设，打造科技创新综合体。根据各综合性国家科学中心规划的主要创新方向，以成果转化为主要目标，由中国科协委托具有较强实力的全国学会牵头，由地方政府提供必要条件保障，引进、整合国内相关高校、科研院所、高技术企业，共同打造技术研发和成果转化的科技创新实体化基地，打造科技中介平台和科技经理人队伍，强化高校、科研院所与市场对接能力，使综合体成为"科创中国"的重要载体。

探索共建共享共用新机制，实现资源协同和利益分享，为深化科技与产业结合探索新路，同时强化科协组织统筹调配资源的能力。

参考文献

［1］徐顽强，史晟洁，张红方. 供给侧改革下科技社团公共服务供给绩效研究［J］. 科技进步与对策，2017（21）：118-124.

［2］刘春平. 科技类社会组织在科技公共服务供给中的功能与定位分析［J］. 科协论坛，2017（11）：16-19.

［3］KRAATZ M S, ZAJAC E J. How Organizational Resources Affect Strategic Change and Performance in Turbulent Environments: Theory and Evidence［J］. Organization Science, 2001, 12（5）: 632-657.

［4］CONNOLLY P, LUKAS C A. Strengthening Nonprofit Performance: A Funder's Guide to Capacity Building［M］. Minnesota: Amherst H. Wilder Foundation, 2002.

［5］HEEMSKERK K, HEEMSKERK E M, WATS M. Behavioral Determinants of Nonprofit Board Performance: The Case of Supervisory Boards in Dutch Secondary Education［J］. Nonprofit Management and Leadership, 2015, 25（4）: 417-430.

［6］KETTNER P M, MORONEY R M, MARTIN L L. Designing and Managing Programs: An Effectiveness-based Approach［M］. Sage, 2012.

［7］DRUCKER P. Managing the Non-profit Organization［M］. Berlin: Routledge, 2012.

［8］杨红梅. 科技社团核心竞争力的认识模型及实现初探［J］. 科学学研究，2012，30（5）：654-659.

［9］FERREIRA M R, CARVALHO A, TEIXEIRA F. Non-Governmental Development Organizations（NGDO）Performance and Funds—case study［J］. Journal of Human Values, 2017, 23（3）: 178-192.

[10] 王春法. 关于科技社团在国家创新体系中地位和作用的几点思考［J］. 科学学研究, 2012（10）: 7-10.

[11] 中国科学技术协会. 科技社团改革创新与发展研究［M］. 北京: 中国科学技术出版社, 2009.

[12] 李柏洲, 孙立梅. 创新系统中科技中介组织的角色定位研究［J］. 科学学与科学技术管理, 2010, 31（9）: 29-33+189.

[13] 张兰英. 科技社团参与科技成果转化实践的促进机制探索——以北京市科协所属科技社团为例［J］. 学会, 2020（4）: 36-40+59.

[14] 陈建国. 政社关系与科技社团承接职能转移的差异——基于调查问卷的实证分析［J］. 中国行政管理, 2015（5）: 38-43.

[15] 张思光, 刘玉强, 徐芳. 基于软系统方法论的政策效果评估研究——以促进科技社团承接政府职能的政策为例［J］. 科研管理, 2018, 39（S1）: 67-75.

[16] 陈继烈, 蔡鹏. 成都市科协所属学会有序承接政府转移职能工作调研报告［J］. 科技经济导刊, 2019, 27（36）: 204-205.

[17] 马宗远. 推进学会承接政府转移职能的实践和探索——以厦门市科协为例［J］. 学会, 2019（2）: 58-61.

[18] 胡振国, 丁爱双, 张希华. 地方科协所属学会承接政府转移职能研究［J］. 科协论坛, 2018（8）: 19-21.

[19] 张其春, 陈勇智. 科技社团承接政府转移职能的模式: 类型划分、共生特征及演进趋势［J］. 电子科技大学学报（社会科学版）, 2020, 22（3）: 46-54.

作者单位: 李大海, 中国海洋大学、海洋发展研究院
　　　　　高建东, 中国海洋学会
　　　　　杜　伊, 中国海洋学会